国家重大出版工程项目

实用猪生产学

第 3 版

Whittemore's Science and Practice of Pig Production

THIRD EDITION

[英]Ilias Kyriazakis   Colin T. Whittemore   编著

王爱国   主译

U0219204

中国农业大学出版社
·北京·

图书在版编目(CIP)数据

实用猪生产学/(英)凯瑞尔詹克斯,(英)威特莫尔编著;王爱国主译.—北京:中国农业大学出版社,2014.7

ISBN 978-7-5655-0966-7

Ⅰ.①实… Ⅱ.①凯… ②威… ③王… Ⅲ.①养猪学 Ⅳ.①S828

中国版本图书馆 CIP 数据核字(2014)第 092500 号

书 名	实用猪生产学 第 3 版
作 者	[英]Ilias Kyriazakis Colin T. Whittemore 编著 王爱国 主译

策划编辑	宋俊果	责任编辑	冯雪梅 洪重光 潘晓丽 田树君
封面设计	郑 川	责任校对	陈 莹 王晓凤
出版发行	中国农业大学出版社		
社 址	北京市海淀区圆明园西路 2 号	邮政编码	100193
电 话	发行部 010-62818525,8625	读者服务部 010-62732336	
	编辑部 010-62732617,2618	出 版 部 010-62733440	
网 址	http://www.cau.edu.cn/caup	e-mail cbsszs @ cau.edu.cn	
经 销	新华书店		
印 刷	涿州市星河印刷有限公司		
版 次	2014 年 7 月第 1 版 2014 年 7 月第 1 次印刷		
规 格	787×1 092 16 开本 32.75 印张 816 千字		
定 价	128.00 元		

图书如有质量问题本社发行部负责调换

译者的话

"Whittemore's Science and Practice of Pig Production"第 3 版是由英国著名畜牧专家 Ilias Kyriazakis 教授和 Colin Whittemore 教授以及 10 多位国际作者共同完成的养猪学专著。该著作以足够的广度和深度来诠释世界范围内的养猪科学与实践，这还是不多见的。尤其是书中的内容和编写方法让许多国内著作无法与之相比。因此，翻译成中文以便国内养猪同行看到这本好书，是中国农业大学出版社与我们的夙愿。该书共有 20 章，内容包括：猪肉和胴体品质，猪的生长与机体组成的变化，猪的行为与福利，猪遗传改良的理论基础、选育实践与新技术，猪的繁殖学基础与关键技术，猪群健康维持，猪饲料的能量价值、蛋白质和氨基酸的营养价值，日粮中脂肪和油类的营养价值，猪维持、生长和繁殖的能量和蛋白质需要量，猪对水、矿物质和维生素的需要量，食欲与自由采食，饲料配方，生长猪和繁殖母猪饲料供给的优化，猪肉产品营销，猪的环境管理，生产性能监控，模拟模型，以及附录和索引。另外，在国际专家小组和资深编辑的帮助下，该书引用了欧洲和北美的国际中心的研究成果和数据资料。相信这本书中文版的发行将对我国猪业的发展产生积极的促进作用。

我国是世界第一养猪大国，生猪存栏和猪肉产量约占全球的一半，且在全球猪肉产业中的影响力越来越大，特别是对全球猪肉供求平衡和价格方面的影响。然而，我国猪肉供应链仍处于一个转型阶段，正从传统家庭饲养模式向现代化商业系统发展。虽然养猪和屠宰加工企业的规模都在快速扩展，但猪肉链内的协调运转机制亟待建立。当前，我国猪业发展面临的挑战包括生产效率、成本控制、价格波动、疾病防控、食品安全、环境保护，以及物流、冷链运输系统的建立和供给链的确保等方面。因此，依靠科学进步和技术创新，提高猪肉生产水平、产品质量与市场竞争力，增加经济效益和社会效益，改善生态环境已成为我国猪业实现可持续健康发展的主要目标。为了适应新形势的挑战，提高从业人员的理论水平、生产技能以及科学意识尤为重要，认真研读一些优秀著作，对个人乃至企业整体水平的提高都大有好处。本书具有科学性、先进性和实用性，可供养猪生产者以及大专院校、科研单位的科技工作者学习参考。希望读到此书的人们能够受益匪浅。

由于译者水平有限，书中难免有翻译不够贴切之处，热忱希望广大读者提出宝贵意见，以期改正和完善。

译者
2014 年 3 月于中国农业大学

前言与致谢

　　《实用猪生产学》的第 1 版是我写的目前最受欢迎的一本书。准备一本有足够规模和广度的书来全面应对国际范围内养猪生产科学与实践对我来讲是种挑战,这本书就是应对挑战的结果。我打消了集合一群作者并分配他们不同题目来分编这本书的念头。因为我想让这本书具有凝聚力和用途,并能够说明一个完整的理念。我希望带领本学科的读者去检验来自一个视角的知识,这个视角虽然是多维的,但是它是源自一个连贯的、独特的思维理念。因此,这本书只能由一个作者编写。

　　这本书的第 2 版有很多具有实质意义的附录,有很多改变和少量删减。自从第 1 版写完后,在养猪生产与科学领域内发生了很多事,尤其是在生物技术、肉和胴体品质方面,还有对生长、动物福利、遗传改良、疾病与健康以及营养与饲养等方面的理解上都有着一些新的进展。所以第 2 版的更新是比较及时的。有趣的是,同样的主题在第 3 版中包含了一些重要的更新。

　　对于第 3 版,我将不再坚持一个作者独自编写一本书的观点。邀请一些国际作者加入文本的再版工作。为了保持全书独立构思的凝聚力,本着保持原著真实性的原则。我决定这本书应该有一个资深的主笔(Ilias Kyriazakis 博士)。凡是在第 3 版编辑工作中做出贡献的作者,在编著者页中都会给出一个详细的标注。在这里我想感谢 Kyriazakis 教授和一些新编著者的支持和努力。

　　虽然这本书正文大部分工作的完成是基于爱丁堡 30 多年的研究,但是目前这本书的一些新内容包含了来自其他国际中心机构的重要资料。这一点是被新的作者小组所承认的。一个作者是不可能完成如此具有广度和深度的知识著作的。对我们来讲,这种进退两难的处境只能通过向他人学习或者汲取他们的建议来解决,并且在养猪生产和产业实践、大学的学习、科学研究与咨询中,我们多年来一直都保持这种学习的态度,从他们那里我们获得并积累了信息、知识、智慧,为此我们由衷地向他们表示正式的感谢。

　　我们对署名作者的一些宝贵资源和其他相关资料进行了一些解释和筛选,这是编著一本著作的必然结果。因此,编者,尤其是我自己,必须对这本书的最终内容负责。

科林·威特莫尔(Colin Whittemore)

爱丁堡(Edinburgh)

译校者名单

主　译　王爱国

译校者　（排名不分先后）

王爱国　杨公社　傅金銮　赖长华

任　倩　蔺海朝　王晓凤　刘晓牧

王青来　刘桂芬　曹长仁　王红芳

吴江维　白　亮　杜宝文　房文宁

马喜山　张承华　张　鑫

编著者

Ilias Kyriazakis 教授，苏格兰农学院动物营养与健康系，爱丁堡，英国

Colin Whittemore 教授，爱丁堡大学理工学院，英国

Cheryl Ashworth 教授，苏格兰农学院动物育种与发育系，亚伯丁，英国

John Carr 教授，艾奥瓦州立大学兽医学院，美国

Jaume Coma 博士，Vall Copmanys SA，莱里达，西班牙

Darren Green 博士，牛津大学动物学系，英国

Mick Hazzledine 博士，Premier Nutrition，鲁吉利，英国

Cornelis de Lange 教授，圭尔夫大学动物与家禽科学系，加拿大

Christopher Wathes 教授，锡尔索研究所，贝德福德，英国

Ian Wellock 博士，苏格兰农学院动物营养与健康系，爱丁堡，英国

Julian Wiseman 教授，诺丁汉大学农学系，英国

Jeff Wood 教授，布里斯托大学食品动物科学系，英国

目　录

第八章　猪饲料的能量价值　**219**

Colin Whittemore

第一章　绪论
Introduction

　　养猪的一个主要目的就是给人类提供食物（通过保鲜、腌制或加工）。所以，养猪生产首先关注猪肉的质量和生产效率。猪生长速度快、繁殖率高和适应一定的采食习惯。长期以来，猪常被作为一种靠垃圾为生的动物，在乡村的田地和树林里，或在城镇里采食人类食物副产品和废物。这样的角色已经证明了猪在世界上已经作为可被驯养的家畜使用。但是群体很小，与副产品利用相适应，形成一些简单的畜牧生产。

　　近年来，世界人口不断增长，人类对营养需要不断提高，对高质量猪肉产品的需求不断增加。这使猪的生长和繁殖性状凸显出来。与此同时，其他农业生产活动提高，生产出了大量的谷物、豆科产品以及可榨油谷物，不适合人类消费或数量已经超出人类的消费需求。人类加工食品工业化生产，把原来可利用的副产品和废物从分散各地的家庭作坊集中到中心加工点，是外部环境变化的另一方面。近几十年来，养猪生产状况和生产目的都有所变化。特别是出现了大型农业集团企业，可以提供数量巨大的、高质量的猪肉产品，稳定地供应国内国际市场。农业科学和生物科学通过近期的革命性发展，已经很好地服务于养猪生产，这些就是科学为了人类的利益应用于生产的典型例子。现代养猪生产与过去几十年前很少有共同点或完全不同，不管在产业结构、贸易方式、对终端产品质量的定义，还是在育种、饲养、猪舍建设、疫病防治和经营管理方面。

　　主要的变化首先表现为复杂性和规模，其次表现为集约化。这些变化需要与科学相适应，同时科学为这些变化提供了新养殖实践，对生长、繁殖和健康的新理解，对环境和福利的新评价，新营养手段，现代遗传改良技术。然而，所有这一切都是科学应用于今后的生产和市场上的体现。结果不仅体现在产量的增加上，也体现在经济效益上。

　　在 20 年前大量存在的是不到 100 头母猪的猪场。但是现在猪肉生产活动主要由大集团进行，公司资金支持，统一进行育种、生产、市场、加工处理和零售。现代养猪生产的效率很难在规模小于 250 头母猪的猪场实现，存栏 500 头以上母猪的饲养场例外。许多大公司围绕一个地方建设很多标准化的养猪场，公司总部集中管理（例如美国的卡罗来纳州）。美国北部，开始是庭院养猪，现在出现许多公司，拥有 1 万头以上的种母猪，有一个公司甚至有 10 万头母猪。西班牙、意大利和亚洲借鉴了这种模式（西班牙出现了两个大约 10 万头种母猪的公司，每个公司每年能产 200 万头肉猪）。其他欧洲国家许多养猪生产者保持个体所有即管理者，尽管猪场规模为 200～5 000 头母猪。

　　虽然世界养猪业趋势存在一定程度的共性，但国际生产实践和终端产品目标仍然保持着很大的差异性。因此，尽管很高比率的养猪生产科学同源词可以跨越国家障碍转换通行，但科学信息应用的方式会有很大的差异。科学信息基础中最有用的方面是那些对生物与经济基本原因进行解答的方面，而非将解答以规则和建议的方式罗列。

　　从头到尾，本书讨论因果和逻辑，然后描述结果。尽量避免根据体现普遍真理的案例的苍白的介绍，当然也不会这样做。对一个国际文本来说，描述现象的同时要加上自己的理解。普遍性存在于对生物和经济过程的理解深度上,而不一定在描述的准确性上。不管怎样,养猪生产具有数量和质量两方面特征,生产出一定数量和质量的猪肉需要一定营养价值量的饲料,专门化品种,可描述的自然、管理和市场条件。在可能的情况下,如影响生产过程的因素可固定和数量化。况且,只有量化养猪生产和科学的各个方面,其相对或绝对的重要性才可以进行比较,判断和最终应用。

世界养猪产业就是将科学应用于管理的成功例子。到目前为止的成功可以通过图 1.1 和图 1.2 体现出来。但是,我们不能就此满足,因为要提高生产效率和产品质量,我们还有很多事情要做。

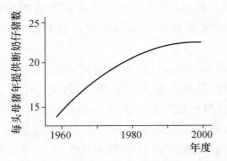

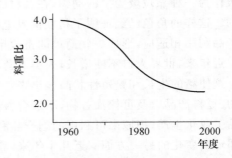

图 1.1   母猪生产力的提高速度(北欧数据)。　**图 1.2   料重比(20～100 kg)的改进速度。从 20 世纪 70 年代以来,大量采用高营养密度饲粮**(北欧数据)。

世界上的大多数养猪生产企业都还在完善之中,不同的国家之间在生产效率上存在很大差异。世界上的养猪产业还远没有达到现在知道的潜能,而运用科学和完善生产是发展之路。

第二章　猪肉和胴体品质
Pig Meat and Carcass Quality

引言

在 20 世纪后半叶,全球猪肉产量呈直线上升状态,部分机构在这一时期的估计产量甚至加倍。目前,50%的生猪来自亚洲和太平洋地区(全球生猪产量的 1/3 来自中国),30%来自欧洲和苏联,13%来自北美,剩下的 5%来自非洲和南美。世界范围的养猪业增长迅速的大部分发生在亚洲和太平洋地区(超过了 300%),而欧洲、苏联和北美洲猪的产量从 1970 年以来仅增加了 40%。由此看出,猪肉在全球受欢迎程度存在明显差异。北欧所食用的肉类中猪肉占到 60%,欧洲地区为 50%,日本为 45%,北美洲为 35%,而在阿根廷仅为 5%。从世界范围来看,猪肉是所有可食用肉类中最受欢迎的肉品。

我们应该明白的是,首先人类是需要猪肉的(即存在猪肉市场),其次猪肉是安全食品。另外,猪肉要有一定的生产效率(合理的价格)以及其质量能达到一定的要求。然而,猪肉产量的大幅度增加必须满足生产方式和生产环境相关的法规,既是可持续生产又要符合道德标准。

近代历史上,养猪有两个目的:获得最多的脂肪(所需产品是猪油)和最佳的瘦肉率(所需产品是猪肉)。猪屠体的肥瘦度不同大多取决于各国人们的喜好。随着工业化的兴起,消费者对瘦肉的需求在"胴体质量"这一定义上有所体现。像西欧一样,东欧、日本和南北美洲的人们也喜欢食用低脂肉类。用西方标准来衡量亚洲猪种会发现其脂肪含量过高,特别是中国和太平洋国家的很多猪种,于是一些国家很可能会想办法降低猪肉的脂肪含量。尽管如此,一个国家的瘦肉型猪也很有可能成为另一个国家的脂肪型猪。

欧洲的猪肉市场曾一度出现价格低、产品多的局势。事实上,由于养猪科学知识水平的提高,如今养猪成本仅仅是 40 年前的 30%。欧盟现有 1 200 万头母猪,总存栏数为 1.2 亿头。欧洲每人每年平均消费猪肉超过 40 kg。猪肉产品存在跨国贸易,增加一些国家的出口量(包括美国)会大幅度地扩大猪肉市场。英国总共有 80 万头母猪和 800 万头生猪,每年屠宰 1 500 万头猪,生产 100 万 t 猪肉、熏肉和火腿等产品。英国食用熏肉的一半是需要进口的,其中约有 50%来自丹麦,25%来自荷兰,另外 25%多来自爱尔兰共和国。英国猪肉的出口量和进口量几乎相当(10 万 t),但是熏肉和火腿的进口量是 35 万 t,几乎不出口。英国公民每人每年消费 15 kg 的鲜猪肉,7 kg 的熏肉和火腿。由此看出经过精细加工的猪肉产品有更大的消费市场。意大利进口的猪肉产品一般是来自活重低于 120 kg 的猪,但其出口的猪肉产品是来自活重高于 150 kg 的猪。日本的猪肉产品一般由中国台湾供给,但近年来丹麦和美国也向日本出口猪肉。

现在的猪胴体脂肪量可以较容易达到最适宜的水平,究其原因最初并不是由消费者抵制脂肪所作用的,而是归功于猪肉生产与加工厂的经济因素,因为两个过程都是从瘦肉型猪中获益的。猪肉市场可分为两类:一类是以猪肉为原料进行各种肉类产品的加工,从而满足人们对低价肉类的持续需求;另一类是随着猪肉价值的提高,致力于为消费者提供高品质鲜猪肉和熏猪肉。第二类市场提供的肉产品对精细分割、皮下脂肪少、肌内脂肪含量适度、瘦肉率高和口感好都有一定要求(即鲜嫩多汁、味美,避免干燥、苍白、有异味或质地坚硬)。不管怎样,人们对瘦肉的需求量是普遍存在的。事实上,对北欧地区猪肉消费者而言,生产瘦肉型猪是为了平衡南欧和亚洲地区肉类消费模式,因为到目前为止,南欧和亚洲地区对脂肪的需求量仍然较大。

　　生产者可能不愿意接受这种对他们的限制,即肉类贸易中首先考虑的产品质量问题。诸如此类问题在很多国家都是基于生产链中每个交叉环节所发生的对抗贸易和不信任所产生的行业内问题。世界上养猪产业的美好未来需要育种者、生产者、饲养者、肉制品加工者和零售商间的互作互利。如果通过交流产生的信息有价值,那么生产者和肉品销售者也可从中获利。

营销

　　欧洲是工业化经济的一个实例,初级农业雇用 3%～8% 的劳动力,对国民经济生产总值(GDP)的贡献为 2%～5%,畜牧业收入占总农业收入的 50%～60%,餐饮加工业能出乎意料地占制造产业的 10%～15%,雇用约 3% 的劳动力创造了至少 2% 的 GDP。消费者总支出的 12% 用于食品,占家庭总支出的 20%。在总的食品消费额中,大约 40% 为肉类、乳制品和蛋类,这其中约 1/5 的消费是初级产品,另外 4/5 的消费是产品经生产、加工和销售过程增值后产生的。消费者购买的肉类中有一半是猪肉,人们对猪肉消费品的偏爱趋势远超过其他肉类。

　　活猪在断奶后的任何时间内都可以出栏上市(体重在 6～20 kg,日龄在 3～8 周龄)。猪肉即可以来自乳猪,也可来自用于生产意大利帕尔玛火腿的 180 kg 的大猪。一个国家的猪肉消费模式决定了猪的屠宰体重。因为亚洲许多猪种的成熟体重比欧洲的要小很多,所以胴体重通常也小。在欧洲许多国家,活体重为 50～80 kg 的猪都用于生产人们喜爱的新鲜小带骨猪肉,且为当地消费。而日本、澳大利亚、南北美洲和欧洲其他国家,活体重为 90～120 kg 的猪会普遍送至肉品加工厂,用工业生产线方式生产鲜猪带骨肉、熏肉和熟食。火腿的生产需经过缓慢的自然干腌过程(如意大利火腿和西班牙 Serrano 火腿),用于生产火腿的猪一般要达到较大的活重。体重为 120～300 kg 的淘汰母猪会根据市场行情以合理的价格出售。淘汰母猪的肉可以掺入到许多肉质产品中,如果价格合理,健康淘汰母猪也能以较高价格出售。因为公猪的肉质差而且有异味,用于育种的成年公猪便不适于人类消费。但快速育肥的屠宰体重小于 110 kg 的欧洲种公猪不存在这种缺点。

　　优质猪肉通常出自屠宰体重为成熟体重的 30%～60% 时(图 2.1),低于 30% 则导致猪肉风味差,高于 60% 导致猪肉嫩度差。成熟体重较大的猪种具有较高的屠宰重,最近几年,欧洲地区猪产业的常规屠宰体重一直呈上升趋势。在工业化国家,用于加工和包装的猪种的成熟体重为 250～350 kg,而亚洲猪种的成熟体重低于 150 kg。

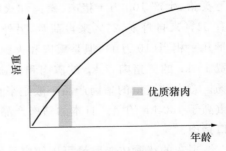

图 2.1　屠宰体重达到成熟体重的 30%～60% 时肉质最佳。

　　生猪养殖行业可以分成专门化猪场,通常分为育种场和饲养场。专门化的育种场可将体重为 7~10 kg 的断奶猪或体重为 20~40 kg 的生长猪转移到场外饲养,然后将断奶猪继续饲养到下一个阶段,或者将生长猪饲养到成熟体重。这种养殖体系可以使资源、技术和侧重点集中。通常育种场规模较小,是混合型饲养场的一个部分。而养殖场规模较大,工业化程度也高,购买种猪的来源多。然而,这种专门化会带来较多的问题,除非能避免仔猪在运输、交易中疾病带来的影响,尽量减少供应猪的种类,并且避开疾病侵袭。现代养猪企业要构建完善产业结构,要么让单一养猪场的育种者/饲养员对猪繁殖期和生长期都按照统一标准执行,要么将同一管理控制下的多方运营系统分单元来整合。

　　终端消费者和初级生产者间的也能互相建立良好的联系,因此由肉类企业和零售商评定的肉质可以有效地反馈给育种人员。育种者选择纯种猪还是杂种猪对饲养员、肉类企业和零售商都很关键。生产流程中任一环节的中断,比如以产业为基础的独立企业要处理生产流程中的繁育和饲养方面,都能掩盖最佳的产业政策,限制行业内的发展。

　　对任何一个国家或贸易间国家的集体而言,养猪产业都具有扩张或收缩的潜能。这种潜能直接与生产者数量相关联,这些生产者往往选择对他们有利的收益来源。猪的价格适宜时,繁育群体规模就会扩大,新的饲养群开始形成。这种情况可以通过保留种母猪不被屠宰,或者通过购买杂种猪来轻松实现。这些母猪 6 个月后产仔,仔猪再经过 6 个月就可屠宰出售。这样供应量升高,价格就会有所下降。对猪产品需求弹性体现在,虽然猪肉价格下降时人们的购买量上升,于是猪肉价格变得更低,但人们的需求不能与价格的下降保持一致步伐。猪价可能会持续下降 1 年或好几年,因此种猪的规模和数量也开始下降。这种状况将持续几年一直到屠宰猪紧缺明显的前一年,猪价格又开始上涨。由于鲜肉与各种肉类达到价格统一和全球猪饲料供给起伏现象,这种简单的养猪循环(图 2.2)模式并不是很明显。因为谷物不仅仅用于养猪,使谷物和大豆的价格相对独立于猪的价格。当猪的原料价格下降时,生产者在收缩产量前可以承受猪胴体价格下跌一段更长时间。最好的国际谷物价格与最佳的猪胴体价格相结合可以使养猪企业利润上升,规模扩大。

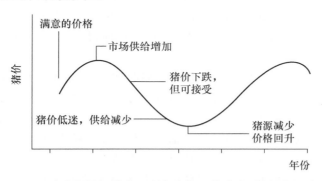

图 2.2　猪价的循环模式。肉类价格间的竞争、饲料市场价格及有效资金的影响是主要限制因素。

　　在不以猪肉为主要消费肉类的国家中,猪价和粮食价格的变化对猪市升降循环模式更为明显。对以工业化为基础的集约养猪企业而言,猪舍的投资很大,这样企业家才有能力根据市场行情扩大或缩小养猪规模。

消费模式

全球动物产品的消费水平约为（×10⁶ t）：奶 400（稳定）、猪肉 63（上升）、牛肉和小牛肉 48（稳定）、鸡肉 33（上升）、蛋 20（稳定）、人工饲养的鱼 8（上升）、绵羊和山羊 6（稳定）。猪肉在全球肉类总消费中的比重超过 40％，产自约 8.5 亿头猪（大约 6 000 万头种母猪）。欧洲联盟约有 1.2 亿头猪，可生产 1 400 万 t 猪肉，欧盟的猪肉产量占世界猪肉产量的 20％以上。在这些欧洲国家中，30％以上的猪肉来自德国，约 12.5％的猪肉分别来自法国、荷兰、意大利和西班牙，英国和丹麦各生产 10％。欧盟猪肉消费量的 25％是鲜肉，其余都是经过加工处理的猪肉产品。

虽然肉类应保持一定的脂肪含量以保证最佳的肉质（尤其是肉的多汁性、风味、大理石纹和烹调质量），但英国食品政策和心血管疾病医学委员会指出降低饮食中脂肪含量对人体健康很重要，通常认为饮食中增加多不饱和脂肪酸与饱和脂肪酸的比值可以降低心脏病的发病率。很明显，少于 18 个碳原子肽链组成的饱和脂肪酸更易引发冠心病。工业化国家的人们从饮食中总能量的获得有 40％来自蔬菜或动物脂肪。近些年，饮食中脂肪提供的总能量呈显著上升趋势，这是通过简单统计所获得的结果。同时，猪肉脂肪含量显著性降低，从 20 世纪 60 年代的占胴体的 30％下降到约 80 kg 胴体重的 15％或更少。背膘厚度由于遗传改良、营养、管理等因素，每年约降低 0.5 mm。猪皮下脂肪组织包含了 70％的油脂，胴体 2/3 或者更多的脂肪存在于皮下脂肪。对优质的熏肉和猪肉产品而言，活重为 90 kg 猪的 P2（最后肋骨处）背膘厚度低于 10 mm。瘦肉型猪的生产具有潜力，据此推测单从健康角度来讲，猪肉和猪产品消费会进一步增加。

医学专家建议脂肪含量应降到总饮食能量的 30％，即饮食中多不饱和脂肪酸与饱和脂肪酸的比值应在 1.0 左右。目前，许多西方国家中二者的比值约为 0.3。食品政策医学委员会建议二者的比值应达到 0.45。饮食中约有 50％的脂肪来自动物产品（包括肉、蛋、奶和奶制品），一些肉类脂肪中不饱和脂肪酸与饱和脂肪酸的比例很低。脂肪含量低的肉类和肉类产品对消费者的健康有益，但通常猪肉中多不饱和脂肪酸中脂肪含量高。猪肉中多不饱和脂肪酸与饱和脂肪酸的比值 0.7 为好。

肉类中的多不饱和脂肪酸可分成两类：n-6 脂肪酸，其中亚麻酸（18：2）含量最高；n-3 脂肪酸，如 α-亚麻酸（18：3）的含量最高（n-6 或 n-3 命名法取决于肽链中双键的位置。18：2，冒号前边的数字代表双键数目。双键数目越多，不饱和度越大）。18：2 和 18：3 分别是 n-6 和 n-3 多聚长链不饱和脂肪酸的前体，这些都是与代谢相关的重要化合物，是构成类花生酸类物质细胞膜和基底的成分，类花生酸类物质是一类调节性分子。饮食中 n-6：n-3 多不饱和脂肪酸的推荐比率小于 4.0，但西方国家饮食中这个比例要远远高于此。猪肉中这个比率约为 7.0，对人类健康而言太高。这是因为用于生产猪肉的谷类和油籽含 18：2 型脂肪酸水平较高。猪可以有效地将日粮中的脂肪酸转移到肌肉和脂肪组织。猪肉中多不饱和脂肪酸与饱和脂肪酸的比值取决于对 18：2 型脂肪酸的转化能力，但也受 n-6：n-3 比率的影响。布里斯托（Bristol）大学的研究表明多不饱和脂肪酸与饱和脂肪酸的比值能够通过亚麻籽或亚麻籽油来调节。亚麻中 18：3 型脂肪酸含量高是不正常的。同样，饲喂鱼油可提高猪肉中 n-3 长链多不饱和脂肪酸的含量，这种方法比经一系列酶促反应从 18：3 中自然合成的多不饱和脂肪酸的水平要高。

　　瘦肉型猪肌肉中脂肪的含量很低,肌肉中3%～5%的脂肪被脱脂,整个胴体肌肉中约1%的脂肪被剔除。这些是真正的肌内脂肪或大理石花纹。大理石花纹在肌肉中的含量不同,眼肌(背最长肌)脂肪含量比胴体其他部位相对较高。瘦肉型猪的脂肪组织主要以18:2型脂肪酸的形式存在。这是因为与猪自身合成的饱和脂肪酸和单不饱和脂肪酸(一个双键)相比,日粮中脂肪在瘦肉型猪体内易合成较多的体脂。所以,现在的猪肉脂肪含量低,多不饱和脂肪含量高,这为人们提供了一种健康的饮食。我们同样也需要提高猪肉中 n-3 脂肪酸的含量。

　　欧洲大多数发达国家每人每年食用70～90 kg的肉,比美国少30%。英国食用的猪肉较少,不论绝对量还是相对量都比丹麦、德国或荷兰少(表2.1)。英国对进口加工后的猪肉和猪肉产品的消费量占总消费量的30%～40%,并且猪肉来源广泛,包括丹麦、荷兰、波兰和德国。

表 2.1　世界范围内猪肉的消费。

	人口(百万)	猪肉消费(kg/人)	备注
丹麦	5	45	1,2,4
德国	80	60	1,3
荷兰	12	40	1,4
英国	54	25	1,4,5
北美	400	30	2,4
南美	300	7	
苏联	300	15	
中国	1 100	20	
日本	120	15	4

1. 过去的40年里欧洲的猪肉消费量翻倍。

2. 总的肉类消费中,猪肉的消费量:丹麦是65%,北美是35%。

3. 一些国家猪肉的消费量接近饱和。德国的猪肉消费量与英国的肉类总量消费相当。

4. 荷兰和丹麦生产的猪肉比自给量还要高出200%,是主要的出口国。英国为70%自给,是主要的进口国。北美和日本也是重要的猪肉进口国(后者的猪肉进口主要来自中国台湾)。欧盟的猪肉量可以自给(100%)。

5. 欧盟的猪肉消费量为1 400万 t,英国每年消费140万 t猪肉和熏肉。英国的肉类消费如下(×10⁶ t):牛肉和小牛肉1.0;羊肉和盖羊肉0.4;猪肉和熏肉1.4;禽肉1.1。猪肉和熏肉的人均消费水平为每年25 kg。与此相比,欧盟的肉类消费量的43%为猪肉,肉类消费总量比英国的要多。英国:80万头母猪每年产约1 500万头猪,生产100万 t猪肉。英国可达到70%的自给,剩下的40万 t靠进口补充。英国猪肉消费量的1/3是鲜肉,1/3是熏肉,1/3是加工产品和火腿。食品方面总收入相对较低,仅占消费者在食物支出中的12%,其中1/4用于肉类消费,肉类消费的1/3取决于猪的生产水平。有趣的是,非家庭消费猪肉量在增加(酒席、餐厅等)。

　　欧盟每人每年平均肉类消费量为5 kg羊肉(下降)、25 kg牛肉(稳定)、15 kg禽肉(上升)和40 kg猪肉和熏肉(上升)。欧盟的猪肉完全自给自足。其猪肉总产量为1 400万 t,主要的出口国家是德国、荷兰、法国和西班牙。欧洲地区拥有约1 200万头母猪用于生产。

　　以货币来衡量,猪肉价格比牛肉或盖羊肉低,与鸡肉和火鸡肉的价格相当。猪肉用途多样,可用于新鲜肉的加工、脆骨加工、熏猪肉、熟肉(新鲜熟化)、加工成品、肉酱、烤肉、多品牌香肠和熟食类等。

　　猪的饲料转化率很高(图2.3),而且,随着新生产技术的改进而发展。对消费者需求的猪肉和熏肉产品等级(图 2.4)的提高是今后猪肉生产扩大的主要方面。

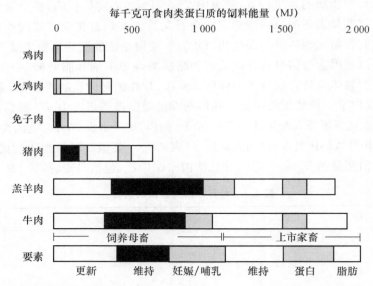

图 2.3   饲料转化效率(引自 Dickerson,G.E.(1978)动物生产 27,367-79)。

• 猪媲美肉类生产者
• 猪肉可以通过下面的途径进行更有效的生产:
  提高生长速度
  增加每天母猪育成数量
  降低脂肪产量

图 2.4   香肠是用天然的橡树木火烟熏制而成(西班牙)。在一些国家中,猪肉产品的多样性是提高肉类消费的最好方式。

质量保证

20世纪中叶,许多发达国家粮食短缺,需要节省进口量,国家政策对研发持续扶持以及进行粮食充足补贴,这大大地提高了牧场的农产品的出产量(包括猪)。那一时期的社会和经济环境促进了高产出和低消耗之间的整合。当时的畜牧生产环境促进了生产企业的集约化发展。生猪生产发展促进了专门生产单位采用环境控制、高饲养密度、限位饲养、疾病预防与控制、促生长添加剂、浓缩配方日粮和饲养管理制度。

科研单位和高校在政府的支持下,与牧场主和与农业有关的企业共同研制出一门适于现代化畜牧生产的学科:包括母猪圈舍、排泄物处理系统和平衡动物密集饲养副作用的化合物和药物方面,这些改进有效提高了猪肉产量。这种发展的目标明确,得到了政府政策制定者和群众(最终受益者)的支持。但是为了实现让贫穷国家更容易获得食物以及进口储备这些更紧迫的短期目标,一些影响可持续发展的不利方面已经在一些地方表现出来。

很多国家对畜牧生产进行调整的反应有3个来源:一是纳税人不愿意再为生产过剩买单;第二,既然食物供应充足,那么食物的质量和安全性应该放在首位;第三,肉类的生产要建立在可持续发展和环境友好的基础上,要考虑到动物健康和福利、对空气、土地、水的污染和不可再生资源的利用率,尤其是矿物燃料的利用率。

过去,动物产品食物中毒一般是由肠炎沙门氏菌、大肠杆菌和弯曲杆菌类(患病率几乎相等)引起的。最近几年鼠伤寒沙门氏菌在食物中的检出率降低。肠炎沙门氏菌主要存在于禽肉和蛋中,鼠伤寒沙门氏菌和大肠杆菌主要在牛肉中,弯曲杆菌类在多种肉和奶中都有能检出。

畜牧行业的高效绿色生产,就像目前所看到的那样,是通过两种力量推进的:①生产实践变化所需要的有效技术;②为遵守法律和良好农业生产规则,以及确保产品在市场上不被淘汰,畜牧生产者需要在生产实践中进行调整。

农场质量保证计划简介

最近的调查发现超过50%的食品消费者会关心动物的养殖方式,特别是畜禽的饲养方法,还包括激素和药物的使用情况。

很明显,家畜饲养者的行为是随着人们对畜产品的接受程度而发生改变的。畜牧生产者已经意识到饲养环境是要公开和独立监控认证的,这就形成了很多的畜牧业质量认证体系。一般而言,猪肉生产认证体系具有以下特点:

(1) 体系费用由生产者征税获得(通常以家畜存栏量为基础)或由参与体系的饲养者和肉类经销商资助。

(2) 畜产品在销售前贴注标签,向消费者展示产品的特殊性质和质量。

(3) 大多数质量认证体系都包含以下3项内容:

(a)产品说明书要符合一般标准和法律规定。这些法律规定通常与消费者的要求相关,如产品的含量、生产形式和质量、外观、味道、风味、组分、新鲜度、自然性、完整性和人工加工程度。

(b)特定性能标准的实现和最优操作章程:理应包含(ⅰ)动物福利;(ⅱ)饲喂、饲养、动物饲养管理方法;(ⅲ)健康与药物治疗;(ⅳ)饲料添加剂、药物和化学试剂的使用;(ⅴ)运输;(ⅵ)屠宰流程;(ⅶ)卫生保健;(ⅷ)从出生到屠宰的个体鉴定;(ⅸ)肉类加工;(ⅹ)废物处理程序和环境污染的控制;(ⅺ)独立检查及对操作和实施标准的监控,用于处罚任何不按规定实施的家畜生产者。

(c)食品安全是目前人类食品安全保证需考虑的一个中心问题。安全规划中首先要杜绝肉类中以"异物"为形式的物理污染,其次要避免化学污染。它们可能是存在于肉中的有毒物质、禁用物质(如外源激素生长因子)或药物残留。目前,食品安全外观评定是指传染病经动物感染人的概率。成年动物的主要传染病是结核病、大肠杆菌病(O157)、海绵状脑病、沙门菌病、李氏杆菌病、旋毛虫病、布氏杆菌病、隐孢子虫病和弯曲杆菌病。在这些疾病中,旋毛虫病、沙门菌病和隐孢子虫病在猪中是很常见的。旋毛虫病在欧洲猪群已被根除,隐孢子虫病可能是由水污染引起的。是否患有沙门菌病(通常为伤寒)是目前确定是否安全的重要指标。尽管疾病从猪传染到人的病例不常见(在丹麦,经猪感染人的沙门氏菌病仅有 80 例),但人们希望所食用的肉类中无沙门氏菌污染。作为广泛存在的生物体,沙门氏菌不能从环境中根除,但是可以从猪群中消除(或者保持在较低的水平),圈养猪比散养猪更容易实施这一措施。在屠宰场用酶联免疫吸附测定肉汁表明,15%~25%的欧洲猪患有沙门氏菌病,但这并不表明它们携带病菌,也不能说明其存在危险,但是可以说明在一定时期内养猪环境中存在病菌。这种状况表明大多数猪群完全不携带病菌,一部分猪群携带少量的病菌,极少的猪群携带大量的病菌。这意味着安全规划的目标是减少携带大量病菌的猪群,通过这样的措施就可以肃清整个猪群的病菌。屠宰场用酶联免疫吸附仪检测出携带有病菌的猪肉要返回出产地,然后兽医师通过测定粪便中的有机物来确定畜群中是否携带大量病菌,经检查呈阳性的应在牧场内指定地点进行根除,包括饲料、畜舍和患病猪。若多次都检查出牧场中存在病菌,要将其排除出安全规划的范围。通过这样的措施可大大降低猪场中的沙门氏菌。

目前,关于牧场安全畜产品是否应该经过检查,优质产品的定义或其符合的标准还没有一个明确的规定。但可以确定的是,如果牧场安全规划给一些家畜生产者带来投资负担,从这项规划中获得的额外利润将用来弥补其额外的投资。实现这个目标需要:①制定并执行优质产品的定价措施;②提高产品销售量。一些牧场安全规划有利于畜产品高价出售的生产者,对垄断产品销售的生产者不利;一些安全规划的目的是防止产品销售额下降;而另一些生产者的目标是通过进口畜产品或非畜产品来提高产品营业额。在第一种情况下,生产者应在安全标准的监控下进行贸易,在第二种情况下,有必要使大多数生产者都遵循这项规划。

个别零售商可以为消费者提供"牧场安全保障"和"常规"的畜产品,并且在这两种产品间制定价格差。零售商这种方案的实施可能在一些商店中会发展成一种策略,他们仅储备"牧场安全保障"畜产品,从而造成社会舆论即储备其他畜产品达不到一定质量标准,而零售商的任务是将动物生产导向动物福利和环境保护。事实上在完全"牧场安全保障"的环境中,个别产品虽然没有达到规定要求,但还是标有"绿色"标签。在这种情况下,产品必须达到严格的质量标准才能标上"绿色"标签,如:由指定的监督部门监督,严格执行操作标准大纲,履行与动物福利相关的规定,不能无限提高动物饲养密度,不能改变动物的自然生产过程。随着市场安全保障的不断完善,绿色猪肉变得越来越重要。

有机畜牧业的发展

有机农业有多种定义。它最初是在 20 世纪为了抵制人工耕作方式的发展而提出的,如使用无机肥料、除草剂、杀虫剂、抗生素和激素类药物,如今有机农业具有可伸展性,提高产品等级和环境保护力度的优点。环境的研究与当代的农业生产方式相关,反过来,环境保护也与传统的和有机的牧场操作方式相一致。1990 年市场上有机农产品增加,许多商店提供标"有机"农产品,这些农产品主要是水果和蔬菜,肉类等畜产品较少。有机食品在一定程度上是为了满足素食主义者的需求,而有机肉类可能是一种自相矛盾的产物。

低成本且大量牧草所获得的有机羊肉和有机牛肉并不困难,价格也不会太高。然而,有机猪肉的获取需要饲喂猪有机种植的谷物和蛋白质才能被人类直接消费。这样就会增加消费者消费的阻力,即使在一个有购买意识的环境下,也会造成消费者因价格阻力影响购买有机肉类的现象。然而有机肉需求量还是在缓慢地上升。现在销售的散养家畜畜产品主要是鸡蛋,但人们购买散养猪的猪肉的趋势也在上升。但是广泛的有机饲喂散养猪是不太可能的,粗放型养猪的趋势往往会集中瞄准关心动物福利的市场。

与此看来仅通过有机牧场实现与环境有利的畜牧业并不太可能,公众也许并没有认识到此种道德极端的必要性因而无法确保畜牧产品的绿色水平。从牧场规定中分离出有机牧场的规定是很重要的,这样能使有机牧场的优良环境更加持久;后者要求家畜生产者的饲养方法要从根本上与 20 世纪 70 年代和 20 世纪 80 年代的饲养方法不同。不管怎样,有机牧场并不能满足肉类产品购买者的需求。在较好的畜牧业质量保障体系下形成一种与环境敏感度更适应的标准以及更低更少的成本是有可能的。

猪肉品质

肥度

与羊肉和牛肉相比,解剖部位对猪肉品质影响不大。但背部和腰部的连接处(背最长肌)特别适合做鲜肉、烘烤和油炸,猪腿肉适宜焙烤,当然也可用作食品加工。适宜的分割方法(图 2.5)可以提高猪肉的产品的等级和消费量。目前使用的填料方法可以将胴体皮下脂肪修剪到所要求的水平,使用天然肌肉作为填料基础,生产出的产品可以满足当前需求,这样的肉也利于处理和烹饪。

不同国家对食用猪肉中脂肪含量的要求不同,但普遍趋势是希望降低脂肪的含量,这种需求则不可避免地与肉类关联起来。通常人们对瘦肉型猪比地方猪品种的需求量要高,如北美洲。在这种情况下,为受到人们的喜欢而使大量脂肪被修剪则是必要的。

在过去 25 年里猪肉品质的提高主要着眼于降低脂肪含量。通过营养需要量和对瘦肉型猪的选择使胴体瘦肉量越来越高。现在猪肉中瘦肉含量可以和禽肉相媲美,比羊肉和牛肉中含的脂肪量还要少。瘦肉型猪肉的脂肪含量确实会比反刍动物的低,同时油脂更多的存在于亚油酸中(多不饱和脂肪酸)。因为动物中脂肪含量降低,与肌肉相连的脂肪组织中水分含量会上升。通过测量 P2 点皮下脂肪厚度(mm)来衡量猪的脂肪含量,则切开的脂肪组织中水分含量约为 35～1(P2)。

图 2.5　适宜的分割技术能提高产品等级,扩大消费者的选择范围(来源:英国肉类和家畜委员会)。

随着脂肪量的降低,脂肪组织会变得松软(由于不饱和脂肪酸比例的增加)和湿润。软脂肪在人体内易于消化吸收。然而,通常情况下猪肉在出售时如果带有脂肪,无论是新鲜的还是经现代工厂化工艺加工过的,软脂肪都不被人们所接受。软脂肪的适口性不好,它不但增加了切片和包装的难度,而且还降低了猪肉的储存期。

肌肉本身(肌内脂肪或大理石纹状)和皮下脂肪这两种脂质储存方式有一定的差别,后者是猪体内脂肪储存的主要场所。肌肉中多不饱和脂肪酸含量高于皮下脂肪,这是因为除了脂肪细胞中的脂类(二者组成相似),肌内细胞膜上所含的磷脂也是高度不饱和的。若背膘中亚油酸的含量超过每千克脂肪含亚油酸 150 g,则可能形成软脂。然而,瘦肉型猪和高能日粮饲喂(高脂肪)使亚油酸的含量不断上升,目前亚油酸含量在 200 g/kg 已经很常见了,而这一数值在 20 世纪 70 年代仅为 100 g/kg。肌肉中的软脂本不存在问题,但不饱和脂肪(酸)含量过高将使这种脂肪易于氧化从而缩短储藏期。

无论性别或品种,猪的皮下脂肪都是与瘦肉相互关联的,尽管公猪比母猪的脂肪更趋向于柔软,甚至在同一脂肪水平上。通常,猪的脂肪中包含约 40％的 C18：1、13％的 C18：2 和 1％的 C18：3。日粮中不饱和脂肪酸,尤其是亚油酸(C18：2)取代硬脂酸(C18：0)后,会影响脂肪在体内的沉积方式,并使其更加柔软(图 2.6)。猪脂肪中亚油酸的含量及其松软度也与特定脂肪的沉积(以 g/天表示)相关。每天沉积 50 g 脂肪则组织脂肪酸将包含约 15％的亚油酸;而当每天沉积 200 g 脂肪时,组织脂肪酸将含 10％亚油酸。考虑到猪脂肪中不饱和脂肪酸的含量相对较高,那么日粮中添加大量抗氧化剂——维生素 E(100～200 IU/g)能防止脂肪在加工过程中的氧化。脂肪中不饱和脂肪酸含量高会引起肉质酸败,降低猪肉保存期限。

　　猪肉过瘦也可导致脂肪变成网状并与瘦肉分离(图 2.7)。当包装工人需要在肉块上保留一些脂肪时,如熏肉,那么分离脂肪就会成问题。仅有瘦肉的带骨肉出售时不会存在脂肪分离这种问题,比如包括背最长肌在内的猪瘦肉。

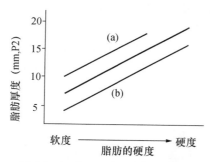

图 2.6　脂肪厚度对脂肪质量的影响:曲线(a)猪日粮中含有大量不饱和脂肪酸如亚油酸,(b)表示猪日粮中不饱和脂肪酸含量很低。

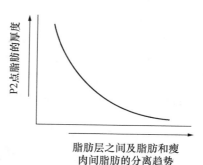

图 2.7　随着脂肪厚度降低,脂肪分离越容易。

　　背膘厚(通常在 P2 处;图 2.8 和图 2.9)通常是猪胴体质量评定的主要标准。在一些屠宰场,脂肪(肌肉)厚度的自动多点测量已经能代替单点测量,利用电分级探针来测量胴体长度,以对胴体脂肪和肌肉含量作为估测结果,测量精度有所提高。目前,整个胴体的电磁扫描和多个测量点的超声波扫描目前已经应用,但是否这样就能使胴体即时处理速度更快和瘦肉估计量更精准带来的利益高于设备本身需消耗的和额外的费用,我们还并不清楚。消费者在购买猪肉时,皮下脂肪的厚度直接决定着购买者对肉品质的感官评定,而当肉在出售前进行适当的修剪和加工后,皮下脂肪的含量就显得不那么重要了。

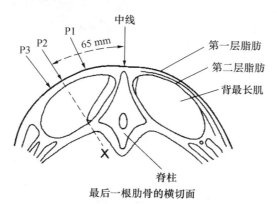

最后一根肋骨的横切面

图 2.8　在最后一根肋骨处分别距脊中线 45 mm(P1)处,65 mm(P2)处和 80 mm(P3)处利用内置式探针进行测量。×表示利用 Fat-o-meter 和 Hennessy 分级探针测量背最长肌的位置,Hennessy 分级探针能够同时测量脂肪和肌肉的厚度(见图 2.9)。

　　绝大多数胴体分级可以通过一个简单的探针对脂肪厚度的测量来完成(或在胴体切口边缘用尺子测量)(图 2.8),或者通过测定光在脂肪和肌肉接触面两侧的光反射率来鉴定(图2.9)。这两种方法在价格、精确性和简便性上具有很大的优势。超声(声音反射率)或全身电磁扫描(TOBEC)是更为先进的方法,这些依赖于肌肉电传导性的方法优于依赖脂肪电传导性的方法。目前更多的关注放在一系列超声扫描系统绘制的整个胴体三维图像上,可以通过图像利用回归方程计算瘦肉在整个胴体中所占的比例和肌肉的类型以及脂肪的厚度。这些测量系统相似,可以对特定的猪品种类群和屠宰重进行校准。X光电脑成像技术(CT)是利用多维测量合成体组织的 X 光影像,通过胴体断面图谱的形式显示软组织结构,进而分析脂肪和肌肉的组分。这是目前正处于试验阶段的用于活体测量胴体组成的试验设备的一部分。最终将上述方法是用核磁共振(NMR)技术来鉴别肌肉、脂肪、水分和骨的分子结构并以此建立视觉影像。目前,核磁共振技术尚未应用于农业领域。

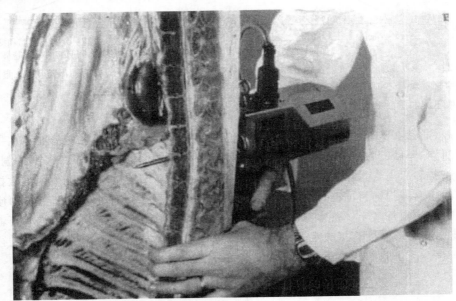

图 2.9　利用探针测量 P2 点脂肪和肌肉的厚度(来源:英国肉类与家畜委员会)。

瘦肉

在购买时猪肉进行有效的分割,用肉色、系水力和硬度等来明确定义猪肉品质。

在欧洲,大约 8% 的猪胴体会被鉴定为苍白、柔软、渗水肉(PSE),这种情况的严重性并没有大大降低人们对猪肉的认可度,但是其中有 4% PSE 肉的保存和加工潜力降低,而且新鲜肉中的水分减少,嫩度缺乏。通过从宰后的眼肌进行游离水滴落(滴水损失)的测定是一种直接测定 PSE 肉严重性的方法。PSE 肉的发生率在不同的屠宰场是高度可变的,有些工厂的 PSE 肉发生率高达 25%。生猪的宰前管理和运输与宰后 PSE 肉发生率有着密切的关系。

有些猪品种本身对于 PSE 肉具有易感性,这与肌肉发达程度以及神经过敏性相关。皮特兰猪 PSE 肉的发生率显著高于杜洛克猪和大白猪。这与一个单基因有关(所谓的氟烷基因),通过血样能够鉴定出来。目前,许多国家已能控制这种基因的存在,其中有些已经能彻底剔除这种基因,这对猪的福利和肉品质具有可观的效益。

活猪的肌肉呈现鲜红色,pH 为 7.0 左右(图 2.10)。而屠宰后,热胴体的能量代谢使肌肉的 pH 降低(肌糖原代谢为乳酸),进而颜色也褪为粉红色,呈现多汁性。通常 pH 是逐渐降低的,在宰后 24 h,最终约达到 5.5。然而,如果肌肉的代谢活性延长,或者非常迅速,那么 pH 在宰后 1 h 或刚屠宰完就会降至 6.0 以下,而不是一般宰后的 4~6 h。肌肉组织会迅速酸化并使其颜色苍白、质地柔软并渗出汁液。

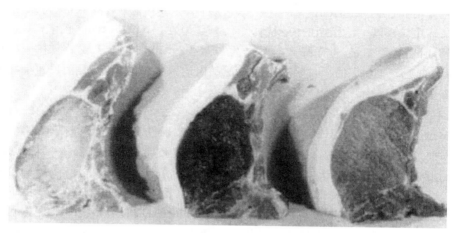

图 2.10a　肉质评定。图中分别为苍白、灰暗与正常肌肉。左侧和中间的肉质较差;其中左侧为苍白、柔软、渗水肉(PSE)(来源:英国肉类与家畜委员会)。

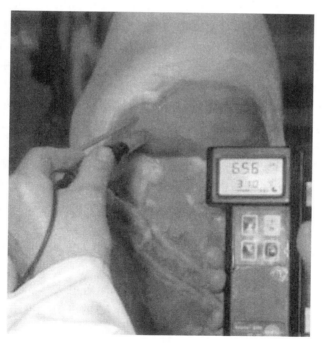

图 2.10b　通过测定腿部 pH 来衡量猪肉质量。定期的 pH 监控有助于改善肉质。

　　肌肉变白是显而易见的,就像增加了"光泽"一样。因此,光学反射率的测量可以对 PSE 肉的发生率和严重程度给出可预见的读数。PSE 肉是可溶性蛋白沉淀的结果,当能量耗尽时,肌纤维细胞膜渗漏,富含乳酸的肌内液从肌纤维中渗出。携带隐性纯合氟烷基因的猪以及宰前受到应激的猪中一般 PSE 肉会增加(即强烈应激)。一般而言,如果酸化迅速发生、宰前 45 min pH 低于 5.8,正常 pH 评价为 5.8～6.4,都会增加 PSE 肉形成的可能性。

暗红、坚硬、干燥的猪肉(DFD)平常很少见,可能是由于从猪场到屠宰场的运输环境差以及受到刺激时消耗肌糖原造成的。宰后 45 min,这种肉的 pH 不会降低,保持或略高于 6.5,最终 pH 保持在 6.0 以上。长期的应激消耗肌糖原,但在屠宰的时候可能由于宰杀放血不充分,引起屠宰时肌糖原不足,进而导致乳酸的生成量少,由此使得 pH 较高。在一些更糟的情况下,这种猪肉是不能食用的。再轻一点的情况是肉的风味虽下降,但是肉质可能相对柔软一些。高 pH 会导致肉的细菌性腐败。

PSE 肉的产生有两个原因:一是处理不当和应激,二是猪的遗传因素。猪在应激条件下,互作使敏感型猪有很高的 PSE 肉发生率,如果是无应激条件下的 PSE 肉产生比例将减半,甚至是高度敏感动物。PSE 肉的发生与氟烷基因的基因型高度相关。猪应激综合征(PSS)是由氟烷基因引起的,极易产生 PSE 肉。但是如果猪的饲养条件恶劣,在宰前或屠宰过程中产生应激均易产生 PSE 肉,从而降低肌肉品质。尤其是在运输过程中或是在即将屠宰时混入新的猪群时应激最强烈。猪舍应该较小,如果条件好的话,到达目的地后 1～4 h 屠宰可获得较好的屠宰效果,高效、短途的运输有利于猪的屠宰。热水淋浴有益于减少宰前应激。

一个对猪肉嫩度很重要的贡献是在蛋白水解酶的作用下肌纤维结构降解的熟化/调节过程。将腰腿肉储存于真空包装中并在 1℃ 下冷冻储存 10 天,期间通过专家评估组或物理检测表明猪肉的嫩度显著改善。对宰后起重要作用的一组蛋白水解酶是钙蛋白酶。这些酶通过肌肉生长过程中的合成分解循环对动物生长也有积极作用。钙蛋白酶抑素是钙蛋白酶体系的抑制因子,最近的研究表明,宰前受应激激素(如 β-肾上腺素激动剂)的影响其水平增加。虽然还未得到证实,但这足以证明应激动物易产生坚硬且苍白渗水肉的原因。

电击或二氧化碳可以使猪致昏,其目的在于减少颈动脉放血的屠宰方式给猪带来的痛苦。电击后动物会在昏迷 30～60 s 后苏醒,因此应当在电击后 15～25 s 放血。苏醒的标志是呼吸和触摸眼睛有眨眼反应。电脉冲由头传遍全身(而非只击中头部)导致心脏停搏,因此动物可能已被杀死;但这一方法可能导致骨损伤的概率增加,产生出血点而使胴体失去价值。此外,还可以利用 60 s 的二氧化碳(70% CO_2)使猪昏迷(麻醉),此后可使动物在空气中保持 40～60 s 的松弛状态。这一方法在丹麦比较多见,但一些观点认为此法可能导致应激和急促呼吸引发的惊厥。

低压致昏使用 50 Hz 交流电;高压致昏则使用 100～1 600 Hz,后者出血量和四肢损伤均较小。致昏主要是通过电流来实现的,也就是电压/电阻。电阻越大则电流越小。如果电夹正确放置于头的两侧耳的前下方,电阻通常约为 1 500 hm,若电夹错误的交叉于耳后的脖子处电阻就会增加。低压(50～100 V)产生 0.5 A(500 mA)的电流。电击 3～7 s 后(有时推荐 15 s 以确保击昏),将产生 30 s 左右的昏迷。欧盟可能将最低标准定为 1.3 A,这就意味着电压将达到 240 V 或更高。目前推荐使用高压致昏(高达 600 V),这必然需要使用致昏系统,也必然会引起心脏停搏。考虑到电流强度在电击致昏全过程中的重要性,电压和电流所产生的益处是显而易见的。

电压越低就要求通电的时间越长,当通电时间超过 8 s 时,PSE 肉产生的概率可能就会增加。通常使用 150 V 电压,电流提高 0.5 A,通电 8 s 效果很好。但是快速致昏要求更高的电压(如 210 V 电击 3 s)而且电流强度升高至 1.3 A。利用手持型电夹在输送槽末端使猪在行进中被击昏的效果要比将猪集中于专门的房间内进行击昏的效果好。不同屠宰厂中,猪在运输和应激的影响下对 PSE 敏感性的差异见图 2.11。氟烷阳性个体(nn)产生 PSE 肉的概率(未必发生)为 50%,阴性的(NN)为 10%而介于两者之间的(Nn)为 20%。

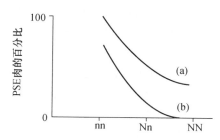

图 2.11　氟烷基因对 PSE 肉的影响。nn 是氟烷阳性,NN 是氟烷阴性,Nn 为杂合子。曲线(a)表示生产条件较差的屠宰场,曲线(b)则表示条件较好的屠宰场。

　　宰前应激会增加猪的死亡率、降低胴体产量并且可能严重影响肌肉品质。从牧场运输至屠宰场的最佳运输时间为 3 h 以内,且途中不能停车,但是在英国,20% 的猪在装车后 18 h 内无法运抵屠宰场。装车至屠宰期间 0.1% 的死亡率是允许的,但某些情况下这一比例会达到 1%,这无论是从动物福利还是从经济效益的角度来看都是不可取的。猪装车前禁食将会造成胴体产量和肝重的损失。理想状况是猪在运输前 6 h 饲喂,然后可以从饲喂到屠宰之间有 12 h 间隔的良好条件。北欧的猪场数量仅为 20 年前的 20%,随之而来的是从牧场到屠宰场的运输距离增加。这是一个不利的趋势,猪场数量减少但其规模要比以前大得多,同时猪的生存条件则随之恶化,造成应激的因素增多。强应激条件下将会引发猪应激综合征(PSS)和产生 PSE 肉。长时间的应激将会导致 DFD 肉的产生。目前北欧,具有 PSE 症状的猪可能达到 10%。这种情况在条件差的屠宰厂可能更为严重。当然,应激敏感型(nn)猪发生的概率高而在良好条件下饲养的猪发生的概率要低一些。

　　运输和屠宰场的最佳条件主要有以下几个方面:

- 运输前或运输途中不要混合猪群;
- 运输前一天应做好标记;
- 装车前 6 s 饲喂;
- 装车坡道坡度小于 20%;
- 运输工具应通风良好;
- 每 100 kg 猪在运输车辆中所占面积至少为 0.4 m²;
- 运输时间不超过 3 h 且中途不能停车;
- 猪在围栏中停留时间少于 3 h;
- 狭长的围栏地面应铺沙且每 100 kg 猪应占的面积为 0.7 m²;
- 围栏应通风良好;
- 从上方给猪淋浴(使猪保持安定和清洁);
- 将猪分成小群(5～12 头),使之缓慢便捷地移动;勿用电棍等驱赶;
- 电击昏前动作应小心谨慎;
- 用自动机械传送而非手工驱赶。

有尚未被证实的观点认为快速生长的瘦肉型猪白肌纤维的比例高于红肌纤维。改良品种肌的纤维80%为白肌,而野生型仅为30%。白肌纤维表现为较低的运动机能,肌纤维较粗,肌内脂肪含量少,易产生乳酸,但因血液供给量少,所以产生的乳酸向外运送的能力较差。这些特征目前已提出,但尚未得到充足证实,肉的风味和嫩度降低,相应的PSE肉产生的危险性升高。瘦肉型猪肉质的改善是目前育种和饲养工作的主要目标,但现在的问题在于脂肪的沉积是由遗传选择决定的。

虽然深色猪肉会产生不好的影响,但在像日本这样的国家里深粉色比白色猪肉更受欢迎。据说杜洛克猪和巴克夏猪的肉中含大量红肌纤维能够提高食用价值。而另一些国家的观念正好相反,并且称猪肉为"另一种白肉"(暗指鸡肉)。

使猪肉的皮下脂肪和肌间脂肪的含量达到一个合理的低水平(猪肉品质的首要条件),下一个目标是将肌内脂肪维持在1%。肌内脂肪含量直接关系到瘦肉的食用价值。众所周知的牛肉和羊肉中的这种现象在猪肉中也同样适用;图2.12表示经改良的白猪的变化情况。猪的遗传改良使猪肉中脂肪含量明显减少,多年来似乎发现这样会使肌肉嫩度有所降低但不能接受(表2.2),主要是与消费者对瘦肉的要求还有一定的差距。由于猪体内的脂肪主要储存于皮下,瘦肉型猪肌内脂肪仅增加了0.5%,而脂肪型猪增加了约3%。就一般而言,100 kg活重P2处背膘厚为8~14 mm猪的肉质最好。少于8 mm则瘦肉品质下降,而多于14 mm则肉太肥。肌内脂肪含量在0.5%~3%对猪肉肉质、嫩度和风味的改善效果最明显。脂肪含量多于3%影响口感,而少于1%则降低了肉的嫩度,并且肉中残留有青饲料的味道。当P2处背膘厚度少于8 mm时说明猪肉肌内脂肪含量低于1%。最新研究表明,即使肥胖相同,自由采食的猪与限制饲喂的猪相比肉质鲜嫩多汁而且生长速度快。这主要是由于肌肉中蛋白质分解与合成的快速循环。蛋白水解酶(包括钙蛋白酶)的活性高可能使肌肉在宰后更容易嫩化。这种情况下所有的猪脂肪含量都较低,尽管自由采食的猪比限饲的猪要胖一些,而这是因为前者较后者的采食量要大。

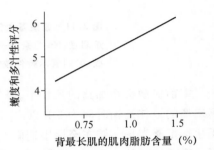

图 2.12 瘦肉组织中脂肪含量与肉质呈正相关。肌肉样本中脂肪含量较低的来自欧洲杂种猪。

表 2.2 脂肪含量与嫩度。

年份	胴体瘦肉率(%)	胴体脂肪率(%)	背最长肌脂肪含量(%)	肌肉风味和嫩度评分(1~5)
1960	40	40	2.5	3.5
1975	50	30	1.5	3.0
1990	60	20	1.0	2.5

有的消费者不同于一般的喜好鲜嫩瘦肉的消费者,他们更注重肉的脂肪含量和风味。他们在购买瘦肉时认为肌肉微硬是影响肉口味的负面因素。宰后处理、加工和烹饪技术是决定猪肉产品品质的重要因素。在肌肉还有收缩能力时(宰后5 h以内)将胴体迅速冷却至10℃以下引起肌肉缩短。这是所有导致猪肉肌肉僵硬的主要原因。这种情况可以通过让胴体在冷却前接受电刺激来克服,使肌肉耗尽其能量储备而不能在低温下发生收缩。这种方法通常

用于肉牛屠宰场而不是生猪屠宰场。在生猪屠宰场使用较普遍的方法是在冷却初期从臀部（骨盆处）将胴体悬挂。这种方法使易受损失的腰部和腿部肌肉拉伸以防止其收缩。将熟化的时间由 1 天延长至 10 天还可以在蛋白酶的作用下改善猪肉的嫩度。最近研究表明，卤汁不仅能够使肉多汁还能改善肉的嫩度，这主要原因是保存肌肉结构间的水分——最佳食用价值最重要一方面。最后，消费者的烹饪技术极大地影响肉的食用价值。低温（半熟）使肉鲜嫩多汁，而高温（熟透）则会使肉变得更鲜嫩。最终烹调的温度可能是所有这些宰后影响因素中最重要的。

　　我们感兴趣的是用专门的品种或杂交组合作为终端父本应用于高食用价值猪肉的生产。例如，在美国和欧洲，杜洛克猪和汉普夏猪作为父本与大白猪和长白猪的杂交母猪进行杂交以提高猪肉品质。杜洛克猪在强壮程度和骨骼大方面有突出的特点，但在产仔数方面不如白色猪种。杜洛克猪的火腿形状不理想，易于肥胖且生长速度慢，但其肌内脂肪含量（大理石花纹）为 2%～4%，高于白色猪种（1%～2%）。肌内脂肪含量的增加可以使肉质更加鲜嫩多汁，口感更好。据估计，白色猪种的大理石花纹的百分率＝0.1×（P2），而杜洛克猪相应的系数是0.2。大理石花纹是一种可遗传的特性，遗传测定可使新品种的大理石花纹高于杜洛克猪（该方法还未应用于实际生产）。

　　肌内脂肪含量（大理石花纹）的提高可以通过生长后期至宰前这段时期增加脂肪沉积量来实现。在此阶段，减少日粮中蛋白质或赖氨酸的含量同时增加能量浓度能够刺激肌肉中脂肪细胞的生长。最近布里斯托（Bristol）的实践表明，仅在屠宰体重达 100 kg 前 20 天改变日粮的效果就非常明显。皮下脂肪的增量较肌内脂肪少且对屠体等级不会造成不利影响。

　　任何品种的猪，只要增加其肌内脂肪含量，其肉质的口感都会改善的说法还有待进一步的验证。肌内脂肪含量高的鲜肉食用风味好的说法还有待证实。一些研究表明肌内脂肪含量对肌肉的鲜嫩多汁起着重要的作用，但最近的一些研究提出了不同的观点，认为肌内脂肪对猪肉的鲜嫩多汁的特性影响不大。这些相左的结论也许是由于研究的猪种不同或猪肉品尝专家不同造成的。

　　究竟是通过营养层面还是通过遗传选择的方法来提高肉中脂肪的质与量尚在探索之中。当然，营养条件对所有的脂肪都有影响，而遗传因素对脂肪沉积位置起重要的促进作用。此外，遗传选择对改善肉质鲜嫩多汁的特性的速度显然不可能很快；但这些肉质特性可以通过正确的选择饲料、适宜的屠宰重量和日龄、宰前-宰中-宰后处理以及出售前的熟化分割和加工得以改善。

　　较低的烹调温度有助于提高猪肉的嫩度和多汁性，但对风味没什么影响。烹调温度的重要程度是一些影响猪肉食用价值的因素的两倍，例如杜洛克猪为终端父本的肉猪、高水平饲养或是宰后 10～12 天的熟化条件。电刺激与悬挂和熟化均对肉的嫩度有促进作用；但烹煮过度导致肉质变得坚硬。

　　在当今的工业化国家中，超市销售的猪肉量在猪肉产品总销售量中占据很大比例。它们对猪肉品质的要求除了肥瘦、风味和嫩度之外还另有其他。尤其是对生产方式和质量的评定已取代过去的对质量和价值的感官评价。超市销售者为了迎合消费者对猪福利状况的注重，对养殖方式、圈舍条件、猪的繁育和饲养、日常健康与卫生、患病情况、不使用饲料添加剂和生长促进剂、运输及宰前条件、致昏方式的有效性、胴体加工处理和加工条件等方面对生产者都提出了相应的要求，目的在于提高质量保证以满足超级市场对产品的特别要求。总之，超市已经对猪肉生产的全程监控有所涉及。此外,随着生猪瘦肉产量的增加,生产者正将注意力集中于通过猪饲料的处理改善猪肉风味和营养价值。这一个特定课题日渐成为猪营养研究的热点领域。

除了 PSE 和肌内脂肪含量外,其他已知与遗传控制有关的猪肉品质影响因素还有加工猪肉产量和公猪膻味。加工猪肉产量受 RN(Rendement Napole)基因的影响,该基因最早在汉普夏猪中发现,携带该基因的猪肉 pH 较正常猪低,猪肉系水力低。

20 世纪 90 年代初期,英国肉类与家畜委员会首次提出了一项集遗传、饲养和加工等因素于一体的肉类品质改善计划。随着更多的与肉类品质相关的重要影响因素的发现,这一计划需要进一步的完善、更新。与英国相同,世界各国对计划的原则都持认可的态度。

控制肉质重要的非遗传因素如下:

- 增重改善猪肉嫩度。
- 偏肥胴体的猪肉食用价值略高。
- 宰前应激造成 PSE 肉(急性)或 DFD 肉(慢性)的产生,并降低肉的嫩度(钙蛋白酶抑素增加)。
- 迅速冷却使肉变得坚硬——通过电刺激或胴体倒挂进行消除。
- 将熟化时间由 1 天延长至 10 天可改善肉的嫩度和风味。
- 低蛋白日粮可增加肌内脂肪含量以改善肉的多汁性。
- 对日粮脂肪酸组成的处理影响脂肪的硬度。不饱和脂肪酸含量高则脂肪软,而饱和脂肪酸(如棕榈产品)则使脂肪变硬。

完全公猪肉

未去势(完全)公猪脂肪含量较少。脂肪中,公猪(较瘦的)肉的多不饱和脂肪酸含量较高,这是健康的特征。一种欧洲改良品系体重达到 90 kg 时,未去势公猪体脂含量为 10%～12%,而阉公猪体脂含量为 16%～18%。这一现象使增重速度快的未去势公猪在熏肉和猪肉生产方面具有明显优势。如果未去势公猪生产每千克瘦肉的费用设为 100,那么阉公猪为108～116。

世界上许多国家曾经认为去势和未去势的公猪宰前的销售是没有差别的,另一些国家几乎对所有的公猪进行强制去势。在英国和西班牙,几乎所有用于产肉的公猪都不去势,而德国则都是去势的。英国公猪无论是用于鲜肉还是腌肉生产,眼肌面积较大而脂肪薄。基于生产实践一般认为,用于产肉的未去势公猪的屠宰体重应小于 110 kg。过去 20 年,在世界范围内终止了对肉猪的阉割并屠宰重小于 100 kg,如今又受到了阻碍,这主要是出于消费者对公猪膻味的担心。

在不进行麻醉的条件下对哺乳仔猪(1～2 日龄)进行去势,遭到了公众日益激烈的反对。欧洲的部分国家禁止在没有兽医监督和麻醉的条件下对猪进行去势,而且欧洲食品安全局目前正建议欧盟委员会在欧盟国家推行该法案。减少公猪膻味或对其进行处理是亟须的。

事实证明,未去势猪不能提供高品质的猪肉。尽管去势公猪较肥且经济利益较少,但其不仅能够提供更大的胴体而且肉质鲜嫩风味好。

公猪膻味是由于睾酮代谢产物雄烯酮的富集和大肠发酵产生的粪臭素引起的。粪臭素是色氨酸在肠内被细菌分解所产生的一种吲哚类物质。

当体脂中雄烯酮的含量大于 1.0 mg/kg，粪臭素含量大于 0.25 mg/kg 时，猪肉在烹调和食用的过程中都会产生令人不悦的气味。对这样公猪数量的判定存在很大的变化，从 5%～30%不等，这主要取决于基因组成和提供数据的国家。

最近的研究解释了在一些公猪体内发现雄烯酮和粪臭素含量很高的原因。肠道中的粪臭素是肝脏在低血和低脂肪水平下代谢的产物。然而，在一些公猪体内，尤其是梅山猪，相关的酶 P4502E1 含量较低。这种酶被雄烯酮所抑制，因而个别个体或品种体内睾酮和雄烯酮的循环量高，这表明脂肪组织联合雄烯酮循环可减少粪臭素的降解，并使之达到一个更高的水平。这对公猪膻味的遗传控制知识有望促成基因水平的遗传测定。

猪肉膻味的发生率确实与粪臭素的含量、猪体被粪尿污染的程度（接触粪尿的面积及时间）、猪圈中粪尿的多少以及环境温度有关。因而，低圈养密度、洁净圈舍和较低环境温度能够使公猪产生较少的膻味。

公猪应当只出售给有严谨契约管理的猪肉屠宰场和加工企业，契约上包括可以保证猪快速和持续生长、并在健康清洁的生产环境里提供高水平饲料的生产者。不符合这些最低要求的猪肉则应当从熏肉和鲜肉市场上撤离，用于其他猪肉产链中。

在澳大利亚，对公猪促性腺激素释放激素（GnRH）进行免疫，该激素可减少睾酮的产生并减少公猪膻味。这似乎是一种在不损害高生长效率和瘦肉特性条件下减少未去势公猪膻味的行之有效的方法。然而这并非 100%有效，并且在禁用生长激素的欧洲似乎是行不通的。

其他的减少公猪膻味的方法，如改变日粮组成从而改变后肠发酵特性以减少粪臭素的产生。这包括用糖蜜处理的甜菜饲料——一种提供纤维的发酵物。在英国的传统屠宰体重相对较小可能是比其他国家产生较少膻味问题的原因之一。减少膻味的另一途径就是降低屠宰体重。但体重与雄烯酮-粪臭素复合物间关系的研究并未明确。

在丹麦，一项先进的针对粪臭素的抽样和测量系统已被开发。但检测速度稍慢并且不能检测雄烯酮。若干种不同的"电子鼻子"装置用于识别有膻味的胴体，但在屠宰场中应用尚不够成熟。被检测出膻味的胴体则直接用于肉制品加工而不是用于鲜肉生产，但并没有一种加工方式能够完全掩盖膻味重的肉。

膻味不同于腐臭、汗臭、脏臭或樟脑丸味；也不同于由于食材造成的膻味。日粮中鱼油的含量高于 1%时产生鱼腥味，而当多不饱和脂肪酸含量较高时则产生脂肪氧化的哈喇味。脂肪酸是影响肉气味的主要因素。

膻味是影响未去势公猪肉质的主要因素。过瘦猪肉存在脂肪组织的分裂与分离问题。即使在脂肪厚度相同条件下，未去势公猪脂肪更软且黏合性较差，这些问题依然都可以通过营养的途径来解决。

考虑到未去势公猪有较高的生产效率以及猪的福利问题，值得注意的是，更多的国家还是不推崇英国式的非去势公猪的生产方式。不管怎样，如今更多考虑关系到去势公猪有较大的屠宰重和更好的肉质，英国非去势公猪的生产方式可能无法推广。另外，避免早期去势与福利之间并无显著关系。未去势公猪在体重 75 kg 以上彼此之间容易感染疾病，当性成熟时具有攻击性使其更易受伤。

体型和多肉性

一些猪具有典型的短而结实的"肉系型"体型,比其他类型的猪产肉量高。这些猪通常(但不是一定)携带"氟烷"基因,这样命名是因为一些动物对麻醉剂氟烷有反应。出现这种情况时,对氟烷的这种反应可以用来作为肉用型和多肉性的一种标志。遗传检测能有效鉴定出氟烷基因携带者。不同猪种群中氟烷的反应水平不同(表 2.3),而且在同一品种不同品系之间也不相同。40%~70%的品种和杂交组合含有氟烷基因,它的存在伴随着以下特征:

*   胴体瘦肉率大约高出 2.5 个百分点;
*   屠宰率大约升高 1%;
*   胴体长度大约减少 10 mm;
*   大约 25%的胴体成为 PSE 肉(正常的猪为 5%,氟烷阳性猪的纯合子为 25%);
*   每窝断奶仔猪减少 1~2 头;
*   食欲降低 10%~20%;
*   生长速度降低 10%~20%;
*   水分丢失增加;
*   背最长肌面积更大(活重为 90 kg 时 P2 点增加 5 cm^2,达到 45 cm^2);
*   测定部位的背最长肌肉厚度增加 12 mm;
*   腿肌更大,更圆,肉更多(外形评分增加 20%);
*   骨头减少;
*   生长/肥育阶段的死亡率升高(为 10%,与一般的死亡率为 2%相比较)。

表 2.3   氟烷基因的发生率与应激敏感性、多肉性和短而结实的体型特征相关[1]。

品种[2]	发生率(%)
大白猪 杜洛克猪 汉普夏猪	0
挪威长白猪 丹麦长白猪 英国长白猪 瑞典长白猪	2~25(不同品系间有差异)
荷兰长白猪 荷兰大白猪	20~50(不同品系间有差异)
德国长白猪 比利时长白猪 皮特兰猪	70~90(不同品系间有差异)

1. 目前可以利用 DNA 检测技术挑选出阳性猪群中携带氟烷基因的个体。因而可能在所有猪群中获得不含氟烷基因的个体,用它们来进行严格的检测并根除这种基因。

2. 品种的界定不再能对猪的类型和遗传构成进行适当的描述。例如,在一些大白猪品种内存在一定比例的氟烷阳性个体。许多育种公司的品种有多样性的基因来源,不符合品种的界定。这些品种界定与动物的生产用途和使用环境关系更大,而并不是根据其品种或者其基因的组成情况。

　　纯种比利时长白猪、皮特兰猪和德国长白猪的一些品系优于大白猪,其瘦肉率高出 4 个百分点(胴体瘦肉率为 61%:57%,图 2.13),屠宰率高出 3 个百分点(76%:73%),胴体骨头较少且头较小(瘦肉与骨头的比例为 6:1 对 5:1)。由于肌肉增多和骨头减少,在给定的任何背膘厚的情况下,瘦肉型品系猪的胴体瘦肉比例高于一般的白色猪种。因此,单纯通过背膘厚来区分猪的经济类型是不科学的。尤其是用来包装加工的混合猪群,除了测量膘厚,还应该采取其他的测量方法来正确估计胴体瘦肉量。这些方法包括测量眼肌厚度,根据腿臀形状进行感官评分。图 2.14 说明仅根据背膘厚来估计瘦肉率的方法不科学。

　　氟烷阳性品种猪的其他特性包括窝产仔数(窝断奶仔猪数减少 10%～20%)较少,生长速率减缓(10%～20%),当受到应激时容易出现头部下垂(猪应激综合征:PPS),例如装货运输或在屠宰场猪栏里。

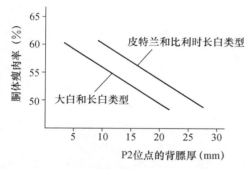 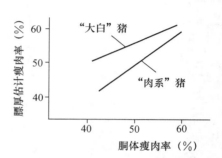

图 2.13　在给定任意脂肪厚度,肉用型猪的瘦肉率较高。它们的体形更加短而结实,肌肉更加发达,骨头的含量较少。当肉用型猪短而结实的性状基因纯合时,脂肪厚度相同时非脂肪组织的比例增加 4%。当这一性状拥有 50% 的杂合子时非脂肪组织的比例增加 2%。

图 2.14　"大白猪"和"肉系"猪的估计瘦肉率和胴体瘦肉率的比较。

　　肉用品系猪的体形特征(图 2.15)是短小结实而丰满,腿臀部呈圆形,后视图呈"ω"形而不是呈"n"形。短而结实多肉特征清晰的表现在腰围大小和眼肌(背最长肌)面积(图 2.16)上,活重为 80 kg 的纯种大白猪和皮特兰猪的眼肌面积分别为 35 cm² 和 40 cm²;活重为 100 kg 的两个品种猪眼肌面积分别为 45 cm² 和 55 cm²。相比之下,一些美国本土品种活重为100 kg 时的眼肌面积仅有 40 cm²,并且胴体瘦肉率仅为 55%。一种非常有效的育种策略是利用顶交生产肉系父本,即祖代的父本为氟烷阳性个体,母本为氟烷阴性。然后用父母代肉系父本与氟烷阴性母本生产商品猪,商品猪能高水平表现基因的优点,而负面影响较小。

　　目前,育种者会做大量积极工作来维持氟烷基因的所有有利特征,但要排除基因本身和其相关的问题。特定 DNA 检测运用于选种过程。遗传选择腿臀丰满、肌肉含量和眼肌面积,同时选择能够降低阳性猪种的氟烷基因,获得有益结果从而减少氟烷应激敏感的缺陷。在肉牛中,肌肉等级可能与肌肉生成抑制素基因的缺失相关联。肌肉发达程度与采食能力的相关程度在增加,但还未得到证实。

　　对猪肉品质的研究引起了生产上的许多变化,主要是加强饲养管理和通过选择遗传改良猪的瘦肉生长速度。

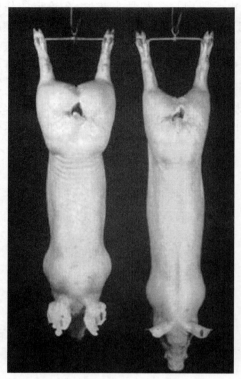

图 2.15　肉用型猪和白色
基因型猪的胴体形态差异。

图 2.16a　猪的眼肌,左侧
的小于右侧,右侧的更好。

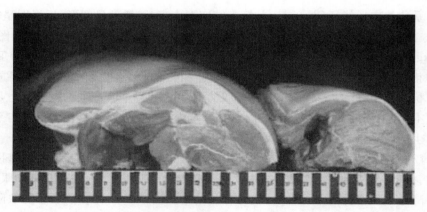

图 2.16b　肌肉形态的差异。肉用型品种猪的臀腿部肌肉(左侧)和眼肌(右
侧)的典型特征。眼肌为圆形。

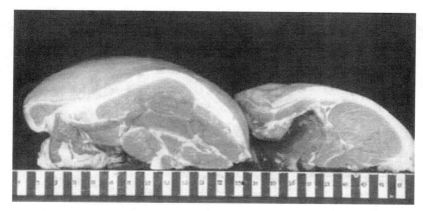

图 2.16c 肌肉形态的差异。白色品种猪的臀腿部肌肉(左侧)和眼肌(右侧)的典型特征。眼肌为卵圆形。

胴体品质和分级标准

猪的胴体可以采取多种不同方法进行分割,通常带骨和剔骨产品分割存在巨大的差异。分割方法如图 2.17 所示。虽然猪胴体随切割位置不同其价值也不同,但在一定程度上与牛肉和羔羊肉相似。因为嫩度梯度比较小,最有价值的部分为眼肌(腰部)和臀腿部。

P2 处的背膘厚为 10 mm,空腹体重为 100 kg 的肉用型公猪的化学组成为:水分 67%、蛋白质 17%、油脂 13%、灰分 3%。图 2.18 显示,物理构成为肌肉、脂肪、骨、内脏等。

通常胴体的价格是以体重为基础,根据胴体品质进行评定,将其划分为不同的等级。个体等级划分可能拥有多数或少数几个标准。标准越多,胴体不合格的可能性越大。表 2.4 给出了一些标准。过于肥胖的用肥胖类型的标准来评定。脂肪水平的最低限度(P2 处背膘厚为 8 mm)是瘦肉食用价值所必需的,除此之外也有助于维护脂肪本身的品质。在一些划分方案中,单个因素可作为最初的价值参考和生产者收回的报酬参考,如肥胖水平。通常,相当重要的胴体品质标准,如瘦肉和脂肪品质,对分级标准和价格制定没有多大影响。在一些情况下,对大量胴体产品制定统一价格并不顾及质量或等级因素,但在另外的一些情况下是根据生产每

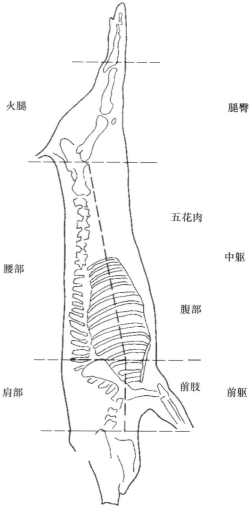

火腿

腿臀

五花肉

中躯

腰部

腹部

前肢

前躯

肩部

图 2.17 猪的胴体。

千克瘦肉来严格制定价格的。一些肉产品的生产,猪种和饲养管理方式对品质很关键。其他类型,如用来生产意大利火腿,首要条件是后腿重量达到 12 kg;实际上,这样猪活重会达到 160 kg 或者更多。

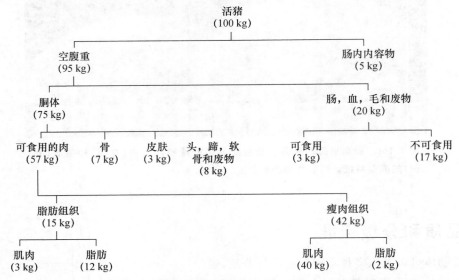

图 2.18　高品质肉用未去势公猪的机体组成,P2 处的背膘厚为 10 mm。

表 2.4　猪胴体等级标准。

胴体重(kg)	"鲜肉"60	体形(主观和客观评分)	腿部
	"熏肉"60～80		眼肌面积
	"生产">80		眼肌形状
脂肪厚度(mm)	P2	关节分布	头部/腿部/腰部/腹部
	P1+P3	性别	雄性/雌性/阉割
	正中线:背中部	肌肉品质	PSE　多汁性
	腰部		DFD　质地
	肩部		颜色　嫩度
	腿部脂肪		风味　膻味
肌肉厚度(mm)	P2 位点	脂肪品质	湿度　裂开程度
	背中部位置		硬度　膻味
	腿部		颜色　质地
长度(mm)	胴体		风味

　　当活重是生产者回报唯一有效决定因素时,这个产业的效率倾于低下,产品品质倾于低劣,没有任何选择的激励。美国猪肉市场的某些方面到目前都是用这样的方式运作。这被认为是欧洲农民为获取更高效率的要求和主要食用猪肉的欧洲消费者对更少脂肪猪种的要求,而引起的遗传改良欧洲杂种猪现代品系的创新,目前在全球范围内这些品种用于猪肉生产。

这种需求在美国没有得到农民的认可,他们对饲养投入更少,他们的消费者对猪肉质量问题不敏感。

习惯上与牛和羊类似,一些国家的活猪或胴体的形状可能是衡量胴体质量的首要标准。脊椎骨两侧肌肉的丰满度和腿部圆形程度通常被认为是肌肉块的指标。但是,有一些猪种,腿部圆度和体形丰满程度仅仅表明肥胖度。尽管如此,当在欧洲肉用型猪中发现这些特征时,猪的体形和瘦肉含量可能存在正相关关系。这些用于正确解释不同基因型体形的重要差别可以通过客观测定肌肉含量来区分(与脂肪厚度测定一样)。瘦肉率可以通过直接测定脂肪厚度和背中部的肌肉厚度得到客观合理的评定,例如在 P2 位点周围(图 2.8)。体型测量的自动综合系统可测量体型,同时能通过测量背部和腿部不同位置确定脂肪和肌肉的厚度。同样的设备可以用来自动测定肌肉的颜色和 pH。膻味的存在,与雄(猯)烯酮和类臭素有关,通过加热脂肪通过鼻子闻味来确定,或者利用精密的化学分析仪器。

仅根据脂肪厚度划分等级的话,那么就不能获得良好的胴体体形。在脂肪厚度相同的情况下,肉用型猪的瘦肉量可能较常规的大白猪和长白猪多。因此,虽然一些体形好的猪种胴体瘦肉率高,但这些猪种因其 P2 位点脂肪含量高而等级偏低。在混合猪群中,除了利用脂肪含量可有效客观地估计胴体瘦肉率外,肌肉测定也很重要(表 2.5)。在 P2 位点脂肪厚度相同的情况下,氟烷阳性纯合子猪种与大白猪类型相比,瘦肉率估计要高出 4 个百分点(图 2.13)。

表 2.5　不同肌肉厚度猪瘦肉含量的估计

(参见英国 MLC(1990)猪年刊)。

胴体重(kg)	脂肪厚度 (mm,P2 位点)	肌肉厚度 (mm,P2 位点)	估计瘦肉率(%)	
			根据脂肪厚度	根据脂肪和肌肉厚度
64	13	60	55	58
66	12	64	57	59
67	12	52	57	57

在给定的重量范围内,大多数的等级标准和价格制定与猪体肥胖度有关(通常为 P2 点的背膘厚,见图 2.8)。例如,一种方案限制胴体重为在 60～75 kg,P2 位点脂肪厚度小于 12 mm 的猪有一个高档价位,对背膘厚大于 16 mm 的猪则要强制进行最大的价格折扣。同等的方案可以用于胴体重 60 kg 以下和分割胴体重大于 75kg(表 2.6)。利用脂肪厚度作为等级评定标准的分级策略不能利用脂肪和瘦肉量的已知关系,欧盟的分级方案以胴体瘦肉率为根据通过确定每个等级来改良这种状况(表 2.7)。瘦肉率可以根据有效而复杂多样的方程估计。一种简单的估计胴体瘦肉率的方程为:

$$胴体瘦肉率 = 68 - 1.0P2 \tag{2.1}$$

或者:

$$胴体瘦肉率 = 65.5 - 1.15P2 + 0.076 \times 胴体重 \tag{2.2}$$

大多数的英国猪胴体重为 65～70 kg,P2 位点的脂肪厚度为 12 mm 或者更少。然而,在世界其他地方,尤其是改良的欧洲杂交猪品种,其胴体 P2 位点的脂肪厚度已超过 20 mm。

表 2.6　胴体重为 55 和 80 kg 的分级方案示例。

P2 位点的脂肪厚度（mm）	每千克胴体的价格（平均价格的百分比）[1]
胴体重为 50～60 kg	
<8	120
8～12	110
12～16	100
>16	80
胴体重为 75～80 kg	
<10	90[2]
10～14	120
14～18	100
>18	80

1. 根据当地市场对这两种类型的需要，胴体重为 60 kg 的平均价格比胴体重为 80 kg 的平均价格高 10%～20%。
2. 考虑到肥胖度最低限度和最高限度可以减少由于肉过瘦而产生的问题。

表 2.7　根据瘦肉确定欧洲共同体分级方案。

胴体瘦肉率[1]	欧盟等级分组	每个欧盟等级中英国猪的百分比
>60	S	17
55～59	E	58
50～54	U	21
45～49	R	3
40～44	O	1
<40	P	

1. 瘦肉率可以通过协议的设备和方程进行估计，例如：

用 Intrascope 测量 P2 位点的脂肪厚度：

瘦肉率$=65.5-1.15P2+0.075W_c$

W_c 表示胴体重

用 Hennessy 测量进行估计：

瘦肉率$=62.3-0.63 P2-0.49\times$眼肌脂肪厚度$+0.14\times$眼肌的肌肉厚度$+0.022W_c$

用 Fat-o-meter 测量仪估计：

瘦肉率$=59.0-0.58P2-0.32\times$眼肌脂肪厚度$+0.18\times$肌肉厚度

方程的有效范围 $W_c=30-120$ kg

眼肌厚度的测量更能准确地预测猪的良好体形。

如表 2.6 和 2.7 所示，分级方案是不能利用胴体重和胴体的估计瘦肉率来直接计算瘦肉的绝对重量。在价格制定上，依据瘦肉的绝对生产量，且用连续性方案比逐级方案更合乎逻辑。它遵循猪的自然生长模式，即在允许体重范围内，体重越小的动物脂肪厚度较薄。因为猪的脂肪量逐渐增多，胴体重平均每增加 10 kg 伴随着胴体瘦肉率减少 1%，同时 P2 点的脂肪厚度增加 1 mm。因此，当胴体的潜在价值随体重增加而升高时，由于过度肥胖而使等级降低的可能性也增加了。结果（不公平的）是每千克瘦肉的价格降低了，同时瘦肉的总量显然在增加。逐级方案本身也出现更多的不合理的地方。胴体重为 80 kg 其 P2 点脂肪厚度为 10 mm,比脂肪厚度为 15 mm 的价值高出 20％(表 2.6),P2 为 13.5 和 14.5 mm 之间 1 mm 的差异在价值上相差 20％是不合逻辑的。这种矛盾可以通过分级方案中为每千克瘦肉量付款的方式得到缓解。正如前面所提到的对于一个给定的品种,可以运用测量胴体重和 P2 点的背膘厚进行评价。考虑到胴体瘦肉率估算,一种付款协议可以被应用,如图 2.19 所描述的那样。曲线的斜率对于生产瘦肉猪的成本-利润是很关键的,对于胴体瘦肉率每增加 1％,这样的斜率就代表每千克胴体价格增加 2％。

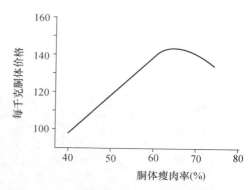

图 2.19 以胴体瘦肉率和每千克胴体价格为依据的付款方案。胴体瘦肉率可用脂肪厚度或脂肪＋肌肉厚度来估计。这种方案适于偏瘦型的,但不能超过最佳水平。

然而,有效地测定瘦肉率,对脂肪和肌肉的了解都是很有必要的。

当用公式"瘦肉率＝$k-n$ P2"估计,k 大约为 70,n 为一个单位,可能适合大白猪品种,或者适用于给定的猪群,这个公式不适用于肉用型品系猪。因为他们在任意给定的 P2 点处都带有较多的瘦肉,如果 P2 点的脂肪厚度的测量是有效的,那么,一种更加普遍的公式为"瘦肉率＝b P2^{-k}",其中 k 约为 0.21,b 表示该品系猪的丰满程度,未改良的大白猪和长白猪为 90,纯种皮特兰猪和比利时长白猪为 100。

体形可以帮助在肥胖度基础上估算的瘦肉量,当然,这种方法易犯主观错误。丰满的腿部与肌肉量和脂肪量之间无相关性。实际上,瘦肉量只能根据肥胖度和瘦度结合的方式进行有效测定。如果通过探针也能测量肌肉深度(图 2.8),这对测定结果是很有帮助的。估计方程如下:

$$胴体瘦肉率＝59-0.90 \ P2×脂肪厚度+0.2×眼肌厚度 \qquad (2.3)$$

运用以上公式,对 P2 点的脂肪厚度为 10 mm,肌肉厚度为 55 mm 的猪估测,其瘦肉率为 61％。而 P2 点脂肪厚度为 20 mm,肌肉厚度为 45 mm 的劣质猪胴体瘦肉率估测为 50％。胴体瘦肉率高于 65％被判定为过度,易降低肌肉品质。

目前估计胴体瘦肉率的方法很多,从简单的到复杂的。供选的方案为:
- 猪体重(推测体重较小猪的瘦肉率为 60％,体重较大猪的瘦肉率为 50％);
- 肉眼估计(假定圆形后躯的 1/4 代表肌肉量),能被视觉图像"精细化";
- 用尺子、Intrascope、Hennessy、Destron,和 Fat-o-meter 仪器等对脂肪和肌肉厚度进行线性测量(单独利用脂肪厚度或脂肪和肌肉厚度结合起来建立精确的回归方程可预测胴体瘦肉率);探针线性测量可用于一点(如 P2)或多点,以增加其精确度;
- 超声波测定脂肪和肌肉厚度(如上所述,这种方法精确度较低,但能进行活体度量);
- 电磁扫描(肌肉的导电性高于脂肪);
- 电阻抗(反复开启就绪状态的电流通过肌肉而不通过脂肪);
- 计算机 X-射线体层摄影(CT)(线性测量脂肪和瘦肉厚度只能依据规定部位进行估计,与此相比,脂肪和肌肉组织的差别,使得 CT 这种方法能穿过整个胴体直接估计瘦肉率);图 2.20 和图 2.21 显示了 CT 扫描的结果;

- 核磁共振（和 CT 一样,能直接测定肌肉和脂肪量）;
- 一个样本或整个半边胴体的物理分割（是测定胴体瘦肉率最直接的方法,但是带有破坏性）;
- 化学分析（测量胴体蛋白质、脂肪、水分和灰分绝对量;需要完全破坏;没有必要直接测定肌肉和脂肪-肌肉和脂肪组织中的水分含量都在变化-与食用价值无关）。

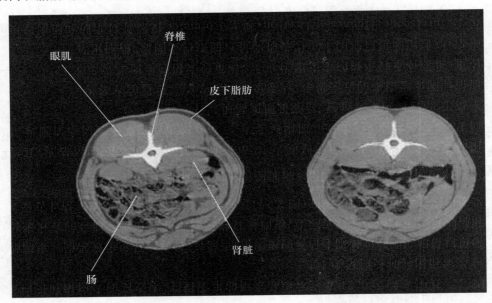

图 2.20　两头不同选择性状猪的 CT 扫描图显示了专门化父系(H.C.大白猪,右图)和通用品系(O.M.杜洛克猪,左图)的区别。对第二腰椎骨扫描显示眼肌区域。空气为黑色,脂肪为深灰色,肌肉为浅灰色,骨头为白色。该图片的使用得到了 Newsham Hybrid Pigs Ltd 和 SAC-BioSSCT Unit 的 M.J. Yang 博士的允许。

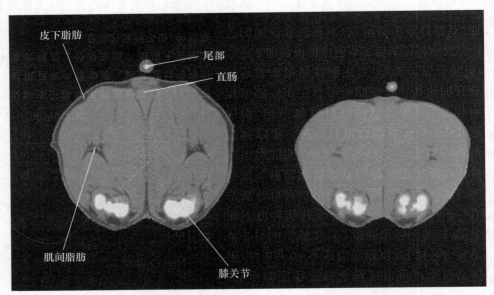

图 2.21　对两头猪的腿臀部中部进行 CT 扫描。与左侧(Q.M. 杜洛克猪)相比较,右侧扫描结果显示肌肉发育良好并且不含脂肪(H.C.大白猪)。空气为黑色,脂肪为深灰色,肌肉为浅灰色,骨头为白色。该图片的使用得到了 Newsham Hybrid Pigs Ltd 和 SAC-BioSSCT Unit 的 M.J. Yang 博士的允许。

表 2.8 活重 100 kg 的猪逐级方案举例说明,重点强调腿臀形状。

中后躯中线脂肪厚度(mm)	腿臀形状评分(1~3)[1]	胴体等级(1~5)
10~20	1	1
10~20	2	2
10~20	3	3
20~30	1	1
20~30	2	2
20~30	3	4
30~40	1	2
30~40	2	4
30~40	3	5

1. 腿臀形状评分:

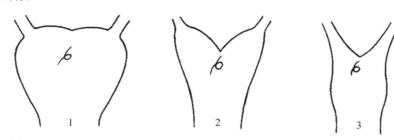

这个在胴体瘦肉精确估计的细节并不是多数国家所必要考虑的问题,这些国家通过感官评估做出体形判断,并且把体形判断作为胴体和猪肉品质的必要标准之一。如表 2.8 所示,西班牙的一些典型地区,会强调腿臀形状与肥胖程度显著相关的重要性。

胴体产量:屠宰率(ko%)

猪的胴体重一般占其活重的 70%~80%。损失部分大多数是血液和内脏,如图 2.18 所示。猪的胴体重通常包括头、蹄、尾和皮。

猪的肠重一般占活重的 5%;它由于在盲肠和结肠大量的消化而使其含有更多的高纤维食糜和食糜吸附肠腔的水分。日粮中的能量浓度每增加 1 MJ,屠宰率(ko%)就会增加大约 0.75 个百分点。饱食的屠宰重比空腹时肯定会低一些,所以最后一次饲喂与屠宰时间有重要影响(从猪场称重到禁饲后称重,再到屠宰后称重,每隔一小时屠宰率会降低 0.1 个百分点)。

未去势的公猪比青年母猪和去势公猪的屠宰率都低,在很大程度上是由于去除了睾丸,对于日龄较大的公猪,在去除睾丸之前还要去除大量的软骨组织。

运输距离和运送时间都对屠宰率有加性效应,最初受到的应激和干扰,会进一步导致机体水分的丢失,必然会导致屠宰时胴体含水量降低。运输过程中每隔 1 h 都会使屠宰率降低 0.1%或更多。如果运输距离超过 100 km 或从离开猪场到击昏的时间间隔超过 6 h,则屠宰率很难达到 75%以上,如果提供喷水和饮水器,并且在屠宰场内设有待宰间将有利于维持屠宰率；但是正面影响也会受到限制。

对屠宰率影响较大的是活重、肥胖度和基因型。活重在 $50\sim60$ kg 时，屠宰率不超过 70%，同时活重在 $100\sim120$ kg 时屠宰率可能达到 80%。造成这些结果可能有两个原因：①胴体比内脏的生长速度相对较快，因此随着个体的增长，消化道在整个个体中所占的比率越来越小；活体重为 $80\sim120$ kg 时，屠宰体重每增加 1 kg 屠宰率增加约 0.1%。②体重较大的生猪往往比较肥，并且任意特定体重下脂肪型猪比瘦肉型猪的屠宰率都要高。P2 点背膘厚为 $8\sim18$ mm 时，其每增加 1 mm 屠宰率增加约 0.1%。这可能是由于猪体内的脂肪主要贮存在胴体中（皮下和肌间），仅有 10% 分布于腹腔，可从内脏上取下去除。

大白猪和长白猪的屠宰率可以用下面的公式估算，所有其他的因素是相同的，公式如下：

$$屠宰率\% = 66 + 0.09\,W + 0.12\,P2 \tag{2.4}$$

W 代表活重，P2 代表背膘厚（mm）。

评估屠宰率的公式并不是万能的，正如前面讨论的皮特兰猪和比利时猪的骨和内脏相对小，还有氟烷基因和/或短而结实的体型所带来的优势，它们比大白猪和长白猪的屠宰率高 2% 或更多。这种改善可能是因为每单位活重中内脏的比例较低，并且有胴体中总体脂多的趋势。在任何体重下，如果猪的成熟体重较小，其成熟度就较高。成熟体重大品种，消化道重占胴体重的比例小，其屠宰率就会增大。

胴体重和胴体脂肪的选择

对于活重每增加 1 kg，背膘厚 P2 可以增加 $0.1\sim0.2$ mm，但这主要是与基因型和饲养方式有关。脂肪量和体重两者之间的正相关表明对特定性别和猪种适宜的屠宰体重，即易肥的猪早点屠宰出售为宜，而对于特定性别的瘦肉型猪而言则应晚一点屠宰出售。除非屠宰阶段受控，否则它将是与生产方略有密切关系的，脂肪含量比体重增加的要快一些，但它还能不成比例地迅速增加。这很好地解释了在一个特定猪群中通过胴体重（X）来估计皮下脂肪（kg）（Y）：

$$Y = 0.000\,2\,X^{2.54} \tag{2.5}$$

总蛋白量（Pt）的积累比体重增长速度要慢，并且明显比 P2 点背膘厚的增长速度更慢。20世纪 70 年代早期，来自爱丁堡大学的一组未改良的正常饲喂猪，其活重为 $20\sim220$ kg（LW）有如下公式：

$$P2 = 0.149\,LW^{1.093}（幂 > 1；P2 相对比活重要快）\tag{2.6}$$

$$Pt = 0.192\,LW^{0.941}（幂 < 1；Pt 相对比活重要慢）\tag{2.7}$$

$$Pt = 1.33\,P2^{0.788}（幂元 < 1；Pt 相对比 P2 更慢）\tag{2.8}$$

然而，体重大的猪总是比体重小的猪肥，胴体重的增加同时引起膘厚的增加，这种相关性对于瘦肉型和成熟个体大的现代基因型猪不很明显。因此 1980 年（未改良的）：

$$P2（mm）= 0.38\,带头胴体重 - 10 \tag{2.9}$$

同时 1990 年（改良的）：

P2(mm)＝0.15 带头胴体重＋2.0　　　　　　　　　　　　　　　　　　　　(2.10)

这是一个合乎逻辑的结果:现代改良猪生理成熟期较晚,屠宰重占成年体重的比例低。

考虑到超声波技术可以活体测量背膘厚,如果有需要,猪可以在特定 P2 膘厚下屠宰。然而,针对销售的某一特定背膘厚范围是与另一个特定的重量范围相对立的;缩小两者的范围可能会对两者更难满足。

猪群体的脂肪含量被认为是呈正态分布的。但是因为平均脂肪含量减少,所以正态分布有缩小和斜度增加的可能性(图 2.22)。考虑到脂肪含量和任意特定年龄下体重的生物学分布,与满足任意体重和肥胖程度标准后屠宰相比,通常都是在预先选择的屠宰期之前屠宰会取得更大的利润。如果生产商和零售商能够高效配合,这种有利的市场调整将很容易实现。

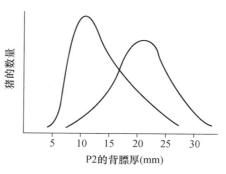

图 2.22　背膘厚在猪群中的分布更加偏斜是由于平均膘厚的降低。

目前,多数猪的屠宰活重范围为 90～120 kg,带头胴体重通常占体重的 75％ 左右。而特殊的市场需要或大或小屠宰重例外(例如体重小的、鲜肉的是一个极端,体重大的,腌制加工火腿是另一个极端)。现代选择使猪的成熟体重增大,遗传改良提高了瘦肉生长速度和胴体瘦肉率,屠宰重自然也有增加的趋势。目前欧洲的屠宰体重标准大约是 110 kg。

缩短从生产到屠宰场的运输距离能够限制屠宰业主销路的选择机会,但是当地通常存在一些不错的选择等级和价格表。然而,生产策略的选择比时间表可能更重要的。猪可能会在某一胴体范围内被屠宰,也可能会在某一脂肪厚度范围内被屠宰(或根据利益对两者做合适处理)。例如,在猪肉价格降低时屠宰,每千克猪肉会比增长到一定体重屠宰时获取更大的利益。

随着胴体重的增加,这意味着每头猪的生产费用要降低,这与胴体出售时支出的固定成本相关(尤其是那些与种猪群有关饲养维持费用)。这种特殊的趋势进一步帮助解释了小肠的增长速度比整个猪要小,从而造成胴体重的增加(图 2.23)。然而,因为体重增加所以脂肪有增加的可能性,导致了等级的降低(图 2.24)。降低体重往往是一个减少脂肪和改善等级回报的有效手段。

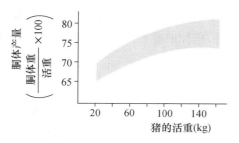

图 2.23　随体重增加屠宰率提高。

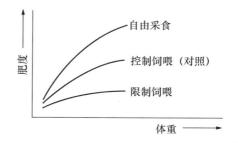

图 2.24　猪随着生长变肥,强度取决于饲喂水平。

屠宰重较大与饲料转化率降低是相关的(图 2.25)。主要是由于脂肪含量的影响(增加 1 kg的脂肪组织与增加 1 kg 的瘦肉组织相比大约需要多消耗 3 倍以上的饲料),但在瘦肉型猪种中主要是由于维持需要的影响,维持需要代表了非生产成本。猪在 70 kg 活重的维持需要大约是 0.75 kg,而在接近 120 kg 用于维持需要的日粮已增加至 1.25 kg。在特定条件下每千克胴体的成本消耗如表 2.9 所示,似乎在 75~100 kg 胴体重时最小。通常情况下,适宜体重的趋势逐年增加。可变成本(饲料)相对于固定成本而言,其降低会促进适宜体重的增加。当猪体重小屠宰时,其每千克体重回报高,能够得到足够平衡较高的生产成本时才能得到收益。

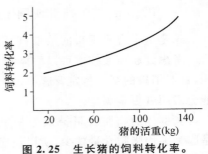

图 2.25　生长猪的饲料转化率。

表 2.9　猪屠宰重对生产 1 kg 胴体成本的影响(总成本均按 100 kg 活重计算)。

活重(kg)	屠宰重(kg)	每千克胴体的固定成本	每千克胴体的饲料成本	每千克胴体的总成本
50	35	188	58	125
75	55	133	75	104
100	75	100	100	100
125	95	88	167	101
150	117	83	150	113

　　近几十年来屠宰重呈增加的趋势,这与成熟体重较大的基因型是一致的。不同国家猪的胴体差别很大,原产地为英国的最低(传统 66 kg 屠宰重)。标准的是 75~100 kg,除了特殊的如帕尔马火腿要求胴体重 130 kg 例外。

　　与最佳屠宰重相互作用的许多因素是变化的,且是高度依赖于市场价格的波动。影响显著的是断奶成本、饲料成本和每千克胴体的价格。优化管理是要借助一些电脑辅助决策过程与应答预测模型等技术。

　　尽管脂肪可能会导致每千克的收入减少,最佳利润不一定就等同于猪价和最大瘦肉量。猪屠宰重增加的收益可能会大大抵消脂肪增加的结果,当然脂肪可以在任何情况下通过控制饲喂得到改善,如表 2.10 所示。控制采食量需求在很大程度上取决于胴体分级和肥猪的价格折扣。在许多情况下,这些后果是不足以劝阻生产者选用一个低投入成本体系(低饲料质量)、一个大屠宰体量和一头肥猪。公母猪混群自由采食,将导致母猪比公猪肥。通过控制饲喂量能够降低脂肪水平,但公猪的增长速度和效益会降低。一旦有有效的措施确保母猪的脂肪水平减少,然后控制饲喂量似乎是可行的,而用于改善等级划分的其他处理方法似乎在实际应用上是行不通的。比如选择屠宰重,如果需要正确的选择,优化肥胖程度的复杂性将需要电脑辅助来决策。最佳体重和屠宰脂肪量标准的设定会变得模糊起来。

表 2.10　饲养水平能够避免不必要的增肥又生产比较肥的胴体。

	公猪	母猪	去势公猪
改良品系	自有采食[1]	自有采食[1]	轻微限饲
商用品系	自有采食[1]	轻度限饲	中度限饲
通用品系	轻度限饲	中度限饲	强度限饲

[1]许多改良的品系通过降低食欲的选择来提高瘦肉率。

变异问题

任何生产体系都有变化,生产管理条件越差,变异问题越多。如图 2.26 所示,这两个猪场 A 和 B 有相同的 P2 背膘厚,但变异小的 A 场中,过瘦或过肥猪较少,大多数接近平均水平。

如果溢价支付背膘厚为 10～14 mm 的猪时,尽管这两个猪场都具有相同的 P2 平均背膘厚,那么 A 场获得的利润将更多,且投资比 B 场较少。增加变异的原因通常是疾病、饲喂管理差和圈舍差。

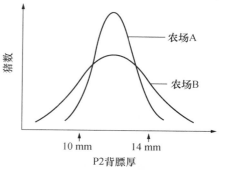

图 2.26 两个猪场的肥度的自然变异。

要同时满足更多的标准会带来更多的困难,胴体评估通常有以下四个主要类别:

- 胴体重
- 胴体膘厚
- 胴体形状
- 肉质

胴体形状和品质主要是由猪的品种及在屠宰场猪和猪肉的处理设施决定的,肥瘦及胴体重都是由生产者短期控制的。给定重量范围,比如 70～80 kg 的屠宰重和 14 mm 的 P2 背膘厚,胴体重大的与胴体重小的相比,很有可能要超过等级,因为猪增重的同时也增肥。而猪通常在出栏前单独称重,测定脂肪厚度是比较困难的,如果需要测定肥胖度,为确保有很大比例的猪能满足脂肪厚度的要求,在出栏前进行还是合乎逻辑的,并且要将肥猪放置在允许体重的范围内。因为上文所述的这种矛盾,生产者很难同时满足脂肪厚度和体重之间的要求。为使猪群的体重和脂肪含量相同而控制采食和猪个体管理的生产成本会增加。通过屠宰后的猪肉加工环节调整胴体特性可能比控制猪场中猪胴体(通常是猪个体进入处理线)更经济(图 2.27)。更大的整体效益,可能是源于猪和猪生产商能够接受的胴体重和胴体肥瘦程度。这种策略,在业务流程结束时将花费一点点的额外成本,这样会抵消出厂价。然而,生产者将获得更大的利益。排除称量和测定单个猪的程序,整个育肥舍便可在同一时间和预定的日期清理。这些建议要求猪生产商和加工者紧密配合。

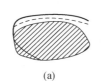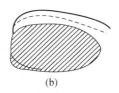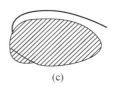

(a)　　　　　　(b)　　　　　　(c)

图 2.27 现在生产的瘦肉型猪。培根薄片(a)P2 背膘厚 7 mm,包括皮厚 3 mm 和脂肪 4 mm,一个选择策略是增加屠宰体重(或使用体宽躯深类型,或二者)将获得较大的眼肌面积(b),但容易变肥;对于不良的脂肪可以修剪掉 10 mm 的皮和第一层脂肪(c),后者的 P2 背膘厚可能会超过 16 mm。这两种产品(a 和 c)都方便利用,但多数消费者喜欢眼肌大的经修剪的薄片,尽管薄片(a)更瘦。

在任何特定体重下背膘厚的变化也会加剧瘦猪的问题(那些 P2 背膘厚小于 8 mm 的)。这些问题已变得格外明显,因为等级制度需要逐步减少最大的脂肪允许量(图 2.28)。这种情况会因额外的复杂因素进一步激化,也就是说由于平均背膘厚降低了,脂肪在猪群中的分布不再是正态分布而成为偏态(图 2.22),这种偏态使系统在最小脂肪量上高度敏感。

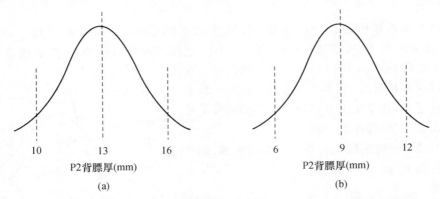

图 2.28　平均背膘厚 13 mm(正态分布 a),几乎没有任何猪没有肉质问题。如果 P2 背膘厚最大值是 16 mm,均值将给予一个优级猪可接受的比例。平均背膘厚 9 mm(正态分布 b),背膘厚最大值是 12 mm,其优级猪可接受的比例,对于多数猪会有肉质问题。

通过饲养控制胴体品质

当大多数猪很少或没有任何分级标准时,其他猪的标准还包括如体型测量,在很多环境下,猪的分级一般认为主要依赖于背膘厚。从战略上看主要受品种和遗传优势的影响,而在战术上则主要是营养的影响。

生长分析显示随着体重和年龄的增长,蛋白质和脂肪也在增长。然而,肥胖与年龄和体重关系不大,而是一个营养供给水平的功能问题,营养需要＝维持需要＋瘦肉组织生长速度的最大潜力。现代品种的肉猪可能永远也达不到每千克活重含有超过 150 g 脂肪,这个结果已经在三周龄猪上得到证实。因此,很少将年龄和体重作为猪脂肪含量增长的唯一或主要的衡量标准。

尽管降低体脂并达到分级标准要求的长期策略肯定要通过遗传,但对任意特定遗传组成的动物来说,策略上说将基于体脂会受日粮质量和数量极大地影响这个理论。关于如何使用等级和如何达到等级标准目标的主要策略途径已向生产者公开,那就是控制生长猪的营养水平。动物在生长期如果通过限饲,则就算达到成熟体重,也永远不可能偏肥。对较大成熟体重的快速生长改良品种而言,传统育肥方法可能在快速发育期(未成熟期)里难以实现,除非通过高营养水平的采食量。对大多数普通品系的全部去势公猪和大部分母猪来说,在采食量和屠宰脂肪水平上有一个简单的直接相关。

蛋白质

瘦肉组织的成分是蛋白质和水。日粮蛋白质供应和瘦肉生长是呈线性相关的,直至蛋白沉积率达到最大。当增加日粮蛋白质水平的同时,瘦肉组织的生长率也是增长的,猪的脂肪将逐步成比例的下降。另外,不能提供充足蛋白质日粮的猪将不能得到最大的瘦肉组织生长,不能用于蛋白合成的能量将被转化为脂肪组织的增长。然而,过量蛋白质将降低日粮能量水平。由蛋白质脱氨作用产生的能量大约是蛋白质假定可消化能量的一半。含有过量蛋白质的日粮有效能值将由于蛋白质脱氨基率升高的原因,伴随着脂肪沉积所需能量的降低而降低。总之,增加日粮蛋白质的浓度和供应高蛋白水平的日粮将增加瘦肉组织的比例,并减少胴体中脂肪的含量;然而,从成本-收益曲线上看,需要供给较高的蛋白质水平。蛋白质浓度在胴体品质中作用如图 2.29 和图 2.30 所示。

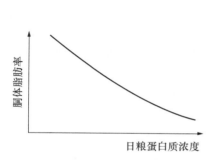

图 2.29　增加日粮蛋白质将减少脂肪沉积,首先通过增加瘦肉生长,其次是降低了可利用能。

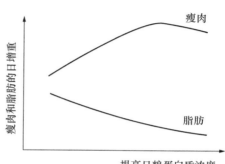

图 2.30　增加日粮蛋白质瘦肉和脂肪的生长,瘦肉呈线性生长直到瘦肉生长潜力高峰,即使是瘦肉生长最大化,脂肪生长将持续下降。所以,只有瘦肉生长最大化后,才能看到瘦肉率的提高。

饲料水平(能量)

10 kg 的小猪一般含有约 15% 的脂肪,而且现代改良猪种的体脂同样可以达到只占屠宰重量的 15%,可能是因为在生长期脂肪和肌肉的增加处于一个相当稳定的平衡状态。日粮能量与蛋白质比值的增加,在生长期内仅需少量的就可以覆盖动物在生长过程中维持需要的增加。当机体组织构成发生变化时,决定生长猪变化的最大的一个因素就是耗料量(图 2.31)。在正常生长条件下,瘦肉组织生长与日粮供给增加呈线性反应,其与最低脂肪水平是相关联的。在限饲条件下,与生长速度变异范围大相比,脂肪和肌肉的日增重的具有相对稳定的关系。因此,该阶段最低脂肪与瘦肉比是机体组成的一个决定性因素。最低脂肪与瘦肉比是性别和品种类型的特征。公猪和改良品种有较低的最低脂肪瘦肉比。当日粮供给增加时,脂肪组织的增长才会超过最小值,如超过维持需要量、超过瘦肉最大日增长速度和正常情况下脂肪最小增长速度。当瘦肉组织日增长率达到平台期时,日粮供应可以说是没有限饲的,此时过多的能量会转向脂质代谢及动物脂肪。因此高水平的饲喂导致肥胖,同时较低的水平可以预防肥胖。在 5~

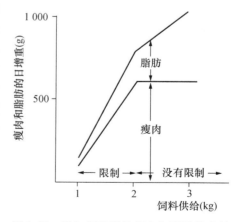

图 2.31　增加饲料供给瘦肉与脂肪的生长。实际获得的反应水平与图中的根据猪的基因型和性别的例子不同,这里假设的耗料量与所需营养水平是平衡的。

40 kg 的生长猪中,通过物理方法限制食欲可以控制日粮供应。上述 40 kg 不再是特例,给定的日粮供应若不限制,动物的育肥情况会与日粮供给过量的程度成正比。猪的食欲被限制,在达到屠宰体重之前可能永远无法采食足够日粮使其变肥;同时有低瘦肉生长潜力或食欲好的猪,增重中会有一个相当大的比例变肥,这些动物则需要密切控制其采食量以防止肥胖产生(表 2.10)。

甚至在饲料供给不能满足瘦肉的最大生长速度时,动物正常生长中脂肪最低沉积水平会与动物体内力求达到最优的脂肪和蛋白比是一样的。如果在正常生长期内,脂肪的最低水平使屠宰体重背膘厚超过了优级要求,那么仅是因为日粮水平和生长速度的大幅度降低,就会导致肥度显著降低,体内脂肪和蛋白比例下降幅度比猪本身最适值还低。同样,在一些未去势公猪群体里,这一最低比值让屠宰时的背膘厚比最低水平还低。在后一种情况下,适宜的肥胖度只能提高采食量来实现。

高遗传优势的猪具有更高的肌肉组织生长潜能或(和)更低的最低脂肪比值。当采食量小时,这些动物在低采食量情况下会更瘦,并且当饲料水平上升时也很难发胖。过度育肥对所有的猪都是可行的,但只有当采食量水平足够时,过度育肥才能满足瘦肉组织最大生长情况,如图 2.31 所示,此时才被界定为"不受限制"。显而易见的是,为了优化生产和达到等级目标,饲料供给量须要精细确定,要能让瘦肉组织增长到最大程度,还不能产生过多的脂肪。

总之,如果猪有高食欲或低遗传优势,自由采食与胴体脂肪是相关的。定量控制饲喂量能降低肥胖程度,但也可能降低日增重。考虑到未去势公猪瘦肉组织生长潜力达到最大化,而对于去势猪群则最小,肉类与家畜委员会 Stotfold 试验站研究结果(表 2.11),显示了饲喂水平和肥胖度之间高度相关,以及性别和饲喂水平对胴体品质互作的途径。图 2.32 显示了控制日粮的饲养管理实例。

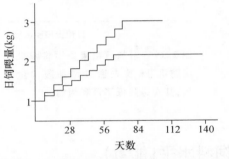

图 2.32　饲喂量控制,每周增加到最大化。高瘦肉生长速度的饲喂量高,或在这种情况下肥度不会增加很多。

表 2.11　两种饲喂水平与不同性别对猪生长性能和胴体品质的影响。

(来源:肉类与家畜委员会 Stotfold 试验站)

	自由采食			控制饲喂		
	公	母	去势	公	母	去势
日采食量(kg)	2.1	2.1	2.3	1.7	1.7	1.7
日增重(kg)	0.86	0.79	0.82	0.72	0.68	0.64
屠宰率(%)	75	77	76	75	76	76
背膘厚(mm,P2)	11.6	12.0	14.7	10.3	10.2	12.3
胴体瘦肉率(%)	57	56	53	59	59	55
瘦肉生长(g/天)	390	360	340	330	320	280

通过控制生产过程保证肉猪的价值

生产环节和肉类加工的整合更加有利于养猪业的发展，可以避免养猪生产者和肉类加工包装企业之间的竞争（剥削）。然而，大多数生产者将在销售产品时面临艰难的市场决策，这些决策将对财务操作的可行性有明显的影响。以前，养猪生产追求最大的出栏体重和生产成本最小化，现在，消费者要求的食用品质同样重要。

食用猪肉的总生产成本：
- 15%是在生产阶段的费用；
- 10%是屠宰费用；
- 25%是加工和包装的费用；
- 20%是运输费用；
- 30%是零售费用。

因此降低生产成本对总利润的影响较小，而通过提高终端产品的质量，使屠宰后的附加值和消费者愿意购买的行为对利润影响是很大的。如果产品不能够满足广大消费者的需求，总市场规模将会增加。不幸的是，有些时候猪肉不能满足消费者的食用要求，则会制约了市场的扩展和价格的上涨。

养猪生产者可以通过以下环节调整他们的市场战略：
- 销售体重（受生产量、产品质量和当地市场需求的影响）；
- 销售时肥胖程度（通过饲喂水平、饲料营养规格、遗传等控制）；
- 肉类加工商选择（受地理位置、地域价格、支付方式、产品质量差异影响）。
- 销售时猪肉品质（通过遗传、饲料营养规格、管理、加工处理等控制）。

生产成本中，最大的可变成本来自饲料和断奶仔猪的成本。一年里，在饲料和断奶仔猪成本上的利润是在个体（每头猪）或在圈舍空间的利用（每年每个猪位）的基础上体现出来的，后者的价值通过增加猪的生产量可以得到真正的回报，即通过提高生长速度或出售体重轻的猪实现。实例如图 2.33 显示，这是一个特殊的情况，虽然每头猪的最大利润是当销售较大屠宰重时取得的，但猪舍单位面积最大利润通常是在一个较低的屠宰重量时实现的。

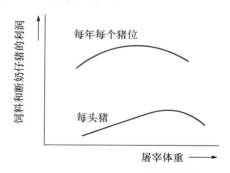

图 2.33　每头猪或每年每个猪位的利润率。

鲜肉销售重量

最佳销售体重与任何肥胖折价间存在着互作关系。销售时肥胖程度越低，折价越小，最佳销售体重越大（图 2.34）。按质论价还与饲养水平有关。图 2.35 显示了猪运送到肉类加工商的环节，在此环节中，脂肪是不受欢迎的。有数据证明，特别是在屠宰重较高时，限饲比自由采食能获得更大的利润，然而，控制饲喂并不总是合适的，因为评级制度是严格的，过于严格的限饲将降低生长速度和产肉量，从而影响利润。限饲的负面影响在较高的活重时变得尤为显著。图中所显示的情况在动物饲料原料——特别是谷物-价格上涨时有所不同，此时，销售体重和饲养利润会降低。另外,在一些国家,通常是对所有猪统一纳税而不管它们的背膘厚,这将刺激采用高饲养水平,以增加屠宰体重和肥猪。

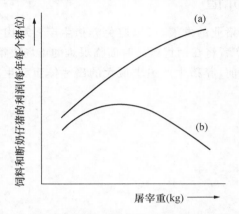

图 2.34　屠宰体重对利润的影响,即肥猪的影响。(a)不易变肥的猪供给市场低脂肪失格肉猪;(b)易肥的猪供给市场高脂肪失格肉猪。

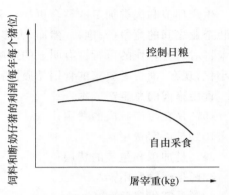

图 2.35　不同饲喂量得到的不同屠宰体重的利润。

在一个生产系统里,生产或购买断奶仔猪成本具有相同的必需成本的预期影响,当断奶仔猪价格上涨时,提高猪的屠宰重可以提高利润——从而抵消购买断奶仔猪的成本(图 2.36)。

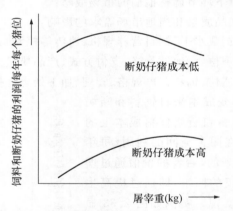

图 2.36　20 kg 断奶仔猪成本对适宜屠宰体重的影响。

屠宰时的肥度

很明显,假如消费者喜欢瘦肉,在同样或更少的投资下,一头瘦肉猪带来的利润比一头肥猪要高。同样地,如果消费者对猪的肥瘦度不关心,一头一定体重的瘦肉猪或肥猪的相应利润将取决于每千克增重所消耗的饲料——无论是瘦肉还是脂肪的增重。低廉的饲料与肥猪可能会带来较低的饲料转化率,但并不意味着利润就低,或许还更利于盈利。肥瘦度很少作为市场决策的一个单独变量。胴体重的增加可能会导致胴体的肥胖程度增加,因此产生策略上的矛盾。肥胖也可能是生长快、产量大和销售量大的结果。后面这两个关于整体性能的因素所带来的利益可能要超过因胴体品质下降所导致的折价。

实际上肥瘦度与本身采食量存在高度线性关系,猪品种(生长速度、胴体品质)与采食量的相互关系见图 2.37。没有养肥的猪带来的利润总是比肥猪要高得多,这种相互作用限于一定的范围,即在前者(不易肥胖的猪)中,饲喂水平和脂肪的增加改善了这种情况,但在后者(易养胖的猪),只会变得更坏。

背膘厚和胴体瘦肉率的平均数都会呈现一种分布(前者呈不对称分布,后者呈正态分布)。进入优等范围的猪通常要求在出售体重较小和/或生长速度较慢和/或饲喂高规格(高成本)饲料。为了提高猪在分布曲线左侧末尾部分落入胴体瘦肉的优良范畴,较大生长速度和销售体重所带来的利润就需要在所有猪已经达到分布曲线的较好位置,且不进行末端处理之前来实现。所以为了这些少数猪的获得利润,大多数猪都不可能在最优位置时进行屠宰。因此,在最优等级的猪占很高比例的生产策略中,也会有利润损失——即使当利润很高时(图 2.38)。当优等猪达到 95 % 时,可能会使加工者最满意,而不会给生产者带来最大的利润。

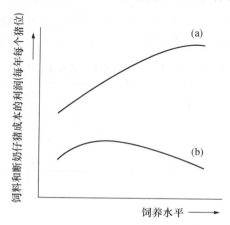

图 2.37　因胴体肥导致折价时,猪的类型和饲养水平的选择对利润的影响:(a)不易肥胖的猪;(b)易肥胖的猪。

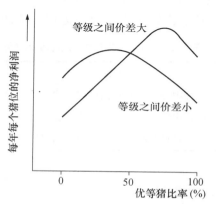

图 2.38　优等猪的比例决定于肥瘦度,而降低采食量和生长速度又控制了肥胖,在不同等级的猪之间,每年每个猪位的净利润与价差密切相关。

市场销路的选择

在一个并不完整的猪肉链中,屠宰商和肉类加工商对猪的首选体重和肥瘦度有所不同。而在市场平均价格与经济效益之间也存在进一步的差异,这对符合质量标准的产品是有利的。依据猪的不同肥度来选择正确的加工程序的重要性如图 2.39 所示。提高出售时的肥度可通过提高平衡日粮的饲喂水平来实现。以下表示 3 种不同的付款计划下猪肥瘦度对利润的影响:(a)对胴体膘情折扣较低,(c)对胴体膘情折扣较高和(b)中等水平。当猪运往肉类加工商时(a),生长速度快获得的利润显然超过了肥度增加带来的问题,然而对于(c)情况恰恰相反。但是上述情况并非绝对,图 2.39 所描绘的情况是静态的;相反,

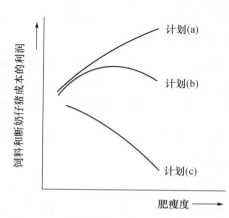

图 2.39　当猪卖给 3 种不同加工企业时,不同饲喂水平产生的肥瘦度对利润的影响。脂肪失格的程度不同:(a)失格的程度低;(c)失格的程度高;(b)中等。

在其他方面,如相关的饲料价格及鲜肉价格,是高度动态和独立的。如果猪价很高,品质差别是相同的,但如果饲料价格下降,(b)计划就会被现在所提供的计划(a)所取代;生产更肥的猪将会变得盈利。因此这种情况与生猪和饲料价格的变化显著相关。

营销机会:特定情况的计算

情况 1:选择合同(另一个合同)

一份针对 70 kg 猪的有吸引力的平价合同提供给生产者,还包含 90 kg 猪的品质溢价方案。用含 17.5%粗蛋白饲料来对猪进行限制饲喂,猪场每年的利润为 7 000 货币单位。体重较轻的猪的平价合同却没那么有吸引力(表 2.12),除非不限饲,并且在一定体重的情况下,最佳的屠宰猪就是同时饲喂两种日粮(而不只是一种)。最佳的解决方法似乎是对所有猪都要不限饲,对易于长肥的猪(去势公猪),长到 70 kg 就屠宰,而其他猪持续长到 90 kg 再屠宰。

表 2.12　不同的生产情况下,屠宰重为 **70 kg** 或 **90 kg** 时猪场利润的计算(年货币单位)。

项目	70 kg 屠宰猪	90 kg 屠宰猪
一种中等质量日粮的限制饲喂	5 500	7 000
一种中等质量日粮的自由采食	9 000	4 000
两种日粮的自由采食(生长+育肥)	12 000	9 000

情况 2:过肥的猪

如果猪太肥而不再被肉类加工企业接受时,生产者就会收到警告,除非生产者采取一些措施来控制猪体过肥。根据账目调查,很显然过肥的猪会给生产者带来经济损失,母猪与去势公猪混合商品猪用两种饲料进行限饲:一种是体重 20~50 kg 的猪采用高质饲喂,另一种是 50~90 kg 的猪采用低质饲喂。表 2.13 表示出当前的生产性能(o),可通过 5 种方式来明显地提高猪肉品质:(a)降低屠宰重,(b)进一步增加饲料中的蛋白质含量,进而增加了额外费用,(c)减少日饲料供应量,(d)寻找一个未去势公猪的销售市场并停止去势,(e)使用改良猪种。

表 2.13　一栋 600 个猪位的育肥猪舍解决胴体品质较差问题所采取的不同手段与策略之间相互比较结果:(o)当前的生产性能;(a)降低屠宰重;(b)提高饲料质量;(c)减少饲喂量;(d)停止去势;(e)改良猪的品质。

	(o)	(a)	(b)	(c)	(d)	(e)	(cde)	(bde)
日增重(kg)	0.69	0.68	0.68	0.59	0.71	0.70	0.60	0.73
饲料转化率	2.79	2.75	2.82	2.84	2.69	2.74	2.78	2.57
P2 膘厚<14 mm 猪(优等)(%)	26	34	33	59	62	43	86	91
每单位年产猪数('000)	2.11	2.23	2.09	1.81	2.15	2.13	1.84	2.23
饲料和断奶仔猪成本的利润(每头猪)	7.50	7.00	6.10	10.32	12.03	9.84	12.75	13.24
单位年经济效益	−3.43	−3.83	−6.44	0.05	6.54	1.66	4.78	10.12

降低屠宰重(a)是无效的,因为它不能有效减少背膘厚;产量提高了,但是导致更多的猪被卖掉(亏本)。增加日粮质量和成本(b)也是无效的。减少饲喂量(c)对短期策略而言是合理的,它能够立即收效,阻止暂时的经济损失,同时还能够从本质上提高猪的品质。长期策略包括寻找未去势公猪的市场(d)和购买改良杂优猪(e)。将(c)、(d)和(e)3种策略结合起来似乎非常有利,但是这种策略真正实施起来几乎没有(b)、(d)和(e)策略结合起来的策略可观。鉴于所有的可能性,进一步提高饲料质量,停止去势和提高猪的品质(b,d,e)同时维持屠宰重和饲喂水平,将会给生产者带来最大的年经济效益。

情况 3:提高种猪质量

一个育种公司的扩繁群给本体系内商品猪场提供种猪。肉类加工企业更加喜欢收到高品质的商品猪。未去势公猪与母猪混群限饲优质日粮,商品猪是盈利的[表 2.14(o)],但仅此而已。仅仅通过增加饲料水平和屠宰重提高大约 3 kg(a),就能在没有实质性损害猪的生产性能基础上使利润翻一番。后者对于父母代扩繁场销售杂种母猪是非常重要的。

表 2.14　一个保持出色胴体品质记录的优质猪群提高利润概率的检测结果:(o)目前的情况;(a)增加饲喂量和屠宰猪体重轻度增加。一栋 600 猪位育肥猪舍的单位计算结果。

	(o)	(a)
日增重(kg)	0.65	0.72
饲料转化率	2.52	2.49
P2 膘厚<14 mm 猪(%)	98	91
每单位年产猪数('000)	1.99	2.11
饲料和断奶仔猪成本的利润(每头猪)	14.03	15.58
单位年经济效益	3.95	8.60

情况 4:日粮差异

生产者用自动喂料设备给 20～90 kg 的猪随机饲喂四种日粮(表 2.15),饲料的品质和价格都不同。综合考虑,第 3 种日粮是最佳选择,但其胴体品质和分级情况并不是最佳的。如果在肥育猪舍中减缓进料斗的倾度来减少进料的流动速度,就能够显著限制猪的采食量。当日粮受到限制时,饲喂第 3 种和第 4 种日粮的效果相同,生长速度降低到 0.75 kg/天,但是 80%的猪达到优等,年利润提高到 10 000 英镑左右。因此,日粮 3 和日粮 4 的选择,就变得相对不敏感。

敏感性

比较敏感性是评价市场机遇的一个重要部分,而这种敏感性又会随猪价、饲料价、与日粮投入和胴体产量相关的红利等的变化而变化。以上情况涉及的胴体等级溢价约为每千克净重平均价格的 10%或更多。较大或较小等级差异对于不同的计算方法会得到不同的结论。

考虑市场机遇的基本特性是在一般环境内的机动性和敏感性,这种计算非常复杂,然而,如果它们非常有用则需要反复进行。如同所有这类性质的商业预测,如果通过计算机模拟模型完成计算,制定管理决策的将会变得相当简单,确实已有这种案例。

表 2.15   4 种不同质量和价格的日粮检测结果的比较。

日粮	1	2	3	4
粗蛋白(g/kg)	150	175	200	225
粗纤维(g/kg)	60	50	40	30
油脂(g/kg)	30	45	55	60
价格(£/t)	140	155	165	175
反应				
日增重(kg)	0.68	0.78	0.84	0.86
饲料转化率	2.97	2.62	2.49	2.42
P2 膘厚<14 mm 猪(%)	26	50	55	57
年产猪数('000)	2.11	2.38	2.52	2.61
饲料和断奶仔猪成本的利润(每头猪)	6.21	9.39	10.14	9.00
单位年经济效益	−6.13	2.60	5.49	3.24

第三章　猪的生长与机体组成的变化
Growth and Body Composition Changes in Pigs

引言

　　生长发育的目标是达到成熟,生长的动力来自于当前的体况(体重,体积)、年龄和(重要的是)养分的供给。成熟自身有多种定义;在达到最终体尺或体重(大约50%)之前,猪就表现出很好的繁殖能力。最终体格常以机体的瘦肉量作为最佳判断标准,而不是总重量,这是因为体重是可变的,受营养水平的变化以及脂肪组织的含量的影响。对成熟瘦肉组织及达到成熟时间的预测是生长分析的基础,很显然,对瘦肉组织日增重的选育有助于瘦肉量的增加。瘦肉组织约由22%的蛋白质组成,现代猪选择瘦肉组织的生长速度,其瘦肉量在35~55 kg范围内。不同品种和品系成年猪的活重变化范围为150~400 kg。改良的欧洲杂种母猪在适度体况下体重能达到300~350 kg,但未改良的品种在肥胖时体重都不超过250 kg。

　　生长通常被认为与体尺的增长有关,包括细胞的增殖(出生前的卵裂)和细胞的增大(出生后肌肉的生长)。简单的原料物质进入细胞的过程也是细胞增大的一部分原因(例如脂肪组织中包含的脂质)。肌纤维的数量主要是由出生时决定的,因此观测机体瘦肉组织的发育主要取决于肌纤维体积的增加。生前增加肌纤维总数量通常对生后的发育速度起着永久的影响;可见,肌纤维数量和潜在的生长发育速度之间存在着正相关。很显然,妊娠母猪的生理和营养情况会影响胎儿的肌纤维数量。在子宫内得不到足够营养会导致出生时的仔猪变得瘦小,它们的肌纤维数量较少,因而生后生长发育比较缓慢。妊娠早期的营养水平会影响肌纤维数量,而妊娠后期的营养水平则通过影响肌纤维数量和体积来影响初生重,但对细胞体积的影响更大。

　　发育与生长过程中动物机体的体型、形态、功能的改变有关。短而结实的皮特兰猪(Pietrain)、比利时和德国长白猪(Landrace)的发育会导致腿臀丰满和眼肌的增大。一般而言,猪的胴体重增加,那么它的眼肌面积一定增加。皮特兰猪的肌肉生长速度快,后期又减慢,而梅山猪(Meishan)的生长速度慢,且在早期就开始下降,大白猪(Large White)/长白猪介于二者之间。偏肥品系的猪发育后的体型与瘦肉型品系不同。未改良的圆臀大白猪预示着脂肪多,而不是瘦肉多。

　　成熟过程中,体积和体型变化的研究并没有引起像总组织生长发育一样的关注。猪体不同部位脂肪组织沉积与发育的差异并不特别显著。猪2/3的脂肪为皮下脂肪,只有1/3为内脏脂肪。内脏脂肪主要包括肌间脂肪,肾和肠周围的脂肪。皮下脂肪倾向于这种方式存在:尽管身体不同部位的脂肪分布不同,但皮下脂肪的发育并没有显著的顺序。一头青年肥胖猪在不同部位的脂肪贮存的平衡与老龄肥胖猪相似。发育(除了生长外)并未引起足够重视的其他原因可能是猪肉与牛肉、羔羊肉之间的差异。猪肉与牛肉和羔羊肉相比,身体各部位的食用品质和可接受程度差异较小。

相反的,因为养分的贮存主要用于机体维持,绝对生长速度就成了饲料转化率的决定参数
(图 3.1)。每天都要消耗饲料用于机体维持但却没有生产产品。一头生长缓慢的猪的日常饲
料维持消耗与一头生长快速的猪相同,但其获得的能够弥补固定饲料消耗的产物较少。控制
整个机体的生长速度的饲料转化率比肌肉组织的日增重与脂肪组织日增量的比率更加重要,
因为脂肪组织与肌肉组织含水量不同,脂肪组织生长发育的饲料能量消耗是肌肉组织生长发
育的 3 倍还多(图 3.2)。

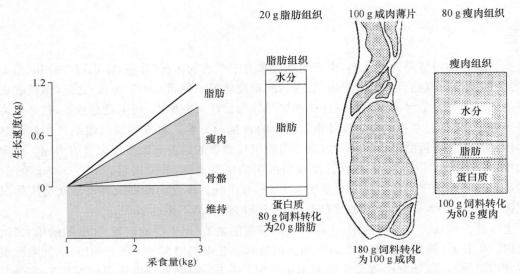

图 3.1　用于维持饲料固定消耗量超过
了生产量的水平,随着生长速度的提
高,饲料效率也在改善。

图 3.2　脂肪和瘦肉组织的组成。

　　骨骼、肌肉和脂肪组织的相对生长速度对满足人类肉制品的供应非常重要。肉中的脂肪
含量是衡量产品质量的一个重要标准,同时肉骨比决定胴体价值。根据肉类加工各个环节及
实际的零售情况,正如前面提到的,世界各地市场中人们所期望的猪肉脂肪与瘦肉比的变化是
很大的。当然,骨骼、肌肉和脂肪生长间的关系将会影响整个动物机体的生长发育。无论体重
多大,随着年龄的增加,生长速度变慢,动物的骨脂比会更高。动物的体型与脂肪沉积的程度
和部位密切相关。哺乳期小猪的体型呈圆形可能是因为皮下脂肪较厚。但是,也有例外的,皮
特兰猪和比利时长白猪背部非常丰满,这预示了很高的瘦肉产量。因此,随着骨盆四肢重量的
增加,四肢脂肪的比例也会增加,其中肥胖型猪的增加速度要比瘦肉型猪快得多。
　　生长的过程是通过机体骨骼、脂肪和肌肉组织的生长来完成的,它是在有关的组织代谢过
程中合成代谢大于分解代谢的结果。因为脂肪组织的分解较慢,所以脂肪组织合成代谢的绝
对量和增加的绝对量间的联系非常紧密。另外,肌肉组织的代谢非常快,这种增长可能占总蛋
白合成代谢的 5%～20%,猪的发育成熟程度越低这个比例就会越高。

机体组成

　　屠宰猪的大体机体组成如图 2.18 所示。放血,去除内脏、肠后的原始胴体约占猪肉总量

的 75％,而在这 75％中,有 11％为头、蹄和皮,剩下的 64％为胴体部分。胴体部分又被分割为可食用脂肪和瘦肉组织,其比例会随着猪的性别、基因型、营养和屠宰重的不同而不同。去头、去皮和去蹄的瘦肉型猪胴体一般有 10％的骨骼、23％的脂肪组织和 66％的瘦肉组织组成(在原始胴体中,各自的百分比分别为 11％、30％、58％;无脂肪的胴体通常以胴体中分割的瘦肉百分率作为胴体品质评估的标准)。

生长猪整个机体的化学组分随着瘦肉:脂肪:骨骼的比值的变化而变化,但平均大约包含 64％的水分、16％的蛋白质、16％的油脂和 3％的灰分,还含有少量的碳水化合物(肝中)。

在任何给定的体重和性别下,高水平的饲料会增加脂肪的百分比,而在一定的体重和饲料水平下,未去势公猪要比去势的公猪瘦得多,而母猪居中(未去势公猪的胴体瘦肉率为 60％,而去势公猪和母猪的分别为 56％和 58％)。正如第二章介绍的,体重的增加通常与脂肪组织的增加有关,但限制饲喂时除外。表 3.1 显示了生长猪机体的化学组分,并说明了脂肪增加就会减少水:蛋白的比例,采食限制对脂肪沉积也有显著影响。全身蛋白质含量比脂肪含量更稳定,蛋白质通常占 14％～18％,而脂肪通常为 5％～40％。

表 3.1　猪的化学组成(%)。

| | 初生 | 28 日龄 | 100 kg | | 150 kg |
			自由采食	限制饲喂	
水分	77	66	60	68	63
蛋白质	18	16	15	17	16
油脂	2	15	22	12	18
灰分[1]	3	3	3	3	3

[1]猪去脂后机体组织的矿物质成分由 Spray 和 Widdowson 测定得到[Spray, C. M. 和 Widdowson, R. A. (1950)英国营养杂志,4,332]。以每千克去脂机体组织含有多少克矿物质表示如下:钙:12.0;磷:7.9;钾:2.8;钠:1.5;镁:0.45;铁:0.09;锌:0.03;铜:0.003。

生长猪的组成可表达为指数增长关系 $Y = aX^b$,其中 Y 代表组分,X 代表净重。表 3.2 中的值显示了猪的采食量决定着生长中机体组成的一般发育变化,在给定的净重中,限制饲喂和/或改良的猪有较少的脂肪和较多的瘦肉。表 3.2 的数据说明如下:在 20～160 kg 活重之间,胴体脂肪组织和油脂的增长比全身的增长要快得多(这种影响对去势公猪比正常公猪大,而母猪居中);机体的水分与蛋白质比例呈正相关而与油脂比呈负相关;蛋白质的相对生长率与整个过程中身体的净重相近(正常公猪比去势公猪更接近,而母猪仍居中)。

表 3.2　自由采食未去势公猪(20～160 kg 活重)分割胴体及其化学组分的生长,用 $Y = aX^b$ 公式进行描述,Y 代表组分,X 代表净重(kg)[1]。

	b	a	当 $X = 100$ 时,Y 值
分割可食瘦肉	0.97	0.41	36
分割可食脂肪	1.40	0.030	19
分割骨头	0.83	0.16	7.3
全身蛋白质	0.96	0.19	16

续表3.2

	b	a	当 $X=100$ 时,Y 值
全身水分	0.86	0.93	49
全身油脂	1.50	0.020	20
全身灰分	0.92	0.049	3.4

[1] 活重＝1.05×净重。

最近的研究证明瘦肉的 b 值为 1.0～1.1,脂肪为 1.3～1.6;瘦肉的 a 值为 0.34～0.37,脂肪为 0.01～0.03;取决于品种类型。同时也证明了蛋白质的 b 值为 0.87～0.97,油脂为 1.4～1.6;蛋白质的 a 值为 0.19～0.30,油脂的为 0.01～0.03;取决于品种类型。

尽管要适应第一个月的生存,仔猪初生时机体的油脂含量较少。断奶后由于脂肪的损失,油脂与蛋白质的比值从 $>1:1$ 下降到 $<0.5:1$,机体的油脂再次变少。在一项试验中,净重为 19.6 kg 的生长猪,蛋白质含量为 16.6%,但油脂仅为 10.7%。即使这些猪大量采食,也只有当其活重达到 50 kg 时油脂与蛋白质之间才会达到平衡。20～200 kg 的生长母猪的油脂量(Lt)和蛋白量(Pt)之间的关系如下:

$$Lt = 0.250Pt^{1.74} \tag{3.1}$$

随着活重和年龄的增长,机体一般组分的变化见图 3.3(化学组成)和图 3.4(机体组成)。在特定年龄时,猪体蛋白质和油脂增加的一般规律见图 3.5。两条曲线的加速生长阶段和减速生长阶段之间由一段线性生长阶段相连。一般在生长的后期,油脂的渐近线要比蛋白质陡得多(至少 2 倍);瘦肉和脂肪的成熟是一个随年龄变化的递进的过程。150 日龄前油脂量不会超过蛋白量。目前欧洲和北美的观点认为,当猪 130～170 日龄时,活重为 80～110 kg,油脂:蛋白质($Lt:Pt$)约为 1:1 时,为屠宰的最佳时期。但是在其他国家,则要求猪更重、日龄更大和更肥时再屠宰,其 $Lt:Pt$ 为 2 或大于 2。他们认为当猪的最终成熟脂肪量(Lt_{max})约为最终成熟蛋白量(Pt_{max})的 2 倍时,屠宰才更为合理。即:

$$Lt_{max} = 2Pt_{max} \tag{3.2}$$

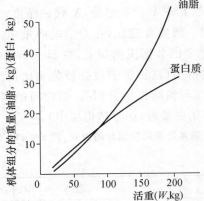

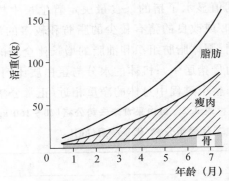

图 3.3　自由采食的猪机体组分中的油脂和蛋白质量与活重的增加有关。注意 25～100 kg 活重油脂与蛋白质的比值($Lt:Pt \approx 1:1$)的相关性[引自 Whittemore, C.T., Tullis, J. B. 和 Emmans, G.C. (1988)动物生产,46,437～45]。

图 3.4　生长猪的机体组成。

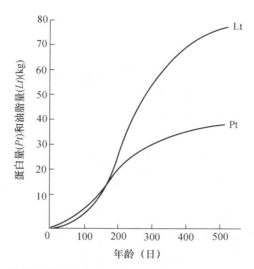

图 3.5　随着年龄的增长蛋白质和油脂的增长情况。注意瘦肉
组织量由蛋白质和水分组成，其约为纯蛋白质的 4 倍多。

由于骨骼是肌肉的支架，骨骼与肌肉、蛋白质与灰分间具有一定的相关性（灰分＝0.03 活重或 0.20 蛋白质量）。相反的，尽管机体瘦肉量的变化与脂肪组织呈负相关，但当瘦肉中含水量的改变可能会引起二者比例失调。一般，分割的瘦肉组织（肌肉）含水量为 70%～75%，脂肪为 5%～15%，蛋白质为 20%～25%。一头青年猪瘦肉组织中的含水量可高达 80%，而一头成年猪瘦肉组织中的含水量则少于 70%。分割的胴体瘦肉可通过经验公式来估计：

分割的胴体瘦肉 $= 2.4Pt$ （3.3）

这里的 Pt 代表全身的蛋白含量，机体水分和蛋白之间为指数增长关系。全身水分（Yt）的计算公式如下：

$$Yt = 4.11\ Pt^{0.89}$$ （3.4）

在机体的生长过程中认为水分的减少与每单位蛋白的减少有关。

脂肪组织含有 10%～25% 的水分、2% 的蛋白和 70%～80% 的油脂。由于脂肪生长在整个生长中所占的比例总是变化不定的，所以并不能通过肌肉质量或活重的相关数据来判定脂肪含量的多少。脂肪生长的绝大部分变化是由营养供给水平变化引起的；采食量越多，猪就会变得越肥。因此限制饲喂能够更好地预测与瘦肉相关的脂肪生长，并能在生长的绝大多数过程中以一定的蛋白质比例来表示。尽管通常认为在正常的生长过程中，猪变肥是因为体尺的增大，但肥胖的起始时间主要取决于性别、基因型和饲养水平。改良的公猪达到 10～110 kg 体重时油脂的含量不超过总含量的 12%，而未改良的去势公猪在这一阶段的油脂含量很容易就能达到 25%。母猪介于二者之间。可想而知，如果饲料供应十分充足，猪自然就会变肥。

主要考虑蛋白质和瘦肉的生长对评价机体整体生长是有益的。在营养受限的条件下，脂肪的生长落后于蛋白的生长，但当饲料供应充足时，就并不依赖于蛋白含量的增加，而是取决于饲料的供应。

生长曲线

在适当的环境条件下,随着年龄的增长动物的体重增加,直到生长达到成年体重为止,图3.6中 b 的斜率代表不同年龄时体重的增长率。而渐近线 A 代表成熟体重。A 具有很强的遗传因素,并因猪种的不同而变化。以增加瘦肉产量为目标的现代猪种,选育的比未选育的具有更高的生长率(b)。A(成熟体重)的方差值与 b 的方差值可能相似或不同。但是,成熟期(t_1)并不会随 A 的变化而变化。成熟时绝对体重的可能差异是出生时绝对体重可能差异的许多倍(二者之间存在很强的正相关,动物出生时体重较重的,成熟体重也较重),假设两种类型间 A 的绝对差异能够被解释为是由初生重的绝对差异引起的,这并不合理。很显然,A 和 b 之间存在着正相关;较大的成熟体型与较快的生长率有关,而生长速度的正向选择导致了较大的成熟体型。

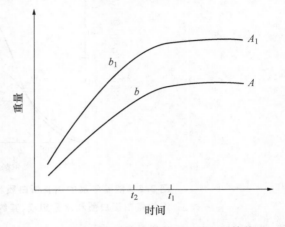

图 3.6   生长速度(b)和成熟体重(A)之间的关系。

生长速度快的种母猪品系个头和体重都比一般的猪大,具有高的维持需要,它们需要面积大的猪圈、分娩栏和散放饲养区。生产商品肉猪繁育群里体格大的母猪的饲料、圈舍、管理及护理成本高,相比较而言,饲养个头稍小的母猪更为有利。但是,大母猪因为子宫大并且产奶多而具有更好的繁殖性能。用以下三个策略解决某些不足,第一个是维持小体型母猪繁殖群,但用大型终端公猪,这样至少 50% 的快速生长基因会被遗传给下一代;第二个是通过环境限制(如严格的饲料供给方案)来控制繁育母猪的大小,使繁育母猪不能达到成熟体重的最大值,这也许不是一种明智的措施,会给繁殖性能带来负面影响;第三个策略是通过遗传选择调节生长曲线,在 A 到 A_1 不增加的情况下,增加 b 到 b_1 的值(生长速度)(参见图3.6),只减少 t_1 到 t_2 的值即可达到这种效果,并可较早发育为成熟体尺,但是目前仅靠常规遗传选择技术难以实现。无论如何,小体型繁育母猪是否具有很大的内在优势,还存在较大争议。大体型母猪的繁殖性能好(特别是仔猪初生重大),而且其泌乳量也大。

图3.5 描绘了,随着年龄增加脂质和蛋白质量增重呈 S 形变化(拐点两侧分别是加速期和减速期),图3.6 与曲线上部分一致。图3.7 描绘的典型生长曲线经常被曲解,它被错误地假定为①出生后就进入加速期(而实际起始于妊娠期),②初情期一般都伴随着拐点(它不是),③加速期和减速期是一对对应体(它们不是)。这种错误的假设不能正确的决定一些重要问题,如动物的潜在生长速度、生长发育达到最大值的拐点、生长期最佳增重的获得、肉猪最佳屠宰时间和预测繁殖周期的开始。

理解加速生长和减速生长是了解生长的基础,两个时期是分离的,应被分别考虑。胚胎期和早期(胎儿)生长包括细胞增殖,是自体加速增长,当前体重和增重量之间存在某种关系(假设一个重 0.5 kg 的动物以 500 g/天的速度生长,这种假设是非常荒谬的;但如果换成 10 kg

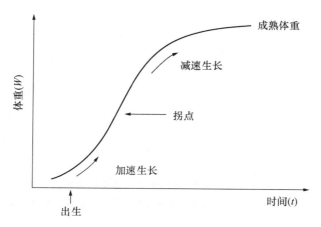

图 3.7　生长曲线中,体重随着年龄而发生变化。

的动物,这种假设是可以理解的)。同样,如果成熟体格大小达到理论大小,它的后期生长将是减速生长(如果系统没有慢下来,然后它不能最终停止)。尽管如此,处于加速生长期和减速生长期之间的阶段并不存在必然的数学上的连续性,加速和减速生长期也不需要相似定量构成。中间阶段是生产猪肉的关键时期,它占了断奶和屠宰之间的大部分时间(28 日龄左右断奶,体重等于或小于成熟体重一半时屠宰)。一旦胎儿生长期结束,生长百分率或新细胞与已存在细胞数量比例就已恒定,以前没有这种假设。出生后,生长多表现在细胞体积的增大和细胞的内物质的聚集,而细胞数的变化不大。大量事实证明出生后的绝对生长率(而不是生长率百分比)是恒定的。简而言之,有足够的理由推测拐点处不是瞬时"线性"的,而有可能持续很长时间;线性生长通常发生在肉用动物的生长关键期。

　　在许多情况下,出生后的加速生长是没有进行早期饲养限制的结果,如雏鸡和出生后断奶的犊牛。事实上,在营养和环境不受限的情况下,幼龄动物的绝对生长率是很高的。出生后的早期,仔猪自由采食母乳,出生第一天以 300 g/天的速度生长,到第 6 天甚至每天长 500 g。这表明,采食母乳的哺乳仔猪不仅具有每天长 200~400 g 的潜能,而且生长潜力高达本身体重的 15％。如果母猪的健康状况良好,仔猪 21 日龄体重会超过每窝猪的平均体重 7 kg,在爱丁堡一头仔猪 28 日龄体重高达 12 kg(而不是一般的 8~9 kg),这再次表明了生长的潜在可能性与商业化成效之间的差异。提供充足的营养和优良的环境,仔猪在出生早期即可达到最大绝对生长率,并且在整个生长阶段中保持稳定。这一事实驳倒了生长速度在某种程度上归因于已达到的体重的观点,假设可能源于根据常规 S 形生长理论进行的解释。同时也驳倒了对拐点周围的 S 形生长曲线的推论。这个推论是,日增重(dW/dt),日龄或体重的函数,在达到成熟体重的一半时呈二次方增长,并在成熟体重的 0.5 倍时达到对称峰值。

　　但是,依然坚持以二次方程公式描述生长明显是不合适的,因为它不能识别早期生长潜能并误解了生长过程,而这对猪肉的有效生产是至关重要的。

　　增长率可能在出生早期接近最大值,并在生长的相当一段时间保持稳定。一旦早期和生后生长阶段结束,在达到成熟以前,猪生长潜力表现出线性关系。以时间(t)对日增重的影响(dW/dt)表达曲线平缓的顶部,如图 3.8。即将成熟时生长率下降,生长曲线坡度没有早期陡峭,曲线早晚期都会发生偏离,与一般状态下情况不同也未与镜像平衡。

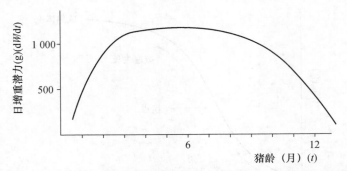

图 3.8   日增重与时间的关系:猪的生长曲线有很高的遗传优势。曲线顶部平坦说明即使生长旺盛时(20~120 g)日增重速度变化不大。

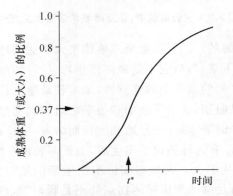

图 3.9   用 Gompertz 函数表示体重(以比例表示)与时间的关系,拐点位于时间 t^* 和成熟大小 36.8% 时的交叉点,注意生长期(20~120 kg)中的线性期。

瘦肉和蛋白质生长

上述讨论说明,Gompertz 曲线能更好地描述生长潜能,Gompertz 曲线的拐点是达到成熟体型的 37% 时与时间 t^* 的交叉点,其大部分时间都是呈线性或恒定生长,特别是从成熟体重的 10%(猪的活重为 30 kg)到 60%(猪的活重为 180 kg)这个时期。Gompertz 曲线有效的表示了早期生长加速的坡度,并使接近成熟期的减速生长趋于平缓,使年幼时快速生长与年长时减速生长形成鲜明的对比(Gompertz 曲线的中期比较长,所以更适合描绘线性数据集)。

蛋白质生长上限及生长潜能是未知的,但可以根据假设营养及环境不受限的情况下进行推测估计。蛋白质生长效率很高并且符合人们的需求,因此人们对蛋白质生长的最大值很感兴趣。作为衡量猪的体重、日龄及成熟程度的函数,蛋白质生长潜能的描述对营养需求的评估及形成最佳生产策略很重要。经验表明,在环境不受限的情况下,用 Gompertz 曲线描述生长潜能是很有用的。所选曲线必须最适合生物学假设,这是曲线拟合规则的基础。在任何假定情况下,动物生长总是遵循 Gompertz 曲线,这种论断是错误的。只用数学表达式描述 3 种复杂现象(早期、中期和后期生长)非常困难,而用曲线描述会简单方便得多。根据 Gompertz 函数,时间 t 与其对应体重的关系表示如下:

$$W = A \cdot e^{-e^{-B(t-t^*)}} \tag{3.5}$$

其中，A 是成年体重(W)，单位 kg；B 是生长系数；t^* 是拐点对应的时间，单位：天。生长最大值发生在 A 的 $1/e$(0.37)，生长速度达到($A \cdot B$)/e，曲线顶部平坦。改良白猪 A 值的最适范围是 $300 \sim 400$ kg；B 值大于 0.012；t^* 的值为 180 天。未改良猪的 A 和 B 值比较低，改良猪日增重超过 1 kg，其($A \cdot B$)/e 很容易被计算。

方程(3.5)用于计算猪日增重(dW/dt)与日龄的关系，但既不是特别有逻辑，也不是很有用，如果能表达增长与体重的关系，公式会更实用。对于后一种情况，无论 W 为何值，体重计算如下：

$$dW/dt = B \cdot W \cdot \ln(A/W) \tag{3.6}$$

以表 3.3 不同 A、B 值计算的日增重潜能。

表 3.3　用 Gompertz 函数 $dW/dt = B \cdot W \cdot \ln(A/W)$ 计算无改良和改良猪的日增重潜能(g)。

活重(W, kg)	日增重(dW/dt, g)	
	未改良猪 $B=0.009$ $A=250$	改良猪 $B=0.011$ $A=300$
25	518	683
50	724	985
75	812	1 144
100	825	1 208
150	690	1 144
200	402	892

日增重最重要的部分是蛋白质，它决定着生产效率和产品质量。爱丁堡的屠宰试验表明，无改良正常公猪日蛋白质沉积(Pr)：体重 $20 \sim 105$ kg 为 122 g、体重 $20 \sim 150$ kg 为 144 g、体重 $20 \sim 200$ kg 为 101 g。与生长期相比，蛋白质沉积率具有相对持久性，图 3.10 展现了实验数据形成的 Gompertz 曲线。

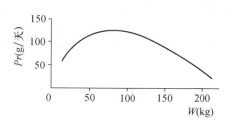

图 3.10　蛋白质日沉积率(Pr)与体重(W)的关系。(引自 Whittemore，C. T.，Tullis，J. B. 和 Emmans，G. C. (1988)动物生产，46，437～45.)

由于 A 值和 W 直接反映蛋白质量(而不是活重)，因此可通过测定给定猪的体蛋白质量来计算日蛋白质沉积率。不同的 A、B 值代表不同基因型和不同性别的猪。用简单测定和 A、B 两个数值即可估计任意猪的蛋白沉积率，并根据猪的品种制定最佳饲养及管理策略。A 和 B 是影响肉猪产肉率的关键因素。图 3.11 和图 3.12 表示方程 $dWp/dt = B \cdot Wp \cdot \ln(Ap/Wp)$ 的曲线，Wp 是任一时间 t 的蛋白质量，Ap 是成熟蛋白质量。用 Pr_{max}(生长任一点的日蛋白质最大可能沉积率)表示 dWp/dt；用 Pt_{max}(成熟蛋白质量)表示 Ap；用 Pt(当前体蛋白质量)表示 Wp。因此：

$$Pr_{max} = Pt \cdot B \cdot \ln(Pt_{max}/Pt) \tag{3.7}$$

图 3.11 描述了当 $B=0.010\,5$ 时，A(即 Pt_{max})为 37.5 kg，代表无改良阉割公猪。图 3.12

描述了当 $B=0.0125$ 时，A 为 47.5 kg，代表改良公猪。很明显，图 3.12 中 Pr 达到最大值时的活重比图 3.11 高，而其他性别和类型的猪应符合中间的值。

这两个曲线的形状很好地证实了早期快速生长的可能性，同时又充分说明了蛋白质生长趋于一个相对稳定的值，其潜能远远大于因商业目的而在生长期就进行屠宰的情况。

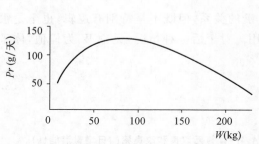
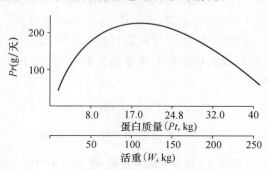

图 3.11　用方程 $Pr=B \cdot Pt \cdot \ln(Pt_{max}/Pt)$ 计算猪的蛋白日沉积率，当 $B=0.0105$ 时，$Pt_{max}=37.5$ kg。

图 3.12　用方程 $Pr=B \cdot Pt \cdot \ln(Pt_{max}/Pt)$ 计算猪的蛋白日沉积率，当 $B=0.0125$ 时，$Pt_{max}=47.5$ kg。

在很多情况下人们对函数 Pr 充满了兴趣，为使活重测量更容易，现将方程改为：

$$Pr_{max}=W \cdot B \cdot \ln(A/W) \tag{3.8}$$

与式(3.7)相比，式(3.8)可测出约为 0.001 6 的 B 值。

考虑到实用目的，蛋白质最大沉积率 Pr_{max} 必须在 20~200 kg 活重之间。基因选择和决定营养需求的实用规则要以大多数活跃生长期的一个固定值为基础，这个值与性别和基因型有关。

表 3.4 显示了不同类型和不同性别猪的 B、Pt_{max} 和 Pr_{max} 值。B 值的范围从 0.009 5~0.013 5，Pt_{max} 从 32.5~52.5 kg，Pr_{max} 从 115~260 g。

表 3.4　表示不同类型和不同性别肉猪的 B 值、Pt_{max} 和 Pr_{max}。

		Bp	$Ap(Pt_{max})$	$(B \cdot A)/e(Pr_{max})$
通用	公猪	0.010 5	37.5	0.145
	母猪	0.010 0	35.0	0.130
	去势公猪	0.009 5	32.5	0.115
商品	公猪	0.011 5	42.5	0.180
	母猪	0.011 0	40.0	0.160
	去势公猪	0.010 5	37.5	0.145
改良的	公猪	0.012 5	47.5	0.220
	母猪	0.012 0	45.0	0.200
	去势公猪	0.011 5	42.5	0.180
核心群	公猪	0.013 5	52.5	0.260
	母猪	0.013 0	50.0	0.240
	去势公猪	0.012 5	47.5	0.220

3 种不同性别的猪,除了正常公猪用于育种,其他两种猪长到成年体重的 30%～50%(80～140 kg)时就被屠宰。用于育种的母猪受孕和妊娠会影响生长,而妊娠会明显影响蛋白质沉积率,使母体生长速度大幅度下降。为满足生长母猪的营养需求,我们需要了解体蛋白质(和体脂)沉积的模式,Gompertz 函数(方程(3.5))既能描述早期生长又能描述后期生长情况,但所用数值必须考虑到初情期过后母猪的繁殖过程,这将会扰乱初情期前的模式并延缓到达成年体重的时间。营养水平不受限制的连续妊娠与哺乳的母猪和生长经历 20～200 kg 体

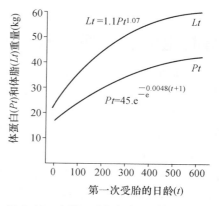

图 3.13 自第一次妊娠起,母体蛋白质和母体脂质增加。拐点 t^* 与妊娠($t^* \approx 0$)一致,表明日生长速度从这一天开始减小。

重且也未受营养限制的生长猪相比发现,第一次妊娠起种母猪的生长就开始减慢(生长系数 B 减小)。图 3.13 表示营养充足时母猪体蛋白质含量(Pt,kg)。第一次妊娠时 Pt 的初始值为 16.6 kg,第二次妊娠时,Pt 值依次增加 11,8,5 和 2.5 kg。B 值为 0.0048 是最佳值,此时仅相当于妊娠前的一半。在繁殖周期受束缚的情况下测得母猪的 Pr 值,因此与首选的猪生长目标并不完全相符。繁殖过程的起始是引起生长曲线拐点的原因,而不是其结果。

潜在生长曲线形状的改变

生长曲线的形状易受营养水平、环境及妊娠情况的影响。然而,对任何个体而言,潜在的生长曲线是动物固有的特征。但是,通过遗传选择或许可以人工改变猪群潜在的生长曲线。如果一个种群中的某一个体生长情况符合图 3.14 中的 a,这个群体通过提高瘦肉组织生长速度的选择,体重(W)与时间(t)之间的斜率变得平缓,并逐渐趋近于(b),如箭头所示。如果成熟的时间延长较小,那么 A 将不可避免的增大,即成熟体尺增大。根据方程(3.6),并不能明确推测出对日增重的选择可以提高成熟体重。因为提高生长速度是猪生产的基本目标,像其他动物生产一样,基因选择和品种替换并不都会使动物体尺变得更大;不光是猪、牛、羊,家禽也会出现这种情况。最近几年,许多改良计划都表现出瘦肉生长率的高度选择压力下,使得家猪成体大小变化最大。要使生长速度提高

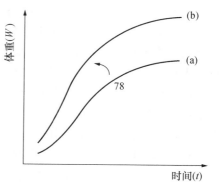

图 3.14 基因选择导致体重增加,随着时间的增加生长曲线变的陡峭,并且成年体重变大。

但成年体重保持不变,育种工作者的这一宏伟目标还有很长的路要走。

若动物种群符合图 3.14 的(b),那么动物生长越来越快,成年体重越大,与此同时,成年繁殖种群维持需要越高,也越不容易育肥。根据图中解释,任一给定体重时,b 类猪比 a 类猪晚熟。a 类动物常规屠宰体重,有时也用于(b)类动物,这样才能确保低生理成熟度的肉产自占成年体重比例小的生猪;成熟体重的增大也会使最佳屠宰重量增加。图 3.14 说明,如果猪龄的确影响初情期到来,那么(b)类动物达到配种年龄的体重更大,尽管还未生理成熟。

脂肪组织和脂质生长

仔猪早期脂肪迅速增加,因为母乳含有大约8%的脂肪。脂肪生长的最佳时期是仔猪出生后的前4周,而瘦肉生长比较晚。初生仔猪的脂肪含量少于2%,到21天时,脂肪增加到15%。现代猪种仔猪在21或28天断奶时是绝对不会变肥的;出生4~7个月就被屠宰的猪,第一个月脂肪含量最高(占体重的比值)。当猪的体重达100 kg被屠宰时,其脂肪含量不到胴体重的15%,猪肉甚至代替仔鸡作为最瘦的肉类供人们消费。尽管当猪生长时其脂肪含量也会增加,但过肥的猪不再被接受,现代猪育种最基本的是提高瘦肉量以增加酮体重量。对现代猪种来说,控制肥胖是很容易的,因为肥胖是采食引起的,通过控制采食即可减少脂肪含量,达到理想的脂肪水平。

与时间和体重无关,采食是猪肉生产中改变机体组成及胴体脂肪含量的关键因素。以下情况会使猪变肥:

* 营养不均衡(任何体重的猪),蛋白质供给不足,而能量过剩(参考第十三章);
* 采食量超过维持和瘦肉组织生长的需要(任何体重的猪);
* 出于健康原因,脂肪优先于瘦肉增加(比如初生与断奶期间,为哺乳做准备的妊娠期,或者为了弥补营养缺乏的补充期);
* 达到成年瘦肉量后再摄入过多能量会形成脂肪。

体内脂肪(Lt)分为3部分:必需脂肪、最低目标脂肪和储存脂肪。一定水平的脂肪是机体新陈代谢所必需的,这部分脂肪大约占整个体重的4%($Lt=0.04W$)。理想脂肪含量是机体含最低水平的脂肪,此时体内脂肪完全能够满足动物的生理需求,脂肪最先作为能源物质为各种生命活动提供能量,如瘦肉生长、妊娠和哺乳等活动。当脂肪含量低于这一目标值时,机体会通过降解体内沉积的蛋白质来达到目标水平的脂肪含量,因为生理基础上,脂肪优先于蛋白质生长。可用瘦肉或蛋白质与脂肪的已知关系表示脂肪形成。因为只有脂肪达到目标水平后蛋白质增加才不会受抑制,任何时候都先于瘦肉组织生长速率达到最大值,脂肪增加与蛋白质增加的比率($Lr:Pr$)直接反应脂肪含量增加的比例,保证脂肪最低理想水平与体内总蛋白比例的最佳值——$(Lt:Pt)_{pref}$。

理想水平的脂肪是生长必需的,脂肪过剩或储存脂肪一是解决不均衡采食引起的能量过剩的方式,二是以储存能量的方式为营养缺乏做准备。虽然并不完全知道猪到底能储存多少脂肪,但至少可以达到体重的一半以上,这非常不经济。然而,即使是现代的肥猪也很难发现机体脂肪含量占总体重30%~40%的个体。以上述4种容易导致肥胖的情况为基础,对生长进行定义描述,储存过多的脂肪是不合理的;然而,对于处于生长早期的幼龄猪另当别论。

对幼猪来说,最低目标脂肪增重(Lr)大于或等于蛋白质日增重(Pr):

$$(Lr:Pr)_{min}=1 \qquad\qquad (3.9)$$

推测可能是因为:当$Lt:Pt$达到最小比率,就会以相同比率增加直到Pr_{max};因此当$Pr<Pr_{max}$,$(Lr:Pr)_{min}\approx(Lt:Pt)_{pref}\approx1:1$。这一等式对产肉动物的描述是最基本的,其中某些数值会随着物种、基因型和性别的变化而变化[改良公猪的$(Lr:Pr)_{min}$值为0.5,而某些未改良去势猪的$(Lr:Pr)_{min}$值为2.0]。

表 3.5 用 $(Lt:Pt)_{pref}$ 表示断奶和初情期之间的目标脂肪水平。基因选择导致 $(Lr:Pr)_{min}$ 和 $(Lt:Pt)_{pref}$ 变小，同时使 Pr_{max} 变大（表 3.4）。这是同时选择的结果，对 Pr_{max} 和 Pt_{max} 有利，而对 Lr 和 Lt 无利。目前还不知道高 Pr_{max} 值为何与低 Lr 值有关。

根据动物机体发育趋向于最低的脂肪/蛋白比例 $[(Lt:Pt)_{pref}]$，基本上是 1:1，这个标准值会随性别和基因型的变化而变化，表 3.5 列出了不同情况下不同的比率。当动物为日后能量短缺做储备即能量需求大于能量供给时，$Lt:Pt$ 比率要比标准值大；比如在断奶、哺乳或季节性食物短缺之前。当食物供给不足时，$Lt:Pt$ 比率比标准值小，比如在断奶后或哺乳时体脂过度消耗为机体提供能量。肥胖的最小值即脂肪占体重的 5%，或者 $Lt:Pt≈0.3$。这个最小值依赖于生理状况，因此，用于维持生命的最小值肯定比耗能活动（如妊娠）起始的最小值还小。然而，根据 $(Lt:Pt)_{pref}$，人们可以从视觉上判断动物是"胖"还是"瘦"。如果是"胖"，储存脂肪可用于其他生产目标；如果是"瘦"，动物将先储存脂肪直到 $(Lt:Pt)_{pref}$。无论 $(Lt:Pt)_{pref}$ 是大还是小，它都会尽量趋向最佳值。

表 3.5　肉猪体脂与体蛋白最小目标比率 $(Lt:Pt)_{pref}$。

		$(Lt:Pt)_{pref}$[1]			$(Lt:Pt)_{pref}$[1]
通用	公猪	0.9	改良的	公猪	0.5
	母猪	1.1		母猪	0.7
	去势公猪	1.2		去势公猪	0.8
商品	公猪	0.7	核心群	公猪	0.4
	母猪	0.9		母猪	0.5
	去势公猪	1.0		去势公猪	0.9

1. 其中 $Pr < Pr_{max}$，在增重中会发现一个相同比率 $(Lr:Pr)_{min}$。

有例子表明能够分析营养充分条件下脂肪日沉积率 Lr_{max}，这个例子同样也适用于蛋白质沉积。可以推测，营养充足情况下脂肪迅速增长达到最大值，之后逐渐达到成年体脂量（图 3.3）。也可以运用 Gompertz 函数中的 B 和 $Lr_{max}B$ 来描述这种特征。B 对蛋白质、脂肪和灰分同样适用，Lt_{max} 可以看作 Pt_{max} 的一个简单比值。各种数据表明 $Lt_{max}≈2.0～4.0$。Pt_{max} 依赖于性别和基因型，改良公猪的值低，未改良去势猪的值高，母猪的值介于两者之间。如果 Gompertz 函数可用于表示脂肪和蛋白质的生长，并且成年体脂量大于成年蛋白质量，那么随着生长的进行 $Lr:Pr$ 的波动范围变大；与蛋白质生长峰值相比，脂质生长峰值多发生在体重较大的个体上。组织生长是按顺序进行的，瘦肉快速增长的同时也伴随着脂肪的快速增长（图 3.15）。

脂肪成熟表现出与蛋白生长的异速生长关系。从 1932 年 Huxley 开始，异速生长关系 $(Y=aX^b)$ 对于描述组织相对生长率很有用，并有效支持这一观点，即在营养不受限的情况下，参数 B 作为单个值与性别、基因型和三种主要化学成分（蛋白质、脂质和无机物）的积累有关。可推测异速生长关系常用来描述相对组织重量，如表 3.2 所示，也可描述蛋白质和脂质的关系（比如当 $Lt_{max}:Pt_{max}=2:1，Lt=0.151Pt1.7$）。

这些模式是描述动物生长模式的基础，但在①营养受限，②供应的营养首先用于蛋白质沉积，③受繁殖周期干扰或④肥胖等情况无法达到脂质生长的上限。这意味着变量 Lr_{max} 和

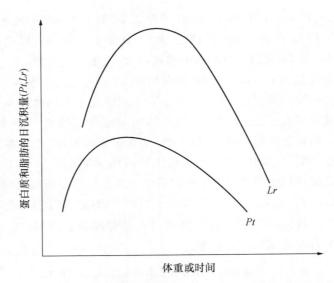

图 3.15 这个脂质无限生长潜能的例子说明,脂肪组织
生长潜能的峰值比蛋白质生长潜能的峰值大,并比蛋白
质到达峰值的时间晚。

Lt_{max} 比 Pr_{max} 和 Pt_{max} 对实际生长产生的影响小。Lr(脂质沉积率)比 Lr_{max} 小(潜在生长率),通过三个量分析脂质生长率。这些是有关最低生理肥胖的概念($Lt = 0.05W$),当动物生长时最低肥胖能保持正常生长$(Lt : Pt)_{pref}$并储存脂肪,当动物成熟时贮存脂肪减少。

初情期之后进入一个新的阶段——妊娠期。妊娠期提高了脂质日增重,这比与其定量平衡的蛋白质的日增量多,如图 3.13 显示,$Lt = 1.1Pt^{1.1}$。

妊娠期大部分额外沉积的脂肪用于分泌乳汁。超出总体脂 30% 的繁殖母猪由于过度肥胖很可能导致繁殖障碍。而低于总体脂 17% 的母猪易出现繁殖力降低,如增加断奶到再发情期的时间、降低排卵数、降低胚胎植入和存活的成功率与降低仔猪的初生重等。

当给予未改良猪充足营养时,其体脂含量大于两倍的蛋白含量通常是很少见的。同龄成年母猪的体脂含量大多是蛋白含量的 1.5 倍$(Lt \approx 1.5Pt)$或接近总体重的 20%~25%。脂质的含量永远不能低于蛋白含量$(Lt = Pt)$,否则猪的繁殖力会严重削弱。

图 3.13 中脂质生长模式说明首次受胎 Lt 的初始值为 22 kg,接下来的 1~4 胎的受孕增重分别为 16、12、7 和 4 kg。因此 Lt 的增重接近于 1.5 倍的 Pt。每胎的妊娠增重的 Lt 当然比泌乳损失得多。

早期生长特例

仔猪出生时脂质仅仅为 1%~2%,这比 4% 体脂的生理最小值要小。当初生仔猪脂质增量大于蛋白增量(因为营养优先次序的分配),以首先获得最小的生理水平的脂肪含量,然后尽可能快的接近最佳的 $Lt : Pt$ 比率,这是完全合理的。这样 21~28 日龄的仔猪可以达到 15%~20% 的体脂含量。为了完成体脂的显著改变,早期仔猪的 Lr 显然远远超过 Pr。然而,在达到正常速率之前,断奶应激通常会使幼猪总的体脂含量降低到体重的 10% 或更少。

在出生后的早期,仔猪显著的快速生长能力不仅仅限于脂肪的生长。总的身体生长潜能更加突出。显然,目前世界养猪生产者还没有实现仔猪断奶后活重的增长潜能。然而,仔猪的生长潜能在与传统的农业期望相比时是显著的,而不是与许多其他的物种相比,如刚孵化的鸽子、仔兔、海豹和鲸,与它们的此前的体格相比,仔猪的生长速度更加惊人。在初生后的第一周,仔猪消耗约 4 倍的维持需求,幼海豹消耗是维持需要的 6 倍,而幼鲸则达到 8 倍。甚至婴儿也符合早期身体快速增长的模式,4 周龄和 7 周龄之间,R.J.W.,当 4 kg 的体重每星期增加 290 g,如果维持这样的生长速度,10 岁将达到 154 kg。

根据猪的潜能,体重 5 kg 的健康猪在没有营养限制的环境下每天可以很轻易地增长 600 g。在出生到 8 kg 活体重阶段,生长增量可以达到当前体重的 10% 或更多;对于仔猪等式 3.6 中的 B 值为 0.02。图 3.16 表示的是哺乳仔猪生长的保守概率,试验动物并没有额外的营养补充。对于后期生长原动力丢失的测量显示食物供应来源(母乳)是不能满足仔猪的需求和生长潜能的需要。

哺乳动物生长早期表现出的巨大原动力有可能与生存机制相关,这可能是符合猪整个成熟过程的 Gompertz 假设的一个例外。然而,分析仔猪的生长速度,得到的增值确实符合生命早期缓慢增长然后加速的 Gompertz 假设,但是这不能反映任何的自然法则,更可能被以下的三个现象来说明:

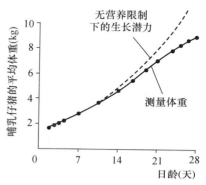

图 3.16   一窝仔猪在没有饲喂教槽料和无疾病症状下的生长。

(1) 表达整个生命的生长曲线不一定能说明一小部分的例外;也就是说,这个曲线符合大多数的生长模式,但不能恰当地表示早期生长阶段的特殊情况。

(2) 不能给年幼的动物提供充足的饲料供应,因此营养水平限制实际的生长潜能。

(3) 仔猪通常在早期生长阶段的中期(21~28 日龄)断奶,断奶的结果通常是健康有所受损和极大地降低营养的摄取。因为断奶创伤需要从下个生长加速期中恢复过来(图 3.17)。

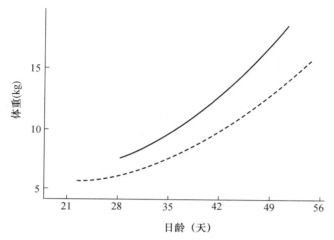

图 3.17   21 天断奶(虚线)和 28 天断奶(实线)的商品仔猪的生长。
断奶后仔猪的延迟生长也许短为 2 天,或者长达 2 周。

如果条件更接近理想状态时,仔猪将比商品猪场的猪生长快得多,而相对缓慢的生长速度实际上是多种多样的人工限制造成的,而不是任何自然生长模式的结果。图3.16可以看作对提前断奶仔猪的生长特征合理而且保守的期望值,表3.6显示了在普通条件下,爱丁堡试验猪断奶后的生长性能。

表3.6   爱丁堡大学断奶后仔猪的生长性能。

开始体重(kg)	结束体重(kg)	天数	日采食量(g)	日增重(g)
6	12	13	500	450
6	24	31	800	581
8	16	14	650	590
12	24	16	900	760

减少脂肪生长导致失重

负增长的反面不是正增长,不能用一个相似的数学方法表示。脂肪失重总是能量需求与能量供应失衡的结果,其差异是由内部营养资源造成的。在蛋白质合成代谢减慢之前脂肪组织的合成代谢也许完全停止,而体脂的分解和利用与体蛋白的合成同时发生(前者引起了后者),幸而脂肪负增长利用的是身体储存的剩余脂肪。体脂原始积累的目的在于调节营养需要与营养供给之间的不平衡,例如,这种情况经常出现在断奶后和哺乳期,此时摄入的能量不能达到代谢的需求。然而,如果对于能量的需要足够大,机体会常常分解适量的体脂。这样猪的绝对脂质含量也许降低到理想水平之下。但是,由于储存的脂肪被利用而导致脂肪减少至低于目标体脂的现象,被认为是猪机体正常功能的一种表现。目标脂肪的减少毫无疑问会带来负面的影响,进而不能满足机体最佳功能的需要,直到目标脂质水平被恢复。

因此负增长在正常生长和生殖过程中起着重要作用,但是这样也许显著地影响身体组成,而这却是脂肪组织存储脂质的正常现象。因而,根据哺乳期饲料摄入水平,泌乳母猪也许在哺乳时期丢失脂质最高可达20 kg。泌乳母猪的脂肪丢失与体重丢失相关:

28 天哺乳期的脂肪损失(kg)=7.5+0.3 失重(kg)   (3.10)

这表明在母猪体重停滞生长时,在哺乳期脂肪组织分解代谢了7.5 kg,每天约250 g。通常母猪在哺乳期失重10 kg,哺乳期内正常的脂肪组织损失水平为10 kg左右,或者每天500 g脂肪。即将泌乳的妊娠母猪在妊娠期储存脂肪是为了随后产乳的需要。泌乳母牛每天失去的脂肪超过1 kg。以代谢体重来表示,这些数据与猪相似;大约10 g/kg代谢体重($W^{0.75}$)。相同的失重比率同样发生在泌乳母羊身上。由于脂肪损失通过水分获得来抵消,失重的能量大大地超过纯脂肪的总能量(40 MJ);已经有记录:泌乳动物的失重的能量等于90 MJ/kg体重。泌乳期的体脂损失必须在随后的妊娠期得到补偿,否则母猪繁殖时期将发生脂肪组织损耗,$Lt:Pt$ 比率将会降低到最小理想水平以下(常常是1:1)。

刚断奶仔猪脂肪损失与断奶前的脂肪储存及断奶后维持生理需求的营养应激相关。断奶仔猪首先损失皮下脂肪而不是内脏脂肪(脂肪失重速度的比值约为9:1)。断奶仔猪立即显示出生长停滞,机体生长在大约一周后开始(图 3.17)。断奶后的检查范围在 2 天到 2 周,这依赖于断奶前后的管理、猪舍条件和营养水平。显然,断奶对年幼的动物是一个创伤。28 或 21 日龄断奶仔猪的机体组成接近于 15％的蛋白质和 15％的脂质,但是仅仅断奶 7 天后,蛋白质含量仍保持相对的稳定约 15％,而脂质含量降到 10％以下。有时一周内年幼断奶动物的脂肪占总体的百分数将减半。脂肪比例下降而蛋白质比例并未升高,这明显的反常是因为空腹状态下水分比例的增加抵消了脂肪的丢失。

图 3.18 显示了 4 个单独试验的数据。在试验 1 和 2 中仔猪分别在 28 日龄和 21 日龄断奶,年龄相应的机体组成与哺乳仔猪相关。在试验 3 中,仔猪在 14 日龄断奶,统计了断奶后 7 天机体组成。显然,断奶不仅带来了脂肪比例的降低,而且还由水分来补充脂肪损失以保持基本的比例。试验 1、2 和 3 中,55、53 和 42 日龄仔猪断奶后它们的脂肪组织损失并未得到补充[脂质增加仅是蛋白质的一半（$Lr \approx 0.5Pr$）],但在试验 4 中可以做到。因为试验 4 中,仔猪被给予高能量蛋白比日粮。试验期之后,试验 1、2 和 3 中断奶后机体生长的组成为约 50％的蛋白质和 7％的脂肪,但是在试验 4 中脂肪增加的比蛋白质增加的更多(约 15％的蛋白质和 19％的脂肪)。

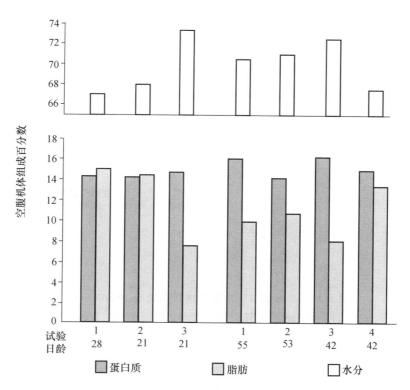

图 3.18 猪机体组成百分数。试验 1 和 2 仔猪分别在 28 日龄和 21 日龄断奶。试验 3 仔猪在 14 日龄断奶（Whittemore, C.T., Aumaitre, A. 和 Williams, J.H. (1978)农业科学杂志, 91, 681）。

接下来的试验更深入地研究了脂质负增长。左边条形图是以哺乳仔猪做对照,试验处理组的是断奶仔猪。仔猪每隔两天称重一次,在这段时间断奶仔猪生长停滞,仅仅能保持

体重。然而哺乳仔猪每天增重 300 g。对于断奶仔猪,化学成分的增加和体重的增加的关系如下:

$$WG(g/天)＝0.56\ EBWG＋53 \tag{3.11}$$
$$LG(g/天)＝0.29\ EBWG－56 \tag{3.12}$$
$$PG(g/天)＝0.15\ EBWG－4 \tag{3.13}$$

（译者注:EBWG 为体重增重、WG 为水分增重、LG 为脂质增重、PG 为蛋白质增重）

这种关系如图 3.19 所示,代表的是关于总增量的组成比例。蛋白是 15％,它的区域完全超过了 0。当体重停滞时,每天从身体中损失 50 g 的脂质;它们的体重仅仅 5 kg(相当于 15 g/kg 代谢体重,或者比泌乳奶牛约多 50％)。在体重停滞期增重 50 g,当然起平衡作用的是水。

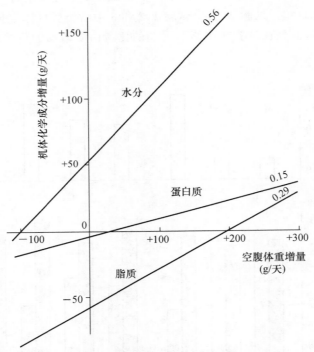

图 3.19　总增重与化学成分增量的关系（Whittemore, C.T., Taylor, H. M., Henderson, R., Wood, J. D. 和 Brock, D.C.（1981）动物生产,32,203）。

在日增重很低时(低于 200 g),脂质丢失被认为是用来支持蛋白质的增加,当脂质的丢失和蛋白质的储存同时发生时,体重有一定程度的增加。组织解剖结果显示,在日增重为 0 和皮下脂肪快速损失时,其他组织的重量在增加,如心脏、肺、肝和肠等主要机体组织。

脂肪的负增长模式与繁殖母猪储存脂肪的利用相关,如图 3.20 所示,在断奶后和哺乳期都有脂质的损失。由于吸收的营养直接用于蛋白质合成或妊娠期的合成代谢,而不能及时补充脂质的损失,因此将不可避免地导致脂肪水平的逐渐下降,这使机体总的脂质降低到目标水平以下,就必然伴随着猪的健康和繁殖力的下降。

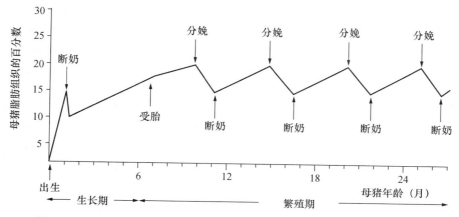

图 3.20　在断奶后和哺乳期,猪机体脂质含量的变化引起脂肪组织的损失。

补偿或追赶性生长

　　蛋白沉积的比率低于其沉积潜能($Pr < Pr_{max}$),或者脂质沉积低于身体必需的脂质与蛋白的最优比($Lt : Pt)_{pref}$,都是生长限制的自然结果,比如营养供给不足、机体各组分发育不合理。蛋白质储存的最大值($Pr = Pr_{max}$)和脂质储存的比率的恢复对于生长猪是合适的。图3.21描述的是补偿动力。超过理想水平的脂肪含量以及蛋白质增加少于理想值,机体就使用储存的过量脂肪来合成蛋白质并趋于($Lt : Pt)_{pref}$(a),而当动物脂质含量不足时,机体将通过增加能量代谢来快速生长脂肪并趋于($Lt : Pt)_{pref}$。

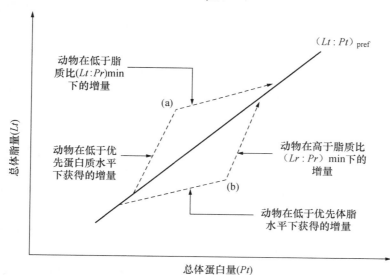

图 3.21　从爱丁堡的 Kyriazakis 和 Emmans 的最初观点出发,图显示了猪回到优先机体组成($Lt : Pt)_{pref}$的趋势。($Lt : Pt)_{pref}$的值由性别、基因型和生理状态决定。由于营养供应不足导致远离优先机体组成动物,将有一种趋势使它们回到最佳身体组成。

蛋白储存比率低于保守差值的最大值不可能违背预测的早期正常生长的原则，对于任何一个给定的年龄，如果这个差值很大，猪也许在获得的蛋白质量和潜在的蛋白质量的差值上有所增加，也许可以通过"追赶"来降低这个差值。这也许暗示了超过 Pr_{max}（先前假设的最大值）的最大蛋白质储存水平的需求难以实现。假设失去的肌肉增长可以通过高效的补偿生长在后期追赶上，这一策略受潜在生长受损的管理系统欢迎。

蛋白质负增长（而不是减少正增长）是不正常的代谢受损的现象，这暗示了严重的营养失衡或营养缺陷。它通常出现在饲料蛋白质缺乏以及泌乳时将更多的营养给予后代的时候，此时，哺乳母猪的肌肉蛋白质分解和主要组织的局部发生退化。同样，这样的观点也是合理的：猪在饥饿状态下动员机体蛋白质组织来支持它的生命（维持需求）以避免死亡。这在季节性营养供应模式的条件下是必然的。然而，以科学饲养猪为目的，蛋白质负增长显示了管理上的失败，这也将反应在生产力上。因此生长补偿的讨论局限于蛋白储存比率下降（不是负面的）的可能性，而像这样，潜在收益损失的弥补应值得关注：

第一，猪脂肪补偿性生长达到理想水平之后，也许将不再增加。

第二，所有猪只在营养充足时也许才会有最大的蛋白质增长。如果营养缺乏阶段之后给予充足的营养，猪蛋白质沉积的增加将恢复正常。如果对照动物生长低于其（生长）潜能，但是假定其生长达到潜在的生长水平，然后给予营养补充的猪只都将出现"追赶性"生长，但是实际上是不可能发生的，仅存在理论上的可能性。

第三，任何表现出真正补偿性增长的猪也许并非是由超代谢效率引起的。仅仅是一定体重的猪其营养摄取能力超过正常水平的结果。如果蛋白储存因为采食限制而降低，那么随着营养摄入量的增加可以提高蛋白质储存率。

第四，最后一点，以上所说的补偿性生长应该被严格地限定在以下情况出现：①先前因饲料缺乏而导致的蛋白质合成不足，在营养水平得以补充之后，表现出食欲超出平常水平来弥补之前的缺乏，接近 $Pr = Pr_{max}$ 的比率时；②当先前蛋白质储存的潜在比率（Pr_{max}）超过了机体整体的"追赶性"生长。

没有证据表明在条件①和②以上的补偿性生长会对生产过程有任何的益处。在 $Pr < Pr_{max}$ 阶段的生长仅仅导致生产效益的损失，如果说有益的话，那就是在达到给定体重的时候，饲料利用率提高了。在生命的某个阶段的限制生长，而在接下来的时期进行补偿增长通常是因饲料在被限制的时期特别昂贵，在选择追赶的时期特别便宜——一种经济上的考虑。

从生长的观点分析补偿的概念是最复杂的。因为如果补偿生长发生的话表明猪在最佳的生长条件下与它的实际生长条件有明显差别；也就是说，猪可以同时发育其身体组分（很可能）、它的体尺和体重（也许）和年龄（可能性小些）。此外，补偿性生长推测，营养不足会导致猪无法完成预期生产目标，在营养充足时，机体就为弥补之前的生长不足做好了准备。

从试验数据推断，猪确实可以感觉到脂质：蛋白质比率的偏差，它们同样能识别体重与年龄的偏差。因此，营养失衡条件下的生长表现出过度肥胖或过度消瘦，猪将重新调整身体组成达到最佳的 $Lt : Pt$ 比率。另外，先前被营养限制的猪在重新获得营养时也许显示短期蛋白质储存极大地超过先前已知的可能的最大值。最有趣的是，年幼的生长猪通过先前脂质水平的支持摄入丰富能量，随后在高蛋白质日粮供给时，就会出现最显著的蛋白质储存比率和日增重。同样，Kyriazakis 研究显示体重为 13 kg 试验猪的日增重达到 0.925 kg。然而，这种性能表现是否达到或超过 Pr_{max}，仍然是推断出来的。

补偿生长的科学魅力不应该误导那些与商业有关的生产，即认为通过补偿生长的机制，可以补偿生产或营养上的缺陷。同时，没有进一步的科学或试验证据来证明，除了使蛋白质储存率始终维持在最大潜在有效值之外，还有其他途径来获得最佳生产效率。

体尺与外形的变化

猪的胴体包括身体的绝大部分，猪生长时，其前躯、中躯和后躯对于整个身体来说变化不大，即在肌肉品质和效益上不存在大的差异。机体的发育变化和身体增长的关系直到最近才引起一些关注，但目前这种状况正在改变，人们逐渐重视肌肉产量品质与猪不同体型的关系，人们一方面利用体宽躯深的父系，另一方面，尽量利用外形与之相反的母系。

如先前所述，人们传统上用体重来表示猪的生长。但是，猪的生长也可以用外形和体尺的变化来表示。体型和体尺比体重更能准确地描述生长，因为它们包括了体躯形状、比例和体况。但是，体重可以容易准确和客观地称量，而外形和体尺却不然。随着 Silsoe 研究所在视觉成像技术和相关分析研究的最新进展，为用外形和体尺来描述生长特性提供了新的可能。当猪采食时，在背部规定区域拍摄图像（图 3.22）。这个区域的面积（A4，cm²）与活重密切相关：

$$活重(kg) = 0.050A4 - 34 \qquad (3.14)$$

用视觉图像可以确定猪的体重。这个相关系数（0.05）是粗放的，但是对于特定猪种是固定的。外形将会随着猪种类型不同而变异。实际上，视觉成像系统区分不同品种的差异已达到70%的精确度，明确地辨别腿臀和肩部形状与大小的差异。一头猪每天可以生长 15 cm²（相当于0.75 kg），体尺变化通过一个遥控摄像机获得，可以有效地检测猪体重的变化，但是对猪的干扰却很小。考虑肌肉大小和形状不同的市场价格差异，用这种摄像技术比单独使用体重更能准确衡量生长猪的价值。

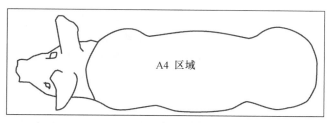

图 3.22 生长猪背部规定区域'A4'，为视觉成像的分析部位，也会获得腿臀宽度的同样图像。

饲料供给对生长的影响

对生长的分析通常是假设营养供应充足，然而这种假设在现实试验中总是很难达到的。毫无疑问，只有营养充足，动物才能生长。因此，采食量是产肉动物生长速度、身体组成和胴体品质的一个基本决定因素（表 3.7）。

表 3.7   腌肉型猪和肉牛活体增重的能量(MJ/kg)[1]。

	饲喂水平			性别		
	高	中	低	公	母	去势
猪	11	9	7	8	12	16
牛	22	18	12	14	20	17

[1]脂肪组织的能量是 36 MJ/kg,瘦肉组织的能量是 5 MJ/kg。因此,肌肉中的脂肪也作为能量物质。

　　幼猪用来储存蛋白质的采食量与最佳的食欲存在线性相关;而年龄大一些的猪在采食量较高情况下蛋白质储存容易达到平台期(图 3.23)。在澳大利亚的一些研究发现,当每天提供 36 MJ 的消化能时,70 kg 重的猪比 35 kg 重的猪更容易达到平台期。这些研究和其他相关的研究表明,蛋白质生长与能量摄入达到平衡时呈线性相关,在最高点时蛋白质生长达到平台期。给予高的采食量(日粮中蛋白:能量比例合适),则较早达到平台期。

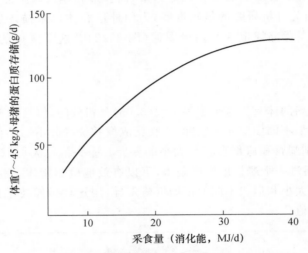

图 3.23   蛋白质储存对采食量的线性应答,当消化能为 35 MJ 和蛋白质的储存为 125 g/天时达到平台期
(引自 Campbell, R.G., Dunkin, A.C., Taverner, M.R. 和 Curic, D.M. (1983) 动物繁殖, 36, 185, 193)。

　　图 3.24 显示的是体重 50 kg 猪的蛋白质储存对采食量的线性/平台期应答。当瘦肉组织生长达到最大潜能时就会出现平台期,情形(a)的最大潜能是瘦肉日增重 500 g,情形(b)的最大生长潜能是瘦肉日增重 750 g。(a)和(b)可能为不同的基因型,或者是不同的性别。公猪的瘦肉生长潜能远远高于母猪,显著地高于去势猪(表 3.8)。

　　在瘦肉生长的线性生长阶段,如果正常生长条件下的动物获得更多的瘦肉增长,那么脂肪组织的增长就会相对变低,被抑制到最低水平(图 3.24)。这种情况(a)和(b)下,脂肪和瘦肉的最小比例大概是 1:4。只有当摄入足够的饲料使瘦肉生长达到最大时,动物才可以生长、变肥并且使机体的体重和组成保持一定比例。当给动物供给较低能量的日粮时,并在营养缺乏时保持生长,并在成熟时保持身体组分的一定比例。

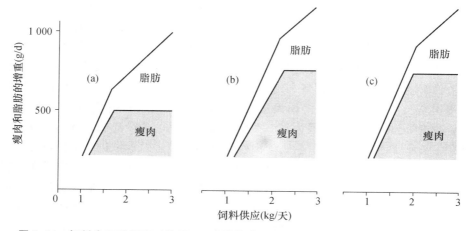

图 3.24　饲料水平的提高对体重 **50 kg** 猪的瘦肉组织和脂肪组织生长的影响。根据瘦肉组织生长达到平台期时的点可以将本模型分成两个区：点左边的是线性应答区，右边的是平台区。对于左边的，机体增重时具有固定的脂肪：瘦肉比率，而右边的脂肪：瘦肉的比率在不断提高。在瘦肉组织生长达到平台期之前，同一品种、同一性别的猪在增重过程中会具有一个不变的脂肪：瘦肉比率。

表 3.8　猪瘦肉组织的生长潜能(活体总瘦肉，g/天)。

	潜在瘦肉组织生长速度(g/天)
公猪	700
母猪	600
去势公猪	500

　　图 3.24 对于区分消瘦与瘦肉组织生长速度之间的本质区别也是十分有用的。当饲料供应较少时，猪的瘦肉组织生长速度较低时就会变瘦；相反，食物供应充足时，瘦肉组织生长速度快时猪会较肥。

　　图 3.24 显示的这种假说产生的后果之一就是必须为家畜育种者提供一种测定制度即饲料供应超过需求以达到最佳候选个体的最大瘦肉生长速度，否则很难区分改良和未改良基因型之间的区别。以活重在 50 kg 左右的猪为例，区分基因型的最低饲料供应量约为 2.3 kg。对于情况(a)，每天 2 kg 饲料就能把猪养肥，然而对于(b)，2 kg 的饲料仍未达到最大的瘦肉组织生长速度。一旦饲料的供应能够完全满足瘦肉组织最大生长速度，猪迅速育肥，饲料转化率降低。直线转折点(线性反应变成平台的点)左侧可以描述为营养限制生长区；转折点的右侧可为营养非限制区。因此 2 kg 饲料对于(a)猪是非限制营养而对于(b)猪则是限制性营养。

　　动物育种者都知道对脂肪的反向选择通常会降低动物的食欲(第十三章)。采用图 3.24 中左侧的饲料供应量(也就是说减少饲料供应)，从而降低猪的食欲使饲料供应进入营养限制区(低脂)而不是进入未改良猪的非营养限制的生长区(高脂)。采用自由采食饲养制度选择猪增重速度，将会提高猪的日采食量和瘦肉组织生长速度，但猪可能会变肥。

　　在营养限制生长区中脂肪和瘦肉的比例可以揭示品系和性别的差异。其变异范围，从改良品系公猪的少于 0.5 的脂肪和 4 的瘦肉，到未改良品系去势公猪的大于 2 的脂肪和 4 的瘦肉。如图 3.24(c)所示,这种对瘦肉率的选择更有可能降低最低的脂肪率而不是提高瘦肉组织生长速度,因此,实现脂肪的减少可以通过选择动物类型(c),或者是通过限制营养。

这里提出了最基本的生猪生产策略,这就是一个瘦肉组织最大生长速度,且在整个猪肉生产过程中在某种程度上与动物的体重和年龄无关。进一步假定线性反应达到最大化,控制环境条件使动物不能变肥,并控制饲料利用率和生长速度的最大效率,同时使脂肪量降到最低。具有更高瘦肉增长潜力的猪能够消耗大量的饲料,改善了饲料利用率,又将脂肪含量降到最低。改良品系正常公猪并不肥是因为与潜在生长速度相关的食欲降低。选择食欲较大的猪开始时能提高生长速度而不变肥,但是,为瘦肉生长潜能进一步对食欲进行选择可能使猪变肥。

年幼动物的食欲较差,因此更可能找到它们自身的营养限制生长区。将同样饲料供给低食欲的年长动物,或是供给低质量的饲料,它们的营养摄入量是低的。有高食欲遗传的年长动物则有它们自身的非营养性限制生长区域(图 3.25),这与高营养密度饲喂的动物相似。这就是动物体重越大或饲养水平越高而越肥的主要原因。

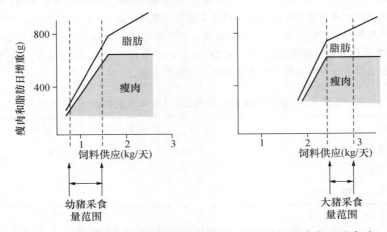

图 3.25　随着动物年龄增长和体格变大,它们吃得就越多。这意味着大猪比幼猪更有可能变肥。然而,采食的营养密度也会随着年龄的增长降低,变肥的可能性也会降低。

虽然生长潜力可能通过生物常量和数学函数被很好地描述,然而生长速度的实现和猪生长过程中的机体组成任何时刻都受营养摄入的复杂影响。这不是说生长是不能预测的。相反的,根据已经确定的潜在反应,可以根据营养吸收和平衡的知识精确地计算动物的生长,这些将在以后的章节中描述。

生长的激素调控

内分泌系统是猪个体生长发育(数量和质量)内在(遗传)指令与增加蛋白质、脂质、灰分和水分生化过程的指令设定间的桥梁。因此,生长可从以下三个水平来调控:
(1)　通过遗传——人工选择。改变基因表达,通过复杂的激素系统来调节生长。
(2)　通过内分泌系统——通过直接降低或增加身体的某种激素。
(3)　通过环境——

（a）　通过增加或降低代谢所需的营养供应；

（b）　通过直接调控合成代谢中的营养吸收——氨基酸和能量的吸收可以刺激生长激素、胰岛素和类胰岛素生长因子(IGF)的释放；

（c）　通过增加或降低环境应激因子，它们影响激素对食欲和合成代谢有拮抗作用。

正常的生长都受到激素复合物的调节，包括生长激素(GH)、胰岛素、类胰岛素样生长因子(IGFs)、甲状腺激素类、糖皮质激素类、肾上腺素、雄激素和雌激素等。通过增加机体中合成代谢类激素的浓度可以实现对生长的调控，包括外源性激素的注射，或者通过增加靶器官对已有激素浓度的敏感性，或者通过阻止反馈系统的抑制（可以通过中和反馈体系或通过免疫使原始体系脱敏来影响反馈从而实现反馈的抑制）。

生长激素、类胰岛素样生长因子(IGFs)、胰岛素和甲状腺激素与多层调控因子以及反馈机制相关的激素复合物有相互影响。来自脑垂体(pituitary)的生长激素直接刺激组织，诱导IGF-Ⅰ和IGF-Ⅱ的合成并增强脂肪组织脂解激素的敏感性。来自于下丘脑(hypothalamus)的生长激素释放因子(GHRH)作用于脑垂体，影响GH的释放。下丘脑释放的生长激素抑制素(somatostatin)可以作为响应生长激素和IGFs的反馈因子。生长激素抑制素控制（限制）生长激素的释放，并在某种程度上对胰岛素、胰高血糖素和甲状腺激素有较小的抑制（改善生长激素抑制素的强度或影响，例如通过免疫抵抗，通过降低生长激素抑制素的这种抑制作用促进生长）。IGF激素本身在某种程度上能加快能量的代谢速度并刺激脂肪组织的增长，但最重要的是，它的直接作用可以增加体内蛋白质的积累，降低蛋白质的分解速率。IGFs似乎可以在多个组织中合成，除肝脏外，还可以作用于许多位点。IGFs刺激并介导多种促生长激素（尤其是生长激素），并且是影响瘦肉和脂肪日增重的主要激素的代表。生长速度较快的动物血液中胰岛素、生长激素和IGFs的含量也会升高，暗示IGF的浓度与目前的和预期的生长速率及体态的大小是相关的，并具有遗传性。

表3.9　一些与生长相关重要激素的主要效应。

	脂肪生长	瘦肉生长		
		合成	降解	净增重
生长激素	−	+		+
类胰岛素样生长因子	+	+	−	+
甲状腺激素	−	+	+	+
胰岛素	+	+		+
儿茶酚胺	−	+		+
雌激素和雄激素	+	+		+
糖皮质激素				
营养成分的吸收	+	+	−	+

部分与生长相关激素的主要作用如表3.9中所示。脂肪的增长通常由正向支持作用或葡萄糖向脂肪酸的转换作用增强，同时受到脂肪酸氧化的限制。瘦肉生长需要葡萄糖代谢的活化，满足高水平的能量需要，并伴随着氨基酸合成代谢和蛋白质合成。儿茶酚胺类(catecholamines)通过β-肾上腺素受体发挥作用，也可能会刺激胰岛素、生长激素和甲状腺激素。

雄激素和雌激素可以作为外源性的抗生素制剂,均可以直接作用于瘦肉组织并促进其生长,并可间接刺激生长激素、胰岛素和甲状腺激素的释放。饲料中雄性/雌性激素制剂以前被用作生长促进制剂。目前激素生长增强剂和调节剂主要集中在研究稳定的合成生长激素和高效的β-肾上腺素激动剂。

很明显,在正常的自然环境下,没有任何外界因素干扰时,快速生长的动物表现出生长激素水平的升高。通过 DNA 以及诱导特异蛋白表达的技术使在细菌中合成猪生长激素或者猪的生长激素重组体(r-PST)成为可能,r-PST 的成分和功能与天然的猪生长激素极为相似,就像是猪的下丘脑垂体自身分泌的(r-PST 可能有一个氨基酸的不同且链中多一个氨基酸;当然,不同的方法不能控制相关激素作用的影响模式)。当 r-PST 通过血液系统被释放到激素复合物中,使瘦肉生长速度有显著的提高(约+10%)、胴体瘦肉量增加(如果基础是 55%~60%,胴体瘦肉约有 5% 个单位的增长)、并且脂肪量减少(约-25%),影响食欲的负面因素也减少了。如果循环系统中激素保持正常的水平,r-PST 的利用对猪的健康没有严重的影响。然而如果以生理剂量,从外源激素在形式或作用上与内源激素的相似程度来看,则可能没有副作用,也没有正向作用。因为剂量的改变会显著影响激素的功能,因而对健康的不利影响肯定也会增加,试验的目标通常是生产性能的显著改变。试验中,呼吸紊乱和运动失调的例子显而易见,这使得 r-PST 剂量增加具有不可预测性、不受欢迎和不可接受性。这个问题的解决方法还待研究。在 r-PST 处理之后,肉产品中脂肪含量大大降低,但肌肉嫩度也大大降低了。

β-肾上腺素(beta-adrenergic)激动剂属儿茶酚胺类家族,包括内源性的去甲肾上腺素家族和肾上腺素。儿茶酚胺类刺激肾上腺素受体,其结果不仅仅对心率和支气管扩张有作用而且对于脂解也有影响。β-肾上腺素激动剂作为肾上腺素的类似物已经可以人工制造,如西马特罗、克仑特罗和雷托帕明。这些药物可以减少脂肪含量(约-10%)、促进肌肉增长、增加瘦肉(约+10%)(但是也会改变肌纤维的结构和降低肌肉嫩度)并且可以提高生长率和饲料效率(虽然后者很可能是不幸地通过降低饲料的消耗)。由于他们使营养物质从脂肪生长转移到蛋白生长,这些物质有时被称作是"再分配制剂"。

另外,β-肾上腺素促效剂的作用模式也显著地不同于 r-PST,前者是口服的(然而 PST 只能在血液中发挥作用)。注射虽然较为便利,但却增加了对人类的危害。

猪对外源性激素的反应,仍然需要进一步确定:

(1) 当消费者知道猪肉有可能经过外源性激素制剂处理,他们是否能接受广义上的高品质猪肉(虽然可能标示出安全性);

(2) 这种提高生长速度、饲料利用率和瘦肉率的效率是否能通过简单而经济的常规选择瘦肉组织生长速度来实现。

在某些国家,类固醇、β-激动剂和生长激素对家畜生产是十分重要的,尤其是那些拥有肥胖品种的猪且能接受应用了 r-PST 的猪肉的国家,认真解读这一知识很有意义。然而,多数欧洲品系的猪不仅要瘦而且肉质要符合多汁、风味和嫩度的最低标准,利用外源激素降低脂肪含量的需求不再是一个问题。

第四章 繁殖
Reproduction

引言

    繁殖是影响猪生产效率和生产力的主要因素。现有生产体系中，一头种用母猪用来妊娠和哺乳的时间超过 90%，英国 10% 的优良猪种中每头母猪一年平均只有 17 天的非生产日。用于育种群的固定成本（包括劳动力，饲料和空间），忽略了每头母猪一年产的仔猪是 16 头还是 26 头，每头母猪提供的活仔数是影响商业单位收益的主要因素。此外，由于妊娠失败、流产、护仔力弱和窝产仔数少等原因，会有几乎 60% 的青年或头胎母猪被淘汰。当母猪生产力达到最大并且指出繁殖会影响猪生产体系是否成功的重要性时，这个问题才会出现。

    繁殖效率经常被定义为每头母猪每年所提供的仔猪数。它包括两部分：窝产仔数和每年产仔窝数。在不同的群体中这两个性状差别很大，这表明它与很多因素有关，而且有改进的可能。越来越多的人对猪繁殖成功的关注已经不是增加产仔数，而是仔猪的质量。这些感性上的质量包括仔猪的健康和舒适、它们与生产环境的适应性和一些能够迎合消费者期望的质量。

    猪繁殖过程按时间顺序排列，开始于几个概念，包括子宫内，初情期前和初情期发育。按形式和功能分为成熟的种用公猪和母猪，母猪又分为妊娠、分娩和哺乳母猪。这样分类有利于繁殖技术在同一时期猪生产中的应用。

    一只动物的繁殖活动是在激素的紧密控制下完成的，而激素会受到外界因素，例如环境、营养水平的影响。读者将会在下面公猪和母猪生殖的讲述中得到对激素的全面了解。

胎儿生殖系统的发育

    猪作为肉畜在子宫内发育时间要比从出生到屠宰时要长（译者注：原文如此。但要取决于屠宰体重的大小）。子宫内的生命期对胎儿繁殖能力的发育和出生后长期的生存能力以及最终后代的质量都是至关重要的。

    胎儿的性别由它的遗传组成（染色体性别，chromosomal sex）、性腺发生（性腺性别，gonadal sex）和生殖器官的形成与成熟决定（表型性别，phenotypic sex）。性别决定发生在受精时期，它主要决定于使卵受精的精子携带的是 X 还是 Y 染色体。在母猪妊娠第 21 天就能首次看到胎儿的生殖嵴，直到 22~24 天似乎两性的原始生殖细胞都存在。到了大约妊娠的第 26 天，胎儿的生殖系统发育形成没有性腺差异的两性、一对管（沃尔夫氏和缪勒氏管）和一些相关组织。Y 染色体上称作 SRY 的基因诱导睾丸的分化。在雌体中，缺乏 SRY 睾丸决定因子和存在两个 X 染色体促使卵巢发育。性别分化的第二步，即次级分化，是指内外生殖器的发育。在哺乳动物中，向雌体分化确定为默认路径，在雄体胎儿中通过睾丸激素抗缪勒激素

（AMH）、睾丸激素和双氢睾酮来阻止向雌性的分化。AMH 由支持细胞（Sertoli cells）产生，抑制缪勒氏管的发育，它能发育成输卵管和子宫；睾丸激素，由睾丸间质细胞（Leydig cells）分泌，诱导附睾、输精管和精囊的形成。

外生殖器（尿道、前列腺、阴茎和阴囊）在二氢睾酮的存在下形成。分化的异常性和性腺生殖道的发育都起因于两性的改变程度。

睾丸下降大约发生在胎儿期第 60 天，到第 90 天降至于阴囊中。促黄体素（LH）和睾丸激素共同合成反映出生前睾丸的发育。由于间质细胞的发育，从出生前晚期到出生后的 3 个星期睾丸的生长超过了身体的生长，睾丸的发育经历了早期胎儿时期到身体生长后的性成熟滞后。

雌性胎儿的性腺到妊娠第 30 天分化成包含卵球或配子细胞的卵巢，妊娠中期可以发现原始卵泡。初级和次级卵泡发生在妊娠后期。在 70 天大的胎儿体内发现卵泡雌激素（FSH）-分泌细胞，FSH、LH 和泌乳雌激素血清水平在出生前增加。在出生后的 1～2 周配子细胞的卵球排列消失。在早期胎儿发育过程中，卵原细胞由有丝分裂产生。卵原细胞从交配后第 20 天的 5 000 个显著增加到交配后 50 天的 110 万个，达到顶峰。从此以后，有丝分裂活动终止，一些生殖细胞坏死。减数分裂大约发生在胚胎发育的第 40 天，到第 50 天将产生数百万个生殖细胞。猪的卵母细胞从胎儿第 50 天开始处于减数分裂前的静止期（双线期，diplotene）。减数分裂最后的成熟分裂到初情期才会发生。

青年母猪或经产母猪妊娠期所处的环境能影响到雄性和雌性胎儿的生殖道的发育。例如，妊娠中期处在导致内分泌紊乱的化合物如二噁英会增加生殖器异常，包括隐睾和沃尔夫氏管异常。妊娠期营养供给的改变会影响胎儿卵巢发育的变化时间。例如，子宫内仔猪发育迟缓，反映宫内生命期营养供应的不足，延缓出生时卵巢卵泡的发育。

性腺和生殖内分泌轴的功能

生殖系统所有组织的功能没有同时实现。例如，公猪的爬跨行为发生的早，但接下来的性行为却到 5 月龄才出现。从 10 周龄开始初级精母细胞存在于输精管中，但是分别到 20 和 22 周龄输精管或精液才出现成熟的精子。通常认为公猪到 30 周龄就达到性成熟，但是精子数和精液量会持续增加直至 18 月龄。

在雌性中，三级卵泡在出生后 8 周发育。此后，卵泡的发育依赖于促性腺激素。从大约 60 日龄开始，卵巢能够对外源的促性腺激素做出反应，正好是在动物达到自然初情期之前。例如，单独注射孕马血清激素（PMSG），然后是人绒毛膜促性腺激素（hCG）可以诱导 90% 的 90～130 日龄的青年母猪排卵，但是它们很少有发情或维持妊娠。

在初情期前卵巢包含很多小的卵泡（直径 2～4 mm）和几个中等大小的卵泡（6～8 mm）。随着卵泡的发育卵巢的重量也会增加。初情期前控制着生殖道激素浓度变化的激素反馈机制已经确立。例如，出生时存在负反馈控制 LH 释放的卵巢类固醇，并持续发展至 8 周龄。

子宫在生命的头 60 天经历了多样的形态学变化，包括外观和子宫腺的增殖，子宫内膜褶皱的发育和子宫肌层的生长。这些变化与卵巢类固醇无关，并且在切除卵巢的青年母猪中依然正常发生。在第 60～80 天之间，子宫的重量和子宫的生长率显著增加并持续至初情期，说明卵巢雌激素有促子宫发育的作用。

初情期

当雄性和雌性动物能够产生配子并出现性行为时就达到了初情期。青年母猪通常在6~8月龄达到初情期。神经抑制活动的减弱或卵巢类固醇激素负反馈作用的降低会引发初情期。这一改变导致促性腺激素释放激素(GnRH)脉冲式释放,促黄体素(LH)间断分泌和卵巢活动增多。

公猪首次射精发生在5~8月龄,但是在18月龄以前精子数和精液量依然会不断增加。在2月龄,公猪的性行为会增加,但与内分泌变化无关。接近初情期的公猪会表现出两性行为,爬跨发情母猪或接受其他成年公猪爬跨。初情期性行为分化是缓慢和不完善的。

初情期年龄

许多仔猪是由青年母猪生产。例如,在英国有15%~25%窝数的仔猪由青年母猪生产。这些青年母猪与经产母猪相比,窝产仔数少,再配间隔长,青年母猪占母猪群的比例能对整体生产力产生显著影响。青年母猪在母猪群中,首次成功配种前的周期延长会导致猪群效率降低。因此,我们会尽量降低青年母猪的初配年龄。所以衡量一头母猪的终生生产力应将提前初情期的因素考虑进去。

初情期的年龄受到营养状况、体重、季节、品种、疾病、周围环境和管理水平的影响。公猪在场能够使年龄小和体重轻的母猪达到初情期。单饲的母猪达到初情期比群饲的母猪晚。

品种差异——利用提高繁殖效率的机会

不同品种猪达到初情期的年龄不同,差别最大的是中国的梅山猪和西方猪种。梅山母猪达到初情期的平均日龄是115天,大约是西方猪种从出生达到初情期的时间间隔的一半。深刻理解初情期早的原因,有助于人们在商用品种中缩短出生到初情期的时间间隔。

初情期首次发情配种的缺点

母猪在第一次发情期配种,它的生产力比在第二或第三发情期配种时低。这是因为第一次发情的青年母猪卵子大部分不成熟。生产上,青年母猪第一次配种时间是其体重达到120~135 kg,并且过了第一或第二次发情周期。

公猪生殖

公猪生殖道的解剖和功能

成年公猪的生殖道包括一对睾丸和附睾,它们位于腹部外侧的阴囊内;副性腺(前列腺、精囊腺和尿道球腺)、输精管和阴茎(图4.1)。为了保持有效功能,阴囊的温度要低于身体其他部位的温度。通常,公猪阴囊与直肠的温度大约相差3.2℃。这主要是与阴囊位于体外,与血管的逆流机制,其中与供应睾丸的动脉被蔓状静脉丛缠绊有关。这使进入睾丸的动脉血被冷却后经静脉血离开睾丸。

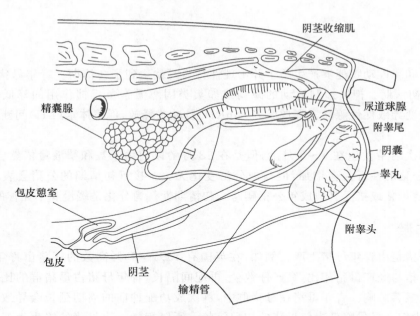

图 4.1 成熟公猪的生殖道图,经 R. Ashdown 博士允许重绘。

睾丸由间质细胞和精细管两种组织构成:间质细胞合成和分泌睾丸激素,精细管使精原细胞发育为成熟的精子。从精原细胞发育为成熟的精子需要花费 34 天。促性腺激素(主要是垂体前叶分泌的 LH)刺激睾丸激素的产生,并和 FSH 一起刺激成熟精子的发育。精子离开睾丸由附睾管到输精管。阴囊的低温和激素的维持可使精子在附睾中储存并维持活力达数周。睾丸激素可以维持副性腺向尿道分泌分泌物,射精时,它们可以与精子的液体悬浮液、来自输精管的壶腹分泌物混合。尿道球腺分泌公猪精液中的凝胶状成分,它能在交配的母猪体内形成阴道栓。尿道球腺的大小可以用来鉴别去势的和患隐睾病的公猪。保留睾丸的公猪腺体大小正常,但在去势后变小。

阴茎体位于体壁皮肤下并被海绵样血管组织包围。阴茎的顶端(头 5 cm 为螺旋状)被进化来的称为阴茎皮的皮肤覆盖。当静止不动时这些组织都被包皮包裹。背侧壁有一大的包皮憩室,含尿液和脱落的上皮细胞的混合物。性刺激导致海绵体的动脉血管膨胀,增大的压力使阴茎充分延伸,在整个阴茎末端勃起的过程中形成螺旋状。持续插入达到 7 min,大量的精液(100~500 mL)射出,其中包含 $30 \times 10^9 \sim 150 \times 10^9$ 的精子。

繁殖由包含下丘脑的促性腺激素释放激素(GnRH)、垂体前叶的 LH 和 FSH、睾丸释放的睾丸激素在内的激素的负反馈机制控制。GnRH 刺激垂体前叶的 LH 和 FSH 释放,它们再刺激睾丸分泌睾丸激素。循环系统中的睾丸激素调节下丘脑激素的分泌(负反馈作用),接着它们再控制垂体前叶 LH 的释放。

公猪繁殖的成功

从猪人工授精中心和商品猪场得到的记录表明,有 20%～50% 的公猪不能配种或很少配种被淘汰。在集约化生产体系中配种能力低的现象很普遍,它的影响范围会随着年龄或是在该体系中对运动的感受性的增强而增加。公猪不育的原因包括性欲不强、爬跨失败、阳痿、精子活力不强和生殖器损伤。澳洲的研究表明,公猪圈养在易于接受异性的母猪周围会表现出更多的求偶和交配行为。这表明,将公猪饲养在母猪周围能提升它们的性欲。

母猪生殖

解剖学

成熟的青年母猪或经产母猪的生殖道包含一对卵巢和输卵管、子宫、子宫颈、阴道和阴门(图 4.2)。

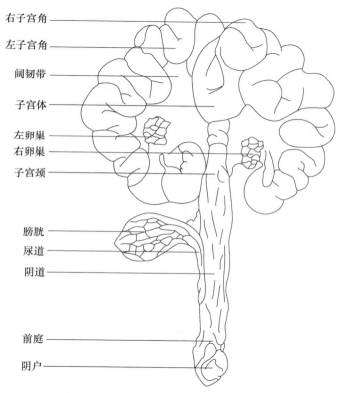

右子宫角
左子宫角
阔韧带
子宫体
左卵巢
右卵巢
子宫颈
膀胱
尿道
阴道
前庭
阴户

图 4.2 成熟母猪的生殖道。经 Marinat-Botte, F.等(2000)的允许重绘,猪的超声波检查与繁殖,INRA 版,巴黎。

每个卵子的表面都不平坦,因为上面布满了突出的卵泡和/或黄体。卵巢的外观可以展示青年母猪或经产母猪的生理阶段。例如,排卵之前,排卵前期的卵泡有细微的血管分布,直径大小在 0.8～1 cm 之间,在卵巢的表面能被看出。排卵 2 天后,可见卵泡的破裂点位置形成黄体。排卵 5 天后,黄体变成粉红色并达到最终直径 1 cm 的大小。卵巢由髓质和较大的皮质组成,被浅表或生殖上皮围绕。卵巢髓质包含连接组织、扩展的血管和神经系统。皮质包含各种发育和衰退阶段的卵泡和/或黄体。每个卵子位于一个卵巢腔内,与输卵管的上部接触,输卵管的上部总是开放的,并大面积地接近卵子。

输卵管由四个功能部分组成:边缘状伞部,卵子附近漏斗形的开口,称作漏斗;扩大的壶腹部,大约占输卵管长度的一半,连接输卵管,子宫腔的峡部。在峡部和子宫之间是长指状的黏膜,它能阻止生殖道的液体从子宫流入输卵管中。输卵管内部布满纤毛,伴随着输卵管的收缩,能够使卵子运动,促使卵子与精子相遇。

猪是双角子宫。两个子宫角折叠缠绕能达到 2 m 多,但它的子宫体比较短。母猪发情和妊娠时,在最初卵巢分泌的生殖激素的作用下,子宫的形态和状态都会发生巨大变化。子宫由内部的分泌层-子宫内膜和外层的肌肉层-子宫基层组成。子宫颈是括约肌样的结构,连接子宫和阴道。子宫颈壁呈脊状或环状的螺旋状排列,这与公猪阴茎前端的螺旋弯曲相应,更利于子宫内射精。只有在发情和分娩时子宫颈管才微微打开。

发情周期

猪的野生祖先通常是在秋季交配,晚冬产仔,家猪已经没有这么明显的季节变化了。初情期后没有妊娠的母猪常年每 21 天发情一次(正常范围是 19~23 天)。发情周期通常分为两个阶段:黄体期(在发情后的 5~16 天)和卵泡期(发情后的第 17 天到下一个发情周期的第 4 天)。在这一章里,发情行为发生的第一天被定为发情周期的第 0 天。发情一开始母猪的行为就会发生微妙的变化,包括食欲降低、烦躁和脊柱前凸反应,还有生理学的变化例如阴户充血肿胀变红。性接受力通常能持续 2~3 天,但在青年母猪身上维持时间稍短。静立不动的母猪能够刺激公猪爬跨。

母猪通常在发情周期过了 2/3 时自发排卵,第一个和最后一个卵泡的排卵间隔是 1~6 h,但是有报道说多产的梅山猪这个间隔会短些。卵巢释放的卵母细胞个数(即排卵率)通常会随母猪的年龄、胎次和营养水平变化,但通常都在 10~24 枚。排卵后,卵子会在纤毛的飞速摆动下转运到输卵管的壶腹部等待受精。

发情周期受卵巢内部的一系列结构和功能的变化控制,而这些变化又受到下丘脑-垂体-卵巢性腺轴的控制。下丘脑内部的神经分泌神经元释放 GnRH 到下丘脑垂体门脉系统,它能控制垂体前叶 LH 和 FSH(促性腺激素)的分泌。促性腺激素能促进卵泡和黄体的发育。卵巢分泌类固醇激素(孕酮和雌二醇)能够抑制下丘脑的 GnRH 神经元。这一经典激素是繁殖分层控制的负反馈模型的内部性腺调节剂(像抑制剂和激活剂)和其他生长因子调节卵巢内部活动和垂体促性腺激素的分泌。抑制(负反馈)和激活(正反馈)因子的平衡在发情周期不同阶段发生改变。

卵巢和内分泌的变化

在猪发情的黄体和早期卵泡期大约有 50 个小卵泡(2~5 mm),其中有 10~20 个会达到接近排卵前的大小(8~11 mm)。在发情的第 14~16 天发生排卵。排卵后原始粒层细胞和一些靠着卵泡壁的囊细胞迅速发生增殖。形成黄体,并会发生从发情到妊娠的功能性变化。最初,黄体由于中心充血称为红体,但是在 6~8 天之内黄体内细胞固化并且直径达到 8~11 mm。到 6~8 天黄体最大重量能达到 350~450 mg,并维持它的结构和功能直到第 16 天。在 12~16 天子宫分泌前列腺素 $F_{2\alpha}$($PGF_{2\alpha}$)增强,进入子宫-卵巢静脉血管,导致黄体衰退。发情周期的动物,到第 16 天黄体衰退形成无分泌功能的白体,并在 1~2 天内血液孕酮水平迅速降低。

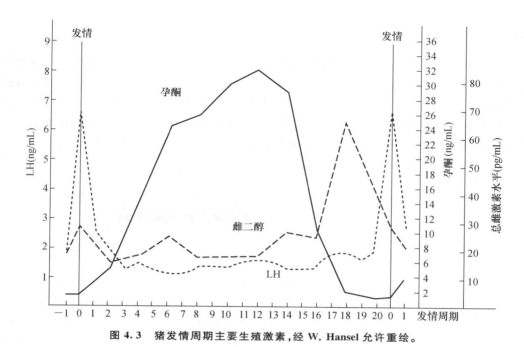

图 4.3　猪发情周期主要生殖激素,经 W. Hansel 允许重绘。

卵巢改变是由血液中重要的生殖激素水平决定的(图 4.3)。到发情周期末期,发育的排卵前的卵泡分泌雌二醇增加,在大约第 18 天达到高峰。增加的雌二醇对性接受起关键作用。在此期间,雌二醇最初维持 LH 和 FSH 的水平,但到后来排卵前诱导这两种促性腺激素的大量分泌。雌二醇分泌加强引发排卵前 LH 的分泌高峰,它促使了排卵前卵泡的卵母细胞的成熟和卵泡壁的破裂,促使排卵。在卵泡内,卵母细胞大约会在 LH 高峰的 20 h 后进行第一次减数分裂,猪与其他反刍动物相比,LH 高峰持续的时间(43 h)和减数分裂成熟(42～44 h)的时间都长。LH 的脉冲发生在黄体期;伴随着卵泡闭锁和成熟。LH 的水平在发情周期的其他时期较低。

卵泡早期,伴随着 LH,血浆中 FSH 的水平较低。排卵以后,血液中的雌二醇浓度骤减,这样 FSH 就会显著增加,这种情况在发情后会持续 2～3 天。会使卵泡发育提前,导致发情周期第 3～8 天的中等大小的卵泡(直径 3～6 mm)成 10 倍地增长。

妊娠建立

受精

公猪的合理利用

对公猪利用的过度和不足都达不到最佳的窝产仔数。当今的指导方针建议 1 头公猪每周应配 2 头母猪,每头母猪排卵期间配 2 次。但是,一些研究表明,公猪休息 6 天以上配种能增加产仔数。迅速的鉴别和淘汰繁殖力低的公猪很重要,因此即时和准确的妊娠诊断是关键的。

受精时间

受精时间,包括自然交配和人工授精,相对于排卵,后续受精是至关重要的。一般排卵前 24 h 授精能达到最佳的受精率(图 4.4)。通常在发情开始时而不是排卵时配种,通常根据排卵的时间来确定适宜配种的时间,从静立发情开始每 12 h 对青年母猪或经产母猪进行配种。利用冷冻精液的数据表明在排卵前 4 h 内进行授精能获得最大的受精率。这能保证精子与最新排出的卵母细胞结合。另外,公猪的精液与母猪的生殖道接触可以增加受精力。

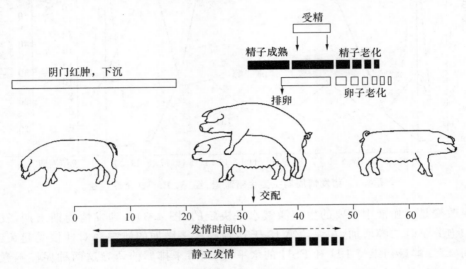

图 4.4　发情和排卵的事件顺序。

精液评定

人工授精中评定精子的能力是为了更好地挑选繁殖力好的公猪。通常对精子的评价基于其活率和形态的显微镜检测。通常用曙红染色来检测活精和死精的比率,姬姆萨染色用于观察精子的形态。这些方法是有效的,但是它们的效率和可重复性依赖于实验员的经验。荧光着色改善了显微镜观测,但它的缺点是每份样品只能有 100~200 个精子能被检测。19 世纪 80 年代出现了流式细胞术,用来进行精子分析,近几年又发展了新的染色法,对精子活率的检测更加精确。近来来自加拿大的数据表明与体外胚胎生产相关的技术能够用于精液评定。特别是当不同批次的与稀释的精液进行对比时,每个卵母细胞所附着的精子数是人工授精后影响产仔数的主要因素。但是,寻找一个直接用于精子受精潜能的检测方法依然是个难题。

妊娠早期(0~30 天)

受精

受精发生在输卵管的壶腹部,在静立发情开始后的 1~3 天。通常每个卵子只有一个精子进入其细胞质。精子进入以后围绕着卵子的糖蛋白（透明带）立即会发生生理化学变化,防止其他精子进入。精子一旦进入卵子的细胞质,其顶部膨胀形成球状的雄性生殖核,包含 19 条染色体。受精时雌性和雄性原核向彼此靠近、收缩,核膜消失,染色体混合、合并,形成 38 条染色体的核。根据排卵和受精的时间选择适合配种或授精的时间,成功率超过 95%。排卵数对受精率的影响小。

胚胎在生殖道中的移动

猪的胚胎大概在 4 细胞阶段（在发情开始后的 60～72 h）由输卵管进入子宫。猪胚胎在子宫角的顶部大概待 5～6 天,然后向子宫体移动,第 9 天与来自对侧子宫角的胚胎混合。胚胎在两个子宫角腔中自由的移动直到大约 12 天,此时孕体迅速地伸长并在子宫内定位。子宫腔内伸长的胚泡均匀分布,相邻的胚泡膜不交叠。

发育的孕体分泌组胺、雌激素和前列腺素刺激子宫肌层蠕动收缩,调整胚胎在子宫内的移动和间隔。子宫内的迁移本质上就是要给发育的胚胎和子宫之间提供最大的接触面,并为同窝的胚胎提供最佳发展的间隔。

胚胎发育

受精后,38 条染色体纵向分裂,最终的一半移向受精卵的对侧。两组新的 38 条染色体从另一半中通过膜隔离开,形成两个细胞。一系列相似的有丝分裂使透明带内细胞数增加,但体积减小。到 16 细胞期,胚胎的透明带内含有致密的细胞团,称为桑葚胚。在此阶段,桑葚胚最外层的细胞沿着透明带变平,在细胞团的核心出现了一个腔,胚胎变成一个中空的球体,称为囊胚。雌激素在这个转变中发挥重要的作用。囊胚含有一个内细胞团,它将发育成胚胎和胎儿,外围的一层细胞,即滋养层,将形成胎膜。胚胎在第 5 天到达囊胚期,在 6～7 天脱离透明带（孵化）。暴露的囊胚迅速扩展增大,形态上也发生了根本性变化。它的直径从孵化期的 0.5～1 mm 到 10 天的 2 mm（球体）,再到 11 或 12 天的 10 mm（管形）。管状的孕体（胚胎和其连接的膜）迅速（在 2～3 h 内）伸长形成细丝状,长达 20 cm。孕体的伸长是细胞重组和重塑的结果而非增生。过了最初增长的阶段后,孕体继续保持长度和直径的增加,在第 16 天长度达到 80～100 cm。尽管同窝中大多数的孕体在形态上的发育步调一致,但同窝中球状的孕体的直径也会有很大的差别,如果大小不同,就会导致第 12 天伸长时相差 4～24 h。这样,延时的胚胎会有很高的死亡率。

发育的胚胎与子宫环境的互作

孕体信号

猪的胚泡可以分泌一系列的蛋白质,包括干扰素,和可以在妊娠时发生数量和质量上改变的类固醇。生理学上,猪胚泡分泌的最重要的产物是雌二醇。它是在胚泡开始伸长时分泌的。胚泡分泌的雌激素可以促使母体子宫发生各种变化,包括子宫内膜表面褶皱的增多,子宫内膜分泌的蛋白发生变化和增加子宫的血管分布和血管的通透性。重要的是,卵泡雌激素可以防止黄体衰退,因而维持妊娠（有时也与母体的妊娠识别有关）,但是卵泡分泌的蛋白不会影响黄体的寿命。

猪的孕体在第 11、12 天和第 14~30 天间产生雌二醇。这两个时期对黄体的寿命很重要。雌激素不会抑制子宫产生黄体溶解素 $PGF_{2\alpha}$，但是可以使 $PGF_{2\alpha}$ 衰退进入子宫腔。分泌的黄体溶解素 $PGF_{2\alpha}$ 进入子宫腔，称为外分泌，使 $PGF_{2\alpha}$ 不再发挥溶黄体的作用。孕体雌激素与 $PGF_{2\alpha}$ 从血液中（内分泌）释放出来之间的作用被称为猪母体识别的内分泌-外分泌模式。

在两个子宫角中最少要存在两个孕体来确定子宫内膜与胚泡充分的接触而维持妊娠。这表明，孕体因子与母体妊娠识别的联系，这是局部而非全身的。

孕体雌激素也能增加子宫内膜特殊生长因子的表达，例如类胰岛素生长因子-1（IGF-1）和纤维母细胞生长因子-7（FGF-7），它们依次刺激孕体细胞的增殖和发育。

子宫信号

猪的胚泡要经过相当长时间的发育才会附着在子宫壁，一旦附着，非侵入性的胚泡不会直接与母体的血液接触。猪的孕体依靠子宫分泌的蛋白来维持生长和生存。在卵巢类固醇特别是孕酮的影响下，子宫内膜分泌一系列大分子，起着营养和保护的作用。在大多数已经研究过的子宫分泌的蛋白都是子宫转运蛋白、视黄醇结合蛋白和一些血纤维蛋白溶酶抑制剂。子宫转运蛋白和视黄醇结合蛋白担任铁和维生素 A 的转运工作，分别运给孕体。血纤维蛋白溶酶抑制剂可能在控制胚泡侵入发挥作用；猪的胚泡不会侵入子宫内膜，但它会在异位点侵入，这表明子宫与抑制猪胚泡侵入有关。

附植

侵入性附植，发生在啮齿类和灵长类动物中，而猪不是。猪胚泡附着在子宫壁上是非侵入和浅表性的。胚泡在第 13 天开始附着，到第 18 和 24 天之间附着完全。附着时子宫和滋养层的微绒毛相互交错，两层接触面上布满了微绒毛，此外在滋养层覆盖的子宫腺开口处也分布很多微绒毛。在这些区域的滋养层表面会进化出一种特殊的结构，称为细隙，在这里可以吸收子宫内膜分泌的养分。

胎盘发育（图 4.5）

胎盘是由从胚泡分化来的胚胎外膜形成的。这些包括卵黄膜、羊膜、尿囊膜和绒毛膜。在胚胎附着和随后的时期，从成胚细胞派生出一个胚外中胚层，并在滋养外胚层和内胚层之间移动。这个中胚层分离并和滋养外胚层一起形成卵黄膜，在此合成新的血红细胞。这个中胚层也能形成羊膜和尿囊膜，由胚胎的后肠派生出来。从第 19 天开始，无血管分布的绒毛膜折叠与有血管分布的尿囊膜融合形成尿囊绒毛膜。这就是猪的功能性胎盘。第 20~60 天之间，这些胚胎膜会迅速生长，生长速度超过孕体。

大约从第 18 天开始，羊膜和尿囊腔内积聚液体，并且在整个妊娠期它的体积和化学成分都会发生变化。液体可以确保尿囊绒毛膜与子宫内膜紧密接触，可以减震防止胎儿受伤，也是发育中胎儿的营养库，在妊娠晚期羊膜的液体对肠的营养是很重要的。

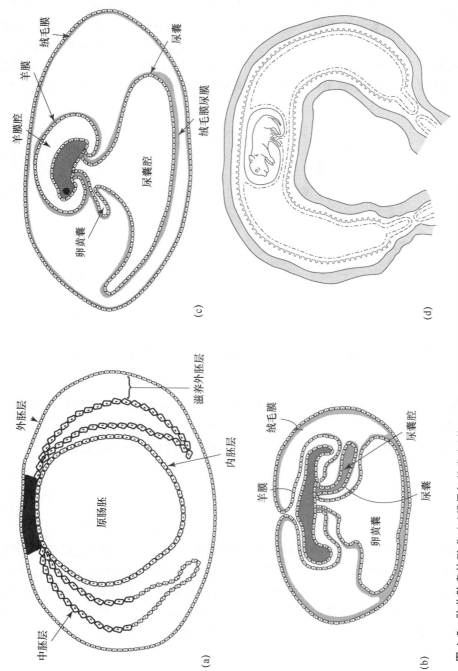

图 4.5　胎儿胎盘的形成：(a)膜最初的发育(第 13 天)；(b)卵黄囊、羊膜和派生的尿囊的形成(第 16 天)；(c)扩大的尿囊与绒毛膜融合形成绒毛膜尿膜；(d)显示胎儿胎盘：羊膜囊和尿膜囊以及周围的膜(第 30 天)。

胚胎死亡

出生前的损失表明排出的卵子大约有 40％没有发育成仔猪。区分没有损失的妊娠和全部或大部分胚胎死亡的妊娠是重要的，一些母猪妊娠失败后会返情，所以胚胎死亡率不会被当作影响繁殖力低的因素而被记录。普遍认为，猪大部分出生前的损失发生在妊娠的头一个月（图 4.6），妊娠的第二个星期被认为是非常关键的。因为这个时候会发生动态的变化，包括孕体开始形成、雌激素的合成、孕体最终的布局和间隔，此时母体必须进行适当的调节来维持妊娠。

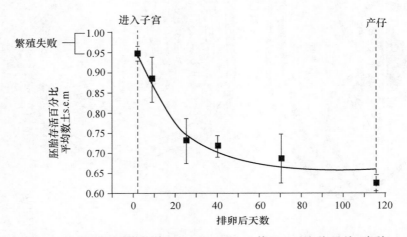

图 4.6   妊娠期死亡率估计。经 Wiseman，J.等（1998）允许重绘，猪科学进展，诺丁汉大学出版社。

许多外部的（环境、营养和遗传）与内部的（排卵率、卵母细胞的品质、胚胎发育和功能的同步性、激素的调控、子宫环境）因素都与胚胎的死亡率有关。

这个话题已经在别处讨论很多了，一些新的想法和实践的机会值得注意。

外在因素

环境

各种环境的刺激，例如温度、光线和季节、在交配后提高温度，都能明显地降低胚胎的存活率。青年母猪在发情后的第 8～16 天，如果将它们置于高温下（32℃）就会降低总的孕体重和蛋白质的合成。这主要是导致母体激素水平和子宫分泌活性的变化消失，表明热应激直接影响了胚胎的存活力。令人惊奇的是，一些"消极处理"的刺激，像一个短暂的电击，会导致促肾上腺皮质激素（ACTH）使血液中皮质醇的凝聚，但不会降低胚胎的存活力。

营养

在配种前和胚胎发育早期的日粮的成分和数量都能影响胚胎的存活力。营养并不是直接影响胚胎的发育和存活，但它能改变代谢和重要的生殖激素在血液中的水平，它们能作用于卵母细胞和胚胎在其中发育的生殖道的关键器官，包括卵泡、输卵管和子宫。一些特殊的养分对胚胎存活是重要的,发情后配种前在日粮中增加纤维含量,在妊娠第 4～10 天在日粮中添加核黄素,从断奶开始添加叶酸都是值得提倡的。

　　众所周知,配种前高水平饲养可以增加猪的排卵数(称为催情补饲),现在也证实了这样一个营养方案也能增加胚胎的死亡率,因此是否能增加出生时的产仔数还是不得而知的。近来研究表明围绕配种期的适宜的饲养制度是日粮量在配前增加,在配种后立即降低。这个方法的基本原理是日粮的采食量和血液类固醇(孕酮和雌激素)浓度之间呈负相关关系。当动物消耗增加日粮时,肝脏的重量、通过肝脏的血流量和代谢类固醇的肝脏酶的含量都会增加。结果,主要由肝脏代谢的类固醇会被更快地代谢而使其在血液中的水平下降。动物在交配前消费增加的日粮会导致血液中类固醇的浓度下降,这样会使下丘脑-垂体轴的负反馈作用减弱,因此使促性腺激素(特别是 LH)的释放量增加,最后增加了排卵率和卵母细胞的品质。在配种后,特别是在排卵数多且有更多的胚胎需要维持的情况下,孕酮对维持胚胎的发育是重要的。在配种后立即降低日粮量能够提高内源性孕酮的水平,可以支持胚胎发育。加拿大的研究报道在发情开始后的 72 h 孕酮的浓度和妊娠 28 天的胚胎的存活之间呈正相关。尽管在商业生产中,配种后立即转变日粮是难以实现的,但改变采食量可使内源性的激素浓度发生有利的变化,这为提高繁殖力提供了新颖而容易的方法。

遗传因素

　　根据排卵的时间来选择适合青年母猪和母猪交配的时间,早期已经讨论过,染色体异常的出现率很低(例如三倍体的出现率小于 0.03),并且对胚胎死亡的影响也不显著。

　　杂种母猪的繁殖性能比纯种母猪高,这部分是因为杂种母猪的胚胎成活率高。但是,对于这个现象到底是由直接的还是母体的杂种优势引起的依然不明了。

　　某些品种或选育的品系猪的繁殖力高。在法国,对母猪的选择基于它们的产仔数,建立一个"高产"系,母猪的产仔数平均高出 5.3 头。这些母猪拥有高的产仔数是由于它们的排卵数多和子宫良好的容受性,而不是提高了胚胎的存活力。

　　中华人民共和国有一些地方猪种的繁殖力是非常高的。其中,中国梅山猪的产仔数又比其他地方品种青年母猪和母猪平均高出 4 头,这已经进行了很多研究。梅山猪多产是个母性性状,公猪的基因并没有起多大作用。梅山猪高产仔数的主要原因是出生前在相同的排卵数的基础上胚胎的存活率高。因此,梅山猪为研究出生前猪胚胎存活率的影响因素提供了宝贵的模型。

内在因素

排卵数

　　尽管排出的卵母细胞数决定了可能产出的最大的后代数,但是产仔数并不随着排卵数的增加而增加,因为高的排卵数导致出生前的存活率降低。显然,排卵数和产仔数的关系在青年母猪和母猪之间以及不同品种的猪之间发生了改变。然而,荷兰的一组研究人员预测平均排出 18.1 枚卵时能获得最佳的胚胎成活率。

卵母细胞质量

　　不只是排出的卵母细胞数决定了胚胎的存活数,卵母细胞的质量也是一个决定因素。现在人们已经意识到通过提高卵母细胞质量来提高胚胎的存活率,在卵母细胞发育的过程中会有很多因素导致胚胎死亡。配种前的几种营养策略能够提高胚胎存活率,也增加了在最后成熟阶段的卵母细胞的比率,也为卵母细胞的能力和后来胚胎成活率之间的直接联系提供了证据。

胚胎发育

个别母体的胚胎在发育阶段发生了相当大的改变。这一窝内的可变性影响了自身的胚胎成活。例如,在一窝中,发育好的胚泡成活的机会要比其他发育差的同胞大。这并不是发育差的胚泡天生不好,当把它们移到没有妊娠的接受性强的子宫里时能够正常发育,把它们从与更优先的胚胎的竞争中解放出来。此外,同窝胚胎发育易变的青年母猪和母猪的胚胎的存活力低,因为只有一些胚胎会在发育的一个适合的阶段根据子宫的内环境的变化而发生改变。我们将期待通过提高同一窝中胚胎发育的一致性来提高胚胎的存活力。

妊娠后期(30 天至结束)

从胚胎到胎儿时期的转变发生在胚胎的细胞开始分化出胎儿身体的主要器官。常规的,这一变化大约发生在妊娠的第 30 天。到了这个时期,胎儿身体的主要器官已经形成,心脏血管系统已经确立,并且具有了功能,在妊娠结束前只经历很小的变化。胎盘功能健全,并且有效地充当胎儿胃肠消化道、肺、肾、肝和内分泌腺的角色。在妊娠第 30 天到妊娠结束是胎儿和胎盘快速生长的阶段。胎盘膜在 20～60 天快速生长,生长速度超过了胎儿;随后它们的生长速度减慢,胎儿的生长速度加快。在第 70～100 天胎盘的重量恒定,而胎儿的重量在 60 天到出生前呈指数增长(图 4.7)。

猪的胎盘是分散的上皮绒毛膜胎盘。这是因为在营养交换上它没有深入的结构(像反刍动物胎盘的附属物),并且所有母体和胎儿的膜都是完整的(母体血管内皮、结缔组织、子宫内膜上皮;胎儿绒毛膜上皮、结缔组织、血管内皮)。在妊娠早期,子宫内胎儿胎盘的膜都是一层一层的清晰可辨。在子宫角内的胎儿都是头面朝足的方向。妊娠的后 2/3 的时期,胎儿胎盘膜连接处的末端出现了黏附和融合,与雄犊双生的雌犊(freemartins)除外,在膜之间通常没有血管的连接。

胎盘的主要作用是将母体的营养传给胎儿。胎盘转运营养和氧气的效率与和子宫壁接触的表面积(绒毛膜绒毛表面)和母体-胎儿的血流量决定,主要是依靠胎盘转运的动力和传输。猪是非侵入的分散上皮绒毛膜胎盘,母体血液很好地与可吸收绒毛膜表面分开。氧气的转运率受到血流量的限制。相比之下,丰富活跃特定的转运蛋白调节胎盘葡萄糖、氨基酸、离子和分子的转运。胎盘葡萄糖的转运是通过载体易化扩散完成的,包括几个葡萄糖转运体的亚型。许多氨基酸也是通过胎盘转运的,运用了违反胎儿-母体浓度梯度的能量依赖性机制。这些包括钠依赖和非依赖的氨基酸转运系统,它们拥有不同的活性。

胎盘糖无氧代谢产生的葡萄糖和乳酸为胎儿提供了主要的能源。正常情况下,胎儿体内碳水化合物的氧化大约要消耗 75% 的氧气。尽管转运给胎儿的氨基酸有一部分被有氧代谢当作能量使用,但大部分还是用来形成新的组织。

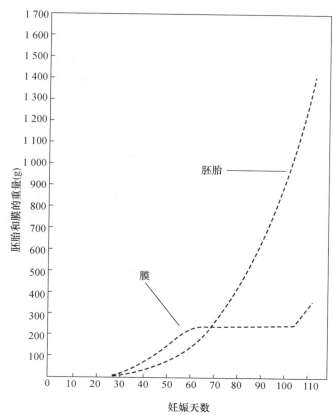

图 4.7 妊娠期胎儿和胎盘的生长。根据 Marrable，A.W.
(1971)猪的胚胎：时间顺序重绘，Pitman Medical 出版。

同一窝中胎盘和胎儿重也会有很大差别,青年母猪和母猪每窝中大约有 1/3,最少也会有一头仔猪明显的比其他仔猪小很多。这些发育不全的或是子宫内生长滞后的仔猪死亡率和发病率都很高,它们在达到上市体重前都需要额外的投资。仔猪初生重可以反映妊娠 30 天的胎儿重,可以看出妊娠早期那些脱离其他同胞的生长发育不健全的胎儿。现在还是没有好的方法来减轻低初生重造成的影响。总而言之,所有的结果表明我们提高母猪多产的策略应该是改善妊娠期同窝胎儿发育的一致性。

子宫容量

子宫的容受性是指所能容纳的胎儿的最大数,当潜在的可成活的胎儿数不受限制时它能够实现。这个定义不仅暗示了给每个发育中的胎儿提供可用的物理空间,而且还包含母体提供营养和转移废物的能力。人们所知,子宫的容受性受到母猪胎次和基因型的影响,"高产"系和梅山猪为子宫容受性的提高提供了依据。

妊娠期激素

母体激素

前面我们已经讨论过,在妊娠早期胚泡分泌雌二醇来维持黄体功能,防止黄体溶解。相比之下,绵羊和牛妊娠期孕酮主要来自胎盘,而猪维持妊娠的所需的孕酮是由黄体持续分泌的。黄体重在第 8 天达到最大,到 12 天孕酮浓度达到最高,然后逐渐降低直到妊娠期结束。孕酮在妊娠期发挥重要的作用,包括刺激子宫内膜分泌蛋白,这些蛋白对发育期胎儿的营养、抑制发情、排卵和子宫的收缩运动都是必要的。泌乳刺激素是由垂体前叶分泌的,它在整个妊娠期间支持黄体并在哺乳准备期对乳腺发育有利(与孕酮一起)。泌乳刺激素受两个有反作用的下丘脑激素调控。未妊娠的动物,泌乳刺激素的分泌被下丘脑分泌的泌乳刺激素抑制激素抑制,但是在妊娠和泌乳时,泌乳刺激素的分泌被下丘脑分泌的泌乳刺激素释放激素激发。

　　猪的黄体从妊娠 28～105 天分泌和贮存多肽激素松弛素并在分娩前后释放到循环系统,促使骨盆韧带和子宫颈扩张。

　　胎儿胎盘是妊娠期雌激素的主要来源。雌二醇的水平从 60 天前的大约 10 pg/mL 一直增加到分娩前的顶峰。妊娠晚期雌激素的作用是促进子宫强烈收缩和增强像筑巢行为这样的母性行为。

胎儿激素

　　胎儿自身的内分泌系统在妊娠期会成熟起来,胎儿激素日益增加逐渐取代了最初全部由母体分泌的激素,并且通过胎盘传输。出生前成熟的内分泌系统是关键的,因为它可以引起导致分娩的一系列事件,也能使出生后的胎儿具有独立的功能。

分娩

　　母猪妊娠的时间长短是相对固定的,在 112～116 天之间,由猪的品种、窝产仔数和季节决定。在分娩前通常会出现行为的改变、内分泌和身体的变化。促使分娩的最重要的因素是母体循环系统中孕酮的浓度。因此,当孕酮浓度下降到某一水平时就会产仔;反之,无论其他与分娩有关的激素如何变化,当孕酮一直维持在高水平时都不会引发分娩。逼近分娩的身体信号包括阴门肿胀、乳房开始分泌乳液和排乳(垂体后叶激素的作用)。产仔前,青年母猪和母猪行走的距离增加,出现筑巢行为,在分娩前的最后 90 min 母猪安定下来,并且侧卧。筑巢行为与临产前泌乳刺激素的升高有关。

　　倘若能确认妊娠达到 113 天,注射孕激素或类似物就能在 24～30 h 内引发分娩。$PGF_{2\alpha}$ 引起血浆中孕酮水平即时急速下降和黄体衰退。$PGF_{2\alpha}$ 或其类似物可以影响分娩但不会影响哺乳、产仔后的返情或后来的繁殖。也有一些迹象表明诱导产仔可能会减少乳腺炎和乳腺炎-子宫炎-无乳(MMA)综合征。

　　胎儿垂体分泌 ACTH 刺激胎儿分泌肾上腺皮质激素,引发胎儿和母体激素发生一系列变化,最终导致产仔。这些肾上腺皮质醇可以刺激子宫分泌 $PGF_{2\alpha}$,导致黄体衰退和孕酮浓度骤减。$PGF_{2\alpha}$ 水平的提高也能引起垂体释放催产素和泌乳刺激素,卵巢释放松弛素。只有当受到 $PGF_{2\alpha}$ 刺激并且血液孕酮水平降低时,脑垂体后叶才会释放催产素。催产素能促进分娩时子宫收缩和排乳。在妊娠最后 2～4 周内母体血浆中不结合雌激素的水平会提高,在分娩前达到顶峰,随后迅速下降到基础水平。雌二醇增加与胎儿的成熟和最初的胎盘形成有关。在妊娠晚期血浆中泌乳刺激素浓度显著升高,并在哺乳早期维持高水平。泌乳刺激素虽然对分娩起作用,但它最主要的作用还是引发泌乳。分娩前几天血浆中松弛素的浓度升高,在产仔开始前 12～14 h 达到高峰。松弛素与雌二醇一起作用,能改变子宫颈内的胶原质,因此对子宫颈的扩张起重要作用。在分娩的 24 h 内,母体的皮质类固醇的浓度增加,但在泌乳早期降低。

母猪一般在傍晚和深夜分娩。整个分娩过程会持续 2～5 h。每产一仔一般需要几分钟到 60 分钟不等。两个子宫角内的仔猪被随机地产出,有时它们在产道内会经过对方。胎盘在排空了一侧子宫角后或是在产出最后一头仔猪后的大约 4 h 内排出。

尽管母猪分娩是个持续的过程,但我们为了方便描述还是将它分为三个部分:①预备期,子宫开始收缩并且子宫颈充分扩张,②胎儿排出期,从第一个胎儿进入产道开始,③胎膜排出期。分娩是依靠子宫平滑肌纵向有节奏的收缩、腹肌自然收缩和产道的软化共同完成的。在妊娠晚期,子宫肌层活动包括含有胎儿那段子宫不规则的延长,其他空的部分没有活动。只有第一头仔猪出生的 4～9 h 内,子宫肌层的收缩会扩展到整个子宫,与周围血浆中催产素浓度的升高保持一致。在胎儿排出时,子宫角各部分的肌肉收缩是同时进行的。收缩是从两个子宫角的末端开始,沿着子宫全长传递。当子宫角排空后,收缩是沿着子宫颈-输卵管方向进行。这个风箱效应减少了后来仔猪的运行距离,并且防止了仔猪在子宫颈处发生阻塞。

有 7% 完全成形的胎儿是死胎。死胎可能发生在分娩前或分娩时。分娩时造成死胎占整个死胎的 70%～90%。分娩时由于子宫收缩造成胚胎血流量降低使胎儿窒息,脐带阻塞或过早的遭到破坏,过早的分拨胎膜都是分娩时造成胎儿死亡的主要原因。

出生时体重小或体弱的仔猪更易由于饥饿、寒冷、拥挤和免疫力低而造成新生仔猪死亡。与羊羔不同,仔猪出生后没有褐色脂肪来提供能量和热量,不得不依赖葡萄糖作为它主要的能源。新生仔猪在几分钟内脐带断开,开始寻找乳头吮奶。

泌乳

乳腺的发育

从青春期开始,雌激素和孕酮诱导乳房发育,乳腺持续形成。青春期后乳房生长迅速,形成 12 或 14 个(有时会更多)半发育状态的乳头。在这个时期,乳腺会有一个乳头,周围分布一圈敏感组织。每个乳头尖下的平坦部有两个主要的导管。乳腺虽然发育不完全但血管和神经系统是完整的,腺乳池、窦管、大导管、小导管和细导管都具备功能。但是,大多数乳房是由脂肪组织、未分化的细胞和一些结构胶原组成的。在妊娠期,未分化的细胞发育成活跃的乳分泌细胞和支持组织。

发情期的激素为妊娠的子宫做准备,而妊娠时的激素又为泌乳时的乳腺做准备。在妊娠的头一个月,在孕酮和泌乳刺激素的影响下,导管增生扩散进入未分化的组织块中。在妊娠中期,这些组织块开始分化成由乳分泌细胞构成的腺泡小叶,乳分泌细胞围绕着微型球(腺泡)内部排列。到了妊娠的最后 1 个月,腺泡小叶清晰可辨,腺泡完全成形并充满了糖浆样的分泌液。在妊娠最后 1/3 的时间里,大部分的发育在那层靠着最新形成的腺泡内表面的活跃的造乳细胞中进行。初乳中丰富的抗体是在妊娠的后 1/4 时间内合成的,并随乳房组织的生长呈指数增长。妊娠后期随着更多的导管和分泌组织代替脂肪而使乳腺的质量和体积增大,最终变得坚固。在妊娠最后的一周里,随着细胞数和它们合成速度的快速增加,乳腺的分泌速度也加强。在仔猪初生的 3 天里,母猪的乳房充满了乳汁,只有回乳才能阻止分泌细胞继续合成乳汁。分娩前 24 h 乳汁就可能从乳头排出。在妊娠晚期活跃的乳腺组织快速地发育,在开始泌乳时存在的所有的分泌细胞,其大部分的形成只花费了整个发育时间的一小部分。

吮乳刺激泌乳。在哺乳的头 4 周内,仔猪大概每小时吮乳一次。随后吮乳的频率降低,这是因为随着仔猪的成长,它们越来越不依赖乳汁作为主要的营养来源。乳房的发育一直持续到泌乳初期,分泌组织的数量会发生显著的增加。出生后随着多次和完全的挤乳刺激,可以使乳腺组织继续发育。

产仔后的第 3~4 周泌乳量达到高峰,随后细胞总数会逐渐减少直到 10~12 周,此时自然泌乳结束,腺泡活跃的分泌细胞退化复原。哺乳任何时期的吮乳刺激消失可以导致腺泡中乳汁快速累积,剧烈的吸力与细胞停止合成乳液,随后腺泡上皮活跃的分泌层也停止分泌乳汁。腺泡和导管结构中的残余物保存完好。

后来妊娠,在分娩前的 2~3 周内腺泡中会形成新的一层上皮分泌细胞。这标志着下一次的腺体加速生长期的开始,为再次的泌乳做准备。

乳的合成和产生

含抗体丰富的初乳(表 4.1)在妊娠最后的 1/4 时期里合成,并随着乳房组织的生长呈指数生长(图 4.8)。乳腺的发育一般受生长激素(STH)的控制,妊娠晚期雌激素的升高也能用于鉴定临产前的乳腺,并且新生仔猪的存活也将依赖乳汁中的营养。初乳对仔猪的健康有利,效果立竿见影。在分娩前 24 h,猪的乳头就能挤出乳汁。乳腺中的压力是正的,早期乳汁易从乳房流出。当乳腺也发生了部分临产前的变化时,催产素循环作用,有利于乳汁向外流动。哺乳期的最初的几个小时排出的乳汁实际上是分娩前产生的。分娩本身引发了对全面哺乳的需要,包括间隔 1 h 分泌 259~500 g 乳汁和一天分泌大约 6~12 kg(或更多的)乳汁。

表 4.1   母猪乳汁的成分   g/kg

	初乳	常乳		初乳	常乳
水	700	800	蛋白质	200	55
脂肪	70	90	灰分	5	5
乳糖	25	50			

图 4.8   在妊娠的整个过程中,母体乳腺组织呈指数增长。

分娩时激素变化的反馈(图 4.9)导致了催乳素的分泌,其中还包含了泌乳刺激素、STH、促甲状腺激素(TH)、ACTH、胰岛素、雌激素和孕激素。这些激素对维持猪哺乳很重要,但是在奶牛上 STH 不会像在猪上那样显著提高产奶量。垂体前叶分泌的泌乳刺激素通常被下丘脑分泌的有抑制作用激素抑制。当抑制剂停止分泌或合成就会使泌乳刺激素分泌不受限制,可以启动和维持哺乳。泌乳刺激素最开始在分娩前 1~3 天维持在较高的水平,与前列腺素一起显著升高,对分娩本身起作用。泌乳刺激素在出生时存在,可以看作是哺乳期的启动者。乳产品的代谢需要是很大的,这将在第十一章进行介绍;与乳合成有关的激素(ACTH、STH、TH、胰岛素、皮质类固醇等)对乳产量起重要作用。

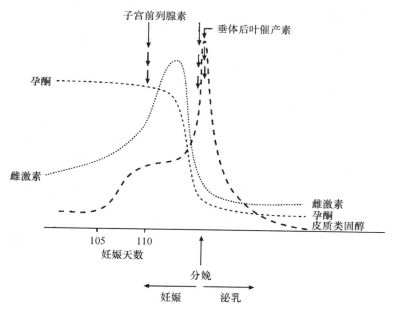

图 4.9 与分娩有关的各种激素的变化。

哺乳期泌乳刺激素维持卵巢静止,维持黄体,抑制卵泡的生长并抑制雌激素的分泌;与妊娠时黄体的作用相同。由于 FSH 和 LH(同等重要)一起完全有效的抑制作用,所以尽管哺乳期垂体前叶本身的促性腺水平很高,但是它们却少或没有被释放出来。催产素大约 1 h 释放一次,血液中的催产素能促进泌乳刺激素和抑制促性腺激素。哺乳早期泌乳刺激素水平显著升高,尤其是后来的 6 周。产后 8 周泌乳刺激素的缺乏会导致哺乳失败。突然断奶会导致泌乳刺激素骤然下降。猪中泌乳刺激素和催产素是主要的催乳激素,在 TH、肾上腺类固醇(能抑制 GnRH)和 STH 的作用下。哺乳时泌乳刺激素迅速增加,哺乳后大约 40 min 内仍会保持升高,随后的 20 min 内,水平下降,然后再次升高。在哺乳期的头 4 个星期内,仔猪大约每小时同时吮奶一次。随着仔猪对乳汁提供营养的依赖性越来越小,吮奶的频率也会下降。

吮奶刺激维持了哺乳期的不发情和卵巢静止,这是催产素和泌乳刺激素对 GnRH 的抑制引起的,因此也控制了 FSH 和 LH 的分泌。显然此时 FSH 被抑制剂抑制。哺乳期的吮乳刺激对中央神经系统的正反馈也能促使 CNS 的类阿片,它可以促进泌乳雌激素但能抑制GnRH,因此对 FSH 和 LH 也有抑制作用。分娩后的 1~14 天对子宫复旧、膜的修复和光滑都是必需的。随后,卵泡可能发育,这个依赖于哺乳的强度。GnRH 或 LH 和 FSH 促性腺激素本身可以促使哺乳期发情,显然在分娩后的几天里这个作用是直接有力的。

哺乳期,FSH 和 LH 的水平低,并会逐渐缓慢地升高。断奶时,在下丘脑 GnRH 脉冲的作用下,LH 会有一个骤涨,FSH 和 LH 的基础水平也会迅速增加。垂体的促性腺激素会刺激卵泡的发育,发动排卵和促使发情,这个断奶后的 5 天过程在前面描述过(图 4.3)。

乳容量的水平是母猪泌乳功能的一部分(它的体尺、身体储备和营养),也是仔猪(产仔数、仔猪重和活力)吮乳刺激的部分功能。泌乳高峰大约在分娩后的 3 周(图 4.10)。母猪个体间乳产量的变化很大,而且对于现代杂交母猪泌乳量的真正水平有许多争议。但是,通过乳仔猪对乳转化率的简单计算可以得出在 28 天内总的泌乳量,不会少于 320 kg,或是平均每天 11.5 kg。产仔数对母猪泌乳量的影响和每头仔猪所摄入的乳量在表 4.2 中给出,从表 4.3 可见泌乳量也会随胎次增加,但是也给出了产仔数——每头仔猪摄取的乳量不会随胎次数增加。乳仔猪对乳干物质的摄取量伴随泌乳曲线变化,并且在 3 周龄达到高峰,此时每头每天消耗 0.32 kg 干物质。仔猪初生重为 1.3 kg 并且脂肪含量达到 2%,在 3 周后体重会达到 6 kg 或更重,脂肪含量大约达到 15%。

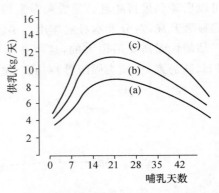

图 4.10   未改良的母猪(a)、产仔数少的杂优母猪(b)与产仔数多杂优母猪(c)的预期泌乳量。

表 4.2   哺乳仔猪数和产奶量关系。

哺乳仔猪数	母猪产奶量(kg/天)	每头仔猪摄取量[kg/(头·天)]
6	8.5	1.4
8	10.4	1.3
10	12	1.2
12	13.2	1.1

表 4.3   不同胎次的预期产奶量。

哺乳期(胎次)	日均产奶量(kg)	哺乳期(胎次)	日均产奶量(kg)
1	8	6	12
2	10	8	10
4	11		

大约在分娩后的 10 周泌乳会自然终止,导致母猪自发哺乳的行为消失,仔猪对吮乳的需要减少,此时它们在营养上完全独立于母猪。为了最佳的经济效益,断奶时间比这个时间早;很少有 14 天断奶,通常是 21 天断奶;最佳是 28 天断奶,通常是 35 天断奶,在许多国家甚至采用传统的 6 周龄和 8 周龄断奶。强制断奶与自然断奶相比,它是早的和突然的。在潜在的乳合成率高的时候吮乳刺激突然消失。吮乳刺激的消失和催产素的缺乏能够对泌乳刺激素产生负反馈,从腺体里排乳的失败会使合成乳的成分被再吸收进入血液循环。这个反向的流程也会负反馈调节维持哺乳代谢的激素。在 2 天之内哺乳就会无可挽回的丧失,并且血液中维持

哺乳的激素也会下降到基础水平。2 天的时间对停乳来说是短暂的,对猪来说是恢复发情所必需的,但是在断奶后的第一个半天母猪基本上不进食。停奶的母猪不需要移开饲料或饮水来加快停乳和返回发情期。吮乳刺激的消失和乳腺中大量堆积的乳汁足以对激素和神经系统发送必需的信号。断奶不会对乳腺造成损伤,停止饲喂或饮水也不会比增加应激(宁可减少它)造成更多的影响。

猪在泌乳期乏情,就是泌乳完全抑制了发情周期。其实,这只是部分真实。首先,一些母猪在泌乳早期会出现短暂的发情,这可能是血液中残留的雌激素水平引起的;但是不排卵。产仔后的 3 周,在母猪仍然泌乳的时候提供正刺激来促进发情和排卵是有可能的。这样的刺激包括:吮奶刺激减少、日产奶量减少、身体局部活动增加、同组竞争母猪的位次和公猪的存在。现在拖延断奶时间是因为对离开母猪的仔猪有利。但是,拖延断奶会影响经济效益,产后 40 天再孕是必需要达到的目标。这在一些生产体系中是有可能实现的。在大多数情况下,泌乳发情只是理论上的,泌乳乏情是返情前断奶仔猪和母猪再孕所必需的。

产后 21 天前断奶可以降低排卵率,胚胎死亡率的增加是由于子宫在产后还没有恢复到能够再孕的状态。吮乳刺激非常有利于子宫复旧,哺乳母猪的子宫比产后快速断奶的母猪的子宫恢复得快。早期断奶的母猪在断奶后的 5 天内发情率降低,或许发情率增高,受孕但是妊娠失败。总之,这些失败(非生产的)都会导致断奶到妊娠间隔增加。

产后 21 天断奶,在 FSH 作用下卵泡立即发育,接着 LH 大量释放,促使母猪发情和排卵,断奶母猪很快返回有效的发情周期。

经产母猪不是季节性发情,可被看作是全年有规律的繁育,因为季节可以影响空怀母猪再孕。高温、低温、空气过度潮湿或白天缩短都可以延长断奶到再发情的间隔天数。

哺乳期

自然断奶需要 3～4 周的时间,开始于产仔后的第 8 或第 9 周。从刺激乳腺分泌的复合物控制到促性腺激素和发情周期的激素控制的转变是逐步完成的,但是一旦卵泡开始发育就会加快发情。在现实生产体系中自然断奶很少见,无论母猪的哺乳期有多长,它都必须少于12 周。

对哺乳期长短的选择由断奶仔猪和母猪决定,仅仅是母猪乏情的生理学结果。母猪在断奶之前不会返情和受孕。因此我们可以计算:妊娠 115 天,假如母猪在断奶后的 5 天内发情和受孕并且哺乳的天数是 56 天,那么每窝有 10 头断奶仔猪数,一头母猪一年能提供 21 头仔猪。其他所有的条件都一样,哺乳天数是 14 天的话,那么每头母猪每年能提供 27 头仔猪。

但是,其他所有的条件不会保持一致。当哺乳期少于 14 天时,母猪的子宫还没有恢复完全(图 4.11),断奶仔猪会造成损伤,只有当仔猪不再吮奶重新发情后才会得以恢复,这是当时促进乳腺分泌的激素复合物造成的。从第 14 天起到 18 天,无论怎样,断奶变得越来越易实现。

图 4.12 显示了哺乳期对繁殖性能的影响。首先(a)2 或 3 周断奶,母猪不会像 4 周及以后断奶那样迅速发情,这可能是由子宫状态和刺激乳腺分泌激素的浓度(更重要)共同作用的结果,因为在产后的 3 周产乳量和吮乳刺激都会达到高峰。其次(b)3 周前断奶会导致母猪的妊娠率下降。一些母猪只发情不受孕,它们在 21 天后返情,因此延长了断奶到受孕的时间间隔。最后(c)当哺乳期缩短会导致卵子受精率和胚胎的成活率下降。这些情况都会在哺乳期少于 18 天时发生,但是,在图 4.12 中表明,哺乳期限在 21～28 天时这些损失不会扩大。最终

每头母猪年提供断奶仔猪在哺乳期限为 21～32 天不会有太大差别(d)。

何时断奶不能只由母猪一方决定,还要由哺乳仔猪决定。初生仔猪的消化道和辅助酶的系统很容易消化乳汁,将其作为营养来源。仔猪通常在 10 日龄开始采食固体食物,这只是探究行为,在 15～21 天才开始真正意义上的采食。全窝的耗料模式不能衡量窝内的单个仔猪,它们中有些在 14～21 日龄能吃掉大量的固体饲料来维持每天 200 g 增重,但有的仔猪一点都不采食。消化非乳来源的碳水化合物和蛋白质,消化道的容量和酶系统的能力在产后大约 3 周的发育是最关键的(图 4.13)。

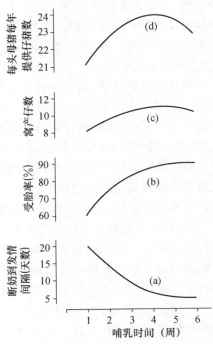

图 4.12 哺乳时间(断奶天数)的影响:(a)断奶和发情的间隔,(b)受胎率,(c)窝产仔数和(d)每头母猪年提供断奶仔猪。

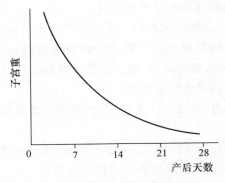

图 4.11 母猪产后子宫的恢复进程。

仔猪的免疫系统对母乳的依赖性很强,直到 3～4 周龄,仔猪活跃的免疫系统才建立起来,此时才能抵制一些病原体的入侵。有些理论认为在断奶时看重的是仔猪的体重而不是年龄。体重超过 6.5 kg 时就可以断奶了。一窝中的仔猪可以依次断奶——大些的仔猪在 21～24 日龄,小些的在 26～30 日龄,那时它们都可以达到目标体重。时间再往后,母猪将投入更多的乳汁给身小体弱的仔猪,因此经历了吮奶刺激逐渐变少的过程。显然,更适宜的管理方式是,因为麻烦而通常不被采用的,断奶时我们需要把一窝仔猪分开放入护仔栏。

因此在产仔后的第 21 天应使仔猪发育到能够适应固体饲料,使它们能够完全脱离母体而独立。21 日龄断奶可以加速这样的发育,同时也在它们最脆弱的时候进行了测试。有时这样测试的结果是仔猪死亡或断奶仔猪食欲不振,生长缓慢或负增长并且容易染病,特别是肠道和呼吸系统。仔猪应付断奶创伤的能力会随着断奶日龄的提高而增强,体现在仔猪断奶后的性能。通常在 28 日龄断奶的仔猪会比在 21 日龄断奶的仔猪更早达到屠宰体重,平均会有 5 kg 的优

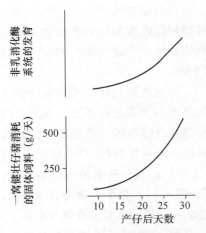

图 4.13 非乳的消化酶体系的发育和哺乳仔猪对固体饲料的消耗。个别仔猪耗料是窝平均水平的 2 倍 1/2。

势,到 12 周更明显。

　　由于早期断奶的仔猪体质较弱,所以需要护理的程度和饲料及设备的成本都直接影响早期断奶。根据母猪的生物学特性,在 21～28 天断奶是最佳的选择。根据仔猪的生物学特性,在 28～42 天断奶是最适宜的。所以哺乳期是少于 24 天还是大于 32 天很难抉择(图 4.4)。

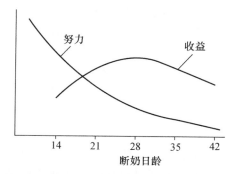

图 4.14　随着断奶日龄的增加,断奶后对仔猪护理减少。当在 28 天左右断奶时,饲养群体的所有收益最大化。

泌乳控制

　　尽管神经系统不直接控制乳汁分泌和传送,但是神经内分泌的排入反射对吮乳是关键的。乳腺是由神经系统烦琐地控制着,神经末端终止在腺体组织中,乳头基部周围的皮肤对触摸、拉伸和压力反应敏感。乳腺池存乳量是少的(是腺体内总乳量的 10%～15%),在品种之间,大多数乳汁储存在乳腺泡和小导管内。仔猪的吮吸可以使乳被动的从腺乳池中流出,而大部分从乳腺泡和导管中流出的乳是由母体控制的。一旦仔猪固定乳头,每个乳头噙在它们嘴中,母猪是惬意的,吮乳刺激从乳房传导信号到下丘脑,然后刺激垂体后叶快速释放催产素。从释放催产素开始,20～40 s 后排乳反射开始,催产素的影响会维持 15～30 s。催产素使围绕着乳腺泡的肌内皮细胞收缩,使乳腺泡坍塌,促使乳汁进入乳小管。导管是短宽的,乳汁通过乳窦和乳腺池。只有腺泡和导管中的乳汁能被催乳素作用于肌上皮而被排出;它不能使大的导管和乳腺池收缩。

　　只有当所有的仔猪同时固定下来时乳汁才会排放,这一点很重要。如果达不到的话,催产素释放抑制排乳。每次吮吸后有一个难以控制的时期,此时催产素不再释放。多胎动物例如猪,让所有的仔猪同时位于乳房处是必要的。

　　分娩时激素的变化刺激了泌乳刺激素和催产素的分泌,它们是猪体内主要的刺激乳腺分泌的激素。吮乳时,乳腺雌激素的浓度迅速增加,在每次进食后的 40 min 持续升高然后降低直至下次的进食。吮乳也能提高泌乳刺激素受体基因表达来确保持续不断地产乳。哺乳早期泌乳雌激素的水平很高,但是会逐渐下降,特别是在 6 周后。哺乳期内任何时候突然断奶都会导致泌乳刺激浓度陡然大规模下降。哺乳早期催产素大概每小时释放一次,这是吮吸诱导的神经内分泌的排乳反射。血液中的催产素似乎具有一个额外的反馈作用,能促进泌乳刺激素和抑制促性腺激素的分泌。

　　影响乳生产率的因素包括合成乳汁的组织的数量,回乳的频率和程度以及储存乳汁的乳腺池、乳窦、导管和腺泡的容量。乳产量依赖母猪哺乳的能力,包括体尺、体况和营养以及仔猪的吮乳刺激。对于个别母猪,乳产量的变化很大,而且对于现代杂交母猪乳产量的真实水平存在争议。但是,通过哺乳仔猪对乳转化率的简单计算可以得出在 28 天内总的泌乳量,不会少于 320 kg,或是平均每天 11.5 kg。哺乳仔猪对干物质的摄取量伴随泌乳曲线变化,并且在 3 周龄达到高峰,此时每头每天消耗 0.32 kg 的干物质。仔猪个体初生重为 1.3 kg 并且脂肪含量达到 2%,在 3 周后体重会达到 6 kg 或更重,脂肪含量约为 15%。

子宫复旧是指子宫在分娩后恢复到它未受孕时正常的长度和功能。母猪子宫在产仔后的 2～3 周内长度和重量迅速减小。子宫复旧依次发生的事件包括子宫内膜的收缩使组织脱落、在出生后的第一周排出恶露,子宫内膜的再生和新的上皮的重建。常规断奶制度,这个过程在分娩后的 3～4 周完成;但是,当哺乳期短时子宫复旧会比较缓慢。

断奶

自然断奶要超过 3～4 周,发生在分娩后的第 8 或第 9 周,哺乳一般在分娩后的 10 周左右暂停。这是母体自发哺乳的行为消失和仔猪吮乳的需要减少的结果,此时幼仔在营养上可以完全脱离母畜而独立。要在生产上达到最好的经济,就应在此之前断奶,典型的是在产后 21～35 天断奶。当潜在的乳合成率高时吮乳刺激突然中断。吮乳刺激的消失和催产素的缺乏抑制泌乳刺激素,此时乳汁不能从导管中排出,此时就会使合成乳的成分被再吸收进入血液。这个反向流程也能对维持泌乳代谢的激素起到负反馈的作用。血液中刺激乳腺分泌激素的浓度在断奶的 2 天内回到基础水平,此后泌乳不能再启动。

断奶时间影响母猪后来的繁殖性能和仔猪的生存力。对母猪来说,在分娩后的 21 天前断奶,会使断奶后的 5 天内发情的母猪数减少,并且排卵数和在分娩后第一个发情周期交配的胚胎成活率降低。这都是因为子宫复旧不完全。而在分娩后的 21 天断奶,FSH 和随后的 LH 的大量释放(促进母猪发育和排卵)促使卵泡开始发育,母猪会快速进入发情周期。

为了仔猪未来的生存能力,应该在它们的消化道和消化非乳的蛋白质和碳水化合物的酶类都完善后,并且在仔猪已经获得充分的主动免疫,可以脱离它们的母亲而茁壮成长的时候进行断奶。通常,仔猪在 21 天断奶可以达到这些方面的要求。

产后间情期

母猪有时会在产仔后的 48 h 内发情,这是由分娩时高水平的雌二醇引起的,但是不会排卵。如果不止一只乳仔猪存在,就会使哺乳延长,母猪在哺乳期间不发情。当母猪在护仔时,卵巢和垂体前叶的活动是抑制的,卵泡成长很慢,黄体缺失并且血浆中孕酮和雌二醇的浓度一直很低(图 4.9)。在哺乳的后半期,随着乳生产代谢的需要变得越来越重要,最初的吮吸诱发的神经内分泌反射引起下丘脑-垂体-卵巢性腺轴在哺乳期的抑制作用。产仔后乏情持续的时间受环境、遗传、生理和代谢因素的影响。这些包括品种、品系、营养水平、吮乳、乳生产、子宫复旧率、卵巢卵泡发育率、垂体和外周促性腺激素的浓度、外周雌二醇和孕酮的水平、体重的变化和能量的摄取。

吮乳刺激泌乳刺激素的分泌,这在雌激素对促性腺激素分泌的反馈中起着重要作用。哺乳期间,吮乳刺激吗啡类物质释放,可以维持 LH 的分泌。哺乳期卵巢卵泡发育日益恢复,到断奶时,卵泡已经可以对促性腺激素做出反应。

在哺乳期间组织的分解代谢是吮吸抑制 LH 分泌的作用加强。头胎母猪在哺乳期的脂肪贮备有限,断奶后部分营养用于瘦肉组织的生长,这就是头胎母猪的繁殖力降低的主要原因。

移窝和断奶导致了血浆中 LH 的短暂升高,血浆中雌二醇浓度逐渐增加,和最后在断奶后的第一个发情周期的排卵前 LH 出现高峰,这在断奶后的 3～5 天发生,具有代表性。断奶后,血浆的雌二醇浓度立即逐渐上升,在发情时排卵前的 LH 的高峰时终止。

在哺乳时达到发情和排卵是可能的,但是只有在特殊的环境下才能达到,例如最少已经是在母猪分娩后的 30 天,母猪受到在场公猪强烈的刺激,母猪对群养和增加的乳仔猪产生应激和来自仔猪的吮奶刺激逐渐减少。随后的窝产仔数会稍微减少。

哺乳期和断奶后卵巢卵泡再次发育,这是个复杂的过程,并且决定了母猪再繁育的效率。断奶前,母猪之间卵巢发育差别很大;一些母猪在哺乳期卵巢是静止的,而另一些母猪,那些长到大约 5 mm 的卵泡发生不排卵的发育波并且在断奶前消退,还有一些发育成卵巢囊肿。断奶是随着卵巢变化随机出现的。这由断奶到发情的时间间隔变化决定。大多数母猪在断奶后会出现一个卵泡快速生长的时期,并且在 3～7 天内返回发情周期。断奶前卵巢静止或在卵泡发育波衰退期间断奶会导致断奶到发情的时间间隔延长。

助产

在家畜中,有几种有助于繁殖的技术,包括冷冻胚胎、经子宫颈的受精和胚胎复育和黄体溶解促进发情,这在猪中极具挑战性。

人工授精

人工授精(AI)在商业生产中被广泛应用,妊娠率通常大于 85%。AI 包括精液收集、稀释和授精或是利用来自 AI 中心的新鲜或冷冻精液。来自泰国的数据表明混交,就是同时使用 AI 和本交,可以使仔数增加 0.5 头。在过去的 10 年里,AI 使用剧增,特别是像丹麦等欧洲国家,在那里人工授精的母猪数达到 90%。最近的调查显示,美国使用完全 AI 已达到 60%。

当前 AI 的使用是在发情周期实施两次授精,每次授精,80～100 mL 的精液中精子浓度是 $(2.5～4.0)×10^9$。这个限制剂量能将猪一次射精精液制备成大约 20 份授精精液;从而限制了 AI 对猪遗传进展的贡献。如果输精时精子直接进入母猪子宫,那么每次授精的精子数量可以减 20～60 倍。成功的非手术方式深入子宫内部的授精可以利用少量的精子,这在大多数家畜中都有报道。但是,子宫颈的褶皱和子宫角的长度和卷曲都会限制输精时导管通过子宫颈进入子宫。最近,来自西班牙的结果表明,可以利用一种柔韧的导管来进行新鲜的或解冻的冷冻精液的深部授精。利用这种方法可使产仔率达到 70%～84%,产仔数达到 9.3～9.8 头。

利用少量的精子进行的非手术型的人工授精技术可以扩大对经过选择的冷冻精液的利用。

精液保存

在过去的 20 年,保存精液的人工授精技术在猪中的利用迅速增加。世界范围超过 99% 精液是在液体状态下当天使用,或是在 15～20℃ 保存 1～5 天。其中,85% 在收集精液的当天或第二天授精。尽管从 1975 年开始,公猪的冷冻精液已经在商业上使用,但是冷冻-解冻的精液却不到 AI 1%,通常是从一个国家出口到另外一个国家,大多是提升一个特定的国家或种群的遗传基础。

　　射精后和体外保存时影响精子细胞功能的两个主要因素是:收集精液时和稀释后保存的温度,以及悬浮液的条件。公猪精液对冷休克非常敏感。公猪射出新鲜精液之后,如果精液温度降至 15℃以下,导致精子的存活率丧失。所以应该将采集的精液在 15℃以上放置几个小时,来使它慢慢适应降温。公猪精液对冷休克的敏感性似乎会随着时间和温度变化。

　　射精时,精子与来自附性腺的精液混合稀释,它们能保持数个小时的运动。为了使它们在体外存活,可以使用化学抑制剂或低温来降低它们的代谢活性,当然稀释是必要的。稀释精液是为了使精子抵抗温度和 pH 的变化,增加精液的体积,为精子提供营养和抑制细菌生长。尽管出现了新的能够捕获重金属和控制 pH 的含有两性离子的有机缓冲液,但我们大多数还是使用重碳酸钠和柠檬酸钠缓冲液。

　　公猪与其他家畜相比,它的精液的冷冻和解冻都更具挑战性,这是因为公猪每次的射精量都很大,并且对冷应激敏感。当前两种商业冷冻方法发展于 20 世纪 70 年代中期,用于公猪精液的冷冻。方法一,收集射出的精液,在精子乳浆中放置 2 h,然后离心,冷存 3 h,在干冰上制成小球。方法二,用 Hulsenberg 8 稀释液稀释并在大型细管中冷冻。冷冻需要适宜的甘油浓度,以及冷和热的转化。当前,使用 3%的甘油,每分钟 30℃的冷冻率(在 0～50℃)和每分钟 1 200℃的解冻率。

性控精液

　　当前,出生前决定仔猪性别的方法只有利用流式细胞仪来区分 X 和 Y 染色体。分类后的精液可以用于联合体外受精(IVF)的低剂量的经子宫颈的 AI,这可以将确定性别的胚胎输给妊娠受孕猪。用于猪的传统 AI,每次输精需要 30 亿的精子剂量,这个量对性控精液是不适用的。这是因为 Y 染色体比 X 染色体小,并且携带的 DNA 也少。利用流式细胞仪和细胞分选可以使精液分化并使精液中 X 和 Y 基本纯化。当前在这个领域的发展包括提高分类速度,达到每小时大约 6×10^6 的精子的高速分类。尽管在现有条件下纯化动物精液,100%的分开 X 和 Y 是不可能的,但是 95%的纯化率还是可以达到的。当前的研究已经可以使分化的精液冷冻和解冻,成功的用于仔猪生产。

超数排卵

　　尽管经产和青年母猪每次发情都能自然排出 10～24 枚卵子,胚胎移植过程和用于研究的需要生产大量的卵母细胞或胚胎,这都是采用超数排卵的必要性。增加发情的青年母猪和经产母猪排卵率的方法是,在卵泡期开始(15 或 16 天)注射 1 000 IU 的孕马血清激素(PMSG)。许多猪在注射了 PMSG 后又在 16～19 天附加注射 500 IU 的人绒毛膜促性腺激素(hCG)。

　　注射 1 000 IU PMSG 后的 48 h 注射 500 IU hCG 可以有效提高初情期前青年母猪的排卵率,这些母猪生长状况应该良好(>80 kg)。初情期前的动物还没有进入发情周期,这个方法可以在任何时候应用。

同期发情

　　目前已经证实猪的同期发情比其他动物都难。这很大一部分原因是猪只有在发情 9 天后的黄体才会对前列腺素 $PGF_{2\alpha}$ 的溶黄体作用反应。应用于猪同期发情的最普通的方法是用四烯雌酮 Regumate 处理（Regumate 是一种专门用于调节母猪发情配种的孕激素类药。译者著）。在部分青年和经产母猪中应用，持续大约 16 天。大部分青年母猪会在使用 Regumate 后的 6 天发情。其他方法包括在发情前适当的时候使母猪断奶、给注射了苯甲酸雌二醇来延长黄体功能的青年母猪或经产母猪使用 $PGF_{2\alpha}$。

体外受精

世界范围的几个实验室研究已经建立了用猪新鲜和冷冻精液与卵母细胞进行体外受精技术。猪的体外受精技术最初是个研究的工具，但也可以用于无病的新遗传材料和生物医学研究的大量胚胎的生产；例如，可能会利用转基因猪来生产特殊的蛋白和作为异种移植器官的供体。通过核内注射来生产转基因猪需要大量的早期胚胎，可通过经济有效的体外受精来生产。

尽管利用改良的体外成熟和授精技术来进行体外猪胚胎生产已经有了很大的发展，但是多精穿透仍然是体外卵母细胞成熟面临的一个主要问题。不同公猪甚至是同一头公猪精液的多精受精的程度都会有很大差别，这是主要需要解决的复杂问题。

胚胎冷冻

猪冷冻胚胎的性能对遗传资源的保存和作为世界范围转运猪的经济安全的方法都是重要的。许多年来，尝试冻存猪胚胎都是失败的，这主要是因为它的液体成分。20 世纪 90 年代，第一头由冷冻胚胎生产的活猪问世，并且在有效的透明化技术发展以后猪胚胎冷冻技术得到了快速发展。三种有效地冷冻保存猪胚胎的方法是：冷冻、"正常"透明化和利用开放式拉长细管法（OPS）的高速透明化。冻存猪胚胎技术利用有限的甘油作为冻存剂，它拥有慢速的冷却率。但是，24～48 h 后的猪冷冻胚胎的存活率是迥然不同的（0～50%），并且冷冻胚胎生产的活仔猪数很少。玻璃化采用高冷却率/升温率的高浓度冷冻剂，这样可以达到液体和无形的玻璃质阶段的转化，反之亦然。据报道，像这样一个正常的玻璃化，利用大约每分钟 2 500℃冷却率，可以使体外胚胎的存活率达到 74%。用细胞松弛剂 B 进行前期处理和后期融化水解透明带可以使冻存的玻璃化胚胎的受孕率达到最高。利用 OPS 进行高速的玻璃化，是用热的 0.25 mL 拉长到原有直径一半的输精管。包含在 1～2 μL 的小滴中的胚胎利用了毛细管作用分装，并且吸管被直接投入液氮中。利用这个方法无论是在体外胚胎的处理和以后转移给受体猪，冻存胚胎的成活率是高的。OPS 方法对冻存桑胚期胚胎是有效的。

胚胎移植

在猪生产中，加倍排卵和胚胎移植还不适用，但是这些已经在反刍动物中实现。只是因为猪属于高繁殖率的自发排卵的动物（一头母猪在 6 个月内可以生产许多后代，这是一头母牛或一只母羊一生的产犊或产羔数），这是因为在猪中，用于胚胎移植的经子宫颈技术（transcervical techniques）还没有很好地发展，还因为猪育种计划重点在某一品系或类群的遗传优势，而非个体。此外，猪的胚胎移植需要对供体和受体母猪进行全身麻醉和中期剖腹手术，出于改善动物福利的要求。

猪的胚胎移植主要用于以下三个方面：①繁殖研究，②利用个体母猪出众的遗传特性，③可以在降低传染病传递的风险下，转运遗传材料。胚胎移植为鉴别卵母细胞/胚胎的功能、子宫环境发育的同步性和理解子宫空间对后期的胚胎成活和生长的影响提供工具。以上可以看出,胚胎移植在猪的育种改良的应用是受限制的,但它还是能利用的,例如,有价值的母猪不能受孕。胚胎移植在猪中可能最多应用于疾病控制。与子宫切除术一样,可以作为得到无病原仔猪的方法之一,经常可以得到新的遗传材料,加入封闭的或特殊的无病原群体中。

世界级的几个研究团队正在研究猪胚胎回收和移植的微创程序。最近的研究表明,采用内窥镜胚胎移植可以使猪的妊娠率达到 90%,但是程序上的详细资料被省略。非外科手术的胚胎移植过程建立在经子宫颈移植的基础上。几个研究小组已经采用这种方法成功地将胚胎移植给受体母猪,同时采用 AI 顶端或一个特殊设计的输注导管。采用特殊设计的输注导管可以得到最大的妊娠率,因为它能使胚胎以一个小体积液体的形式沉淀在子宫内,并且接受移植胚胎的受体是有意识的,而不是麻醉的。猪胚胎回收的方法相比,中腹剖腹手术伤害性较小,但也证实了它的发展很困难。方法包括内窥镜回收和经子宫颈从猪手术缩短的子宫角收集胚胎。可以使用内窥镜的方法从猪的输卵管和子宫收集胚胎,并且报道每头供体母猪可以提供 28 枚回收的卵母细胞或胚胎。尽管这个方法的伤害性很小,但它却因应用外科技术而受到限制。外科手术缩短子宫角包括在子宫体分叉部位将子宫角顶部与子宫角底部连接。保留在腹部的子宫膨大的中间部分是关闭的,或将子宫移出。很明显,这个过程是伤害性的,用这个方法,可以每 3 周经外科手术处理过的供体猪的子宫颈收集胚胎。到目前为止,用这个方法采集的胚胎回收率比较低,但是如果联合超数排卵的方法可使胚胎复育数达到 18,这还是可以接受的。

妊娠诊断

发情行为检测

传统确认妊娠的方法是利用公猪来检测青年母猪或经产母猪是否返情。这显然劳动强度密集并且只能用于母猪配种后的 18~24 天内。可供选择的方法包括检测母猪尿液中的雌激素的含量,检测阴道或子宫颈的黏液,直肠触诊来检测子宫动脉的脉冲力,超声波技术和雌酮硫酸盐检测。更多的方法将在下面介绍。

超声技术

多普勒超声,振幅深度超声(A 型)和实时超声(B 型)已经成功地应用于猪的妊娠诊断。多普勒超声用于诊断胎儿心脏或与胎儿连接的大脐带血管中的血液流动。传感器发出的超声波冲击流动的血液粒子,反馈回微妙的不同频率的波,这些波可以转化成声音和图像。最早在妊娠第 21 天可以听出子宫内血液流动的改变,但是到了第 30 天就不行了。现在已经证实振幅深度超声技术比多普勒超声更简单有效。这个方法可以检测妊娠子宫内容物、尿囊和羊膜内的流动物和其他腹部内容物之间声阻的不同。妊娠母猪可以发出一个深度为 15~20 cm 的回声波段,这个很容易辨别,相比之下,未妊娠母猪发出深度大约是 5 cm 的回声波段。来自1 000 头母猪的结果表明,这个技术在妊娠 30~90 天的母猪中的精确性接近 100%。电池供电的便携式实时扫描仪对猪的妊娠诊断也是很有用的。这也是一个精确有效的方法。

激素测定

猪的早期胚胎能够合成大量的雌激素,它们可以穿过子宫壁形成雌酮硫酸盐。因此,大约在妊娠的第 16 天母猪血液中的雌酮硫酸盐的浓度明显增加,在第 25~30 天达到高峰。在妊娠的第 22~28 天,血液中的雌酮硫酸盐的浓度可以用来检测妊娠,也可以鉴别出胎儿数多的母猪。

配种后 18~22 天采集血液样本中的孕酮浓度可以用来鉴别妊娠母猪和非妊娠母猪。同时经过快速化验,没有妊娠的母猪可以在下一个发情周期配种或授精。

猪繁殖面临的挑战

繁殖效率主要是针对猪生产工业说的,不仅仅是指一个物种的繁衍生息,也是指在满足消费者日益增长的需求的同时降低生产成本。近几年,猪繁殖平衡的研究已从最初的增加每年出生的仔猪数转变为提高仔猪的存活力和改善种用母猪终身的生产性能。这个趋势会继续下去,并且需要一个更加完整的方法,随着对繁殖过程的不断理解,我们有机会利用这些方法共同作为提高猪繁殖力的策略。

与其他家畜相比,猪助产技术的精细和动作是很具挑战性的。近几年,伴随着减少剂量的精液直接输入母猪子宫授精的精液分装的发展,意味着这一技术将能用于工业生产。近几年,胚胎技术得到了相当大的发展,其中部分需要应用生物医学,这给猪遗传资源长期的储备和全球的转运提供了新的机遇。这些技术的出现和应用都是非常及时的,逐渐涉及生物安全和动物遗传资源的保存。

产仔数、断奶到再妊娠的时间间隔和死亡率仍然是提高繁殖性能的主要方向。人们很努力地研究在专门的生产体系中这些性状的最佳均值,但是对于减少这些性状的遗传变异性的研究就相对较少。例如说,当我们增加产仔数和/或增加平均初生重作为主要研究目标时,这时窝内仔猪初生重之间的差异就不被重视了,尽管这些差异会造成很多人力、福利和管理上的问题。

将来的繁殖学研究应该能够指导生产出可预测数目的、健康的、均匀度高的仔猪来满足现代生产体系的需要。

第五章　猪的行为与福利
Pig Behaviour and Welfare

引言

在世界的某些地方,人类的福利可按其所获食物的数量来衡量,而在农业活动的优先权列表中,动物福利往往排在非常低的位置。首先是要提高人们对畜产品数量的需求,其次是要降低这些畜产品的价格。然而在以人类福利需要比基本充足的饮食供给(营养需求得到充分甚至是超越满足)更为高层次的形式来衡量的国家,会更趋向于将提供肉类产品的动物福利放在农业活动优先权列表中较高的位置。悉心照料的人类也许更愿意去考虑他们饲养动物的命运。

动物福利涉及动物健康现状以及动物福利的概念两个方面。广泛地说,"福利"是由两个因素组成的:即人类对于动物状态的观点以及动物对其自身状态的观点。第一个方面属于人类社会学的范畴,而第二方面则属于多种动物科学,主要属于动物行为学。动物可能遭受有意或无意的虐待,由于这种虐待行为与可接受的道德规范(通常是国家法律)以及生产效率相矛盾,因此很容易被识别。然而,福利意味着摆脱对自由的剥夺;被剥夺的自由程度也有等级,尤其应该注意的是自由对于表达行为需求的重要性。

动物行为学并不仅仅是评估福利的坚实基础,也是良好饲养管理和饲养员素质的基础,同时还是提高猪生产水平与效率的主要手段。

与繁殖有关的行为

交配

母猪进入发情中期要求成功的插入,并乐于接受公猪的关注。在这样的条件下,母猪才会欣然接受交配,否则只会带来攻击或其他令人不快的回应。通常,母猪进入发情期后会进行探究(依靠嗅觉、声音以及视觉)并接近公猪,试图进行贴身接触。发出声音、咀嚼以及口吐泡沫是双方都会有的明显现象,不过主要是公猪的表现。母猪可能会轻推公猪以引起注意。作为回应,公猪可能会精力旺盛地顶撞或推动母猪,并以其嘴部来试探母猪的生殖器,此时母猪保持相对稳定。类似的求爱行为完成后(如果母猪已完全进入发情期,这个过程需要 1~5 min),公猪会爬到母猪身上(图 5.1),这往往需要多次尝试,伴随着阴茎的伸出与骨盆的推动,正确的位置才能有效地插入并完成交配。交配以波的形式逆冲推覆,伴随其后的是相对不应期。射精通常与较深入的插入相关,较深的插入并最终将螺旋状的龟头置入子宫颈的褶皱中,这个过程需要持续 2~10 min,这种持续时间是易变的。母猪有时会在交配过程中走来走去。自然环境下,在母猪发情中期公猪每天进行 3 或 4 次交配行为,每次交配后都有一段不应期。

图 5.1 交配。注意要给予宽敞的空间并在干燥的混凝土地面上堆放垫草。

下列为最佳受胎率和繁殖力应该具备的条件：
（1） 求爱是受精作用中一个必要组成部分。
（2） 母猪进入发情期后应该能被公猪看到、嗅到以及听到，并能够自由地移动到合适位置进行面对面的身体接触（通常经过猪圈开放式的栅栏）（图 5.2）。

图 5.2 左图是断奶母猪圈中的母猪进入发情期并等待交配。母猪圈与公猪圈交替间隔，中间用栅栏隔开。右图是一只公猪正在试探隔壁圈中进入发情期并等待交配的母猪。

（3） 交配的场所需要有足够的空间用以①接触与试探，②如果母猪并未进入发情中期则能够逃避公猪的关注,③有效的爬跨与交配。这三项行为要求面积至少为 10 m² 的空间,如果更大则更为适宜(图 5.1)。

(4)　交配猪圈的地面应保持干净干燥,从而给予更好的掌控。如果能提供垫草则更好。

(5)　利用公猪试情是对发情中期鉴别的最好方式。

(6)　应该注意并纠正,使阴茎正确有效地插入。

(7)　交配不应过于匆忙,也不能在进行中被打断。

(8)　成功交配后,公猪应在母猪被转移到隔离处所前被安静地转移到其他地方。

(9)　给予充足的空间,只要公猪尚未过度使用便可以在母猪群中自由使用。母猪进行过交配的明显特征是:由于公猪前腿的行为所造成的母猪肩后部的红色磨损痕迹及瘀伤。

(10)　高温对于母猪的发情期行为和受胎率及公猪的性欲和精子活力具有负面影响。

分娩

　　不用立即选择分娩巢穴。在分娩前期,野猪(包括散养的家猪)一般会在林地边絮窝,会利用树枝、幼树、新生的木质枝条以及树皮等材料;但是野猪更偏爱青草、莎草和灯芯草,这些材料可以大量地衔在口里,因此野猪会对它们更情有独钟。猪会利用吻部在巢穴中建造一堵大多是不对称的墙。当然,猪也会利用同样的方式在平时建立休息的憩窝。在一片给定的小灌木林、地面植被并具有一些形式的庇护场所的区域内,猪一般会先清除植物材料。这些材料中的一些被吃掉,一些被咀嚼并被丢弃,还有些会经过一定程度的咀嚼或者加工后被整合到巢穴(凉棚)。在铺草运动场饲养的猪群体会以亚家族的形式建造巢穴并睡在一起。由于有大量的垫草的搬运以及后续的咀嚼操作,所以絮窝的建造会花费一些时间。一旦巢穴的位置选定,这个位置将是长效的。除了成年的母猪和公猪外,刚生下来的仔猪将会一直生活在这个巢穴中,并贯穿伴随其生长的整个生命阶段。直到其中的母猪要产小猪的时候才会和这个群体分离并寻找新的巢穴。

　　临产前期,母猪会在产仔 24 h 前开始絮窝,并伴随着强有力的吼叫。此外,母猪还会来回走动、回头,这种活动一般是为了搬运建筑巢穴的材料。临产前的母猪脾气暴躁,叼着建筑巢穴的材料在 100～200 m 的范围内前后走动,持续 0.5～1 h。有些发狂的行为还会持续在分娩过程中,这种行为通常发生在巢穴范围内。在现代饲养系统中,分娩栏(图 5.3)破坏了母猪在临产前的筑巢行为。同样,分娩栏也阻止分娩期间母

图 5.3　分娩栏,在产前、产中以及哺乳期限制母猪活动。

猪的翻身动作,这样可能会造成新生仔猪被母猪压死。但是,筑巢行为的限制并没有表现出对分娩本身有不利影响。可以采取一些措施对限制筑巢行为进行一定程度的改善,比如在受到限制的母猪前方提供一些垫草,这样至少能够满足母猪对筑巢材料的咀嚼行为,同样也有利于其前肢将垫草送入嘴中的筑巢行为。关于母猪在分娩地点是否可以来回走动以及翻身方面还存在很大的争议。尽管一些权威的著作中指出母猪在限制其活动的分娩栏中分娩时能够减少仔猪的死亡率;另一些试验表明,由于覆盖和挤压导致至少 20% 的死亡率,其他一些开放式圈舍的设计也会导致仔猪死亡;此外,在围产期仔猪死亡率明显降低,用护栏将

初生仔猪与母猪隔开,仔猪活动区大于母猪躺卧区;但是分娩栏的受益者是新生仔猪而不是分娩母猪。

从分娩前到仔猪断奶期间,从管理简便性和建筑材料的经济性考虑,母猪处于分娩栏具有更多的优势,但在母猪生产方面没有明显有利的影响,在母猪福利方面也没有确定的不利影响。关于母猪在产后最初几天(7天)后是否应该继续待在分娩栏中还存在很大争议(在便利的/建筑地面上不存在这些问题)。一般来说,分娩栏主要在仔猪初生的头3天防止其被挤压死,而半数挤压致死的事件发生在分娩的过程中和分娩后的第一天内。商业生产条件下,未在分娩栏中的母猪在分娩时会导致 $10\%\sim25\%$ 的仔猪死亡。如果母猪在分娩前后能够自由活动,那么仔猪死亡率可以降到10%以下,但这并非正常期望。因此,禁止使用分娩栏很有可能对猪的福利产生相反作用,但是在母猪分娩后第一周内限制它的使用却有利于母猪的福利。同样有研究表明,虽然分娩栏的使用能改善母猪和仔猪自身的安全和健康程度,但却减少了母猪的活动自由。最近有学者再次对分娩区自由入口的可能性进行了研究,结果显示这是行不通的,因为增加了断奶前仔猪的死亡率以及管理系统的难度。同时,在分娩栏中母猪的行动自由确实受到限制,并且在自由入口系统中新生仔猪(那些出生后被挤压死的仔猪)的权利和自由实际上也做出了让步。虽然看起来分娩栏有一些的优点,但还需要考虑减少母猪在限位分娩栏中所待时间长短的可能性,此外还需要进一步研究传统的限制平行杆式分娩栏结构的替代方案。

母猪在分娩过程中会出现被动时期,在此阶段它对外界环境活动的感知能力非常低。在这种半昏迷状态下还会出现活动状态,此时母猪会焦躁不安、起身并试图翻身。母猪不会注意到已出生的仔猪,并且不会协助它们清洁及干燥身体。在躺下的时候,母猪通常都会侧躺暴露自己的乳房,以便于刚出生的仔猪吸吮使其尽快吃到初乳。同时,母猪腹部和子宫的肌肉收缩排出胎儿,同时会产生轻微的损伤,通常肌肉收缩与排出胎儿比率是每次深层肌肉收缩一次排出一个胎儿,有时除了肌肉的收缩还会伴随着尾部强有力的运动。整个分娩过程会持续 $2\sim3\,\mathrm{h}$,排出每个胎儿的时间差别很大(平均在 $15\sim20\,\mathrm{min}$)。分娩的过程中还会排出一些胎盘物质,但大多数发生在分娩末期。有些脐带出生时已经断开,还有些在娩出后仔猪沿母猪后腿向乳房挣扎的过程中被挣断。仔猪在娩出后一分钟内就能自己站立,有活力并能走动。自然条件下,分娩母猪会试图吃掉胎盘和生下来就死胎。存活仔猪间的同种相残现象很少见。

母猪会稍微辅助初生仔猪寻找乳头,但是这种被解释成为导向仔猪寻找乳房的前后腿的活动通常不但不能协助这种寻找乳头的活动,反而产生阻碍的作用。在产后的几个小时内乳房不断地分泌乳汁,"乳头顺序"也开始在这段时间内开始建立。出生后 $5\sim10\,\mathrm{h}$ 内哺乳活动大约每半小时进行一次,并在出生的第一天建立起间隔 $1\,\mathrm{h}$ 的哺乳频率。这种每隔 $1\,\mathrm{h}$ 哺乳一次的哺乳频率持续到35日龄左右,此后哺乳的频率逐渐减少。

哺乳和吸吮

仔猪乳头顺序的建立是非常重要的程序,它由以下几部分组成,首先形成各个仔猪对乳头的偏好选择,然后仔猪用尖叫以及撕咬的方式自动抢占这个乳头。然而由 $10\sim12$ 个仔猪组成的一窝仔猪中每个哺乳仔猪重新争夺已经分配好的乳头时,饲喂的过程就会变得混乱而无效。因此,通过乳头顺序的建立能够使一窝仔猪在出生大约两天左右确定每一个成员将吸吮的乳头。一般情况下,乳头顺序的建立在分娩后的3天内完成。在乳头顺序建立后,处在乳房中部奶头位置的仔猪由于容易找错乳头还会发生争斗。另外,母猪改变其经常躺卧方向时仔猪也会找不到或找错乳头,因为仔猪要想继续吸吮其原来的乳头它们必须适应乳头的垂直位置变化。有学者认为靠近前端的乳头能够分泌较多的奶水,并且经常被一些块头较大的仔猪喜爱并占有;但是目前关于这方面的证据还不充分。将仔猪寄养到刚刚分娩后 1~2 天的母猪时,这些仔猪在寻找/得到乳头方面基本没有困难。但是乳头顺序建立起来后会由于这些仔猪不规则的吸吮而导致有些乳房的干涸,因此这些仔猪将会严重的扰乱乳头顺序。

　　哺乳可能由母猪开始,但是一般由仔猪开始。在这之前,母猪和仔猪的一方或双方可能会静止或睡眠。在前一次哺乳后的 1 h 左右,母猪会因对先醒仔猪的注意而醒。如果此时母猪愿意哺乳,它会躺下并暴露两排乳头。为了有效均匀地饲喂,在母猪使乳汁从乳房流出供仔猪吸吮前,确保整窝仔猪醒来并正确吸吮乳头,母猪和仔猪间的协作行为十分重要。图 5.4 显示了母猪乳房释放乳汁的模式。

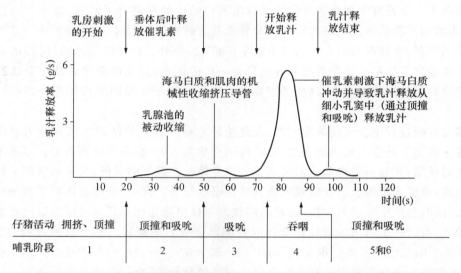

图 5.4　乳汁从母猪乳房中流出的模式。总泌乳量/哺乳量≈600 g。

　　哺乳的第一阶段包括仔猪为识别和防卫自己使用乳头的拥挤活动,这个阶段会持续 20~60 s,当发生争斗时这个过程会持续更长时间。哺乳的第二阶段以仔猪嗅乳头和有力按摩乳房(头部顶撞乳头)开始,这个阶段持续 30~40 s。在所有仔猪在母猪乳房处的争斗没有平息之前,即所有仔猪没有确定乳头位置和顺序之前哺乳的第二阶段不会开始。这个阶段会刺激催乳素的释放,并且随着乳腺池的被动收缩仔猪们会吃到少许的乳汁。随后第三阶段开始,此时会观察到仔猪持续大约 20 s 的安静期,在此期间仔猪们用嘴巴缓慢并大幅度地吸吮乳头,大约每秒钟一次。乳汁流的释放(第四阶段)持续 10~20 s,这个阶段以仔猪快速并小幅度地吸吮为(大约 3 s 一次)标志,同时仔猪还伸长脖子、展平耳朵并吞下 40~80 mL 的乳汁。此后,仔猪又恢复到类似与第三阶段的平静期,但是还会伴随着间断的嘈杂的吸吮和嘴唇的咋舌声(第五阶段)。最后(第六阶段)仔猪又恢复到用头部用力地顶撞乳房的行为。这个阶段一般以母猪趴在乳房上并掩盖乳头而结束。这个哺乳的过程在图 5.5(ⅰ-ⅵ)中进行了详尽的描述。

图 5.5　哺乳的六个阶段:(ⅰ)抢占吃奶位置阶段。

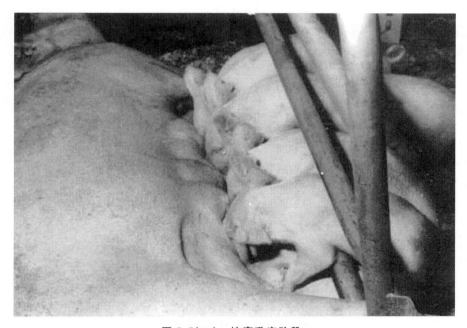

图 5.5(ⅱ)　按摩乳房阶段。

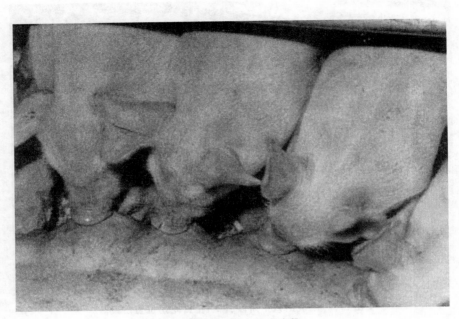

图 5.5（ⅲ）　快速吸吮阶段。

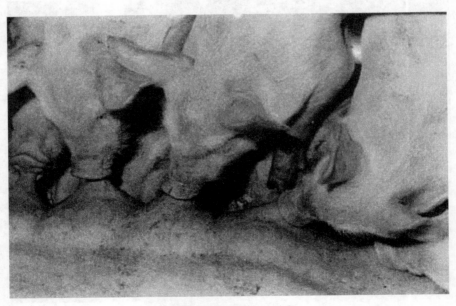

图 5.5（ⅳ）　释放乳汁阶段。

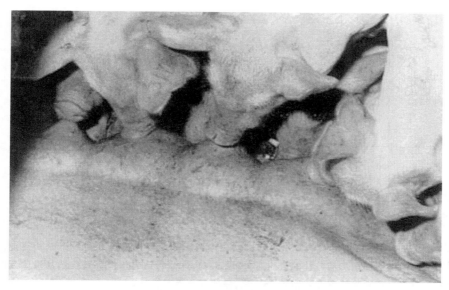

图 5.5(v)　快速吸吮阶段。

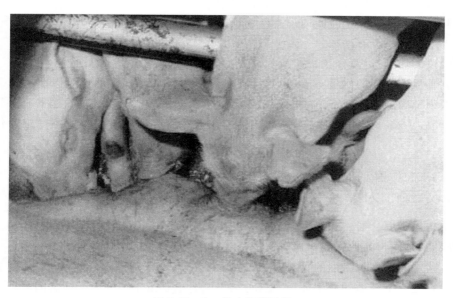

图 5.5(vi)　终末按摩阶段。

　　同时,母猪也会以独特的节奏发出呼噜声,大约每秒一次。当哺乳进行到第三阶段时,这种呼噜声的频率明显升高到每秒两次,随后到第四阶段时呼噜的频率又下降到每秒一次并在第五阶段时停止(图 5.6)。通常,在第四阶段开始时会听到呼噜频率的两个高潮。

　　研究表明,母猪的所有保育行为并不都产生乳汁的释放。当哺乳行为缺失第四阶段时,哺乳行为是无效的,此时母猪的呼噜频率会显著的增加。母猪呼噜频率随时间的增加及其特有发声节奏的变化是催产素从垂体后叶中释放的外部表现。人们推测催产素从垂体释放后大约经过 20 s 的时间才作用到腺体上。而催产素能够维持 15~20 s 的海马白质冲动。

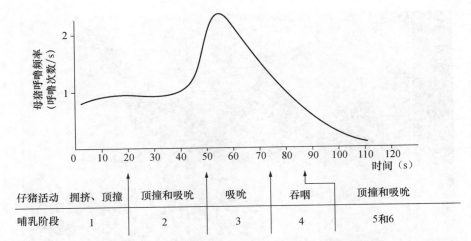

图 5.6　一次哺乳过程中母猪的呼噜声节律。图中实线显示了呼噜频率中一个单一高潮。呼噜频率随时间推移而增加与乳汁的分泌有关（图 5.4），这个峰值显示催乳素突然从垂体后叶向血流中的释放。在呼噜频率开始增加 25 s 后，仔猪开始吞咽乳汁。

在下列情况哺乳和吸吮行为被视为异常或中断的：

- 哺乳开始时仔猪在一定时间内没有停止顶撞和寻找乳头。
- 母猪呼噜的频率没有增加。
- 第四阶段的哺乳行为（仔猪快速吸吮行为）不明显。

由于乳腺池中贮存的奶量有限，因此只有在仔猪找好自己乳头的位置以及在哺乳第四阶段母猪呼噜频率增加的情况下适量的奶水才会分泌出来供仔猪吸吮。但这也有唯一短期的例外，即母猪产后 1~2 h 内仔猪吸吮乳房的哺乳行为，然而有这种行为也并不一定使仔猪获得母猪奶水。

竞争和攻击行为

猪通常是以家庭群居。在绝大多数的家庭内部，仔猪在刚刚出生的几周内，同胞之间的争端是受到限制的；而与其他家族相遇时这种争斗是不可避免的，尤其是为了争夺生存空间和饲料。通常公猪之间存在着激烈的争斗行为。然而在家庭内部却不存在这种争斗，因为对于猪的生存来说它是一个舒适的局部环境。这种结果同时也是由于家庭内部同胞间早期分级的群落优势和等级的形成而导致的，而与猪、繁殖母猪以及公猪关系不大。在一个家族的猪群中，这种等级序列有时需要重新确定或改变，通常是通过其特有的身体上的挑战，包括声音上和姿势上的恐吓来完成竞争，但偶尔也可能通过相互的攻击行为完成。一旦群体内部的优势位置建立起来并假定外来个体加入群体后没有改变群体的优势位置时，内部大部分的争斗行为仅仅发生在饲喂时，或者为了争夺稀有的资源时，比如为了争夺新给的垫草。

在处于和谐状态下的家庭式养猪条件下是不会发生争斗行为的。现代化养猪条件下，这种争斗行为常常会发生猪群内部，主要由以下原因导致：

- 当受到恐吓时，缺乏足够的空间来表示出服从的意向和回避的行动并走开，最终情况发生逆转并导致攻击和防御行为的产生。

- 在面对饥饿的情况下,为了竞争食物导致猪群内部优势序位的重新确定。同时,在这个序列中级别低的猪不愿意屈服高等级猪,因为屈服对它们来说意味着吃不到食物。
- 群体内部的社会等级经常受到混入的其他群体个体影响。这种情况发生在断奶时期,在生长过程中也会发生一到两次,此外还包括送往屠宰场的过程以及在屠宰场圈栏时。群内的成年母猪也会影响群内的优势序位,至少发生在其每一胎次中等待配种时或在其妊娠期间。

恐吓行为经常通过声音和头部运动进行,尽管占有优势地位的猪只需采取较少的身体姿势并显示其强壮的身体就可以使低等级猪退让和回避,但它可能会随后还会采取头部的顶撞以及肩部的顶推进行恐吓。猪之间的争斗行为大多数是通过牙齿撕咬完成的。向上顶撞和撕咬导致碰伤、擦伤以及长而深的伤口,这些伤口主要分布在侧腹、肩部和面部。猪对另外一头猪的突然冲撞一般撞在头部、侧腹和腹部。顶撞和拱撞也经常发生,尤其是在腹侧和后肢之间。

猪之间争斗行为的后果很严重。哺乳期仔猪在母猪乳房处相互攻击而在面部产生创伤,这很容易导致细菌的入侵并形成渗出性皮炎。来自不同窝的断奶仔猪混合在同一圈舍中饲养时,它们会花费大约2周的时间以争斗的方式来确定新的群体内部社会等级,在这段期间内所有个体的生长发育将会降低。当一些具有相同强度和优势的猪多次相遇时,这些个体将会受到严重的损害。由于它们经常会通过争斗来动摇原有的社会等级,但可能在斗争中失去优势并随即导致其生活状态的改变,即可能失去获得可能多的食物的权利,因此不能茁壮成长。这些猪面临的不只是生长发育的问题,它们还会成为一些疾病容易侵袭的靶子,最终成为猪群的威胁。

正是由于大部分的争斗行为源于竞争性饲喂,并且其后果以减少采食量表现出来时最为严重,因此必须给猪提供足够的料槽空间,满足所有猪都能从自由采食的箱斗式料槽中吃到饲料并满足其随时采食的欲望。在送料的时候,料槽的长度必须满足所有猪都能同时吃到饲料并能够避免在吃食时的相互争斗行为。因此供给每头猪料槽空间的宽度必须超过其肩部的宽度。最佳的料槽空间宽度是猪肩部宽度的两倍,此时能够满足一个竞争性猪群所有个体在同时饲喂时都吃到饲料,并且群内最低级的猪也能够完全并平等地吃到提供的饲料。此外按猪的头部分区也是解决采食争斗的有利办法。

当成年的母猪被放入新的社群中它们会进行激烈的争斗,例如断奶后的母猪群饲时。这种争斗行为经常发生在母猪发情期和下一次妊娠的前3周,这种争斗行为会导致母猪胚胎的损失。在母猪群体中通常有一个优势母猪,它贪婪地吞食饲料并体型巨大。同时在母猪群中还会有一两头下等猪,它们积极地避免竞争性饲喂情况,因此它们经常会受伤并且身上还会有瘀青的伤口,最后变得十分瘦弱。群饲母猪中的这种不合理的行为可以通过单独饲喂的方法得以改善。以适当的间距将压成片状的食物分散到垫草上或者以颗粒的形式分散到地面上也是有助于所有母猪均等的获得食物的方法,这些方法一般在大型的铺草运动场或者户外的猪舍中实施。对于一些小的圈舍来说也必须均等的饲喂到群体中的每一个成员。单独的饲喂栏也很好地解决了这个问题,在这个体系中猪与猪之间是隔离的并且保护个体在采食时不会受到其他猪的影响(图5.7)。电子饲喂系统(图5.8)也可以解决群养单饲的问题,在这个系统中猪可以凭借其身上佩戴的电子识别标签不断地从饲喂站获得饲料。一个饲喂栏足够15～20头猪使用,但是一般情况下用于饲喂2倍于这个数量的母猪使用。正常情况下妊娠期母猪实行限制饲喂,以减少饲料消耗并且此时母猪也不需要这么多的饲料。但不管怎样这种自动饲喂系统也不能完全地保证所有猪都能够得到食物。显然,母猪会禁止猪群内部低等猪靠近饲喂站。这种情况也会在电子饲喂系统中发生,因为此时的妊娠母猪都想在每天初次来到饲喂站时就一次吃光这一天的饲料。

图5.7　群养母猪的个体饲喂设备。

图5.8　舍内母猪群铺草运动场的连续供料电子饲喂站。

　　生长猪之间咬耳咬尾的行为不能被认定为是竞争或争斗行为;但这是一种不正常的现象,是一种异常行为。一头猪可能会咬其他猪只的耳朵和尾巴,刚开始时这些部位会发生瘀青,但后来将导致流血。这些被咬伤的猪会常常受到其他猪只的撕咬。当被攻击的猪发生流血后的数小时内以至数天内,流出的血将会吸引更多的猪只对其进行攻击。在这期间,这些被攻击的猪还会产生更多的组织损失和更多的流血,随后它们很快地失去群体内的地位并变得孤僻。猪群中经常发生这种现象,因此要经常在生长猪群进行观察以制止这种现象的发生。当这种骚乱现象出现时,我们应该把被攻击的猪和采取攻击行为的猪移出圈舍并分别置入单独圈舍中。尽管疲劳比其他因素更容易导致这种行为产生,但是现在我们可以断言这种现象大多是由环境和管理的因素造成的。隐患因素如下:

- 环境刺激不足;
- 生活空间不够;
- 温度控制不当;
- 舍内通风不好;
- 日粮营养成分失衡;
- 饲料供给不足;
- 饲料适口性差;
- 料槽空间不足不能满足饲喂;
- 供水量不足。

英国阿伯丁大学的 Peter English 博士强调,在竞争和争斗的情况下社会等级的重要性和猪场一般管理标准两方面会互相影响。在竞争的条件下,比如生活空间有限或者料槽空间有限,圈舍内低等级的猪会屈服于攻击性的公猪,这使它们将会承受更多的环境压力。这个概念在良好的管理和适当的福利中都是重要的。

运动、采食和排泄

通常人们对猪持有以下三个看法:①花费大量的时间睡觉,②贪吃,③肮脏,具有脏的习惯。但其实这些都是人们对猪的错觉(至少在某些程度上是),都是在现代化管理系统中产生的。

在半野生条件下的爱丁堡猪公园中,家猪都是以群体为单位进行饲养,在一个群体中有 6 头成年猪和它们的后代,它们大约可以占有的面积是 1.2 hm^2。提供给猪群的饲料处于这样一种水平,即足以保护环境不受猪的破坏,但是因此却在这种半野生环境下不能完全满足猪的采食需求。在白天的时候,猪的大部分时间用于吃草和拱土,剩下时间中的大部分用于行走、一般性的活动、工作以及与环境进行身体接触(表 5.1);猪一般在白天花费仅仅 6% 的时间睡觉。公猪花费 4% 的时间用于竞争性行为,年纪稍小的猪会花费更多的时间竞争,大约为 6%,但是母猪花费很少的时间竞争(1%)。

表 5.1 粗放型、半粗放型、集约化生产系统中猪日常活动比较(结果以白昼时间的百分比表示)。

	猪公园	家庭围栏	母猪拴系/栏
与采食相关以及拱地	50	15	2
移动以及与周围环境的身体接触	30	25	—
躺卧	6	60	76
原地站立	—	—	22

　　在爱丁堡家庭围栏式的猪生产系统中,4头猪和它们的幼仔共同生活在一个围栏中,这个围栏中含有排便区域、拱土区域(泥土)、活动区域(垫草)以及巢穴区域(垫草)。在此类型的圈舍中,成年猪与生长猪混合饲养,自由采食,同时对母猪进行分别饲喂以保证每头猪都能充分地吃到食物。这种猪舍的面积很大,110 m² 左右,这个空间足够 4~5 头成年猪和 40 头幼猪生活(直到所有猪出栏)。在这种围栏中猪在各个区域花费的时间有很大的差异,其中在巢穴区域花费了多于 3/4 的时间,而在活动区域仅仅花费 10% 的时间,在剩下的时间中在饲喂区域的时间多于拱地区域。猪一般花费多于 1/2 的时间在巢穴睡觉,多于 1/4 的时间在一般的活动区域运动,大约 5% 的时间在吃食和 10% 拱地(绝大多数在巢穴附近)。表 5.1 清楚地描述了与猪公园式的饲养条件相比,其觅食活动时间(50%~15%)明显减少和睡眠时间(6%~60%)显著增加。

　　在围栏和拴系式饲养条件下,母猪花费 1/5~1/4 的白昼时间处于站立状态,多余 3/4 的时间用于躺卧。每天的采食仅仅花费 10~15 min(表 5.1)。在站立的时间中,它还会做一些重复行为,例如咬猪栏和反复咀嚼。猪的这种重复行为发生的概率似乎与其花费在躺卧的时间成反比。此外,这种在舍内的站立状态一般发生在进食和饮水的前、中、后时间段以及其他活动(交配或与人有关的活动)发生的时候。

运动

　　正如我们所看到的,猪在白昼花费大量的时间(多余 3/4 的白昼时间,参见表 5.1)在一个很大的区域内活动和运动。这些运动大多与觅食有关。此外,野猪还会迅速的探究以及拓展其活动领域。它们可以漫游、有目的地行走、长距离(在数百米内)的快走以及疾跑(在数十米内)。一些迅速的动作还会伴随着尖厉、兴奋地鸣叫和咆哮。小猪看起来似乎更喜欢做一些迅速的动作,并且在鸣叫时还会快速地跳动。猪之间的追逐行为在其玩耍和攻击中具有重要的作用。健康的猪与病弱的猪相比会在更多的时间里玩耍并且精神更旺盛。但是这种很平常的行为在集约型生产体系中却很难看到,在这种管理方式下猪不需要自发活动,并且它们也没有条件做这些运动。对自发活动的不适当的限制会加剧关节的运动问题,并容易诱发猪的情绪失落。尽管没有必要这么做,当给猪在大片区域内运动的机会时,它们却仍然自愿的花费大量的白昼时间不去活动。这种现象可以在爱丁堡家庭围栏式的猪生产系统(表 5.1)中清楚地看到,尽管在这种生产体系中给予了充足的机会去运动,但其仍然花费 60% 的时间用于躺卧。肥胖的小猪在没有进食和排泄的时候,可以经常发现它们在睡觉。泌乳母猪在给予了充足食物的条件下会一直平静地与其幼仔躺卧在巢穴中。在拴系式、围栏式和栏式饲养条件下的母猪除去能够前后走动一两步以及在其躺卧的位置略微移动外,其他的活动能力都受到了限制。因此这些猪会花费更多的时间躺卧,甚至比家庭围栏条件下饲养的猪花费在躺卧的时间还要多。但是,妊娠母猪会花费更多的时间站立而不是躺卧(表 5.1)。

　　在集约化生产系统中,圈舍间的运动和驱赶运动对猪是一种应激。猪最好是在开顶式实体地面赶猪通道上移动(图 5.9)。强烈的光照与黑暗的反差应该最小化。猪欣然接受坡度变化,但不要超过 15°。

采食

　　野猪将一天中50%的时间用来采食,喜群居。采食行为包括拱土,采食牧草、小树、灌木以及寻找其他的食物,例如:植物种子、水果、浆果和大树枝叶。猪也以昆虫和一些小动物,如甲虫、蠕虫和蛆为食。同时那些因运动不够快速无法避免被捕杀的大动物和大动物幼子,也可能被野猪捕杀。此外,已经死亡的或被其他肉食动物捕杀的动物尸体也是野猪的食物来源。猪是杂食性动物,可以广谱采食。具有如此广泛的饲料来源,猪具有高效率的前肠和后肠消化系统就不足为奇了。"单胃"消化系统在胃和小肠中进行,可以更好地分解脂类、糖、淀粉和蛋白质。高效率的盲肠和大肠消化系统在大量细菌种群的参与下,可以消化富含非淀粉多糖的植物组织养分。猪能容易地辨别各种饲料的不同营养价值,使其可以选择饲料并自动平衡采食。猪具有灵敏的味觉和嗅觉,以及敏感的吻,在寻找食物的过程中得到满足。并且吻使猪在寻找食物时能拱土和移动大量的惰性物质。自然条件下寻找的大量食物在吞咽前需要充分的处理和咀嚼。

图 5.9　猪在开顶式实体地面赶猪通道上移动。

　　猪具有长时间(或距离)寻找食物和在吞咽前处理食物的动力。与传统条件相比,现代生产系统通过料槽给料提供猪的全价营养需要。每次给料时间约 20 min。粉料的咀嚼耗能最少。料槽采食的竞争造成采食速度和个体发育间的正相关。很明显,一天中采食时间越少,猪吃的就越快(显示猪的贪婪性)。在野生条件下摄入的富含非淀粉多糖的食物与高营养浓度的淀粉、油脂和蛋白质的混合饲料相比,在消化过程中存在很大的差异。后者大部分在胃和小肠中消化,在肠中的填充容量较小。精饲料虽然能满足营养需要,但不能满足饱感。这导致猪在下次给料前提前出现饥饿现象。很明显,这种状况下猪会选择替代饲料,用嘴去寻找、处理食物和非食物物体,这都是现代生产系统的不足之处。然而,周围环境也会影响猪的采食相关活动。我们不能假设,猪在野生条件下的采食时间消耗同时也是在饲料供给充分环境下必不可少的行为需要。在垫草区和拱地区,猪将 15% 的时间用于采食和拱土。尽管如此,这也比圈栏式饲养母猪采食多出 2% 的时间。在躺卧区和拱地区宽阔的环境中,猪将 25% 的时间用于活动和适应环境,这些活动大部分是用吻和嘴进行的。

排泄

　　猪通常在固定场所排泄,一般排泄场所固定在墙或栅栏的角落或边缘。排便场所一旦固定,就很少或者不会在排便区域外随便排泄。只有当这种(清洁)行为被干扰时,猪可能会在排泄区外排泄弄脏躺卧区。舍内或舍外高温情况下,可能发生猪在粪便和尿或(宁可)在泥里打滚故意弄脏躺卧区的现象。由于猪的排汗能力有限,容易发生热应激,因此这完全是合理的行为。

　　在排泄区和躺卧区的选择方面,猪和猪舍设计者之间存在差异。这种差异导致猪舍被弄脏。低饲养密度的条件下,躺卧区可能被用于排便,在圈养系统里,尽管特别提供了排泄区,拱地区和垫草睡眠活动区也通常被猪用于排便和排尿,这也许是因为猪没有识别为其设计的排泄区。在确定正确的排泄区和保持圈舍干净的粪便堆积区上,猪与猪舍设计者之间无法达成一致。因此猪舍设计者使用全漏缝地板,排泄物从漏缝地板落入下面的水泥便池。不幸的是,尽管解决了排便区问题,但是漏缝地板不允许使用垫料,是裸露的环境。这样猪的适当福利是否能被满足就成为疑问。

采食行为

　　动物的一项基本权利就是被提供足够的食物和适当的养分。人们通常理所当然地认为应该给猪饲喂混合饲料、可通过控制饲料组分来平衡养分以及最好由营养专家、配料员和生产管理者决定适当的饲料混合物和养分含量。这只是近期的观点,然而,在长期的进化过程中,猪在其生存环境中已经选择了最适合其需要的食物,并平衡了自身饮食。没有理由推测现代猪没有保留其祖先在大范围原料中选择适合日粮的能力。

　　为了通过自主择食满足猪的营养需要,必须使猪意识到以下训诫:

(1)　猪必须具有辨别机制——以定量形式——维持需要、猪肉和脂肪的生长需要、泌乳需要以及这些需要间的平衡需要。猪必须具备一些方式去识别只有不同的养分才能满足不同的需要。维持所需的能量、瘦肉生长所需的蛋白质、骨骼生长所需的钙和磷、代谢所需的微量元素和维生素等。猪必须在提供的饲料中识别这些不同的养分。

(2)　择食应在猪的食欲范围内进行,在猪排泄非必需养分和解毒不可避免吸收的食物毒素的能力内进行。

(3)　不应通过缩小原料供应范围限制猪择食,或者通过混合营养需要而忽视择食。当一种必需养分仅存在于一种饲料原料中,而这种饲料又过量含有某种不需要的养分,或者当必需养分存在于一种不适口的饲料原料中时,就会产生择食问题。猪能精确的区分并抵抗不愿意采食的饲料。猪也能避免摄入真菌毒素、一些植物毒素(例如:十字花科和豆科植物的毒素),以及外源的非食物固体微粒,例如:石头、玻璃和金属。猪也有讨厌的味道,例如:苦味或其他不喜欢的味道,这些味道可能与含有毒素或抗营养因子有关。

(4)　猪应该给予学习的机会,经历不同进食选择的代谢结果,记住哪种饲料和各种可能的结果相关,根据代谢结果识别饲料或者饲料组分(或养分)。

尽管有相反的长期证据,但是猪应该自主择食并自动平衡饮食的观点总是遭受质疑。不仅仅是因为:(a)与瘦肉型猪的市场需求相反,猪的理想体型是肥胖;(b)检测自主择食可能性的许多试验已经没有说服力。对初步推测进行确定的进展不再普遍。第二可能是由于直接用于检测以上原则的(1)试验设计,未能与原则(2)、(3)和(4)相符。事实上,由于失败的试验设计,原则(2)和(3)被无意地否定,原则(4)——学习的机会——在一些试验中被模糊,例如,不同日粮类型圈舍中定位的频繁变更。

自主择食的首要好处是能实现能量和蛋白平衡,不仅是因为从经济的角度考虑养分供应,而且也是特别考虑日粮公式化的分歧。

(1)　日粮能量和蛋白的最佳平衡应该是由猪而不是人的营养常识来决定,如果猪能遵循以上4个原则(对营养需要的自身认识,对饲料养分的识别;充分的食欲,学习机会),这样猪可能比人更能决定自身需要的最适值。

(2)　因养分供应不充分或不平衡而形成的营养缺陷,不限制猪最大生长速度的获得。如果猪能自动平衡饮食,就能在生长过程中的日常基础上适应平衡,这样就能优化营养供应。

(3)　营养需要依个体差异供给。依这种方式,所有猪的需要都能确实得到满足。避免对猪群的一些个体过量供应,对另一些供应不足,和仅对少量猪供应适量的不经济现象。这是为易变猪群平均需要量提供混合单一日粮不可避免的后果。这个好处体现在任意时刻对猪群使用一种日粮,以及随时间的增长个体猪日粮规范的变化。年龄和体重相近的猪,不仅蛋白和脂肪的生长速率不同,而且随着生长日粮的能量需要和蛋白需要也在改变。这是由于与蛋白需要相比,用于维持消耗的能量需要变得日益重要。而快速增长与蛋白堆积的相关性很大。

同时也有不利的可能性:

(1)　由于不适口或(人为的)不平衡因素,不能强迫猪吃不愿意进食的食物。通常生产管理者可能希望猪的生长速率不同,或在生长过程中脂肪/蛋白比不同。同时,对猪来说,有必要进食一些不太适口的饲料。这些只有在猪被提供单一混合日粮而没有其他原料选择的情况下才能实现。

(2)　猪需要一段时间的学习和训练。特别是在现代生产管理系统里,这将花费相当的时间和管理精力。

(3)　为了便于训练至少要提供两种饲料。这加大了对饲养设备的需要。尽管如此,爱丁堡的多年实验表明,若同时给予高蛋白和低蛋白饲料,允许猪自由采食,若两种饲料对猪来说

都可接受,并通过替代供应使猪在短期内适应这两种饲料,那么:

- 猪具有"营养常识"并能识别饲料的相关蛋白凝聚物。
- 猪能实现自身的蛋白和能量平衡。
- 可始终达到最适生长速度。

表 5.2 显示以 12～30 kg 活重的幼猪为实验对象,提供蛋白含量不同的单一日粮的实验结果。蛋白含量为 217 g/kg 日粮时,日增重达到峰值,但是蛋白含量为 265 g/kg 日粮时,生长速度缓慢下降。这反映了①经典的日粮蛋白反应;②日粮的最适粗蛋白含量。在实验的第二部分,以体重相近的猪为实验对象,提供可选择的日粮组,实验结果显示于图 5.3。给猪提供两种蛋白含量不同的日粮,结果显示猪能区别两种日粮,并能采食其中足够的每一种,从而平衡日粮。这显示于 202 gCP/kg 日粮和 208 gCP/kg 日粮处。

表 5.2　单一日粮粗蛋白含量对猪日增重的影响(引自 Kyriazakis 等(1990)动物生产,51,189)。

	日粮粗蛋白含量(g/kg)			
	125	171	217	265
生长速度(g/天)	492	627	743	693

表 5.3　两种不同粗蛋白含量日粮下的猪的日增重(引自 Kyriazakis 等(1990)动物生产,51,189)。

日粮组粗蛋白含量(g/kg)	终日粮蛋白含量(g/kg)	日增重(g/天,15～30 kg 活重)
125 和 171	160	682
125 和 217	208	752
125 和 265	204	768
171 和 217	202	769
171 和 265	205	763
217 和 265	218	764

尽管饲料来源组不同,最终各自选择的日粮却是非常显著的。当然,提供了两个最低和两个最高的粗蛋白浓缩日粮组的猪,未能达到理想平衡,最适处理未能实行。表 5.3 证实日粮选择确实是最佳的,达到的日增重效率胜于试验第一部分,由最好的单一日粮决定。这个试验也显示随着猪的生长,猪选择低蛋白水平的日粮,这符合营养标准平衡方面的预期变化。从粗蛋白含量不同的饲料中猪能选择终日粮的蛋白含量,从最初的粗蛋白 200 g/kg 日粮到中间的210 g/kg 日粮到最后的 190 g/kg 日粮,蛋白含量缓慢下降。爱丁堡研究组也证实以 40～105 kg 活重的生长期猪为研究对象,提供粗蛋白 119 g/kg 和 222 g/kg 日粮两种选择,试验也证实了后一种现象。自主择食从粗蛋白 195 g/kg 日粮开始,然后随时间在猪 60 kg 时,缓慢下降到 170 g/kg 日粮,在 155 g/kg 日粮处达到试验终点。在进一步的试验中发现,人为的使猪长成脂肪型需要先提供低蛋白日粮,随后需选择与育成瘦肉型猪相比蛋白含量更高的日粮。这样校正不足,可达到最大生长和使重组机体组分达到最佳脂肪与蛋白比。有一个很强(合理的)遗传组分选择蛋白与能量比;具高瘦肉生长势的猪能识别和满足它们对高蛋白吸收的需要。

以上所有试验和文献上他人的报道均显示猪能精确地调节食物摄取和选择满足其需要的日粮，"吃的像猪一样"的表达可能不再被认为是贬义的。

损伤和剪切

任何时期猪群间的争斗都可能造成躯体的损伤。这在重组的断奶猪群、重组的生长猪和成年母猪群里可能特别严重，这都是建立群位位次和争斗者间平等较量的结果。有时将一个动物引入固定的群体会引发多重攻击，造成好斗者的严重损害，猪的牙齿能造成割伤。仅次于争斗造成的擦伤，最常见的就是咬尾和咬耳造成的损伤。

第三个最常见的就是腿的损伤，这种通常发生在漏缝地板和无垫草圈里的生长猪。尽管排除皮肤和生理损伤可能对四肢和关节造成运动问题，其他更显著的可能是频发的关节肿胀，腿周围瘤和肿块的存在，特别是膝盖和肘关节的肿胀。同样的地板类型也能造成磨损和脚趾损伤引起的趾间感染。破裂和损伤的脚趾，不均匀或畸形的脚趾，在皮肤破裂处和四肢受伤处都可能增加传染物侵入的可能性，进一步引起局部发炎，有时会造成全身毒性或疾病。继发性感染可能通过任何受伤的四肢造成全身性的败血病。

腿关节的损伤和其他运动问题，可能更常见于铺草运动场用作自由运动空间时母猪间的争斗。然而骨、关节、肌肉和肌腱更频繁的损伤产生于拴系和圈栏系统。妊娠母猪和泌乳母猪可能有站立和躺卧困难，也可能在光滑地面上滑倒。圈栏和拴系的母猪在混凝土地板和漏缝地板上易发生蹄，踝关节、跗关节、膝盖、肩部和大腿的肿胀、擦伤和其他损伤，通常这样的地板也比较脏，是继发感染的平台。

拴系的母猪易造成损伤，尤其是颈部拴系。腰腹部拴系也会造成损害，金属链和颈链即使有塑料外壳保护，有时还是会导致皮肤磨损和发炎，甚至插入肉内，造成重伤。只有充分修饰的保护系统和对青年猪和母猪进行实时观察和监控，才能减少损伤。

在常规饲养和惯例中，至少有 4 种人为的修剪，如下：

(1)　仔猪修剪牙齿，通常在出生 1 或 2 天进行修剪。以避免(a)争抢乳房的时候伤害他者；(b)母猪乳头的损伤；(c)乳房刺激减少母猪产奶量。关于这个程序还存在争论，许多情况下若不修剪仔猪牙齿(a)和(b)也不发生，然而当小猪长大，损伤已经造成的情况下，修剪牙齿的任务就会困难重重，所以许多管理者选择常规牙齿修剪，修剪器应该锋利，不是将牙齿粉碎，而是修剪到牙龈的水平。

(2)　在有咬尾现象的生产系统中，应该在出生 2 天内给仔猪断尾。通常也用牙齿修剪器。也许用高温刀片会更好，诸如家禽喙修剪之类的，尾可以全部去除，去除 1/2，或者只去除尾尖的 1/4。考虑到若没有尾巴就不会发生咬尾现象，所以一般去除尾部的大部分。虽然去除少部分尾部会造成更敏感的咬尾，但是被咬尾的猪在损伤发生前跑得更快，而不是在被攻击者注意时保持不动。当然对咬尾的适当处理，去除它的原因，并不是全部和部分去除猪的尾巴，但猪群里确实存在咬尾现象，因此最好的短期效益就是断尾，而不是等待可能发生的损伤。

(3)　通过耳号辨别猪是良好饲养管理的一部分。有色数字的塑料识别标记，可打入耳内，在没有和很少有血管的耳部软骨处用尖锐器械打孔，应该避免在血管处打孔导致流血过多。这些耳号有充分的安全记录，但是其中一些也会丢失。许多传统的识别系统凭借从耳边缘的凹口（刻痕）对猪进行识别。这可以在修剪牙齿和去尾时同时用烙铁进行，直到每个耳上有 4 个凹口，依照出生图、最初和最终接收的窝次，或者其他信息，提供巨大的数字和编码系统。当其他猪造成耳朵的进一步残缺或者被捕捉扯裂的情况下，这种系统会不安全。通常编号系统越复杂，耳朵就越残缺，表面破损就越严重。耳朵也可用长久的墨迹标记，通常 4 或 5 个字母和（或）数字。用打孔器打许多孔然后用墨汁染成黑迹。小耳上有许多损伤。但是，不适是短暂的，残缺也不明显。当然耳朵上的墨迹不能像大塑料耳标和耳朵凹缺一样可以从远处识别。

（4）　公猪去势，有以下几个目的：

　　（a）　不是生产后代的理想父本，为避免其交配产生后代，对公猪去势。

　　（b）　瘦肉型猪若不去势易变肥。

　　（c）　随着猪的成熟公猪会具有膻味，去势公猪可避免这种现象。

由于这些明显的好处，在一些国家中，对肉用公猪进行去势。

去势最好在 21 日龄前进行，在 10 日龄之前更好。用锋利的刀片在阴囊处切两个切口，从切口处可取出睾丸，打破或切断睾丸束。术前和术后应用杀菌剂清洗。去势的小猪会嘶叫，这主要是由于在手术时猪是被倒置的。由于切断了连接睾丸和身体的索状组织，术后会有明显的不适。阴囊和腹股沟区域的切口继发感染的可能性很小。

尽管在几年前还是普遍的进行去势，但是，现在许多生产系统已经免除了去势。现在有防止不必要交配的替代办法（例如，分栏）。高生长速度、低脂肪和高性能的完全公猪超过去势公猪体现生产体系的重大经济利益。完全公猪的屠宰日龄下降（少于 160 天）。出现膻味的可能性降低。除此之外，肉质的膻味检测已并入质量控制体系，在屠宰线上以保证"劣质"胴体被检测并撤出鲜肉市场。

应激的行为反应

主要的应激源是疾病、损伤和攻击者的压迫。这些可以通过有效的健康方案、声控猪舍、良好的管理和避免将弱势猪安置在因食物、水或躺卧区设备缺乏的圈舍而遭受挑衅等途径来得到改善。

其他原因也能导致应激，特别是环境问题，例如来回移动猪、驱赶猪、在运输过程中、热（或冷）条件下、在屠宰场和屠宰时。这些应激显示为猪应激综合征（PSS）和 PSE（苍白、松软、渗水）肉。敏感性受遗传影响，虽然一些品种比其他品种更易于产生应激，一些是由于氟烷基因的出现。虽然氟烷阳性猪易产生应激，但是这种特性在品种间存在差异。预计将近 1％的断奶仔猪和屠宰猪会发生应激猝死。应激高于 2％的应检测相关原因。

在行为和福利方面，应激通常被认为是高密集生产群里束缚产生的结果。典型的束缚是①中的拴系和固定栏中的妊娠母猪不能转身，只能进行限制的（小于 1 m）前后运动（图 5.10），②母猪分娩栏里泌乳母猪相似的束缚，③生长猪间的常规猪群密度（图 5.11），猪群数量大（大于 10），每头猪占据的空间少（小于 1 m^2/100 kg）。外在的应激源可能被视为异常行为，异常安静、无感觉、异常行为如咬尾，所有应激、疾病和损伤类型使猪不能适应环境，或其他猪，或行为的破坏。应激将使免疫系统下降，增加生病的可能性，会降低食欲和阻碍生长，降低繁殖率，然而，这是复杂的生命过程，目前其作用机制还不清楚。

图 5.10　限位栏中受束缚的妊娠母猪。

　　呆板(反复的)的行为可能是典型的一种或几种形式的混合或是反复吸舌、咬尾、咬栏、咬链、摇头或过量饮水的形式(图 5 .12)。异常行为的出现有时被认为是表明猪在适应应激。但是现在更普遍地被认为是表明行为的常规控制机制已经瓦解,也通常被认为是低水平的福利。

　　Mike Appleby 博士、Alastair Lawrence 博士和爱丁堡同事的调查已经挑战了固定行为只是对束缚的一个反应或是对束缚主要反应的推测。可以肯定在密集饲养栏或拴系的妊娠母猪最常见,但是在饲养水平和异常行为间存在强相关(图 5.13),这在限制饲养或散养的母猪中可能发现。在高水平饲养,异常的咬链行为发生在提供链的情况下,在拴系和散养母猪都未发现。在这两个系统内,饲养的母猪通常 80％的时间用于休息。然而,在低水平饲养条件下,拴系母猪的休息时间下降到 70％,散养母猪只有 40％的时间休息。在拴系和散养母猪发现咬链的发病率处于 10％～20％的时间。这显示,异常行为的破坏结果是对饲料的渴望,对吻和嘴操纵的潜能利用的渴望。同时,也可能存在饥饿问题,并不是缺乏养分,而是体内食物容积不够。

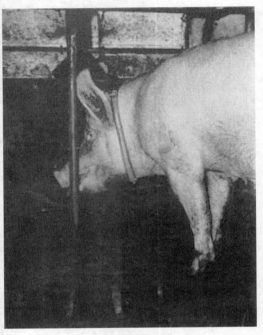

图 5.11　断奶仔猪的高密度群养。　　　　图 5.12　拴系母猪的咬栏行为。

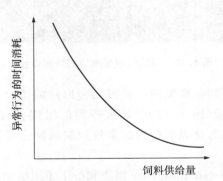

图 5.13　异常行为的发生率和拴系栏中妊娠母猪饲料供给量的关系。

　　因此,需要关注异常行为诱因的解释。增加自由程度,猪反而可能会自己诱发应激,尤其当成年母猪被置于会因优势序列的建立和维持而引起食物竞争和攻击的群里。群体里个别母猪可能会发生严重应激,这可能通过分离群体、独自圈养和饲喂(意味着一个程度增加的约束)而得到改善。

　　户外(放养)的母种猪养殖体系可以通过降低分娩的极端环境下相关的应激因子来提高生长率,但是这些相同的体系给它们带来了与集体生活相关的不同的应激因子:不同的采食量;湿度,寒冷和炎热;不良的地面条件;以及不适宜的居住条件可能性的增加。我们有理由接受一种观点就是不恰当的放养和散养猪舍鼓励了第一批单独的母猪饲喂器的引进,接着有室内产仔箱,然后有母猪畜栏,最终是经过各种尝试为猪舍提供全面的环境控制。

目前在增加生产体系潜在的运动和空间可能性方面投入了很大的精力,同时应避免与此相关的新的应激因子。这些体系通常需要包括:

- 避免受伤和疾病;
- 供应充足的饲料和水;
- 小群;
- 猪圈至少有一部分是实体地板;
- 铺垫草(例如,麦秆);
- 配备口腔操纵器具;
- 低饲养密度;
- 为生长猪提供充足的饲槽空间;
- 对种母猪进行单独饲喂;
- 通过维持群体中个体的恒定从而保持动物群体的稳定;
- 通过控制屠宰体重维持生长猪的窝群。

运输

动物在运输过程中应每隔 8 h 休息并供水一次。然而,即使是自身减负,或者是在装货的卡车中休息都可能引发它们的不适——尤其是在温热的天气。对于屠宰猪可以设定更符合逻辑性的最大运输时间——8 h,并且排除任何困难,建议定期休息。农场和屠宰场间的运输时间越短,应激性就越低,肉质也就会更好。在英国,到屠宰场的平均运输时间是 3 h,但是时间更短就会得到更大的利润。在其他许多国家,到屠宰场的运输时间可以从几分钟到几小时。对于长距离的种猪运输,卡车上饲喂饲料和供水需要有特殊的安排,而且应降低群体密度,并且要有比屠宰猪更舒适的垫草。

对于屠宰猪的运输所需空间通常在 250 和 300 kg/m² (与猪舍的生长猪 100 kg/m² 相比)之间,并有人提出建议认为高水平的放养与指明的是相反的,密度应低于 250 kg/m²。除非有特殊的供应,否则如种猪的长距离运输中(低群体密度,提供充足的垫草等),过低的群体密度实际上可能增加家畜在运输中的不适感,从而增加了压力,降低了福利和最终的肉品质。

在动物运动(从猪圈到卡车,从卡车到屠宰场待宰栏和处理圈)和运输的所有环境中,动物的转移都不应受到刺激(任何种类的)、应激或伤害。

福利

福利最好从两方面进行检测。一方面是人类对猪福利的感知;另一方面就是猪自身的感知。第一个方面很容易发生改变,随着社会观念的改变发生变化。地理位置也可以是一种发生改变的诱因,这依赖于当地的风俗和文化。这将会通过一项政治意愿得到促进并通过立法强制执行。第二个方面可能要以第一个的某些或许多方面为依据,但基础不同。猪自身的福利感知与其自身的健康状态相关,免受伤害,提供充足的食物和水,避免受到不能承受的攻击,没有应激,追求这些必需的行为使猪在所处的环境下实现一种愉悦的生活状态。这些因素在这章的前部分已有所讨论。

一些环境造成无法挽回的不愉快,因此它们的行为就会表现出异常。如果断奶较早,21日龄之前,仔猪不易管理,因为这种环境下仔猪的行为有异常并可能有外伤,由此引发某些程度的行为偏离。产生许多负面影响,如生产效率低下,还包括行为抑郁、异常的打斗、浮躁和恃强凌弱。另外,拴系母猪的行为需要不同于自由散养的母猪,前者表现出的许多行为需要都不是自由散养母猪需要的。然而,如果不恰当的喂养拴系母猪,在质量低下的地板和较冷的环境下,没有适合它生存的环境,行为就会出现异常。这样的母猪已经放弃了设法做出一些表现,行为消极萎靡,因此认为这种母猪没有行为需要,这是不合理的说法。

科学研究应当将人和猪的福利感知力融合到一起,这是十分重要的,并确保通过前者的立法和指引使后者确实有所改善。当在以下两种情况时,①人类无法接受且对于猪也不是必需的情况出现,或是②一种环境下不存在的行为却在另一种环境下出现,人们认为后一种环境“更好”,降低福利是存在的,这可能是一种误导。因此,在某些有限制的环境下,猪的福利比一些自由条件下有改善;例如,前者允许恰当的食物供应而后者仅允许竞争和攻击。在户外和野生条件下,猪会花费大量时间拱土,但是在更受保护的环境下,有适当的食物供应和垫草时就不会发生这种情况。需要注意的是,当猪饲养在高福利和宽敞的爱丁堡家庭圈栏中,猪不会在提供的泥炭和土壤中拱土,而是滥用其作为排便和排尿的场所。

就目前而言,因为福利体现了人类保护动物的最佳观念,然而推广猪单元化的环境是不可能的。立法机构可能从下面几个方面给予指导:

(1)　指导法规描述了居住体系、环境控制、饲喂、管理、健康和疾病的控制。

(2)　特殊设备,圈栏和房屋构造的批准。

(3)　对养猪前提和养猪人的批准。

(4)　品种的规定和遗传选择政策。

这些都需要有检察员监督(此人具备或不具备法律赋予的权利),然而最后一个也揭示了知识和能力的训练和证明。许可证的发放可能会摒弃福利法规的要求和设备的允许,如果考虑到对动物福利需求的满足程度则最好是由经过培训的检查员做出判断。养猪人维持猪单元高水平福利的方法可能更多地是依赖于他或她自身的知识、技能和照料程度而不是依赖于对法规的严格遵守,或是利用(或是避免利用)特殊的经批准的体系或设备。另外有一种附加的方式考虑到生产的设备和体系,对立法反对内容的希望可能会超过所需法律制定的信息强度。希望能移除一些设备的利用,不恰当的考虑可以作为福利法规暗含的另一种方案。

牲畜管理者的能力要超过对猪福利有益的其他方面——管理者的知识、能力和意志必须足够细心以满足它们的需求。从猪的角度看,它们的管理者首先要优于生产体系,猪舍和设备。

一些权威机构希望以他们的需求作为猪表达基本权利的恰当福利的基础。这些包括:

- 水、适量的食物和食物中适当的营养成分的供应;
- 避免疾病和伤害;
- 一个舒适的环境;
- 避免受到攻击和恐吓;
- 表达正常行为和满足正常行为需要的能力。

　　这个列表是值得推广的,但是将其制定到法律和指导方针中用于指导实际的猪生产还是充满困难。供应营养用于什么目的? 如果猪显著增肥了又该怎么办? 怎样预防疾病? 健康本身也需要在一定程度能够承受一些可以引起疾病的微生物的作用,因此也包含引发疾病的可能性。有时避免了一种又可能引发另一种不适。正常行为需求的定义很大程度上依赖于环境;自由散养的正常行为在受保护的环境中可能不是必需的。

　　在许多国家,与福利相关的三个水平的正式活动包括:首先,与起诉残忍或虐待动物的人相关的法律;第二,与禁止某些生产体系相关的法律,这些生产体系被认为是不合理的,会造成对人类和动物过多感知力的不良应激(例如,用于妊娠母猪的圈栏和拴绳,及给少于 3 周龄的仔猪断乳);第三,准则或规定它们本身不是法律,可以不用遵守,但可以作为给前两项活动定罪的证据。第四种可能,用于猪生产企业的饲养前提和饲养者许可证的发放,但还未启用。在英国有《家畜福利行动守则:猪》,由农业、渔业和食品部(现为 DEFRA)出版。1988 年版本的序言如下:

　　"家畜福利的基本要求是农耕体系要对人体健康,目前实用的是动物的行为需要和饲养者的高标准。

　　饲养者是一个关键因素,因为原则上不论怎样接受一个体系,没有有能力的,勤勉的饲养者,就不能满足动物的福利。下面推荐了一些方法可以帮助饲养者,尤其是可以帮助那些年轻的或没有经验的人达到饲养标准。对于提高饲养者福利需求的意识方面也不必过分紧张。对于个别情况下,规则应用方面的详细建议可以很容易通过官方的咨询服务获得,有关咨询的著作在规则的最后有列出。

　　几乎所有的畜牧业系统都会对牲畜施加一些限制,并且其中的一些限制因为会防止动物完成它们的基本需要从而对牲畜造成无法接受的不适或困扰。提供的物品能够满足这些需要,并且还需考虑到其他方面,包括:
* 舒适程度和住所;
* 可以轻易获得新鲜的水和食物以维持动物完全的健康和活力;
* 能够自由活动;
* 有其他动物相伴,尤其是同类;
* 有机会以正常的行为模式进行锻炼;
* 在日光下也需照明,能够轻易获得光源从而保证动物在任何时间都可被观察;
* 地板既不能伤害到动物,也不能引起动物过分疲劳;
* 预防或快速诊断和治疗缺陷、伤害、寄生虫感染和疾病;
* 避免不必要的阉割;
* 有紧急措施可以扑灭爆发的大火,处理必要设备出现的故障和供应系统遭受的破坏。

　　目前猪的农耕系统并不能满足动物生理和行为的需要。虽然如此,在法规权力的框架下,已经制定了规则,也做了一些尝试,以最新的科学知识和健全的现行做法为基础,在如果不采取防范措施的情况下,用来鉴定猪的福利可能处于危险水平的一些特征。该守则列出应有哪些预防措施,铭记整体环境对猪的重要性和通常存在不止一种保障它们福利的方式的事实。"

　　然后规范的介绍部分对其做了说明,在 56 段中,尤其是在猪舍、设备、饲喂和管理方面;包括对圈舍和户外猪的供应也有所不同。介绍的目的是通过引导加强福利,还有其他方面:
(1)　提供适当的圈舍和有效的设备;

（2）　避免结构和表面的损伤；

（3）　提供一个清洁、干燥的床位并提供垫草和合适的地板；

（4）　避免火灾和电力故障；

（5）　合适的环境温度、湿度、气流和为所有品种的猪提供光照；

（6）　适当量的水和饲料的供应,恰当的营养组成,以及合理的采食安排,同时应避免在进食期间猪为了争夺食物而进行攻击；

（7）　高水平的动物护理和个体看护,尤其在关键时期,并包括经常性的动物检查；

（8）　避免不稳定的组群；

（9）　恰当的切割管理,如耳标(哪里是必需的)、阉割(有可能的话可以避免)、剪尾(有可能的话可以避免)和剪齿(有可能的话可以避免)；

（10）　要保护刚出生的仔猪免被母猪弄伤,而且需要特别给分娩母猪提供干净且舒适的环境；

（11）　断奶日期(在正常环境下不少于 3 周龄)；

（12）　合适的地板面积并提供进食、睡眠、运动和排便的区域；

（13）　避免猪群间的攻击,尤其是种群中的母猪,并给母猪提供合适的单体饲喂器；

（14）　对妊娠母猪应避免使用限位栏和拴绳,而是使用开放式的带有垫草的圈栏系统,允许更大程度的运动和行为表达的需要；

（15）　适当的公猪生活和交配区域,并有垫草和干燥且合适的地板。

　　这些规范对于猪福利的负责人十分有帮助,但严格遵守有关守则本身也并不能确保福利。这里仍然存在一些棘手问题:例如,在圈栏内或外的母猪的相对福利程度,在很大程度上取决于饲养母猪的普遍环境。虽然如此,还是没有人能证明目前的养猪体系,无论是集约化,还是半集约化或是户外型,哪一种是完美的。提高猪福利的任何步骤都应当受到欢迎,不仅仅是通过猪还可以通过猪的管理者,他们必须意识到高福利体系很可能是高效且高产的,并且在人和猪之间创造了更愉悦的环境,在这种环境下人类能从猪上获得更大的回报。

福利的改善

　　在 1964 年 Ruth Harrison 出版《动物机器》之前,动物福利就已经得到猪生产者的信任。好的农耕体系被认为是动物保护和利益的同义词。《动物机器》植入这样一种观念:便宜的食物政策和产量增加的驱动实现了集约化养猪体系,这与动物的兴趣相反。既然如此,猪群的集中和封闭式管理可能导致猪肉产品的价格低廉。出版于 1965 年的《布兰贝报告》,为英国的农场动物福利委员会的成立和《福利实务守则》的出版铺平了道路。现今存在于许多国家的猪福利的积极意义主要是由于三方面的因素:

（1）　如果买方不满意农场上看护动物的方式,所有猪产品的销售额都可能会下降；

（2）　猪产品被鉴定是来自于高福利农场(户外生产,以垫草为基础的体系,开放的房舍,低密度的饲养等)可能具有更高的价格；

（3）　立法。

　　畜牧业生产方式的提高趋向于更大程度的保护环境,通常采用现代封闭式管理养猪体系的去集约化模式。在这种情况下,冲突可能会发展成去集约化体系,这将比高品质的"集约化体系"有更低的福利;应该不存在幻想认为户外系统饲养猪总是动物福利最大利益必需的,因为在管理家畜健康的过程中,这会使它们变得很易于产生攻击性,饲料的供应会发生改变,缺乏环境控制,并会暴露在恶劣的气候条件和困难中。这种限制会引起拴系和圈栏中的妊娠母猪表现出咬栏和咀嚼铁链的行为,饲料供应量可以作为限制程度的重要因子。尽管如此,似乎可以恰当的区分在一方面不可接受的限制和另一方面不恰当的伸展之间的中间立场。这可能是半集约化散养猪舍管理体系完成这一任务的例子,虽然仍然很难理解分娩母猪的分娩箱是怎样轻易地被分娩围栏所代替的。

　　最近来自于能够确保高福利标准的农场的猪肉利润有所增加,这种农场包括低的放养密度、增强垫草的利用、扩展的生产体系和不随便使用饲料添加剂等。这种性质的保险方案和合适的市场,可能与特殊的品牌、超市链和价格政策相关。猪肉市场的重要比例目前正在朝着这个方向迈进,并且对于动物福利的最有效的防护措施不会进行立法,因为有顾客基础。超市里的购买者会将福利指导的规范放到一边,包括猪舍、管理和运输方面,还有育种和饲养方面,通过这些方面猪肉的购买力可以被预测。对于农场上有关猪福利的大众需求的确保受到提供者的保护,如果猪肉出售的话又反过来要求猪肉生产者满足严格的生产条件。

第六章 通过遗传选择进行猪的培育和改良
Development and Improvement of Pigs by Genetic Selection

早期

英国帝悉利农庄(Dishley Grange)的罗伯特·贝克韦尔(Robert Bakewell)成功改良了莱斯特羊(Leicester sheep)，却没有完成猪的改良。但他的理论后来被应用于包括猪在内的所有家畜，他对促进家畜育种的成功商业化做出了突出的贡献。

贝克韦尔是于18世纪下半叶从事畜牧生产的，当时不列颠群岛的人口出现翻倍增长，到19世纪初达1 000万人左右。而工业革命又使得农业区的农民变成城镇居民和工厂工人，他们对农业生产的需求加大，为适应新的社会环境，促使了农业革命的爆发。生猪屠宰后可提供猪油、肉、皮革和猪鬃。因而在大约200年的时间里，工业和农业革命同时进行。但是在已经建立的工业社会中，许多体力劳动被排除出工厂，食物的丰富性已成为一种尴尬和不适，不再是简单地用来缓解饥饿。如今在北欧和美国，农业不仅要满足严格的食品质量要求，而且还要满足多种附加的社会期望，如动物福利和环境保护。

18世纪初，汤森(Townsend)和塔尔(Tull)开发了根茎类、芸薹和马铃薯等农作物的冬季保存方法，另外，大量的奶和屠宰的副产品以及来自黄油、干酪、面包和啤酒加工的副产品，使得人们可以获得大量的存货来过冬，而不用靠秋末屠宰牲畜过冬。在18世纪之前，大部分猪肉都是来自育种场多余的去势公猪，或年末屠宰的猪肉或因缺乏冬季保存法而腌制肉品，或来自淘汰的母猪。年复一年，对育种群体规模的潜在需求不断加大，从而促进了专门提供肉类的家畜品种的培育。持续多年的培育保证母畜和公畜个体的饲养时间足够长，使得其后代能够被评定，得到一个量化的育种值。然后选择后代性状表现优秀的父母畜，保证选择的正确性和方向，通过这种方法使后代得到提高。19世纪，农业社会(Agricultural Societies)的概念被提出(苏格兰高地，1822年；英国皇家农业学会，1838年)，并且开始进行系谱血统登记。这些活动都促进了验证公畜计划的颁布。同时，农业也被作为一门值得研究的和探索的学科而开始研究，1790年爱丁堡大学则成为第一个开始任命一个农学教授(安德鲁·考文垂，Andrew Coventry)的大学。

爱丁堡皇家学会会员大卫·洛(David Low)成为爱丁堡大学的第二位教授，他对猪的育种科学有着杰出的贡献，1842年他的《英国家畜品种》(The Breeds of the Domestic Animals of the British Islands)一书由伦敦朗曼出版社出版。书中包括大量的、各种各样的生猪，包括所有的"以植物(尤其是根部)为主要食物，强壮而有弹性的鼻子使得它们能够从土地中挖掘到食物。它们也会吞食动物尸体，但是从来不会追击和捕获其他动物……它们偏爱潮湿阴凉的地方"。Low共对猪、疣猪和野猪三个类群进行了描述。其中猪包括①欧洲野猪，被认为是家猪的祖先；②东印度的鹿猪(Babyrousa pig)；③体型小的亚洲或暹罗猪。在整个19世纪，中国猪种（假定来自亚洲和暹罗）和欧洲本土猪种的杂交被认为是缩短欧洲本土猪性成熟的时间和大小以及提高其脂肪度的主要手段。而遍及许多北欧地区的本土品种（如古代英国）都体型过大且过瘦，在那个时期只有很少一部分没有导入中国猪基因的欧洲本土猪种。从大卫·洛的书中可以明显地看出，在他写书的那个时期，欧洲拥有众多不同体型大小、毛色、体型、耳形、繁殖力和脂肪度的本地品种。书中对那不勒斯猪（Neapolitan）和巴克夏猪（Berkshire）进行了插图描述，虽然这两个猪种的被毛都有颜色，但是很明显，鞍背形和全白的品种也是很常见的。尤其是约克夏猪（Yorkshire，后来被称作大白猪）、林肯猪（Lincolnshire）、诺福克猪（Norfolk）和萨克福猪（Suffolk），到目前为止，这些郡县还拥有英国大部分的养猪生产。在那个时期，耳朵下垂的白猪（Landrace，长白猪）在法国、荷兰、比利时以及德国也是很常见的，然而苏联宣称，与欧洲本地猪种相比，他们的猪更具有野性或更类似于野猪类型。美洲的猪种应该是所有类型的混合，因为美洲隶属于移民（包括他们的家畜）大陆，大都来自世界各地的许多国家，包括非洲、亚洲以及欧洲。

　　不论是肥胖的野猪，还是在那个时期受影响的欧洲猪种（尤其是受东方猪种的影响），欧洲本土品种基本上都具有体型大、性成熟晚、四肢瘦长的特点。相比之下，接受亚洲猪种基因后，这些品种变得体型小、脂肪多且性成熟早。但是，对于是旧时期的家猪来说，意大利帕尔玛公爵领地的猪种显然是个特例，因为该猪种所整合的特性似乎是矛盾的，大体型和肥胖并存。如今这些特性仍然是制作高品质帕尔玛火腿的首要需求。

　　罗伯特·贝克韦尔（Robert Bakewell）认为可以通过育种来改良动物的肉的生产力，因为，就像原先假设的那样，动物的基因型不是固定不变的，可以通过动物育种学家强迫性的选择计划手段来改变。诸如体型大小、肥胖、生长速度、繁殖力以及效率等性状都可以加以评定，并一代一代地日益改良提高，创造出家畜的新类型，使产肉成为其主要特性和目的。达尔文提出对家畜的人工选择的概念先于自然选择概念（物种起源，John Murray 出版社，1858，伦敦），这是他从那个时期大量的农业实践中总结出来的。静态动物类型的"错误"假说认为，单个动物的体型大小、肥胖和生长速度仅仅受健康、营养以及环境的影响，并且对繁育公母畜的选择并不意味着其后代的性状会得到改良。相比之下，像贝克韦尔认识和实践的那样，"正确"的改良选择理论是：

- 品种的类型可以通过渐进选择和性状固定得到改良。
- 动物群体的性状是变异的，这些表型变异是可以观察和测量的，并且表型是动物的遗传组分以及外界环境共同作用的结果。
- 虽然许多变异是由于健康和营养（环境）造成的，但是，某些性状是可以传递（遗传）给后代的（基因型）。可以通过后裔测定的方法来评定父母的遗传品质，而且可以按照后代的性能表现给后备公畜排序。
- 如果能够在同一地点、相同条件下对某一性状进行选择改良，那么其后代被改良的概率也会提高。这是因为能够被观察和测量的（表型）是遗传和环境变异的总和，当减小环境变异时，表型和基因型之间的关系就会增强。
- 如果对特定的个体（或个体家系）进行频繁的品系内繁育（品系培育），那么有利性状就可以固定于一个品系。在 19 世纪，为了使得某些特定性状能在后代中得到固定，而在父母系中同时频繁利用高品质的父母。著名的短角牛的培育就是个典型的例子，Comet 的父亲 Favourite 与自己的（Favourite 的）母亲交配，其（Favourite 的）父亲与 Comet 的母亲交配，即近亲交配。近交法则是从纯种赛马的培育中体会到的，仅通过三匹马来导入阿拉伯马的血液。然而，需要注意的是近交可能会导致繁殖能力的散失。

- 选择少量的非常优秀的公畜个体，即高强度的选择，然后将它们集中作为育种核心群的父亲，这样就会给核心群带来较快的进展。但是对于母畜来说如此高强度的选择是不可能的，因为相对于公畜，核心群中需要更多的母畜，并且高比例的母畜对于群体的更替是必需的。因此，如果群体中缺乏合适的母畜类型，那么加强选择力度必然会减慢育种进程，相反，对公畜而言，只要选择最优秀的个体即可。然而，对母畜的最小化选择至少有一个好处，那就是可以通过直接选择将不利性状予以剔除。

育种群中已经改良且性状固定的畜群，其优良性状可以一代一代遗传下去，那么核心群中公畜的后代可以作为顶交(top-crossing)公畜出售给商业肉猪的生产者，以用于商品肉猪的生产。这样，改良的特性(或性状)就可以通过出售公畜的方法来得到推广应用。贝克韦尔证明这种方法是特定的企业运作技巧。为了促进市场能够很好地接受新改良类型的家畜，该家畜必须有合适的名称，且从外观和其随后的生产性能表现上都容易被接受和认可。要让潜在的购买者能够看到其他人购买和使用新改良的家畜，而且新改良的性状被证明是有附加值的，即家畜拥有较小的日龄和较高的脂肪度(在贝克韦尔的那个时期)。

从1750年到1900年，"改良"一词一直与创造特定肥胖品种的猪密不可分。对于猪来说，脂肪被认为是有利性状。脂肪是人类体力劳动者能量的很好供应品，同时，当缺乏真正的植物油时，猪油也是烹饪肉类和其他食物的有效替代品。英国家畜的传统育种都倾向于增加脂肪度，然而对于欧洲大陆(Continental)的品种来说，这种情况就很少，因为，在那里仍然以瘦肉为主要的消费品，并且烹饪用的植物油很容易获得。总的来说，欧洲大陆的产肉家畜仍然保持瘦而体型较大，相反，许多英国的品种则变得小而肥胖。

先前创造的"改良"品种是在家畜达到性成熟日龄后，使其营养分配从瘦肉生长转变为脂肪的积累，从而很好地将肌肉和脂肪结合到一起。由未改良品种的记录可以清楚地知道，未改良品种的成年体型相对较大，而"改良"后的品种变得小而肥。原来的约克夏猪体型高大，可以比及小型马，且体重达半吨之多(体型和体重至少是改良后大白猪的2倍)。改良后的产肉家畜的最显著共同特性是性成熟早，性成熟被定义为肥胖适度、发育完整且体重较轻。可以通过在生长阶段的类型选择将高水平的脂肪度整合到家畜身体组织中，从而获得小体型的体成熟家畜，并且具有相当高的遗传特性。在猪群体中，选择成熟较早且高脂肪度的性状与降低最终体型大小是紧密相关的，这种"改良"显然与繁殖性状的选择是相互矛盾的。繁殖障碍很可能就是由于整合来自亚洲猪种的新基因而引起的。亚洲猪种(包括某些中国猪种)普遍体型小、矮胖且带有颜色。由于这些品种都倾向于性和体成熟早、肥胖，因此它们被用来与欧洲本土品种杂交。(19世纪有大量的中国猪品种和类型，并且假定这些类似的"中国猪种"都拥有相当高的繁殖力性状基因。)通过利用不同的公畜与母系杂交，可以生产具有优秀产肉特性而繁殖稍差的公畜。但是这种简单易行的方法在整个19世纪以及20世纪初的猪育种中都被拒绝使用。因为此期间盛行封闭的纯系培育，即利用相同类型的公母系进行纯种繁育。

创造特定的纯系品种，并且期望它们在产肉和繁殖性能方面都突出。然而通过整个19世纪和20世纪的养猪生产实践证明，这种观点是失败的，这也不是罗伯特·贝克韦尔所描述的育种计划。罗伯特·贝克韦尔很快开发了一种分开培育的方法，即培育具有非常优秀胴体和生长性状的父系以及具有优秀繁殖性能的母系。总的来说，当使用这种只追求单一目的而培育的不同父母系来生产商品代时，将会很快获得较大的遗传进展。

罗伯特·贝克韦尔（Robert Bakewell）将改良的公畜只作为顶交的公畜与具有高繁殖性能的母系品种（或杂交品系）来生产商品代，通过这种方法克服了改良莱斯特羊产肉性能所带来的繁殖问题。在两个世纪以前，英国养羊生产中就开始利用杂种的优秀繁殖性能。因此，在利用近交和性状固定等方法创建父系的同时，也通过两步法建立母系，即首先是核心群的纯种选育，然后分计划的进行远交。这种方法在现代的育种公司里得到了很好的学习和应用。早些年里，根本没有所谓的父系或杂交的母系出现在猪育种学者的育种计划里，而只是进行纯系培育来同时提高产肉和繁殖性能，纯系培育被假定适用于父、母系和商品代的生产，这种假定明显是错误的。

19世纪末期对那些"粗略"的一味使本地猪种变得更肥的追求似乎已经过火了，因为超级肥胖的品种类型展示起来会非常自豪。但与此同时，消费人群在购买猪肉和腌肉时，却喜欢那些未被改良的猪种，如约克夏（大白）和塔姆沃思猪（Tamworth，），它们似乎躲避开了改良者们的破坏。塔姆沃思猪曾被明确批评其过瘦。在这种情况下，消费者的需求就超过了瘦肉品种的猪肉和熏肉产品市场的供应能力，而育种者们又没有从市场上获得这一消息，结果使得瘦肉的腌肉和火腿市场不得不从欧洲大陆进口猪肉到不列颠。19世纪末，进口到英国的猪肉从300 t增加到30万 t。然而，欧洲大陆的猪种不仅仅是瘦肉类型，更重要的是他们掌握了优秀的生产技术。

20世纪初，英国的猪品种主要是大白猪、塔姆沃思猪和白肩猪（Saddleback）。而在此时期，丹麦的养猪生产发展是基于欧洲的大白猪和本地的丹麦长白猪。丹麦人培育的一个白色品种，即耳朵下垂（与大白猪竖立的耳朵相比而言）的丹麦长白猪。他们的成功不是由于猪本身的遗传基础，而是因为他们直接基于消费者对瘦肉的需求而进行的逻辑改进。丹麦猪的改良计划的核心技术是后裔测定，经典的罗伯特·贝克韦尔育种理论和精神。到20世纪20年代中期，英国（被假定的家畜改良科学的发祥地）的猪肉消费依靠进口，主要来自丹麦。

当贝克韦尔的技术理论可以用于猪育种的巨大机会摆在英国人面前时，他们却完全错过了。但却引发了欧洲大陆却对此机会的疯狂追击，并且也获得了很好的结果，尤其是丹麦、德国和荷兰的养猪业。

20世纪品种创造和改良

从19世纪初开始发起，而直到20世纪50年代才看到育种类型整合的成果。农业产业通过分层方案，即采用产肉性能优秀的父系与繁殖力高的母系杂交的方法来生产牛肉和羊肉。同时，相比之下，在奶牛和肉猪的生产上则还采用同品种繁育。在此期间的后半段，19世纪理想的商品猪——脂肪率低的极端类型中白猪（Middle White）已经被大白猪和斯堪的纳维亚长白猪（Scandinavian Landrace）所取代，因为这两种猪更适合腊肠的生产。到20世纪中叶，生产效率追求更快的生长速度，而消费者的需求却已不仅仅是低脂肪，甚至是无脂肪。

可能是由于对脂肪型猪的过多关注，使得养猪生产成为同时期家畜瘦肉生产的焦点。200多年的时间，养猪生产都在引导着遗传学在市场消费需求商品生产上的应用，而在此期间，养羊生产(作为两个世纪前的先锋)无论在遗传学的应用还是在市场需求和消费者满意度的基本规则上都变得迟缓。

在提高瘦肉和降低脂肪的选育过程中,使猪在较小的日龄和体重下育胖是矛盾的或无效的。因为对瘦肉生长的选育,会导致猪最终成熟胴体瘦肉和最终体重都上升,诸如那些过去常常用来展示的未改良的猪类型以及一些欧洲大陆保存的牛品种。

对生长、产肉和繁殖性状的选择可以改良品种类型,如在苏联和亚洲,在20世纪的选择即使有很小的进展也会被保留到现在,但是中国的梅山猪可能是唯一的例外。和其他亚洲类型相同,具有体型小、极度肥胖、性成熟早和产仔数高(比欧洲白猪高25%)的特征。

如今,世界猪群分为两种不同的类型,首先是保留本土特征的亚洲猪种,分布在中国、东南亚和部分非洲地区的农村和传统的农场。其次,在以商业为目的的生产猪肉的农场企业,主要以欧洲和北美的猪种为主流,并且目前欧洲和北美的猪育种公司已经将这些猪种输送到食用猪肉的世界各地,以排除其本地猪种。

世界各地的猪育种企业的猪遗传基础都来自于有限的几个品种。而且大多数出现在欧洲和北美,主要是在20世纪早期通过合理的育种方法选育而成。在过去的20多年里,澳大利亚、新西兰、南美洲、东南亚和日本已经开始采用欧洲和北美的育种模式来改良自己的猪群。这些国家已经能够接受欧洲猪种在20世纪六七十年代的优点,并且,已获得显著的遗传进展。

大白猪或约克夏猪(Large White or Yorkshire, 图 6.1)是全世界分布最广的一个猪种。大白猪毛色全白且耳朵直立,与其他猪种相比,该品种的生长速度是非常优秀的,而在产仔性能上只落后于梅山猪。现代猪种体型较大,成熟母猪的活重大于300 kg,从出生到100 kg体重的日增重可以轻易地超过750 g,胴体瘦肉率高达55%～60%,初情期大约为180天,而且产仔数约11～13头,平均初生重为1.25 kg。现在作为瘦肉型产肉猪种,而在以前该猪种非常

图 6.1 改良的大白猪或约克夏猪(此图由 Cotswold Pig Development Company 所提供)。

肥胖。经过 30 多年的高强度的降脂肪选育，现如今大白猪已经成为最瘦的猪种之一。该品种对于大多数白色猪种的培育是非常重要的，并且对于杂交计划和生产杂种母猪来说，进行纯品种繁育也是非常必要的。在包括北欧在内的世界各地的许多国家，大白猪还被广泛用作顶交的父本。

长白猪（Landrace）一般被描述为被毛白色、耳朵前倾，而实际上该品种带有浓重的国家特性。如果将该品种广泛地分为两种不同的类型是非常合理的。一是原始的斯堪的纳维亚长白类型（图 6.2）体型长且瘦、多产、但是肌肉率低。二是主要用于生产腌肉，并且在丹麦作为单一的纯种而被饲养了许多年的丹麦长白，丹麦长白的后裔测定和选育可能是所有品种中最著名的一个成功范例。如今，在世界各地，该品种主要被用于与大白猪的杂交。不过该品种几乎支配了 20 世纪半个多世纪的猪肉市场，因此，当丹麦养猪业对纯种改良有不接受的表现时，一点都不稀奇。但是从 20 世纪接受品种改良以来，丹麦人现在开始追求更有活力的杂交和顶交计划。另外，这种长白类型已经在挪威、瑞典、法国和其他许多国家得到应用。斯堪的纳维亚长白猪的体型大小和生产性能方面都接近大白猪，有些品系优于后者。

图 6.2　改良的斯堪的纳维亚长白猪杂种类型（此图由 Cotswold Pig Development Company 所提供）。

另外一种典型的长白猪类型是比利时（图 6.3）、荷兰和德国的长白猪。同样也是白色被毛、耳朵前倾，繁殖性能要稍差，但在肌肉性能方面非常突出。腿臀部和眼肌厚、骨头轻、胴体瘦肉率高，臀肌和眼肌圆满，然而这也使得更容易出现 PSE 肉。这些优秀特性使得该类型长白猪被用作顶交父本，并且在整个欧洲范围内被广泛使用。在该品种的原产地，有时候也被用作商品代的母本，用于生产胴体品质优秀的后代，但是商品代可能倾向于应激敏感且生长速度慢。在欧洲一些猪的保种系统中，斯堪的纳维亚长白猪被用作母系，而短而结实的比利时、荷兰或德国长白猪则被用作终端父本。

图 6.3   当代改良的比利时长白猪(此图由 Pig Improvement Company 提供)。

图 6.4   改良的杜洛克猪(此图由 Cotswold Pig Development Company 提供)。

杜洛克猪(Duroc,图 6.4)的被毛带有颜色,从金黄色、红色到深褐色不等,可能来源于巴克夏猪。通过控制白色被毛基因,并利用 DNA 技术检测纯合与杂合的白毛基因,现在已经培育出白色品系。该品种体格强壮、骨骼粗壮,在美国与大白猪或约克夏猪数量差不多。虽然杜洛克猪在繁殖和瘦肉生长方面都不是特别出色,但是它的肌肉厚度(并不是肥胖)和生长速度方面都比斯堪的纳维亚长白猪优秀。在美国,普遍认为杜洛克猪适用于简单的农业生产系统。在北美的一般农场,很少有欧洲的白色杂种母猪,直到使用杜洛克猪与其进行杂交以来才被得到普遍应用。近几年,欧洲对杜洛克猪的使用也越来越多,其中最著名的是在丹麦(及周边国家),杜洛克被用作终端父本,对丹麦长白猪的肉质改良起到了重要作用(眼肌的肌内脂肪含量从 2% 提高到 4%,肉色变得更红)。虽然鲜肉的肌内脂肪会提高食用口感,但对生产加工不利。当然,除了新培育的全白品系外,杜洛克猪的被毛颜色也是在生产加工中不受欢迎的因素之一。在母系中使用杜洛克猪可以提高杂种母猪的体格,尤其是对于那些户外和粗放的养猪体系,按照动物福利来说,这点非常重要,但使用杜洛克猪的同时也可能会带来生长速度变慢、脂肪度升高和产仔数下降等问题。折中的方法是在使用杜洛克猪的时候,采用低水平渗透的方式,在母系中导入少量的杜洛克基因。

汉普夏猪(Hampshire)被毛为黑色且带有白肩。该品种在美国很常见,来源于英国艾塞克斯(Essex)和威塞克斯(Wessex)的白肩猪。现在汉普夏猪的优势是产肉性能,而不是繁殖力,主要被用作某些杂种父系的创建。虽然英国白肩猪与汉普夏猪的来源相同,但是它们的特性截然相反,英国白肩猪拥有更好的母性,更适应户外和粗放的饲养系统,然而其后裔与白猪相比则更肥且生长速度慢。对于户外饲养的母系猪来说,究竟是使用杜洛克杂种猪还是英国白肩杂种猪更好一些,还有待进一步研究。

来自比利时的**皮特兰猪**(Pietrian)被毛为花斑状(白色和黑色斑点)、体型小、矮胖、后腿短而结实、眼肌面积大、胴体瘦肉率高、骨头轻且产肉量高。性情紧张,容易应激和突然死亡,产生 PSE 肉的概率高,且繁殖力较低。与大白猪相比,皮特兰猪的每窝产仔数少两头左右,但 100 kg 活重能多产 10 cm² 的(54 cm² 比 44 cm²)眼肌。皮特兰猪的纯种群数量较少,但是,它们对许多欧洲猪种的产肉性能改良有巨大的效应,并且已经被用于改良许多瘦肉型的白猪,尤其是长白猪。皮特兰猪已经被广泛用作终端父本,然而对于母系培育来说,其生产效果则相反。

欧洲和北美开创了现代猪育种的先河,已经建立了相应的育种体系,即注重生长速度、饲料转化效率和瘦肉率的同时,保持繁殖性能。这种体系常常适用于杂种猪的生产,而不是正向选育。在中国有许多各种各样的猪种,它们的共同特性是成年体型小、性成熟早、黑色被毛、肥胖。虽然**梅山猪**(图 6.5)可以提高产仔数,但是该品种存在严重的缺陷,即极度肥胖且生长速度慢。梅山猪的成年体重不超过 150 kg,日增重为 400 g,胴体瘦肉率仅有 45%,达初情期的日龄少于 100 天,拥有 16 个乳头,平均产仔数约 14 头,平均初生重约 800 g。多产的 3～4 头仔猪是由于其排卵数(梅山猪为 20,而大白猪为 17)和胚胎成活率高(梅山猪为 70%,而大白猪为 65%)的缘故。利用梅山猪来生产杂种母猪(含 12.5% 或 25% 的梅山猪血液)引起人们的广泛关注,但是很少有成功的例子。因为这种猪很难管理,并且其商品代不符合欧洲和北美的屠宰要求,含 1/8 梅山猪血液的商品猪,其肌肉面积小、脂肪多、屠宰率低且容易沉积甾烯酮/粪臭素。中国以及亚洲其他国家的许多本土猪种的遗传多样性也是非常重要的,并且是全世界猪肉来源的重要部分。这些猪种的特性在现如今可能并不适用,但在将来的某一天可能就会用到,尤其是现代遗传学工程的飞速发展,使得可以直接获取有利基因而剔除不利基因。

随着现代猪种的不断培育,使得许多古老的欧洲和北美的猪种已经落伍,可能已经成为稀有品种。已经有大量的英国猪种(太多而未能全部列出)灭绝,其他存活的也只是

图 6.5　中国的梅山猪（此图由 Pig Improvement Company 提供）。

一些小的繁育群，包括**巴克夏猪**（Berkshire）、**长耳猪**（Lop）、**格洛斯特斑点猪**（Gloucester Old Spot）、**大黑猪**（Large Black）、**中白猪**（Middle White）以及**塔姆沃思猪**（Tamworth）。美洲的猪种也被现代主流的育种计划抛到一边，包括**波中猪**（Poland China）、**斑点猪**（Spotted）、**拉康姆猪**（Lacombe）和**切斯特白猪**（Chester White），然而也许现在这些猪种的数量还很多。位于法国、意大利和西班牙的 19 世纪经典的欧洲猪种类型，到如今其中大部分已经灭绝了。

现在，世界上大部分猪都来自育种公司。育种公司的育种计划已经使得品种的概念显得有点多余。因此，除了核心群进行纯系培育外，母系的培育可能混合大白猪、长白猪、杜洛克猪或其他任何猪种。而这种合理"品系"正好迎合了世界的普遍期待。同样，父系的培育也是除了核心群进行纯系繁育外，其他品系可能混合大白猪、皮特兰猪、比利时长白猪或其他任何猪种。核心群育种公司仅仅靠它们自己命名的名称来识别品种，而通过这些名称就可以知道该品种的来源。

猪种改良策略概述

共有三种简单而著名的改良的策略，可以改变猪的遗传组成进而影响改良方向：
（1）　利用杂种优势；
（2）　参合或导入来自不同猪种的新基因；
（3）　对特定性状进行群内正向选择。

当策略本身能够被很好的接受的时候，就可以采取方法论来追求许多各种各样的科学而实用的目标。

在一个给定群体中,动物的任何特定性状的表现都有变异。通常这种变异是正态分布的,因此大部分动物都处于平均水平,而只有一少部分是特殊的(图6.6)。常规育种改良认为,选择性能优秀的个体作为父母代,这样得到的下一代群体平均水平就会朝着正向改变(图6.7)。

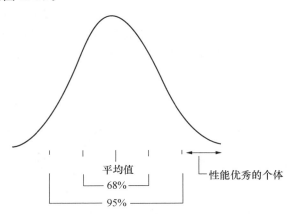

图6.6 性状在群体中的正态分布图。群体中存在渐近71%的个体不是特别优秀或比平均水平差。优秀个体只集中于前2.5%的区域。

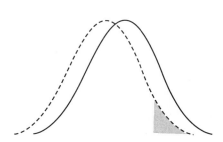

图6.7 在父母代群体(虚线)中选择优秀个体(阴影区域)将会使得后代群体的均值(实线)向右平移:即所谓的改良。

猪的表型(P)是遗传组成(G)和环境(E)共同决定的:

$$P = G + E \tag{6.1}$$

群体的表型方差(σ_P^2)是由遗传方差(σ_G^2)、环境方差(σ_E^2)和遗传与环境互作的方差(σ_{GE}^2)共同组成:

$$\sigma_P^2 = \sigma_G^2 + \sigma_E^2 + \sigma_{GE}^2 \tag{6.2}$$

σ_P^2(看到或可测量的)是受σ_G^2和σ_E^2的影响,当σ_E^2(环境的影响)变小时,σ_G^2(遗传决定)就会增大。

基因型值(G)由加性效应(A)、显性效应(D)和互作效应(I)组成。

$$G = A + D + I \tag{6.3}$$

遗传方差(σ_G^2)包括加性方差(σ_A^2)和非加性方差[显性和互作(σ_D^2, σ_I^2)]。

$$\sigma_G^2 = \sigma_A^2 + \sigma_D^2 + \sigma_I^2 \tag{6.4}$$

σ_P^2中σ_A^2(总遗传方差的一部分,来自加性遗传方差)所占的比例称为遗传力(h^2)。遗传力(σ_A^2/σ_P^2)值的范围为0~1。加性遗传组分表示父母的育种值(BV),即可以通过简单的和相加的途径传递给后代。个体的育种值可以表示为个体表型值相对于群体均值的偏差:

$$BV = h^2(C - \overline{C}) \tag{6.5}$$

公式中C代表个体的表型值,$\overline{C}$代表群体均值。育种值估计的准确性与遗传力(表示为$\sqrt{h^2}$)紧密相关。

通过量化父母及其后裔和同胞的性状，并且计算两代性状表型值之间的关系，即可通过后代回归出父母的表型值，这样就可以估计出遗传力(h^2)。根据定义，一个性状的测定结果可能仅仅是表型值，而这种表型可能受到或没有受到遗传组成或基因型的影响。

在单个群体内进行遗传性状的表型选择可以使群体得到一代一代的改良。群体总的变化量(选择反应，R)决定于遗传力和所选父母代优于群体均值的范围大小(S)。猪的脂肪厚度的遗传力约 0.5，如果群体平均脂肪厚度为 14 mm，父母代的表型分别为 10 mm 和 12 mm，那么父母代就超出群体均值 3 mm，预计遗传给后代脂肪厚度为 $14-(3\times0.5)=12.5$(mm)：

$$R = h^2 S \tag{6.6}$$

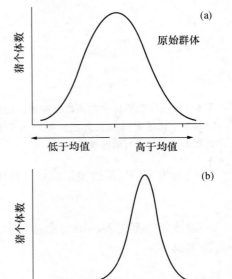

父母代优越性传递给后代的可能性决定于群体内可获得的变异。当群体中性状的变异较少时，优秀个体的表型值与群体均值相差会很小，这样就很难通过选择来获得有效的改良。另一方面，从群体中选择表现最好的几个个体，则会获得较快的改良进展。这点在图 6.8 中作了详细说明。群体(a)中最优秀猪的瘦肉率与群体均值的差异非常大，但在群体(c)中最优秀个体与群体均值之间差异在很小。

仅仅选择极少数最优秀的个体，并将它们的优秀基因传递给大量不优秀的动物群体，这是每个育种计划的基本策略。选择的个体数越少，则选择强度(i)就越大，优于父母代的范围就越大，同时获得的选择反应也就越大：

$$S = i\sigma_P \tag{6.7}$$

σ_P 表示表型标准差，性状的变异系数为 σ_P 与群体均数的比值。

每个世代(R)的遗传进展可以用群体中性状的方差、遗传力和选择强度来表示：

$$R = ih^2\sigma_P \tag{6.8}$$

每年遗传改良的比率(ΔG)决定于世代间隔(GI)，每个世代更替的越快，世代间隔则越短，每年的遗传进展也就越快：

$$\Delta G = ih^2\sigma_P/GI \tag{6.9}$$

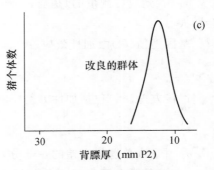

图 6.8　低背膘厚选择对群体背膘厚分布的影响。

较大的群体的最大的遗传进展通常比小群体快，主要原因是 i，当群体数量增加时：
(1)　增加了选择中可获得的变异范围；
(2)　在不增加近交系数的同时，可获得更大的选择强度；
(3)　可使改良基因能够通过一个更大的未来父母代而得到传递和扩散。

　　较大的育种群建立时,自然会选留大量的母畜,但是现代生物技术的发展,可以通过超数排卵和胚胎移植使得优秀的单个母畜的作用扩大。优秀公畜的基因也可以通过人工授精方法来迅速扩张。对特定亚群个体的持续选择可能会出现近交衰退,近交会导致活力下降、繁殖力下降以及生物多样性散失。可以通过 $2(4mf/m+f)$ 或 $(1/8f+1/8m)$ 的倒数来估计每个世代的近交系数,其中 m 和 f 分别表示育种群的公、母畜数量。

　　对于高质量的选择强度 (i) 来说,从大量候选个体中正确选择下个世代的"优秀"父母是非常关键的,而要做到这点非常不易。因为某些性状是不能够直接测定,如公畜的产仔数和产奶量,或者猪的胴体瘦肉率。在这种情况下,必须通过其亲属来测定或根据可以活体测量的相关性状来进行预测。但是测定的候选畜群也不一定能够反映真实的情况,比如食欲非常好的肥猪和食欲不好的肥猪是不一样的。测定的性状和其所处环境之间的关系非常重要,因此,选择的测定方法和所选的性状之间是密切相关的。

　　对于公畜的产奶量或产仔数性状来说,就必须通过后裔测定(测定后代的生产性能)来评估个体价值或育种值。近年来,这种方法在丹麦猪的瘦肉率选育过程中应用的非常成功。后裔测定虽然准确,但费用相当昂贵。对于像繁殖性能等低遗传力的性状,每个个体的性能信息来源必须是来自尽可能多的近亲,尤其是后裔的信息。对于遗传力较高的性状来说,根据个体自身的表现来评价其育种价值是最有效的,如生长速度和胴体品质性状。对于那些不能活体测定的性状,只能通过相关的性状测定来进行预测和估计,如活体背膘厚,或者对其同胞进行屠宰测定。

　　当然,性能测定和后裔测定不是相互独立的,候选个体的性能测定也是其父母的后裔测定。因此,通过混合的信息可以更好的评估个体的育种值,这些信息包括个体自身的性能测定、其同胞和后裔的性能以及其祖先或者更远的亲戚的信息。所有的这些性能信息会随着世代的更替而被一代一代的收集。如果将所有的数据整合到一块(作为一个"动物模型"),并根据不同的时间和地点进行适当的调整,从而提高预测的准确性。这种方法尤其适用于那些遗传力较低的性状,如母系中产奶量或产仔数的选择。面对如此庞大的数量资料,具备相当的计算能力是非常必要的。"动物模型"技术可以将所有可利用的数据以及所有亲缘关系都加以利用,现在这种技术已经在许多大的育种公司得到实践应用,并且同时结合最佳线性无偏预测(BLUP)方法共同使用,BLUP方法可以将管理效应如时间和地点(固定效应)与随机效应(遗传效应)分离开来。

　　不变的事实是,选择必须基于一个以上的性状。虽然每个附加性状都会降低其他性状的进展速度,但是这样可以保证整个群体的完整性。因此,可能需要对生长速度和胴体品质,或者饲料转化率和产仔数同时进行选择。当对于多个性状进行同时选择时,选择指数是非常必要的。选择指数即"权重",代表各个性状的相对重要性。然而,两个目标性状之间可能存在较强的负相关,即当提高某个性状的同时,会导致另一个性状的下降。在这种情况下,通常的解决办法是针对每个性状在两个不同品系进行选择。

　　非加性遗传方差(σ_D^2 和 σ_I^2)表示来自父母的贡献不能简单的遗传相加,在一个群体内,对于表现非加性遗传的性状很难获得选择进展。但是这些性状通常具有杂种优势,这对于育种计划来说是非常有用的。当两个纯种选育的群体之间进行杂交时,这些性状就会表现出很强的杂种优势。其原因是非加性遗传方差是显性(σ_D^2)和互作(σ_I^2)效应。显性效应是指同一位点之间的互作关系(A 对 a 显性),而互作效应是不同位点之间的互作关系(A 或 a 等位基因与

B 或 b、与 C 或 c 等等)。当来自父母的等位基因中一个抑制另外一个时，就会出现显性效应。如当氟烷基因为阳性纯合(nn)的猪与氟烷基因阴性纯合(NN)的猪交配，其后代为氟烷基因杂合(Nn)，且为氟烷阴性(即行为表现与 NN 纯合的猪相同)。如果没有显性效应且遗传方差是可相加的，那么氟烷基因杂合的猪的表现应该介于氟烷敏感和不敏感之间。常常会有不完全显性效应，比如：与氟烷基因相关的猪应激敏感综合征(PSS)，杂合个体可能会有 PSS 的表现，即 PSE 肉。当多个性状位点都是纯合(一些是阳性，一些为阴性)的个体之间杂交时，其杂合的后代个体所有性状都是阳性的，从这里我们就能很好地看到由显性效应所引起的杂种优势。当性状 A 和 B 都为显性时，AAbb 的纯合个体(A 性状表现优秀，而 b 性状较差)与 aaBB 的纯合个体(B 性状表现优秀，而 a 性状较差)杂交，其后代为 AaBb，由于 A 和 B 都为显性，所以后代的 A 和 B 性状都表现优秀。

当来自父母的基因之间存在互补的互作(σ_I^2)效应时，这些基因之间相互作用而结合为一体，其效应要比它们之间的简单相加的效应大。比如：A、B、C 等都对复杂的繁殖性状有影响，并且它们之间有相互促进的关系，即排卵数、受精率、子宫容积和胚胎成活率都对产仔数有影响，当它们之间能够有效互补时，我们就可能容易的提高产仔数。有时候非加性基因之间的互作就会出现这样的结果，杂合个体的性能表现优于其父母。

猪改良策略中的杂种优势

已被证明的杂种优势以及所带来的显性和互作效应对于非加性性状的遗传改良是一劳永逸的。当两个品系杂交时，其杂种优势必须被重新评估。因为不是所有的杂交、所有的性状都会出现杂种优势。在试验之前，对于给定性状在特定的杂交制度下的杂种效应结果是不可预知的，除非使用遗传标记。然而，一旦特定性状的杂种优势被发现，那么这种优势就可以在特定的两个品系间的每次杂交中被重复。在猪的改良中，杂种优势现象只要表现在繁殖性状中，繁殖性状的遗传力较低且很难通过传统的加性遗传效应的选择方法得到改良。从公式(6.4)中可知，杂种优势与加性遗传方差之间的关系是相反的，遗传方差(σ_G^2)等于加性遗传方差(σ_A^2)、杂种效应(σ_D^2)和互作效应(σ_I^2)之和。

表 6.1 中列出了三个品种，并且两两之间进行杂交。杂种的生长速度正好等于父母生长速度的均值，如：(650＋750)/2＝700。这是对于加性遗传方差的常规期望。然而，产仔数性状存在杂种优势，在案例 4(大白×长白 B)中，父母产仔数的均值为 10，但杂交后代的表现却为 10.75，且差异显著。然而，由于大白猪(案例 3)的生长速度和产仔数的表现已经是比较优秀，所以有人可能会对这种杂种优势提出疑问。案例 5(大白×长白 A)中产仔数性状的杂种优势是最好的，杂种的产仔数达到 12 头，比其最优秀父母(大白猪)的产仔数都高。但是其生长速度和后腿形状的杂种优势却不是最优秀的，这样就不得不根据不同的策略来进行利益取舍。

杂种优势早就在玉米的育种过程中被证明，两个产量低的近交纯合品系之间进行杂交，其 F1 杂代的玉米产量比要比任何一个父母代都高，甚至比其近交之前的产量都高。在猪群中，为了获得杂种活力首先考虑性能的近交衰退是非常必要的。但这不是关键，也不是先决条件。两个杂交品系之间差异较大才是获得杂种优势的必要条件。

表 6.1　三个纯种和两个杂种的性能表现,说明杂种是否存在杂种优势(杂种活力):
(a)后代表现优于中亲值,(b)后代优于最优秀的父母。

	生长速度(g/天)	产仔数	后腿评分(1～5)
案例 1:			
纯种(长白 A)	650	10	3
案例 2:			
纯种(长白 B)	700	9	4
案例 3:			
纯种(大白)	750	11	3.5
案例 4:			
纯种(大白×长白 B)	725	10.75[a]	3.75
案例 5:			
纯种(大白×长白 A)	700	12[b]	3.25

虽然这个例子中生长速度是无杂种优势且为父母的平均值,但实际情况不一定总是这样。某些杂种的生长速度性状常常会有杂种优势(属于 a 类型),如皮特兰和大白猪、杜洛克和大白猪杂交。

20 世纪 60 年代早期,繁殖性状的杂种优势才引起人们的注意。大白猪和斯堪的纳维亚长白猪的两个品系常被用来杂交,以提高猪的繁殖性能。同时,杜洛克和大白猪和长白猪之间杂交也会获得杂种优势。已经证明,杂种优势有两个水平:一类是杂种仔猪的大小和活力都高于纯种,其断奶重和断奶仔猪数也高;杂种后裔的产仔数至少提高 5%,断奶仔猪重至少增加10%。另一类是,把 F1 代杂种母猪用作下一代母猪时,由于其繁殖性能优秀(表 6.2),所以其生产性能可以得到进一步改进(至少 5%)。F1 代母猪生产的仔猪数和活力都要高,使得断奶仔猪数量至少增加 1～1.5 头。由于杂种母猪的产奶量也得到改良,每头仔猪 28 天断奶重也至少增加 1 kg。

表 6.2　杂交对繁殖性能的影响。

比纯系猪每头母猪年提供断奶仔猪数提高的百分比	
首次杂交	5～10
回交或三元杂交[1]	10～15

[1] 将 F1 代作为母本和第三个品种为父本。

必须重申的是,所获得的性能提高并不是遗传进展。因为这种情况可能 30 年都不会变,而且通过两个纯系的杂交会重新获得性能优秀的 F1 代。纯系必须保持单独的纯系群体,从而一代一代的生产新的杂种 F1 代,在遗传选育的同时也可以进行纯系选育,见表 6.3。

表 6.3　在纯系群体中进行选择提高,同时利用杂交后代的杂种优势。

	产仔数		产仔数
纯系 A	10.0	经过 n 个世代对产仔数选择提高后	
纯系 B	11.0	纯系 A	10.5
杂交(A×B)	11.5	纯系 B	11.5
		杂交(A×B)	12.0

　　除了繁殖性能的杂种优势外,F1 代的另一个特征是杂种个体的一致性,尤其是体型外貌和生产性能的表现,这是一个相当重要的商业优势。然而,如果来自相同父母的杂种 F1 代之间杂交生产 F2 代,那么先前优势互补的基因将会出现分离。结果出现两种情况:首先是一半的杂种优势消失,其次是后代的变异大,可能体现在体型外貌、功能以及所有的生产性能。而且这种变异对于繁殖性能非常不利(但是对于育种学家来说,生产 F2 代可以获得有效的变异,便于选种)。

　　因此,下列两种情况都是不利的:

(1)　使用相同的 F1 代组建父本和母本来生产商品代;或

(2)　将商品代猪作为繁殖母本的更新来源。

　　用于生产 F1 代的母猪是非常重要,应该是纯种(其中一个已经被证明适于生产 F1 代)或至少含 50% 以上新基因的杂种。一般来说,生产者应该能够抵抗诱惑,绝对不能用商品代来更新母猪,而每个世代都应该通过纯系杂交来重建母猪群。

　　公畜的繁殖性能也有杂种优势,主要表现为体型结实、性成熟早、利用时间长、性欲强、精子的浓度和活力高。杂种公猪的使用比较容易,交配能力强,能够提高受精率,由于精子的质量和性欲的提高使得产仔数增加。使用杂种公猪可使每窝产仔数增加 0.25~0.75 头。然而,在实际生产中,相比于纯种来讲,生产者更看重的是其性欲。

表 6.4　提高母系杂种优势的杂交计划。

1	LW ♂×L♀	(或互换)
	↓	
	LW ♂×(LW×L)♀	(F1 杂种母代)
	↓	
	商品代	
2	LW ♂×L♀	(或互换)
	↓	
	P ♂×(LW×L)♀	
	↓	
	商品代	
3	D ♂×LW♀　　　　　　　LW ♂×L♀	
	↓　　　　　　　　　　　↓	
	(D×LW)♂　　×　　(LW×L)♀	
	↓	
	商品代	

L=长白猪,LW=大白猪,P=皮特兰猪,D=杜洛克猪(译者注)。

　　母系杂种优势的育种策略可以使用表 6.4 中的形式。类型 1 是一个典型的二元杂交,可以用于父本,也可以用于母本(如:用 L 代替 LW,反之亦然)。有时候父母代可能使用同一个品种,但是在不同目的下选育的不同品系。类型 2 是三元杂交,其中 P 始终是终端父本,但 LW 和 L 可能互换。类型 3 利用了来源不同的杂种公母畜,这样就最大化的利用了公、母畜的杂种优势,同时商品代的杂种优势也被最大化。另外一种类型就是,用类型 1 的商品代母畜替换繁育群。这种杂交叫作交替杂交,可以通过交替使用两个来源下一代的公畜使得杂种优势得到保留。但是这种杂交的杂种优势不是最佳的,要求利用选择指数对生长和繁殖性状同时在两个群体中进行选择。一旦大规模进行,会有很大的问题。在类型 3 中,品种 D 可以是任何父系父本,LW 品种也一样。大白猪或长白猪与杜洛克、汉普夏、皮特兰、比利时和德国长白猪之间杂交是可行的。

通过导入新基因来改良猪

将特定性状的基因导入到另外一个满意的群体,从而完成群体的更新,这是一种最简单的遗传改良方法。

所选的基因来源应该是比现有群体中的基因优秀,从而完成更新,可以一次完成或采用级进的方式完成。在猪的生产中,通常选择进行一次性导入,而不采用级进的方式。对于重新建立的群体或数量下降的现有群体,消毒并空圈后,用后备种猪重新建群,使得群体质量提高并达到更健康的状态。

即时的后备猪更新案例是,使用现代白色杂种母猪替换本土的猪种,或者选择终端父本来改变育种公司或育种策略。

通常级进改良的过程是非常令人厌倦的,因为更新品种作为基础群的父本必须达到 5 个世代以上,直到群体中父本品种的血液达到 97% 以上,这个群体才能被认为是更新了。当可获得的新基因仅限于少数几个个体,但还需要利用它们来建立核心群,那么就需要用到级进改良。一个典型的例子是,利用肌肉性能好的公猪精液对本土猪种进行改良,从而建立一个特定的产肉父系。

通常所选择的基因来源在整体上并没有现有群体好,但是其中一两个性状比较优秀,在这种情况下就不需要进行大规模的品种更新。应该将导入的基因扩大,而不是对现有群体进行更新。通过一次或多次杂交,将基因导入后进行选择,以保留想要的基因,剔除不利基因。通过这种方法,可以将梅山猪的繁殖性状基因渗入到瘦肉率高、生长速度快的大白猪和长白猪品种中。第一次杂交结果显示,繁殖力的杂种优势高于中亲值,每窝多产约 2~3 头仔猪,但生长速度非常慢且非常肥。用白色品种回交并进行适当的选择,繁殖性状被保留下来,而生长慢和瘦肉少的缺陷被消除。在保持生长速度和瘦肉率的同时,每窝可多产约 1 头仔猪。这种育种规划是非常优秀的。但是在实际生产中,梅山猪的杂交计划已经在缓慢进行,但收效甚微。

比利时长白猪是肉用猪种,但对氟烷敏感,繁殖率低、容易应激而且胴体有 PSE 肉的倾向。正因为如此,比利时长白通常被用作终端父本。正常猪的氟烷基因(NN)是显性的,由其生产的氟烷基因杂合子(Nn)也对应激有抗性。这一点正是利用氟烷基因杂合子(Nn)的重要理论,即正常类型的猪对应激敏感(或死亡)是呈显性的,因此,可以通过氟烷基因杂合子(Nn)来避免氟烷敏感猪的出现。瘦肉率的遗传具有加性效应,Nn 基因型的猪瘦肉率表现介于其父母表现的中间(大约会提高 2.5% 的瘦肉率)。然而,如果其母亲也携带瘦肉基因,同时避免氟烷基因所带来的问题,那么后代的胴体将更有价值。事实上,新型大白猪合成系就是通过将瘦肉基因渗入,同时避免应激敏感效应而建立的。但是,对结实的肌肉与应激敏感性的分离是非常困难的,并且,瘦肉型大白猪合成系趋向于氟烷基因杂合子,只适合用作父本。一旦被用作母系,那么其显性效应就会消失,并且其后代(nn)群体中会再次出现 PSS(表 6.5)。对于育种者来说,如何将瘦肉特性与应激敏感相分离仍然是一个重要的目标,如比利时长白猪和皮特兰猪。不过,对抗应激猪(NN)的群内选育也可能达到产肉性能的改良。另外,通过对确定功能的基因的标记辅助转基因技术同样可以将单个或多个基因渗入到群体中。

表 6.5　氟烷基因(nn)受显性效应抑制,如果父母的氟烷基因都是杂合子,
那么在子代中会重新出现应激敏感猪。

NN×nn → Nn:	中等产肉性能,具有应激敏感抗性
Nn×Nn → NN:	纯合,产肉性能降低,无应激敏感
Nn:	杂合
Nn:	杂合
nn:	纯合,产肉性能高,容易应激

如果动物育种者能够很好地掌握将两个品种或者三个甚至四个品种的基因混合,那么就能从中获利,然后就可能建立一个全新的品种。该思想来自于明尼苏达和拉康姆猪的培育,现在许多育种公司已经利用该理论建立了大量的纯繁核心群。首先,将资源群进行杂交,生产混合的杂种群,然后再进行回交。生产的下一代群体中包含了所有品种的基因,与资源群相比,可获得更多可选择的遗传变异。通过选择,保留理想的性状,淘汰不利性状。将选留的个体之间进行交配,可使选留性状的基因进一步集中,直到群体纯繁固定。这种育种计划执行起来一般比较困难,因为后代的变异可能持续多个世代。现今的育种机构通过基因导入和品种混合的方法,并结合有效的选择,已经建立了大量的纯繁核心父母系。对育种公司来说,"品种"已失去其原有的含义。专门化父系的生产是不变,通常来自汉普夏猪、皮特兰猪、比利时长白猪、杜洛克猪和大白猪,其中几个品种或者全部品种的混合。所选资源群的质量以及随后的选择计划的效率决定了这种选育方法能否成功。

虽然构建一个所有性状都优秀的纯繁群体是一个非常好的目标,但是很难有有效的方法能将不同类型的性状结合到一起。即使不存在杂种优势效应,品种之间的杂交也是非常有用的。因为就算杂种只表现中亲值,对生产者来说也是受益匪浅的。通过简单的杂交,就可将杜洛克猪和大白猪的基因很好的结合在一起。这种杂交方式不论对父系还是母系都是有用的,对父系来说,中亲值表现的肉质特性是令人满意的,而对于母系,其杂交后代所具有的优于中亲值的繁殖力和使用持久性对于猪群的系统性保持来说,非常有用。

现代品种改良者常常通过基因导入的方式来引进新的特性,并建立一个变异性更强的群体以供选择。本品种改良、新品种的建立和连续的杂交,这三种技术是各个国家和国际育种公司常用的育种手段,而基因叠加和对杂种优势的利用则是对常规技术的补充:不论父系还是母系,都可以通过杂交育种计划实现对品系的基因导入。

不幸的是,品种间杂交大多数被用于代替持续的育种计划。通常保持 4~5 个小群体,每个群体为一个品种,群体内不进行选育,其目的是保持品种之间的差异(例如:一个多产的品种、一个花色品种、一个生长速度快的品种、一个瘦肉型品种、一个脂肪型品种等等)。然后通过不同核心群的杂交配合来满足不同的市场需求。由于这种策略并没有对其资源品种内进行遗传改良,所以,其带来的希望多,但是能够遗传的却少。

另外一种品种改良策略,同时也是相当于对品种改良策略的一种补充,那就是在纯繁群体内进行积极有效的遗传选择。因为杂交育种和基因导入的持续有效性是由资源群体的改良进程所决定的,任何一种育种计划都不可能只靠杂交或基因导入而完成。

猪育种群内的选择改良

　　群体内的选择改良主要由加性遗传方差(σ_A^2)和父本的群体均值决定,而母本的群体均值影响要小一些。候选个体的优秀性应通过性能测定来证明,但是只有表型是可以测定的。性状的表型方差是加性遗传效应和环境方差之和,显性和互作效应(杂种优势,σ_D^2 和 σ_I^2)的影响较小。即 $\sigma_G^2 = \sigma_A^2 + \sigma_D^2 + \sigma_I^2$:

$$\sigma_P^2 = \sigma_G^2 + \sigma_E^2 \tag{6.10}$$

[见公式(6.2)]。

　　正如公式(6.8)中所表示的,选择反应(R)由遗传力(h^2)、选择强度(i)和目标群体内的变异标准差(σ)决定。当群体足够大时,可提高选择强度 i,缩短世代间隔(快速的更新核心公母畜),从而使选择反应达到最大[见公式(6.9)]。

遗传力(h^2)

　　遗传力可由 σ_P^2 和 σ_G^2 计算得出:

$$h^2 = \sigma_A^2 / \sigma_P^2 \tag{6.11}$$

　　遗传力表示父母对后代遗传组分的影响。h^2 可由后代性能表现对父母代性能表现(中亲值)的回归来估计,而且也可以由其他血缘相关的亲戚的信息来估计,尤其是同胞的信息。图6.9展示了对猪群生长速度遗传力的估计。每个点代表每对父母生长性能的均值及其所对应的后代的生长性能。对于开放的群体来说,父本的日增重为 900 g,母本日增重为 700 g,所有父母的平均日增重为 600 g,那么中亲值为(900+700)/2=800-600=+200(g)。四个后代的日增重分别为 650、600、750 和 700 g,平均日增重为(650+600+750+700)/4=675-600=+75(g)。总体来说,父母与后代的回归斜率为 0.5。

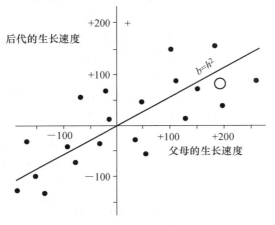

图 6.9　使用回归方法估计父母对后代的遗传力。

表 6.6 中给出了猪的一些重要的生产性状的遗传力遗传力。

表 6.6　猪的估计遗传力。

繁殖性状（遗传力低）		生长和胴体质量（中等遗传力）	
排卵数	0.10～0.25	日增重	0.30～0.60
胚胎成活	0.10～0.25	瘦肉生长速度	0.40～0.60
产仔数	0.10～0.20	食欲	0.30～0.60
成活率	0.05～0.10	背膘厚	0.40～0.70
断奶到发情的间隔	0.05～0.10	胴体长度	0.40～0.60
产奶量	0.15～0.25	眼肌面积	0.40～0.60
奶质量	0.30～0.50	后腿形状	0.40～0.60
使用寿命	0.10～0.20	肉质	0.30～0.50
		风味	0.10～0.30

对于像胴体品质这样的性状，由于它们受环境的影响很小，所以其遗传力较高（由于 σ_E^2 变小，使得 σ_G^2 与 σ_P^2 的比例变大）。相反，像繁殖性状受环境影响较大，其遗传力较低。因为遗传力（h^2）是估计出来的，所以其大小有一定的范围。如果 σ_E^2 较大，那么繁殖和生长的 h^2 值可能会分别小于 0.1 和 0.3。但是如果对环境的控制较好，那么 h^2 值可能会加倍。控制好 σ_E^2，可以使得基因型表现最大化，从而使得 h^2 提高。h^2 越大，遗传改良的速度就越快。

选择差（S）和选择强度（i）

选择差（所选父母代的生产性能超出群体均值的范围）与选择强度（i）和变异（σ）直接相关。选择反应由遗传力和选择差决定，见公式（6.6）、（6.7）和（6.8）。

相对于群体均值来说，选择的父母生产性能越优秀，那么其后代就越优秀，每个世代正向进展速度也就越快。图 6.9 中给出了后代生长速度对中亲值的回归，x 轴代表父母代，而 y 轴代表后代的生长速度。b 的倾斜度越大，则后代的反应就越好，后代的性能表现（优秀）就越接近于所选的父母的水平。图 6.10 中用箭头表示了育种计划目标的移动方向。

如果群体中大约 40% 的个体被选为下一代的父母，那么选择差不会太大。较低的选择差和较高比例的选择是典型的繁育母畜的选择。而较高的选择差，通常低于 10% 或低于 1%，是典型的公畜的选择；尤其是当使用人工授精时，可以使最小数量的优秀公畜的血液覆盖到最大范围母畜。图 6.11 中展示了选择比例对所选父母的优秀度的影响。

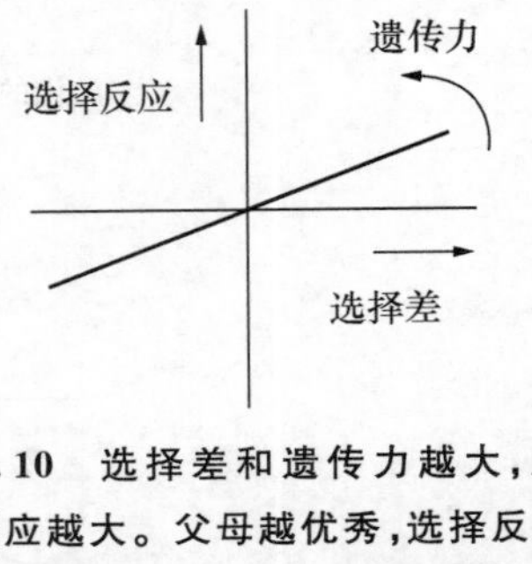

图 6.10　选择差和遗传力越大，则选择反应越大。父母越优秀，选择反应也越好；遗传力越高，任何选择差都能获得较好的选择反应。

选择差由 i 和 σ 决定：

$$S = i\,\sigma_P \qquad (6.12)$$

同样选择群体中最优秀的 10% 的个体，当所选性状变异较小时，则选择反应也小；性状变异大时，选择反应也大。如图 6.12 中所示，性状（a）的变

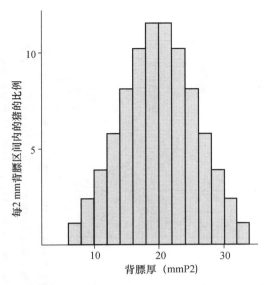

图 6.11 通过 **P2** 测定的背膘厚的变异,群体内对公畜进行选择而降低背膘厚。如果 **100** 个候选个体中只选留 **5** 个,那么所选留猪的最厚(最差)的背膘为 **11 mm**,平均值约 **10 mm**。如果 **100** 个候选个体中选留 **25** 个,那么所选留猪的最厚(最差)的背膘为 **16 mm**,平均值约 **14 mm**。

异小,而(b)的变异大。图 6.13 中描述了遗传力和选择差对三个性状改良范围的影响。

有一种假设认为随着选择规划的不断进展,可获得的变异范围会变小,而且选择反应也会减小,并最终保持稳定。虽然对于那些威胁健康的性状来说,这种假定是合理的,但通常这种假定都是错误的。对于那些向下选择的性状,如背膘厚,随着群体均值逐渐接近于零,变异减小是不可避免的(图 6.8)。而对于向上选择的性状,则没有限制,如繁殖和瘦肉率。通常认为产仔数受子宫容积的限制,但是如果提高母体体型,那么这种限制就很小了。对于瘦肉率和繁殖性状来说,在可预见的将来,其选择反应不可能变得稳定不变。

肉质性状的遗传变异范围是当前讨论的主题。虽然像风味和嫩度等肉质性状能够适当的遗传,但是由于 σ_P^2 很小,所以可获得加性遗传方差(σ_A^2)也很小。

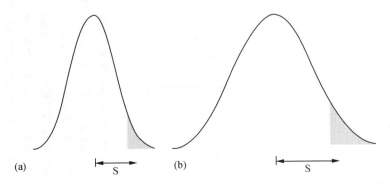

图 6.12 两个群体中最优秀的 **10%** 的个体被选留(图中阴影区域)。变异较大的群体(b)比变异小的群体(a)的选择差 **S** 大。

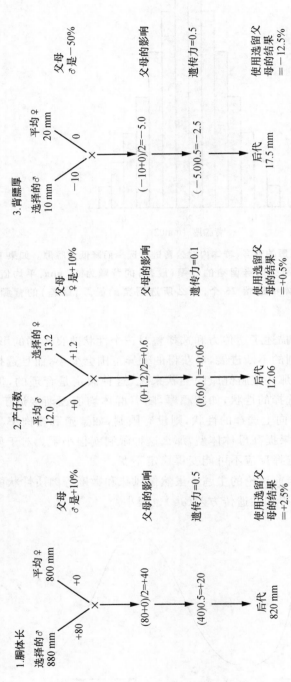

图 6.13　遗传力和选择差对改良速度的影响。第一个案例中，所选公畜的胴体长比繁育群的平均值高 10%。如果胴体长的遗传力为 0.5，那么后代的改良率为 2.5%。从所选的公猪出生到其后代出生（840 mm），这一过程需要 12 个月。在变异较小的猪群中，胴体长为 880 mm 的猪可能就没有，胴体最长的猪仅仅超过群体均值 5%（840 mm），因此其后代的改良率仅为 1.25%。第二个案例中，由于母猪的产仔数比群体均值高 10%，所以被选留。产仔数的遗传力为 0.1，后代的遗传力可能仅为 0.5%。从所选母猪出生一直到其后代出生，这一过程大概需要 24 个月甚至更多。第三个案例中，选择 P2 背膘厚为 10 mm 的公猪，其后代的 P2 背膘厚约为 20 mm 的群体的 P2 背膘厚约 17.5 mm（假定其遗传力为 0.5）。P2 背膘厚为 14 mm 的公猪，其后代 P2 背膘厚约 18.5 mm。所选父母的性能均值与群体均值之间的差异大小是由必须从候选群中挑选的个体数决定。例如：如果只从 100 个候选猪中挑选 5 个个体，那么所选猪的平均 P2 背膘厚很可能为 10 mm；相反，如果从 100 个候选猪中挑选 25 个个体，那么所选猪的平均 P2 背膘厚会达到 14 mm（图 6.11）。

世代间隔（*GI*）

对于育种者来说，每年的选择反应（遗传进展）并不是简单的每个世代的选择反应[见公式（6.9）所示]：

$$\Delta G = h^2 \, i \, \sigma_P / GI \qquad\qquad (6.13)$$

每个世代的年数越少，选择反应率就越大。猪在6~9月龄的时候性成熟，4个月的妊娠时间。所以，每头猪的一个世代的循环时间约1年。实际生产中，从经济角度考虑，每头母猪不只利用一个胎次，可能在群体中保留4年的时间，这样就使得世代间隔变得很长。在母猪生产数窝（通常为两窝）后将其淘汰出核心群，能够保持这种严谨的制度非常好，但是，如果繁殖性状属于选择规划的一部分，仅通过有限的几窝产仔性能很难准确地判定其繁殖性状的育种值。在这种情况下，来自其亲戚（同胞）的信息就变得非常有用了。

对于公畜来说，存在同样的问题，甚至更为严重。通过对公畜后代的研究可以更精确地估计其育种值，但是当其后裔的生产性能被证实后，必将会延长世代间隔。与后裔测定相比，通过测定公畜自身的生产性能很难精确的估计其育种值，但是后裔测定又会延长世代间隔，因为甚至要等到后裔性成熟后才能获得性能测定数据。缩短世代间隔远比获得精确的育种值更有价值。对于像产仔数这样的限性性状，则可能要考虑通过后裔测定来评估公畜的育种值；但如果拥有足够多的其亲缘个体的信息时，就可以估计出候选公畜繁殖性状的育种值，甚至是在其未达性成熟之前。

有一种诱惑，那就是将非常优秀的公畜或母畜长期保留在核心群中。当利用一个优秀的个体或家系经过多个世代，通过品系育种技术被用来固定特定的理想性状，这是系谱育种策略的一个必要部分。寻找具有优秀价值的个体，并在核心群中保留4年或更长的时间，将群体（和所有者）未来的命运放置于适当的位置。然而，这种方法很难获得最大的遗传改良。现代猪的生长速度和瘦肉率的遗传改良进展是从育种者愿意快速更新核心公畜后才开始的，保持育种群的快速更新，并将世代间隔降低到最短。目前，育种公司的猪的世代间隔为400~450天。在强化的遗传选择下，纯繁核心群中母猪的有效利用时间一般为2~4胎，公畜的有效利用时间是通过周或月来计算的，而不是年。

纯繁（核心）群规模

纯繁的育种者往往使用较小的繁育群，并且主要依靠少量（冠军）公畜或与其亲缘关系非常近的公畜个体。许多群体的候选个体都通过测定设备进行测定，然后个体育种者就会自发的只使用最优秀的测定公畜。这是许多国家猪改良规划的基础，但是当品种改良的责任转移到独立的育种公司后，使得这种测定制度使用率下降，甚至被废止。

小规模纯种育种者消失的原因有很多，其中最主要的是他们不愿意相互合作，而建立一个真正规模的可操作的测定中心。因为，他们担心测定中心可能会导致疾病的传播。候选个体被送往测定机构，而每个候选个体都可能携带有疾病，在测定过程中，这些疾病被相互交换感染，然后病原菌可能通过那些被挑选出来的公猪而传播给每个育种者。改良猪的商业购买者对猪群健康度要求的上升，威胁到了测定中心有效群体大小的增加。

测定的准确性、选择强度(i)和可获得的变异(σ)会直接影响选择反应。这些问题都可以通过增加群体数量而得到解决。群体数量增大时,世代间隔也很容易被缩小。

当遗传力高时,核心群中纯繁母畜的数量在 250～500 头是可以接受的,而父系群体则应该是开放的。当遗传力中等时,核心群中繁殖母畜的数量要求为 500～1 000 头。当性状的遗传力低时,核心群规模超过 1 000 头是能够获得遗传进展的先决条件。考虑单个育种场纯繁群体规模是很少见的(但并不是不可行的),单个育种场的繁育母猪群的有效群体大小通常为 250～600 头,这样才能够保证强化的遗传选择计划的管理和记录。整个核心群应该遍布多个分离的群体,而事实上,核心群也是由多个群体来构建的。通过人工授精的方法可以将公猪的基因遍布各个群体,这对于计算机记录(BLUP)来说并不复杂,而是相当容易的。

测定的准确性和候选效率的比较

在选择特定价值的父母亲时,假定这些所选的个体能够真正推动遗传进展,测定结果也能够反映所测定的性状。然而,由于环境变化的影响,测定结果可能不会正确反映真实情况,而且许多其他因素也会影响测定的准确性:

(1)　测定中人为的错误;

(2)　记录或计算机输入的错误;

(3)　间接测定的误差,如超声波测定活体背膘厚、根据背膘厚和体重预测活体瘦肉率等等;

(4)　测定结果可能是其亲属的,而不是对候选个体本身的测定。如产仔数或肉质。

除了上面提到的这些错误类型外,其他错误都是由核心群的管理而直接造成的,主要是管理系统自身。排除这些管理效应是非常必要的,可以通过 BLUP 法去除固定效应。例如:性能测定过程中测定不同身体组成或日龄的候选个体的瘦肉增长速度;在测定过程中测定候选个体不同采食量的生长速度和饲料转化率;在配种后测定候选个体不同管理条件下的产仔数;测定候选个体在不同加工处理过程中 PSE 肉的易感性,等等。

测定准确性的提高也是降低环境方差(σ_E^2)的一部分。许多测定的失败都是优于管理不便造成的。核心繁育群的人员和管理方法与商业生产单位的管理是完全不同的。

基因型与环境的互作

基因的外部表现必定是在一定的环境下,猪不可能在没有食物的环境下生长,抗病性状也不可能在没有病原体的环境下表现(表 6.7)。也就是说,候选个体必须在一定的环境下进行测定,只有这样其遗传给后代的基因才能够得到充分表现。

表 6.7　抗大肠杆菌 K88 的遗传基因与环境的互作。

	腹泻的发生率(%)	
	不携带 K88	携带 K88
来自 A 公猪的仔猪	15	35
来自 B 公猪的仔猪	10	15

问题是商业环境(后裔所处的环境)可能比核心群测定和选择所处的环境(父母所处的环境)更不稳定、变化更大。环境变化是非常不利的,因为环境变化会导致环境效应(σ_E^2)增大,使得 σ_A^2 在 σ_P^2 中的比例减小,有效遗传力也随之变小。

$$\sigma_P^2 = \sigma_A^2 + \sigma_E^2 \tag{6.14}$$

和

$$h^2 = \sigma_A^2 / \sigma_P^2 \tag{6.15}$$

是由公式（6.11）中得来。

　　由于基因型与环境互作，在瘦肉率和脂肪度选育过程中，营养环境很难控制。商业模式下可能更倾向于限制采食量从而达到均衡的营养质量，但是在这种条件下，个体间的瘦肉生长速度的差异并不能完全表现出来。只有在高能量和蛋白水平下，个体的瘦肉生长和脂肪度的差异才能得到证明，如图 6.14 所示。

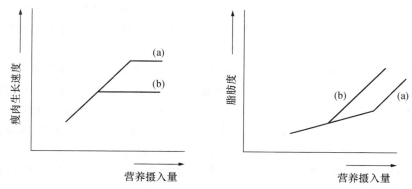

图 6.14　遗传与环境互作，营养环境对猪瘦肉生长和脂肪度的影响。值得注意的是只有在较高的营养摄入时，两种基因型之间才差异显著。

　　由于候选个体的性能测定必须在一定的环境下，能够使基因的特性得到充分表现和表达，而且在这种环境下能够很好地将不同的基因型区分开来。

　　对育种者来说，在一个变异小且相似度高的环境中，有利于成功区分候选个体不同的遗传特性。而这将不可避免地导致测定制度与生产环境不匹配。在没有严重的基因型与环境互作的情况下，测定制度所挑选出来的优秀候选个体在商业生产环境中的表现可能会较差（图 6.15）。

　　通常，在商业环境下，所选性状很难得到充分表现。而有经验的生产者，在更新群体遗传基础的同时也会改善环境（尤其是营养环境），从而使所选的优秀性状能够充分发挥。

　　由于基因型与环境互作效应的存在，使得我们怀疑在同一个环境下比较不同基因型是否合适。为了比较不同品种类型或育种公司的个体，

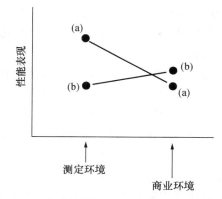

图 6.15　在严重的基因型与环境互作影响下，会使得测定过程中的性能表现不能反映其真实的商业价值。

以确定哪些个体是最优秀的。如果每种类型的测定都使用不同的制度，那么比较起来就很混乱，但是如果每种类型都在相同的制度下进行比较，那么最优秀的个体可能仅仅适合所处的这种环境。尽管互动是非常不便或困难的，不同的猪种间的比较还是应该在它们各自

所最适应的环境下进行比较。理论来说,这种比较并不适合,因为最好的商品是由市场来评价的。购买者可能会挑选最适合他们环境下的猪种类型。这就涉及核心群在留种时对测定环境的选择。因此,育种公司期望消费者感兴趣的不仅是选择目标和选择强度,而且要关注测定方法。

指数选择

选择策略很少,如果有的话也仅仅有一个选择目标;选择目标也很少,如果有的话也只是根据一个测定方法来选择。要将测定方法和选择目标结合起来,就需要构建一个指数,该指数能够将大量不同性状的测定值转换为一个简单的数值,通过这个简单的数值使得候选个体可以按照其优秀程度进行排列。只对瘦肉生长速度进行选择,并不能完全保证能够获得高质量的胴体;在选择的同时,应该将背膘厚也考虑进去。同样,繁殖性状、胴体和生长性状也应该同时进行考虑和选择。

选择策略要求选择指数不仅能同时考虑两个正相关或负相关的重要性状(如生长速度和繁殖性能),而且能够考虑单个性状的多种测定方法(如瘦肉生长速度,可能同时测定日增重和背膘厚度,甚至其亲缘个体的胴体瘦肉率)。通常育种指数应包括以上所有信息。选择指数中每个测定性状的权重要不仅能够反映不同等级性状的值,而且能够反映不同质量的信息的适当值(权重)(例如直接或间接的测定),即给定一个能够区分性状经济重要性的权重(父系的育种目标可能侧重于生长速度和瘦肉率,而母系的育种目标可能侧重于产仔数)。

如果坚持现实的育种计划,那么就可能要追求多个育种目标。但这种选择通常非常复杂且选择目标极其广泛,可能会带来负面的结果,其中一些可能与生产效率并没有直接的关系。如果只追求一个专门的简单目标,那么会获得较快的遗传进展。然而,对于养猪生产来说,最经济、有效的进展应该是同时对多个性状进行选择改良。当将每个辅助目标都包括到选择指数当中时,除非各个性状之间存在正相关,否则每个目标的进展速度都会很慢。如果同时追求负相关的性状,那么肯定会降低进展的速度。所以只有那些非常关键的性状才能作为选择改良的目标。

当两个性状存在负相关时(如繁殖和胴体性状),有效的解决方法是将群体分为两个品系(父系和母系),从而避免它们同时出现在一个选择指数内。然后,将分开的两个品系之间进行杂交,生产商品 F1 代。这种策略的基本原理见图 6.16。

最好不要将某些阈性状放到选择指数内,可以简单地将未达到最低要求(独立的淘汰条件)的个体淘汰即可,淘汰时可以不顾最终的育种目标。肉质就是一种阈性状,当肌肉没有PSE 症状时,瘦肉率才是优点。无论产仔数多少,良好的后腿才是公猪和母猪的先决条件。所有母猪至少要有 12 个乳头,而所有公猪都应该具备适当的性欲。只有达到所有的阈值水平后,才能通过选择指数来计算候选个体的优秀程度。

多性状选择的选择指数的结构是非常复杂的。

(1)　即使改良计划的目标只有一个性状,但如果将与其相关的性状包括在评估标准内,那么也能够提升该性状的选择效率。比如,对于活体候选公猪的瘦肉率测定来说,如果能将超声波测定的背膘厚、肌肉厚、后腿体形和饲料转化率以及屠宰测定的同胞的瘦肉量等信息考虑进来,那么候选公猪的选择效率将会得到大大的提升。

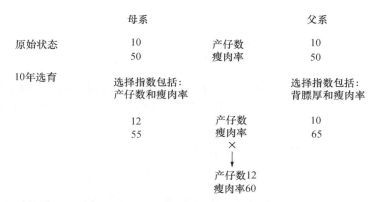

图 6.16　利用特定的公、母系,并在每个品种当中使用不同权重的选择指数

(2) 当对群体中多个性状同时进行选择改良时,这些性状之间应该或多或少存在正相关的关系。虽然总的日增重和瘦肉的日增重是密切相关的,但瘦肉率的日增长和脂肪的日增长并不一定是密切相关。在自由采食的条件下,瘦肉生长和脂肪之间的关系可能是正相关的,但是在限制饲喂的条件下,它们的关系可能是负相关的。因此,应该了解这种正、负相关的关系,并在选择指数计算中加以体现。

(3) 相对于其他性状来说,有些性状可能是非常重要的,因此,在选育的同时,应该侧重这些重要性状,从而使得这些重要性状的进展速度快于其他性状。当一个国家的猪为脂肪型且人们拒绝脂肪时,脂肪厚度就会被认为是最重要的性状。但是,当一个国家已经拥有瘦肉型猪种,且人们更注重肉的风味和烹饪特性,而不是最终的瘦肉率,在这种情况下,脂肪厚度就不重要了。

有时候,权重是根据其最终的价值来判定的。如果选择目标必须具有经济利益,那么在选择指数中,给那些具有较大经济收益的性状分配更大的权重是非常理想的。但是,即使在单一的市场背景下,经济收益可能只是短暂的而且具有波动性。如果根据每次价格波动来调节选择指数,那么由于选择方向的经常变化可能导致选择进展非常有限。然而,如果忽视市场波动,那么可能会导致选择指数中的权重不再能够真实反映性状的重要性。对于国际育种公司来说,由于不同性状在不同国家的经济等级存在很大差异,所以这种问题显得更为复杂。例如,在西班牙,猪的后腿体形是至关重要的,但在英国就没那么重要。因此,应该用怀疑的态度来看待选择指数中的经济权重。相对重要性可能是决定选择优先权的最好办法,首先考虑选择进展的速度,然后再考虑选择指数的权重。这样,权重将能够清楚地反映管理决策和生物学作用,而不是随环境变化而任意改变。

下面是一个简单的选择指数的例子,由美国种猪改良联盟(the National Swine Improvement Federation)所提出选择指数(I):

母猪的选择指数:

$$I = 100 + 7(N - \overline{N}) + 0.4(W - \overline{W}) - 1.4(D - \overline{D}) - 53(B - \overline{B}) \qquad (6.16)$$

其中 N 表示产活仔数,W 表示 21 日龄窝重(lb),D 表示达 230 磅活重的日龄,B 表示背膘厚(in)。如果 $\overline{N}=10$,$\overline{W}=130$,$\overline{D}=160$,$\overline{B}=1.0$,两个候选个体的 N 分别为 11 和 12,W 分别为 150 和 140,D 分别为 130 和 135,B 分别为 0.7 和 0.8,那么,I 分别等于 166 和 160。选择指

数中,着重产仔数和母猪的生长速度,这是非常合理的。

公猪的选择指数:

$$I = 100 + 112(DG - \overline{DG}) - 120(B - \overline{B})$$ (6.17)

其中 DG 表示日增重(lb),B 表示背膘厚(in)。如果 $\overline{DG}$ 为 1.5,$\overline{B}$ 为 0.6,两个候选个体的 DG 分别为 1.7 和 1.6,B 分别为 0.5 和 0.4,那么 I 就分别等于 34 和 35。选择指数中日增重和背膘厚的权重几乎相等。

一个简单的选择群养后备母猪的选择指数如下:

$$I = (100 \times DLWG) - (2 \times P2) + (0.02 \times W)$$ (6.18)

其中 $DLWG$ 从出生就开始测定(kg),$P2$ 表示眼肌上部的脂肪厚度(mm),W 表示测定时的体重(kg)。所有个体都在 150 日龄时,进行称重并测定 $P2$ 处的超声波背膘厚。两个候选母猪 150 日龄的体重分别为 89 kg 和 95 kg,$P2$ 背膘厚分别为 10 mm 和 12 mm,那么两头猪的选择指数值很接近。

简单的公猪选择指数:

$$I = (0.08 \times DG) + (50 - P2)$$ (6.19)

更着重背膘厚的公猪选择指数为:

$$I = (0.04 \times DG) + (100 - 2P2)$$ (6.20)

两个候选个体 A 和 B,日增重分别为 800 g 和 900 g,$P2$ 背膘厚分别为 15 mm 和 20 mm,那么由第一个公式计算的选择指数值分别等于 99 和 102,而由第二个公式计算得出的选择指数值分别等于 102 和 96。因此,当使用第一个选择指数时,候选个体 B 比较优秀(生长速度快),但是当使用第二个选择指数时,A 更优秀一些(背膘更薄)。

选择指数的主要目的有:(1)平衡不同的选择要求,因此,I 的意义深远(活体日增重为 1 000 g,背膘厚为 10 mm,但不能说前者就比后者重要 100 倍);(2)对具有更重要经济价值或更值得依赖的性状加权(如产仔数与初生重)。通过调节测定性状的相对遗传力、相互关系、方差等附加的遗传参数可使选择指数更加完善。

假定选择指数的目标是通过测定日增重(DG)和背膘厚(BF)来改良瘦肉生长速度($LTGR$),b 为选择指数中的权重,那么:

$$I = b_{DG} \times DG + b_{BF} \times BF$$ (6.21)

如果要计算 b 值,那么就需要下列条件:

(1) DG 和 BF 的表型方差 $[\sigma_P^2(DG)$ 和 $\sigma_P^2(BF)]$ 以及它们的协方差 $[\text{cov}_P(DG, BF)]$;

(2) DG 和 $LTGR$ 的遗传协方差 $[\text{cov}_A(DG, LTGR)]$(被选择和测定的性状之间的关系);

(3) BF 和 $LTGR$ 的遗传协方差 $[\text{cov}_A(BF, LTGR)]$。

由于联立方程可计算得出 b_{DG} 为:

$$[\text{cov}_A(DG, LTGR)/\sigma_P^2(DG) - \text{cov}_P(DG, BF) \times \text{cov}_A(BF, LTGR)/$$
$$(\sigma_P^2(DG) \times \sigma_P^2(BF))]/(1 - r_P^2)$$ (6.22)

而 b_{BF} 为:

$$[\text{cov}_A(BF, LTGR)/\sigma_P^2(BF) - \text{cov}_P(DG, BF) \times \text{cov}_A(DG, LTGR)/$$
$$(\sigma_P^2(DG) \times \sigma_P^2(BF))]/(1 - r_P^2)$$

(6.23)

其中 r_P^2 表示选择指数中两个重要性状的表型相关,即 DG 和 BF。

这些选择指数的例子都非常简单,指数中仅包含候选个体自身的信息。当选择指数中包含多种测定方法和多个目标性状、或性状的经济价值与遗传参数同等重要或包含多种不同来源的信息时,选择指数就变得非常复杂了,必须借助计算机技术才能处理。

选择目标

实践证明,选择目标越少,所选性状的改良速度就越快。因此,在育种计划开始之前,首先必须确定育种目标。

育种目标主要有三个方面:

* 繁殖性状;
* 肉质性状;
* 生长速度;

和两个标准:

* 经济价值;
* 进展速度。

对每个性状来说,提高 20% 的活体日增重、4% 的饲料转化率、3% 的胴体瘦肉率或 7% 产仔数,都会带来额外的经济报酬。如生长速度,每年的活体日增重提高 20 g 左右,这对于育种者是很容易完成的。对胴体瘦肉率进行集中选择,可使育肥猪的瘦肉率每年提高 1%。

关于繁殖性状的可改进量的限制因素还在探索中,通过 BLUP 法,产仔数可每年增加 0.1~0.2,并且改进量可能会更大。

通过加快瘦肉生长速度来提高胴体瘦肉率明显比通过在饲料转化率不变的情况下,降低食欲和生长速度来提高胴体瘦肉率的效率要高,因为瘦肉生长速度与饲料转化率和日增重之间存在正相关。某一性状的遗传改进量决定于其相关性状的选择强度、两个性状的遗传力、表型方差以及遗传相关性。当两个选择性状之间为正相关时,那么,通过选择就可以获得这两个性状平行或相互促进的进展。然而,当两个选择性状之间存在负相关时,那么,其中一个性状的改进会对另一个性状带来负面影响。如当对胴体性状进行选择时,会对繁殖性状造成负面影响。其原因可能是由于猪的体质较差,或复杂的激素之间的互作。但不论什么原因,如果想要保持品种的育种性能,就必须全面提高管理、营养和健康水平。另外,当对瘦肉生长速度进行选择时,虽然与食欲没有负相关关系(通常,采食量和瘦肉生长速度呈正相关),但极度降低胴体脂肪度的选择制度是不可取的,因为这样会导致繁殖性能(产仔数、初生重、哺乳力)下降。

表 6.8 中列出了对四个性状的选择反应,其中每个性状都是在自由采食条件下单独进行选择。从表中可以看出,当对日增重单独进行选择时,瘦肉生长速度和食欲也都得到了提高,但猪会变得很肥。当只对背膘厚进行选择时,会导致活体日增重下降、食欲降低,而且瘦肉生长速度的改进量也很小。当只对饲料转化率进行选择时,每个性状的变化都很小,可能是由于日增重、食欲和脂肪度之间存在冲突。当只对瘦肉生长速度进行选择时,其结果与只选择日增重的结果类似。当只对食欲选择时,生长速度提高了,但脂肪度也增加了。因此,只有构建适当的选择指数,才能保证育种目标得以实现。

表 6.8　自由采食下的选择反应。

性状的反应	所选的性状					
	只选择 日增重	只选择 背膘厚	只选择饲 料转化率	只选择瘦肉 生长速度	只选择 增加食欲	选择 指数[1]
日增重	＋＋＋＋	－	＋＋	＋＋＋	＋＋＋	＋＋＋
瘦肉生长速度	＋＋＋＋	＋	＋＋	＋＋＋＋	＋＋＋	＋＋＋＋
降低背膘厚	－－	＋＋＋＋	＋＋	＋	－－	＋＋
增加食欲	＋＋＋	－	－	＋＋	＋＋＋＋	＋＋

[1] 选择指数包括日增重。瘦肉生长速度和背膘厚。

近年来,大多数遗传改良都致力于降低脂肪度,这是非常明智的,因为该育种目标可以立即获得经济回报。由于脂肪度的遗传力较高,使得 P2 处背膘厚的年改进量约 0.5 mm(或 2.5％)。然而,某些猪群背膘厚的潜在改进量已经被大大缩小,现在 P2 处的背膘厚已经被降低到 8～10 mm,已经达到保持优良肉质的最低要求。未来可能会通过增加胴体产量,同时降低胴体骨骼含量,来进一步改良胴体瘦肉率。

虽然对于许多北欧猪种来说,进一步降低其脂肪度的可能性已经很小,但对世界范围内大多数猪种来说,还有很大的改良空间。现在还没有证据表明,瘦肉生长的改进速度有降低的趋势,对于那些正向选择的性状,也没有理由假定其改进会立刻受到限制;但是如果食欲是有限的,那么生长速度的进一步改良就会受到限制。

最适宜肉产品的选择指数中可能要考虑以下几个因素:

* 活体日增重;
* 背膘厚;
* 瘦肉率;
* 瘦肉组织的日增重;
* 眼肌面积;
* 后腿形状;
* 肌肉质量;
* 脂肪质量。

相对瘦肉生长(活体日增重、瘦肉率和瘦肉日增重)来说,肉质(眼肌面积、后腿形状、肌肉和脂肪质量)更为重要。在某些国家,由于早先的一些猪群的品质没有屠宰价值,因此就被认为是不重要的。但在某些情况下,肉质是屠宰的首要条件,所以肉质又被作为一个单独的淘汰标准。我们有理由相信,通过选择可以使大白猪和斯堪的纳维亚长白猪的体型得到改良,并且其中一些猪的体型已经向好的方向改变。然而,大部分体型出色的白色猪种是通过导入皮特兰猪或比利时长白猪的基因来完成的。

将所有不同性状集合在一起,不一定总是会影响遗传进程。相反,当它们之间存在正相关时,可以相互促进,比如:活体日增重、瘦肉生长速度和瘦肉率,眼肌面积和后腿形状。如表 6.8 中所示,单独选择背膘厚时,可能会导致日增重和食欲下降,所以,应该将多个性状都包括到选择指数当中,从而避免负面效应出现。在某些选择指数中也将饲料转率考虑进来,但是,饲料转化率本身就是一个复杂的因子,很容易受一些不相关性状的影响。

　　现在,肉质仅仅作为一个选择目标而被人们所注意。而通常,育种者对肉质消费需求的第一反应是,如何利用基因导入方法来快速提高肉质。将杜洛克猪作为父系对大白猪和长白猪进行改良,已经被认为是一种快速有效的提升肉质的手段。

　　许多年来,氟烷阳性(nn)的猪都用于父系,以期待其杂合的(Nn)商品代会有较高的肌肉和胴体产量。因为,Nn 基因型的猪肉被认为不仅没有 PSS 的倾向,也不会出现 PSE 肉。但不幸的是,会导致 PSE 肉。Nn 是 NN 和 nn 型肉质的中间类型,与氟烷基因相关的 PSE 和 PSS 肉都具有高瘦肉率、肌肉多以及高屠宰率的特性。该基因的正面效应可能只有 1/3,相反,其负面效应可能达到 2/3。利用 DNA 指纹方法检测 HAL 1843 基因,可以将氟烷基因剔除,从而解决出现 PSE 和 PSS 肉的问题,但是这样也会失去一半以上的肉质特性。

　　对肌内脂肪含量进行群内选育可能是更值得的,因为,虽然肌内脂肪(可能为正面特性)与皮下脂肪(明确为负面特性)高度相关,但某些杜洛克品系确实表明这种相关性可以得到减弱。许多类型的杜洛克猪的肌内脂肪含量是大白猪和长白猪肌内脂肪含量的两倍,但其皮下脂肪的含量只有大白猪和长白猪的 25% 左右。根据以前选择目标的成本,当同时对肌内脂肪和皮下脂肪含量进行高强度选择时,其选择花费可能是非常昂贵的。除了脂肪以外,未来还可能对肉质的其他方面进行选择,如嫩度和风味。另外,有证据表明,通过注重屠宰前、屠宰、包装、零售和烹饪等方面的操作,可以更容易的提升肉的嫩度和风味。在这些操作规范化之前,通过优良基因型来改良肉的嫩度和风味,其效果可能会很小。

　　短期来看,肉质遗传改良可能还停留在寻找具有特定肌肉嫩度和风味的品种,并将这些肉质组合到特定的父系当中。然而,从长远来看,还是应该通过群内选育来改良肉质。有证据表明,雄烯酮和(非常严重的)粪臭素是可遗传的性状,可以通过选择来消除粪臭素。

　　繁殖性能的改良拥有明显的高回报,但是直到 20 世纪 80 年代左右,繁殖性能都没有被作为育种改良计划的选择目标。因为繁殖性状不仅遗传力低,而且属于限性性状。只能通过同胞或后裔来测定公畜繁殖性状的育种值,而且必须通过多个胎次的测定才能获得一个确定的育种值。这些原因都会直接导致世代间隔变长。在过去,繁殖性状在核心群水平的群内选择处于次要地位,而且,选择指数中的产仔数和年产仔数的加权值也较低。其替代方法是:

(1)　寻找并组合知名高繁品种的新基因,如大白猪和某些中国猪种。

(2)　在育种计划中利用杂种优势,将白色猪种杂交后,其 F1 代杂种作为父母代生产商品猪。

(3)　通过搜查大量个体,将繁殖性能表现优秀的个体,如第四胎产仔数高于 14 头(并且假定携带高排卵率或胚胎成活率的基因)的个体组成特定的高繁母猪群。将这些优秀个体共同选育,通过回交建立高繁母系核心群,其每窝可多产两头以上。为了保持旺盛的状态,将来自该母系的基因,利用人工授精和子宫切除术(剖腹产)而转入传统核心群。通过这种策略,其最终的父母代每窝产仔数可提高大约 0.25～0.75 头。理论上来说,这种手段可以持续不断的进行,但是,这样大概需要 6 年的回交和测定才能保证每窝提高大约 1 头仔猪,其结果要比使用现代技术手段的常规选育稍慢。

　　在某种程度上来说,所有这些策略都是有用的,但不是每个策略都能一年一年的获得进展。将来对繁殖性状的改良,进行群内选育是不可避免的(遗传工程技术除外),并且,如今所有的育种公司都在通过获得加性遗传方差来一代一代的改良猪的繁殖效率。

　　对繁殖性状的选择,大多数都是选的产仔数性状,因为该性状相对比较容易测定。现代育种计划是将产仔数或其他繁殖性状合并为选择指数，从而完成对母系的选择。当代育种者将繁殖性状作为选择目标，其主要原因有两点：首先是，更好的环境和管理控制程序可以显著的降低 σ_E^2 的大小，同时使得遗传力从 0.10 左右提升到 0.2 以上；其次，电脑和最佳线性无偏预测（BLUP）的使用，使得可以综合利用包括亲缘个体、不同时间和地点的加性信息，而不再需要延长世代间隔以及对公畜女儿的多产性进行后裔测定。结合 BLUP，利用约束最大似然法（REML）估计参数可以提高遗传力和协方差的准确性，通过 REML 程序可使繁殖性状的有效 h^2 值提升到 0.25。在不久的将来，通过 BLUP 法可能使产仔数和其他繁殖性状得到明显的改良。如果将产仔数多作为 1 000 头或更多母猪群体的唯一选择目标，那么利用 BLUP 和 REML 技术可使年产仔数提升 0.2~0.3 头/窝。混合模型中的固定的管理效应和随机遗传方差效应可被同时估计，除了产仔数性状的选择外，其他性状也可以进行考虑。每窝产仔数提高 0.2 的年改良率是可以被预测且被验证的。可以想象，单独选择排卵数会导致胚胎早期死亡率上升，而平衡胚胎死亡和有限的子宫容积则会获得一个稳定的产仔数改良效果。产仔数是一个复杂性状，至少需要四个独立的因素同时得到提高（排卵、受精、胚胎存活和子宫容积）。对产仔数（并不是其中某一部分）的选择必须保证所有相关性状都能获得进展，并且，产仔数不可能总保持一个稳定的水平。一共有 14 个功能乳头会成为母猪育种的必要组成部分，而不是 12 个。

后裔和性能测定

在贝克韦尔之后，后裔测定被丹麦人在 20 世纪早期重新使用。对于像产仔数和产奶量等低遗传力且为限性性状最好选择后裔测定，虽然后裔测定比较昂贵，但这种方法可以把环境效应最小化，使得测定结果非常准确。通过中心测定站的后裔测定来鉴定生长和胴体品质性状优秀的公畜，丹麦在 20 世纪中期的近 10 年的时间里在这方面做得非常成功，丹麦长白猪和威尔特郡生产的优秀丹麦腌肉就是由此而来的。候选公畜的后裔被送往中心测定站，在相同的环境条件下，对其生长和胴体性状进行测定，主要是饲料转化率和瘦肉率。该计划的优点之一是，可以获得较大的群体来估计核心种畜对育种规划的贡献，而且可以获得已经证明的优良公畜来推进育种进展。

由于中心后裔测定费用昂贵，因此就需要制定一个更实际的方法和后裔的评估策略。所以，要求：

(1) 建立一个有效的人工授精服务体系，使得改良的公畜能够更好地跨群利用；

(2) 将已测定的公畜在不同地区建立广泛的遗传联系；

(3) 采用先进的计算机技术处理大量的数据；

(4) 利用 BLUP 和其他统计方法，将尽可能多的亲缘个体的数据整合，同时考虑不同的场、季、世代和时间，最后估计出公畜的育种值。

现在，在猪繁殖性能的选择上，由于这些策略的实用性，使得中心后裔测定和同代比较测定的方法不得不让位。如今，对于核心群母系，尤其是通过 BLUP 和 REML 方法来改良其繁殖性状的过程中，都采用性能和后裔测定相结合的方法。

现代意义的性能测定可能起源于美国的杜洛克猪育种过程。的确，北美的猪遗传育种学家是这一方法的先驱者，如 Hazel、Lush 和 Dickerson，他们阐明了性能测定的潜能。他们认为测定的个体越多，就可能缩短世代间隔。对于高遗传力的生长和胴体性状来说，通过性能测定可比后裔测定获得更快的遗传进展。由 Dickerson、加拿大的 Fredeen、欧洲遗传学家,如斯堪的纳维亚半岛的 Clausen、Jonsson、Johansson 和 Skjervold,英国的 Falconer、Robertson、Smith 和 King,以及他们的弟子,如 Brascamp、Bichard 和 Webb 等的努力,美国的育种计划得到了进一步的发展。

20 世纪五六十年代期间,按照丹麦的模式,中心测定站在整个欧洲和北美被建立起来。但是,没有一个计划像丹麦那样获得成功。丹麦计划是受丹麦屠宰工厂集中制约的,一个单一的育种组织,其目标有限,并且可以控制改良基因的分布,通过育种金字塔而将最优秀的基因集中于核心群当中。

一个国家范围内的典型性能(和同胞)测定应该包括许多中心测定站的设立,在每个测定站(通常)有四个同胞:两个公畜(候选个体)、一个去势公畜和一个母畜。候选个体应该设计尽可能大的同龄群体,所有个体都将被测定且在相同的场地、时间、环境、营养、健康和管理条件下进行比较。体重大约为 25 kg 时,猪被转入,并且在达到给定的体重(30 kg)时开始测定。当达到第二个给定体重(100 kg)后,测定每个个体的日增重和超声波背膘厚(和肌肉厚),测定候选个体或其同胞群的饲料消耗和饲料转化率。通过候选个体的身体性能来对其进行评定,包括体型,如肢蹄、乳头数等。同时也对去势公畜和母畜进行类似的测定,但是它们随后将被屠宰,以获得同胞的屠宰率、瘦肉率、脂肪含量、肌肉品质、眼肌面积、后腿形状以及其他相关的胴体和肉质性状。通过指数来估计每个候选公畜的育种值,估计时要包括所有可以得到的信息,最后用相对于同龄个体的平均值的偏差来表示。

最后已被证明非常优秀的公畜返回到他们的所有者手中,用于核心群的纯种繁育或被出售给其他核心群进行纯种繁育。被证明优秀但不够突出的公畜将被出售给商品猪的生产者,用于杂交生产商品猪。而那些表现低于平均水平的公畜将被屠宰。

在公畜进行中心测定的同时,母畜也以每个核心群进行性能测定。选择强度可能不是很高,并且其在选育计划中的遗传贡献很小。根据体型、肢蹄和乳头数排列后,将通过体重日龄和超声波背膘厚对母畜进行评估,并以简单的指数排列等级。如果需要,指数可能包括产仔数和对母畜的一般繁殖力的估计。

在英国,类似的一个计划(但不包括产仔数性能)于 20 世纪后半期由英国养猪业发展管理局(Pig Industry Development Authority)以及后来的肉类及家畜委员会(Meat and Livestock Commission)施行。通过这一手段,使得纯繁核心群得到快速发展,开创了英国育种公司的发展结构。20 世纪 80 年代以前,由于缺乏候选公畜而使该计划以失败告终,成了其自身的牺牲品。育种公司自身采用了类似的计划,通过内部的性能测定(尤其是生长和胴体性状)来保持公司遗传选择的进展。

来自英国国家计划的猪品种改良进程的隐退,并且能在独立的、竞争的贸易中建立他们自己选择计划,主要是由下面四个方面促成的:

(1)　测定制度特定的瞄准胴体品质的改良,而没有考虑瘦肉生长速度。然而,育种公司已经开始确定其祖父母的血统,以期获得限定胴体品质下的最低水平的背膘厚,并且他们的兴趣已不再是瘦肉率,而是转向瘦肉组织的生长速度、体型、肉质和繁殖。

(2)　国家计划自然是基于国家的一般需求,而育种公司已经开始制定他们自己的目标。如:要求特定质量的猪肉的出口市场,而不仅仅是考虑国内需求;腿臀和眼肌大小与英国的要求无关,但在欧洲,这些性状却是基本要求。

(3) 由于许多不同来源的动物集中在一起,所以中心测定存在很大的健康风险。而对于育种公司来说,种畜的健康是首要的,只要保持健康才能将活体猪产品销售给其他生产者。当对公畜进行集中测定时,就可能存在健康隐患。

(4) 育种者意识到,在如今效益为首位的条件下,这种中心测定制度并不是对性状进行有效选择的最好方法。基因型与环境的互作效应会加大国家测定和消费基础之间的距离。与中心测定相比,采用本场测定的 BLUP 法可以获得更快的遗传进展。

就国家测定中心胴体评估设备来说,可能会有一个持续的现实作用。超声波技术可以测定脂肪和眼肌厚度,甚至评估后腿的肌肉组成。利用超声波可以对活体动物的瘦肉量(以及瘦肉生长速度)进行很好的预测,可以避免为了测定胴体组成而屠宰猪。但是,这些预测是根据回归方程来得到的,而回归方程的确定又需要包括活体和屠宰的数据信息。不仅需要通过胴体分析来建立有效的回归关系,而且所建立的回归关系应该包括:

- 特定的品种类型;
- 特定的育种公司;
- 随着遗传进展的时间推移,回归关系的可靠度。

因此,有远见的育种公司应该保持一个持续的循环,即对一些样本动物进行完全的胴体质量分析,以使(1)选择指数中评估候选公畜的预测方程不落伍并保持其准确性;(2)只有屠宰的个体才可确定其胴体和肉质性状。

如果利用超声波技术能够对活体的胴体组成进行很好的预测,那么利用该技术很难对屠宰率、切块价值、肌肉形状、高价切块平衡、骨率等做进一步的预测。如果要尝试对脂肪品质、肌肉颜色、嫩度、失水率、肌内脂肪含量、粪臭素含量等类似性状进行育种值估计,那么对候选公畜中样本动物进行屠宰是非常必要的。

国家计划的性能测定仅仅是一个持续的品种改良机构,具备以下特征:

- 具有改良整个国家猪群的明确需求,有一致的选择方向,并且选择目标较少;
- 鼓励新的个体进入育种进程;
- 在给定的市场环境下,希望并尝试排列和比较相同育种公司或不同育种公司的不同核心群种畜的生产性能;
- 胴体分割和肉质评判应为猪育种者服务;
- 由国家机构来传播改良基因,以保证这些的单向流动,避免优良基因在非核心群的浪费;即由国家育种机构来决定和控制育种金字塔。

无论是国家选择计划还是育种公司的选择计划,都需要金字塔式的育种结构(图 6.17)。这一概念来自一个简单的假设,即最优秀的基因应该被留在核心群当中,以保证核心群的改良。被改良的基因然后被扩繁,并最终传递到商品代。这种结构形成了一种遗传滞后(degree of genetic lag),因为从改良到祖父母核心代传递给父母代,再传递到商品代,这一过程一般需要 4～5 年时间。然而,一旦开始传递,这种进程就会被一年一年的保持下去。

中心测定体系的主要依据是降低环境效应,将所有候选个体都集中于相同的环境条件下,使其遗传特性能够得到同等的表现机会。明显的疑问是基因型与环境的互作效应以及单一测定制度对所有候选类型的适宜性。另外,也有一些关于群体来源环境效应的疑问,虽然可以通过 BLUP 模型或从较小的日龄和体重时开始测定来消除环境差异的影响,但是,测定环境可能与测定之前的环境和处理相差太大,而影响测定的准确性。必须注意的是,常规测

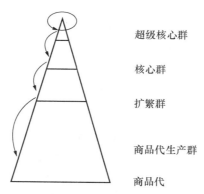

超级核心群

核心群

扩繁群

商品代生产群

商品代

图 6.17 育种金字塔。在超级核心群和核心群中进行性能、后裔和 BLUP 测定,选择特定性状的个体作为下一代的父亲和母亲。由于对验证公畜的集中测定和选择,使得群体血统得到快速的改良。核心群的后裔被转移到扩繁群,在这里优秀基因被大量扩繁,然后再销售给商品代的生产者。通常,位于金字塔顶端的猪会保持最高的健康状态,而且血统只沿着金字塔向下传递。

定和通过采用 BLUP 和早期开始测定来降低测定前环境效应的现代测定之间的相关系数应小于 0.5,否则,将不能保证常规测定的有效性。利用 BLUP 法可以校正不同时间和地点的差异性,并且可以对不同日龄的个体进行比较,而 BLUP 的应用已经使得同龄比较和中心测定在很大程度上丧失其有效性。因此,在不同时间和地点的群体间建立遗传联系是非常必要的,可以通过有血缘关系的公畜计划和利用核心公畜对大量育种母畜进行人工授精来实现这种遗传联系。现在,将 BLUP 和 AI 相结合的育种改良方法已经被许多较大的育种公司所采纳。

国家中心测定计划对同龄猪种改良的关键作用的丧失并不意味着传统的国家育种努力的强度和准确性会减弱,相反,现在这些测定站大多都由育种公司或农场在运作。如今,大部分育种公司通过相当大的努力,正在从事以前国家计划辛苦建立的性能测定计划。

测定制度

选择目标应该与测定制度相配合,并且测定制度会对实际选择的性状造成深刻的影响。原来英国的国家计划的清晰指示是通过其选择指数来提升生长速度、饲料转化率和胴体品质,但是经过多年对选择指数的应用,只有背膘厚降低了,而生长速度却保持不变,除了背膘厚之外,没有出现有效的进展。

如果在自由采食的条件下,加权的生长指数选择将会导致脂肪度的上升,但是,如果采用限制采食,那么就不会出现脂肪度的增加。如果群体中不再出现过肥的个体,那么对食欲的选择就是非常合理的,在这种选择过程中要同时对个体采食量和加权的生长指数进行测定。在肥胖猪群中使用高经济加权值的低背膘厚度和高饲料转化率的选择指数,会导致食欲降低。因为瘦肉生长速度的正向选择以及对肌肉厚度和腿臀的正向选择可能会导致群体肉质下降,而对于生长和肌肉厚度已经非常优秀的瘦肉型猪群来说,就值得加大肉质性状选择指数的加权值。

测定制度的种类繁多,有多种组合可供选择:

开始：日龄；体重；给定范围的体重。

结束：从开始的时间；体重；给定饲料的消耗量。

采食量：严格的或适度的限制；食欲；自由采食。

采食：高密度；低密度；中等密度。

选择提高：瘦肉量；瘦肉生长速度；饲料转化率。

选择降低：脂肪度；劣质肢蹄；肉质低下。

在给定日龄范围内，开始体重的日龄越小对于测定越有利，因为这样可以增加幼猪对疾病和环境的耐受性，增加变异，而不会对测定造成负面影响。一般情况下，开始体重为30～35 kg，但在条件比较好的机构，可能在20～25 kg就开始了。对于生长性状的测定，只要在成本范围内，且在缩短世代间隔和淘汰的前提下，应该尽可能的延长测定结束与开始之间的时间间隔。测定的时间越长，所测定的生长性状就越准确。当然，当生长潜力变弱后，测定的灵敏度也在降低，此时应该及时停止测定，否则所得到的候选个体等级排列将是无效的（图6.18）。

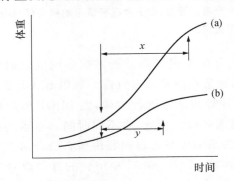

图6.18 适于类型(a)和类型(b)猪种的测定范围。x和y分别表示适合各自类型猪的测定范围。如果对(b)类型群体采用与(a)群体相同的测定范围，那么对于(b)群体是不公平的，而对(a)类型群体采用与(b)群体相同的测定范围采食最适合的。x和y测定范围都包含一小部分加速生长期和直线生长期。该图说明，给两个不同类型的群体制定一个适合的测定制度的非常困难的。设计的测定制度只适合于特定的群体，只能对单个群体内的候选个体进行排序。

当给定测定天数后，那么测定结束日期通常是固定的。这有助于测定站的管理和规划。测定机构使用固定的日粮以及固定的投喂次数，并每周逐渐增加日粮的投喂量，可以使所有猪都得到同样的日粮供给。大部分测定都会持续10～12周，而结束体重一般在90～120 kg（候选个体越优秀，体重就越大）。

在猪的体重接近胴体标准时，就可以终止测定，但事实上，由于不同的候选个体的饲料消耗量和结束体重不同，这对于生长速度和采食量的阐释并不理想。幸运的是，可以根据测定群体体重和脂肪度的关系，对不同结束体重猪的背膘厚测定做出简单而精确的调整，这样的调整可以通过背膘厚与活体重之间的回归关系实现。如某个100 kg体重结束测定的群体，猪的活体中每增加1 kg，其P2背膘厚就会相应的增加0.15 mm。对于肥胖型的群体，这一指数会有所上升，相反，对于瘦肉型的群体，则会有所降低。该回归关系在方便操作的同时，也可能带来误差，因为回归系数只局限于特定的基因型和环境，不可能在任何情况下都能保证其准确性。

测定中候选个体的饲料消耗量可以反映测定制度的效率(图 6.19)。生长早期的采食量(L)并不能够区分候选个体(a)和(b)。进入 M 阶段后,采食量可使候选个体(b)的瘦肉生长速度达到最大,能够更好地区分两个不同类型的个体。在 L 阶段,候选个体的食欲越好,其瘦肉生长也就越快,这些猪也就越被看好,但是随着采食量的增加,它们的瘦肉生长不一定是最快的。如果测定制度将两个性状(早期食欲和最大瘦肉生长速度)混合测定,那么就会失去测定的准确性。

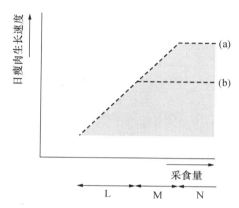

图 6.19　随着采食量的增加,候选个体(a)和(b)的日瘦肉生长反应。当采食量在 L 范围内时,属于典型的早期生长反应;采食量位于 M 范围内时,属于典型的中间生长反应;而当采食量位于 N 范围内时,则为后期生长反应。测定制度对挑选优秀基因型候选个体采食量水平的效率见文中。

图 6.20 表明,如果两个候选个体采食等量的饲料,而当采食量超过 n 时,候选个体(b)将会长的过肥,通过脂肪厚度的比较即可区分两种不同类型的瘦肉生长的基因型。但是,如果候选个体(b)的采食量低于(a)的采食量时,则(b)个体就不会长的过肥。通过在采食开始阶段饲喂等量的饲料,以确定最适宜的采食量 n 的值,从而将两种类型的候选个体区分开来。测定过程中,食欲好的猪将会比同龄的候选个体采食更多的饲料,在改良瘦肉生长速度的同时,伴随着脂肪的沉积(图 6.20)。鉴于这种情况,测定过程中要么给所有候选个体同等的采食量,要么对每个个体的采食量分别记录。对于圈养候选个体来说,通过自由采食系统很难对其做出判定,在自由采食条件下,个体的日采食量可能会上升 25% 或更多。

如今的测定制度经常采用下列饲料投喂系统:

(1) 根据固定的时间段和投喂量,给所有候选个体单独投喂相同水平的饲料。如:第一周的投喂量为每天 1.5 kg,每周增加 0.15 kg,共 10 周。如果选择的投喂量适于所有的候选个体,那么,这种方法能够保证所有猪的采食量都是相等的,但是对于某些瘦肉生长速度较快的个体来说,该方法不能完全反映其真实的遗传价值。

(2) 给所有候选个体单独投喂相同水平的饲料,允许食欲好的猪表现其食欲。这种方法与(1)类似,但该方法每周饲料的增加量要更高一些。对于没有采食干净的食欲较低的猪,则假定其饲料已被全部采食。这种投喂制度有利于候选个体的高瘦肉生长速度和高食欲潜能的发挥。

(3) 根据体重或代谢体重对每个候选个体进行单独饲喂,如 $0.12\,LW^{0.75}$。根据 $0.10\,LW^{0.75}$ 来保证最低的饲喂量,同时根据 $0.14\,LW^{0.75}$ 确保最高的饲喂量,这一饲喂水平已经接近

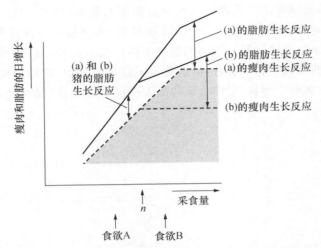

图 6.20　两个候选个体(a)和(b)的瘦肉和脂肪随采食量增加而增长的反应。在到达平台期之前,瘦肉与脂肪的比率是相对恒定的,而平台期之后,猪开始变得肥胖。如果(b)个体的食欲为 A,那么会比其食欲为 B 时生长变慢,但是其脂肪度却会下降。对于侧重降低脂肪度的选择指数来说,可能会挑选(b)而不是(a),尤其是在(a)的食欲高于 B 的情况下。

于自由采食。当然,不能根据群体的体重平均值来计算饲喂量。生长速度越快,猪的体重就越大,而饲料投喂量也就越大。根据时间确定饲喂量所带来的问题是,较小(较差的候选个体)和较大(优秀个体)的猪都饲喂等量的饲料,优待了弱者而惩罚了强者,而通过本方法可完全避免这一问题的发生。但是,根据时间确定饲喂量的优点是,由于饲喂量的限制使得优秀个体长的更瘦,相反,由于饲料充足而使较差的个体长的过肥,从而有利于区分候选个体。当然,如果像(2)中提到的方法那样,投喂量较大时,(1)的方法也不会成为优秀个体生长的限制因素,在这种条件下,再根据食欲好的优秀个体的需要量来确定每周的饲料增加量。

实际上,后 9 周的体重是第一周性能的巩固和加强,而第一周的性能表现常常是一些非遗传效应造成的。第一周的优秀性能表现可以确保在第一周结束时,候选个体有一个稍重的体重,随着不断生长,优秀个体立即就会获得较大的饲料增长,而饲料量的增长也进一步促进了优秀个体的生长。因此,根据体重范围来确定饲料量可以在测定早期就确定优秀个体,而不必花费整个测定阶段。另外,该方法可能存在下面几个缺陷:

(a)至少需要每个候选个体每周的体重;

(b)为了正确的估计候选个体的性能,而不能确定他们之间的采食量差异;

(c)需要单独计算和分配每头猪的饲喂量,随着猪群数量增加,每天的饲喂难度也会加大。

这种测定制度虽然看似比较明智,但事实上其结果是灾难性的。因为采用这种饲喂方法会得到一个固定的最终体重。

(4)　候选个体被分群圈养并采用自由采食系统。此方法的优点是可以给候选个体提供尽可能的生产环境,但不利的是不知道每个个体的采食量。这种测定制度在管理上非常简单,而且对于降低猪的脂肪度的选择非常有效,另外,猪的食欲稍微降低也是可以接受的。尽管该方法没有(2)完善,但如果在管理水平不能处理每个个体饲料配给的情况下,选择此方法还是非常正确的。

(5) 将候选个体分群圈养，通过一个电子饲喂控制系统对每头猪实行自由采食。其中电子饲喂系统能够识别每个候选个体，并可使猪能够随时进行自由采食。由电脑控制和收集每头猪每天的采食记录。很明显，该系统包括了上面提到的所有方法的优点，且没有缺点。

但是，要达到这一效果，需要满足下面的条件：

(a)设备运转正常；

(b)避免挑选好斗的个体。

第二点被列上的原因是，好斗的个体可能会阻止温顺个体进入饲喂系统采食，从而造成只有比较好斗的个体才能够自由采食，使得性能测定的目标不能实现。

现在，大多数正向选择瘦肉生长速度的选择制度可能会挑选方法(2)[对方法(1)的改进，可以提高食欲]或(5)，都是从固定的体重开始，共持续 10～12 周的时间。

到目前为止，关于饲喂制度的讨论主要停留在，选择指数的目标是通过降低食欲来降低背膘厚(如图 6.20 所示，B 和 A)还是增加瘦肉生长速度[如图 6.20 所示，(a)和(b)]。然而，还没有考虑在较低饲料水平下脂肪度的降低的情况。在图 6.21 中，需要注意的是无论 O 和 Q 之间还是(a)和(b)之间，脂肪与瘦肉的比率都没有随采食量的变化而发生改变。如果这样的脂肪度能够满足肉质要求，那么就不必再进行选择了。然而，对于某些传统的猪种(在未进行降低脂肪度的选择之前的猪种)来说，即使是在限制采食的条件下，其脂肪的生长速度也会超过消费者所要求的水平。在较低水平饲喂量的条件下，猪的新陈代谢发生了改变，使得脂肪转变成了瘦肉，最后导致瘦肉的日增长回归系数获得有效的增加，而脂肪的日增长回归系数得到有效的降低，从而改善了脂肪与瘦肉的比率。这是典型的关于去势公猪和完整公猪的反常现象的描述，在这种情况下，猪的生长激素已经被控制。根据以往的经验来看，在限制采食的制度下选择降低脂肪度，却是会给群体带来变化，并且，在早期的中心测定计划中出现过类似的案例。然而，对于大多数已经改良的猪群，在限制采食的制度下，不会再有脂肪度降低的情况发生。

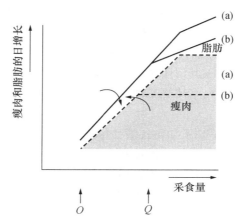

图 6.21　在固定的采食量水平下，有利于瘦肉的生长，但不利于瘦肉生长潜力的表现(采食量低于 Q)，通过改变猪的新陈代谢，可使(a)和(b)的脂肪度降低，如图中的箭头所示。

正如前面所讨论到的,在选择饲料的时候,应该考虑基因型和环境的互作效应。如果候选个体可以消化草料,那么选择低质量的饲料是非常有利的。但是,一般情况下,对于瘦肉生长速度、饲料转化率、脂肪度和肉质等性状,选择高质量的饲料可能会使这些性状得到更好的表现。比较保守的行业生产者可能会选择普通饲料,因为高价饲料可能会延缓遗传进展,而不能解决品种改良的核心问题。

群体内选择的远期目标

1980 年以前,减少脂肪含量是北欧主要的选择目标。用于选择的试验个体基本上都能成功达到预期目标。在过去的 10 年,育种目标已经转向了加强瘦肉组织的生长速率、继续提高饲料的转化率(后者由于使得生长速度加快,导致了维持需要的降低,而不像先前主要降低脂肪沉积的速率)。对母畜的选择更加注重其繁殖能力和使用寿命,对公畜的选择主要注重不依赖于氟烷基因的肌肉大小和形状,同样也注重肉质。这些特性已经加入到瘦肉组织生长率当中,并且也作为指数选择的一个重要方面。然而,该行业尚未能建立一个特别适当的测定体制来更容易地识别候选性状之间的差异,如产仔数和肉质,同时,也没有一个十分合适的体制来选择这些性状上的优秀个体。健康有两层含义,一是指对特定疾病的抗性,二是指在恶劣环境中表现出普遍强健性,将来健康很可能成为被首要关注的性状。如果减少脂肪是群体内选择的最初目标,如果瘦肉生长速率是近期目标,那么将来的选择很可能是肉质、繁殖率和健康。

通过进化,动物已经可以抵抗大部分疾病:对于所有病原体而言,只有当宿主缺乏抵抗力时,才能引发或多或少的临床症状。因此对疾病抗性选择的观念是比较现实的。对特定病原体的抵抗确实能通过选择来实现——就像大肠杆菌 K88。人类药物的发展导致了对特定病原体的标记辅助选择,并且这将会从遗传上给猪的抗病性选择也带来益处。

一个可供选择的方法试图处理一些较为常见的猪呼吸、消化和繁殖系统疾病,这些疾病不涉及对特定微生物的抗性(数量巨大,种类繁多)而不是针对一些较高水平的免疫性——一个更加活跃和有效的免疫系统。较强的免疫反应被认为是杜洛克猪的特点,并且产生的母系含有 12.5% ~ 25% 的杜洛克基因,具有较高水平的免疫能力和疾病抗性。

在一个与疾病挑战的环境中,如世界养猪行业中,对猪疾病抗性遗传改良的概念非常关注。特定的基因型对特定疾病易感,并且一些特定的症状可能是由遗传直接引起的染色体异常(如对氟烷气体的敏感性、肛门闭锁和一些疝气)。同样一些特定疾病可能也是能够遗传的——例如一些特定猪品种比其他品种对大肠杆菌更加易感。这很可能是遗传上对特定病原体易感。

通过育种来避免疾病的易感性不如对抗病性的正向遗传选择重要。以下列出抗病性的几个水平:目标组织或细胞不能应对来自病原体和毒素的挑战;或者是在某些特定的猪种中免疫系统具有特别强的免疫力。不言而喻,很多抗病性状是具有一定遗传基础的,如果这些遗传基础能够被鉴别出来,那么我们就可以在群体中对其进行选择。

目前,一些现代猪种可能或多或少具有非特异性免疫(而不是特异性免疫)能力。许多事实证明,现代猪种一定程度上维持它们自身的生长和繁殖性状,并且免疫能力降低,因此在很大程度上受着疾病的侵袭。这会使得一些猪种变得"娇气",要求高水平的管理和严格的防御系统来抵御这些病原体。对比之下,有一些其他猪种,我们理解为"强壮"。"强壮"或"地方猪"主要表现在较差的环境下和具有较高水平的病原体侵袭的条件下,能够对环境更加适应。而"娇气"猪将会感染上一些呼吸、营养和繁殖上的疾病,"强壮"的猪将不会感染这些疾病。可以假设,后者猪种在一定程度上具有较强的免疫系统。如果这种情况存在,较高水平的免疫力将会是将来的育种目标,迄今为止,在这方面的进展远远不像想象的那么大,现场试验证明,某些猪种在一般抗病力上要高于改良的"白"猪。知道这类现象逐渐地被证实和理解:由于没有对一般抗病力的合适鉴定和度量方法,所以很难获得抗病力性状的加性遗传方差和正向的遗传进展。

育种规划

后勤学(物流),非自然科学,是成功育种政策的一个基础力量。如果一个系统不能处理家畜识别、分类和运作等细节,那么这个学科将会有很有限的利益。

结合以下三个改进的育种策略,(1)新品种的引入,(2)核心群内选择和(3)杂种优势的利用,然后组织改良猪通过育种体系到肉类生产水平的后续供应物流的规模和复杂性,需要优秀的管理计划。

育种者使用中心测定设备(图 6.22)

在整个猪群中,有一少部分是由育种者所操纵的,但是种畜对商品个体的生长和全群的影响通常是深远的。用于鉴定优秀个体的国家性猪遗传改良机构,能够帮助集中提高核心群的品质,而且能够使得改良的基因从纯种的核心群通过繁殖群传递到商业肉猪。另外,中心测定机构-通常是政府或类似政府的机构-能够帮助识别纯种种畜的遗传特质的存在与否,而且能够对比种畜贡献的结果。国家测定机构很大程度上依靠个体的地方性产业结构和中央控制水平。同样需要猪育种公司和一些有望成为大的核心育种者的理解和赞同。

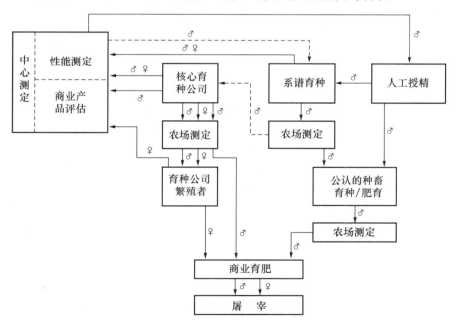

图 6.22　通过对那些超过平均水平的猪只进行鉴定、选择和传递来持续改良猪的国家猪业结构。这种结构现在已经成为历史。

有限群体的独立系谱（核心群）育种者（图 6.23）

为了在基础群中获得世代进展,育种者通常会从一个单一的纯种群体中和该群体中的一个类型中选取最优秀的个体作为下一代父本。选择可能是针对某个性状进行选择,也可能是瘦肉生长率,或者用指数选择与繁殖性能相结合的多性状综合选择。

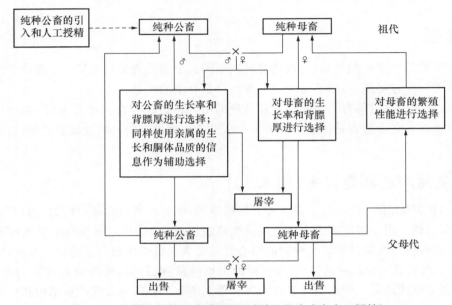

图 6.23 规模小的核心育种群（通过引入公猪或者人工授精）。

纯繁育种机构通常是寻找那些真正优秀的个体-具有生长速度高的公畜和良好繁殖力的母畜——这样的个体一旦发现就会在群体内保留很长的一段时间。如果进展速度变慢或者后裔性状出现退化,这样就会从别的育种群中引入新的基因。人工授精技术将这个想法变得相对简单可行。

由于不能较早的对繁殖性状进行度量和测定,所以一些规模较小的育种机构发现,对繁殖性能的改进是非常困难的。许多育种机构只是对产仔数多的个体进行选择,虽然这样不一定能够提高繁殖力,但是通过这种方法却可以防止繁殖性能下降。

生长性状比较容易被固定,并且能够在公畜和母畜中直接测定到。因为母畜的选择比例要远远大于公畜（比公畜要高 20 倍）,所以精确的测定并不是特别经济。育种群的母畜可以来自体重在 80 kg 左右的后备个体,生长速度可以由它们的日龄和超声波测定仪测定的背膘厚来估计。自由采食能确保所有动物均能充分发挥其潜能（因为饲料供给不足会限制动物潜能的发挥）。然而,对于屠宰动物的价值,胴体品质是一个重要的因素,许多育肥猪使用自由采食是比较浪费的,那些不被选择用于育种的母畜由于过肥而使得屠宰品质降级。

中心测定站能够给纯繁机构提供设备,帮助他们测定和评估后备公猪及其亲缘群的生长。对胴体品质进行测定,与屠宰相关的,包括瘦肉率、脂肪和骨,还有肌肉品质的评估。中心测定站,育种者的种畜都会被圈养在测试环境比较一致的地方。根据所得的评分,育种者决定是否将测定完的动物送回群体或者直接出售。根据中心测定站出版的动物测定成绩来相互安排。

这些信息对于其他的育种者是有利的,能够使得猪的特质在群体中得以保留。虽然一些小的育种者能从同胞的测定中得到益处,但是必须与农场对候选种畜测定相结合。

专门化品系是有益的,例如尤其是高的肌肉品质、体型或者广泛适应生产系统的能力。如果一些大的育种公司抵抗竞争非常成功,那么对于那些小的企业必须要有自己独特的销售方式。

育种公司的常规方法(图 6.24)

公司具有规模优势。每个主要的核心群中有 1 000 头母猪或更多,最好从不同的群体引入一些个体,在选择最好的曾祖代的公畜和它们使用的猪群的平均水平之间有很大的差异。育种公司寻找具有优良特性动物的最快速的周转速度,进展可能比较小,在这样的一个规划中周转时间是至关重要的。种畜不再长时间保留,尽可能的缩短保留时间,因此下一代对进展的贡献就可能快。

然而,系谱育种将他的声誉主要集中在出售少量具有杰出优点种公畜上,育种公司从事动物供应生意。育种公司出售公畜和母畜,经常是以种畜形式为主。买方要求提供种畜父母的信息,还要提供母系的信息。育种公司还要提供祖父母的信息。图 6.25 显示了典型的育种公司商业产品。

因此,公司提供以下两个服务:①健康公畜(活体,或人工授精的精液)和母畜群供应,②改良的种畜。然而育种公司仅能通过后者才能在市场中占有一席之地。在开放性市场中,提供高质量低价格的产品是确保商业竞争成功的基础,首要步骤是改善生长速度、胴体品质和繁殖性能。育种公司,因为其规模庞大、资金充足,他们对纯种核心群的测定要比小的育种公司更加严格。此外,他们还可通过将杂种母畜(经常也包括杂种公畜)做为商品代出售来赚钱。

除了考虑改良遗传品质外,和公司有关的销售以及种畜的运作是与动物的健康状态相联系。疾病的预防和控制是公司政策的一个很重要的方面。

育种公司的结构反映了它的需要。核心(曾祖父母)纯种育种群是严格隔离饲养的。在这些群体中,无论公畜还是母畜,动物的生长、胴体品质、肉质和繁殖性能都要经过严格测定。在核心群中选出祖父母代的种畜,其中一少部分用来更新核心群,同时,大部分用来作为扩繁群,它们产生的父母种畜用来出售。因为要控制群体健康,用于繁殖的个体不能再返回核心群。为了提高核心群的繁殖性能,经过测定的母畜必须和优秀的公畜交配,它们的后代经过选择进入核心群而不是用于扩繁。

核心群中祖父母类型的维持需要有三个要求。第一,种畜不但具有高的遗传特质,而且有进一步改良的潜能。核心群的祖父母代不一定是纯种;它可能是具有不同来源的合成系。但是,纯种的条件可以理解为,公畜和母畜都是同一种遗传类型,它们产生的后代和其父母具有相同的遗传特质。第二,为核心群选择的类型必须在杂交时体现杂种优势。第三,育种公司希望核心群是一个多样化的群体,这个群体必须在当前或者将来能够将一些特性带到最终的产品中。

例如,一个育种公司可以维持两个大的核心群,一个是大白猪群体,一个是长白猪群体。核心育种群的规模大概为 250~1 000 头母猪或者更多。一些较小的猪育种群,例如汉普夏猪、皮特兰猪、杜洛克猪和比利时长白猪、拉康姆猪和白肩猪可以维持产生父系中的公畜,或者能够提供强壮、体型和肉量等方面的特性。另外,根据不同品种来培育一个新的品系。结果是将会生成一个新的合成系,作为商品猪的终端父本。现今,许多育种公司的母系核心群也是合成系,综合了大白猪、长白猪和杜洛克猪的基因。

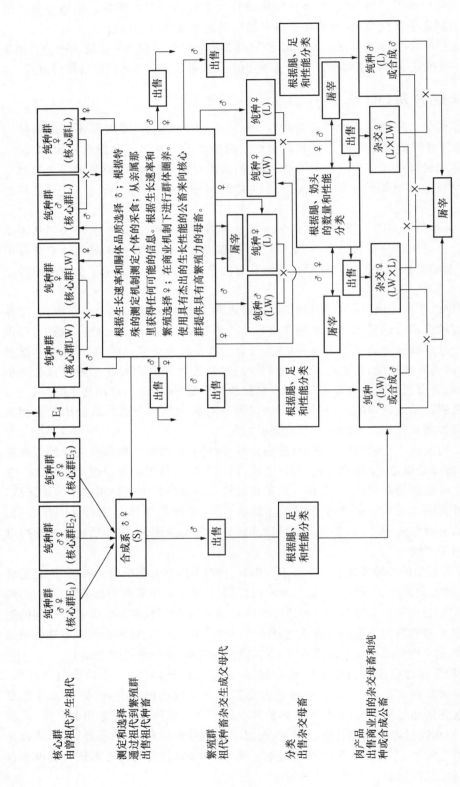

图 6.24 育种公司的育种规划实例。E_1、E_2、E_3 代表三个不同的外来群体。E_4 代表携带高繁殖力基因的母畜或畜具有特殊品质基因的公畜的群体。S 代表从三个外来群体和主要畜种类型的合成系，是父系。公畜具有杰出的生长性能和胴体品质。LW 和 L 分别代表大白和长白猪，组成母系。母系具有杰出的繁殖性能。这些群体只是一个例子，在现实中核心纯种群将由育种公司的合成系自己合成。（育种公司的公畜通过活体或精液来出售）。

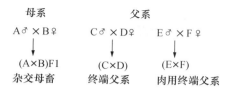

图 6.25　利用核心群纯系来生产遗传改良的杂交商业猪群。〔父母代的母畜(A×D)可能由外来品系或具有优质肉品质特性的终端父系(D×X)产生。〕

育种公司的纯种核心群也是合成系,引进了许多外来的基因。因此,育种核心群可能指的是"大白猪类型",这种类型与真正的大白猪不同,大白猪只是在系谱中可以发现。也与其他育种公司的"大白猪类型"不同。这是育种公司的一部分策略,核心群与那些尽管事实上被分类为"大白猪类型"或"长白猪类型"或"肉用类型"的种群截然不同。在育种公司的核心群中,每个核心群被看作是一个新的、独特的群体。

图 6.24 展示了育种公司是如何组织在一起的。

从育种公司出售的产品可能在一个国际化的中心测定机构中反复的进行了测定。中心测定机构随机的从繁殖群中购买年轻的母畜,这些母畜与公司核心群的公畜进行交配。测定母畜的繁殖性能以及其后代的生长速度、饲料利用率和胴体品质。然而,商业生产评估可能不够成熟,而因此导致的错误结果也可能被错用到别处。

育种公司不断提高产品的质量,使得与其他公司的竞争增强。虽然每个育种公司有不同的选择目标、管理系统和贸易策略,但是他们的最终目的都是使得商品猪有最大的出售量(大部分是 F1 父母代的母畜和杂交公畜)。为了做到这一点,公司通常都会组织三个生产水平。核心群的顶部是曾祖代(GGP)纯种猪群,它们是经过集中测定和选择的。核心群产生的下一代是扩繁群,组成了 GP 群,可以返回扩繁群。扩繁群组织祖代杂交并且形成了适合出售的父母代。这些父母代将会产生商品群。

曾祖代的群体健康是极为重要的,所有的群体是封闭的,仅能通过剖腹产、胚胎移植或者人工授精来实现基因的引入。将首次鉴定的核心群的改良基因转移到利用有 5 年的父母代。通过在 GGP/GP 水平上减少纯种繁殖的时间,遗传间距将会明显降低,将会形成一个比较大的核心群,但是在一个期望的核心群水平上,集中选择将会实行。从 GGP 核心群上,改良的种畜能够直接被转移到繁殖水平上。维持如此大的核心群和很大程度上对畜群进行测定的成本很大,但是由于群体比较大、精确的测定、较高的选择强度和短的世代间隔,因此取得的遗传进展也比较大。消费者也通过世代间隔的缩短而获利。核心群通过使用人工授精将优秀基因尽可能的广泛传播,这是"快通道"计划的一个基本策略。

育种公司通过遗传手段利用以下四个方法来最大程度地改良种群性能:

(1)　群体内选择;

(2)　通过引种将新基因导入;

(3)　通过杂交来利用杂种优势;

(4)　建立分化的父系和母系,每个系中分别对特定目标进行集中选择。

选择目标可能包括:

(a)瘦肉组织的生长速度;

(b)产品的经济效益和瘦肉组织的饲料转化率;

(c)产仔数；

(d)胴体瘦肉的量、品质及其分布情况；

(e)控制氟烷基因；

(f)肉质改良。

育种系(*A-Z*)

每个育种系是一个特定猪类型的群体。这些群体通过纯种核心群的父亲和母亲来维持的。这些基因来自两个或三个分离的育种类型群体。一个低水平的杜洛克基因可能渗入到父系核心群，也可能是梅山猪的基因。在父系核心群中，将高瘦肉率品种的基因导入到大白猪的基因组中，例如氟烷阴性(NN)的比利时长白猪。在每个核心育种系中实施了一个特殊的选择程序。每个系的选择程序都不同，每个系有各自的用途。公畜和母畜通过核心群到扩繁群，在扩繁群中杂交父母代的母本和终端父本是适合出售给消费者(见图 6.25)。

(A)   生产杂种母猪的母系父本：

长白猪类型：核心群规模为 1 000～2 500 头母猪。

选择重点为生长速度和产仔数(a，b，c)。

(B)   生产杂交母猪的母系母本：

大白猪类型：核心群规模为 1 000～2 500 头母猪。

选择重点为产仔数和生长速度(c，a，b)。

(C)   生产终端父本的父系父本：

大白猪类型：核心群大小为 500～1 000 头母猪。

选择重点为生长和胴体品质性状 (a，b，d，f)

(D)   生产终端父本的父系母本：

大白猪类型：核心群大小为 500～1 000 头母猪。

选择重点为生长和胴体品质性状 (a，b，d)。

(E)   生产杂交终端肉用父本的父系父本：

合成系主要是由具有高的瘦肉率和极好的肌肉分布的氟烷阳性品系：核心群规模为 250～750 头母猪。

选择重点为生长和胴体品质性状(a，b，d，e，f)。氟烷基因可以从整个畜群中剔除。

(F)   生产杂交终端肉用父本的父系母本：

大白猪类型：核心群规模为 250～750 头母猪。

选择重点为生长和胴体品质性状(a，b，d，f)。

(G)   生产杂交母本和公本的专门品系：

杜洛克猪类型：核心群规模为 200～600 头母猪。

选择重点为生长性状、胴体品质和产仔数(a，b，c，d，f)，同时还有其他一些特性，如强壮、适应性和肉质。(杜洛克可以选育成纯合白色品种。)

(Z)   动物池：

具有不同类型猪的小的育种群：核心群规模为 50～250 头母猪。

由于还不清楚未来所需的性状类型，所以没有特定的选择目标，而只是维持群体的基因多样性。

方法

采用的方法是由核心群通过扩繁群到达消费者水平的所有动物都处于良好的健康状态。这是一个三层金字塔结构,金字塔的顶层具有大的核心群,他们在核心群基因改良和向消费者传递之间的遗传改良最快并且遗传间距最小。图 6.26 显示了金字塔中的 A 系和 B 系,和由它们产生的 F₁ 杂交父母代母本。

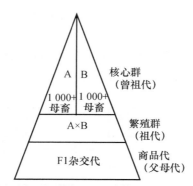

图 6.26　育种公司的三层金字塔结构生产杂交父母代的母本
(图由 Cotswold Pig Development Company Limited 提供)。

各种核心群的基因供给是通过人工授精实现的(图 6.27)。在 AI 中心的每个群体(A-G)几乎选不出最好的公畜。对公畜的选择强度大约为 1% 或更少。BLUP 法通常是从每个系中的不同核心群比较候选个体。从 A—F 系中,每个系都要求大约 15 个公畜和一个随时可用的 AI 中心。为了提高遗传改良速度和缩小世代间隔,公畜的使用时间不超过 10 个星期,并且每个公畜应用于 40 头母畜。每年将会有 60 头公畜通过人工授精来配 1 000 头核心母猪。通过人工授精一些高的遗传品质会传递全群,AI 是育种改良计划的一个关键步骤。

每个核心群的选择根据产仔数和瘦肉率等性状,此外尽可能地利用各种亲属的信息。母畜的留种率大约为 40%。

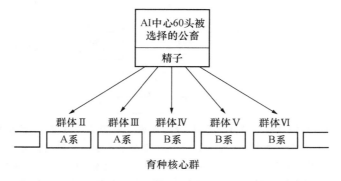

图 6.27　人工授精中心为了增加遗传改良的速度而提供的核心群优秀公猪的精液
(图由 Cotswold Pig Development Company Limited 提供)。

猪由核心群移至繁殖场,曾祖代由核心群提供。群体的更新率大约是公猪每年 100%,母猪每年是 50%。曾祖代杂交产生父母代母猪和为了出售的终端杂交公猪。后者可以直接来源于核心群。大约有 60％的杂交母猪是在扩繁群出生,这些母猪将会被选择用于出售和作为商品群的母本。剩下的 40％将根据肢蹄质量、体型评分和奶头数量或者其他特点进行精细选择。

商业育种者/生产者(图 6.28)

虽然,一些商品猪生产者关心他们群体的遗传特性的改良,但是他们也不希望购买那些来自育种公司的杂交父母代后备猪。改良祖代公猪可以从纯种育种者或者从育种公司核心群或从 AI 中心那里购买。

纯种父母代公猪通常通过培育来生产商品肉猪,也可以从外部购买-通常是经过验证为优秀个体的近亲-或者是自己培育。在任何情况下,为了产生杂交父母代的后备母猪,育种者必

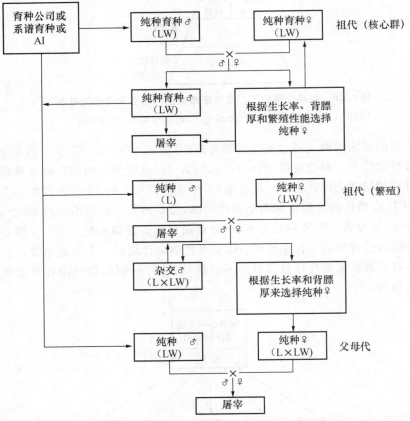

图 6.28　商品群的育种规划实例(LW 和 L 分别代表大白猪和长白猪)。要求 100 头杂交父母代母本和 30 头纯种猪。大约 10 头或 20 头父本交配来产生杂交母猪。纯种群体规模首先需要根据猪群的比例,除了那些由于肢蹄不良、体型不好、母猪的奶头数不够而淘汰的母猪,其次根据在生长期间未能达到需要的生产性能而被淘汰的猪的比例。如果 1 头杂交母猪 2 年繁殖 4 窝。20 头纯种母猪每年将产生大约 320 头仔猪,其中有一半是雌性。如果其中 2/3 或者 1/4 的个体进行测定,大约有 1/2 需要为了后备种猪而进行选择。为了更新核心群,每年要有 15 头母猪将产生 80 头青年母猪,其中 50～60 头将会被测定,测定的前 2/3 将需要进一步的选择。

须在一个或者两个品猪中维持一定量的纯种核心母猪。

母畜的测定通常受到限制,尤其是对生长速度和背膘厚的选择,还要因为繁殖性能不好来淘汰动物。优秀的母畜将会挑选出进行交配来补充核心群。在图 6.28 的顶部是那些纯种育种者,底部是扩繁者。一些生产者可能选择放弃纯种繁殖,对于他们,育种公司提供两个品种祖代猪来进行扩繁。对于生产杂种种畜来说,选择不是很重要,动物仅仅根据肢蹄和奶头质量来进行选择。

育种规划通过使用 AI 可能会更加简便,AI 在祖代核心群和扩繁群中可完全取代公猪。这种灵活性在祖代核心群和扩繁群的母猪中也有体现,动物个体在这两个水平上进行内部交换。核心母猪是用来选择进行交配。

商业生产者(图 6.29)

商业生产者的目标不但要改良父母代猪,而且还要获得它们。育种公司给他们直接提供杂交母猪和经过选择的公猪(图 6.29),或者间接地为农场扩繁群提供祖代种猪(图 6.30)。生产者不希望将育种公司作为繁殖母猪的供种来源,他们通过简单的观察进行选择来维持杂交群体,并且希望从一些优秀的群体购买公猪来改良他们群体的遗传特质(图 6.31)。为了维持杂种优势,育种用的公猪要经常更新。虽然,纯种公猪最有可能进行选择,但是生产商却喜欢用一些杂种公猪。

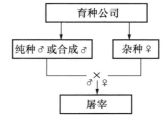

图 6.29　商品猪生产者从一个育种公司购买父母代种猪的实例。

商业生产者最有可能用的育种计划是直接从育种公司购买杂交 F1 父母代母猪,还有终端杂交父本(图 6.29)。这样的策略必须保持公司和顾客之间的公共健康,因此这对于来自不同公司的种猪是非常重要的,种猪购买于同样的扩繁场。每个商品群中通常每 100 繁殖母猪要有大约 8 头青年后备母猪。商品生产者的每 100 头繁殖母猪,大约需要每月从育种公司购买 4 头杂交母猪和 0.3 头公猪。

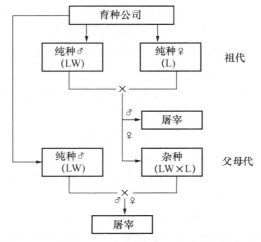

图 6.30　商业生产者从育种公司(LW 和 L 分别代表大白和长白品种)购买祖代(纯种)种猪的育种规划实例。

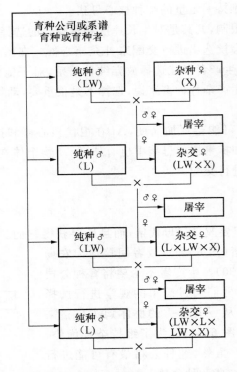

图 6.31   商业生产者通过农场杂交育种方法来维持繁殖群的育种规划实例。

新的生物技术

遗传工程及其相关技术对育种改良的积极作用已经得到证实！相信基因能从一个生物体传到另外一个生物体,将一个原来群体不存在的基因转入群体之中。但是这也是具有一定限度的,尤其是那些猪的繁殖和生长相关的基因。但是,DNA 重组技术使得激素和药物能在一些简单的微生物中生产,如经过证实的 r-PST(猪生长激素基因)。虽然对单个基因进行扩增并将其转移到一个有效的商业育种群体中还是不能实现,但是在将来的某个时间里,基因很可能通过简便的方法转移,并且获得遗传改变。

同时,还有许多其他的生物技术已经加快了遗传改良的速度。通过重组 DNA 技术已经增加了激素和药物的实用性,排除遗传选择的需要,通过激素治疗,增强了性状如瘦肉组织生长率和繁殖效率。但是,此行为需要关注以下几个因素:

(1)   公众对人类食用家畜的激素剂量的关心。

(2)   每一代个体处理的成本,与通过选择的遗传改良比较,后者效果是持久的(可遗传的),且一旦得到发展就不需要任何努力。

(3)   预测激素或免疫治疗的结果的相应知识并不完善,尤其是与其相关的一些影响。许多结果是综合的;因此动物要求对代谢的变化要有一个复杂的反应。如个体处理增长的瘦肉组织生长率的能力影响身体的系统发育,或者生殖系统来应付排卵数的增加。

(4)   在现有遗传基础上,外部治疗可能会扩大指定性状的表现;因此通过正向常规遗传选择效果越高,产生的综合效应越好,但需求较小。

转基因

从其他的群体或猪种导入基因将会很大程度上帮助一些特殊性状的导入,仅仅是我们想要的基因或基因团才会被导入(而不是全部基因)。因此,控制肌肉大小的基因可能被单独转移,增加排卵数和胚胎存活的基因(梅山猪的特征)也可转入到那些生长速度慢和脂肪多的品种中。

特定疾病抗性基因的转移是一个较为简单的遗传,是目前比较能接受的,并且也取得了一定程度的成功。它显示基因对流感提供的抗性是有效的。其他一些候选基因可以加强对普通呼吸和繁殖疾病的抗性。

转基因猪主要是通过将 DNA 显微注射于卵母细胞的生殖核,转基因通常是随机的携带单个染色体位点的基因片段。转基因猪显示包含其他物种的基因,但是转基因个体在这些基因固定和在世代间表达前还存在许多的问题。DNA 的显微注射将会有 0.5% 的遗传给子代,并且具有低的生殖能力。基因整合到染色体上是随机的,但是有效的转染效率系统将会要求这种整合具有紧密的靶向性。将外源基因导入已经存在的基因组中将会对先前存在的基因产生影响;理论上认为在新基因进入前原先的基因会受到排斥;但是,鉴别基因和基因结构的方法依然比较难。

通过对靶基因研究可以展示基因图谱的详细知识。这有助于我们了解表达目标性状的基因,它们在染色体的什么位置上,以至于我们能够通过转基因来使得 DNA 组合。基因图谱将会提供这些信息,同样允许识别基因作为标记用于转染。对于遗传工程,一个比较流行的目标(但是仍然不能获得)是发现了梅山猪的高繁殖力基因,将此基因转移到传统的猪种中。这会产生一个新的基因组,该基因组携带高产仔数基因,但是梅山猪的不利性状,如脂肪多、生长速度慢和早熟性不会进入新品种的基因组内。迄今,对产仔数最有利的基因已经被定位和作为标记来提高猪的产仔数,这个分子标记被命名为雌激素受体(ER)基因。

首先用于基因转染的是那些简单遗传的性状,基因的个体效应很大或者是能够通过多个基因的组合体来表达。这些基因必须是已知的或者能被识别。必须谨慎注意的是:在这些基因被完全表达之前,不能和其他基因产生互作。这些基因必须是对繁殖力或者健康状态没有负面影响。

转基因带来的负面效应仍然是一个难题。已经有了相关案例,导入生长激素的转基因猪往往与代谢紊乱相联系。但是,通过将靶基因导入机体内的遗传工程来提高生长、哺乳和繁殖性状已经取得了很大的成果,器官对激素的敏感反应或对激素表达的控制都导致了同样的效果:提高了反应水平。在所有成功转入生长激素基因的例子中,转基因猪的瘦肉组织生长增加了,而脂肪减少了,但是同样存在一些负面影响:如不育、精神不振、关节炎、一些疾病和早期死亡等不良症状。

也许最重要的是通过转基因得到的效果远远大于传统的选择,并且能快速达到商业效益。最近的计算分析显示大部分的繁殖性状可能可以利用。

基因转移和转基因猪的产生是最令人激动的新生物技术,但是生产性状的转基因离我们还很远。在系统被修改之前转基因要求系统的知识。如果它是复杂和不能理解的,转基因可能会应用有限。属于复杂系统的一部分的基因替代可能产生不好的结果。此外,扩繁和测试阶段可能产生时间滞后等于或大于常规育种。通过结合现代技术的常规育种方法每年最多可以导入 2%～3% 的性状。而通过基因插入的方法很难做到这一点，所以，在基因插入成为该改良动物生产的有效方法之前，其效率至少要提高 10%～20%。

外源激素调控

控制生长和繁殖的内源激素系统一方面可以通过外源激素的使用来调节（例如 r-PST 的使用），或者更有效的是通过药物调节，这些药物会与内源激素阻断剂和反馈机制产生拮抗作用，从而提高内源激素水平。这些处理可能与育种改良策略有关，因为：

(1)   它们可以替代常规选择，而常规选择具有难度高、进展缓慢、成本高和操作不便的特点。

(2)   它们可以与常规选择的一些方面相互作用，使得选定的性状在商业条件下更加有效的表达。如果系统通过激素治疗来增加胚胎存活，那么增加排卵数的选择可能会帮助增加产仔数。另外一个常规选择的例子——瘦肉组织生长率的选择和缩胆囊素之间可能存在激素互作关系，缩胆囊素是一种胃肠道激素，它是作为一种饱感控制器而发挥作用的，以外源形式使用该激素同样是有效的。

胚胎移植和克隆

胚胎移植作为传播改良基因和候选群体后裔测定的方法，在奶牛和羊上应用的非常广泛。第一个用于猪的胚胎移植是将抗病基因转入胚胎，因而改良的猪只对疾病有抗性。在猪上，胚胎移植没有获得较大的关注，由于对于猪，卵的收集很困难（见第四章）。但是，在顶级核心群里可能有一些应用。克隆可以在没有胚胎的情况下生产卵，但是成功率很低。

受精胚胎能够通过生物技术来去掉核，这时为克隆做最好准备。目前最广泛的克隆思想是将母亲胚胎细胞的核导入一个去核的卵母细胞中。亲代的胚胎能够继续为移植提供核，克隆的数量是无限的，并且仅仅和去核细胞的容受性有关。虽然克隆个体和亲代一样能为特定转基因个体提供机会，但是生产群的克隆还没有引起关注。尽管目前克隆技术能使不同个体具有相似性，但是使所有猪在遗传上具有完全的一致性并没有什么特别的价值。因此，克隆是作为转基因的一个有用的辅助手段，用来确保有用转基因被保留下来。此外，研究者热衷的克隆生物技术指的是以下几点：

(1)   优势基因型能够通过对 σ_E^2（σ_A^2 为 0）的估计来识别，而且许多亲属可以为候选者提供生产信息。

(2)   克隆意味着最终产品能从起源上创造，不需要通过繁殖来实现。来自父母最优良的基因能够整合到胚胎中，然后将胚胎分割可以形成许多一致的、优秀的个体，能够直接用于育种。事实上，通过这个技术有效的缩短了遗传间距；个体性能将会高于曾祖代和祖代群体的平均水平！

(3)   在育种上，具有优良胴体品质和不良繁殖性能的父系育种的花费非常高，因为母本的作用效率很低。将克隆和胚胎移植相结合，父系能够从具有高子宫容积的母本那里获得高繁殖力基因。这将会提高选择效率、降低成本、增加繁殖效率。

一个卵可以开启另外一个卵的细胞核，一个分化的体细胞可能同样可以发育成一个个体。将整个基因组从一个亲代个体传到子代中就叫克隆。在爱丁堡罗斯林研究所，羊的核移植已经成功完成。一些研究工作者明白从遗传图谱上可以发现利用转基因的价值。克隆的医用价值可能要高于商业上的肉用价值。

标记辅助选择：基因组的贡献

像已经显示的一样,基因型的选择和其在商业水平上的应用首先要对基因型进行有效识别。直到最近,猪的遗传构成定义已经很接近基因型测定。但是,现在一些性状的基因型能更加直接的描述;不仅仅是候选猪和其亲属的基因型,而且可以是猪 DNA 的分析,对动物的遗传组成的基础来源估计——基因组。

从动物基因组来识别其品质,控制重要性状的基因必须要识别。通常这些基因可以通过"标记"来获得,通常是 DNA 序列。QTL 通过标记选择和性状选择之间的关系来证实的。一个方法是用两个差异非常大的品种杂交(如中国地方品种和大白猪杂交)产生一个多样化的群体。之后性状的表现与标记的表达相联系,反之亦然。在一个 QTL 内,部分 DNA 片段将会使得优秀基因表达。

目前,猪的基因组测序工作还不到一半,而且,即使测序工作已经完成,要弄清楚每个碱基的功能还需要很长时间。每个碱基所带来的变化可能要大于性状的直接效益,而不受欢迎的 QTL 的消失的同时,可能会使得一些有利性状也跟着消失(不过还未经证实)。标记越多,带来优异性状的可能性就越大。

然而,越来越多的有用 QTLs 已经被发现和识别。通过 DNA 分析和选择来识别标记。如果标记是有利的,与其相连的性状比较少,选择目标片段会比传统的基因型选择更加精确和直接。一些性状看起来只与一个或几个 QTLs 连锁,但是其他性状就比较复杂了。在基因组中,子代的特质和标记的表达很难联系在一起。因此,很难测定群体中标记的有无,并且选择将会导致想要性状的真实表达。

尽管有困难,但在猪上通过遗传选择已经获得了很明显的进展。精确的早期测定,有利基因的出现充分地提高了动物个体选择的可能性。通过拥有这些标记,对有益性状表达的可能性已经大大提高了。

猪应激综合征(PSS)的遗传基础和 PSE 肉引起了分子生物学技术领域对 DNA 编码区的研究;从而,增加了对氟烷基因阳性猪个体的分离。氟烷基因可以通过世代选择进行剔除,或者通过 DNA 指纹来鉴别剔除。氟烷测定(吸入氟烷气体,之后看猪只的反应)不仅烦琐,而且不够精确,它只能发现纯合个体(nn),不能区分出杂合个体(Nn)。

十几年前,PSS/PSE 的特定 DNA 片段通过生物化学方法发现。此方法简便易行,而且能够严格区分个体的基因型。除了可以区分纯合个体,还可区分出杂合个体,可以将不良基因完全从群体剔除。1991 年,多伦多大学开发了氟烷基因的 DAN 测定。通过 HAL-1 843 nm(没有突变,如 NN)的 DNA 指纹测定程序识别了纯合和杂合个体中的 n 基因。此生物技术使得氟烷基因不仅在母系中,而且在肉用终端父系中都被完全剔除。

一些猪种对 PSS 特别敏感,人类上也有相似的不利影响,人类上是一类极少发生的基因,可以引起麻醉后的恶性高热。它是由编码基因的 1 843 位点的单碱基突变引起的。由 CGC 突变为 TGC,突变后将会引起猪的应激综合征。血液测定会发现。用 DAN 测定剔除 Nn 和 nn 个体中的 n,将会使得一些性状(瘦肉率、后腿比例和眼肌大、屠宰率等)的品质下降约 30%。在剔除应激敏感问题后,就需要我们通过常规的正向选育方法来重新恢复所损失的 30%～40%的性能。

鉴于氟烷基因的不利性,通过 HAL-1843 测定并且消除突变个体。HAL-1843 nm 测定允许标记辅助选择来建立猪群,这个群体内的氟烷基因被完全剔除。通过测定之后,猪只可以长途运输屠宰而不会产生 PSE 肉。

雌激素受体基因(ER)主要是控制产仔数的基因,在梅山猪和一些大白猪品系中发现该基因的标记。该基因使得初产母猪产仔数增减 1 头,经产母猪增加 0.5 头,并且可以增加奶头的数量(大概是增加 3 或 4 个)。标记与 ESR 基因连锁很紧密,如该标记在影响产仔数的染色体区域内。那无疑是一个标记区域(有许多基因)。目前,携带此标记的猪要比正常猪生长慢,并且背膘厚要厚 2 mm。

欧洲品种中具有梅山猪高产仔数的性状,但是梅山猪的其他性状(过肥、生长慢等)却没有出现在导入品种内。ESR 基因的标记将会固定有利基因,而其他不利基因将会剔除。

据估计,汉普夏猪的 RN 基因可能使得肉风味比较好,但是携带该基因的猪肉滴水损失比较高。然而,基因鉴定给育种者提供了选择。

如果一个对繁殖性能具有重要作用的基因(多个基因位于染色体片段上)与可识别的标记一起位于染色体上,然后分析标记的存在会为基因存在给出一个假定(都在同一个染色体上定位)。整个染色体片段能够从父母代追溯到子代。染色体上的标记对观察表型有利,尤其是:

- 它们能够从纯合体中将杂合体区分出来。这是一个特殊的价值,例如,将 PSS 从群体中剔除,或者从纯合的白色杜洛克猪中剔除杂合白色;
- 对那些不能直接在表型中表现的性状,标记的 DNA 识别能够区分出来。例如,公猪的产仔数或初生仔猪或断奶仔猪的最终胴体质量。
- 当标记与基因的精密联系受到怀疑时,标记可能比仅仅观察表型更能证明基因的存在与否,也适用于那些没有遗传变异的。这是事实,而不是根据条件来假定的;在这种程度上,可靠的标记将会排除表型测定的需要;
- 在没有准确的物理定位知识和不同基因效应的影响下,对基因组上的标记进行彻底分析能将标记和观察的表型特征相联系。子代标记的联合能作为一个有效的工具来有效地将理想的性状从父母代传给子代。

遗传图谱使得基因组上大量的标记作为影响生产的重要基因和基因片段的可识别参数成为可能。迄今,基因或群体有用的标记已经被识别的有:产仔数(繁殖力和生产力)、生长速度、食欲、脂肪、肉质(PSE)、肌内脂肪、完全公猪的膻味和粪臭素、特定疾病的抗性(K88,PSS)、普通疾病的抗性(免疫功能)、安静的行为、毛色(白色)。虽然在一些例子中,标记基因或染色体片段的影响是绝对的,但是在另外一些例子中影响是部分的或者很小(肌肉的生长、脂肪和繁殖力)。后者可能适用标记选择还不如传统选择进展快。标记的数量迅速增加,标记的识别到辅助选择是现代育种公司的长项。现实的商业利益由拥有有利性状的标记知识而产生的。

研究认为单个主效基因(如氟烷敏感基因和毛色)和 OTL 之间的差异具有关联性,QTL 是那些通常对部分遗传变异有作用的基因片段,如许多重要的生产性状:繁殖性能、生长、胴体品质和饲料效率。当将基因从一个品种转移到另外一个品种时,当一个或少数基因是想要的基因时,在基因在群体内传播之前,是否利用此技术要比传统的表型选择要快、要廉价。利用 BLUP 混合动物模型技术来获得产仔数可能要比通过导入梅山猪基因而得到的产仔数要多。这个估计是具有价值的,供体的性状性能要比受体的性状性能要高 10%~20%。

最佳线性无偏预测（BLUP）

BLUP 法发展很早，但是在过去的 5 年中它是所有新的生物技术革新方法中最重要的一个，不仅仅是因为它的广泛实用性。BLUP 的主要特征是不仅仅对动物性状观察和度量有贡献，而且还有遗传上的贡献。与 BLUP 一起，动物模型利用了数据库里所有亲属的信息，所有亲属的遗传特质都被同时估计。BLUP 和动物模型一起，在一个广泛的系谱中提供了所有有用的信息。

个体性能的选择或包括后裔和同胞信息的指数选择通常仅仅在那些相同时间和地点的同龄的群体中，最好是在相同的环境下。通过对其他群体、世代、地点和猪群的更加广泛的亲属信息进行估计，将会使得个体估计的精确性增加。这个目的的实现不仅仅要求长期的个体记录，而且还要求正确的统计方法的使用。BLUP 法提高了对遗传效应估计的精确性，提高测定的精确性，尤其是对那些低遗传力的性状如与繁殖力相关的性状。BLUP 通过统计模型给出固定效应和随机效应来实施，对个体的育种值给出了更加精确的预测，尤其是当遗传力低或环境效应比较大的时候。因为 BLUP 可以在同一场的不同世代和不同群体之间的动物进行比较，包括所有亲属的育种值信息，而不考虑其所处地方。因为 BLUP 具有将分离群体联系起来的能力，避免了对低遗传力性状的测定。如果被估计的群体有充足比例的个体，通常通过中心人工授精站和各个核心育种群精液的分发来实现。BLUP 育种规划与人工授精一起，使得一个大的核心群的基因能跨群体和跨地区最大程度地得到传播。

性别决定

对 Y 和 X 的分离仍然比较困难（第四章）。当然，受精胚胎具有决定性别的完整基因，所以胚胎移植和克隆技术可以决定性别。对育种者，如果能确保用于终端父系的仔猪都是雄性，F1 杂交的仔猪是雌性是最好不过的了。通过精子分离决定性别可能归入育种改良计划中，因为他们可以根据选择强度需要确定他们所要的性别（父系的公猪和母系的母猪）。但是，即使性别决定可能变得迅速和廉价，当作为猪类生产的动物全部是完整公猪或去势公猪时，商业生产者的利益也不会显著提高。一个不太可能的——但建议可能会——是性别鉴定转基因单一性别的克隆生产。

第七章　健康的维持
The Maintenance of Health

引言

　　猪的生活环境影响疾病的临床表现。按照惯例,猪接触了病原一般不表现出临床症状。因此在不可避免病原存在的情况下,人们能做的最多事情就是维持猪的健康。

　　维持猪群健康包括:

- 提高群体免疫水平;
- 生物安全;
- 猪生产流程;
- 药物管理;
- 种猪健康水平监测;
- 猪的生活环境;
- 疾病管理;

　　注重猪的健康涉及整个生产链的职责和任务;但在生产场,关键人物永远是猪场工人。如果管理出现纰漏,病原体趁机侵入,将引起猪发病。无论从哪个方面来讲,良好的管理对疾病控制都是至关重要的。比如,在饲养管理水平较高的猪场支原体肺炎危害不大,而可能引起继发感染的其他病原体如放线杆菌和巴氏杆菌被维持在较低水平。

提高群体免疫水平

　　在大部分猪场的大部分时间里,病原微生物都是以较低的水平存在;由于猪群本身有自然免疫力,因此这些病原微生物的存在一般不会引起什么麻烦。与病原存在的不可控制相比,疾病暴发以及因此而导致的生产损失可以通过以下手段得以控制:(1)将环境中的病原维持在较低水平,并增强猪群的自然免疫力;(2)通过加强营养、改善猪舍环境和加强饲养管理或者偶尔采用抗病育种等手段降低种猪对疾病的易感性。疾病在猪群中暴发初期造成的损失往往最大。然而,有时猪个体的免疫力却在疾病减轻时消失,日龄较小的生长猪此种情况尤为突出。因此繁殖群对那些持续困扰育肥猪场的疾病可能有很强的抵抗力;在猪群的免疫水平下降时,最初致病的病原体趁机再次侵入而引起疾病复发,使该病在猪场呈现周期性发作。优秀的管理能够使猪群保持较强的免疫反应而不发病。而对一些疾病来说,保持猪群不生病和防止病原侵入是很划算的。对引入猪群来说,让它们在好几十年里都不患一些疾病是可能的,这些疾病包括传染性肠胃炎(transmissible gastroenteritis)、伪狂犬病(Aujeszky's disease)、猪痢疾(swine dysentery)、萎缩性鼻炎(atrophic rhinitis)、虱子(lice)、疥螨(mange)、链球菌脑膜炎(streptococcal meningitis)、放线杆菌(嗜血杆菌)胸膜肺炎[actinobacillus (haemophilus) pleuro-pneumonia]、钩端螺旋体病（leptospirosis）、布氏杆菌病（Brucellosis）和沙门氏菌病（Salmonellosis）以及主要疫病（epizootics），如口蹄疫（foot-and-mouth disease）、古典猪瘟（classical swine fever）和非洲猪瘟（African swine fever）。

　　有些疾病能通过实施扑杀措施将之从发病地区彻底根除，如发生猪瘟和口蹄疫时，伪狂犬病（Aujeszky's）和猪水疱病（swine vesicular disease）在有些情况下也可以采取这种措施。同样，一些病原微生物，如引起猪痢疾和疥癣的这些病原体能通过管理和用药措施将之从猪场中根除。而对于健康水平较高，没有重要疾病的猪场来说，将这些疾病永远拒之门外尤为重要，因为这个猪群有免疫力。如果猪群已经染病，后果就会非常严重。例如，暴发支原体肺炎和放线杆菌（嗜血杆菌）胸膜肺炎的猪群所在猪场，在此之前这些病原体是不存在的。

生物安全

　　生物安全是猪场健康团队的职责，健康团队由猪场工人、管理者和兽医组成。很多病原微生物要想防止它们的传播是不可能的，例如，各种类型的大肠杆菌或通过土壤传播（earth-borne）的红斑丹毒丝菌（*Erysipelothrix rhusiopathiae*）（图7.1）。一些疾病，如细小病毒病，可通过空气传播到很远。而另一些病原则主要在本地传播；呼吸性病原体——肺炎支原体（*Mycoplasma hyopneumoniae*）能在3 km以内的猪场间传播。在传染病流行的时候，只有那些位于猪密度较低地区的猪场才有望不得此病。像通过疥螨这类体表寄生虫感染的一些疾病要求猪只之间只有发生身体接触才会感染此类疾病，并且现代用除虫菌素（avermectin）治疗能达到根除猪场中疥癣的目的。在某个地区由于已经被彻底根除而不存在的这类病原体如阿捷申氏病，当然既不需要治疗也不需要进行预防。因此，病原体不存在即使环境管理出现差错，并没有影响到生产性能。

　　猪场周边安全的主要威胁以及不同威胁的相对大小要根据具体情况而定。因此这些情况

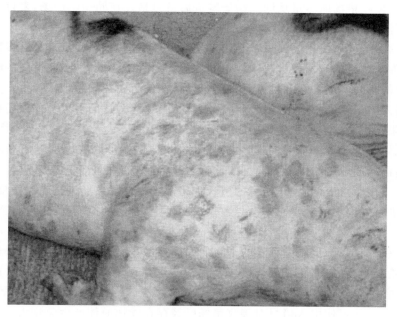

图 7.1　猪丹毒感染（由红斑丹毒丝菌引起的）典型皮肤斑症状。

是每个猪场健康团队成员最佳的判定依据。这是危险分析、临界控制点判定和减少风险的问题。

对一个猪场来说,主要病原体传播威胁通常来自:

- 其他猪只,特别是后备母猪和公猪;
- 即将处理的死亡猪只;
- 运输系统;
- 附近的猪场;
- 猪场员工自己的猪只;
- 到过猪交易市场、猪展和屠宰场的员工;
- 兽医及其他顾问;
- 参观者和以前接触过猪的服务供应商;
- 猪场附近有公路主干线;
- 来自其他猪场的衣物;
- 鸟、鼠、猫、犬和苍蝇;
- 饲料、饮水、垫草和麦秸;
- 购买的二手或新设备;
- 含有猪肉制品(火腿、意大利腊肠、香肠和比萨饼)的餐饮业泔水。

猪及其产品

进入猪场的传染源的主要携带者是猪及其产品。如果要引入种猪,一般是作为后备种猪(或者人工授精用的精液),这些猪的健康水平应高于或接近于接收猪场的猪。育种公司供应的猪群应证明没有特定病(与疾病有关的病原存在与本身已经患病,是两个不同的事情,后者更容易监测)。接收猪场应尽量从同一猪场购进后备母猪。在同一生产场,来自不同育种公司的猪最好不要混养在一起。

无论在什么情况下,引进的猪只都必须首先采取严格的隔离(检疫)制度,接着让其适应本场环境,这两件事情目的和操作方法十分不同。隔离和适应大概需要 6～8 周的时间才行。如果隔离和适应的时间不足 6～8 周,需要将其包括在猪的后备猪群管理协议中。

隔离将引入猪只携带的病原与猪场猪群隔开。必须有合适的引入程序以防止特定病原体进入猪场,如果在引入猪上发现猪繁殖和呼吸综合征(PRRS)、赤痢螺旋体、多杀巴氏杆菌,虱子、疥癣、支原体肺炎或放线杆菌胸膜肺炎等病原体存在,就可以将之从隔离场所清除出去而不对猪场的猪群构成威胁。因此隔离场的位置要远离主场,并且照管人不能经常来往于主场与隔离场之间。按照丹麦的经验,所有的引入种猪都必须在隔离场进行隔离检疫,他们的经验表明,如果不进行隔离检疫几乎总是会导致疾病的发生,合适的检疫程序将使疾病传播的可能性减少 10 倍。

适应是使引入猪只与猪场中存在的常在病原体接触。引入的新猪需要一段时间才能产生免疫力,在感染后康复,以防止其破坏猪场微生物的生存环境和疾病突然发作(这是没有进行 PRRS 病毒适应的一个典型后果)。

通过一定的方法可使引入猪只对接收猪场已经存在的病原体产生免疫力。可通过接种疫苗(猪丹毒、细小病毒、伪狂犬病、口蹄疫、放线杆菌胸膜肺炎、支原体肺炎、猪萎缩性鼻炎、大肠杆菌等其他疾病的疫苗都在广泛使用）或自然免疫（例如大肠杆菌、支原体肺炎、传染性肠胃炎和细小病毒）方式获得免疫力。

运输系统

受污染的饲料和运猪卡车,甚至在空车时,都有可能带进其他猪场的粪便[1]。猪痢疾(*Brachyspira hyodysenteriae*)很容易通过污染的粪便[2]在猪场间传播。在冬季,粪便很容易黏在车轮上,有证据表明,PRRS 可通过雪和冰传播到几公里以外的乡村。猪只运输清洁和消毒往往做得不够,尽管这是很多国家对到猪场、市场和屠宰场车辆的一个基本要求。对很脏的运输车辆,应禁止其进入猪场。在任何情况下,有效的生物安全防护墙都应允许饲料和猪只的运送,车辆不用进入猪场就能装运销售和屠宰猪只(图 7.2)。在夏季,车辆甚至会成为昆虫、苍蝇和蚊子的运输工具,而它们则是非洲猪瘟和 PRRS 这类疾病的有效载体。

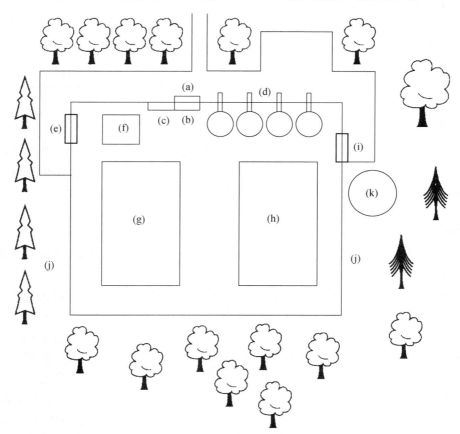

图 7.2　从繁殖到育肥猪生物安全设施平面图。(a)对外办公室;(b)人进入淋浴间的入口;(c)对内办公室;(d)饲料进入螺旋输送机的入口;(e)猪只进出口;(f)适应间(隔离检疫间在右边);(g)繁殖场;(h)生长猪场;(i)育肥猪出口;(j)围栏边界线;(k)污水/废水处理间。

译者注:[1]原文为"feacal",可能是拼写有误,应为"faecal";同样,[2]原文"feaces"应为"faeces"。

猪场位置

各种病原微生物在空气中的传播能力是不同的,但很难验证它们传播的具体距离。表7.1列出了各种病原体传播的可能距离。为保证生物安全,猪场及其相关隔离场应远离其他猪场和公路主干线。这些考虑尤其适用于公猪站和核心育种场这类需要保持很高健康水平的种猪场。

表 7.1   可能通过空气传播的各种病原体。

病原	可能传播的距离
胸膜肺炎放线杆菌、多杀巴氏杆菌 嗜血杆菌、支原体 链球菌、猪呼吸和繁殖综合征病毒	1 km 以内
肺炎支原体、猪流感病毒 猪呼吸冠状病毒、猪多系统衰竭综合征	1~10 km
细小病毒、伪狂犬病、口蹄疫	10 km 以上

猪场围墙

猪场的防护墙应足够长。但防止猪、人、其他动物、狗和车辆进入猪场的有效手段却是围栏和紧闭的大门。在一些地区,古典猪瘟和布氏杆菌病在野猪群中呈地方性流行。围栏以2 m高为宜,并且应深埋于地下(防止野猪挖洞进入猪场)。

入口和出口

图7.2中猪场有很多个进出口,这些进出口都需要进行仔细的检查,以确保符合猪场健康小组制定的生物安全条例。

停车场:禁止车辆在猪场建筑物之间或附近行驶,因此在围墙外应有相应的停车区。

大门:猪场应有一个安全的人员入口(一个供人出入的标准门),这个门平时是上锁的。在门口附近设置来宾须知警示牌。穿过这道门是"脏区(dirty-side)"办公室及换衣间。

淋浴入口:人进入猪场前先要进行淋浴或通过其他合适的设施将身上的脏东西去除。在淋浴间的另一侧准备好了进入净区(clean-side)(猪区)的衣服和靴子。要求进入猪场的人淋浴后进入猪场不仅是为了确保生物安全,也是为了防止来访者不经意间将病原带入猪场,同时也是为了使猪场员工淋浴后出门能干干净净地回到家里。如果没有淋浴设施可用,至少也应有真正措施要求来访者只穿猪场的衣服和靴子,而将他们自己的衣服和鞋子留在"脏区"以防止人通过污染的衣服将病原体带进猪场,使猪场免受生物安全威胁。即使采取了这些预防措施,大部分猪场还实行一种积极的称为"3天法则"(3-day rule)的疾病预防措施,所有来访者至少在猪场呆3天才能与猪接触。

进料口:由于猪场定期有送料车送料(并且饲料运送车也要到其他猪场送料),因此应签署饲料运送合同并严格执行。停在围墙外的运料车最好靠近饲料仓。

猪只入口:猪场用自己的运输车从隔离场运来的后备猪应在围墙处卸车,并通过净区运输到适应区。

装载区出口：装猪台应该保持清洁并维修良好。运输动物的卡车应该停靠在猪场外，装猪台就是净区与污区的链接桥梁。设计装猪台的目的就是在任何条件下，猪场的工作人员都不能进入装猪的卡车，卡车司机也不能进入猪场。同时，进入卡车的猪不应该再回到猪舍。

死猪处理：病死猪或猪场自己扑杀的猪应按照当地法规在猪场围墙处处理（最好是焚烧）。在某些地方，尸体可采用堆肥的方式处理。待运走的尸体一定不要让害虫接触到。

每栋猪舍或圈：猪舍的外部安全很重要，不仅仅要控制猪，而且也要防止鸟、鼠和其他害虫。每栋猪舍都应留有 1 m 宽的人行道，这条道上应没有杂草、废弃设备以及其他东西，不给其他动物提供生存的巢穴。外墙应保持完好，以免其他害虫很容易地进入猪舍内。排水管道是其他害虫进入猪舍的主要通道，定期在猪舍的外墙四周投放老鼠药。彻底灭蝇可减少疾病的传播；PRRS 病毒是猪的病原体之一，能通过蚊子和苍蝇传播。

靴子卫生

仅靠足浴维持内部生物安全是不够的。靴子只能靠人工清洗来保持卫生，最好是使用压力冲洗器来冲洗。然而，如果靴子、刷子和铲子之类的工具是干净的话，则可以用足浴对这类物品进行消毒。

养猪生产流程——全进全出管理

全进全出

疾病主要是通过饲养在同一空间的猪只之间相互接触进行传染。这里的"空间"（air space）一词可以是一个房间、一栋房子或一个猪场。在小猪场很难避免连续生产模式，但这种生产模式却容易造成疾病连续传播。在给猪提供良好的管理和舒适的生活环境下，全进全出生产（all-in/all-out）模式不是治疗疾病的方法，而是维持猪场高水平自然免疫力和抗病力的一种方法。然而，在集约化生产压力下，尤其是那些开放式猪场，很容易感染临床疾病。全进全出生产模式通过避免易感猪与病猪共享同一空间而切断了疾病发生周期，从而防止了疾病传播。全进全出生产模式做得最多的事情就是利用房间，利用整栋房子，利用整个猪场。与其他猪只距离越远，这种方法越有优势。该方法的基本原理要点是：在不同批次间，对场所（圈、舍或猪场）要进行彻底清洗、消毒和闲置，以切断感染循环，前提是它们本身不是传染物的储藏所。战胜疾病的挑战性工作无疑也给予了摆脱疾病的快乐，但是这也增加了对缺乏免疫力以及对病原微生物易感性的担忧。

防止疾病以这两种方式传播，即从成年猪向仔猪群传播和从一群向另一群传播，这是控制疾病的重要机会，但只有当管理能保证严格按照卫生制度执行时才行。

生产流程

生产流程或猪流（pig flow）这个概念与以前相比有所发展，以前在猪病控制中不够关注猪生物学意义。在有限的饲养条件和当地法律法规的限制下，养猪生产者受经济利益的驱使，在兽医的鼓动下，在出现不同的致病病原时，也都使用抗菌药维持猪群健康。没有采取生物学对策,再加上清洁不够,环境污染日益严重,导致病原体的种类和数量也随之增加。最终疾病冲破了猪的自然防御机制,临床发病率大幅度增加。

控制病原体负载的最简单方法是将干净(不带病原)的猪转入干净(不带病原)的猪舍中。然而,采取严格的全进全出管理模式可能是猪场实现疾病控制的一条捷径,再加上引入猪群来源单一而可靠。全进全出管理模式结合猪舍的清洗、晾干和闲置等手段使上一群猪所患疾病不再传染给下一群。再用之前猪舍必须是干的(空舍一段时间)。墙和地板不干的话会藏纳病原,同时也使猪感到寒冷。全进全出是养猪生产流程的精髓。

"全进"要求转入猪只具有相同的健康水平且日龄相同。这只能通过一个稳定猪群来实现,不仅在整体上要求猪场存栏数稳定,而且要求猪场内部各群猪都要维持稳定的数量,既不能高于既定目标也不能少(推荐活猪体重的最大允许变异范围最低不得低于目标体重的5%,最高不得超出目标体重的10%)。这样的猪场才是稳定的。

根据生产流程,规定拟订一个生产方法,为猪场提供的猪数正好能装满猪场的现有猪舍。在很多猪场,生产流程失败恰好就失败在生产过程的起点——后备母猪的储备。体重和免疫水平都合适的青年母猪数量如果太少就会导致合格后备母猪数量减少。而青年母猪数量太多又会引起发情的母猪太多,都要进行配种,这又会引起生产过剩和猪舍饲养密度过大。

猪场计划

猪场只有以下两种记录是可靠的:

- 屠宰场每千克猪肉价格(顾客);
- 猪场规模。例如分娩栏的数量、妊娠母猪舍容纳能力、育肥猪舍面积、料槽和饮水器数量等。

用综合产出数据如每头母猪年产猪数来评估猪场效益并不是最佳方法,因为这样的数字往往是不可靠的,且对生产效率来说是无意义的。每头母猪年产猪数最多的猪场未必是利益最大化、最节约成本和福利最好所要求的。每头母猪年上市20头肥猪并没有给出是否以每20头为一个行动点。另一方面,人均购买猪肉量则是衡量是否达到目标的一个可靠尺度。同样,猪场规模大小却可以通过直接测量加以确定。

生产流程模式作为一个猪场的输出目标,它由以下四个主要部分组成:

(1) 储备的青年母猪数;

(2) 一个批次配种母猪数;

(3) 一个批次产仔母猪数;

(4) 上市猪肉重(指胴体)。

青年母猪储备、配种母猪、分娩母猪和生长到上市体重这四个阶段猪的数量要相互平衡以满足生产流程的需要,例如,对每周有10头母猪分娩的猪场(大约250头基础母猪)来说,理想的生产流程模式如下:

上述计划要详细记录以下7项指标:

第一次配种95 kg青年母猪数   12~15头

每批配种母猪数   12头

每批产仔母猪数	10 头
每批断奶仔猪总重	800 kg
每批上市猪肉重（胴体重）	6 840 kg
年均上市猪肉重	355 680 kg
年均销售猪头数	4 940 头

生产流程需要满足以下目标：每周猪场断奶仔猪数、90％的母猪分娩率要达到 82％（乘 90％分娩率 82％以上）、每窝断奶仔猪 10 头、24 日龄平均体重 8 kg、断奶后死亡率 5％。因此，每周可提供 95 头 72 kg 胴体重的肥猪。若引入的是 10 周龄的青年母猪则需要按照生物安全条例饲养一段时间才能配种。最终，育肥至 72 kg 胴体重（95 kg 活重），这个过程大概需要 26 周。

生产流程模式的建立

开始需要对以下指标进行统计：分娩栏数量、产房间数、每间产房中分娩栏数量。以 24 天断奶，5 周为产房一个周转周期为例：

分娩栏数量：125（译注：图中为 150）个

产房数量：9（译注：图中为 11）间

每间产房分娩栏数量：其中，有 5 间房里有 15 个的，有 5 间房里有 10 个的，还有 1 间房里有 25 个的。

产房设计：

15	15	15	15	15		10	10	10	10	10		25

在生产流程模式下，每周将有 25 头母猪产仔。为了实现全进全出，每周产仔数量保持稳定不变，以 5 周为一个周转周期为例，如果提供 5 间产房，则产房分组设计如下：

15＋10	15＋10	15＋10	15＋10	25

生产流程模式应该是这样的（目标参数同前）：

青年母猪　　　母猪配种　　　母猪分娩　　　育肥至 72 kg 胴体重

| 4 | 10 周 → | 31 | 17 周 → | 25 | 22 周 → | 19 040 kg |

详细记录：

第一次配种时 95 kg 青年母猪数量：35～45 头	
每批配种母猪数：	31 头
每批分娩母猪数：	25 头
每批断奶仔猪总重：	2 000（10 头仔猪×8 kg×25 窝）kg
上市商品猪胴体重：	17 136（95％×250×72 kg 胴体重）kg
年均上市猪肉重：	891 072 kg
年均销售商品猪头数：	12 376 头

在很多情况下，对现有猪场来说，可利用的分娩栏和产房数不能与目标周转时间混为一谈。对此的解决办法（对 28 天断奶而言）有：多准备设备和产房、降低猪场饲养密度目标。混乱的生产流程会造成各批次猪健康水平不一致，阻碍了全进全出饲养制度，造成猪场到处猪满为患。以上这些为病原提供了有利条件，可导致（否则可以避免）疾病暴发。

生产流程、青年母猪群、繁殖头数和育肥舍面积管理

一般认为产房是生产流程过程的起点,而将生长肥育舍面积作为最终产出的衡量指标。不言而喻,生产流程过程一旦出错就会导致过度拥挤、健康水平下降和生长速度减慢。提高母猪生产力常常会引起猪场生长育肥舍过于拥挤。质量保证日益要求生产者按照一定的饲养密度养猪。表7.2给出了英国和欧盟的例子。只有按照养猪生产流程进行饲养才能保证产品质量。

表 7.2   2005 年英国猪圈面积要求(与欧盟规定一致)。

猪平均体重(kg)	需要的最小面积(m^2)	猪平均体重(kg)	需要的最小面积(m^2)
≤10	0.15	≤85	0.55
≤20	0.20	≤110	0.65
≤30	0.30	>110	1.00
≤50	0.40	(1 kg＝2.2 lb)	(1 m^2＝10.8 ft^2)

例如,如果 30～72 kg 上市胴体重(活重为 95 kg)育肥舍面积为 741 m^2,那么按照表 7.2,平均体重为 85～110 kg 时,应至少为每头猪提供 0.65 m^2 的活动空间。按照这个标准,那么猪场只能同时饲养 1 140 头肥猪。我们来算一笔账,如果猪从 30 kg 长到 72 kg 上市胴体重需要 12 周的时间,那么每周可上市 95 头肥猪。若死亡率为 5%,则需要每周有 100 头仔猪断奶;这样的话一周要有 10～11 头母猪产仔。猪上市时体重过大(如果饲养到 110 kg 以上,则最多只能饲养 741 头)将不可避免地出现母猪群体规模缩小、使用面积增加或生长速度增加。

利用生产流程维持猪群健康都是针对猪舍面积来说的。然而,猪舍或猪圈设计的任何方面都可成为猪群健康的影响因素,并因之而发病。即使给猪提供了足够的饲养面积,还需要提供适当的饲喂空间、通风和饮水空间。生产流程受第一限制资源所控制。这种限制资源需要由猪场健康团队来确定,生产流程是以利用资源为重点还是以补充资源为重点,以使它不再是首要限制资源。近几年来,使用抗生素抑制某一类或多种病原微生物,但会损害猪群健康,仅靠预防恐难以奏效。

药品管理

为有效控制疾病就要在发病早期给予及时的药物治疗,同时也要用药物如疫苗进行预防性治疗。如果药物由于储存和使用不当而失效,那么就谈不上有效控制疾病了。例如猪流感病毒或肺炎支原体疫苗不小心被冷冻,使用后紧接着就可能引发呼吸性疾病,而针和注射器的不正确使用和过度使用能传播很多猪的病原,包括 PRRS 和古典猪瘟病毒。

现在,大部分质量保证方案都要求按照《未使用药物和用过的药瓶以及针头、注射器等利器处理草案》的有关规定执行。将断针留在猪的体内,这种情况很少见,但这是一种意外,需要对受伤的猪按照草案的要求进行处理。

药品冷藏

包括疫苗等许多药物需要在 2～8℃冰箱中保存。而冷冻保存的大部分疫苗会失效,这样

的疫苗就不能再用了。应避免使用有冷冻—解冻循环的冰箱。不能用冰箱表盘指示的温度来监控冰箱内温度。而只能用温度计对冰箱内放药部位的温度进行多次测量,得出冰箱内温度的一个范围。保持冰箱干净,过期药及时拿走。

　　禁止在贮药冰箱存放人的食物和饮料。考虑健康和安全问题,禁止人用食物与化学物品一起储存,因为一些重大疫病能通过人类的食物传播,尤其是口蹄疫和古典猪瘟。

药品常温保存

　　猪场使用的另一些药物,如抗菌药,需要在稳定的温度(干净和无尘)下保存,一般不超过25℃。这个温度在世界的许多地方很容易由于季节和昼夜温差变化而超过。“猪场办公室”和猪场车辆后备厢都不能提供合适的温度保存药物,也不能控制所需要的温度保持不变并保证其安全。

药物拌料

　　饲料给药是管理的一种常规的管理途径。这种给药方法的一大优点是通过饲料可以同时对大量能吃料的病猪给药;但有些疾病如放线杆菌胸膜肺炎,病猪不吃料,这种方法就不奏效了。拌料给药是理想的预防给药方法,但是一旦猪生病,拌料给药则不起作用。这种给药方法要求对料槽进行精确管理,不仅要识别它们的身份和活动路线,而且要求药物与饲料均匀混合。屠宰前对停药期的观察(防止药物残留)要求注意细节并进行彻底清洁,包括猪圈中的料槽。

饮水给药

　　给猪服用大量药物最佳途径是饮水给药。当然需要进行充分的混合。许多药物和疫苗要求在与自来水混合前将供水中的氯去除。在美国,对较大猪群来说,饮水正在成为一种大家都接受的补给疫苗、药物和预防药的方法,因为这种方法没有强制和注射所带来的应激。

猪群健康监控

　　慢性病和急性病可通过对猪的性能、外貌、咳嗽情况、腹泻程度、猪舍环境、饲料利用、进食和饮水行为、体况和喜好等进行连续监测而发现。保证猪场不能有某几种疾病(使发病降至最低),因此猪场不得不对这几种病进行监测,来自这些猪场的猪在屠宰场需要进行萎缩性鼻炎和肺炎之类疾病的检查。应记录总产仔数、产活仔数、死胎数、生长速度、阴道分泌物以及其他指标,并对各周记录进行比较。每个猪场都有自己设定的干预水平。如果要求断奶后死亡率为1%,那么当达到3%时,就需要进行管理和兽医干预了,找出死亡发生原因并加以改进。正常水平和干预水平的设立应与特定猪场的特定疾病以及特定时间有关。疾病监测方案应针对猪场存在的问题、猪场工人和管理人员的要求和环境现状。最重要的是,这样的记录应长期保持并被收集的人所重视。一般来说,纸质记录包括时间和地点、猪所受的痛苦、病症、可能病因、食欲等表现、环境、猪群活动情况等、治疗(包括药物名称和药物来源)以及可能出现的并发症。

　　能对病猪进行临床检查、疾病诊断和治疗是猪场全体健康团队(管理人员、猪场工人和兽医)的职责。对猪场员工进行疾病诊断技术培训是猪场主治兽医的基本职责。随着养猪技术和工艺的改进,PRRS和断奶后多系统综合征(PWMS)等(图7.3)新病不断出现,格拉瑟氏病(Glässer's disease)等旧病不断发展。因此猪场员工和猪兽医人员需要不断学习新的专业知识才能满足其职业发展的需要。

　　猪自身就有消灭或战胜病原体的能力。这属于免疫力的发展范畴,与病原水平与环境质量有关。病原存在时,猪有很强大遗传因素使猪有能力保持自身健康,并且当猪的遗传构成被人了解得越多,商业上使用的抗病因子就越多,而不仅只限于抗某种大肠杆菌了。猪健康管理的主要问题当然还是患病猪只,它是病原的主要来源,并常常引起猪场微生态平衡失调。医疗设施设备和主动治疗体制是体系控制的核心部分。

图7.3　发生在断奶仔猪群中的断奶后多系统衰竭综合征
(图由 Swine and Wine Vet Group.提供)

安静猪只的观察

　　观察安静的猪,尤其是它们的睡眠和躺卧方式可为诊断其是生病还是贼风或者其他应激如过度拥挤所致提供重要线索。可通过猪舍的窗户来观察猪的表现,但是在白天悄悄地进入,猪一般不会受到惊扰,这样的观察结果同样有效。群体观察的对象应是:

- 离群站立和躺卧的猪;
- 不吃食的猪;
- 体尺和体况发生改变的猪;
- 长毛猪(特别是断奶仔猪和小猪);
- 粪便黏稠的猪;
- 咳嗽和打喷嚏的猪;
- 有腹泻迹象的猪;
- 跛行的猪;

- 呼吸窘迫的猪。

　　为了对出现问题的猪群进行准确的诊断,要对最近死亡的猪进行尸体解剖检查。尸体解剖检查通常能提供准确的诊断,但并不总是能代表整个群体情况。

　　对单圈饲养的猪,要根据个体观察结果进行病因诊断。对单个个体,应进行如下检查:
- 行为变化:
　　(a)运动
　　(b)躺卧地点和姿势
　　(c)进食行为
　　(d)饮水频次和水量
- 皮肤变化;
- 出现肿块;
- 恶癣;
- 阴道脱垂;
- 呼吸改变;
- 分泌物——眼睛、鼻子、耳朵、肛门、阴道和包皮;
- 食欲废绝或食欲不振;
- 呕吐;
- 寄生虫;
- 粪便干硬;
- 尿的颜色;
- 繁殖周期变化;
- 淋巴结明显肿胀。

　　为了确诊,需要采样,包括血样、细菌和病毒擦拭取样(例如从患萎缩性鼻炎的猪鼻子中取样)、组织样(例如从肿块中取一小块,用于检查脓肿)或者刮耳朵以检查疥癣。

猪的健康计划和质量保证

　　健康疾病监测为一个猪群、多个猪群甚至一个地区所有猪群提供健康状况方面的信息。这种信息的用途很多,包括:
- 产品质量保证,也许这是最重要的用途:上市猪肉产品,保证肉猪来源可靠,安全使用药物和生长促进剂,保证猪舍标准和福利等;
- 根除疾病的可能性;
- 为疾病状态相似猪场的匹配提供依据以便于猪群从一个猪场转入另一个猪场时,对猪的健康危害最小。例如,携带肺炎病原的小母猪从扩繁场转入商品猪场,这样可避免染上以前没有的肺炎。同样,主动选择这样的小母猪转入已知有此病的商品猪场。这种措施可避免整个猪群暴发以前没有的病,当这些猪被转入有某种病的猪场时,将会提高没有这种病的猪对该病的抵抗力。

　　猪的健康计划应提高猪肉产品的价格,提高猪的生产效率。为此,该计划必须:①评估猪场现有问题(监测);②应用现有技术(控制);③研究新技术的可能性(研究和开发);④结果评估;⑤运用新知识。质量保证和福利问题是任何猪健康计划的必要组成部分。它们是获得增值回报用以补偿猪健康计划费用的途径之一。

一个全面的猪健康计划应包括两个部分内容：强制生产者监测和控制计划、独立检查和认证。

为了处理这个问题，一方面要求监测者和研究者进行沟通，另一方面，也要求生产者和零售商之间也要经常进行沟通。猪场疾病监测、猪肉加工水平以及采样检测都是协调猪健康计划和制定特定疾病根除方案必备的首要条件。有效的监测、疾病控制和最终根除特定疾病要求养猪生产者、育种公司、兽医从业人员、肉检员、猪肉零售商、调查人员和检查人员之间要相互协调。

猪健康计划的监测通常包括无某种指定病猪场或无某类病猪场两种类型。猪瘟之类的疾病现在已经根除；猪痢疾这类疾病的根除也相对容易；而支原体肺炎类疾病根除起来则比较困难；然而有些疾病，如大肠杆菌腹泻和细小病毒的根除几乎是不可能的。

可用特定病的治疗来描述对猪健康效益的理解。例如，肺炎和呼吸性疾病、脑膜炎、内寄生虫、肾炎/膀胱炎、钩端螺旋体病、体表寄生虫、运动问题、消化道疾病和腹泻、繁殖疾病、肉制品加工污染以及死亡等问题。猪健康效益也可用更为通俗的术语来描述。如提高猪群福利，为提高产品价格而采纳的质量保证计划（包括猪健康保证计划），控制环境污染，选择封闭限制系统，减少场外猪对猪健康的持续影响，疾病、管理和技术层面上的进展，应用合适措施和疫苗减少疾病危害。

猪舍环境控制

临床上与生产有关的疾病常常是由于环境应激力源刺激猪所引起的。这些应激包括：人与猪之间的相互作用、水的供应、饲喂系统、面积、空气质量和室内温度。

猪场工人

一个合格的猪场工人应给猪提供：

- 无应激的环境；
- 能自由表达正常行为模式；
- 没有恐惧、疾病和疼痛。

好的猪舍和正确的饲喂方式是创造良好人畜关系的基础，但重要的还是人与猪之间的相互作用。不健康的猪不利于形成人满意的工作环境。相反，不高兴的人也易于使猪场陷入疾病的麻烦。

对猪照料不周时，如对猪态度粗暴，又踢又打，猪会表现出神经质和副作用。跟猪说话或抚摸猪看起来行为很特别，但这是构建良好人猪关系所必需的。不幸的是，猪场工人的部分职责就是与猪相处、剪牙、断尾、打耳号和去势等。所有这些操作都会伤害猪，为了猪的长期福利不打折扣就必须这样做。如果不得不进行这些操作，唯一要做的就是好好保养设备。如去势用的刀片如果消毒不彻底则可成为传播疾病的一个直接工具，剪齿钳保养不好也会引起感染，最终引起仔猪多发性关节炎（链球菌感染）和跛行。然而，并不是任何时候都要剪齿，舒适的环境和合适的饲养密度可使猪的食仔癖发生几率降到最低，这种情况也就不需要断尾了。打耳号和其他形式的个体身份识别仅用于遗传鉴定和试验，因此这不需要每个猪场都做。在许多国家,由于上市早不需要对仔猪去势。

饮水供应

维持猪的健康需要给猪持续供应新鲜的、无污染的饮水。"供应"包括水流量适当、饮水器设计合理且高度适中。水槽应干净,能满足圈舍内猪的饮用,有盖子以减少藻类的生长并防止空气污染水质。水槽对于饮水给药很有用。应该每天都检查饮水器(泌乳母猪每天检查两次),作用包括:

* 检测饮水器是否泄漏——这是浪费水的重要原因;
* 检查水的清洁度——一个看起来很脏的饮水器,一般不能很好的工作;
* 检查饮水器的高度——猪是否能毫不费力地就接触到饮水器?
* 饮水器的高度和角度——是否合适?
* 水流量——用 250 mL 的杯子和一个秒表来测量;
* 水温——在收集的水上用红外枪(infra-red gun)测量;
* 水的颜色和味道——含铁量高的水是粉红色的,硫酸盐含量高则有腐臭味。
  表 7.3 给出了饮水器的高度和流速。

表 7.3　推荐的水流速度和饮水器高度。

猪的种类	水流(L/m)	饮水器的高度(cm)
哺乳仔猪	0.3	10～13
断奶仔猪	0.7	13～30
30 kg 生长猪	1.0	30～46
70 kg 肥猪	1.5	46～61
成年猪	1.5～2.0	61～76
泌乳母猪		
乳头饮水器	1.5～2.0	76～91
料槽上的鼻压式饮水器	2.5	76～91

饲喂系统

生长速度由猪能吃多少饲料决定。饲料类型、饲料加工和饲料卫生是猪场健康团队需要评定的因素,以确保维持猪群健康和正常生产水平。饲喂系统建设受以下因素影响:

* 粉尘排放,主要发生在饲喂时;
* 储料仓卫生,害虫和飞鸟控制;
* 从料仓、推料车、容器、食槽中溢出的饲料所造成的损耗;
* 室内贮藏腐败的饲料(导致发臭——特别是仔猪料);
* 真菌增殖所产生的真菌毒素,能降低繁殖力、引起食欲不振并引起肠道疾病。
  表 7.4 给出了饲槽的推荐长度。简单地说,按次数饲喂的猪群应该有足够的饲喂空间,让所有的猪能够同时吃到饲料。这也适用于断奶后第一周的保育猪,并且很重要。

表 7.4　不同体重猪料槽的推荐长度。

猪的体重	料槽或料斗的长度（每头猪采食 mm）	
（kg 活体重）	限制饲喂	自由采食
5	100	75
10	130	33
15	150	38
35	200	50
60	240	60
90	280	70
120	300	75
母猪	400	—

　　在许多猪场，自由采食料槽中放的饲料太多。这加大了饲料的浪费，允许猪连吃带玩，结果饲料变成了粉料。这种粉料堆在食槽的一角，成为苍蝇孳生的温床。另一方面，饲料利用率太低将降低猪的生长速度，并增加胃溃疡的患病风险。

饲料致病污染物

　　有时，猪饲料可被工业上的化学药品、农药残留等类似的东西所污染，这些有害物质能引起中毒反应。一些饲料中含有杂质，如饲料级脂肪（feed-grade fats）中的塑料、泔水和食品下脚料中的金属和玻璃。不小心将药物混到不应该混的日粮中，用于其他动物的兽药却混到了猪的饲料里，而这种药不适用于猪，因此可能会引起猪的交叉感染。这种情况常发生在饲料厂，将各种不同功能的饲料混合在一起制成混合料，但是很难将各批次饲料完全分开。

　　然而，最严重的饲料污染是致病的病毒和细菌，可在猪产品中存在，如猪肉和骨粉、血粉和脂肪，由屠宰场和肉品加工厂的下脚料制成。这些人类食物垃圾和食物副产品是动物饲料的重要来源，特别是高级蛋白和脂类；动物性饲料销路非常好，但也有麻烦，就是潜在的污染——副产品。屠宰场和肉品加工厂的所有动物性产品，约有 60% 留做人用，剩下的 40% 送到炼油厂，80% 炼出来的原料又返给了饲料厂，完成了有效的再循环。传染原有迁移的可能性，例如欧洲最近极为关注牛海绵状脑病（bovine spongiform encephalopathy，BSE）和沙门氏菌（Salmonella），它们通过食物链借助于对动物副产品处理不够而会留在动物性饲料中，因此对肉制品加工、骨粉和油脂炼制过程应采取更加严格的有效控制措施。需要时刻保持特别警惕的细菌是引起猪腹泻的大肠杆菌、沙门氏菌和钩端螺旋体。最近对猪饲料中的营养成分的调查表明，发现有沙门氏菌，在很多样本中发现沙门氏菌在植物蛋白中比在肉制品和骨粉中含量高，没有在肉制品和骨粉里发现肠炎沙门氏菌。只有很少的饲料中怀疑含有肉毒杆菌（*Clostridium bothlinum*）或者炭疽杆菌（*Bacillus anthracis*）。

饲料真菌毒素

　　在世界很多地方，饲料由于发霉而被污染，饲粮中真菌毒素的含量对动物健康构成了极大的威胁。在生产场各种类型的饲料在混合前由于日粮中各种成分在生产、收割或贮存不当或者混合后日后贮存不当而被真菌毒素所污染。饲料中的真菌毒素可引起食欲不振、生长缓慢、饲料利用率降低、乏情(anoestrus)、排卵数减少、外阴肿胀、受精率降低、胚胎死亡和吸收、死胎和木乃伊、死产和初生重轻。只要好好贮存,购买有益的饲料成分,保持生产场的贮存仓状态良好并定期清洁,这些问题完全可以避免。常产生的毒素是由曲霉菌产生的黄曲霉素和赭曲霉素,镰刀霉菌产生的玉米烯酮(F2)、T2 毒素和呕吐毒素(单端孢霉烯)。从各种污染的饲料中很容易分离出至少 17 种产生毒素的真菌,发现至少有 40 种真菌毒素对猪生产性能产生不利影响。在今天这个知识爆炸的时代,新的真菌毒素不断被分离出来。发霉产生的毒素对猪的生长速度、饲料摄入和繁殖力产生的严重的慢性影响只有部分被发现。

猪舍面积

在世界范围内,各个阶段猪的饲养密度正在变成调控猪生产的一个手段(见表 7.2)。每头猪的健康水平和生长速度随面积供给的增加而提高,但是每个猪场每年猪肉的总产量却在减少(但不是绝对的)。因此要在面积供给与生产之间寻找一个大家都认可的平衡点。

甚至非常健康的猪随着每头猪所占面积的减少其生长速度和饲料利用率也随之降低(图 7.4)。另外,较高的饲养密度增加了争斗、食仔癖的可能性,发病率迅速上升,一旦出现了这些情况,面积与生长之间的负相关就进一步加剧。对于那些受到疾病威胁的猪,如果要保持一定的经济增长速度,就要增加其面积供给。在病原存在的情况下,增加面积供给有利,减少面积供给有弊,这是很明显的。圈养时,每头体重为 100 kg 左右的猪应供给 0.7 m² 面积,在空间允许的情况下,每增加或降低 0.1 m²,个体生长速度将会增加或降低约 2.5%。如果猪场出现重大疫情,那么(1)每头 100 kg 的猪将其面积供给增加到 0.7 m² 以上有利;(2)增加面积供给有利(或不利)于疾病。

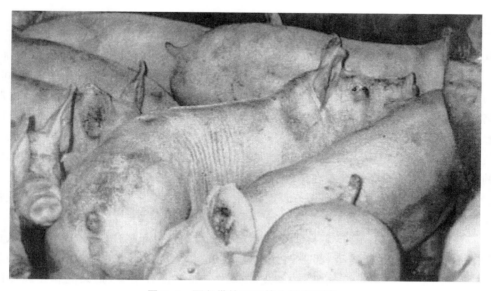

图 7.4　面积供给不足的生长肥育猪。

通过降低生长速度,疾病本身引起饲养密度增加,使得发病率的增加和生产性能的降低呈螺旋性下降的趋势。环境中病原的数量越来越多,而猪与猪之间的距离越来越近,离它们的粪便也越来越近,这种环境有利于疾病通过肺或嘴喷出的飞沫或粪便颗粒进行传播。增加饲养密度进一步加重了猪的病情,而减少饲养密度则是大部分防治体系的重要组成部分。

随着建场时间的延长,地板和其他与地接触的部分(墙、门口和走廊)变得破损不堪,特别是饲槽和供水管道附近。平时保养维护的不好,最终会损害猪的健康水平,通过身体伤害和病原体侵入引起猪脓肿、发炎甚至跛行,并通过带菌猪将病菌从上一个批次传染给下一个批次。破损的地面将导致全进全出流程的失败,也很难对地面进行彻底的清洁。制定的生产流程在猪场人员修好地面之前只能搁置一边。漏缝地板说明见表7.5。地板(漏缝和实体的)如果摩擦力不够,则会使猪滑倒。这可导致外八字腿、犬坐,最终腿部受伤。后肢瘸、卧系、跟腱和韧带无力和足底磨损常常是由于过于拥挤和地板太滑所引起,磨蚀得太厉害的地板也可引起以上这些疾病。在这种地板上,尽管母猪不受伤,也很难正常起卧。

表 7.5　漏缝地板推荐规格(根据欧盟标准)。

	缝隙宽度(mm)	混凝土板条宽度(mm)
带仔母猪	8～11	50
哺乳仔猪	8～11	50
保育猪	8～14	50
生长育肥猪	10～18	80～100
妊娠母猪		
栏	10～20	80～100
圈	10～20	80～100
公猪	20	100～130

从繁殖群中淘汰的母猪1/3以上是由于跛行、关节问题、肌腱扭伤或者趾、蹄或肢部感染。其中,一些伤是在生长期由于空间不足、漏缝水泥地板和管理不善引起的擦伤、碰伤和扭伤。在集约化饲养条件下,有很高比例的猪在肢、关节、骨骼、皮肤或蹄子上表现出各种不舒服的形态(尽管通常比较轻)。破损的地方能被感染,而身体上的伤害会使猪变得虚弱。不好的硬地板引起的滑囊炎、腿肿可通过增加垫草的厚度得到解决。生长速度和饲料利用率受到影响,应激可使猪易于受到其他感染。在繁殖群中,严格限制母猪的活动,母猪的大部分时间都生活在很小的空间内如用绳子拴系或养在限位栏内,且地面很差。在这种情况,再加上环境卫生较差,很容易造成内部骨骼和肌肉损伤、跛行、扭伤、溃疡和蹄裂(蹄、趾和蹄踵)、坏死以及各种后肢感染。

当需要的营养总量不足时,矿物质和维生素缺乏通常只引起腿部疾病。然而,摄入食物总量过剩或不足(过肥或过瘦的猪)都易于引起腿病(跛行)。胖的母猪又重又笨,肢蹄必须能堪重负,而较瘦的猪容易擦伤、弄伤、脓肿和皮肤感染。如果没有垫草,猪只能躺在冰冷的地板上,这样经常会出现关节炎和关节问题。在妊娠母猪舍和泌乳母猪舍,滑而脏的地板容易使母猪滑倒。

理想的地面应该没有台阶。但是有垫料时,台阶常用于限制垫料铺设的面积。这种情况下断奶仔猪和生长猪台阶应不高于50 mm,而育成猪和母猪则不应高于100 mm。

同样,要求坡度越小越好。包括装卸区和装车踏板。坡的倾斜度应20°或以下为宜。升降式运输卡车最好。

垫料能解决地面问题,给实心地板创造一个适合猪生活的环境。适合做垫料的东西有很多种。垫料使猪与地面不直接接触(断奶仔猪使用垫子),用绝缘而柔软的物质为猪提供温暖的环境,以提高猪的福利。然而,垫料也能成为健康的一个风险因子。发霉的垫料可引起猪流产和繁殖障碍。各种锯末和刨花容易引起肺炎克雷白杆菌(*Klebsiella pneumoniae mastitis*)乳腺炎。鼠尿及其污染物可引起钩端螺旋体病。

猪有破坏性,能夷平林地。它们用它们有力的嘴和颈部肌肉拱猪舍地面、墙和任何其他能接触到的东西。结果猪被那些具有锋利边角的物体刺伤,这使病原趁机通过受损的伤口进入猪的体内,形成疥癣,猪由于伤口痒而发狂,更加疯狂地拱东西或摩擦痒处,这样就形成了一个恶性循环。

生长猪和育肥猪在枯燥的环境中常常感到无聊。为了防止它们形成恶习,应想方设法让它们玩耍,并表达正常行为,娱乐是必要的,让它们玩玩具或其他能玩的东西。

空气/通风

通风不良为呼吸性病原体的繁殖提供了有利环境。季节变化加大了空调的工作压力,要求它们长时间的工作来调控温度、湿度、废气(氨气、二氧化碳、一氧化碳、硫化氢)、灰尘和内毒素。猪舍通风不良可引起过冷、过热、空气质量差、疾病传播、腹泻、呼吸困难和恶习骤增。猪的躺卧和睡觉方式将有助于判断通风是否正常。

进风口和出风口、风扇、整流罩需要经常维护和清洁。通风口可能被鸟窝、植物、生长的树、吃了一半的巧克力棒(Mars bars)、风干的粪便等类似的东西所堵塞。

风扇推动空气进出于猪舍。为了防止有贼风,抽风机的位置不应正对着进风口。猪一般睡在猪圈的背风地方。风扇应该干净,运转时没有杂音,有足够大的尺寸,在夏天,猪舍要求通过控制风扇的变化来调控换气的体积和次数;在冬至这天,这个猪舍恰好新接收一批新猪。

多数空调故障主要是由于开门所致。空气以最小的阻力进入房间,如果门是开着的,那么将会使大部分空气不是通过通风口而是通过门缝来回流动,久而久之,就会造成空调障碍。

人的鼻子、眼睛和耳朵能有效地分辨:

- 内毒素——引起呼吸困难(由细菌细胞壁分泌,能引起支气管痉挛);
- 灰尘多少——引起视力模糊和呼吸困难;
- 氨气浓度——刺鼻气味,使眼睛流泪;
- 二氧化碳或一氧化碳——引起头痛(并有死亡的危险);
- 噪声污染;
- 照明方式;
- 猪躺卧方式和猪的行为;
- 咬尾、咬腰和咬耳等恶习,是异常行为,说明环境不好。

灰尘

灰尘来源于干粪、猪皮屑和饲料粉尘(主要来源)。给饲槽盖上盖子能显著减少空气中的灰尘浓度。灰尘有以下三个基本类型:

- 不可吸入的灰尘：直径大于 3 μm。健康的呼吸道在猪鼻甲骨的协助下会将这些粒子排出；
- 可吸入的灰尘（3～1.6 μm）：肉眼看不到，在太阳光下像雾一样，对看清远处的东西有影响；
- 1.6 μm 以下的灰尘：粒子实在太少，大部分都留在了呼吸道。粒子飘浮在空中。

大粒灰尘无疑会引起身体呼吸窘迫；而较小灰尘所带来的不利影响更难量化，但是有证据表明不仅致病的细菌和病毒本身能够被吸入体内，而且灰尘是它们的载体。

灰尘的浓度应该保持在 10 mg/m³ 以下。

气体

氨气是尿被细菌分解所产生的污染物质。可用气体检查设备监测氨气，但是氨气的浓度用鼻子嗅就能大致知道，如表 7.6 所示。该表说明了可察觉的氨气浓度范围。通常猪能接受的上限值是百万分之十。

硫化氢也是粪水产生的。它的毒性很大，常引起猪只突然死亡，尤其是将猪舍建在一个混合泥浆坑上面时，这种情况会经常发生。低浓度时闻起来像臭鸡蛋味，但是闻不出味道也不能说明就没有硫化氢。可以接受的浓度上限是 0.1～5 mg/kg。

二氧化碳是通风不良的一个好的指示剂，浓度为 5 000 mg/kg 以下时一般没有有害影响，（2 000 mg/kg 是可接受的）。如果猪场工人在进入猪舍 10 min 之内感到头痛，就可能是猪舍内二氧化碳浓度过高。这样的猪舍也可能同时有断奶仔猪 Ⅱ 型链球菌脑膜炎的问题。

表 7.6　氨气对人的影响。

NH₃ 的浓度（mg/kg）	典型症状
＜5	没有影响
5～10	能闻到
10～15	引起眼睛轻微的不适
＞15	引起眼睛不适并流泪

一氧化碳也是一种重要的污染物，是热源通风不好的产物。浓度超过 5 mg/kg 就应该调查原因。

噪声

避免噪声达到 85 分贝以上，因为噪声超过这个值会伤害耳朵。由于噪声能干扰繁殖和产仔，因此噪声高低很重要。轴承出现故障的风扇发出的声音可引起育肥猪应激。

照明方式

猪场人员检查猪只需要至少 40 lx 的光照强度。从生产角度来说，光照强度和光照时间不足会影响小母猪的发情周期。全年需要光照强度 500 lx 以上（像厨房一样亮）且 16 h 开灯和 8 h 闭灯的光照模式才能将季节的影响降低到最低。灯泡发不出光来一般是由于不勤换灯泡或灰尘和苍蝇粪在灯泡和玻璃上越积越多所致。

一般来说,猪不应呆在全黑的环境中。但是,全黑的环境可用于治疗恶癖,如咬尾或咬耳朵。

湿度

一般来说,猪对湿度的感觉相对比较迟钝。但是,猪舍的湿度还是应该保持在 55%～70%为宜。冬季通风的目的是驱除湿气。夏季通风的目的是驱除废气。

呼吸疾病的综合控制

做得最多的是减少地方性呼吸疾病对生长肥育猪的影响。除了提高饲养管理水平和搞好环境卫生外,还应采取的措施是:①每头猪 3 m³ 以上的空间活动范围;②空气中灰尘少于 5 mg/m³;③空气中氨气的浓度小于 25 mg/kg;④每头体重为 100 kg 的猪提供大于 0.75 m² 的面积;⑤无贼风(最大穿堂风小于 0.4 m/s);⑥通风良好,空气清洁;⑦温度适宜(正常为 18～22℃,取决于活重);⑧温度变动的最大范围为±2℃;⑨每圈少于 15 头猪;⑩每间猪舍< 100 头猪。

温度

表 7.7 给出了推荐的猪的适宜温度(以及可接受的变异范围)。有效温度最好是通过猪的位置、地面、进风口和出风口处的最大和最小温度值来判定。

表 7.7　猪的推荐温度范围。

猪的类型	体重范围(kg)	进风口温度(℃)	出风口温度(℃)	变异范围(±℃)
哺乳仔猪	1～7	30	30	0
第一阶段平养	7～15	30	24	1
第二阶段保育	15～25	24	21	1.5
生长猪	25～50	21	20	2
育肥猪	50～110	20	16	2.5
泌乳母猪		18	16	1
单圈成年猪		19	19	2.5
群饲		18	16	2.5

猪舍是否暖和取决于里面猪的饲养数量(产热),每头猪保温能力取决于它的采食量。刚断奶的仔猪饲料吃得少,因此容易得感冒。体重为 6 kg 左右的仔猪其周围环境的温度以 30℃ 为宜。还要求良好的通风,以保持空气清新,但不应有贼风。随着猪逐渐长大,环境温度逐渐降低,直到体重长到 12 kg,温度降至 25℃ 就可以了。对于健康的、生长快的猪,20 kg 时温度在 22℃ 以下为宜。当舍内温度从很低升高到最适温度时,肺炎的发病率就会降低,猪圈也变得干净起来。当温度超出最适温度时,腹泻、咬尾和脑膜炎的发病率增加。

空气流动带走了有毒气体,有助于降温。一般理解,温度起伏不定与绝对温度一样,常引发呼吸和肠道疾病。通常将贼风定义为 0.2 m/s 或以上的冷空气运动。贼风能带来临床问题,如肥猪咬尾和仔猪腹泻。

猪舒适度的判断

　　猪的行为和姿势能反映出猪的舒适程度。猪一般在半摊开的垫料堆里睡觉。猪在冷的时候,它们将腿蜷缩在身体下躺着,以减少与地面的接触(图 7.5)。此时猪常扎堆躺着,且躺卧地点靠近一面墙,远离潮湿和寒冷的地方。猪会由于冷而颤抖,变得多毛。猪在热的时候,猪彼此之间分开躺卧,且身体舒展,以最大面积地接触地面,并且四肢张开(图 7.6)。猪身上很脏,并且多躺在潮湿的和凉爽的地方。

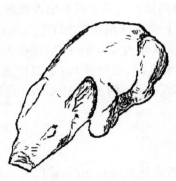
图 7.5　冷时的小猪

图 7.6　热时的小猪

疾病管理

　　疾病管理的目的是:将疾病的危害降到最低。

　　现在已经知道,猪群健康状况不佳一般是管理不善的直接结果,同时也说明猪群在遇到疾病威胁的时候,能通过加强管理的手段维持猪群健康。这并不是说有免疫力的猪群就不暴发病原体引起的大面积感染,而是说对猪群加强管理,能使那些不可避免的疾病对猪的生产不致产生大的影响。以上谈论的这些综合征有很多,这里将对很多细节问题进行深入探讨。

　　在猪场,危害健康的大部分重要常见病并不是由单独一种病原感染(如 PRRS、流感、PWMS、肺炎、腹泻等)引起的,而是多种病原体并发引起的。这些病原体是猪场存在的常见病原,而它们本身不一定就引起疾病。但是在混合感染、健康管理措施和生物安全保障不利的情况下,这些病原体就可能一齐发作引起发病。这意味着对这类疾病的防治需要采取一种全面而综合的方法。

猪应激综合征(PSS)

　　猪应激综合征(Porcine stress syndrome,PSS)常与氟烷基因有关,长肉快的瘦肉型猪容易发生应激。病猪表现为体温急剧上升、肌肉强直、突然死亡和四肢末端发青的症状。猪肉苍白、柔软和渗水(PSE 肉)。已经证明 PSE 肉和 PSS 有关,观察发现 PSS 猪体温降低、肌肉僵直、酸度增加,接着肌肉组织细胞壁破损,水分流出。应激所表现出来的症状是由于肌浆网状组织钙的释放异常,引起新陈代谢速度增加所致。应激综合征在混群、争斗、运输、天气炎热、缺水的冷却设施、粗暴驱赶进入屠宰场圈栏、治疗以及其他给猪带来巨大应激的情况下会发生。应激会引起猪体内激素水平发生变化,免疫反应减少,生产能力下降、引起行为异常。

胃溃疡

大部分猪群都有胃溃疡(stomach ulcers),该病与猪舍紧张、环境恶劣、管理不善、过于拥挤、活动限制过严以及饲粮中能量过高或纤维过低或者饲料颗粒太小或太粗等所有这些因素有关。

便秘

便秘(constipation)常见于妊娠母猪和产后不久母猪,通常与饮水不足、高温、日粮纤维含量不当、体温升高有关。日粮中纤维含量不当包括两个方面:一方面,优良谷物(尤其是小麦中的纤维最好)来源纤维不足;另一方面,饲草和紫花苜蓿来源纤维过剩。

哺乳仔猪死亡率

初生到断奶之间的哺乳仔猪正常的死亡率为 12%(即每窝 1 头),变动范围为 5%～25%。死亡率变化的常见原因(除分娩时的日常管理外)是无乳症(agalactia)或大肠杆菌感染。在妊娠后期营养过剩的情况下患无乳症的概率会增加,但这不是引起无乳症的主要原因。没有及时吃到初乳,获得乳中的抗体,仔猪容易发生早期感染和死亡,尤其是仔猪腹泻。

在腹泻引起初生仔猪死亡如果不超过 1%,那么初生仔猪死亡的主要原因是母猪原因。猪在屠宰或淘汰之前的死亡大部分是在出生后最初几天被母猪压死的。初生窝重低(仔猪平均体重不超过 1.25 kg)的猪死亡率较高,与饥饿和疾病有关。初生重与仔猪活力和成活率呈正相关。但是,初生重大的仔猪和初生重小的仔猪被母猪压死的概率是一样的。母猪在分娩栏中压死仔猪的概率一般很小。但是,不同的分娩栏之间差异很大,其他原因如母猪好动也会增加初生仔猪早期被母猪压死的数量。如果仔猪没有注射或口服铁剂,也不能获得其他日粮来源的铁(因为猪乳中铁的含量很低)仔猪将会患贫血。

铁制剂很容易获得,定期补铁是防止集约化猪场出现仔猪贫血的直接手段。

食仔癖和争斗

在生长猪群中发生的食肉癖是个令人头疼的事情,往往会造成很大的经济损失。有时要对将具有这种异常行为的猪进行惩罚,惩罚的办法是隔离它。由于管理疏忽,更常见的问题是猪只之间的争斗,如攻击对方的尾巴、肩部和耳朵,此病的严重程度和猪场中受影响猪的数量不是固定不变的,这种异常行为的争斗有时候找不出原因。

食肉癖偶见于猪只之间,甚至在福利很好的猪只之间也会发生,但更经常发生在福利不好的猪只之间。食肉癖最频繁发生在以下这些猪只之间:地板为漏缝地板、水泥地板或金属地板;单调的环境;过于拥挤的空间;感染其他疾病;太热或太冷;空气变化太频繁或很少变化(通风不良);大气中相对湿度太高或太低;环境中有害气体(氨气、二氧化碳、硫化氢)浓度超标;无窗猪舍光照强度太强等。营养缺乏包括饲料成分(能量、蛋白、矿物质、维生素)缺乏和饲料成分含量不足,而后者更为常见。提高饲料中纤维的含量和饲槽的占地面积以及断尾有助于缓解病情。在发病时,一般没有更好的措施,只能对环境进行检测并确定其影响因素。

猪通过争斗,确定它们在猪群中的优势地位。因此在猪混群时常常发生争斗行为,如在断奶后转入生长肥育猪舍或者在运输和入圈时。争斗将导致猪食欲减退、生长速度下降和饲料利用率降低,有时这些损失会很大。如果争斗发生在接近屠宰的时间,那么可能严重影响肉质。

母猪群中的争斗将引起母猪乏情、胚胎死亡、产仔数减少和泌乳量下降。单圈饲养的妊娠母猪更容易发生争斗和食肉癖,如咬外阴。而从猪圈和围栏中放出母猪,给它们提供更大的活动自由。在许多单圈饲养模式下,母猪的福利被大打折扣。

母猪繁殖障碍

在繁殖过程中的每个阶段都可能发生繁殖障碍(infertility),包括乏情、排卵数少、受胎率降低、产仔少、胚胎或存活胚胎少、难产。在世界范围内,繁殖群母猪由于空怀时间过长、产仔率低、窝产仔数少等繁殖原因早淘所带来的损失很大,特别是青年母猪。繁殖母猪繁殖力的影响因素包括日粮营养含量、饲喂水平(主要的)、遗传、圈舍面积、环境温度、管理或疾病等方方面面(表 7.8)。

表 7.8　母猪繁殖力应达到的最低水平。

配种后 21 天重复发情率(%)	8
配种后 21 天以上重复发情率(%)	2
流产率(%)	1
不孕率(%)	1
妊娠母猪的淘汰率(%)	2
每窝产活仔数(初产母猪)	10
每窝产活仔数(经产母猪)	11
每窝死产数	0.5
每窝木乃伊胎数	0.2
每窝断奶前死亡的产活仔数	1
准备配种的青年母猪(每 100 头繁殖母猪)	6
断奶到配种间隔(平均)(天)	7
断奶到受精间隔(平均)(天)	12
每头母猪年产窝数	2.3

窝产仔数减少的原因包括:排卵数少、受精率低、死胎或死产。排卵数减少是由于营养问题、疾病、管理不善或缺乏优势基因型等原因所致。这也与断奶到发情间隔延长有关。受精率低常与规律返情有关。这可能是由于公猪繁殖障碍或配种时管理不善等原因造成的。胚胎和胎儿死亡常与非规律返情有关,并常与一种或两种以上疾病有关。

断奶后 7 天内不发情大多是由于母猪体况差所致,这是哺乳期营养不良、体重和脂肪损失过多所致。所有的泌乳母猪都应该饲喂适口的、足量的饲料。在寒冷的环境中,高水平泌乳饲料的摄入应采取少量多次的供给方式供给母猪高能量日粮。

规律返情、流产率低、母猪空怀、妊娠后期胎儿死亡、死产和窝产仔数少一般不是由病原感染所致,除非有阴道脱出或木乃伊猪症状。对规律返情、产仔数少和母猪空怀等繁殖障碍的防治应加强配种管理,提高哺乳期的营养水平,并在断奶后立即进行补饲。每隔 12 h 进行 3 次配种常比只进行 1 次配种每窝可至少要多产 1 头仔猪。母猪配种持续期为 24 h 以上。推迟授精意味着受精时的卵子已经老化,这样的卵子发育成的胚胎容易死亡。产仔数也与上次哺乳期的长短有关。在一些猪场,将断奶日龄从 21 天增加到 28 天,能使每窝增加 1 头以上的仔猪(哺乳期为 18、23 和 28 天,产活仔数分别为 9、10 和 11 头)。如果断奶后降低母猪的饲料水平,其哺乳期失去的体况得不到恢复,此时的母猪正处于营养应激状态。断奶到配种之间的母猪应该喂给日常食量 2 倍的饲料。当母猪的体况下降得很厉害时,一直到配种后,每天都应饲喂 3~3.5 kg 的饲料。较差的体况对排卵数和胚胎成活的不利影响比提高饲料水平的成本更大。寒冷的环境和光照不足(不到 16 h)也能引起植入期胚胎死亡。规律返情通常意味着受孕失败。不规律返情的原因是胚胎死亡,剩下不足 4 个胚胎,由于缺乏胚胎产生的激素支持而使妊娠自动终止。

传染源可引起子宫感染和阴道脱出,导致胚胎死亡、不规律返情(通常在 23~40 天)、胎儿死亡、妊娠中期部分流产、形成一个以上木乃伊胎、产仔数减少、死产数量增加、流产和母猪空怀。引起这些疾病的最常见传染源是感染生殖道的细菌或病毒,如真菌毒素、细小病毒、伪狂犬病毒和钩端螺旋体。子宫感染和空怀常与膀胱炎有关。后者会引起血尿,并使患病猪场母猪死亡。细小病毒可在世界上所有猪群中广泛传播。然而,如果感染发生在妊娠的前 1/3 的时间里,那么该病的暴发将造成胎儿死亡,最终形成木乃伊胎。应对有患病风险的繁殖群小母猪接种疫苗。

在一些猪场,引进青年母猪进入隔离期时,使之与病原接触,以提高其对繁殖母猪病原的自然免疫力。让它们在猪场外面与断奶仔猪的粪便或与育肥猪接触。一种做法是从产房和断奶仔猪舍取来 2 周龄左右的仔猪粪便(有时也用胎盘),涂在适应期的引进青年母猪身上。一些兽医喜欢用仔猪粪便,而不喜欢用胎盘,因为后者可能含有大量的各种致病物质。断奶仔猪粪便也比日龄较大猪的感染性更强。这种做法在受精之前 2 周终止。接着可在妊娠中期和后期再次将粪便涂在猪身上 1 周。在整个猪场,日龄较小的生长猪是最容易受到感染的。因此让引入猪场猪与日龄较小的生长猪及其粪便接触能提高其免疫水平。

阴道脱出是由于各种上行传染原(如巴氏杆菌、大肠杆菌和棒状杆菌)通过阴道进入生殖道,引起排尿疼痛、膀胱炎、规律和不规律返情、窝产仔数减少、胎儿死亡、流产以及所有这些疾病的并发症,可引起非妊娠母猪繁殖周期中断(只能足月或妊娠诊断才能确定)。胎儿流产和木乃伊胎不总是与上行感染有关,而是与细小病毒感染有关。母猪阴道脱出的正常比例是 1%左右,当这个比例提高到 1.5%或以上时,就需要采取治疗措施了。治疗要求搞好妊娠母猪舍的卫生,进行消毒和冲洗,给所有感染母猪注射抗生素,按程序在分娩和断奶后注射,在复配前一个周期推迟注射。公猪本身可能携带病原体,所以它也需要注射治疗,并有计划地对阴茎包皮进行抗生素治疗。更积极的,也许更加严格的治疗方案是淘汰有阴道脱出的母猪,不再进行复配,而通过增加后备母猪的更新率加以补偿。

活精子数少

这通常是与高温、营养不良、健康状态不佳、公猪使用过度有关,有时也可能是各例。试情公猪也可能表现出受胎率降低和产仔数减少的症状。这可能是个体特征或者由于配种栏不合适,特别是地面光滑和空间狭小时常发生。公猪不应单圈饲养,在 7.5～9 月龄时每周配种一次。12 月龄左右每周可达到配种或采精 4 或 5 次。猪场所有公猪的平均年龄应不大于 2 岁。

100 次配种,后代活仔数少于 1 000 头的公猪就可能是精子数量少。为了消除精子数量少和精子活力差的影响,可考虑采用对每头母猪进行多次配种和淘汰精子数少的公猪等手段。所有交配行为都应在仔细监督下进行。

用于人工授精的公猪通常每周采精一次或两次,每次采集 50～100 mL 精液,共含有 50 亿个精子,平均 1 mL 含有 0.5 亿～1 亿个精子,可用于为 20～30 头母猪输精。母猪的输精头数取决于精液浓度、质量和精子活力。有效的精液剂量是在 100 mL 稀释液中含有约 2 亿～3 亿个运动精子,每个情期使用 3 个剂量,每隔 12 h 输精一次。双授精程序应该间隔 24 h 输一次。

体内和体表寄生虫

胃、大肠和小肠、肺和肝脏等器官都可被寄生虫感染。治疗时将特效药拌料饲喂或皮下注射,操作简单。感染寄生虫后,猪的生长速度和饲料利用率降低、腹泻和全身无力。有时蠕虫感染会引起妊娠母猪流产,其他母猪则表现正常。主要的体表寄生虫包括:(1)虱子(*Haematopinus suis*),猪身上生虱子后也引起猪生长速度降低、贫血以及发炎;(2)疥螨(mites)。这两种体表寄生虫都可以用外用抗虱药和抗螨药进行治疗。疥螨是引起疥癣的罪魁祸首。皮炎在皮肤上留下一道灰白色的硬痂,由于结痂处发痒,使猪对之又擦又抓,而形成黑红色的斑块。在猪被屠宰后,寄生虫感染的皮肤表现为皮疹。疥螨离开猪的身体后能存活 2 周。猪的生长速度和饲料利用率将受到严重影响。

现在使用的驱虫剂能有效抗所有的体内寄生虫,但肺蠕虫除外。肺的寄生虫,与其他内寄生虫不同,寄生到猪肺之前,必须在蚯蚓(中间宿主)体内完成必需的生活周期。可注射或拌料饲喂伊维菌素(Ivermectin)类驱虫剂都能综合防治所有的内外寄生虫。了解最清楚的内寄生虫也许是圆形虫——蛔虫(*Ascaris suum*)。蛔虫寄生在小肠内,能降低生长速度和降低胴体品质。证明是否有寄生虫可检查肝脏,如果有寄生虫,肝脏上有白色病变(乳斑肝)。

要想保持猪群绝对没有寄生虫几乎是不可能的,原因是污染物及其运输工具上的虫卵能通过鸟和其他传播方式进行传播。寄生虫的问题在半集约化和粗放饲养方式下出现比集约化饲养方式多得多。然而,通过良好的饲养管理过程,破坏寄生虫的生活周期,而使它们保持最小的群体,并不给它们提供必需的爬行条件。这种方法对舍饲猪场非常有效,猪场应每隔 3 天清一次粪或者不给母猪接触粪便的机会。这样不再给内寄生虫、外寄生虫(虱子和疥螨)以任何机会,这样它们对猪群也就不会再构成威胁。

大肠杆菌病(大肠杆菌感染)

大肠杆菌是一种常在菌,根据血清型分许多种,可引起新生仔猪败血症、哺乳仔猪和新断奶仔猪腹泻以及日龄较小的生长猪水肿。大肠杆菌的致病菌株很多。败血菌株感染易感组织并使之发病。肠菌株侵袭小肠的刷状缘,导致营养的吸收减少、腹泻和中毒。日龄较小的哺乳仔猪感染了大肠杆菌表现出迅速消瘦、急性败血症、腹泻并可能死亡。初乳和常乳提供的抗体能增强哺乳仔猪对几种特定大肠杆菌菌株的免疫力。这种免疫在仔猪断奶后消失。3 周龄断奶的仔猪特别容易感染大肠杆菌,如果此时仔猪日粮再发生改变,从流体变为固体日粮(尤其是固体日粮中含有高浓度的植物蛋白质和碳水化合物），那么仔猪对大肠杆菌的易感性就进一步增加。推迟到 4～5 周龄断奶情况就会好得多。可通过接种疫苗来预防各种大肠杆菌，而引入猪只在第一次配种前也要经历大肠杆菌感染。在第一次分娩前，青年母猪要进行 2 次接种。这有助于增强它们自身的免疫力，并将这种保护传给它们的后代。如果从距离很远的具有不同类型大肠杆菌的猪场引入青年母猪，没有形成对本场大肠杆菌菌群的自然免疫力就进入繁殖群，它们在初产时会导致哺乳仔猪不断发生腹泻。在一个稳定的猪群中，按照正常途径获得自然免疫，还是不断有仔猪发生腹泻，特别是日龄较小的仔猪，这是大肠杆菌数量迅速增加的结果。大肠杆菌在饲养密度过大、卫生条件差或其他病原体存在时会迅速繁殖。对大肠杆菌的控制主要是通过使用抗菌药、加强管理和搞好清洁卫生以及对哺乳母猪舍消毒等措施。腹泻大部分发生在出生不久的哺乳仔猪和刚断奶的仔猪身上。食欲减退和迅速消瘦的仔猪可能最终会死于脱水。如果感染猪与其他猪同圈饲养，应立即给猪口服或注射抗生素，在饮水中加入葡萄糖和电解液，在饲料中添加抗生素。近来取得的经验表明，每吨饲料中添加 3 kg 的氧化锌有助于控制断奶仔猪的腹泻。在瑞典，用锌替代维生素拌料每日定量供给仔猪。保持良好的环境和适宜的温度、搞好环境卫生、降低饲养密度有助于对大肠杆菌的控制。对于猪与大肠杆菌病原之间的对抗来说，腹泻猪只比例与断奶仔猪舍温度之间呈强负相关。在感染的过程中，大肠杆菌迅速繁殖，产生大量的毒素，这些毒素使肠运动减慢，并破坏肠壁的绒毛膜。腹泻有急性与慢性之分。所有处于应激状态的仔猪都可能感染该病；感染该病后，仔猪的虚弱程度与仔猪本身免疫力的强弱和管理水平成正比。

营养不良的哺乳和断奶仔猪容易感染大肠杆菌。尤其是在给刚断奶的仔猪提供的日粮中含有高水平的生碳水化合物和植物蛋白质时更容易患大肠杆菌病。不到 30 日龄断奶的仔猪还不具备有效消化生的植物碳水化合物和植物蛋白质的能力。而且，还有另外一个问题，就是肠黏膜对出现在肠内的植物蛋白质特定部分有抗原排斥反应。这种反应在一些植物源蛋白质上表现尤为突出。当 20～35 日龄之间的断奶仔猪由于日粮原因出现了问题，大肠杆菌就会趁机而入引起严重的腹泻，仔猪体况迅速下降并引起死亡。出生不久就经历过大肠杆菌性腹泻的日龄较小的猪将永远不会完全康复，此后总是长得很慢，饲料利用率也很低。因此这种细菌所造成的经济损失是相当大的。

以下这些做法可以帮助仔猪平稳度过断奶期：一个是在断奶前，就让仔猪习惯消化固体饲料；进一步在消化道完全有能力消化非乳物质之前，不立即给仔猪断奶，还饲喂一段时间。因此在日龄较大和体重较大时断奶有助于控制断奶后腹泻。该病有时会与高胃酸 pH 有关，采取益生素（probiotic）治疗会有助于增加胃液酸度。

繁殖母猪的生殖道是大肠杆菌进入母猪体内的一个途径，这需要在分娩和断奶时给母猪注射抗生素，并对公猪也进行适当的治疗。通过有效的环境控制、在每间猪舍的入口放消毒盆（foot dip）并对地面、设备和工作人员进行彻底清洁能减少哺乳母猪舍的发病概率。

其他原因引起的腹泻

球虫感染也可引起仔猪腹泻，病猪生活的环境往往卫生状况较差，猪圈地面粪尿横流。需要使用特效的球虫驱虫剂。与之类似，梭菌感染也会引起哺乳仔猪腹泻，此时泌乳母猪与仔猪同时感染，因此对梭菌没有足够的免疫力。弯曲杆菌（Campylobacter）感染表现出与大肠杆菌感染相似的症状，并且在仔猪中较为常见。同样用抗菌药进行治疗。

猪肠腺瘤病(PIA)、回肠炎和大肠炎

这些疾病常同时出现,并呈相同的症状:粪便稀薄、松软而发黑,猪身上很脏,对生长速度和饲料利用率的影响大小不等。症状不像猪痢疾那样急。

猪肠腺瘤病(porcine intestinal adenomatosis,PIA)引起坏死性肠炎(necrotic enteritis)、回肠炎(ileitis)和增生性出血性肠病(proliferative haemorrhagic enteropathy)(也叫肠出血综合征)。该病的发病率和死亡率都不定。通常肠壁增厚,肠内容物带血,体重减轻和生长减慢。猪看起来消瘦,精神沉郁,粪便往往松软发黑。当失血过多时,猪看起来比较苍白。如果在肠的后半段有血,猪的死亡率大大增加。这种病与弯曲杆菌、大肠杆菌、梭状芽孢杆菌和轮状病毒等其他病原微生物有关,但肠增厚的症状是不一样的,尤其是大肠杆菌。英国爱丁堡对出血性回肠炎的研究结果表明:识别了一种叫胞内劳森氏菌(*Lawsonia intracellularis*)的致病新细菌,这种新识别细菌寄居在消化道的上半段,引起腹泻,并能通过生长肥育猪迅速传播。对这种疾病的控制有点难,但是将抗菌药、特效泰乐菌素、四环素和泰妙菌素等药拌在饲料中喂猪能显著缓解病情。这个细菌除了引起回肠炎外,还能引起结肠炎,因而表现出大肠炎的症状。回肠炎并不只是由于管理不善而引起,在生长快和饲料利用率高的健康水平较高的猪群,多是改良的瘦肉型猪也会感染此病。

大肠炎也引起仔猪粪便稀薄、发黑,猪身上很脏,也与慢性的生长速度和饲料利用率低有关。目前已经知道大肠炎是传染原和日粮因素共同作用的结果。其中,传染原可能是胞内劳森氏菌和蛇形螺旋体属(*Serpulina*)成员[包括厌氧性肠道螺旋体(*Serpulina pilosicoli*)]与引起猪痢疾[厌氧型螺旋菌(*Serpilina hyodysenteriae*)]的这些病原微生物有关,但是症状较轻。对这些螺旋菌的控制可尝试使用大剂量的强效抗生素。一般认为,蛇形螺旋体是从发生大肠炎的结肠上分离出来的,这种致病菌与饲养管理、营养和饲料加工相互作用共同引起一种复杂的综合征,包括一系列未知的相互作用。大肠炎可能与饲养密度过大、温度变化频繁和耗水量多(湿喂)有关,水的消化量大与饲料中可消化物质较多有关。后者可使在消化的食物迅速流向结肠,结肠中未消化的饲料残渣比正常水平高得多将给有害生物的滋生提供理想的生存环境。

已经注意到,饲料种类的变化(特别是从优良的粉料和颗粒料变为较粗糙的粉料)和饲料水平的降低能暂时缓解病情,可能是这种改变扰乱了结肠中的微生物群体,但一段时间后该病会复发。饲料问题出现最多的是在特定的非淀粉多糖(NSPs)中发现有抗营养因子存在。最初怀疑在油菜籽、豌豆和豆类含有这些因子(因为它们与其他抗营养剂有关);最近的研究揭示葵花粕、羽扇豆粕甚至大豆粕中都含有抗营养因子。有人说小麦中不含这种因子(饲喂高水平的小麦日粮没有出现任何问题),而另一些人却说小麦含有(相反)。这种观点上的分歧也许能用小麦种类不同解释得通。已经有人提出,其他谷物含有与已知的NSPs成分(如黑小麦和黑麦)不同的物质,含有的脂肪质量很差。没有人提出大麦与该病有关;事实上,日粮中大麦含有的未知成分对猪有保护作用。我们假定小麦中的致病成分是阿拉伯木聚糖戊聚糖,从逻辑上来说,在饲料中添加酶(戊聚糖酶),如果它们发挥作用的话,那么就能破坏这些特殊的NSP植物结构。

因此大肠炎或回肠炎问题的解决通常需要注意日粮中的成分(常理解为对饲料常规成分的简单混合物的回归),并同时加强饲养管理和饲养实践。如果所作的一切都不起作用,就要

使用药效较强的抗菌药。

支原体(地方性)肺炎

　　该病是由一种常见菌——肺炎支原体(*Mycoplasma hyopneumoniae*)引起的,表现为呼吸困难,肺部前叶有典型性的铅灰色病灶,剧烈的干咳,呼吸粗重,胸部剧烈起伏。集约化猪场大部分猪都可感染,但如果管理良好,则症状不明显,后果也比较轻。在北半球约有一半的集约化猪场感染支原体肺炎,而在北美的猪群中甚至更为常见。慢性传染病将引起日增重降低和饲料转化率提高到10%,但是生产性能降低得更多,从未感染过的猪群患了这种急性传染病(在健康水平较高的猪场或者管理不善和环境恶劣的猪群发病),猪群的生产性能明显降低。以前没有染病的猪群发生支原体肺炎病情会很严重,引起衰弱无力、生长极为缓慢,死亡率迅速上升。用特定抗生素治疗有效。现在一般都采取疫苗接种的方式进行预防,新一代疫苗能在多种情况下显著降低该病的发生。如果在猪群中不存在支原体,那么就有必要维持这种状态,引进猪只要从已经证明无肺炎的猪场购买。猪场需要有防护栏,防止其他染病猪只的接近。谨记:传染原能借助风力从5 km以外传播到这里。传染原通常通过没有临床症状的母猪传递给几周龄的仔猪,并在8～12周龄时发病。生长猪群感染该病的速度很快,死亡率高。到猪成年的时候这个病就痊愈了,肺部病灶也修复了。因此以前感染过该病的成年猪(尽管确实感染过)症状完全消失。猪群中带菌猪很多,此时给猪饲喂抗生素将有助于控制该传染病。支原体的这种传播方式可试着通过早期药物断奶(MEW)加以根除,通过给仔猪饲喂大量药物和早期断奶(不超过14天),将病原体抑制在母猪体内,然后将母猪和仔猪分开饲养(早期断奶隔离,SEW),从地理上将之分离(三点式生产)。

　　保持生长猪温暖的环境,良好的营养,小群饲养(每圈不超过12头),较低的饲养密度,以上这些措施是很重要的,有助于生长猪成功度过这个危险阶段。有证据表明,以下几种情况猪容易染病:①猪场接收的猪来自多个猪场;②一圈饲养100头以上的猪;③每头100 kg体重的猪躺卧面积不足0.5 m²,总占地面积不足0.8 m²;④氨气浓度20 mg/kg以上;⑤空气中灰尘含量在5 mg/m³以上;⑥空气流动速度小于每千克猪0.2 m³/h;⑦每头猪的活动空间小于3 m³;⑧每圈饲养猪的数量为12头以上;⑨没有采取全进全出制饲养模式;⑩批次之间消毒和清洁不够;⑪猪舍内有贼风或温度起伏不定。

　　在有慢性肺炎病的猪场,慢性肺炎造成的损失可能不是很大。在管理水平较高且环境条件较好的猪场,有时甚至几乎察觉不到有何损失。问题经常出现在:①支原体肺炎与继发细菌感染并发;②猪应激;③环境控制不当;④灰尘浓度过高;⑤猪混群;⑥过度拥挤;⑦批次生产目标没有达到;⑧批次间圈舍消毒不彻底。有时可在慢性感染猪群中由于购买病猪或不同来源猪混群而引起该病急性发作。如果问题出在猪群上,应该给猪饲喂抗生素,使病原控制在亚临床水平。

　　严重感染的猪群,不能通过有效的饲养管理控制病情,猪场可采取淘汰病猪,并重新补充没有支原体肺炎的(SPF)猪。在这种情况下,如果猪场不是距离其他猪场和公路很远,那么可能用卡车来运猪场的猪,通常预期这个猪场在5～10年之内倒闭。当猪群被感染,如果不加以控制,可能会给猪场造成很大的经济损失。在患有慢性肺炎的猪群中,急性发作的症状表现为咳嗽、体况下降甚至死亡,这常与其他肺炎致病菌感染连在一起,这些致病菌通常包括巴氏杆菌、鲍特杆菌或胸膜肺炎放线杆菌(嗜血杆菌)等细菌。也许会在易感猪身上继发呼吸性疾病,支原体肺炎是生产力的最大威胁。

渗出性表皮炎(脂猪病)

哺乳仔猪和刚断奶仔猪会感染此病,由破损皮肤感染葡萄球菌(*Staphylococcus*)引起。皮肤呈黑褐色、鳞屑脱落、结痂,猪可能死于毒血症(toxaemia)和肝脏损伤。约有一半的感染在早期给予抗生素治疗,同时对皮肤表面用抗菌药进行处理。由于争斗和地面凹凸不平经常发现仔猪表皮受伤。这种病仅偶发与个体,不会经常见到。在有可能发病的猪群中,新生仔猪应剪去獠牙,使断根与牙龈持平,留下光滑的表面。产房需要经常消毒,这有助于分批分娩制度。

乳腺炎

乳腺炎(mastitis)由大肠杆菌、葡萄球菌或链球菌(或其他细菌)感染乳房所引起,结果导致产奶量降低、体温升高和仔猪早期生长速度下降。使用抗生素治疗并改善产房的卫生状况效果良好。在哺乳早期,乳腺炎也可能与子宫炎(阴道脱出)、无乳症有关,结果哺乳仔猪因饥饿而死。催产素对该病有效。

沙门氏菌病

沙门氏菌(*Salmonella*)是一种常在菌,在自然界中广泛分布。因此一点都不奇怪,没有有效控制沙门氏菌的措施,检测到约有 20％的猪群表现为沙门氏菌阳性。这并不是说这些猪场生产的猪肉等产品不安全,而是说有潜在风险,当这些产品上微生物的密度达到了扰乱消费人群肠道平衡的水平时,才对人有威胁。尽管人感染的沙门氏菌很少是来自猪,但是肠道疾病发生率在上升,自然渴望减少猪群中沙门氏菌的存在水平。因此对减少或根除沙门氏菌规划的关注日益增加。

从屠宰场取肉样,检测肉汁中沙门氏菌抗体含量。如果抗体阳性说明在采样前猪的生长过程中感染过沙门氏菌。追溯到猪来自哪个猪场,取这个猪场的粪便来估计感染水平。由于猪场沙门氏菌存在与吃猪肉的人健康状况之间相关系数很低,因此阳性结果用不着恐慌,而是作为采取治疗措施的依据。

在沙门氏菌水平较低时,最好采取措施加以根除;水平较高时,应采取降低其水平策略。国家规划按照感染水平以及屠宰场样本报告阳性频次可将阳性猪场分为 3 类。应要求每次检测沙门氏菌水平都是最高的猪场采取措施直至证明水平确实降下来了,采取的措施包括搞好卫生、做好清洁工作并注意前面讨论的所有生物安全方面的问题。当最后认证时,如果猪场的沙门氏菌水平仍长期居高不下,将会取消该猪场的猪质量保证登记资格,从而防止这些猪场的猪进入有保证的猪贸易链。根据沙门氏菌水平对猪场的分类通常不是绝对的,而是相对的。因此将不合格猪场张榜公布,这些猪场将被认为是"不受欢迎的",并对那些位置长期不变的猪场进行制裁。通过这种方式,问题猪场成为重点治理对象,从而猪群中沙门氏菌水平逐渐下降。

猪繁殖与呼吸综合征(PRRS)

在 1991 年,Lelystad 病毒[1]感染 PRRS(蓝耳病)导致欧洲无数的小猪场倒闭,以前在其他地方该病被称为神秘繁殖综合征(Mystery Reproductive Syndrome,MRS)。后来,此病迅速传播,现在世界大部分地方都有。欧洲 70% 的猪群都感染过此病。在世界不同地方,病毒形状是不同的。感染有周期性,造成的后果可轻可重,这主要取决于免疫水平、群体管理标准和其他疾病的存在。因此 PRRS 病的严重程度随着猪场和地理位置不同而有很大差异。有时,此病被认为是微不足道的;而在另外一种情况下,会给本地养猪业造成毁灭性的打击,并引起连续多年都难以达到目标生产水平,如受精率、生长速度和饲料转化率这些非常重要的指标。对首次感染猪群影响是很大的,使猪群的免疫力丧失殆尽。这种病毒既能通过带菌者进行水平传播,也能在妊娠时垂直传播给胎儿。感染后,尽管血清反应呈阳性,猪群不一定表现出临床症状。这意味着这种病毒很容易通过注射器的针头传播,而在断奶前后,这个时间是仔猪染病的高峰期。接着该病不治而愈(自愈),猪群中血清反应阴性猪逐渐增加,但是这个猪群的免疫力有再次降低的风险而成为易感猪群。因此,PRRS 在猪群中常表现出周期性感染,这是由于新生的下一代仔猪免疫力下降所致,并且传染性储主(infective reservoir)出现衰弱迹象,引起临床症状复发,接着群体免疫力水平提高,该病症状再次消失,如此往复。这种传染方式是病毒病的常见方式,呈地方性和区域性流行。可通过根除 PRRS 或者维持病毒与免疫力之间的平衡,后者也许是更加可行,切断该病的发病周期。从来没有感染过 PRRS 的猪群是没有免疫力的。感染过 PRRS 的猪群产下的后代可能有免疫力,也可能没有,适合将它们转到其他有活性的 PRRS 猪群中。如果 PRRS 具有活性,但是猪群不表现临床症状,那么下一代将没有免疫性。为了保证猪的免疫性,应将它们从 PRRS 猪群(病毒仍然有活性)中清除出去,进而提高猪群的免疫力。

没有免疫性的后备母猪群转到可能患有 PRRS 的猪群前,需要建立后备母猪的免疫性,猪群体重达 100 kg 时转入隔离圈,隔离 7 天。7 天结束后让它们接触传染物(如断奶仔猪的粪便)或病猪。接触时间应持续大约 3 周,之后,将这些猪转到配种群圈,至少 2 周之后再配种(100 kg 体重到配种的间隔时间需要 6 周)。

PRRS 的症状表现为食欲不振、无乳、慢性和急性呼吸困难、流产、死产、不孕、腹泻、生长缓慢、身体不适和死亡。急性感染阶段(约 8 周)仔猪死亡率为 50%,这将使年均生产力降低 5%~10%。现在已经知道这些广泛的症状是由于这种疾病攻击猪的免疫系统所致。因此 PRRS 高于基础水平的猪场对该病有较强的抵抗力,而处于 PRRS 基础水平的猪场在感染的第一个阶段之后症状变得明显。在一些猪场被感染猪只病情轻微和看不出来的情况是很多的,并且这些猪对这种病产生了抗体。现在,有疫苗可以利用,但是疫苗的效果还没有确定。

断奶后多系统衰竭综合征(PMWS)

我国猪群中 PMWS 的患病率已经超出了警戒线,因而在世界上很多地方被认为是引起生产力降低的主要原因。该病对体重为 5~10 kg 的仔猪影响最大,主要影响器官是肾、肺、肝脏和淋巴结,结果导致体重下降、食欲不振、呼吸困难、腹泻、苍白、黄疸、皮肤斑以及其他症状。这一点也不奇怪,因为免疫系统是该病攻击的主要目标之一,免疫系统瘫痪后,其他病原趁机

译者注:[1]Lelystad 病毒是以最早分离到该病原的研究所所在地 Lelystad 而命名。

侵入体内。而此时 PRRS 病毒传播得尤其迅速。

PMWS 总是与猪圆环病毒 2 型(PVC—2)水平急剧上升有关。然而,PVC—2 是一种常在病毒,因此在未感染的猪场也存在(较低水平)(尽管 PVC 有时与母猪繁殖障碍有关,感染母猪产仔时使自己受伤)。可能是其他相关因子复合体共同使 PCV—2 发生了改变,而成为病原体。在一些猪场,与 PMWS 类似的症状,尤其是在日龄较大的猪中发现皮炎肾病(PDNS)。是否这是 PMWS 的一种变体(非常罕见)还是一种很可能与巴氏杆菌有关的另一种综合征,还不清楚。

在患病猪群中,约有 5%~20%的仔猪感染了 PMWS,而感染的仔猪大部分都死亡了。未被感染的仔猪是带毒者,从而使得猪群终身带菌并周期性发作。

通过提高标准化饲养水平,长期采取严格的生物安全措施,尽量防止其他病原侵入猪场等,可使 PMWS 带来的经济损失降到最低。与之有关的措施可以列出长长的一列,但是这张列表上应该加上"以上所有这些"字样。然而,列出这些内容重要的应包括:排除所有的应激因素、维持从出生到 10 周龄(或更大的猪,如果条件允许)猪群稳定、减少饲养密度、采用全进全出猪生产流程管理制度、晚期断奶、控制 PRRS 以及不在仔猪断奶时进行防疫注射。

多点式生产和早期隔离断奶疾病控制系统

多点式系统

疾病是按代次传播的——可由母猪传染给哺乳仔猪、断奶仔猪传染给哺乳仔猪、生长猪传染给断奶仔猪。切断了疾病传播的这种年龄链条,也就阻止了疾病传播。繁殖母猪饲养在一个场,断奶仔猪饲养在另一个场,生长猪和肥猪饲养在第三个场,这不仅有助于防止疾病向下传播,而且允许每一个场的劳动力和管理技能专门化。同时,母猪到哺乳仔猪和肥育猪到生长猪是疾病垂直传播的重要途径,新感染的猪只排泄物感染性最强,并引起临床疾病水平传播。新感染的猪还没有收到机体抵抗外来病原的任何信号,因此此时病原很容易侵入体内。尤其是断奶仔猪,是排泄病原微生物的潜伏来源,当它们第一次遇到疾病挑战的时候,它们的免疫系统还没有发育完善,它们处于应激中,它们抗体的一种来源(母奶)最近也中断了,它们自己获得的免疫水平将会下降。因此断奶仔猪是引起猪群临床疾病传播的主要目标,将它们隔离单独饲养比较好。

在多点式生产体系中,各场之间必须距离足够远,以防止通过空气、鸟及有害生物进行传播。有距离就有运输的需要。断奶仔猪的运输需要严格控制环境,以确保良好的通风和适宜的温度。而且,在所有猪群中,装车和运输过程就是一种应激。较大规模是多场生产系统的一个基本特点。每一场(繁殖、断奶和育成)都必须足够大以支撑有效的内部运转。这可能意味着断奶仔猪场仔猪的供应种群来源不止一个。已有充分证据证明,健康状况不佳的主要原因是来自多个不同的供应群体。

对多点式系统有许多不同解释。一个极端是在一个大型保育场有许多间断奶仔猪舍,该场饲养的仔猪长大一点就被转出,转到有许多间育肥猪舍的育肥场饲养。这种场的优点在于每场之间猪要成批进、成批出,但是缺点是易于疾病的横向传播。而另一个极端,多场式系统可能意味着保育场有许多单个建筑物(或者几个建筑物),这个场的猪要转到有许多单个建筑物(几个建筑物)的育成场饲养。这种情况能最大限度地抑制疾病的发生。鉴于疾病控制和管理等原因,多点式系统的后一种解释(而不是每个生产阶段需要两个或三个大型场)可能是更为重要,并且经验表明,早期隔离断奶(SEW)中的隔离对切断再感染周期的重要性比早期断奶更大。同时,现在发现"多点式系统"通常解释为三场、两场(将断奶仔猪归到繁殖群或生长肥育群)系统。

目前,一般认为在实际操作中,"多点式系统"没有说明疾病控制和预期生产效益,疾病管理的基本原则能很容易地在单场系统及多场系统中应用。

早期断奶和早期药物断奶(MEW)

许多重要的疾病(特别是呼吸疾病)都是从母猪传染给2周龄以内的哺乳仔猪的,其中的一些病原包括:伪狂犬病毒、放线杆菌、支原体、巴氏杆菌、嗜血杆菌、PRRS、沙门氏菌和传染性肠胃炎(TGE)。因此不到14日龄断奶的仔猪将减少疾病垂直传播的机会。然而,甚至在生命的第一周,也会被感染。这只能在无菌的环境中,从子宫中将胎儿取出,人工养育仔猪。在过去育种公司已经使用这项最昂贵的技术用于无特定病原(SPF)猪核心群的建立。更可行的方法是在疾病可能发生期间,对母猪(在分娩前后)和仔猪(在出生后和断奶前后)使用大量的药物并接种疫苗,防止病原体感染新生仔猪;并接合早期断奶和转到无病的猪舍。在20世纪70年代初期,剑桥兽医学院的亚历山大发展了早期药物断奶(MEW)的基本原理。

20世纪50年代以来,早期断奶已经成为一种实用的生产技术(提出7~10天断奶)。充分的调研表明21天断奶困难很大,在3周龄之前实行早期断奶同样困难很大。近几年来欧洲推崇晚期断奶(later weaning),同时在20世纪80年代,"行业标准"是21天断奶,而现在大部分猪场都倾向于28天断奶。看起来好像21天断奶有利于实现母猪年产仔猪最大化的短期目标,但是这常被认为:(1)不符合长期目标的要求,法律禁止预防使用抗生素治疗疾病;(2)风险较大;(3)在管理、设备和药费方面没有保证。每头母猪年产仔猪最佳头数是28天断奶达到的数量。不足18天断奶给母猪带来严重的复配问题,也给断奶仔猪的成功保育带来很大困难,因为在那个时候,离开母亲独立生活的仔猪还没有健全的消化系统和免疫能力来应对环境的考验。然而,早期SEW体系鼓吹的仔猪10天断奶,不久由于遇到很大困难而改成14天断奶,而现在又有向21天断奶发展的趋势,传统的生产技术都是经得起考验的。然而,哺乳期每延长1天,母猪将疾病传染给哺乳仔猪的可能性就更大,疾病根除的可能性就越小。由于不足21天断奶有很多缺陷,因此在实际操作中,一般采用24~28天(8 kg)断奶,并采取疾病遏制、限制、缓解和控制措施(而不是消灭)。疾病管理有助于多点生产,阻断再感染周期和长期的现实策略比防止母猪将疾病传染给10~14天断奶的仔猪更有用。有时疾病控制比总是避免猪与病原接触更有利于促进自然免疫和防止病情恶化。缓解或根除疾病采取的途径主要取决于:(1)正在讨论的疾病;(2)正在讨论的生产场的管理目标。

常规抗生素类药物的独立使用使生产体系的方向盘指向了断奶日龄的增加。

避免/预防疾病

综上所述,一种疾病所造成的许多后果能设法使之降到很小或不明显,但是有许多疾病所造成的损失不能设法消除,甚至对于某些疾病来说,还需要一笔管理费用。

如果能预防疾病的发生,就应该去预防,尽管这样做本身并不是容易的事情,可能还有一定的风险。不存在病原就意味着在今后可能与病原接触时对疾病有易感性。但是，对于破坏性很大的疾病采取预防措施比采取管理措施更便于控制。

预防策略有两种形式：

（1）　通过接种疫苗获得主动免疫；

（2）　防止猪与病原接触。

在本部分，有些疾病很难通过管理措施将它们的影响降到合理的范围。

猪痢疾

许多猪场的生长猪群中常发现猪痢疾（swine dysentery），该病由赤痢螺旋体（*Brachyspira hyodysenteriae*）引起，这种病会导致大肠炎，患猪泻出含血的黏液状稀粪，粪便呈浅棕色。繁殖群可在发病初期被感染。生长肥育猪的发病率可达到100%，死亡率为8%。该病通过食入感染猪的粪便而感染。病原要在粪便中生活长长的一段时间（2～9周），并且也常通过这种途径传播。这种疾病也能通过猪场中的犬、啮齿类动物和鸟以及人传播。抗生素（泰妙菌素、土霉素、高剂量的泰乐菌素）能有效治疗该病，用法是将抗生素拌在饲料中饲喂，这是一种预防药物疗法。密度过大和环境差会加重痢疾的病情。探索使用口服活苗的方式，结果试验猪没有死，但没有进行有效的治疗，猪会很瘦，经济损失很大。在种猪场或商品猪场，通过长期不懈地对母猪和公猪用药治疗，产房彻底清扫和消毒后再让母猪进去产仔，断奶仔猪（现在不带菌）转入彻底消毒和空置足够时间的生长肥育猪舍。猪场所有的圈舍，猪群转出后都要进行消毒、空圈、再转入不带菌的猪群，这是最好的一种做法。通过保证猪没有机会与感染猪只、带菌猪只或污染的环境进行接触从而防止该病感染猪群，这种方法有益于生物安全和获得高经济回报。

传染性肠胃炎（TGE）

这种传染性病毒病引起仔猪（尤其是新生哺乳仔猪）绿痢，死亡率很高。当该病首次在猪场中出现时，大部分3周龄以下的仔猪都会死亡。这种病也可能转变为地方性流行病，腹泻持续发生，肥育猪生长受阻。这种病毒通过病猪、病猪排泄物、运病猪的车辆、受污染的靴子，有时鸟也能传播。虽然此病有疫苗，但仍难以有效控制和治疗。禁止未知来源的猪、人和车辆进入猪场，这是为了防止TGE发生所采取的措施之一。进入猪场的猪应从来源可靠已知无病的猪场购买。目前，测定TGE的存在由于该病与普通的呼吸冠状病毒（给猪的伤害不大）有交叉反应而使结果大打折扣。染病猪群所获得的免疫猪将终身携带。易感猪群持续免疫力可在瞬时感染和威胁较小的情况下通过日龄较大的猪反馈感染程序加以维持。

流行性腹泻

流行性腹泻（epidemic diarrhoea）与TGE十分相似，与TGE一样，也是由冠状病毒引起的，流行性腹泻通过污染的饲料（如肉骨粉）、啮齿类动物或病猪感染猪群。常见典型症状是绿褐色的稀粪、呕吐、脱水，但死亡率较低，尤其是哺乳仔猪和断奶仔猪。食欲减退、生长和饲料利用率稍受影响。与TGE一样，提高了群体对病毒的免疫水平，但在生长群，可能会有慢性病的问题。

副伤寒

副伤寒(paratyphoid)由霍乱沙门氏菌(*Salmonella choleraesuis*)和鼠伤寒沙门氏菌(S. typhimurium)以及其他微生物引起,最终导致病猪死于败血症,且死亡率高,大部分生长猪患肠炎,母猪流产。该病是否表现出腹泻、呼吸困难、胸闷、皮肤斑还不清楚。通常通过直肠拭子(rectal swab)进行病情诊断。有疫苗,也有抗沙门氏菌药。由于死亡率高,最佳策略首先是将病原挡在猪场之外。

萎缩性鼻炎

通常在哺乳期感染萎缩性鼻炎(atrophic rhinitis)。如果保持产房干净,无氨气和灰尘,该病的发生率将大大降低。充满灰尘的环境和饲养密度过大将使病情进一步恶化。感染猪表现出流鼻涕、打喷嚏、呼吸困难、食欲减退、饲料转化率降低和生长速度下降等症状。在最急的情况下,鼻子扭曲,鼻甲骨萎缩。在较差的生活条件和环境条件下,特别易于发生萎缩性鼻炎。在过去该病究竟是由哪一种微生物引起的没有定论,巴氏杆菌和鲍特杆菌两种细菌一般都存在。但是在英国康普顿实验室的研究表明巴氏杆菌分泌的坏死毒素是引起该病的主要致病因子。作为一种细菌病,可用抗生素治疗该病。在美国常采用给母猪接种疫苗。萎缩性鼻炎的严重程度常与管理标准和环境质量(也作为支原体肺炎的衡量标准)成正比。购猪时应保证猪没有萎缩性鼻炎。

放线杆菌(嗜血杆菌)胸膜肺炎

生长猪首次感染放线杆菌(嗜血杆菌)胸膜肺炎(*Actinobacillus (Haemophilus) pleuropneumonia*)时,常表现为轻微咳嗽。该病有时将接着引起支原体肺炎。有疫苗可以利用,但是这种细菌分为许多血清型,因此有时引起疫苗效果不稳定。对易感猪群应在进入拉架子群时饲喂添加抗生素的饲料,必要时在饮水中加入抗生素。这种疾病可突然发病,死亡率较高,剧烈咳嗽。死亡发生在日龄较小的猪和生长猪,当与大量的微生物接触时它们会表现为胸膜炎、体温升高和突然死亡、四肢末端发青、蓝黑色的病灶一直弥漫到肺的上叶,与胸膜炎有关。由于呼吸疼痛,猪呼吸很浅、很轻。看起来呼吸来自胃部。对感染或疑似感染(在出场后发病)的猪只首先采取的控制措施是注射抗生素,接着在饮水中加入抗生素,最后在饲料中加入抗生素药物。首例发病后,该病很快就席卷了整个猪场,此时该病可引起猪大批死亡,降低生长速度和生产性能,这将需要长期用药,将病原微生物的水平控制在正常水平,并与病原微生物共存,以允许猪只建立起足够的免疫水平。为此通过进行适当的清扫和猪舍消毒、实行全进全出制、批次间清扫圈舍等措施使病原的浓度降到尽可能低的水平。应避免猪应激,喂给猪充足的饲料并加强管理,减少饲养密度并保持良好的环境条件。

该病的慢性型常与呼吸疾病的其他微生物有关。慢性(亚急性)感染猪群的发病常常与某些突然遇到的应激有关,如增加饲养密度或改变环境条件。这种病原通过飞沫传播,因此该病一般是通过感染猪只带来的。母猪及其他周龄较大的猪不表现出临床症状,早期感染痊愈之后,这些猪只将疾病传染给哺乳仔猪或生长猪。该病原在猪的体外有存活时间很短。没有病的猪场如果不引入带菌猪就不会发生该种疾病。那些采取了合适的疾病控制措施仍然没能把感染控制在慢性水平的猪场可考虑空场然后再重新补充无病猪群。然而这种做法有些风险,因为没有放线杆菌的猪群对该病有很高的感染性。最佳方法是接种疫苗或让其与非致病菌株接触,既能获得免疫力,又不至于发病。

格拉瑟病

　　嗜血杆菌(常发现与链球菌感染有关)这种细菌引起的症状类似于胸膜肺炎放线杆菌(嗜血杆菌),但是大部分感染关节(关节炎)、使肠和胸膜发炎并引起脑膜炎。这种病在许多群体中存在,常在 PRRS 和其他呼吸感染或其他应激(如断奶)之后发病,但是菌株性能改变能致病。这种细菌是常见的细菌,自然免疫达到满意水平也很正常。该病能通过接种疫苗和使用抗菌药来进行治疗。

猪流感

　　猪流感由病毒引起,目前,严重影响猪群的生产力。该病通过空气传播,因此在猪密集区域感染率高,但是感染该病最大的风险是肥育猪群中的猪来源广泛。大部分感染猪群能通过自身的自然免疫自愈,但这里仅指易感猪只的非连续性流入。猪饲养密度大的猪场猪只的流入是连续的。首次感染该病毒后,可将病猪从群体中清除出去或在猪群中保留地方病。群体再次感染由于没有进行治疗而使它们的自然免疫丧失,接着旧病复发,可引起周期性感染。对于获得免疫性的猪群,母猪有免疫保护,仔猪要从母猪获得免疫保护,直至 7 或 8 周龄,它们发展了自己的免疫系统之后才变成不易感染猪群。

　　流感病毒引起肺炎和肺部疼痛,造成呼吸困难,咳嗽和发烧。也打喷嚏,流鼻涕和流眼泪。体温升高,引起体重和体况下降。该病通过易感(无免疫性的)猪群,特别是肥育猪迅速传播。通常约需 1 周的时间才能恢复,猪的死亡率很低。该病的发作将很可能接着继发感染,如放线杆菌、鲍特杆菌、巴氏杆菌引起的这些疾病、格拉瑟病和 PRRS。仅流感引起生长速度下降,但是最严重的后果是引起病毒综合感染和继发感染或与 PRRS 病毒并发感染。

细小病毒

　　这种疾病免疫性的获得有两种途径,自然免疫和疫苗接种。一次感染终身免疫。公猪和青年母猪应在混群时进行疫苗接种;如果没有疫苗,则在配种前让青年母猪接触断奶仔猪的粪便;或者将新引入猪群赶入隔离舍进行隔离,而隔离舍与淘汰母猪舍比邻,而且允许这两个群体有限接触。当该病毒感染了没有免疫性的猪时,被感染猪只如果不是妊娠母猪或者最近要怀孕的母猪,那么该病对感染猪只影响不大。像这种情况,病毒将引起胚胎和胎儿死亡、弱仔、小仔、死产。这种病毒是影响母猪繁殖力和生产力的一种基本病原。在妊娠早期感染病毒的会导致胎儿全部死亡和流产;母猪返情或空怀。在妊娠后期感染的胎儿变成木乃伊或死产、发育不全。该病是渐进性的,因此在分娩时能看到木乃伊胎儿大小的变化。细小病毒(和其他肠道病毒)病的症状是 SMEDI(繁殖障碍综合征),死胎、弱仔、流产或木乃伊化仔猪、胚胎流产、死仔猪产和母猪不孕。

　　世界范围内大部分猪群都有细小病毒。在一个群体内,可从一个猪圈的猪传染给其他所有的猪,这将使得明显感染的猪群定期突然发病,因为自然免疫未必随处可得。

　　细小病毒病普遍存在的,该病影响创伤的愈合,很容易通过使用一种简单的疫苗接种程序减少这种影响。仔猪(易感的)进入感染猪场也可以在配种前 3 周通过预先感染肥猪粪便或与即将离场的猪群接触而获得免疫保护。

伪狂犬病

　　伪狂犬病（Auijeszky's desease/pseudorabies）由疱疹病毒引起。猪群第一次发病时，死亡率高，繁殖群母猪生长下降、母猪流产、木乃伊胎和哺乳仔猪脑膜炎。该病通常转为慢性，引起猪流鼻涕和打喷嚏，食欲减退以及肺炎并发症。肺炎引起呼吸窘迫、生长速度下降以及呼吸性疾病的病原体继发感染。如果在一个特定的国家或地区发病率相对较低，那么应考虑使用扑杀政策。然而，必须保持扑杀区域范围有效。接种疫苗的猪不会表现出染病症状，但是它们可以与一个感染区接触，排泄物带毒，因此是带毒者。如果采取疫苗接种方式，那么与扑杀政策一样，最好所有猪只都注射疫苗。育种公司应该没有这些主要疾病，种猪销售国如果该病流行，可考虑接种疫苗。目前，在不同的国家，不同的兽医推荐使用不同的疫苗。

　　伪狂犬病主要是通过猪传播，但也可以通过空气传播到 2 km 以外。最常见的感染源是复活的潜伏病毒。在猪场，猪得了一场病之后将渐渐失去它们自身的自然免疫力。然而，群体内将有潜伏病毒携带者。如果携带者排毒，所有没有免疫性的猪都将染病。宰杀病猪并不能解决潜在病毒携带者的问题，这种政策对此无能为力。

　　感染后，病毒潜伏在细胞内，猪表现得相当健康，不排毒。遇到应激或另一种疾病后，猪排毒但本身仍然没有任何症状。最新感染的猪群虚脱。仔猪出现神经疾病引起食欲减退、癫痫或瘫痪。不到 10 日龄仔猪的死亡率可高达 90％，10～20 日龄仔猪为 70％，20～50 日龄的仔猪为 10％。60 日龄以后就不再有这样严重的死亡问题了。有肺炎的生长猪，体重减轻，死亡率最大可达 10％。然而，生产力的下降是灾难性的。该病引起母猪流产、不孕和胎儿死亡，但是不死猪。该病流行过后，病毒自动消失不见，但是从首例感染到 75％的哺乳仔猪死亡和15％的妊娠母猪流产则仅用短短 2 个月的时间。

　　为了通过初乳给初生仔猪提供保护免疫，就必须给母猪注射疫苗，同时也必须给生长猪接种疫苗。

　　通过接种疫苗达到根除该病的目的是可能，并且这种方案现在已经在欧洲执行。要求在根除区给母猪和生长猪构建一层防护层，允许用基因工程苗对带菌者进行预防接种。对所有猪只都要采血样，以检出该区域内潜伏带毒者，然后将检出的带毒者扑杀。如果这个方案能被更大群体采纳，应该能在规定时间将该病根除。有必要将扑杀和接种疫苗接合起来。由于潜伏带菌者问题仅仅采取预防接种是不能彻底根除这种疾病的。

　　尽管接种了疫苗，也难以避免该病的区域性流行，因为对该病的最终控制是通过消灭潜伏带毒者。患慢性伪狂犬病的母猪群中的母猪，获得了对该病的自然免疫，而成为潜伏带毒者。即使一段时间该病没有暴发，但是进入猪群的新母猪没有这种保护，甚至该猪群内产下的仔猪免疫系统还没有发育完善。因此，一旦潜伏带毒者排毒，这些没有免疫性的猪将难以幸免。如果商品猪群被感染，那么该病就会在这个地区流行，仅在特殊情况下考虑采取灭绝该地区的所有猪只，这样的话需要在非病区的猪场购进无病猪只。

钩端螺旋体病

　　钩端螺旋体（*Leptospirosis*）的种类很多，包括 *pomona* 和 *bratislava*。钩端螺旋体感染繁殖器官可表现出短期的体温升高和食欲不振。病情严重和慢性感染的猪只将表现为消化紊乱、生殖障碍、流产和产下弱小仔猪。有疫苗可以使用,但疫苗的作用不可靠。抗生素对病情有一定的缓解作用,但不能完全消除感染。然而,在有个别猪被感染的猪群,使用抗生素治疗能预防整个猪群感染。有时,认为该病与灭鼠不力和卫生差有关。

链球菌脑膜炎

链球菌脑膜炎(*streptococcal meningitis*)是细菌病,引起关节感染、肺炎、大脑既能障碍、神经痉挛和死亡。如果在发病初期用青霉素治疗,80%的感染猪只将会康复。个别猪表现出弥留症状,而其他猪则表现为生长速度下降。在治疗期间,要求降低饲养密度,加强通风。维持舍内适宜的温度,防止温度变化。引进种猪要在过去5年以上的时间之内没有发生过该病的猪场购买,可防止外来猪只将该病引进场内。猪场一旦感染该病,就会给猪场造成很大的损失,生产效率急剧下降,尤其是在断奶后前28天之内的猪。在这段时间里,拌料给药有一定效果。链球菌感染也能引发仔猪败血症、脑膜炎、关节病、关节炎、关节肿胀和烂蹄。

猪丹毒

猪丹毒(erysipelas)是一种由一种常在微生物引起的疾病,很易于通过接种疫苗得到有效控制。所有种猪都应接种2次疫苗。如果不采取这种措施,那么成年猪发病的风险大大增加。症状为突然死亡、通常(但不总是)表现出败血病症状,在皮肤上出现典型性的菱形疹块,凸出于皮肤,呈紫红色,慢性关节炎和心脏病、食欲不振、便秘和生产力下降。

桑葚状心脏病

这种病引起突然死亡,表现为心脏损伤症状。该病很可能是由很多原因引起的,包括应激和遗传性易患病体质,但有时与不能有效利用维生素E和硒有关,因此有时与有机酸处理的谷类饲料和高脂肪日粮有关。

关节炎

支原体滑膜炎(关节炎)是支原体(*Mycoplasma hyosynoviae*)侵入关节而造成的,引起生长猪关节僵硬。该病可使用特效抗生素治疗。常在应激状态下发病,如将后备母猪运输到接收繁殖群的过程中。

健康维持、疾病预防和疾病避免的实践

疾病发生随着时间和生产管理方式的改变而变化。在20世纪70年代,流产、骨软骨病、膀胱炎、子宫内膜炎、不孕、钩端螺旋体病、流行性感冒、PRRS和PWMS都不是很严重的病,而细小病毒、疥癣和内寄生虫病则比较严重。在20世纪90年代,除了不孕和软骨病,前面所有的疾病都变成了重要疾病,但细小病毒病和内寄生虫病不再是重要疾病了。有证据表明,目前最重要的病可能是PWMS、PRRS、猪流感和继发呼吸性感染。

在商品猪场日常管理中,繁殖群最常见的有关综合征包括大肠杆菌性腹泻、肺炎、食肉癖、跛和不孕。这些病原微生物是常见菌群,是不可避免的,这意味着管理任务是接受病原微生物的存在并控制严重程度。

以下这些疾病是常见病,但是能通过良好的饲养管理控制它们的发生,并将其影响降到最低:无乳症、贫血、乳腺炎、球虫病、膀胱炎、腿无力、猪丹毒、格拉瑟病、渗出性表皮炎、猪肠腺瘤病、猪应激综合征、体内寄生虫病、支原体肺炎、PRRS、PWMS、流行性感冒、支原体关节炎、水肿、细小病毒、轮状病毒、胃溃疡、关节感染、阴道脱垂、真菌毒素引起的紊乱。

维持猪群不感染以下这些疾病是可能的:链球菌脑膜炎、猪痢疾、副伤寒、萎缩性鼻炎、体表寄生虫、食仔癖、放线杆菌胸膜肺炎、巴氏杆菌、伪狂犬病、传染性肠胃炎、沙门氏菌病、非洲猪瘟、古典猪群、口蹄疫、支原体肺炎、猪水疱病、钩端螺旋体、猪痘、旋毛虫病。

正在大力开发针对持续扩大的各种疾病疫苗。目前,这些疫苗已经能够使用,其他的一些疾病,如细小病毒、钩端螺旋体病、伪狂犬病、猪丹毒、萎缩性鼻炎、流感(某些类型)、PRRS、大肠杆菌腹泻、TGE、肺炎和胸膜肺炎。抗生素(其中,拌料给药的抗生素有 40 余种;注射的有 100 余种)能有效抵抗细菌源类传染病,包括:链球菌、葡萄球菌、密螺旋体、钩端螺旋体、大肠杆菌、弯曲杆菌、棒状杆菌、巴氏杆菌、支原体、放线杆菌、嗜血杆菌和沙门氏菌。

古典猪瘟和非洲猪瘟、口蹄疫及其在临床上类似的猪水疱病、普鲁氏菌病以及伪狂犬病采取扑杀政策才能有效扑灭这几种传染病。这几种重大疫病因此不能在健康维持和管理的任何环节出现。

疾病成本

养猪业用于不健康猪治疗的费用包括:

- 治疗费、药费、疫苗费等。北美最近调查表明,估计常规预防接种费用生长猪约占 40%,母猪约占 30%;抗生素治疗费用生长猪约占 60%,母猪约占 30%;
- 拌料给药费用。在欧洲,近几年提供给断奶仔猪的饲料 1/2 以上都含有预防性或治疗性药物。条例中规定禁止使用预防性抗生素和生长促进剂,因此这项费用肯定减少,但是给生产带来的损失却相当大。该项费用一般占饲料费的 5% 为宜。拌抗生素饲喂肥猪直到屠宰,药费累积能达到 1~2 kg 猪肉的价值;
- 由于母猪生产能力下降、生长速度降低和饲料利用率下降导致的猪场效率损失的成本;
- 猪场外产品质量和市场影响(猪肉产品安全)带来的损失;
- 肉品加工征收带来的产品销售损失。

来自欧洲集约化猪场的各种调查表明,支原体肺炎在 1/2 以上的猪群中呈区域性流行,并且 1/3 以上的猪患胸膜肺炎。PRRS 在至少 50% 的群体中存在,但有明显症状的猪不到患病猪只的 1/2。PWMS 则呈散发方式,但出现该病的地方能引发猪群中很高比例的猪发病。大肠杆菌腹泻约在 1/3 的种猪场中流行,至少有半数猪群有过该病,但发病没有规律性。最常见的散发病例是跛腿。其他有规律的疾病是:繁殖疾病、格拉瑟病、大肠炎、猪痢疾、含有真菌毒素的饲料、萎缩性鼻炎和疥癣。

仅兽医干涉治疗所用的直接费用可高达肥猪价值的 2%。除了直接的治疗费外,已经意识到养猪业中目前疾病水平导致育种群的产品约有 1/6 损耗掉了(与每头母猪年产 4 头断奶仔猪的价值相等),进一步引起断奶仔猪和生长猪的性能(死亡率和饲料利用率)损失,相当于损失宰杀猪价值的 3%。屠宰场屠宰猪的数量下降所带来的损失约占屠宰猪价值的 0.4%。疾病造成的损失列于表 7.9,损失换算成饲料用量。这些统计数字与异常猪群没有关系,只与正常猪群日常流行性疾病人们可接受的水平有关。这些损失可以避免,在疾病预防水平达到

表 7.9 正常猪群疾病的代价。

	相当于每头屠宰猪饲料损失(kg)
兽医和药费	10.0
与疾病相关的生长猪死亡率	3.0
与疾病相关的仔猪死亡率	1.5
屠宰场征收	2.0
慢性病相关的繁殖力损失	2.0
慢性肺炎、腹泻和跛腿	4.9
拌料给药	0.5
总计	23.9

很高的猪场,节省的费用是很可观的,这主要是通过自始至终采取高质量的日常管理而实现的。国际猪健康顾问麦克·穆易赫德(Mike Muirhead)先生极好地评估:即使仅仅传染性肠胃炎、支原体肺炎、放线杆菌(嗜血杆菌)胸膜肺炎、萎缩性鼻炎和疥癣慢性发作,也可能会使每头猪从出生到 90 kg 体重日龄增加分别 5 天、20 天、15 天、15 天和 10 天。

当然,很难精确估计疾病带来的损失;同样,疾病根除所带来的好处也难以计算。首先,发病程度不同;其次,猪的防御水平不同;最后,临界环境因子超标,影响了猪场里疾病存在带来的后果,因此引起的经济损失有小有大。不言而喻,最好是形成一种将不利微生物的影响降到最小的环境,以避免病原微生物疾病堂而皇之地进入猪场,并构建猪的免疫防御系统。达到这种效果投入可能很大,却是值得的。将病猪淘汰重新组群的投入是很大的,但可以很容易地使猪达 100 kg 体重日龄从 200 天减少到 150 天,饲料消耗率从 3.0 降至 2.7,每头母猪年产上市猪从 17 头增加到 23 头。这些统计数字提高了 20％遗传进展之类的指标。当然,这种不利影响的消除是个渐进过程,取决于管理功能的发挥程度。

第八章 猪饲料的能量价值
Energy Value of Feedstuffs for Pigs

引言

能量由饲料中的养分碳水化合物、蛋白质和脂类氧化产生。它们的总能值分别为碳水化合物(淀粉和纤维素)17.5 MJ GE/kg、蛋白质 23.6 MJ GE/kg 和油脂 39.3 MJ GE/kg。经过消化,这些养分的能量可以被机体以三种方式利用。第一,以它们存在的化学结构形式利用,即将饲料中的氨基酸用于猪肌肉生长所需的氨基酸,饲料中的脂类用于猪脂肪生长所需的脂类,而饲料中的单糖则用于合成肝糖原和乳中的乳糖。第二,各种养分可以从饲料中的一种结构转化为猪体的另一种结构形式;因此,饲料中碳水化合物被消化后的终端产物可以参与合成代谢和猪体蛋白质或脂肪的维持。第三种也是养分能量主要的利用途径,即能量的产生必须用作猪生命代谢活动中的燃料,最终动物体以体热形式散发。

主要的碳水化合物能源是淀粉,它在小肠中经酶解消化后以单糖形式被吸收。许多复杂的非淀粉多糖(non-starch polysaccharide,NSP)也可作为一部分能量的来源,特别是纤维含量高的饲料。但在这种情况下,很大部分的消化是在盲肠和大肠中以细菌分解的形式进行的,其终产物是挥发性脂肪酸(volatile fatty acids,VFA)和很少被有效利用的乳酸盐。蛋白质是在以氨基酸形式被吸收后再通过糖异生作用(效率相当低)产能的。日粮脂肪可以以其要素成分甘油和游离脂肪酸形式被吸收。

饲料中的能量主要被猪用于(1)机体正常生命过程的基础维持,如肌肉运动、消化、呼吸、血液循环、体组织的更新和再循环;(2)驱动乳合成、繁殖机能、蛋白质和脂类沉积等过程;(3)在冷环境中维持体温;(4)维持泌乳、胎儿、瘦肉和脂肪组织的生长。除了上述保留在体内能量外,所有的能量都(5)以体热的形式散发。在维持机体的功能和生产过程中产生热量越多,用于保持温暖所需的热量就可能越少。因此,在冷环境中的产热是来源于机体某种活动的副产物热量不能被利用时的一种特殊用途。

并不是饲料中所有的能量都能代谢转化而用于维持和生产所需。饲料中有一部分产能的养分不能被消化而随粪便排出体外,而另外一部分能量可能以气体或尿的形式保留在体内。饲料总能的产生潜力可以通过测定饲料在热量计(通常是绝热的氧弹式热量计)中完全氧化后直接产生的热量而确定。通过这种方法测出的是饲料的总能(GE_i)。总能减去与粪便有关的未消化的能量(GE_f)即消化能(DE),消化能可以由以下公式计算:

$$DE_i = GE_i - GE_f \tag{8.1}$$

代谢能(ME)可以根据消化能以尿能(GE_u)和气体能,主要是通过大肠和肛门排出的甲烷(CH_4)能形式的减少而估计得到:

$$ME_i = DE_i - (GE_u + GE_{gas}) \tag{8.2}$$

　　代谢能可通过物质的代谢作用而被利用,通常按以下顺序被动物用作(1)维持,(2)冷环境中产热(如果需要),(3)驱动产品的生产和沉积在产品中。如果动物的采食量特别低,上述的顺序则可能颠倒;先前沉积的机体组织——特别是脂肪组织还有蛋白质组织——就可能被降解产能以维持基本的生命过程。

　　关于机体对能量的利用如图 8.1 所示。表 8.1 列出了一些可能适合于能量利用各个方面的实例值。

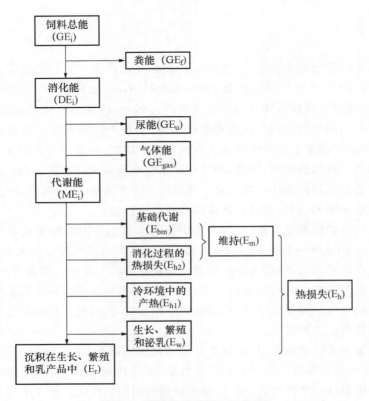

图 8.1　猪体利用能量的示意图。

　　很少人关注猪自然活动的能量消耗,因这部分能量通常被假定在维持能量中。由于猪在产生被假定在维持中的这部分能量的过程中,没有群居在开放式圈舍中产热那么主动,因此这种假定不合理。比较合理的做法是在维持需要量的基础上再增加 5%～10%。一些现代化的生产系统现在鼓励增加母猪和生长猪的自然活动,这样大约 10%～20% 的维持需要就可能被用于额外的能量消耗和热损失。

　　饲料的最终能值由各种产能养分的比例和终产物的用途决定。后者不仅取决于(如表8.1 所示)饲料本身,而且取决于饲料利用过程中新陈代谢活动的平衡。以热形式散发的那部分消化能在妊娠早期的母猪要比迅速生长的小猪多,因此能量保持在其组织中。

　　普遍采用消化能(DE)来描述猪饲料的能量,但这还存在着争议。猪饲料能源的利用只能通过分析整个系统才能理解,即要理解净能(NE)的来源与利用。

表 8.1　体重 60 kg 的生长猪在日增重 850 g 的情况下能量系统中的各种实值
（所有值是以每天需要的代谢能形式给出[1]）。

GE_i	34		E_{bm}	8.5
GE_f	8		E_{h2}	1.5
DE	26		E_m	10
GE_u	0.8		E_{h1}	0.4
GE_{gas}	0.2		E_w	6.7
ME	25		E_r	7.9

[1] E_r 和 E_w 根据 160 g 蛋白质沉积 3.8 MJ 和 105 g 脂类沉积 4.1 MJ 能量，产生相应的能量分别为 5 和 1.7 MJ 计算而来。

猪能量系统的测定

猪体产生的热量（E_h）可以直接测定，但最好根据代谢能和沉积在产品中的能量（E_r）之差间接测定：

$$E_h = ME_i - E_r \tag{8.3}$$

而代谢能又可以根据摄入的能量与粪能和尿能（通常也考虑气体能）之差测定：

$$ME_i = GE_i - (GE_f + GE_u + GE_{gas}) \tag{8.4}$$

沉积的能量可以通过比较屠宰试验测定；即试验结束时机体总的能量和蛋白质与试验开始时的蛋白质和脂质比较后高过摄入代谢能的那部分能量。这两部分能量之差是摄入的蛋白质和脂质代谢后沉积的。据计算，蛋白质和脂类可分别沉积 23.6MJ/kg 和 39.3MJ/kg 能量。当然，这种测定越是精确，需要耗费的时间就相对越长，这就意味着摄入代谢能的测定和试验开始与结束时猪体成分的分析是一项很辛苦的工作。

为了克服比较屠宰试验的困难，可以通过测定耗氧量和释放的二氧化碳、甲烷和尿氮来估测产热量。当然，饲料养分氧化就产生能量；在呼吸过程中消耗氧气而释放二氧化碳。采用这种直接测热法必须定量测定耗氧量和二氧化碳的释放量。对于许多科研工作者来说，用比较屠宰法精确测定气体的交换量是很复杂的。如果只假定摄入的能量（GE_i）而不测定粪能（GE_f）、尿能（GE_u）或产品能（E_r），还有机体冷环境的生热（E_{h1}）是不合理的，如图 8.1 所示的。

产热量的测定与维持（E_m）、冷环境的产热（E_{h1}）或生产能（E_w）是没有区别的。在热平衡温度条件下可以把冷环境的产热（E_{h1}）假定为 0，而对于不生产产品的动物，可以假定其损失的热量即为维持能量。动物不采食的时候可以认为其不生产产品，这种情况下维持能量来源于体组织（主要是脂质）的分解代谢。当机体组织既没有合成代谢又没有分解代谢，即能量平衡时，更令人关注的是用于维持的能量总数。这种情况在某些特定（测定时未知）养分摄入时发生，也可按照试验方案采用养分的分梯度摄入而实现。机体利用能量用于维持的效率要比用于生长的效率高。因此，能量沉积的零点和维持能量测定的真实值与根据摄入的代谢能进行能量沉积的回归所得的斜率（图 8.2）是一致的。

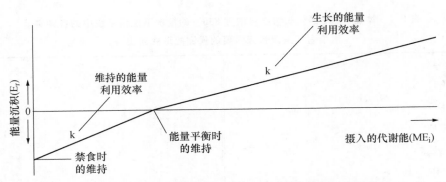

图 8.2　能量摄入与能量沉积的关系，以及维持能量(E_m)的度量法。

对于发育成熟和非生产性的动物可以采用维持的概念，维持的概念考虑的是一个独立于机体内部所有其他能量过程的基础代谢活动，这个基础代谢活动对于生产性的猪可能是一种严峻的挑战。但在能量平衡点的整个维持概念对于快速生长猪和泌乳母猪是不合理的，因为这是用非生产性动物的能量消耗去估测生产性动物的能量消耗。为了定量生产性猪的能量系统，有一种观点认为不能过多地把维持作为基础代谢能量需要的指标，而把它简单地考虑为不可避免的固定的增加在这个系统中的残留成本。根据这种观点，比较屠宰法特别适合于测定维持能量。给几个组的动物分别饲喂不同水平的养分，结果在这个试验中有的动物生长缓慢，而另外一些生长迅速。通过分析胴体成分，会得出沉积的不同水平的蛋白质（Pr）和脂肪（Lr），然后就可计算出沉积在产品中的能量（根据蛋白质和脂质可分别沉积能量 23.6 MJ/kg 和 39.3 MJ/kg）。根据损失的粪能和尿能可求得代谢能，这样作为可利用能量的代谢能就可以回归关系来表达，其中的常数必须是维持。在此采用回归将摄入的代谢能分为它的几个要素部分：

$$ME_i = E_m + (E_r)/k \tag{8.5}$$

这个系统可用图 8.3 表示。

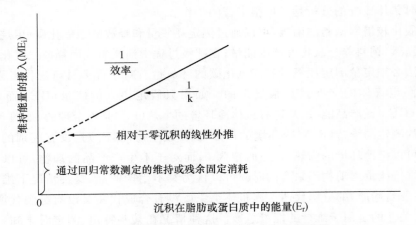

图 8.3　通过 ME_i 对 E_r 的回归确定维持需要量。

图中的斜率表示机体利用能量沉积蛋白质和脂质的效率，即生长速率。也可用同一批数据进行多重回归分析，这可能在蛋白质沉积效率和脂质沉积效率之间有些差异，这暗示摄入的能量水平不同也可能导致蛋白质和脂质沉积水平和比例的不同：

$$ME_i = E_m + (Pr)/k_{Pr} + (Lr)/k_{Lr} \tag{8.6}$$

维持的能量消耗与活重有关。这种合理性是因为维持消耗包括运动、肺和心脏的活动，以及所有重要的组织运转和再生过程。但是，单位体积个体小的动物比个体大的动物需要更高的能量，这可能（过去认为）是因为体表和体重之间的转换关系，因此，经常采用的指数小于 1（通常在 0.6～0.8）。例如：

$$E_m(MJ/天) = 0.440\ LW^{0.75} \tag{8.7}$$

其中，LW 指活重。

机体损失的总热量受它们自身的消化过程影响，即从日粮总能中获得代谢能的活动。消化热（E_{h2}）产生于咀嚼和食物在消化道中的蠕动的热消耗，以及消化酶的消化作用和微生物发酵的热损失；通常，E_{h2} 约为总 GE 的 5%，当然由饲料类型决定。饲料越复杂，对特定养分消化的条件要求越严，在利用饲料养分的过程中损失的能量越多。例如，消化简单的糖类和脂肪需要的能量要比消化蛋白质少，比消化复杂的结构性碳水化合物需要的能量更少。但是，饲料类型对热损失的影响并不止这些。生产热趋向于采用蛋白质或脂肪生长的单一值来进行描述。因此，每沉积 1 kg 蛋白质（$k_{Pr}=0.44$）和 1 kg 脂肪（$k_{Lr}=0.75$）分别需要 31 MJ 和 14 MJ 的生产热。

但是，这种简单化的观点并不现实。首先，以某种适宜的日粮脂肪为底物沉积机体脂肪的能量效率要比以日粮碳水化合物或蛋白质为底物沉积脂肪的能量效率高（三者的效率分别为 0.9、0.7 和 0.5）。如果可以直接由日粮脂肪实现机体脂肪沉积，那么相关的猪脂肪生长的实际生产热大约为 5（而不是 14）MJ/kg。第二，利用能量沉积蛋白质的效率也是变化的，变化范围 0.35～0.65，其主要取决于蛋白质组织运转中的热损失，这又取决于猪的大小和蛋白质沉积的速率。

生长猪的身体很适合接受单糖和脂肪作为代谢能源，它们在处理这些成分时热损失较少，单糖和脂肪用于代谢作用的效率分别是 0.85 和 0.75。但是，吸收的蛋白质和挥发性脂肪酸（后者来自于粗纤维的消化）在代谢（其效率分别为 0.65 和 0.50）过程中会产生较大的热损失。蛋白质的去氨基会释放能量，而要完成这个过程还需要输入大量的生产能（约 5 MJ/kg 蛋白质去氨基）。在去氨基后形成尿液和尿素（约 7 MJ/kg 蛋白质去氨基）的过程中还会损失更多的能量。因此，在所吸收的蛋白质总能 24 MJ/kg 中，实际上只有约 12 MJ 的能量是可利用的。由此可知，纤维和蛋白质饲料的可利用能量的热损失要比简单淀粉、糖和（尤其是）脂肪的热损失高。例如，小麦中碳水化合物大约含 85% 的淀粉和 13% 的非淀粉多糖，小麦饲料这两种养分的热损失值分别为 32% 和 59%。羽扇豆粕所含的淀粉可忽略不计，但是 80% 多的碳水化合物都是非淀粉多糖。这 3 种饲料有效能值的差异只是猪饲料能量体系研究中的明显结果。

DE、ME 和 NE 之间转化的可能性

可以推测尿液以含氮化合物（尿素）形式损失的能量通常包括大约 3% 的消化能和 1% 的气体能，那么 ME 就约为消化能的 0.96。通常情况下，高效率的组织运转（紧接的是蛋白质摄

入和沉积率增加）将导致 4％（而不是 3％）的 DE 以尿能形式损失；如果蛋白质不平衡或过量摄食还将导致更大的损失。高纤维日粮在后段肠道通过微生物的降解也会增加气体能的损失。但与其他不同的是，猪日粮的 ME 通常比 DE 的 0.94 还低，而且很少测定其气体能的损失，因此，普遍采用标准值 0.96。

DE 转化为 NE 的效率是变化不定的，但对于混合日粮而言通常为 0.71（NE/DE ＝ 0.71）。因此，DE 转化为可利用的维持和生产 NE 的绝对效率可以很方便的用乘法进行处理。严格地讲，NE 是保持在体产品（E_r）中和维持基础代谢（E_{bm}）所必需的能量。如图 8.1 所示，除了与基础代谢有关的热以外，ME 和热损失能之间是存在着差异的。因此，ME 小于体增热。体增热是指处于基础代谢状态下的猪采食后，将能量用于与组织沉积（或乳合成或妊娠产物）有关的生产时产生的那部分热量。净能是一种（1）被代谢的消化终产物，（2）用于蛋白质沉积、脂肪沉积或维持能量的相对比例，（3）动物的生理状态。如果严格定义 NE，它不能用于描述饲料在饲喂前的能值，只能描述饲料饲喂之后的能值。

由于 ME 转化为 NE 的效率取决于动物的新陈代谢活动，因此，NE 常被局限地测定为"育肥 NE"，通过以单纯的脂肪形式沉积的成熟动物来估计。ME 用作育肥的效率是淀粉 0.75，油脂 0.90 和蛋白质 0.65。没有被用于瘦肉组织生长而被用于产生生产能量的那部分日粮粗蛋白质，在去氨基时产生很高的能量损失，结果导致大约只有一半的 ME 可用于 NE 的产生。另外一方面，直接从日粮脂肪转化为组织脂肪时，产生的 NE 接近于 100％的代谢能。由碳水化合物 ME 转化为 NE 的效率变化非常大，其范围在 0.5～0.75，主要取决于纤维与淀粉类碳水化合物的比例。这是因为利用挥发性脂肪酸和葡萄糖产生生产能的效率存在显著的差异。

猪饲料能量的分类

饲料的能值通过测定 DE 采用最简单的方式表达，这种评估并不关注吸收的能量的利用效率，而只是考虑摄入总能（GE_i）和通过粪便排出能量（GE_f）之间的差异。因此，对于动物体获得与损失的能量，DE 不能给出一个完全精确的描述。尤其是 DE 不能估计与饲料有关的损失在尿液和气体中的能量。DE 更不能反映各种饲料消化热之间的差异。最后，DE 没有考虑以糖、氨基酸和挥发性脂肪酸作为能源时的利用效率之间的差别。

但是，DE 对饲料中明显被消化的能量的水平没有给出一个直接的概念，它是以一种独立于动物影响的方式来考虑饲料能量。因此，采用 DE 作为衡量不同环境和时期的饲料能值指标是现实的。例如，日粮 DE，而不是 ME，不受与猪以瘦肉组织或乳蛋白形式生产产品的能力有关的日粮蛋白质数量和质量的影响。

正如前面章节所讲述的那样，NE 在很大程度上受动物本身的活动影响，因此，一个单纯的 NE 值是不能精确或完全地归因于某一饲料的。

通过测定 DE（而不是 GE、ME 或 NE）来确定饲料的能值是非常有益的，因为只需要采用很简单的试验技术（与动物的活体热量测定相比）就能完成，而且还可以与动物的生产性能联系起来。后者通常把养分的范围保守地限制在给生长速率和生长成分差别很小的猪日粮中。因此，与 DE 转化为 ME 和 ME 转化为 NE 有关的系数相对稳定。但是，这种关系对于 DE 相似的日粮在以下几种情况下就有所不同：（1）DE 用于不同能量底物脂肪、蛋白质、淀粉和非淀粉多糖(NSP)的代谢时;(2)饲料被消化系统发育程度不同的猪消化时(成年猪比幼小猪消化更多纤维性 NSP,从后段肠道的微生物消化产生能量底物挥发性脂肪酸);(3)猪力求使不同的生产活动(维持、瘦肉生长、脂肪组织生长和乳合成)达到一种平衡状态;因此,与 ME 转化为 NE 相关的系数在饲料养分过量和猪不同时是变化不定的,特别是饲料的消化性和使用在小猪和成年猪之间有差别的复杂碳水化合物,以及用纤维性 NSP 替代日粮淀粉时。因给小猪或成年猪饲喂了高纤维日粮将导致 NE 值变化很大。

在实际生产中,采用 DE 的限制性主要在于它不能反映高质日粮脂肪(低估了直接的脂肪增长)、低质日粮纤维(高估了其能值)和蛋白质(由于没考虑去氨基的能量成本和释放的能量而高估了其能值)固有的能值。在高能日粮中脂肪的作用很重要,但如果粗纤维水平超过6%,或在给猪饲喂副产物或以草料为基础的日粮情况下,其作用就需要一定的条件。

表观消化率只与养分的吸收有关,而与其终产物消失的状态或有用性无关。因此,相同的 DE 值并不能精确地说明单糖就是在回肠以葡萄糖形式吸收的,也不能说明来源于复杂碳水化合物的能量是在盲肠以挥发性脂肪酸形式,甚至是在肛门以气体甲烷形式逸出。日粮养分从小肠到大肠消化位点的变化削弱了日粮 DE 和动物反应之间的关系。表 8.2 表明,与采用 DE 作为描述饲料能值的指标相比,采用 NE 高估了淀粉类和油脂类饲料的能值,低估了饲料中蛋白质和粗纤维的能值,但饲喂妊娠母猪时则高估了粗纤维的能值。

表 8.2 一些实用饲料养分的 NE/DE 比率。

	NE/DE		NE/DE
大麦饲喂小猪	0.74	菜籽粕饲喂妊娠母猪	0.58
大麦饲喂妊娠母猪	0.76	鱼粉饲喂生长猪	0.59
小麦麸饲喂小猪	0.66	鱼粉饲喂妊娠母猪	0.59
小麦麸饲喂妊娠母猪	0.72	植物油饲喂小猪	0.86
菜籽粕饲喂小猪	0.55	植物油饲喂妊娠母猪	0.86

尽管有这些情况存在,但消化性还是影响猪饲料养分能值的一个主要因素,而 DE 也是为了将个别饲料成分和混合饲料进行分类、获得可预测的猪生产性能、日粮和日粮成分的经济评估、将养分以适宜比例配合成营养平衡的日粮、最终给猪的混合日粮比例是以最终总日粮需要量的形式配给的一种简单方式。

但 DE 只是用于饲料描述的指标,当确定动物对能量的最终利用情况和预测动物的生产性能时,只有 NE 才能给出最终的、确切的能量平衡的描述。NE 取决于动物及其环境的种类和行为以及食物内在的产能特性。通过一系列固定或半固定的转化因子,并不能满足由 DE 到 NE 的计算。确定 NE 唯一有效的技术路线是,通过一个仿真模型进行养分利用的动力学评估来预测体内养分的流动和生产反应。但是,对于任何一个模型来说,首先需要的是对饲料最初的和主要的决定性能值进行合理的描述,即它的消化性。这通过测定 DE 而得到。

通过活体动物研究确定消化能

通过给猪饲喂给定饲料原料标准数量的日粮可以测定 DE,将猪饲养在代谢笼中可以使

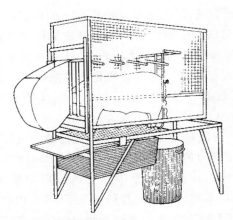

图 8.4　平衡研究的代谢笼。粪便掉进桶中而尿液进入箱中。每个容器中都装有稀释的酸液。料槽可减少饲料撒出,但也在其下面放置一个盘子。猪站立的代谢笼地板是由金属网丝制成。代谢笼适合于 **20～100 kg 的公猪**。

(资料来源:Whittemore, C. T 和 Elsley, F. W. H.(1976) Practical Pig Production, Farming Press, Ipswich)。

粪尿分开,定量收集并保存猪粪,这样避免了粪便在排出时的能量损失(图 8.4)。

样品收集可以在标记物的辅助下进行,通过测定标记物的浓度可以确定全部的所测样品的比例。标记物本身存在着一些问题,其难消化性不能确保其呈比例的排出。在做代谢试验的任何情况,所需要的物品都不如代谢笼那么好,后者不存在特殊的问题,哪怕是收集 1 周的粪便对于猪或试验者都没有特别的困难。当然,动物必须充分适应所给的各种材料(适应期 3 天到 3 周以上),而且收集样品应持续足够长的时间以避免终端效应的问题。在爱丁堡,样品收集时间通常为 10 天,并且将收集的粪便置于酸中(在测定纤维或脂肪消化率的情况下,因其会被酸分解,所以需要每天将收集的新鲜样品冷冻保存)。

通常选择平均饲喂水平。饲喂水平太低会因内源的粪便损失而低估消化率,如果饲喂水平在维持或维持水平之上,这种作用就很小。常以 1.5～2.0 倍维持为佳,因为这个水平的日粮,猪更容易采食。

高水平饲喂(3 倍维持或 3 倍维持以上)——在流通率可能会显著影响消化率的反刍动物平衡试验中是一个需要考虑的重要的事项——似乎并不太影响生长猪能量消化率的确定。同时,对后者已经进行过研究并采用饲喂浓缩料的小猪给予了充分的证明。但问题是对成年猪、饲喂高水平粗饲料的猪、饲喂低水平 DM 的猪、饲喂以液体副产物为基础日粮的猪方面的研究是不适合的。在高水平纤维日粮的情况下,如果是主要依靠盲肠和大肠微生物的发酵作用产生挥发性脂肪酸而产能,在没有更好的资料信息时,可以认为每增加 1 倍维持的采食量,反刍动物的消化能系数就减少 0.02。相反地,烹煮可以使粗淀粉类碳水化合物的消化率提高 0.05 个单位。

由于饲料粒度对消化率有影响,大多数是通过暴露给酶作用的表面积这个简单机制实现的,因此,有必要对饲料进行适度的但不是过度的粉碎(图 8.5)。

对于 40～50 kg 的猪来说,每天分 2 次共饲喂 1 500 g 的饲料比较合适。GE 通过测定摄入(i)和粪便(f)的能量而确定。此处,GE$_i$ 是每天摄入 GE 的兆焦耳,GE$_f$ 是每天粪中的排出

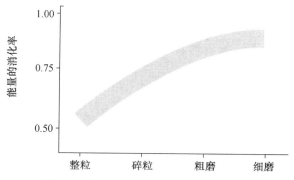

图 8.5　饲料粒度对能量消化率的影响。

量,那么$(GE_i - GE_f)/GE_i$即消化率的系数,当使用摄入物质的 GE 含量时,此系数就表示每千克日粮(鲜样或干样)DE 的兆焦耳(表 8.3)。

如果要提高精确度,可以通过重复处理 4 次或更多次和/或通过饲喂 3 个或更多个水平实现。后者也可以额外测定一个水平的饲喂效果(图 8.6)

表 8.3　能量平衡中确定消化能(DE)的实例。

采食量(kg/天)=干物质(DM)含量为 0.870 的新鲜饲料 1.500 kg=1.305 kg DM

饲料总能=17.65 MJ/kg DM;GE_i=23.03 MJ

粪便(加上稀释的防腐剂)=DM 为 0.210 的粪浆 1.179 kg=0.250 kg DM

粪便总能=15.56 MJ/kg DM;GE_f=3.889 MJ

$(GE_i - GE_f)/GE_i$=0.831

饲料的 DE 值=0.831×17.65=14.67 MJ DE/kg DM

或=12.76 MJ DE/kg 鲜饲料

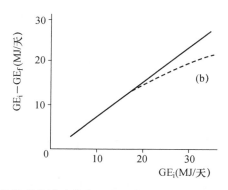

图 8.6　采用 3 水平饲喂估计消化率。通过曲线(b)可显示采食量对消化率的副作用。斜率即为消化率的系数(Y/X=0.80)。常数等于或接近于 0。

当确定日粮组分的能量消化率时,会出现与平衡日粮组分的正常期望水平相反的一些复杂因素。蛋白质比例适当的某谷物的 DE 可以通过单独饲喂该物质或添加少量矿物质和维生素而确定。但是,如果只是饲喂鱼粉或米糠、大豆油或动物油脂就很难让动物处于正常的生理状态了。通常,单独日粮组分的 DE 都通过测定包含其他组分的日粮而得。具体过程是先配制一种平衡日粮,第一步是测定此日粮的 DE,第二步是测定平衡日粮加上该组分后的 DE。两次测定值之差即为该组分 DE 的估测值。假定所测组分(T)每千克干物质(DM)的 GE 为 22.0 MJ/kg DM,基础平衡日粮(B)的 GE 为 18.0 MJ/kg DM。首先,给定 2 kg B 的 DM,每天提供 36 MJ GE,每天从粪便中可排出 7.2 MJ GE。其次,给定 0.5 kg T 的 DM,加上 2 kg 的 B。这样总日粮的 GE 为 47 MJ(B 的 36 + T 的 11),每天从粪便中可排出 8.3 MJ GE。由于 B 排出的 GE 为 7.2 MJ,那么从 T 中排出的能量为(8.3－7.2)=1.1 MJ。由此可得出,给定 11 MJ 的 T,T 的消化率为$(GE_i-GE_f)/GE_i$;(11－1.1)/11＝0.90。因此,T 的 DE(0.90×22.0)＝19.8 MJ/kg DM。

如果将所测定的组分添加到基础日粮中,但添加量不是特高时,那么必须用基础日粮的相对贡献和最终日粮中所测定的组分加权后进行计算;并不是对所考虑的 DM 成比例的贡献,而是对总能成比例的贡献:

$$x(DE_T) + y(DE_B)=DE_D \tag{8.8}$$

假定所测组分(T)的 GE 为 24.0 MJ/kg DM,基础料(B)的 GE 为 18.0 MJ/kg DM,两种料混合的 DM 比例为 0.33:0.67,混合日粮(D)的 GE 为 7.92＋12.06＝19.98。这样,所测组分占 0.396,基础料占 0.604。第一步,B 每天提供 36 MJ 的 GE 和排出 7.2 MJ 粪能,消化率系数(DE_B):$(GE_i-GE_f)/GE_i=0.80$。第二步,混合日粮每天提供 40 MJ 的 GE 排出 6 MJ 粪能,消化率系数(DE_D):$(GE_i-GE_f)/GE_i=0.85$。这里,x＝0.396,y＝0.604,DE_B＝0.80,DE_D＝0.85,DE_T 未知,那么上述方程式为:

$$0.396(DE_T)=0.85-0.604(0.80) \tag{8.9}$$

$$DE_T=0.926 \tag{8.10}$$

因此,所测组分的消化率为 0.93,DE 值(0.93×24.00)＝22.2 MJ DE/kg DM

这种方法——差减法——对于提供较低比例 GE 的所测组分无疑会有较大的误差。此外,确定平衡日粮或混合料消化率的小误差可能会对所测组分的结果有较大的影响。例如,DE_D 的系数仅被低估了 2 个百分点。DE_T 为 0.88,所测组分的 DE 值就将被低估 5%。基础料和所测组分的添加性是外在的。

很难解释所测组分等量替代基础平衡日粮时的反应。研究的是两个事件而不是一个。当平衡料(如淀粉)中的能量类型与所测组分(如蛋白质)中的能量类型不同,或研究能量部分的化学组成,如测定中性洗涤纤维(NDF)的消化率时,这就显得特别重要了。

这些问题可以通过采用在爱丁堡应用多年的程序而得以大幅度减轻。梯度水平增加的待测组分被添加到单一水平的基础日粮中。在试验中,每天将待测组分(T_1)按 0、0.2、0.4 和 0.6 kg 水平添加到 1 kg 基础日粮(B)中,然后再添加 0、0.2、0.4 和 0.6 kg 的第二种待测组分(T_2)。每一个水平 3 个动物。每个区组的结果见图 8.7。直线的斜率表示所加入待测组分(T)的 DE 值,常数表示基础日粮(B)的 DE 值。在 T_1 和 T_2 试验过程中 B 的值相近,就保证了在不同日粮组合的情况下其值的正确性,同时,没有曲线证明添加。采用回归斜率而不是单一的差减法评估,提高了确定待测组分(T)DE 值的精确性。

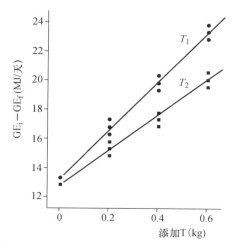

图 8.7　通过回归法确定待测组分 T 的消化能（DE）。$T_1:Y=13.1+16.5X(\bullet);T_2:Y=12.9+11.8X(\blacksquare)$。其中，基础日粮（B）为 1 kg，$DE_B=13.0$ MJ/kg，$DE_{T1}=16.5$ MJ/kg，$DE_{T2}=11.8$ MJ/kg。

通过化学成分估计消化能

对于大多数普通的饲料组分来说，采用活体动物试验测定 DE 都是切实可行的，饲料评价单位也可为此目的采用此方法。但是，对于个别批次个别的进口饲料，可能因彼此的方式不同，采用活体动物试验是不可行的。普通谷物和浸提油脂后富含蛋白质的残渣，其纤维、脂肪和蛋白质含量变化很大，结果会影响 DE 值。

如果必须是溶液则是混合饲料的一个问题，因营养成分的规格和组成成分经常变化，因此就会改变最终的 DE 值。

我们可以发现，只有在一些研究院所、大学和大型饲料公司的研究机构才采用活体动物对饲料进行评价。很多其他的组织没有活体动物代谢装置，但是仍然希望监控猪饲料的能量浓度和饲料组分。这些多数是养猪生产者、农商、饲料厂、采购员和进口商。

为了连续监控个别饲料组分的养分含量和猪的全价饲料，采用简单的实验室化学分析手段是很有益的。最终，通过多年的努力，可根据化学分析的结果构建一个 DE 的预测方程式。

通过活体动物测定 DE，再结合化学成分分析，就可以进行 DE 与化学组分的多重回归分析。在所发现的所有详尽的数据中，回归分析在描述可能的相关性方面是一种特别有效的准确的数学方式。但是，回归分析本身并不意味着有效的预测。如果将回归分析用于对未来的预测而不是对过去的描述，预测方程中的变量本身的决定力变化时，是非常有助于这种方式的精确性。此外，所有系数和常数都应该有生物学的逻辑性和肯定性。如果不能满足这些条件，不管由此方程得出的数据在数学上有多精确，这个回归方程都可能会得出错误的预测。如果这种预测需要联系比原始数据的范围大很多或区别不同组分的配合时，就更可能出现错误。

例如，图 8.8 给出了一个常数约 20 和斜率 0.010 的最好的回归曲线拟合（a），这表明每添加 1 g 油脂则增加 DE0.010 MJ。这条曲线提示：（1）油脂的 DE 值大约为 30，（2）不添加油脂时日粮的 DE 值约为 20。这些结果应通过常识来验证（ⅰ）不添加油脂的日粮 DE 应该接近于残余组分（纤维、淀粉和蛋白质）预期的 DE,（ⅱ）油脂对于猪来说是高度可消化的,其 DE 值不同于 GE。后者的观点就更接近于斜率为 0.022 和常数为 17.5 的曲线（b）。

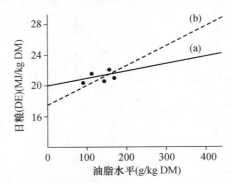

图 8.8 食用油脂 DE 精确预测的回归曲线选择：(a)$k = 0.0100$ MJ/g;DE＝20.0 MJ/kg;(b)$k = 0.0215$ MJ/g;DE＝17.5 MJ/kg。

饲料 DM 的 DE 浓度变化的主要决定因素有:饲料中纤维的负面贡献（图 8.9）;油脂的正面贡献;碳水化合物（淀粉主要对日粮的平均 DE 有贡献,而不是偏离平均）没有贡献;蛋白质较小的正面作用。在有用的回归方程中起作用的变量应该包含上述假定的一些关系。

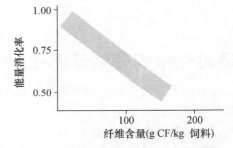

图 8.9 纤维含量对能量消化率的影响。

一个有效回归形式的期望值可能有如下几点:

(1)   如果方程式中包括总能或碳水化合物,常数就接近于 0。

(2)   如果方程式中不包括总能或碳水化合物,常数就接近于日粮的平均 DE。

(3)   方程式中油脂和纤维应该起很大的作用,而蛋白质（和灰分）作用更小。

(4)   系数应该与表 8.4 所列的逻辑性有关联。

表 8.4 化学成分对日粮 DE 浓度的预期贡献。

化学成分	近似 GE(MJ/kg)	假定的消化率	1 g 的贡献(MJ DE/kg DM)
淀粉	17.5	0.8～1.0	0.016
油脂	39	0.8～1.0	0.035
蛋白质	24	0.7～0.9	0.019
纤维	17.5	0～0.1	0.001

因此,可以假定 DE 的预测方程应该接近表 8.5 所列的实际方程。如果不是这样,预测方程的生物学逻辑性就可能有问题。研究文献报道了一些有关 DE 和化学成分的方程式。表 8.6 中给出了一些实例。第一个方程式中可能比预期值高的粗纤维有个负号,这表明粗纤维并不能估量日粮中起副作用的所有不可消化的纤维性成分,或粗纤维破坏了日粮中其他成分的消化。方程式中的常数也有点小,暗示不含醚浸出物和粗纤维（如由碳水化合物和蛋白质

表 8.5　根据化学成分建立的 DE 预测方程。

(1)DE(MJ/kg DM)＝0.016 淀粉(g/kg)＋0.035 油脂(g/kg)＋0.019 蛋白质(g/kg)＋0.001 纤维(g/kg)

(2)DE(MJ/kg DM)＝17.0[1]＋0.018 油脂[2](g/kg)＋0.002 蛋白质(g/kg)－0.016 纤维[3](g/kg)－
　　　　　　　0.001 淀粉(g/kg)

[1]70％淀粉,20％蛋白质,5％油脂,5％纤维。这也可以用 GE(MJ/kg)乘以 GE 预期的消化率系数来表示,如 0.84 GE。
[2]用 1 g 油脂的 DE 替代 1 g 的平均 DE:－0.017＋0.035＝0.018。
[3]用 1 g 纤维的 DE 替代 1 g 的平均 DE:－0.017＋0.001＝－0.016。

表 8.6　由文献得出的 3 个实际预测方程式(所有成分为每 kg DM)。

(1)DE(MJ/kg DM)＝16.0－0.045 CF(g)＋0.025 EE(g)

(2)DE(MJ/kg DM)＝－4.4＋1.10 GE(MJ)－0.024 CF(g)

(3)DE(MJ/kg DM)＝－21.2＋0.048 CP(g)＋0.047 EE(g)＋0.038 NFE(g)

CF＝粗纤维;EE＝醚浸出物;CP＝粗蛋白质;NFE＝无氮浸出物。

组成)的日粮 DE 值仅为 16.0 MJ/kg DM。第二个方程式中,正如它所表现的那样,在消化过程中产生的 GE 比摄入的更多。这就得通过一个负常数来进行校正。第三个方程式对被讨论的数据有非常精确的描述,但对粗蛋白质、醚浸出物和"淀粉"(通过无氮浸出物－NFE 估计的)却有出乎意料高的乘数。方程式中没有纤维,但通过 NFE 的含义被包含其中了。这些不规则的问题在统计学中通过一个大的负常数得以解决。

纤维和脂肪的作用

为了通过试验量化纤维和脂肪对饲料消化能的影响作用,20 世纪 80 年代在爱丁堡实施了一系列的研究。

为了验证纤维是降低日粮消化能最重要的成分这一假设,用 3 种不同类型的纤维日粮饲喂动物,分析了化学成分纤维和消化能之间的相关性。这几种纤维是燕麦、米糠和甜菜,它们的纤维含量分别为 250、160 和 190 g/kg DM。采用的基础平衡日粮是小麦－大豆型,每天添加待检测原料 1 kg。通过回归方法绘制摄入 DE(GE_i-GE_f)与添加待测原料(X, kg)水平的关系图,方程式如下:

$$GE_i-GE_f(燕麦)=13.53+8.56X \tag{8.11}$$

$$GE_i-GE_f(米糠)=13.76+10.25X \tag{8.12}$$

$$GE_i-GE_f(甜菜)=13.86+11.16X \tag{8.13}$$

此回归表明,基础平衡日粮的 DE(式中的常数)相对来说不受添加的纤维源影响,但 3 种纤维原料的 DE 值(MJ DE/kg)分别为 8.56、10.25 和 11.16。

粗纤维(CF)是一个用于描述分析过程的术语,它对于植物的结构成分来说并没有一点意义。用 NSP 和木质素来描述植物纤维更具实际意义。NSP 包括半纤维素、纤维素、胶质、阿拉伯树胶酸和木聚糖。Van Soest 分析方案试图通过一系列的分析程序区分各种纤维成分。木质素是最复杂的纤维成分,然后是纤维素和半纤维素。木质素是一种完全不可消化的多酚聚合体,它与结构碳水化合物纤维素和半纤维素有关。纤维素是一种葡聚糖,类似淀粉,但是

由 β 键连接的,因此只能通过微生物进行消化。非木质化的半纤维素,还有来源于木聚糖和甘露聚糖的胶质和树脂是更容易被消化的。纤维素和半纤维素都可能不同程度地被木质化。现已公认,木质化的多聚糖是不能被猪的小肠酶和其他所有的酶消化的,即使是来源于大肠和盲肠细菌分泌的酶。存在争议的是半纤维素的消化率和消化位点。但是,目前的观点是半纤维素的消化率实际上要比纤维素低,在大肠和盲肠中比纤维素更难降解。在分析过程中,中性洗涤剂分离出细胞内容物脂类、糖类、淀粉类和蛋白质,留下中性洗涤纤维(NDF)包括细胞壁成分半纤维素、纤维素、木质素和灰分。残留物经酸洗涤剂分离,将半纤维素与酸性洗涤纤维(ADF)分离开,后者包括纤维素、木质素和灰分。最后,通过酸水解,将纤维素从酸性洗涤木质素残渣(ADL)中分离出来。

4 种纤维性饲料的纤维成分见表 8.7。麦秸富含纤维素,燕麦和米糠的结构性碳水化合物成分相近,但甜菜含有相对较高的纤维和相对较低的木质素。饲料原料的消化率是以总纤维成分的绝对数量为结果的,在纤维内部半纤维素、纤维素和木质素是平衡的。因此,同米糠相比,甜菜的总纤维含量相对较高,有较大的抵消,其纤维内木质素的比例就低很多。燕麦同米糠相比,结构性碳水化合物的绝对数量要高得多。

如果要确定各种纤维成分分析方法预测 DE 的效率,从逻辑学和统计学的观点看,很明显 NDF 要比其他纤维成分有效,CF 是特别无效的。这可能被认为是可预测的成果,因为 CF 是一个完全根据经验而不是根据特殊纤维源(见表 8.7)的分析,但 NDF 包括所有 3 种在猪体内或多或少不消化的纤维。

根据所有 3 种纤维源数据从统计学角度确定最佳拟合的预测方程式为:

$$DE(MJ/kg\ DM) = 17.4 - 0.016\ NDF \tag{8.14}$$

这和表 8.5 中所述非常一致。

表 8.7   一些纤维性饲料的纤维成分 (g/kg DM)[1] (括号内的值为相对比例)。

	麦秸	燕麦	米糠	甜菜
化学组成				
粗纤维	478	252	155	192
中性洗涤纤维	775	579	353	349
酸性洗涤纤维	544	309	188	241
木质素	152	136	76	22
结构性碳水化合物				
半纤维素	231(0.30)	270(0.47)	165(0.47)	108(0.31)
纤维素	392(0.51)	173(0.30)	112(0.32)	219(0.63)
木质素	152(0.20)	136(0.23)	76(0.22)	22(0.060)

1 比较来说,CF、NDF 和 ADF 的值分别是:玉米 20、80 和 22;大麦 42、152 和 50。

为了验证油脂是提高日粮消化能值最重要的成分这一假设,采用 3 种人类食用油——动物脂肪、棕榈油和大豆油分析脂肪含量和消化率的相关性,将此 3 种油按每天逐渐增加的水平(X,kg)添加到 1 kg 大麦—大豆型平衡基础日粮中:

$$GE_i - GE_f(动物脂肪) = 12.90 + 38.82X \tag{8.15}$$

$$GE_i - GE_f(棕榈油) = 12.60 + 37.54X \tag{8.16}$$

$$GE_i - GE_f(大豆油) = 12.90 + 40.83X \tag{8.17}$$

就所添加的油脂来说,原料是纯品,但所检测的纤维性饲料,原料是高纤维含量的而不是只含纤维。因为油脂的 GE 为 39.6 MJ/kg,回归结果表明其消化率高。并不像所期望那样,越是高度氢化的动物脂肪,越是比不饱和的棕榈油和大豆油更难消化。

用所有油脂得到的最佳拟和回归对乙醚浸出物(EE)(g/kg)产生了一个正系数 +0.025,比表 8.5 中建议的 0.018 高,但与假定的可能是完全被消化的高品质油脂的逻辑值 0.023 相比,相差并不太多。

这些结果给了爱丁堡的研究者们充分的自信去设计一个使用 36 种原料的配合日粮,即使不是全部的,也是涵盖大部分的猪饲料(总共 33 种)组分的全方位的试验,并给出一个组分范围:23~123 g CF/kg,149~258 g 粗蛋白质/kg 和 21~116 g EE(油脂)/kg。这些日粮被分别饲喂给 4 头饲养在代谢笼中的生长猪,所有数据用于多重回归分析,得出根据配合日粮的化学成分预测 DE 的回归方程。

最后得到大量的方程。在 62 个方程中,特别有意思的是以下几点:

(1)使用粗纤维、灰分和油脂:

$$DE(MJ/kg\ DM) = 18.3 - 0.037\ CF - 0.019\ 灰分 + 0.011\ 油脂 \tag{8.18}$$

这并不特别精确(残差=0.65),没有一个系数是很符合逻辑的。CF 很高的乘数可能提示,CF 仅估计了一部分不可消化的日粮组分,或 CF 的存在破坏了其他非纤维性日粮组分的消化。如果这两个假设成立一个,使用一个高的乘数是不可能足以保证一个预测方程的精确性的。在任何情况下,很显然,对于预测 DE 的所有的纤维分析来说,NDF 优于其他方法,而 CF 是很差的。

(2)包括总能:

$$DE(MJ/kg\ DM) = 3.77 - 0.019\ NDF + 0.758\ GE \tag{8.19}$$

这个方程相当精确,其残差仅为 0.38。由于存在一个正常数 3.77 MJ,尽管它比平均消化率低,但 GE 的系数也反映了消化率系数本身。NDF 的系数在期望范围内。遗憾的是,许多分析实验室的设备不足以保证精确的测定 GE。

(3)利用 NDF、油脂和一个常数:

$$DE(MJ/kg\ DM) = 17.0 - 0.018\ NDF + 0.016\ 油脂 \tag{8.20}$$

这个方程相当精确,其残差为 0.44,有助于将其本身限制于两个主要的消化率作用力:纤维的副作用力和油脂的正作用力。它与表 8.5 所提出的结论一致。而且,NDF 的系数与第一个爱丁堡纤维试验得出的期望值一致。油脂的系数低于在第一个爱丁堡油脂试验中得出的,那次试验使用了 3 种人类食用油,得到的系数是 0.025,这次是 0.016。但是,0.016 与添加的饲料级油脂和饲料中天然存在的油脂的期望值更具有线性关系;后者是用 33 种日粮进行的矩阵试验中商业型配合饲料中油脂的有效贡献者。油脂的系数 0.016 表明,日粮脂肪的 DE 约为 33 MJ/kg。因为简单和逻辑性,这个方程还有很多值得推荐的地方。

(4)利用 NDF、油脂、灰分、蛋白质和一个常数:

$$DE(MJ/kg\ DM) = 17.5 - 0.015\ NDF + 0.016\ 油脂 + 0.008\ CP - 0.033\ 灰分$$

$$(8.21)$$

这个方程是所有方程中最精确的,残差仅 0.32。方程中包含有灰分和 CP 有助于使方程在更大范围内应用。

净能体系在饲料评价中的应用潜力

虽然 DE 或 ME 是描述饲料能量最现成的术语,但很显然,饲料能量的真正产出形式只能确定为 NE;事实上能量最终都被动物用于生产。因此,有理由去确定 NE 的重要性和 NE 系统在评估日粮和描述猪能量需要方面的可能用途。可以用于描述能量精确性的任何事物也都可以用于描述饲料组分的效率。

饲料能量的净利用必须依赖于饲料特性以外的早期提及的一些因素。因此,当比较 DE 和 NE 体系时,主要的问题是前者是独立于被讨论的动物的,而后者是依赖于动物的,并需要对特定的动物在特定的时间是如何处理提供给它的能量有个详细的了解。

爱丁堡研究组早期对"DE 和 NE 争论"有过建议,即 DE 可有效地被分为蛋白质(23.7 DCP)和游离蛋白质(Epf),而 Epf 又可以进一步分为:

$$Epf \approx (1.1\ DE_l) + (0.5\ DE_f) + (1.0\ DE_c) - (23.7\ DCP) \qquad (8.22)$$

式中,DE_l 是来源于日粮脂质消化的能量,DE_f 是来源于日粮纤维消化的能量,DE_c 是来源于日粮其他所有养分消化的能量。此方程式表明没有校正的 DE 值低估了日粮中可有效用于形成脂肪的脂质能值。而高估了日粮中低效利用的纤维能值,因为纤维产生 VFA。这提示一般的方程都应该扩大范围以区分来源于不同纤维成分(纤维素、半纤维素和木质素)、不同脂肪源和不同消化淀粉源(它们在通过后段肠道时产生 VFA 是变化的)的 ME。

一般的规律是,蛋白质、脂肪、淀粉和糖类的消化率通常都相当高(0.7～0.9),消化率变化不定的主要原因是日粮纤维的存在。在植物体内结构性 NSP 具有抗消化作用,通常就通过 NDF 来表征消化率或消化能,因此这种关系表示为:

$$DE = 17.4 - 0.016\ NDF \qquad (8.23)$$

式中,NDF 估计纤维素、半纤维素和木质素。NDF 可以用以度量 NSP,但严格地说 NSP 并不包括木质素,只包括胶质。玉米含 70% 的淀粉,2% 的糖和 10% 的 NSP。大麦约含 60% 的淀粉,25% 的糖和 20% NSP。淀粉和糖在小肠可直接被消化和吸收,但 NSP 需要经过后段肠道微生物的发酵作用才能被消化。

NDF 的消化率一般都很低(0.1～0.2),尽管可通过简便的化学分析方法测定 NSP 和木质素,但 NDF 不能反映 NSP 各组分的信息,并且不同来源的 NSP 有不同的消化率(0.0～0.8)。NSP 消化的好坏是原料本身降解的作用,它通过肠道壁的表面磨损倾向于增加内源损失和破坏其他(可消化的)饲料在前段肠道的酶消化。甜菜中 NSP 的消化率可高达 0.9,但小麦秸中 NSP 的消化率却低至 0.4。因此,对于具有相同 DE 的饲料来说,其 NE 是显著不同的。当饲喂生长猪时,小麦秸中 NSP 的消化率仅约 0.2,是饲喂母猪的一半。

这意味着饲料随猪龄不同产生 NE 量的多少是直接与饲料 NSP 含量有关。在配合日粮中,通常成年母猪可以消化大约 20% 的日粮能量,其中含有不能被生长猪消化的纤维成分。约计 2.8 MJ/kg 不可消化(当用生长猪测定时)原料。当然,正是母猪的大肠和盲肠微生物使一些复杂的结构性纤维发酵产生 VFAs。尽管 VFAs 作为能源被机体利用时并没有葡萄糖那么有效(约一半),但如果 NSP 中含木质素水平相对较低时,其产生的能量足以满足猪的维持需要。甜菜中 NSP 的贡献比小麦秸的 NSP 大。

我们知道,饲料产生的(可利用的)净能(NE)可以记为:

$$NE = 用于基础代谢的能量(E_{bm}) + 沉积的能量(E_r) \tag{8.24}$$

我们也知道,配合猪饲料的 NE 通常约为 0.7 DE。重要的是,这个比率在不同的饲料是不同的,油脂类饲料高于 0.7,谷物类饲料略高于 0.7,而高纤维性和高蛋白质饲料则低于 0.6(见表 8.2)。

由 J.Noblet, H. Fortune, X.S. Shi 和 S.Dubois 组成的法国研究小组建议(1994,Journal of Animal Science,72,344-354):

$$NE(MJ/kg\ DM) = 0.011\ 3\ DCP + 0.035\ 0\ DEE + 0.014\ 4\ ST$$
$$+ 0.000\ 0\ DCF + 0.012\ 1\ DRES \tag{8.25}$$

式中 DCP 是指可消化蛋白,DEE 可消化的乙醚提取物(粗脂类),ST 指淀粉,DCF 指可消化粗纤维,DRES 指其余所有可消化有机物。这个公式帮助我们了解了不同饲料成分在净能中的贡献(乙醚提取物和淀粉的协同作用系数在总能中占的比例要比粗蛋白和粗纤维高),同时还表明,如果用消化能估测饲料能值话,对富含油类和淀粉的饲料的能值估测会偏低,但是对富含蛋白质和纤维的饲料能值估测会偏高。但是,这个公式在估测净能上有其自身的局限性,因为它没有考虑到猪自身的特异因素。特别是维持需要与脂肪沉积的能耗比例,以及脂肪沉积和蛋白沉积的能耗比例,这些过程对代谢能的利用率均不同。

在猪的营养需要标准中 [Whittemore, C. T., Hazzledine, M. J. and Close, W. H. (2003)*Nutrient Requirement Standards for Pigs*. British Society of Animal Science, Penicuik, Midlothian, Scotland],英国动物科学协会提出,使用正在确定的饲料等价营养值,法国的研究小组采用发表在 *INRA Editions A F Z Tables de Composition et de Valeur Nutritive de Matières Premières Destinées aux Animaux d'Élevage* 上的方程式,如下所示:

$$NE = 0.0121\ DCP + 0.0350\ DEE + 0.0143\ 淀粉 + 0.0119\ 糖 + 0.0086\ DRES \tag{8.26}$$

和

$$NE = 0.703\ DE + 0.0066\ EE + 0.0020\ 淀粉 - 0.0041\ CP - 0.0041\ CF \tag{8.27}$$

其中,NE 被表示为 MJ/kg DM 和营养成分为 g/kg DM。

脂肪的能量为 39.3 MJ/kg,沉积脂肪消耗的能量约为 14 MJ/kg,因此,脂肪沉积的总能量约为 53.3 MJ/kg;或 k_{Lr},能量转化为沉积脂肪的转化系数约为 0.75。蛋白质的能量为 23.6 MJ/kg,沉积蛋白质消耗的能量约为 31.0 MJ/kg,因此蛋白质沉积的总能量约为 54.6 MJ/kg;或 k_{Pr},能量转化为沉积蛋白质的转化系数约等于 0.44。因此,给定的饲料如果用于形成脂肪其产生的 NE 就高于用于沉积蛋白质。这样,猪体增重中蛋白质和脂肪的平衡性就影响饲料的能值。此外,ME 利用的效率可变性取决于蛋白质脱氨基的程度。饲料蛋白质的 ME 有不同的命运。有些能量从来都不会产生,因为它被存入蛋白质增长的氨基酸中。其他一些不是用于蛋白质增长的蛋白质中的能量,被降解作为无用的成分进入尿中,产生能量。但是,所产生的能量仅有期望的蛋白质最初 DE 的一半。因为,第一,能量在尿中损失(7.2 MJ/kg);第二,能量用于脱氨基(2.4 MJ/kg);第三,能量用于蛋白质的重新生成(2.5 MJ/kg)。因此,蛋白质脱氨基的量越大,由 ME 转化为 NE 的变化就越大。

如果假定某种特定的饲料可能有其单一的饲料能值,就像所有的日粮能源被猪代谢时效率相同一样,那么这种假定就有严重的缺陷。

能量当然是以物理的营养实体——碳水化合物、脂质和蛋白质形式被消耗——所有这些都以不同的效率被用于维持、蛋白质和脂质沉积。淀粉 ME 用于维持是非常有效的,但蛋白质 ME 却不是这样。来源于蛋白质、脂肪和淀粉的 ME 用于机体脂肪沉积的利用系数分别约为 0.5、0.9 和 0.7。一部分(约 40%)蛋白质以 0.9 的效率被用于形成机体蛋白质本身,但另一部分(约 60%)以较低的(约 0.5)效率产能用于代谢生产,或通过脱氨基作用(这当然取决于日粮质量和猪蛋白质沉积率)用于机体脂肪组织沉积。用于维持和代谢生产的能量利用效率大概是:来源于葡萄糖和脂肪的 ME 约 0.8,蛋白质 ME 约 0.6,通过提供 VFA 的纤维约 0.5 或低一些。由蛋白质(脱氨基的损耗已计算在内)和葡萄糖提供的能量用于蛋白质生长沉积利用效率分别约为的 0.8 和 0.9。VFA(来源于 NSP)仅产生 0.6~0.7 的可能是由葡萄糖生成的 ATP。甜菜 DE 的利用率仅为玉米 DE 的 0.7。因此 NE:DE 的比率在不同饲料间的变异取决于由纤维性成分产生的 DE 比例和消化部位。与纤维的情况相反,某些日粮脂质的 ME 可以被高效转化为脂肪沉积在猪体内,几乎不用修正。因此,对于哺乳期的 k_{Pr}、k_{Lr} 和 k 值是变化的而不是固定值;用于生产的 ME 利用效率取决于特定的用于生产终产物的底物。

因此,饲料 NE 是一个可变(不是固定)的物质,需要了解:
- 猪消化系统的状态及其消化 NSP 能力;
- 饲料能量的最终用途,用于维持、蛋白质沉积和脂肪沉积的比率;
- 日粮成分的质量特别是蛋白质脱氨基的可能比率;
- 饲料中含能量的成分的结构(淀粉与结构性非淀粉多糖;NSP 的种类),因结构对消化终产物和转化为各种终产物的利用效率的影响是一样大的。

可以得出这样的结论:今后不会把 NE 作为描述饲料能值的一个不变的符号,但是,描述饲料能值最终唯一有用的还是 NE。DE 和 ME 有效地描述了早期预算,它们是独立于动物的,可以作为一个表示饲料能量含量的单一常数值。但是,DE 和 ME 不能描述饲料能量的最终用途,只能对饲料总的能量进行回顾式的了解,这必定是变化不定的。通过采用 NE 才是有把握的。因为 NE 受多种因素影响,其中许多是变化的和依赖于动物的,确定 NE 唯一的途径是了解动物在要求条件下的代谢活动。这个难题的解决有赖于模拟的模型,这是接下来几个章节的主题和现行研究的程序(第十九章)。

猪饲料能量含量的指导值

从许多国家报道的猪饲料体内消化试验和体外化学分析经比较得到一组具有指导意义的值和饲料成分表,见附录 1。饲料成分表对于合理的日粮配方和计算单独的饲料经济价值都具有非常重要的价值。但是,对于常规饲料化学成分和体内消化率的定期重新估算来说是不能替代的。对于新饲料、质量可疑的饲料或新来源的饲料的活体动物消化率研究和性能反应试验也是无可替代。

在附录中,能值是以测定的消化能而不是来源估计形式给出的。以 NE 形式给出的能值是根据预测方程得出的。许多人希望采用 ME,ME 在某种程度上取决于一些非饲料因素,如蛋白质水平,但可以被估计为 0.96 DE。DE 和 ME 都是预算值,而外转值只能表示为 NE。由于一些如前文所述的非饲料(动物相关的)因素引起的变异性,饲料的 NE 值表存在一些矛盾的地方。尽管真 NE 的确定必须是一个动态活动,这是在统计表中无法表达的,但是这些给出的值使日粮配方满足了以 NE 给定的营养需要。

尽管这些表格不能说明影响 NE 的动物因素,它们也比 DE 更先进,因为给出的油脂和淀粉估计值较高而蛋白质和纤维估计值较低,而且包含了猪龄对 NSP 利用的影响。

第九章 猪饲料中蛋白质和氨基酸的营养价值
Nutritional Value of Proteins and Amino Acids in Feedstuffs for Pigs

引言

除了碳、氢和氧,蛋白质及相互连接在一起组成蛋白质的氨基酸中的功能元素是氮(N)。

活猪体内蛋白质的含量变化范围在 15%～18%,取决于猪的肥胖程度。平均来说,无脂胴体的 21% 是蛋白质;瘦肉的蛋白质含量为 20%～25%,随猪龄而增加。整个机体 45%～60% 的蛋白质存在于可分割的肌肉或瘦肉中。其余的存在于内脏器官、皮肤、毛发、骨骼、血液和其他器官中。

为了估计母猪乳蛋白质的产量,需要估测每日乳产量和测定乳蛋白质的含量,大约为 6%。

另外,猪需要包含在蛋白质中的氨基酸以合成大量非蛋白质化合物(激素、神经传递激素、免疫球蛋白和其他生物活性肽)和在皮肤、毛发及消化道中损失的蛋白质的再生。

由于从日粮中吸收的氨基酸合成为猪体蛋白质本身是一个耗能的过程,因此,生长猪大约需 30%～50% 的能量用于瘦肉组织的合成代谢。在猪的整个能量系统中蛋白质合成涉及的真实能量会给确定适宜的营养素供给方面提供重要的度量信息。

一方面,饲料蛋白质是氨基酸的基本来源。氨基酸被用于:(1)构建猪体蛋白质,主要是肌肉;(2)替代在蛋白质周转(维持)过程中的损失和以细胞、氨基酸、其他含氮化合物和肠道中不能吸收的酶分泌物(被定义为代谢的排泄损失或内源的排泄损失)形式闲置着,也以来自肾脏的尿素(定义为尿损失)形式存在。在猪饲料中有近 20 种氨基酸,9 种是日粮必需氨基酸。这些氨基酸(赖氨酸、蛋氨酸、苏氨酸、色氨酸、组氨酸、异亮氨酸、亮氨酸、苯丙氨酸和缬氨酸)必须由猪日粮提供,因为它们不能被猪体合成,并且是机体一种或多种功能所必需。两种是日粮半必需氨基酸,因为它们只能通过必需氨基酸合成:半胱氨酸可由蛋氨酸合成,酪氨酸可由苯丙氨酸合成。这就暗示,猪日粮要求必须具备蛋氨酸+半胱氨酸和苯丙氨酸+酪氨酸,以及蛋氨酸和苯丙氨酸。在谷物型基础日粮中,赖氨酸通常是第一限制性氨基酸。但是,如果猪日粮包括更广范围的氨基酸源,其他氨基酸也可能成为限制性的氨基酸,尤其是苏氨酸、蛋氨酸加半胱氨酸、色氨酸和异亮氨酸。此外,在某些情况下,特别是新生仔猪,猪体本身合成某些氨基酸(谷氨酸和精氨酸)的能力有限,也必须通过日粮提供一定比例的这些氨基酸。

另一方面,氨基酸被脱氨基后猪可利用它们作为能量、碳和氢的来源以支持各种机体功能或合成体脂。由于猪将饲料蛋白质转化为机体蛋白质的过程通常只有 30%～60% 的效率,因此,从氨基酸的脱氨基作用产生的能量不被沉积在猪体或乳中就显得相当重要。不用于合成猪体蛋白质的氨基酸在脱氨基后,也可为机体的其他活动产生有用的前体物质,例如形成脂肪组织。但是,饲料蛋白质是被看作为猪生长或乳的蛋白质沉积和猪组织的蛋白质维持提供氨基酸。

　　饲料蛋白质并不是以相同的方式构建猪体蛋白质。从一种形式到另一种形式必要的重建都涉及能量消耗。在消化过程中,降解、吸收和构建过程:①用于生物化学生产的能量被用尽;②沉积后多余的氨基酸被转化为其他用途;③最终随粪便、尿液和汗液排泄出去;④被氧化以热形式损失掉。事实上,不存在一种非常有价值和有效的方式能将人类不喜爱的植物蛋白质(如来自于谷物的)转化为非常有营养人类又喜爱的猪瘦肉。

　　猪日粮中的大部分蛋白质来自于谷物(小麦、大麦、玉米和高粱)或谷物副产物(次粉和麦麸)。谷物中粗蛋白质(CP)的含量通常较低,为8%～12%。这意味着需要在日粮中添加较高的含20%～30%的蛋白质原料(如大豆、含油菜籽、豌豆),或含蛋白质30%～60%的提取油脂后的植物副产物(如浸提大豆粕和菜籽粕)。

　　合成氨基酸也可以用于弥补特定条件下氨基酸的不足,尤其是赖氨酸、蛋氨酸、苏氨酸和色氨酸。猪(尤其是小猪)比较难利用植物蛋白质,因为植物蛋白质更难消化,必需氨基酸浓度相对较低,而且影响免疫功能和免疫反应,猪为了利用植物蛋白质必须对许多氨基酸进行重新构建。因此,动物源蛋白质,如乳源蛋白、肉骨粉或鱼粉等,在配制高质量的猪饲料中具有重要的作用。动物蛋白质不仅容易消化,而且氨基酸的平衡性更接近于合成猪瘦肉肌肉组织蛋白质的需要。

　　综上所述,日粮蛋白质以生长、生产产品或母乳形式转化为猪蛋白质中的不可避免的无效作用,从价值较低的蛋白质创造出有用的产品,在某种程度上都被人们所接受了。但是,在任何给定的系统内,效率必须通过平衡生物学的投入与产出进行最优化。这需要了解猪对来自于饲料蛋白质的可用氨基酸的净产出信息。来自饲料的氨基酸产出是指氨基酸含量、氨基酸的消化率和氨基酸利用率几方面的综合。

　　最终被猪沉积的氨基酸总量也取决于可利用氨基酸的平衡。因此,氨基酸的质量通常反映的并不是某单一饲料的作用,而是反映日粮中所有饲料成分的整体作用。

　　各种饲料之间和饲料内部,氨基酸含量是随着这些饲料里功能性或结构性蛋白质的总含量和类型而变化的。例如,在谷物类饲料,与种皮相关的谷蛋白大约含4.4%的赖氨酸,但与淀粉有关的醇溶谷蛋白却含约0.5%的赖氨酸。如果给定了个别蛋白质相对于总蛋白质的贡献率的变量,氨基酸的种类和含量在各种饲料之间甚至相同饲料不同样本之间的变化都是相当大的。生长条件的改变、种植条件或加工条件的改变对这种变化也有影响。饲料营养价值取决于它氨基酸的组成,而不是蛋白质(或N)组成。因此,应该根据氨基酸含量评估饲料的价值。但是,氨基酸分析的成本非常高,而且在实验室内和实验室间氨基酸的分析还存在相当大的变异,特别是蛋氨酸、半胱氨酸和色氨酸。作为一种可选择的分析方法,通常对个别的饲料里蛋白质和氨基酸的含量进行相关性分析以预测氨基酸的含量。最近,快速而且非创伤性的方法,如近红外光谱分析法,被用于测定饲料的氨基酸含量。这些预测方法本身存在一些不精确性,同时这些预测或校准参数需要随着饲料特性的变化而不断更新。

　　表9.1列出了一些主要的猪饲料平均氨基酸含量。这些值表明,不同饲料的蛋白质和氨基酸含量存在很大的变异性;粗蛋白质的氨基酸组成在不同饲料间的变化也相当大。以赖氨酸与蛋白质的比率为基础,豆粕蛋白质的值接近于玉米蛋白质的2倍。氨基酸含量的变化也应该被考虑。例如,豆粕中赖氨酸含量的变化范围就在2.5%～3.5%之间。

　　将被消化的蛋白质转化为体蛋白或乳蛋白相对较低的效率(30%～60%)意味着大部分被

猪消耗的蛋白质随粪便和尿液排出体外了,这可能会对养猪生产密集地区的环境有负面影响。由于环境关注和高成本饲料蛋白质的问题,我们应该努力提高或优化猪对蛋白质的利用效率。许多养猪大国都很注意这点,使猪粪便和尿液中排出的氮达最少量。由于从猪粪便中排出的氮数量相当可观,这可能构成环境污染。日粮蛋白质消化率越高,氨基酸的平衡性越好,排出的粪氮和尿氮水平就越低。尽管这种生物学效率的改善可能只能通过增加日粮成本来达到,但在污染控制方面可以得到更多的效益。

表 9.1　部分猪饲料原料关键必需氨基酸的典型含量(g 氨基酸/kg 饲料原料)。

饲料原料	粗蛋白质	赖氨酸	蛋+胱氨酸	苏氨酸	色氨酸	异亮氨酸
玉米	90	2.6	3.7	3.3	0.8	3.4
大麦	105	3.5	3.8	3.4	1.5	5.1
小麦	110	3.0	4.0	3.0	1.3	5.0
高粱	95	2.0	3.4	4.0	1.1	3.6
豌豆	190	15.0	5.0	9.0	2.0	9.0
次粉	155	5.8	4.5	4.8	2.0	5.3
去皮豆粕	440	29.0	13.0	17.0	6.4	22.0
菜籽粕	360	20.0	12.0	16.0	4.5	13.0
棉籽粕	430	18.0	12.0	14.0	5.0	14.0
肉骨粉	480	25.0	12.0	16.0		16.0
鲱鱼粉	680	52.0	26.0	30.0	6.0	34.0

蛋白质的消化率

肉类和植物蛋白约含 16% 的氮。因此,总蛋白质或粗蛋白质被广泛用以度量饲料总氨基酸的含量。假定蛋白质含 16% 的 N,饲料中粗蛋白质含量一般通过计算 N 含量×6.25 而得出。但是,不同蛋白质的 N 含量范围在乳蛋白的 15.5% 和谷物饲料的 18.5% 之间变化不等。此外,在含大量非蛋白氮的饲料中,如尿素,用常数 N 乘以 6.25 就可能会导致高估总氨基酸的含量。

形成蛋白质的氨基酸之间的肽键在消化的水解过程中被破坏断裂开。在胃中经主要的蛋白酶和肽酶的作用后,肽就被降解为 2 或 3 个氨基酸的短链,这些短链氨基酸要么被吸收,要么被肠壁进一步水解为游离氨基酸。有些氨基酸被肠壁本身利用,但是大部分氨基酸都穿过机体经血流运输到肝脏和机体细胞。在大肠,消化残渣和内源分泌物经微生物降解,释放的氨和胺在肠道中就消失和被消化了,并没有营养价值。

蛋白质的消化过程总是不完全的,消化程度(消化率)取决于动物和饲料的情况,但主要是后者。被吸收但又没有随粪便排出的蛋白质,而是消失在消化道里了,按照定义就认为是被消化了的。因此,如果每吸收 100 g 蛋白质(N×6.25)而在粪便中出现了 20 g(N×6.25),那么消化率就是 0.80。这个值通常在 0.75 和 0.9 之间变化,优质猪饲料的消化率平均为 0.8～0.85(表 9.2)。即使涉及复杂的大分子,蛋白质结构本身对酶的消化通常都是开放的。消化率的降低常常与天然蛋白质的处理(如热处理),或日粮中存在干扰因子或非淀粉多糖的作用有关,它们可能通过包被和保护作用降低日粮氨基酸消化率。正如通过测定吸收和粪便排出之差那样度量一样,消化率被定义为表观消化率,因它测定的是从肠道消失的食入部分,在动物特定部位内出现,而被用于代谢。饲料蛋白质的表观消化率低于真消化率。这是因为一些饲料蛋白质确实被消化了,但它们后来又以消化液和细胞形式返回到肠道壁内层,并在食糜通过肠道时随其流失。在 1 头 50~80 kg 的生长猪体内,每天以这种方式分泌到消化道中的氮约 23 g 或内源(代谢)蛋白质 140 g(表 9.3)。内源 N 可能是食糜的一个重要部分,特别是在较低水平采食的情况下。真消化率比表观消化率高 5%~20%,在低水平饲喂高纤维含量日粮时常常出现极端情况。但并不都是这样,大部分被分泌到消化道的内源蛋白质又被重新吸收,残余部分被排进粪便作为代谢粪蛋白质成分,加入到粪中不可吸收的日粮蛋白质内。如图9.1 所示。

表 9.2　一些饲料蛋白质的消化率系数。

饲料	表观粪可消化率[1]	表观回肠可消化率[2]
鱼粉	0.90~0.95	0.80~0.90
肉骨粉	0.50~0.70	0.40~0.70
玉米粉	0.80~0.85	0.70~0.80
小麦粉	0.80~0.85	0.70~0.80
大麦粉	0.75~0.80	0.70~0.80
小麦碎屑	0.50~0.75	0.30~0.60
浸提豆粕	0.85~0.90	0.75~0.85
浸提棉籽、椰子和菜籽粕	0.50~0.70	0.40~0.60

　1 该值是摄取的蛋白质和粪排出的蛋白质(N×6.25)之差除以总吸收的蛋白质(i−f)/i。人工合成氨基酸可以假定为完全可消化的。

　2 该值是摄取的蛋白质和通过回肠末端的蛋白质之差除以总吸收的蛋白质(看作 N×6.25)。人工合成氨基酸可以假定为完全可消化的。

表 9.3　每天摄入约 2 kg 饲料和 400 g 日粮粗蛋白质的生长猪分泌到肠道的内源蛋白质。

	每天分泌的蛋白质[1](g)
胰腺	20
胆汁	15
唾液和胃	15
细胞	10
肠道分泌物	80
总计[2]	140

　1 相对于其他氨基酸,苏氨酸和色氨酸的含量在消化道分泌物中要比食糜中高。结果这些氨基酸多数都通过回肠末端,它们的回肠可消化率可能就比其他氨基酸的相对要低些。

　2 大约 80% 的总分泌物被重吸收并重新被利用;约 20% 不被吸收而通过回肠末端在后段肠道被微生物降解或作为代谢粪蛋白质随粪便损失。

存在于粪便蛋白质中的内源成分意味着表观消化率与采食略微有关,因此消化率必须在实际的采食水平基础上进行测定。如果内源粪蛋白质(fe)总计 20 g,150 g 蛋白质以真消化率0.87 被摄取,那么就损失 40 g 粪蛋白质,包括 20 g 代谢粪蛋白质和 20 g 不可消化日粮蛋白质,表观消化率为 0.73。但是,如果有 300 g 蛋白质被摄取,代谢粪蛋白质残余 20 g,就将损失60 g 粪蛋白质,包括 20 g 代谢粪蛋白质和 40 g 不可消化饲料蛋白质。这时饲料蛋白质的表观消化率就为 0.80。

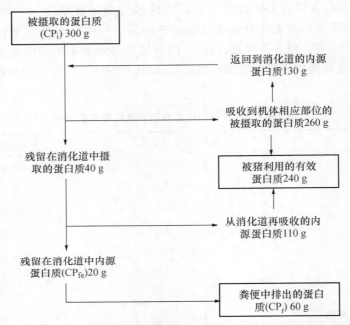

图 9.1   蛋白质进入和排出猪肠道的图解。消化率以表观消化率度量为 $(CP_i - CP_f)/CP_i$ 或 $(300 - 60)/300 = 0.80$。以真消化率度量为 $CP_i - (CP_f - CP_{fe})/CP_i$ 或 $300 - (60 - 20)/300 = 0.87$。

由于内源损失取决于动物和肠道的动力学状态,因此很难确定。当摄入蛋白质很少或没有的时候,常常就把粪中的氮水平作为内源损失。随着动物越长越大和进食量越来越多,代谢损失的绝对水平就倾向于增加,这就使表观消化率略微降低。更重要的是,随着摄食的增加,酶的分泌率和肠道内层的细胞损失都增加。纤维性和研磨的饲料与代谢粪损失水平的增加有关,因此,猪日粮中包含有麦秸、谷壳或沙子之类的原料时就会引起蛋白质的表观消化率和饲料蛋白质对猪的净产出降低。低蛋白质和高纤维含量的饲料可能通过它们对代谢粪损失的影响,对蛋白质在动物营养系统中有一点或负面的影响。

如果配合饲料中含 5% 的纤维,通常每千克该饲料的代谢粪蛋白质就有 6~12 g。猪在每千克饲料中消耗 150 g 蛋白质,那么代谢粪损失就大约为总粪蛋白质的 30%。

动物只能利用在消化过程中被一定程度消化的部分蛋白质,只有摄入和粪排出之间被消失的这部分才能有效地用于生产(图 9.1)。所以为了实际目的,直到现在人们的关注点还被限制在确定和表达饲料氮、蛋白质和氨基酸的表观消化率上。因此,术语"可消化的"可以看作"表观可消化的"的同义词。但是,当把饲料的值作为它们可消化蛋白质或可消化氨基酸的值时,在合理的采食水平并结合合理的纤维水平的平衡日粮进行测定就很重要。正如看见的那样,消化率是部分饲料和部分动物的作用,表观消化率的度量就没有分配这部分。如果这点解决了,饲料配方的精确性就会提高。这就使"标准化的消化率"系统得到发展,将在本章后面介绍。

粗蛋白质消化率和沉积的测定(N×6.25)

消化率采用与前面章节描述的测定能量相同的方法进行测定。摄取的粗蛋白质(CP)即所摄入饲料的总量和 N×6.25 浓度的乘积。表观消化率通过消耗的粗蛋白质(CP_i)和粪中(CP_f)排出的粗蛋白质(N×6.25)之差计算:

$$表观消化率=(CP_i-CP_f)/CP_i \qquad (9.1)$$

确保从闲置到分析期间没有氨从排泄物中溢出很重要,这可以通过将样品收集在稀释的硫酸中得以实现。

饲料的蛋白质价值很受 CP 全部(粪)消化率的影响,在胃肠道中被消化和消失的这部分 CP 也非常重要。从小肠消化和消失的 CP 产生有用的终产物,但从盲肠或大肠消失的这部分则产生无用的产物。很显然,饲料蛋白质在小肠被消化的比例越大,饲料的价值就越高。为了区分小肠和大肠的消化,可以在回肠末端安置瘘管(图 9.2)。从回肠末端收集食糜可以直接测定在小肠中的消化程度——回肠可消化率。这个值比粪可消化率更能真实反映蛋白质的价值。

尽管可能存在气体 N 损失和皮肤与毛发中的 N 损失,但 CP 的沉积(CP_r)可以通过测定粪(CP_f)和尿 N×6.25(CP_u)损失而精确的得到确定:

$$CP_r=CP_i-(CP_f+CP_u) \qquad (9.2)$$

按照前面章节描述的标准消化率测定程序(见图 8.4),尿液很容易收集在酸液中。

CP 沉积也可以通过比较屠宰试验测定,试验结束时猪的总 CP 和试验开始时的总 CP 之差,即直接测定沉积的粗蛋白质(N×6.25)。沉积效率根据全期摄入的 CP 确定:

$$每日采食量×采食天数(d_1\sim d_n)×饲料中 CP 含量=CP_i \qquad (9.3)$$
$$总体重×d_n 时体 CP 含量-总体重×d_1 时体 CP 含量=CP_r \qquad (9.4)$$
$$CP_r/CP_i=CP 沉积效率 \qquad (9.5)$$

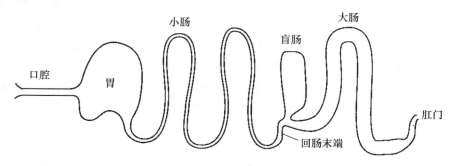

图 9.2　显示回肠末端的猪消化系统概略图。

显然,直接测定猪体蛋白质含量是可以的,但工作费力,需要对猪胴体仔细地进行取样和混合均匀。新出现的技术,如影像分析,可以使这项工作变得简便和减少创伤性。N平衡试验的优势在于估测机体总蛋白质沉积所需要的时间(7~10天)要比屠宰试验(在生长育肥猪至少4周)短很多。但是,N平衡试验更容易产生误差,与屠宰试验相比,通常是高估机体蛋白质沉积,这可能是因为对损耗的饲料或排泄物N的收集不完全。

但是,CP沉积效率并不是比较饲料蛋白质相对价值的一个特别有成效的测定方法,因为它既取决于猪也取决于饲料。沉积的CP与摄入的CP间的关系是:(1)消化率和根据吸收的氨基酸定义的蛋白质质量的函数;(2)所给的量与需要的量的函数;(3)日粮氨基酸平衡与沉积产品氨基酸平衡的函数;(4)其他日粮成分的函数。因此,一种好的蛋白质如果给的量过度高于需要量时就表现出低沉积效率,因为多余的蛋白质就随尿液排出了。同样的蛋白质也可能因某种氨基酸的缺乏而表现低沉积效率,因为这种氨基酸可阻止猪体蛋白质有效的合成,但它可以通过用另一种比氨基酸含量高的蛋白质或用人工合成氨基酸得到简单而廉价的补偿。

饲料蛋白质的消化率不能很好地通过采用胃蛋白酶和酶混合物的体外试验方法进行预测,因为这些方法通常用于氮(N),不能表示蛋白质本身的有机特性,尽管加热会损害蛋白质,可降低其消化率,这可以通过分析赖氨酸被束缚和表现的不可利用性的程度进行评估。但是,体外的实验室分析在分析蛋白质质量方面与从总氨基酸平衡认识蛋白质是一样有效的。由于蛋白质质量及其氨基酸含量都与蛋白质的消化率相关,氨基酸的化学分析尤其是9种必需氨基酸的分析可以有效评价饲料蛋白质的价值。了解氨基酸的组成可以很容易地计算平衡饲料为猪提供适宜的氨基酸的成本。例如,鱼粉和豆粕蛋白比谷物蛋白含更多的赖氨酸,当将它们同时配合到日粮中时,前者就可以有效地补充后者的不足。

因此,目前评价饲料蛋白质价值的最好方法似乎是了解氨基酸的组成及其在接近于回肠末端的消失情况。

影响蛋白质消化率的因素

尽管猪饲料成分的粗蛋白质(N×6.25)表观消化率间存在差异,但可消化蛋白(DCP)的概念并没有被饲料配方师们采纳。大家都错误地认为蛋白质消化率的变异没有能量的那么重要。大部分动物源性(奶、鱼和肉)蛋白质的消化率大约为0.90,大部分植物源性(谷物、豆类、根类和嫩叶)蛋白质的消化率约为0.80。但是,也存在很多重要的例外情况,这些例外对估计饲料配方有效成本有重要的意义。尽管一些营养学家不愿接受把DCP作为描述饲料的重要指标,蛋白质消化率是表示饲料价值最有用的一个指标,它主要受外在的和内在的因素影响。

组成蛋白质的基础氨基酸的消化率都很高。然而,在小肠中更多的蛋白流失掉,而不是被吸收。这是因为肠道内容物通常被大量的蛋白质分泌物所浸润(主要是一些包含了大量液体的酶类),同时,小肠内壁细胞的更新率很高,因此通过肠道会损失大量蛋白质。所幸地是,这些分泌物再吸收的效率与日粮蛋白经最初酶解后得到的氨基酸一样高。

热损害

如果蛋白质被热损害后其消化率显著降低,这种损害发生在动物或植物蛋白在加工过程中被过度烹煮的时候。由于它们的天然特性发生变化,这种热损害的结果很难预测,因此,对饲料的营养价值进行定量的评估几乎是不可能的。如果作为猪的氨基酸源一旦鉴别出原料受到严重损害，就应该慎重处理。如果因为经济方面的理由使用了这种原料，其对生长和繁殖的影响就很难通过经验性的试验阐明。

热损害使蛋白质的结构发生改变，这将降低其消化率。加热程度越大，消化率降低越多。从某种程度上说，所有热处理过的蛋白质都比没有经过热处理的消化率低（约少5%）。但是，过度烹煮发生实际损害时，问题就变得严重了，消化率可能会降低到50%或更少，如过度加热豆粕、鱼粉和肉血粉。特定的氨基酸可能在加热过程中被束缚。典型的例子是赖氨酸与糖结合成复合物，使赖氨酸的消化率和利用率降低。"可利用赖氨酸"特别重要，因为：①它是表征热损害常用的指标；②谷物缺乏赖氨酸，在大多数蛋白质源中赖氨酸是最有价值的氨基酸。如果赖氨酸是不可利用的，那么蛋白质中其他所有氨基酸即使是可利用的，也不能被利用。

蛋白质结构

蛋白质的氨基酸序列和三维结构可能对消化酶的降解有抵抗作用。这在皮肤和羽毛蛋白质上表现特别突出，似乎与半胱氨酸中含硫基团的交联作用有关。正如分析N那样，许多蛋白质看起来是有用的营养源，但实际上不是。

磨损

某些饲料可能会增加肠道内层细胞的损失率和/或阻止这种机体来源的蛋白质有效重吸收。这将会增加粪中蛋白质的排出和降低消化率。麦秸就是这其中的一种饲料，还有其他高纤维含量的高磨损性饲料，但证据并不直接。

饲喂水平和流通率

在消化道中酶需要时间与饲料互相作用。因此，消化率可能会因能增加食糜在肠道中的通过率的饲料和动物因素而降低。例如，通过增加饲喂水平和将动物群养而不是单独的圈养，饲料通过率就提高，蛋白质的消化率也就略微降低。饲喂液体日粮水和干饲料的比例高于4∶1也会降低蛋白质的消化率。

抗营养因子

大部分的饲料都是植物源性的，含有干扰日粮养分利用的因子。这些因子被定义为抗营养因子，可引起生长抑制、降低饲料效率和/或危害动物健康。在植物和种子中，这些抗营养因子主要充当生化杀虫剂，防止植物和种子受霉菌、细菌和鸟类的损害。干扰蛋白质消化和利用的特殊抗营养因子包括各种植物凝集素、蛋白酶抑制因子、单宁和某种程度的植酸。在大多数情况下，饲料含不同种类的抗营养因子，包括那些干扰碳水化合物利用（淀粉酶抑制因子和多酚）、矿物质利用（植酸和硫代葡糖苷）或免疫功能（抗原蛋白质）或那些对特定组织有毒性的（生氰配糖类、生物碱、巢菜碱/伴巢菜碱、酢浆草酸、棉子酚）因子（表9.4）。因对蛋白质利用的潜在副作用，日粮纤维也被看作抗营养因子。

冬雪油菜籽是致甲状腺肿的，含高水平的β-硫代葡萄糖苷和芥子酸，但在一些春雪品种中这些有毒物质含量较低。菜籽粕另外可能还含有芥子酸胆碱、皂角苷和非淀粉多糖等抗营养因子。经处理过的全脂菜籽粕饲喂生长猪是可以的，但是否适合母猪还有待于进一步试验。

生氰配糖类,如亚麻苦苷,可出现在处理不适当的木薯粉中,高粱中偶尔也会含有。

单宁是多酚类复合物,含不同分子量、化学性质复杂、可在水溶液中沉淀蛋白质。单宁很难被破坏。尽管以化学的方法不好定义单宁,但通常将其分为两个亚类:水解型和浓缩型单宁。浓缩型单宁与饲料中的蛋白质和碳水化合物及消化酶形成复合物,结果降低营养物质的消化率。单宁的其他作用还包括降低采食量、增加对肠道壁的损伤、降低某些矿物质的吸收和增加已吸收的水解型单宁的毒性。单宁是高粱中的主要抗营养因子,也在其他多种饲料中存在,如油菜籽、葵花籽、落花生、豆和豌豆(表9.4)。

表 9.4   一些饲料中的抗营养因子。

足量存在时影响猪的生产性能			不足量时根本不影响猪的生产性能
强烈	值得注意	轻微	
生大豆	鸡豌豆	黑麦	玉米
菜豆	鸽豆	黑小麦	燕麦
生马铃薯	奶牛豆	羽扇豆	水稻
小麦	紫花豌豆	豌豆	
大麦	绿豆	葵花籽	
	蚕豆		
	羽扇豆		
	高粱		
	棉籽		
	油菜籽		

生物碱存在于羽扇豆(但不是甜的羽扇豆)、马铃薯和春油菜麦角中。

植物凝集素,或血凝素,是一类通常以糖蛋白形式存在的蛋白质。它们的分子量和化学结构变化相当大,具有与特定糖类结合的能力。肠道壁中的糖蛋白含有与植物凝集素相亲合的糖类。植物凝集素结合到上皮细胞上造成肠壁损伤,增加黏液的分泌,减弱消化功能甚至免疫功能,结果抑制动物的生长。植物凝集素具有抗营养特性的先决条件是阻止蛋白质的水解作用。在各种种子内和种子之间都存在不同类型的植物凝集素,它们对动物的影响作用各不相同。总的来说,菜豆中的植物凝集素具有很高的毒性,但豌豆和蚕豆中的植物凝集素似乎毒性最低。即使经过焙烤,摄入植物凝集素也还残存少量的毒性。

尽管植酸(在豆类和许多别的植物中发现)通常与磷的结合和钙、锰、锌和铁的螯合(致使这些元素利用率降低)有关,它们也具有降低蛋白酶(淀粉酶)活性的作用。

许多十字花科植物,不只是含有种子,都可致甲状腺肿。植物 β-硫代葡萄糖苷可被酶水解产生致甲状腺肿素,引起生长抑制。

致甲状腺肿素、硫代葡萄糖苷、单宁、皂角苷、棉籽酚(棉籽粕的)和生物碱都是热稳定性的,但植物凝集素、蛋白酶抑制因子和其他有毒氨基酸都可被热破坏。热处理是消除热不稳定性抗营养因子最有效的方法。为了达到充分的烹煮脱毒同时也避免过度加热的热损害,热处理需要严格的控制;热处理对于浸提大豆油后的豆粕生产是至关重要的。热稳定性有毒物质只能通过复杂的交换工艺和/或洗涤(对含有种子粕)进行萃取去除,或目前更普遍的培育改良品种就不含这些有毒成分。最近最著名的科研成果是,培育出了去除有毒物质的品种春雪"加拿大"油菜,其抗营养因子含量被降低。

一些常用的饲料,如果不经处理,含高水平的蛋白酶抑制因子。羽扇豆种子和谷物中的主要蛋白酶因子是胰岛素和糜蛋白酶抑制因子。这些肽与一些胰腺酶形成稳定的、没有活性的复合物。结果胰岛素和糜蛋白酶活性降低。肠道中这些酶的失活促使胰腺分泌更多的消化酶。生大豆中蛋白酶抑制因子含量最高,普通豆类含量居中,豌豆和一些谷物中含量最低(表9.4)。应该注意的是,在相同种子的不同品种之间,胰岛素抑制因子含量有很大的差异。例如,大豆和豌豆中特定的胰岛素抑制因子含量低。没煮过的大豆比马铃薯的蛋白质消化率低30%。这些蛋白酶抑制因子不仅对含它们的饲料有特定的作用,而且通常在整个肠道环境中都发挥作用。因此,含生大豆的日粮中所有蛋白质的消化率都会降低。

由于蛋白酶抑制因子本身是由蛋白质组成的,因此它们的活性可被热处理破坏。局部蒸煮引起局部破坏,正是这种逐级处理效果使得大豆(和马铃薯)作为猪日粮的质量控制显得非常重要。降低蛋白酶抑制因子活性的一种方法是添加大量的蛋白质,这是被接受了多年的方法,即含蚕豆的日粮应该配合成更高的蛋白质含量。最近,已培育出了各种低含量胰岛素抑制因子的大豆。但是,如果直接饲喂,蛋白质的消化率依然显著降低,充分的热处理仍然是必要的。热处理并不能解决某些植物蛋白的抗原性问题,尤其是用大豆饲喂仔猪时。

植物性原料含纤维,大部分是非淀粉多糖(NSP),但如前面章节所述那样还含有其他成分。NSP 比淀粉更难消化,它降低饲料的消化性。目前关注较多的是 NSP 对日粮营养成分净利用的负面影响。

纤维以各种方式影响蛋白质的消化和氨基酸的利用。第一,细胞壁的纤维对饲料蛋白质进行物理性的包裹,阻碍了消化酶对这些蛋白质的消化。第二,给猪饲喂纤维可增加分泌到肠道的内源蛋白质(酶、黏液、脱落的黏膜细胞)和内源回肠及粪蛋白质的损失。第三,纤维特别是黏性纤维会阻止食糜的流动,并干扰消化酶和养分在肠腔内的混合,阻碍蛋白质的消化和吸收。第四,可溶性纤维可刺激微生物发酵,增加回肠末端或粪便中微生物蛋白的量,并提高日粮和内源氨基酸对微生物发酵的利用率。最后,饲喂纤维可以改变肠道形态和肠道吸收养分的能力。结果是纤维大大降低了氨基酸的利用率,因为(1)降低了回肠氨基酸消化率;(2)增加了进入猪后段肠道的氨基酸损失;(3)提高了氨基酸作为微生物发酵底物的利用。试验表明,前段肠道产生的微生物蛋白可以提供给猪的氨基酸需要。这种潜在的正面效应不可能超过日粮纤维对猪日粮蛋白质中氨基酸利用的负面作用。

总之,植物中的抗营养因子对蛋白质吸收的负面影响还有很多未知的方面有待我们进一步去揭示。

饲料加工

许多饲料加工方法都可以提高饲料的饲喂价值。饲料加工主要包括减小粒度、加热和(预)消化。通过碾磨、滚动或破裂来减小粒度可以增大表面积和破坏细胞壁及纤维结构,改善消化酶与饲料中养分的接触。因此,粒度减小还有利于能量和蛋白质的消化。

适度的热处理会使蛋白质变性,是一种灭活存在于生大豆和其他饲料中的蛋白质的有效方式,这些蛋白质含抗营养因子如蛋白酶抑制因子、植物凝集素和免疫蛋白。各种热处理方法对抗营养因子含量的影响不同,回肠氨基酸消化率通过热处理变化很大,是因为内源回肠赖氨酸的损失降低了,而回肠赖氨酸消化率却没有改善。当热处理饲料时应该注意不要过度加热饲料,这可能会降低氨基酸特别是赖氨酸的消化率和利用率。

在饲料中添加酶或在饲喂前拌湿饲料,会使一些蛋白质、抗营养因子(植酸)和纤维降解,因此可提高蛋白质的消化率和氨基酸的利用率。加酶的效率随外源酶的种类和来源而变化。例如,研究已证明,在含植酸的猪日粮中添加植酸酶可改善磷的消化率和稍微提高蛋白质的消化率,但蛋白质水解和纤维降解而改善猪日粮养分消化率的效率还没有得到一致的证实。应该注意的是将饲料拌得太湿可能会很难控制发酵,这会导致蛋白质损失,特别是游离氨基酸损失。

消化位点

一般根据$(CP_i-CP_f)/CP_i$计算的蛋白质消化率要比由回肠末端食糜确定的消化率约高10%(5%~20%)。很大部分原因是氨和胺在大肠消失了。因此,"消化"最可能发生在接近回肠末端的小肠部分,而"消失"可能发生在消化道的任何地方,包括大肠。从消化道消失的含氮物质包括吸收的粗蛋白质,但不包括被猪实际利用的那部分蛋白质,因为在大肠发酵的含氮产物往往是直接随尿液排出。因此,标准的DCP值可能常常是$0.85 \times CP$,有效的DCP值可能更接近$0.70 \times CP$。由于这个原因,与粪可消化率相比,人们更关注饲料蛋白质的回肠可消化率。实际上,粪中排出的氨基酸,部分是内源细胞和分泌物,在很大程度上取决于猪,因此,总粪损失的这种成分在常规范围内受饲料类型的影响相对来说少一些。当然,日粮蛋白质不会优于或差于组成它的氨基酸,动物需要的是饲料蛋白质中的氨基酸。因此,蛋白质含量通常最好是以氨基酸的组成来表示,度量蛋白质的有效利用则表示为可消化的,即回肠可消化氨基酸。

被猪摄入的蛋白质主要用于(1)在胃和小肠中进行酶消化;(2)发生在后段肠道的微生物发酵。酶消化包括将蛋白质降解为小肽和可被小肠吸收的游离氨基酸,同时,被吸收的肽又在小肠细胞内被水解为游离氨基酸。小肠细胞可以利用一些氨基酸,但大部分吸收的氨基酸都进入血液循环。试验已证明,小肠末端之前的回肠可消化率对猪饲料氨基酸生物利用率的评估要优于粪可消化率。氨基酸在后段肠道发酵会产生氨和胺,如果被吸收,也几乎没有任何营养价值。

小肠消化某些氨基酸的效率似乎高于它消化其他养分的效率。因此,饲料中氨基酸之间的平衡不会完全地反映在回肠末端氨基酸的平衡中。氨基酸在小肠中的差异性吸收在不同饲料间是变化不定的,因此,在饲料评价中这是要考虑的一个重要特性。

氨基酸在小肠中也存在一定的细菌降解,但很少。只有在从回肠流到盲肠和大肠时,蛋白质残余物才被大量的微生物作用,但这时酶对氨基酸的作用很少。后段肠道的微生物,每克食糜含10^{10}细菌,在回肠末端可以进一步很好地处理食糜中15%~20%的蛋白质物质,但这对猪没有用,因为这些氮主要都是不可利用的非氨基酸成分,直接通过尿液被排出。

回肠末端粗蛋白的消化率值——回肠可消化率一般比粪可消化率大约低8%[对于43种饲料原料,粗蛋白质的回肠可消化率=0.92(±0.08)粗蛋白质的粪可消化率]。如果这种关系不变,采用回肠而不是粪可消化率就不会有更精确的值了。但是,这种关系不是不变的,在氨基酸之间和饲料养分之间存在很大的变化。原因是有些饲料(如肉骨粉、肉屑和一些更难消化的植物蛋白质源)很大一部分逃过了小肠的消化而进入大肠,在大肠中蛋白质更可能被微生物降解为非氨基酸含氮化合物,而不是以氨基酸形式被吸收。大豆粕的回肠氨基酸消化率正常情况下要比粪可消化率低8个百分单位,对于低或过度热处理的大豆来说,这种变化几乎增加到20个百分单位。

尽管蛋白质的粪可消化率和回肠可消化率之间的差异显然是依赖于饲料的,但各种氨基酸的这种差异也是变化的。因此,尽管谷物蛋白质粪可消化率和回肠可消化率间的差异约为10个百分单位,但赖氨酸的粪可消化率和回肠可消化率之差约为5个百分单位。苏氨酸和色氨酸在大肠中特别容易通过脱氨基或脱羧基而消失,同时可能发生净余的蛋氨酸细菌合成。在大肠中发生的降解速率和类型高度依赖于食糜环境,尤其是碳水化合物的水平和类型,以及有无毒素的存在。

在小肠和大肠中氨基酸的这些变化都被作为苏氨酸和色氨酸一般趋势的例证,即它们的回肠可消化率比一般的蛋白质消化率相对要低,但蛋氨酸的回肠可消化率通常更高些。

一些饲料的蛋白质和4种重要氨基酸的回肠可消化率列于表9.5,而表9.6显示的是43种饲料平均回肠可消化氨基酸与回肠可消化蛋白质的比率。尽管表9.5中显示的赖氨酸回肠可消化率相当接近于以粗蛋白为整体的回肠可消化率,但这种关系是取决于饲料的。因此,尽管鱼粉中赖氨酸回肠可消化率略高于粗蛋白质的回肠可消化率,但羽毛粉中赖氨酸的回肠可消化率则比粗蛋白质的回肠可消化率低很多。

表9.5　一些饲料中重要氨基酸的回肠可消化率(小样本测定值)。

	蛋白质[1]	赖氨酸	蛋氨酸	苏氨酸	色氨酸
大麦	0.70~0.80	0.70~0.80	0.75~0.85	0.65~0.75	0.70~0.80
小麦	0.70~0.80	0.70~0.80	0.75~0.85	0.65~0.75	0.70~0.80
玉米	0.70~0.80	0.70~0.80	0.75~0.85	0.65~0.75	0.70~0.80
小麦废弃物	0.30~0.60	0.30~0.70	0.30~0.50	0.40~0.50	0.50~0.60
玉米麸饲料	0.40~0.60	0.50~0.70	0.57~0.70	0.40~0.55	0.30~0.40
浸提大豆粕	0.75~0.85	0.80~0.90	0.80~0.90	0.75~0.80	0.75~0.80
菜籽粕[2]	0.40~0.60	0.50~0.70	0.60~0.80	0.50~0.70	0.50~0.70
肉骨粉	0.40~0.70	0.50~0.70	0.60~0.80	0.50~0.65	0.40~0.60
鱼粉	0.80~0.90	0.85~0.95	0.85~0.95	0.75~0.85	0.70~0.75

1. 通常粗蛋白质的回肠可消化率大约比粗蛋白质的粪可消化率低8%。重要的例外是菜籽粕(低12%)、玉米麸饲料和玉米麸粕(低16%)、小麦次粉(低17%)和肉骨粉(低14%)。

2. 棉籽粕、椰子粕和羽扇豆粕及一些其他副产物和次级成分的典型值。

表9.6　回肠可消化氨基酸与回肠可消化粗蛋白质的比率(43种饲料的平均值)。

	回肠可消化氨基酸：回肠可消化粗蛋白质
异亮氨酸	1.06
赖氨酸	1.02
蛋氨酸[1]	1.20
苏氨酸	0.95
色氨酸	0.95

1. 蛋氨酸的这种变化特性几乎是其他氨基酸的2倍。在玉米,赖氨酸、苏氨酸和色氨酸的比率分别是0.88、0.94和0.92。在羽毛粉,赖氨酸的比率是0.72。

采用回肠可消化必需氨基酸似乎是评定饲料养分满足猪氨基酸需要的一个更合适的方式。这个假定是经过生长试验推断的,在试验中,猪的生长率与回肠可消化率的相关性要比与粪可消化率的相关性更接近。

氨基酸的回肠可消化率

由于摄入蛋白质的回肠消化不完全而且变化不定,因此回肠可消化率是评价猪饲料氨基酸利用率的一种常规方式。但是,氨基酸回肠可消化率受动物因素和饲料因素影响。特别是新生仔猪和早期断奶仔猪消化功能尚未发育完全。氨基酸回肠可消化率会随着体重的增加而增加,直到接近 25 kg。正如前面提及的,回肠氨基酸可消化率可能会低估生物利用率,特别是热处理的养分。

建立回肠氨基酸可消化率需要采集回肠末端的食糜。必需的外科手术(通常在回肠末端安置一个瘘管)不仅复杂和昂贵,而且会改变猪的消化功能并影响测定的消化率。因此,试验方法学对研究的回肠氨基酸可消化率的差异有一定影响。

蛋白质和单个氨基酸(AA)的表观回肠可消化率根据日粮氨基酸的摄入(AA_{diet})和回肠氨基酸(AA_{ileal})计算而来:

$$表观回肠 AA 可消化率 = (AA_{diet} - AA_{ileal})/AA_{diet} \tag{9.6}$$

这些值只能作为表观的参照,因为内源回肠氨基酸的损失和非消化日粮的氨基酸在回肠氨基酸中没有差别。

内源氨基酸损失应该明确地被看作是一种对动物有价值的物质,它们可能会干扰混合饲料中表观回肠可消化率值的增加。日粮氨基酸水平对表观回肠氨基酸可消化率非线性效应的结果如图 9.3 所示。这种非线性效应很大程度上归因于基础内源回肠氨基酸的损失,这种损失即使给猪饲喂无蛋白质日粮也会发生(图 9.4)。这些基础损失相对于饲喂低氨基酸水平日粮的总回肠氨基酸来说贡献更大些,并且,重要的是这些基础损失对饲喂低氨基酸水平日粮的表观回肠氨基酸可消化率有相对大的负面影响。

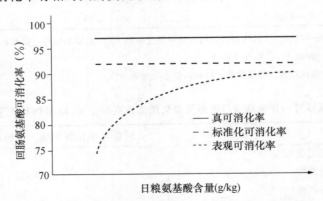

图 9.3　氨基酸摄入对真消化率、标准消化率和表观消化率的影响。

内源回肠氨基酸损失反映了分泌到消化道内的内源氨基酸——作为消化酶、黏液、脱落的上皮细胞和其他分泌物的组成成分——以及没有被重吸收的氨基酸比例(图 9.5)。分泌到消化道的内源蛋白质在数量上可能接近于被消化的蛋白质的量,并且,同被摄入的蛋白质一样,可能在肠腔内被消化和重吸收(表9.7)。因此,回肠和粪内源氨基酸损失只代表内源蛋白质的一小部分,这部分是被分泌到消化道的和发生在肠道中的相当可观的内源蛋白质的再利用。后者与新陈代谢的无效性有关,这种无效性表示对猪付出的能量和氨基酸代价。

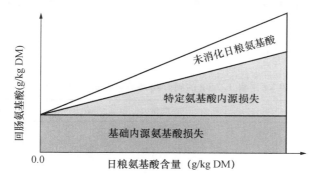

图9.4 增加氨基酸供给(作为日粮浓度)和回肠末端氨基酸组成的效应示意图。基础内源损失是常数,但特定的内源损失与日粮氨基酸含量是呈比例的。

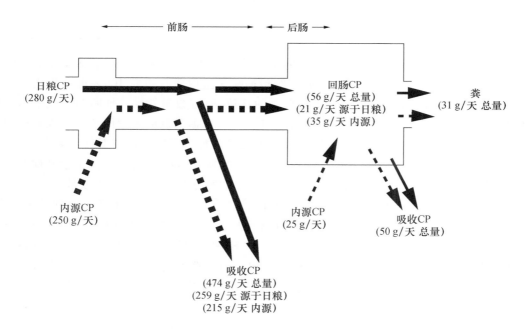

图9.5 猪消化道中粗蛋白质(CP)的吸收和分泌。在此过程中,表观粪CP可消化率为0.89(即[280−21]/280);表观回肠CP可消化率为0.80(即[280−56]/280);真回肠CP可消化率为0.93(即[280−31]/280)。内源CP在回肠水平的再利用效率为0.86(即215/250)。应该注意的是表观回肠可消化CP的摄入量(280−56=224 g/天)比真回肠可消化CP摄入量(280−21=259 g/天)能更好的预测净吸收(474−250=224 g/天)。分泌到后段肠道的内源CP代表动物的氨基酸损失,因为从后段肠道吸收的CP对猪氨基酸的供给没有贡献。

为了详细说明日粮氨基酸真可消化率不被内源氨基酸偏向,日粮和内源的两条未经消化的氨基酸流,在通过回肠末端时必须分开。如果给定包括日粮(AA$_{\text{ileal-from-diet}}$)和机体分泌物

（$AA_{ileal-from-endogenous}$）的未经消化的总回肠流，那么未经消化的回肠日粮氨基酸就通过总回肠流和内源回肠损失（$AA_{ileal-from-endogenous}$）计算而得：

$$AA_{ileal-from-diet} = AA_{ileal} - AA_{ileal-from-endogenous} \tag{9.7}$$

通过分析未经消化的日粮氨基酸回肠流（$AA_{ileal-from-diet}$）与氨基酸摄入量的相关性，就可得到真回肠氨基酸可消化率：

$$真回肠氨基酸可消化率 = (AA_{diet} - AA_{ileal-from-diet})/AA_{diet} \tag{9.8}$$

表 9.7　一头 40 kg 采食 1.7 kg 的猪分泌到消化道的内源粗蛋白质（N×6.25）。

	总量	总的百分比
唾液和胃	20	7
胰腺	16	6
胆汁	16	6
小肠	200	72
大肠	25	9
总计	277	100

真可消化率总是高于表观可消化率。内源回肠氨基酸损失固有的特性代表一个真实的科学挑战。采用传统方法，这些损失可以通过给猪饲喂无蛋白质日粮或 100％ 可消化蛋白质日粮而进行定量。或者给猪饲喂不同梯度蛋白质的日粮，通过数学外推法推断饲喂无蛋白质日粮猪的回肠末端（内源）氨基酸流而进行估计（图 9.4）。根据最近的采用同位素示踪或标记蛋白质等方法的研究结果可知，上述这些传统的方法可能低估了实际的内源回肠氨基酸损失。如果采用传统的方法，只能定量基础的内源肠道氨基酸损失（表 9.8），但不能定量其他的由饲喂含蛋白质饲料引起的内源肠道氨基酸损失，而且不能区分未经消化的日粮氨基酸。因此，总回肠内源氨基酸损失可以分为两部分：（1）基础回肠内源损失，它在很大程度上反映动物自身，通常以/干物质采食量表示；（2）特定的回肠内源损失，它反映日粮特性如蛋白质类型或纤维类型和水平及抗营养因子（图 9.4）。由于采用常规方法测定总回肠内源氨基酸损失很困难，对饲料真回肠氨基酸可消化率的估计没有被广泛的应用。直到更多的数据可用于真可消化率时，考虑基础的内源回肠氨基酸损失才更合适，在这种情况下，消化率值应该参考为标准消化率：

$$标准消化率 = [AA_{diet} - (AA_{ileal} - AA_{ileal-from-basal\ endogenous})]/AA_{diet} \tag{9.9}$$

此处，

$$AA_{ileal} - AA_{ileal-from-basal\ endogenous} = AA_{ileal-from-diet} + AA_{ileal-from\ specific\ endogenous} \tag{9.10}$$

或者，标准回肠氨基酸可消化率可以根据表观回肠氨基酸可消化率和日粮氨基酸水平来计算：

$$标准回肠氨基酸可消化率 = 表观回肠氨基酸可消化率 + (AA_{ileal-from-basal\ endogenous}/AA_{diet}) \tag{9.11}$$

制定猪日粮配方时采用标准可消化率而不用表观回肠可消化率值的优势在于标准可消化率值是独立于日粮蛋白质水平的(图9.3和图9.4),并且在饲料混合物中更可能添加。

然而,在最小内源回肠氨基酸损失的估计之间存在相当大的变异,并且不同的估计被用于不同的出版物,在这些出版物中汇总了标准回肠氨基酸可消化率值。在结合使用来自不同研究的标准回肠可消化率时,应该特别注意。此外,制定猪日粮配方从表观到标准回肠氨基酸可消化率移动时,基础内源氨基酸损失应该反映在日粮氨基酸需要或供给中。随着表观回肠可消化氨基酸需要量或供给量的增加,基础内源回肠氨基酸损失也将适应这一变化。

表9.8　关键必需氨基酸的基础回肠内源损失。

	基础回肠内源损失(g/kg 干物质摄入)
赖氨酸	0.40
蛋氨酸	0.11
半胱氨酸	0.21
苏氨酸	0.61
色氨酸	0.14
异亮氨酸	0.38
粗蛋白质(N×6.25)	11.82

资料来源:CVB(2003)Table of Feeding Nalues of Animal Feed Ingrediets. Centraal Veevoederbureau, Lelystad, the Netherlands.

吸收的氨基酸利用——生物学利用率

可以假定,氨基酸一旦被吸收就可用于猪的维持、生长或泌乳。当然,最终利用水平被需要水平(超过需要量而没有被利用)、一种与另一种吸收的氨基酸与合成代谢过程必需的氨基酸平衡(提供的氨基酸彼此不平衡,而没有被利用)通过适当的平衡校正。

但是,即使计算出了这些可预测的被吸收氨基酸的损失,回肠可消化率值也高估了净营养价值。倘若供给没有超过需要量(生物利用率),平衡的回肠可消化氨基酸的利用率也被看作是不十分有效的。可以猜测没有一个生物学过程是100%有效的。因此,由机械效率引起的损失应该给予合理分配。但是,这种效率损失(假定6%)不可能有办法充分描述回肠消化的和平衡的氨基酸(理论上为100%)被吸收后潜在的利用值和真实值之间的差异。常规优质饲料从吸收的平衡氨基酸转化为组织蛋白质的潜在转化效率,适宜的值变化范围通常是0.60~0.80。这个值通过测定鱼粉和大豆回肠消化的氨基酸的沉积量而证实。Ted Batterham 在新南威尔士州沃隆巴的试验结果表明,一些这种效率损失在组织沉积之前的最后步骤可能还受质量可疑的饲料来源影响(以一些未知的方式),或受循环氨基酸的性质影响。后者可能与相对吸收率、被吸收的氨基酸的化学结构、有毒物质的出现、吸收氨基酸在肠道或以外水平和/或其他一些未确定的生化现象(这可能是也可能不是饲料类型和加工方法的作用)有关。

爱丁堡研究人员表示,最低水平的能量是最佳化v值所必需的;它的值随着蛋白质能量比的降低而从0.5变化到0.8。直到每兆焦ME低于14 g回肠可消化蛋白质,v值才达到最佳(0.8)。可以说,在猪日粮中蛋白质含量超过每兆焦ME 14 g回肠可消化蛋白质是不正常的,因此能量：蛋白质比率对 v 的影响通常不具实际重要性。

目前的情况是，正是氨基酸循环考虑了较大部分的 v，给定数量的平衡氨基酸（不以超过需要量供给）的吸收和组织沉积之间的效率损失。尽管从血液到沉积组织的物质转化的无效性可能很小，但如果这种无效性由于组织氨基酸（蛋白质循环）的反复降解和构造而反复进行，那么这种实际的无效性就会累积。确实，最近在爱丁堡构建的数学模型表明，如果不是所有的损失效率，蛋白质循环大部分都可以容易地计算出。

v 的概念及其在饲料间的可变性提高了以氨基酸最终利用率作为营养价值的真实值的重要性；由于 v 的重要性及其获得的艰难性，实际上，全部的可利用氨基酸最好通过生物学分析如生长反应试验来测定。其中的一种方法是斜率分析，即采用梯度水平的待测养分对梯度水平的标准饲料或人工合成氨基酸（图 9.6）测定相关反应（如 N 存留、生长、胴体增重、效率或其他指标）。此处的比较是针对于人工合成氨基酸的，回肠可消化率协同效率和人工合成氨基酸的 v 值可以作为单位。生长性能的斜率即待测氨基酸相对利用率的协同效率。斜率分析法有很多不足的地方。第一，这种方法相当昂贵、耗时和费力；第二，动物生长性能固有的可变性和统计分析方法对产生的数据的解释存在实质性的影响；最后，观察到的反应可能会被试验日粮中的养分平衡所混淆。因此，不可能对氨基酸的利用率提供一个"真实的"评价。

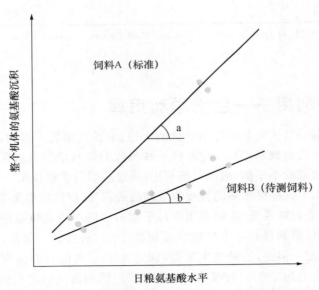

图 9.6　斜率法评估特定饲料中特定氨基酸的生物学利用率。饲料 A 表示标准饲料而饲料 B 表示待测饲料。饲料 B 中氨基酸的相对生物学利用率表示为斜率（b）除以斜率（a）。应该注意的是，只有当氨基酸沉积与氨基酸摄入水平梯度呈线性反映时，才能精确评估氨基酸的生物学利用率。

然而直到现在，还没有一个快速、低廉和可重复的分析方法能有效地用于测定饲料氨基酸的生物利用率。因此，（回肠）氨基酸可消化率值被广泛用于猪日粮的配方。但是，重要的是要承认在饲料配方中采用可消化率值的局限性，并认识到获得可消化率值的误差性。特别是在热处理饲料，氨基酸可能与碳水化合物或其他可能会被消化和吸收的日粮成分形成复杂的化合物，这种化合物使得其中的氨基酸不能被用于动物的新陈代谢。沃隆巴的研究显示，热处理对回肠可消化率只有很小的影响,但对之后的利用效率——生物学利用率有很大的影响。(由于赖氨酸中的 ε-氨基高度反应,这种情况似乎与赖氨酸特别有关,但可能也适合于其他氨基酸,如苏氨酸和蛋氨酸。)最近,可用化学基础的分析方法去直接测定赖氨酸的生物学利用率,即根据以化学方法利用的或反应的热处理饲料赖氨酸的(回肠)可消化率来确定。应该更广泛的使用这些分析方法,并且应该进一步研究热处理对氨基酸而不是赖氨酸利用率的影响效果。

有充分的证据显示,饲料的描述需要一些定义可利用氨基酸的方法,如以回肠可消化率(标准或其他)和 v 的乘积形式给出。模型的方法似乎对 v 的表述有偏差,这种方式有利于与因子估计法结合。但是,通过生长试验测定 v 和/或确定全部利用率需要连续的关注。生长试验中饲料成分如优质动物产品、谷物和来源于浸提过程的优质植物蛋白都很容易地被利用,这些似乎是科学的问题而不是实际的利益。但是,生长试验必须使用较少的常规饲料,或由于产品质量不一致、或可变的产品利用率、或新饲料,更大范围的饲料需要评价,吸收的氨基酸(v)利用效率问题就显得极为重要。

猪饲料蛋白质和氨基酸含量的指导值

粗蛋白质水平、可消化蛋白质、粪和回肠可消化氨基酸、标准回肠可消化氨基酸及注释参照的可能的最终利用率的指导值都列在附录 1 中。这些值可以用于评价饲料的经济价值和被恰当地用于配制日粮。根据资料计算的营养含量值从来没有直接用饲料样品测定的值那么精确。但是,无论从成本上说,还是从必要性上说,通常都不总是直接确定营养价值。给定一套详细构建的指导值,监控生长反应的机制,附录 1 中信息强度的日粮配方就足以满足大部分需要。这种评论特别适合于人们熟知的和常规成分被采用的情况。

第十章　猪日粮中脂肪和油类的营养价值
Value of Fats and Oils in Pig Diets

引言

　　脂肪和油的可利用能量是碳水化合物的 2.25 倍(尽管其值变化范围很大),油脂可提供脂肪酸,能影响胴体品质,在降低粉尘和提高混合日粮的适口性方面很有用。

　　饲料中的脂肪酸主要有棕榈酸(C16：0)、硬脂酸(C18：0)、油酸(C18：1)和 α-亚油酸(C18：2);以及月桂酸(C12：0)、肉豆蔻酸(C14：0)、棕榈油酸(C16：1)、α-亚麻油酸(C18：3)、花生四烯酸(C20：4)、二十碳五烯酸(C20：5)、芥酸(C22：1)和二十二碳六烯酸(C22：6)。上述脂肪酸的标准命名法是依据碳链中的碳原子数和双键数进行的。因此,α-亚油酸有18 个碳原子和 2 个双键。

　　没有双键的脂肪酸(如 C18：0)定义为饱和脂肪酸,具有较高的熔点。有一个双键的脂肪酸叫单不饱和脂肪酸,2 个或更多双键(如 C18：2)叫多不饱和脂肪酸(PUFA)。脂肪和油类中不饱和脂肪酸与饱和脂肪酸的比率对日粮价值和由它们引起的猪肉结构和营养价值都有重要的影响。

　　植物油类的主要来源有:

- 大豆(20％油)含大约 10％C16：0 和 5％C18：0(20％饱和);30％C18：1 和 50％C18：2(80％不饱和)。
- 棕榈(50％油)的中果皮含大约 45％C16：0 和 5％C18：0(50％饱和);40％C18：1 和10％C18：2(50％不饱和)。棕榈仁油富含 C12：0 和 C14：0。
- 葵花籽(40％油)富含 C18：2。
- 油菜籽(35％油)富含 C22：1(芥酸)或 C18：1(所谓的零变化,此时几乎不含芥酸)。芥酸有毒。
- 落花生(45％油)富含 C18：2。
- 椰子(65％油)富含 C12：0。
- 棉籽(20％油)富含 C18：2 和 C18：1。棉籽油可能含有毒的三丙烯醇脂肪酸。

　　动物脂肪的主要来源有:

- 牛油含大约 25％C16：0 和 20％C18：0(50％饱和);40％C18：1 和 5％C18：2(50％不饱和)。
- 绵羊油富含 C18：1、C16：0 和 C18：0。
- 猪油富含 C18：1、C16：0 和 C18：2。
- 鱼油富含 C18：1 和 C16：0,但主要由长链多不饱和脂肪酸组成,包括 C20：5 和C22：6。这使得鱼油具有腐臭味,但长链脂肪酸对猪和人类健康都是必需的和有益的。

　　工业油类是有用的,但其组成变化不定。一个主要的来源是从食品加工业中回收植物油

（RVO），因为这种来源的油可能含高达 45％ 的 C16：0 和低至 1％ 的 C18：2，RVO 质量低劣。另一种工业油是部分氢化的鱼油，氢化鱼油目的是改善含高比例长链 PUFA（它们很容易被氧化）的鱼油稳定性。但是，经过加工后鱼油虽然变得更稳定了，但是氢化后的产物却更饱和了，因此 DE 值更低（下文解释）。

表 10.1 显示了一些常用饲料脂肪原料的脂肪酸组成情况。

表 10.1　一些常用脂肪和油类脂肪酸的近似组成（％总脂）。动物、鱼类产品和混合的软脂肪酸油类存在相当大的变异性。

	大豆油	菜籽油	棕榈酸油	大豆酸化油	椰子[1]	牛油	猪油	鱼油	混合软脂酸油[4]
C16：0	10	5	45	10	35	25	20	20	10
C16：1	—	—				5	—	10	—
C18：0	5	2	5	5	15	20	15	5	5
C18：1	25	55	40	30	—	40	45	15	40
C18：2	50	25	10	50	—	5	15[3]	5	30
C18：3	5	10	—	5	10	1	—	3	5
C20：3	5								
C20：4	—							3	
C20：5	—							20	
C22：5	—							2	
C22：6	5							15	
FFA[2]	1	1	80	65		10		1	65

1. 也富含 C12：0。

2. 游离脂肪酸。

3. 给猪饲喂含 15 g 亚油酸/kg 日粮时的典型值。如果日粮亚油酸含量高到大于 5％，猪脂肪中亚油酸的含量就会高至 35％。停止饲喂高亚油酸日粮将会降低猪脂肪中亚油酸的含量，这与猪生长速率和日粮亚油酸的减少有关。如果 Y 是猪脂肪组织中亚油酸的含量（％），X 是停止饲喂高亚油酸日粮到测定猪脂肪中亚油酸含量之间的活体重（kg），那么，$Y = 34 - 0.3X$。

4. 各种工业加工油的混合物，其组成变化不定。

注意：玉米含油 4％～5％，含超过 50％ 的 C18：2＋C18：3。大部分其他谷物含油 2％～3％，含大约 50％ C18：2。肉骨粉亚油酸含量低（大约 6％ 的脂肪）。

除了链长和饱和度，与脂肪营养价值有关的另一个化学特性是游离脂肪酸的含量。酸油，如大豆酸化油和棕榈酸油，含有高水平的游离脂肪酸（大约 80％），可从工业脂肪的水解过程（如人类食用级油的再精炼）获得。通常大豆酸化油或棕榈酸油的混合物，例如，牛脂和大豆酸化油混合其游离脂肪酸很容易达到 40％～50％。目前，油酸主要包含较大比例的可用作饲料原料的非动物性饲料级脂肪，各种来源的高水平游离脂肪酸也对日粮的适口性有负面影响。

猪日粮的高脂肪成分通常以商品名称进行描述（和交易），如"黄油"、"3 级牛脂"和"精选白油"——还有很多这样的例子。这些名称与商品的营养价值没有关系。猪日粮中的脂肪和油类通常是多种单个商品成分的混合物。上述日粮脂肪和油类的化学组成对日粮能值有显著的影响。重要的是,增加饱和度最终导致较高的可消化能(DE)值,而提高游离脂肪酸的水平将导致 DE 降低。但是,喂给猪的那些脂肪和油类中脂肪酸链长的差异相对有限,所以链长的重要性可能是次要的。

饱和脂肪酸形成乳糜微粒(脂肪消化产物吸收过程中的必需状态)的潜力较差,因此,比不饱和脂肪酸吸收得少些。消化率与不饱和程度(表示为不饱和脂肪酸与饱和脂肪酸的比率,或 U/S)的关系呈曲线变化,如图 10.1 所示。最大的增加是从 1(接近牛脂的 U/S)到 3(约 30% 的牛脂和 70% 植物油的混合物);之后,效应曲线接近水平。单不饱和脂肪酸和多不饱和脂肪酸在能值上差别很小。正是由于这个原因,不能通过碘值将不饱和度与日粮的能值联系起来(C18：2 的碘值比 C18：1 的高很多,但二者的 DE 却接近)。

影响日粮脂肪和油类能值的第二个化学特性是游离脂肪酸(FFA)的含量。尽管普遍认为只有相对高水平的 FFA 才降低营养价值,但事实上,随着 FFA 含量的增加,营养价值呈直线降低(图 10.2)。

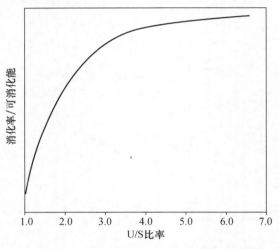

图 10.1　不饱和(U)与饱和(S)脂肪酸的比率对脂肪和油类消化率/可消化能值的影响

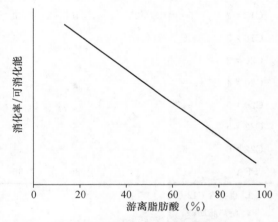

图 10.2　游离脂肪酸含量对脂肪和油类消化率/可消化能值的影响

对饱和度和 FFA 含量的综合反应就产生了计算 DE 值的预测方程;这些方程来源于英国诺丁汉大学的全面研究,见表 10.2。根据这些方程可以估计一种脂肪或油,或在 FFA 水平和脂肪酸水平的混合物的 DE。表 10.2 描述了两种体重的猪随着年龄的变化,脂肪消化率有适度的改善。幼年猪,尽管能有效(明显)地利用乳脂,但不能很好地消化饲料中的脂肪,而不饱和长链脂肪酸比饱和和/或中链脂肪酸更容易消化。对于为什么植物油比猪乳脂更难消化这个问题还不是很清楚,但很显然,刚断奶的仔猪不能像成年猪那样有效地消化脂肪酸。仔猪消化饲料脂肪的相对困难可能是因为这些脂肪不能被乳化而乳脂却能。

曾有观点认为,饱和度的作用不能从协同作用现象中孤立出来。如果一种相对饱和的脂肪酸与另一种饱和度不高的脂肪酸混合,前者的 DE 假定得到改善,那么就发生了协同作用。当考虑单个脂肪酸时,这种情况的生理学基础就是确定的。因此,不饱和脂肪酸有助于提高非极性饱和脂肪微团的溶解性(和吸收性),如硬脂酸;故亚油酸的存在可增强相对饱和脂肪酸的吸收。

表 10.2　与可消化能(DE,MJ/kg)和脂肪、油类不饱和与饱和脂肪酸比率(U/S)、游离脂肪酸含量(FFA,g/kg 脂肪)有关的预测方程。此函数在仔猪总计有 80％,成年猪有 77％的变异。

$$MJ \; DE/kg \; 脂肪 = A + B \times FFA + C \times e^{(D \times U/S)}$$

常数	10～20 kg 猪的活体重	35～85 kg 猪的活体重
A	36.90	37.89
B	−0.005	−0.005
C	−7.330	−8.200
D	−0.906	−0.515

但是,将这种原理延伸出来考虑脂肪和油类却很难。因此,确定的随着不饱和度(较高 U/S)的增加 DE 得以改善的假说有赖于不仅要更好地利用日益重要的"U"部分,而且还有"S"部分(衰退但仍存在)。因此,在单类脂肪酸之间的协同现象已经包括了 DE 对 U/S 的非线性反应。协同现象不是一种数字上的增加,即两种脂肪酸混合物的 DE 高于从它们单个脂肪酸预测来的 DE。例如,两种 DE 值分别为 36 MJ/kg 和 30 MJ/kg 的脂肪酸按 50∶50 比例混合,混合物的 DE 为 33 MJ/kg,不太高。

猪日粮中脂肪的价值

脂肪添加量达 10％时似乎并不能显著降低猪的消化(或利用)效率,尽管人们对此持不同观点,并且一些权威人士提出日粮中脂肪含量超过 7％时 DE 值可能降低。因此有效的脂肪 DE 值会随着添加量的增加而降低,即随着脂肪添加水平的增加,DE 呈二次曲线而不是线性变化。在所有可能中,这种差异都归于来自不同背景的脂肪和油类之间的相当大的变异。与消化率较高的不饱和脂肪的 DE 相比,消化率低且含有较多饱和动物脂的脂肪以及较少利用的游离脂肪酸的 DE 更可能随着日粮脂肪添加量的增加出现降低现象。

在猪日粮中逐步增加脂肪的添加量达 8％,推测其可使日粮能量浓度出现比例性增长。增加仔猪和生长猪日粮的能量浓度,限制采食的动物的生长率似乎呈线性提高。这种生长的经济学效益取决于添加脂肪的成本,但是,在现代猪品系中较快的生长不仅提高了效益,而且也缩短了屠宰日龄从而增加了生产量,同时还固定了成本,降低了库存率(结果又进一步提高生长率)。有一种观点认为"猪是为满足能量的需要而采食",也就是说如果日粮能量含量高,采食量自然就减少。但从某种程度上说,这种"补偿"效应并不完全正确(第十三章),因此,在采食高能日粮时能量摄入增加。当然,给限制饲料供给量的动物日粮中添加脂肪并不合理(除非脂肪每单位可利用能量的成本低于碳水化合物),而且,只要产生每兆焦净能的碳水化合物比脂肪廉价相比于等量高能饲料来说,采用更多的低能饲料将是一种更好的生产策略。

在每单位可利用能量成本的基础上,尽管饲料脂肪通常与谷物能源相竞争,但在日粮中添加脂肪会自然增加一些额外的益处。

对于猪来说,日粮脂肪可减缓食糜的通过率并提高其他饲料成分的消化率——尤其是碳水化合物——因此提高了日粮中碳水化合物假定的 DE,这归因于脂肪显著的能值。由于日粮中脂肪的存在能提高假定的总日粮 DE 的利用效率,因此,猪日粮中脂肪的 DE 等于或高于总能值在技术上是可能的。

在采食量相同时，添加脂肪的日粮可以提供更多能量；这在自然条件下食欲受限时特别重要，如仔猪和泌乳母猪。另外，日粮脂肪可增加猪的食欲（饲料消耗），主要通过：①增加适口性；②降低体热散失的需要（有效吸收和将日粮成分有效地转化为脂肪组织，同碳水化合物相比，以脂肪形式提供的能量具有较低的热负担）。在因高产热量而抑制食欲的动物中，这种现象特别重要，如泌乳母猪和在热带气候的猪，此时自由采食量低至一个高温环境中无法接受的量。

在颗粒饲料中使用高水平的脂肪的主要局限性是颗粒质量；因此，脂肪包被颗粒（如将脂肪喷雾到颗粒表面）在营养上和降低饲料厂粉尘方面都特别重要。这不仅减少浪费和改善环境空气，而且将减少呼吸道疾病，从而提高生长率和饲料转化效率。

由于一个或更多双键的存在，脂肪在自然状态下就是不稳定的成分，不饱和程度越高，脂肪越不稳定。因此，在脂肪不可避免氧化的加工过程中，尽可能早地添加抗氧化剂，脂肪氧化的危险就可降到最小——一旦脂肪发生氧化，就不可能回到原来未氧化的状态。抗氧化剂也可以保护添加脂肪的日粮（氧化脂肪会降低适口性，损伤肠道壁和降低维生素和氨基酸的作用）。如丁基羟甲苯用于添加脂肪的动物日粮。

通常认为维生素 E 是一种有效的日粮抗氧化剂，但这是不正确的。实际上，维生素 E 的主要的作用是在体内充当抗氧化剂。如果脂肪源的多不饱和脂肪酸含量高，通常推荐维生素 E 按 0.6 mg/g 亚油酸（18∶2）的比率添加，以保护动物，防止细胞中这种脂肪酸受到氧化。

除了饱和度和高水平的游离脂肪酸，能值降低（由于消化率降低引起）的普遍原因是出现在分解后的脂肪中的结构脂肪的混合物，猪是不能利用的。典型的就是氧化的和聚合的脂肪，它们常常与加工过程中被热处理的脂肪有关，且这些脂肪在混合物中占的比例超过 10%。还有一部分被认为没有营养价值的是未皂化（U；没有被不饱和脂肪酸混淆的）成分。脂溶性维生素就是非皂化的，如果在脂肪混合物中发现这些成分，通常是有问题的（例如，它可能包括聚乙烯）。另外，就是水分（M：是一种稀释剂，也是一种前氧化剂）和杂质（I：通常指一些微粒物质）。通常在销售合同中，MIU 作为一个整体组分不应该超过 2%。

除了提供日粮能量，脂肪和油类应该包含必需脂肪酸，按定义日粮中必须含必需脂肪酸。脂肪酸家族是通过末端甲基之前的最后一个双键的位置来定性的。因此，α-亚油酸（C18∶2）在最后一个双键之后有 6 个碳原子，就称为 n-6（或 ω-6）脂肪酸；α-亚麻油酸（C18∶3）在最后一个双键之后有 3 个碳原子，称为 n-3（或 ω-3）脂肪酸。关键是尽管动物能在脂肪酸的某些位置（如合成 C18∶1 油酸，一种 n-9（或 ω-9）脂肪酸，来自于 C18∶0 硬脂酸）插入双键（去饱和），但它们不能在最后一个双键和甲基之间插入，相应地，不能合成 n-6 或 n-3 脂肪酸家族。后者是许多调节细胞功能的关键因子（如前列腺素）的前体物，这充分说明了它们的重要性。关于这两个家族的实际需要量和真正的 n-6/n-3 理想比率的问题还存在许多争议。甚至对猪能否有效利用这两个家族的起始成员（α-亚油酸和 α-亚麻油酸）还存在疑问，这增加了高水平的前体物（除了鱼油广泛存在于各种脂肪中）应该在日粮中存在的可能性。

在母猪日粮中添加脂肪可以增加乳产量。给因食欲而影响总能摄入的泌乳母猪使用高能日粮有助于降低体脂损失率。因为母猪脂肪（体况得分）对繁殖效率具有重要的贡献，脂肪损失或体脂绝对水平低是泌乳母猪的一个问题，通过添加脂肪提高日粮能量浓度可能是一种有效的营养策略。出生时体重低于 1 kg 的新生仔猪死亡率可能很大。在母猪妊娠最后 2 周每天饲喂 200 g 脂肪可以提高出生时体瘦的仔猪存活率。

　　脂肪在纤维水平低时可降低纤维的消化率。日粮钙和镁与饱和脂肪酸形成皂盐,这些盐很难消化,因此钙和镁在水平高于1%时可显著降低脂肪 DE 值(从 35 降到 30 MJ/kg)。

　　日粮脂肪也可提高适口性和采食量,因此日粮中添加脂肪可导致过量的能量摄入。这将使动物沉积额外的胴体脂肪引起易患病的体质。但是,如果提供的总能量在维持需要、蛋白质生长和最低脂肪生长需要以上太多,脂肪组织生长的绝对速率就会增加。因此,通过添加脂肪得到的高营养浓度日粮来生产高水平的胴体脂肪,只有在以下两种情况才有这样的趋势:①由于摄入过量能量而使日粮中能量蛋白比(能量:蛋白质)不平衡;或②由于热应激减弱或者饲料适口性提高(或者与添加脂肪相关的任何其他日粮因素所导致的采食量增加)而导致动物食欲提高,进而使能量摄入增加,最终导致总能(平衡或不平衡)摄入过量。

日粮脂肪到动物胴体脂肪的转化

　　猪的脂肪组织反映日粮脂肪酸的组成,因为脂肪酸主要是被无变化的吸收,经常又被直接地沉积到胴体脂肪。因此,在日粮中使用不饱和的植物油可提高猪脂肪中亚油酸(油中主要的多不饱和脂肪酸,除了主要由油酸组成的菜籽油)的水平。另外,正是因为长链不饱和脂肪酸能直接或很少变化地被转化为动物脂肪组织,因此,它们具有很高的净能。

　　由日粮脂肪合成体脂的效率大约为90%,但碳水化合物合成体脂的效率只有约70%。因此,净能与可消化能的比率(NE∶DE)脂肪和油类大约为 0.85,碳水化合物为 0.75(这是净能系统比消化能系统能更好地评估日粮脂肪价值的原因之一)。

　　高水平日粮亚油酸将使猪产生高亚油酸的脂肪组织;脂肪组织中亚油酸的水平可由正常的 10%~15%增加至 30%~40%,结果导致胴体脂肪显著软化。这种情况在反刍动物中不会发生,因为亚油酸在瘤胃中可被氢化。日粮脂肪酸组成的变化及其对动物脂肪组织的影响之间有一个时间差。来自诺丁汉大学的数据显示这种变化的大部分发生在大约 5 周内(大约等于 30 kg 活重),如图 10.3 所示。

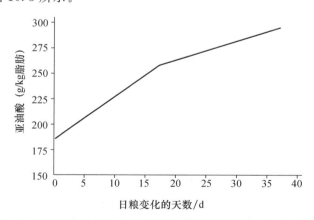

图 10.3　日粮油类的饱和度变化及其对胴体脂肪组织脂肪酸的影响

　　正如前文所述,亚油酸对猪是必需的,推荐仔猪日粮中最低含量为 1.5%,至成年猪则降至 0.75%。因此,在育肥期需要谨慎处理日粮亚油酸水平的降低,在任何时候,动物都更容易消化更饱和的脂肪。

在日粮中添加脂肪不只是考虑使猪育肥。如果猪的食欲增加到使能量过度摄入的程度，猪就有变肥的倾向，并且日粮脂肪通常是能提高食欲的。同样的，如果提高日粮的能量浓度和在日粮中添加脂肪就可能使猪消耗过量的能量。如果日粮中蛋白质不足猪就会变肥，如果不正确评价，添加脂肪就可能打乱既定的能量/蛋白质。如果猪日粮的营养价值被错误估测，日粮脂肪就将导致猪变得异常的肥。

添加脂肪和油类的配合日粮

- 纯净的油类来源应该比较确定，酸油的变异较大，而动物油脂在质量上变化非常不定——从品质优良的高级动物油脂到在猪日粮中效率极低的完全氢化的低级原料。回收的植物油和各种其他来源的油类可能价值都很低。因此，脂肪混合物的能值变化范围几乎为 0 到高于 40 MJ 有效 DE/kg，完全取决于选择的脂肪源和混合物整体。可利用的商业脂肪或油类其特定的能值为 32 MJ DE/kg，如果与某些商业原料混合后的能值表现为 24 MJ DE/kg 而与高级纯净油类混合则表现为 40 MJ DE/kg，这就不切实际。一些商业混合物的有效 ME 很少高于 25 MJ DE/kg，尤其是高水平添加时。
- 理想情况下，脂肪的使用价值及日粮能量价值应该以它们的化学成分为基础，因为它们的 DE 和 NE 可以根据分析这些成分而进行相当精确的预测；日粮成分的商业名称通常不能有效地描述其营养价值。
- 一些脂肪原料由于过度关注其来源，所以不允许在日粮中使用。例如，在英国，与疯牛病 (BSE) 有关的牛脂按规定是不能接受的，在欧盟是不能使用回收的植物油。
- 高品质的脂肪和油类在给定的 ME 值以上可能对日粮相当有益。因此，假定将油类化学分析的能值扩大到约 30～35 MJ DE/kg，可能低估和高估脂肪的有效能值。脂肪的这种添加效益包括改善其他日粮成分的消化率，改善颗粒质量和增加采食量。与植物油相比，即使动物油在价格上有利，为了提高日粮的整体消化率，在动物油中掺入约 20％的植物油（和大约 25％的棕榈油）也是值得的。
- 仔猪消化脂肪的能力相当弱，但很快就改善了。猪消化植物油比动物油好，但是，除了优质的仔猪教槽料，优质的动物油在日粮中添加水平可以随着日龄的增加而增加。在不允许使用动物油的国家里，棕榈油是一种有效的替代物（比动物油饱和度高，因此 DE 更低）。
- 在适宜的条件下，日粮中添加 8％～10％的脂肪对猪是有利的。脂肪可以被添加到混合机中，也可以在饲料制粒后的后喷涂工艺中添加，还可以通过使用全脂大豆添加，或者综合以上途径进行脂肪添加。
- 如果对贸易中的脂肪质量进行一般性的改善，并反对使用低级原料，就有理由假设，如果脂肪的价格与其他能源相比占有优势，那么在动物日粮中使用脂肪的量就会增加。最近，日粮脂肪的很多益处都已经被证实，如提高能值。但必须注意，为了用充足的优质蛋白质去平衡脂肪额外的能量，由此引起的不平衡将导致过剩的能量和过多的胴体脂肪。
- 饲料生产商需要的各种脂肪混合物的标准最好从饲料生产商那儿获得。通常，生产商可以为各种动物选用一种通用型混合物，或为猪选择一种特定的混合物。为两种类型的猪（较高的动物油用于较大日龄的动物）选用三种混合物。有时，大约 75％牛脂和 25％豆油的通用型混合物可以与全脂大豆一起用于猪日粮以弥补不饱和脂肪酸的缺乏。

- 动物油中饱和脂肪酸与不饱和脂肪酸的比例约为 1∶1。高度不饱和的植物油如菜籽油，其不饱和脂肪酸与饱和脂肪酸的比例大约为 12∶1。脂肪的消化率及其 DE 值随着不饱和脂肪与饱和脂肪的比例从 1∶1 到 2.5∶3.0 的增加而显著增加。之后，反应是最小的。
- DE 随着游离脂肪酸水平的增加而呈线性降低。诺丁汉大学的研究证实，大豆酸化油和牛脂酸油的 DE 值约为 5 MJ/kg 脂肪，比非氢化的大豆酸化油或牛脂的低。
- 猪的脂肪源和油类源通常是动物油、大豆油、玉米油、葵花籽油、菜籽油、棕榈油和酸油（游离脂肪酸）、副产物和回收油的混合物。最好的混合物可能是大豆油和优质动物油的混合物。对小的生长猪的适宜标准可以设定为游离脂肪酸最大限度为 30%，饱和脂肪酸最大为 30%，亚油酸（C18∶2）最低限度为 20% 和亚麻油酸（C18∶3）最低为 4%，约 40% 的油酸（C18∶1），（平衡的其他成分为，约 5%～10% 的硬脂酸和 15%～20% 的棕榈油酸），“动物油∶大豆”比例为 50∶50。大豆油中不饱和脂肪酸与饱和脂肪酸的比例约为 7∶1，而动物油中这种比例约为 1∶1。在 50∶50 的混合物中饱和脂肪酸和不饱和脂肪酸的比例约为 2∶1。对较大的生长猪，游离脂肪酸最多可增至 40%，饱和脂肪酸最高至 40%，并且“动物油∶大豆”比例约为 60∶40。通常，如果动物油和大豆油的价格差别很大，或胴体软脂的危险性大，这些猪的标准就倾向于在混合物中使用更多的动物油，比例为 70∶30 的猪通用型混合物就不寻常了。
- 运用表 10.2 的预测方程会少用很多推荐各种混合物成分比例的定性分析，因为任何混合物的 DE 现在都可以预测了。

第十一章 维持、生长和繁殖的能量和蛋白质需要量
Energy and Protein Requirments for Maintenance, Growth and Reproduction

引言

营养需要量是由饲料中的营养成分满足的。因此,需要量必须用完全通用的(存在一一对应的关系)饲料原料描述符来表示。

研究者们设计了数以千计的试验去测定猪摄入梯度水平的营养成分后的反应。图 11.1 列出了其中一个确定氨基酸需要量的试验结果。需要量被确定为猪的反应减小附近的点,大约每天 5.0 g。

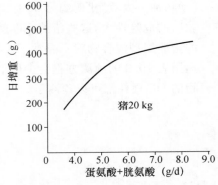

图 11.1 猪对蛋氨酸+胱氨酸水平的生长反应,氨基酸需要量确定为每天大约 **5.0 g**。

这种方法存在许多问题,包括:

(1) 采用不同的评估标准(饲料转化效率、胴体质量、经济效益等)得出不同的需要量;

(2) 对于每一种营养成分、环境条件、时间和地点、猪的类型(体重、性别和基因型)以及营养成分、猪类型、时间、环境和地点之间的互作需要采用一个复杂的多重试验。

(3) 限制因素通常不是需要量,而是另一种营养成分的缺乏(图 11.2)。

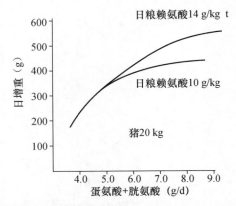

图 11.2 猪对两种日粮中蛋氨酸+胱氨酸水平的生长反应,一种日粮为 **10 g** 赖氨酸/kg,另一种为 **14 g** 赖氨酸/kg,确定的氨基酸需要量为每天 **8 g**。即使赖氨酸含量足够,但生长也因某些其他营养成分或者能量的不足而受限。

为每种需要的特定产品确定需要量更适宜的方法是根据常数和效率因素来确定。营养成分必须为任何给定水平的产品或作用而提供，然后进行计算。从目前的目的来看，这些方法必须结合蛋白质沉积、脂肪沉积、胚胎负荷、泌乳、生热作用和维持几个方面综合考虑。

在第8章描述饲料的能量评估中讨论了3种相关的能量框架：消化能（DE）、代谢能（ME）和净能（NE）。正如得出的结论那样，最高层次的系统（DE）是应用起来最简单而且也是最广泛的系统。但是，目前营养学知识的发展使得NE系统有所发展，NE系统更精确。在此，我们将用上文中处理DE系统的一般性原则讨论这两种方法。从动物需要量的观点看，DE系统可以通过代谢能（ME）形式给予解释，即ME等于DE减去少量损失在尿中和随气体排出的能量（由于损失了，所以不属于代谢能）。

能量采用 DE/ME 系统

碳水化合物和脂类的ME可以认为与DE近似相等。对于纤维日粮并不是如此，纤维在大肠中（被消化的纤维的有效ME可定为DE值的0.5）被微生物发酵产生挥发性脂肪酸时的气体损失很少（利用效率降低）。但是，在大部分猪的常规饲料（不是所有的）中纤维含量相对较低。

控制DE和ME之间关系的主要因素是蛋白质产生能量的多少。为了从蛋白质获得能量，蛋白质必须首先脱氨基，这个过程本身要消耗能量。如果蛋白质含23.6 MJ/kg的能量，那么从消化的脱去氨基的蛋白质产生的ME大约为11.5 MJ/kg（脱氨基消耗约5 MJ/kg蛋白质，7 MJ/kg蛋白质以无用的形式存在尿中）。ME通常约为DE的0.96，变化范围是0.94～0.97；由于日粮蛋白质供给过量或氨基酸平衡性差，使得脱氨基率和尿氮排出增加，结果可利用的值更低。

维持、行为、生热作用和疾病

用于维持需要的能量（E_m，MJ ME/d）通常表示为$W^{0.75}$的函数，因为维持需要与体重有关，所以较大的动物用于维持的需要量较少。

$$E_m = 0.44W^{0.75} \tag{11.1}$$

E_m是所有评估维持能量需要量中最有用的。式中的指数0.75（3/4）没有特定的生物学意义，英国农业和食品研究委员会工作组［ARC（1981）猪的营养需要，CAB，Farnham Royal，UK］发现$0.72W^{0.63}$对生长猪有最佳的线性拟合。认为活体重的指数仅仅在将猪所携带的脂肪校正为体重时是有用的，这一点还值得怀疑，因为维持消耗的很多能量与体蛋白质组织的周转有关，因此，以蛋白质质量（Pt）为基础的函数可能是合理的，如：

$$生长猪：E_m = 1.75Pt^{0.75} \tag{11.2}$$

此处的指数说明，较大的猪转化蛋白质的速率比较小的猪慢。方程式11.2适合生长猪。对于种母猪，方程式11.2中的指数对较高的Pt值也满足，

$$种母猪：E_m = 0.44W^{0.75} = 1.75Pt^{0.75} \tag{11.3}$$

猪用于走动和圈内正常活动的能量可以合理地看作为维持消耗。这提示"活动"约等于维持消耗的十分之一。为了解释活动耗能,通过维持需要量乘以 1.1 得出其值为 10%。活动越多的猪(如那些户外放养的猪)需要更大的乘数。

环境温度(T)低于临界或舒适温度(Tc)会引起热作用。生热作用消耗的能量($Eh1$)可以估计为单圈饲养的猪每下降($Tc-T$)1 度(C)消耗 0.018 MJ ME 每千克代谢体重($W^{0.75}$),群养的猪为 0.012 MJ:

$$Eh1 = 0.012\ W^{0.75}\ (Tc - T) \tag{11.4}$$

Tc 本身可以由动物的新陈代谢活动水平进行校正。

较高的采食量和生长速度或乳产量会给有效临界温度一个较低的值,因此可以通过提高产热率增强对寒冷的抵抗力。临界温度(C)可以估计为:

$$Tc = 27 - 0.6H \tag{11.5}$$

式中,H 是机体总的产热量,是机体为维持、蛋白质和脂肪组织生长、泌乳、胎儿生长和蛋白质脱氨基做功的总和。

环境的质量校正了有效的环境温度,因此:

$$T = T(Ve)(Vl) \tag{11.6}$$

式中,Ve 是空气流动和隔绝率的校正效应的估计值,Vl 是地面类型校正效应的估计值。Ve 和 Vl 的值列于表 11.1。

表 11.1　用方程式 $T = T(Ve)(Vl)$ 计算有效环境温度(T)的 Ve 和 Vl 值。

空气流动率和隔热程度	Ve	躺卧区域的地面类型	Vl
隔热,不通风	1.0	厚垫草	1.4
		薄垫草	1.2
不隔热,不通风	0.9	隔热地面没有垫料	1.0
隔热,轻微通风	0.8	不通风的漏缝地板	1.0
隔热,通风	0.7	不隔热地面没有垫料	0.9
		下面通风的漏缝地板	0.8
不隔热,通风	0.6	湿处没有垫料,不隔热地面	0.7

疾病消耗能量。根据活体动物测定的值,确定维持的能量消耗应该包括应对疾病侵袭的能量需要量。因此,推测完全健康的猪其维持需要量可能较低;相反的,处于商业环境中的猪其维持需要量较高。究竟高多少并不重要。疾病对能量需要量的影响很复杂。总的影响包括采食量减少,代谢率增加以及(在肠感染情况下)消化和吸收功能降低。将维持免疫能力的能量消耗(亚临床疾病消耗)与应对疾病的能量消耗(临床疾病消耗)分开可能是合理的,即确实是只用于前者消耗的。商品猪的拟合模型(真实的实践观察值)表明亚临床疾病的存在可能使维持需要量增加至少 1/3。

生产

1 kg 沉积蛋白质(Pr)含 23.6 MJ 能量。平均起来,除了代替活跃的与蛋白质合成代谢有关的蛋白质组织周转,以及组织合成本身的能量消耗,大约需要 31 MJ/kg 的蛋白质。蛋白质沉积总的能量消耗(E_{Pr})为 55 MJ/kg:

$$E_{Pr} = 23.6\,Pr + 31\,Pr \tag{11.7}$$

蛋白质的沉积效率(k_{Pr})为 0.44。

但是,这是一个不适当的描述符。尽管组织合成的消耗——将氨基酸合成为体蛋白质——可能与合成率和猪的大小无关,蛋白合成耗能约 5 MJ/kg 蛋白质(估计变化范围为 4~8),组织周转的能耗可能与周转率和蛋白质的量(Pt)呈正相关。在体重 20 kg 左右的小猪中,新蛋白质的沉积与总蛋白质的周转比率大约为 1:5,但在 100 kg 的大猪中,这个比率大约为 1:8。因此,主要消耗于蛋白质合成的那部分能量是变化的,而不是固定不变的,与猪的大小呈正相关。此处 Px 是一天内总的蛋白质周转量(包括新沉积的蛋白质):

$$E_{Pr} = 5Px + 23.6Pr \tag{11.8}$$

关于体蛋白质的日周转率的最后估计及其影响因素还没有很好地阐明。但是,可以假定有一个最小值,大概是总的体蛋白质(Pt)的 5%:

$$Px_{min} = 0.05Pt \tag{11.9}$$

可以进一步假定周转是成熟度的函数,下面是估算式:

$$Px = Pr/(0.23\,[Pt_{max} - Pt]/Pt_{max}) \tag{11.10}$$

式中,Pt_{max} 是成年猪的总蛋白量。虽然 Px 和 Pr 之间呈一定的比例关系,但是要量化 Px 还存在困难,因此较高的蛋白质日沉积率可能与较高的日蛋白质周转率有关。

需要赋予 Pt 和 Pt_{max} 一个值。Pt 为猪生长的累计,因此是自我生成;常常接近 0.16。Pt_{max} 受猪类型的影响非常大,可能在 25~50 kg 之间变化,但对于现代基因型的猪,现在常常被人们接受的是 40~50 kg。由于蛋白质的日生长率与成熟度呈强相关性,因此可以通过任何与特殊的性别或基因型(Gompertz 生长系数,B,如第三章所描述的)有关的最大蛋白质沉积率(Pr_{max})的信息计算 Pt_{max}:

$$Pt_{max} = e(Pr_{max})/B \tag{11.11}$$

由于上述一些是推测性的还没有量化,将 k_{Pr} 设定为一个单一的固定值 0.44 是可以的。但是,许多营养学家认为对于幼猪 k_{Pr} 有较高的值 0.54,而对于 100 kg 或更重的猪,k_{Pr} 值却低至 0.35。

对于母猪,由于要估计周转率,E_{Pr} 的计算会产生不适宜的结果,因为随着母猪接近成熟,剩余少量的蛋白质增长的成本将接近无穷大——这是无法接受的——更多的推荐 0.44 为 k_{pr} 的固定值。

1 kg 沉积的脂肪(Lr)含 39.3 MJ 能量。沉积脂肪的大部分能量主要用于生成新的脂肪产物和结合适当的脂肪酸,脂肪周转消耗的能量很少。因此,脂肪组织周转和组织合成代谢所需的能耗大约为 14 MJ/kg Lr。脂肪沉积的总能耗为 53 MJ/kg:

$$E_{Lr} = 39.3Lr + 14Lr \tag{11.12}$$

脂肪沉积的系数(k_{Lr})是 0.74。与蛋白质合成的情况相反,由于脂肪组织的周转较慢也不太重要,因此这可能是一个完全适当的描述符。在脂肪合成的底物很大比例都是日粮脂肪的情况下,k_{Lr} 可能大于 0.75;直接转化的系数可高达 0.90。

繁殖

妊娠包括胎儿、胎盘和胎膜、羊水、子宫不断发育和乳腺的初始发育。最终总的妊娠子宫重约 25 kg,大约含 3 kg 的蛋白质和 85 MJ 的能量。子宫中的能量沉积率(E_u)在妊娠早期很小,但呈指数增长。法国和英国的研究者在 Shinfield [Noblet, J., Close, W. H., Heavens, R. P. and Brown, D(1985)*British Journal of Nutrition*, 53, 251-265]确定:

$$E_u(MJ/d) = 0.107\ e^{0.027t} \tag{11.13}$$

式中,t 是妊娠天数。子宫中 ME 沉积的利用效率(k_u)大概为 0.5。因此,妊娠子宫中沉积的能量消耗在妊娠 20、80 和 110 天分别为 0.4、1.9 和 4.2 MJ ME(如果 $t=110$,那么 $E_u/0.5=4.2$)。

法国/英国研究小组使用的乳房组织的能量沉积率(E_{mam})也与 E_u 类似:

$$E_{mam}(MJ/d) = 0.115 e^{0.016t} \tag{11.14}$$

沉积效率(k_{mam})与 k_u 大致接近,为 0.5。因此,在妊娠 80 和 110 天分别需要大约 0.8 和 1.3 MJ ME。

泌乳水平很大程度由窝产仔数决定。因为哺乳仔猪体增重消耗的能量大约为 22 MJ ME/kg,母乳的能值是 5.4 MJ ME/kg(有 55 g 蛋白质、50 g 乳糖和 80 g 脂肪/kg),乳产量可以估计为:

$$乳产量 = 仔猪的日增重 \times 仔猪数 \times 4 \tag{11.15}$$

每只乳猪每天可以增重 200～400 g,这取决于它们的日龄和大小。

来源于日粮的用于产乳的 ME 利用效率(k_1)可以看作 0.70。因此形成 1 kg 乳的能量需要量为 7.7 MJ ME/kg,包括储存在乳中的能量。在泌乳期间,母猪会损失大量的母体脂肪以维持乳的合成——特别是乳脂的合成——其效率高达 0.85 或更高。故每损失 0.5 kg 脂肪就会贡献 16.7 MJ(39.3×0.5×0.85)的能量,5.4 MJ ME/kg 乳足以满足 3.1 kg 乳的需要(相同的 3.1 kg 乳需要日粮来源的能量 23.9 MJ;因此,换算为日粮,1 kg 体脂相当于 48 MJ 日粮)。

如果体蛋白质降解以提供合成乳糖或乳脂(而不是乳蛋白)的底物,转化效率将低于 0.5。

蛋白质

日粮蛋白质被消化后以氨基酸形式被吸收。尽管为了对可利用氨基酸进行一个真实的评估,效率因子 v(第九章)(指所吸收的氨基酸用于代谢部分的比例)会减记回肠可消化氨基酸,但是回肠可消化率值对于氨基酸在机体内的可能出现率依然是一个合适的指南。

饲料的蛋白质成分包括氨基酸和非蛋白氮。常见的 22 种氨基酸,9 种是猪必需的。这些氨基酸不能由机体合成而必须由日粮提供。一些非必需氨基酸可以由非蛋白氮合成,非必需氨基酸是可互相转化的。因此,蛋白质需要量常常表示为:①以粗蛋白质(CP)或可消化粗蛋白质(DCP)形式提供的总蛋白质;②日粮中必须提供给猪的必需氨基酸。一些氨基酸为半必需氨基酸。尽管精氨酸可以在体内合成,但合成速率对于快速生长的生长猪来说太慢,因此大约一半的需要量建议由日粮提供。由于半胱氨酸和酪氨酸在蛋氨酸和苯丙氨酸缺乏时能合成,因此它们也是半必需氨基酸。

　　必须给猪提供充足的这些部分(总蛋白质和必需氨基酸)以维持一个有效的蛋白质系统。可以推断,如果必需氨基酸的供给是充分的,那么非必需氨基酸也是平衡的。对于饲喂常规饲料的猪来说这是对的,但对于纯品氨基酸以及所给日粮蛋白质含量是以单一氨基酸赖氨酸计算,这就可能会导致误差。可能存在如下情形——但可能性较低,即对于关键氨基酸赖氨酸、苏氨酸、蛋氨酸和色氨酸提供的是人工合成的,而且达到了日粮需要量水平,但对猪来说供给的可消化粗蛋白质是不足的。

　　蛋白质在体内被用于:①补偿高度活跃但却不是完全有效的体蛋白质组织周转中的损失;②合成机体酶,修复肠道上皮细胞和合成各种肠道分泌物;③沉积在瘦肉组织、胎儿和乳中。

被消化蛋白质的利用:理想蛋白质

　　可用于代谢的日粮蛋白质的量取决于供给的必需氨基酸的水平。特别重要的是集中于那些猪需要量高但在饲料中含量却相当低的氨基酸:赖氨酸、组氨酸、苏氨酸、蛋氨酸和色氨酸。

　　因为机体并不能把提供给它的氨基酸作为单独的物质进行利用,而是用必需氨基酸和非必需氨基酸的混合物合成蛋白质,因此必需氨基酸的平衡性对于最佳利用蛋白质是至关重要的。蛋白质代谢需要提供"理想蛋白质",即为了各种不同的维持和生产目的,必需氨基酸要处于恰当的平衡状态。平衡之外氨基酸是不能用于蛋白质的合成,因此必须被脱氨基。

　　日粮蛋白质的价值取决于用于构建理想蛋白质的必需氨基酸的平衡性和由日粮提供的氨基酸平衡性之间的关系。这并不表明要特意配合猪日粮以提供确切的理想蛋白质——那不仅非常浪费,而且会消耗猪的生物学潜能以将较低质量的谷物蛋白转化为优质的猪肉蛋白质。但是,有学者提议,我们应该充分了解和认识为达到某些生产目的而被猪消化的总蛋白质的比例情况。后者对于需要量的有效提供和猪饲料与混合日粮值的适宜经济评估都是必要的。

　　日粮理想蛋白质的含量并不是来自于日粮组分的理想蛋白质贡献的总和。这是因为各种饲料中的氨基酸都可以互相补充。将各自缺乏一种不同氨基酸的饲料混合,可以生产出一种质量优于各种成分本身的日粮。总之,混合日粮中的理想蛋白质含量并不是各种组分理想蛋白质含量的平均值。

　　一种因缺乏赖氨酸其理想蛋白质只有0.5的饲料与另一种因缺乏苏氨酸其理想蛋白质只有0.4的饲料按50/50比例混合并不能得到一种理想蛋白质是0.45的日粮,而是0.6的理想蛋白质。因为第一种饲料必需氨基酸的缺乏被第二种饲料过量的必需氨基酸所弥补(图11.3)。

　　蛋白质价值的计算需要对猪理想蛋白质中必需氨基酸的平衡有一个严格的定义。研究者开展了许多工作以确定猪氨基酸的需要量。理想蛋白中氨基酸的范围非常广,它主要附加在需要氨基酸的产品或生产中。即猪肉蛋白质、猪乳或维持。如果每一种被吸收的氨基酸的利用效率(v)之间差异相对较小,那么理想蛋白质就应该看作是猪肉蛋白质或母猪乳蛋白,这两者的相似性列于表11.2。或者,由于在蛋白质周转中聚集的含硫氨基酸其效率相当低,理想蛋白质中的氨酸+半胱氨酸可能要比猪组织中的稍高。理想蛋白质的必需氨基酸组成见表11.3。理想所有必需氨基酸的总和似乎比总蛋白质正好少一半,另一半代表非必需氨基酸。

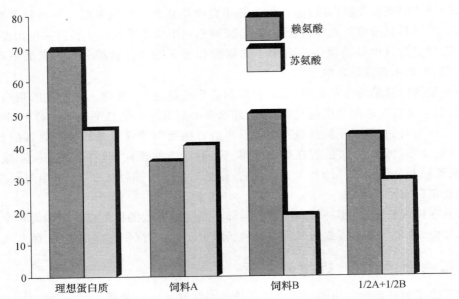

图 11.3　与含 70 g 赖氨酸/kg 的理想蛋白质相比,饲料 A(只有 35 g 赖氨酸)因赖氨酸不足而受限,其利用效率为 0.5。与 45 g 苏氨酸/kg 的理想蛋白质相比,饲料 B(只有18 g 苏氨酸/kg)因苏氨酸不足而受限制,其利用率为 0.4。如图所示,A 与 B 按 50/50 比例混合和利用效率不是 0.45(两种饲料利用效率的平均值)而是 0.60。

表 11.2　猪肉蛋白质和母猪乳蛋白质的氨基酸组成。   g/kg

氨基酸	组织蛋白质	乳蛋白质	氨基酸	组织蛋白质	乳蛋白质
组氨酸	30	25	苯丙氨酸＋酪氨酸	70	80
异亮氨酸	35	40	苏氨酸	40	40
亮氨酸	75	85	色氨酸	15	15
赖氨酸	70	75	缬氨酸	50	55
蛋氨酸＋半胱氨酸	35	30	其他,非必需氨基酸[1]	500	

1. 半必需氨基酸有半胱氨酸、酪氨酸和精氨酸;非必需氨基酸有谷氨酸、脯氨酸、丝氨酸、天冬氨酸和丙氨酸。

表 11.3　生长猪和妊娠与泌乳母猪的理想蛋白质。必需的氨基酸平衡是指有效的回肠可消化氨基酸的平衡。妊娠母猪可能需要更多的蛋氨酸＋半胱氨酸、苏氨酸和异亮氨酸,而泌乳母猪可能需要较多的亮氨酸、组氨酸和缬氨酸。

氨基酸(g/kg 理想蛋白质)		氨基酸(g/kg 理想蛋白质)	
组氨酸	25	苏氨酸	45[2]
异亮氨酸	40	色氨酸	15[2]
亮氨酸	75	缬氨酸	50
赖氨酸	70	总必需氨基酸	435
蛋氨酸＋半胱氨酸	40[2]	总非必需氨基酸	565
苯丙氨酸＋酪氨酸	75[1]		

1. 至少一半为第一命名。

2. 如蛋氨酸＋半胱氨酸的需要量一样,维持所需的苏氨酸和色氨酸要高于组织生长所需的,当较高比例的日粮蛋白质用于维持时,这些氨基酸相应地应增加大约 10%;这种情况在 100 kg 以上的生长动物和种母猪与种公猪是一样的。

如果给定了理想蛋白质的判定标准,混合日粮中蛋白质的氨基酸谱(组成)现在就可以同理想蛋白以及由日粮推断出的蛋白值(V)相比较了(表 11.4)。日粮蛋白质的有效值是指以第一限制性氨基酸为依据判断出的日粮中可利用蛋白质的比例。如表 11.4 所示,赖氨酸是第一限制性氨基酸,日粮蛋白质对生长猪的最大利用效率(V)为 0.64 或 64%;回肠可消化的和随后可利用蛋白质的 0.64 可用于(尽管没有必要所有都被用于)维持和蛋白质组织的合成,而 0.36 被脱氨基然后通过尿液排出。如果过度供给,脱氨基的比率将呈比例地提高。有更多的理由相信,过度供给某些氨基酸可能对蛋白质价值有负面影响。

表 11.4 混合日粮蛋白质值(V)的偏差。在 A/B 栏的 V 值是最低评分。

	回肠可消化和可利用氨基酸(g/kg 日粮蛋白质)(A)	氨基酸(g/kg 理想蛋白质)(B)	V(A/B)
组氨酸	20	25	0.80
异亮氨酸	40	40	1.00
亮氨酸	70	75	0.93
赖氨酸	45	70	0.64
蛋氨酸＋半胱氨酸	30	40	0.75
苯丙氨酸＋酪氨酸	65	75	0.87
苏氨酸	30	45	0.67
色氨酸	10	15	0.67
缬氨酸	40	50	0.80

如表 11.4 所示,在日粮中添加人工合成赖氨酸可以提高蛋白质中赖氨酸的浓度到 55 g/kg,这种情况下苏氨酸和蛋氨酸＋半胱氨酸将成为限制性氨基酸,并且蛋白质价值(V)就变成 0.75。但是,对于大量添加合成赖氨酸以提高蛋白质价值的功效可能还有一些疑问。有观点认为,如果总的合成赖氨酸贡献超过 2.0 g/kg 总日粮赖氨酸,它的利用效率就会低于天然赖氨酸。但是,最近爱尔兰的研究表明,在赖氨酸、苏氨酸和蛋氨酸天然形式受限的日粮中,可在每吨日粮中添加其合成形式的量高达 4 kg、1 kg 和 0.5 kg。在使用不确定或不常用的饲料原料时,营养学家可以强制性地在每吨饲料中额外加 1 kg 合成赖氨酸(人工合成的氨基酸可以被假定为 100% 的可消化。L-赖氨酸盐酸盐含 780 g 赖氨酸/kg,L-苏氨酸含 980 g 苏氨酸/kg,DL-蛋氨酸含 980 g 蛋氨酸/kg 和 DL-色氨酸含 800 g 色氨酸/kg)。

谷物蛋白中理想蛋白质的比例通常为 0.45。对于猪日粮,添加蛋白质补充料以提高谷物基础日粮的价值(表 11.5),这些蛋白质补充料通常富含赖氨酸(谷物蛋白特别缺乏的)。尽管在猪日粮中赖氨酸常是第一限制性氨基酸,并且通常是蛋白质价值的限制因子,但这种情况并不是一成不变的。

表 11.5 根据一些用于猪日粮中的蛋白质源在日粮中赋予蛋白质的价值的分类情况[1]。

1 类蛋白质源(优质)	2 类蛋白质源(普通)	3 类蛋白质源(低质)
鱼粉	肉、肉骨粉	谷物
乳产品	菜籽粕	谷物副产物

续表11.5

1类蛋白质源(优质)	2类蛋白质源(普通)	3类蛋白质源(低质)
单细胞蛋白	红豌豆	
大豆	绿豆	
日粮类型		近似蛋白质值(V)[2]
3类蛋白源		0.45~0.55
3类+2类		0.55~0.70
3类+1类+2类		0.55~0.80
3类+1类		0.65~0.85

[1] 该表格指的是饲料中蛋白质的质量。这是不依赖于蛋白质水平的,尽管在1类中许多饲料的蛋白质含量高,而在2或3类中许多饲料的蛋白质含量低。

[2] 含哪种蛋白质源越多,它对日粮蛋白质价值的影响就越大。赖氨酸是第一限制性氨基酸时,V 值可以计算为:$V=[$日粮赖氨酸(g/kg)/CP(g/kg)$]/0.07$。

在理想蛋白质、猪组织和猪乳蛋白质中必需氨基酸的平衡性表示如图 11.4 所示,而图 11.5 则显示了猪是如何利用约一半的未补充(限制性氨基酸)的谷物蛋白的(因为总谷物蛋白的理想性受到赖氨酸的限制,所以只有一半能被利用)。

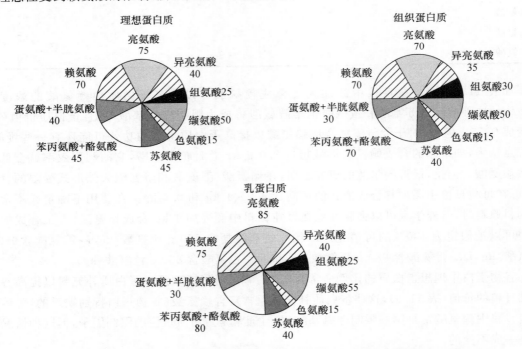

图 11.4   理想蛋白质、猪组织蛋白质和猪乳蛋白质中必需氨基酸平衡的相似性
(猪组织中蛋氨酸是 20 g/kg 和苯丙氨酸是 40 g/kg)

在猪日粮中,日粮蛋白质价值(V)通常在 0.65~0.85 之间变化。即使当计算的日粮蛋白质价值超过 0.85,对于商业日粮,最好取 0.85 作为假定的实用的上限值。

一部分吸收的日粮蛋白质的脱氨基作用是猪有效生产的一种内在功能。猪将较低质量的

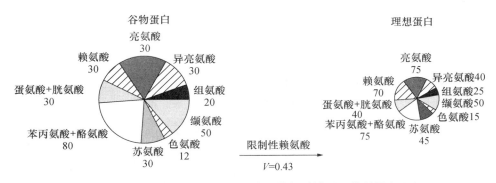

图 11.5　谷物蛋白质因氨基酸特别不平衡和赖氨酸缺乏而其利用率只有 0.43。

植物蛋白质转化为较高质量的体蛋白质,不平衡的氨基酸被排出体外。饲喂理想蛋白质的日粮是很不经济的,使用更多质量较低的蛋白质原料是比较合适的。由于猪是根据它每天的增重而不是蛋白质比例而需要蛋白质的,一种日粮的蛋白质生物学价值是另一种日粮的一半,如果按两倍的量供给这种日粮可以提供相同的需要量。从能量的角度考虑,它只需要第二种蛋白质低于第一种价值的一半以下,因为在日粮中这种较差的质量值得考虑。

在 V(日粮中理想蛋白的比例)可以计算的前提下,可以依据回肠可消化和可利用必需氨基酸的理想平衡程度来供给蛋白质,即理想蛋白质。图 11.6 显示了完整的蛋白质吸收、利用和效率的流程。

猪日粮中的粗蛋白质变化范围常为 $140\sim240$ g CP/kg 日粮。蛋白质的回肠可消化率(D_{il})可能在 0.60 和 0.90 之间变化,一个合理的预期均值约 0.75,取决于来源和环境。常规猪日粮的蛋白质价值 V 变化范围为 $0.65\sim0.85$;仔猪约为 $0.75\sim0.85$,生长猪 $0.70\sim0.80$,育肥猪和母猪 $0.65\sim0.75$。回肠可消化理想蛋白质的潜在(如不过量供给)利用效率(v)可能从 0.70(或低于 0.70)到 0.90 之间变化,实际值大约为 0.85。可能存在争议的是,如果吸收的蛋白质是理想的,而且供给量不超过需要量,那么吸收的理想蛋白质的利用效率应该趋于一致(而不是大约为 0.80)。发生在蛋白质周转中的固有损失可以忽略。最高的测定记录是伊利诺斯大学关于生长猪的值,为 0.87。英国动物科学协会猪的营养需要量标准[Whittemore, C. T., Hazzledine, M. J. and Close, W. H. (2003) *Nutrient Requirement Standards for Pigs.* BSAS, Midlothian, Scotland]假定 v 为 0.82,设定为饲喂优质饲料的健康猪的上限值。当出现疾病时将增加蛋白质的周转因而增加损失,这种情况可能存在。对于疾病困扰下的商品猪,v 可能降低至 $0.70\sim0.75$。

如果每天需要的用于提供给维持(IP_m)、生产(IP_{Pr})或繁殖(IP_u 和 IP_l)的总可利用理想蛋白质以 IP_t 表示,那么:

$$IP_t = (F)(CP)(D_{il})(V)(v) \tag{11.16}$$

式中,F 是采食量,CP 是粗蛋白质含量,D_{il} 是蛋白质的理想可消化率,V 是根据氨基酸平衡情况相对于理想蛋白质的价值,v 是吸收的理想蛋白质的利用效率。

IP_t 是用于提供维持和生产的理想蛋白质原料的函数,因此:

$$IP_t = IP_m + IP_{Pr} + IP_u + IP_l \tag{11.17}$$

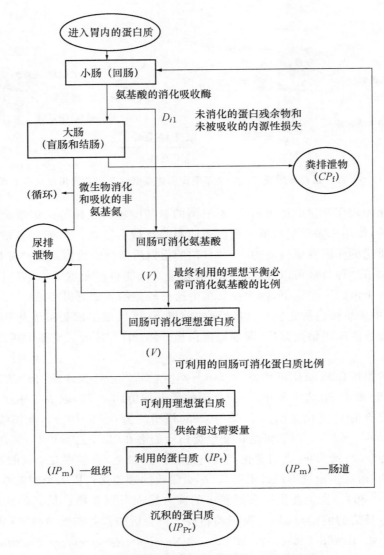

图 11.6 影响蛋白质吸收和利用效率的各种因素。

上述模型在评估平衡氨基酸(理想蛋白质)满足维持和生产需要的供给方面有效,但在希望只有一个单一的 D_{il} 和 v 值以代表所有的氨基酸方面是不足的;因为运算法则是以蛋白质(IP)为基础,而不是各种氨基酸。如果 D_{il} 和 v 在氨基酸之间都不一致,就可根据 9(+2)种必需氨基酸的一种来描述蛋白质供给;$aa_{(i)}(i=1\sim9)$:

$$aa_{(i)} \times F \times D_{il(i)} \times v_{(i)} \tag{11.18}$$

为了给出可利用 $aa_{(i)}(uaa_{(i)})$ 在组织水平的供给,就可以将 $(v)(uaa_{(i)})$ 与维持(m)、体组织(Pr)、乳(l)或孕体(u)的理想蛋白质的氨基酸模型相比较。依据这种比较,供应最少的氨基酸将决定日粮蛋白质的 V 值,可以创建 Pr、l、m 和 u 等的水平。

维持

蛋白质需要去替代在尿液和肠道损失的氨基酸,在肠道中的损失是由于蛋白质周转的无效性和不能从所有分泌的肠道酶中再吸收的,以及上皮细胞损失引起的。此时可采用表观消化率(而不是真可消化率),正如确定蛋白质的回肠可消化率那样,代谢排泄物损失被设置得与日粮相反,没有被计算两次。因此,维持就与脱氨基后在尿中的必需损失相一致。维持的理想蛋白质需要量(IP_m)可以根据代谢体重表达为:

$$IP_m = 0.001\ 3W^{0.75} \tag{11.19}$$

或者,以更合理的方式,作为蛋白质质量的函数:

$$IP_m = 0.004\ 0P_t \tag{11.20}$$

毋庸置疑,这个估计对于种母猪来说与生长猪是一样有效的。

可以推测,亚临床疾病的出现将很明显的增加维持需要量,因为周转损失增加,并且氨基酸的利用效率降低(当然,可以预料到临床肠道疾病对氨基酸吸收和肠道上皮组织周转的影响会很明显)。对健康和亚临床疾病猪群的拟合模型表明,蛋白质周转的效率可以从正常猪的 0.94 降低到受亚临床疾病侵袭猪的 0.80。因此,商品猪有效的蛋白质维持需要量要比公式 11.19 推荐的量大约高 15%。

生产

如果供给量已经根据可利用吸收的理想蛋白质得以计算,那么所有的无效部分就包括在 IP_t 的估算里,即生产需要量(IP_{Pr})就全等于蛋白质的日沉积率:

$$IP_{Pr} = Pr \tag{11.21}$$
$$Pr = IP_t - IP_m \tag{11.22}$$

这种关系将保持到 $Pr = Pr_{max}$,潜在的最大日沉积率(见第 3 章)。这种情形之外就是过剩的理想蛋白质(IP_{xs}),即增加到蛋白质脱氨基(P_m)池中。

繁殖

整个妊娠过程中(t,天)蛋白质在子宫中的沉积已经从法国和英国 Noblet 及其合作研究小组在 20 世纪 80 年代中期的数据得以估算:

$$Pr_u = 0.003\ 6e^{0.026t} \tag{11.23}$$

根据这个方程,一个妊娠期间的子宫大约沉积了 3 kg 的蛋白质,在妊娠的第 20、80 和 110 天,蛋白质的日沉积率分别为 6、29 和 63 g。至于 Pr,Pr_u 的理想蛋白质需要量(IP)等于 Pr_u。

乳腺组织中蛋白质的沉积率 Pr_{mam},可以描述为如下:

$$Pr_{mam} = 0.000\ 038e^{0.059t} \tag{11.24}$$

当然,产物 Pr_u 在分娩时就消失了。分娩后与母体子宫组织衰退相关的一些氮也损失在尿液。在断奶时,也存在类似的 Pr_{mam} 衰退,以及相应的尿液氮损失。

乳中蛋白质含量大约为 55 g/kg,每天泌乳量可高达 12 kg。Pr_1 的理想蛋白质需要量 (IP) 等于 Pr_1。如果 Pr_1 超过 IP 对 Pr_1 的利用率,那么母体蛋白质的分解代谢就会补充日粮的供给。可以假定,体组织蛋白质转化为乳蛋白质的效率范围为 0.8~0.9,如果给定氨基酸模型和可能的 v 值,肌肉蛋白质和乳蛋白质就相似。

生长猪和种猪能量与蛋白质需要量的实例计算

从上述内容可以推测,需要量的复杂计算必须利用一个复数模型去确定净能和蛋白质的使用情况,以及处理各种不同的交互作用。这种技术在后来被采用了。目前,采用了具有多因子的更简单的方法。

仔猪能量和蛋白质需要量的计算

能量:

$W(\mathrm{kg}) = 10; Pt(\mathrm{kg}) = 1.6; E_m(\mathrm{MJ\ ME/d}) = 1.75 Pt^{0.75} = 2.5$

$Bp = 0.018; Pt_{max} = 45; Pr(\mathrm{kg/d}) = 0.096; E_{Pr}(\mathrm{MJ\ ME; kg}) = 55; E_{Pr}(\mathrm{MJ\ ME/d}) = 53$

$Lr(\mathrm{kg/d}) = 0.7; Pr = 0.067; E_{Lr}(\mathrm{MJ\ ME/kg}) = 53; E_{Lr}(\mathrm{MJ\ ME/d}) = 3.6$

$H = E_m + 31 Pr + 14; Lr = 2.7 + 3.0 + 0.9 = 6.6; Tc = 27 - 0.6H = 23.0\,℃$

如果

$T(Ve)(Vl) = 25(0.8)(1.0) = 20\,℃$

那么

$E_h^1(\mathrm{MJ\ ME/d}) = 0.012 W^{0.75}(Tc - T) = 0.2$
总能需要量 $= 11.6\ \mathrm{MJ\ ME} = 12.1\ \mathrm{MJ\ DE/d}$

蛋白质:

$W(\mathrm{kg}) = 10;\ Pt(\mathrm{kg}) = 1.6;\ IP_m(\mathrm{kg/d}) = 0.004\ 0\ Pt = 0.006\ 4$

$IP_{Pr}(\mathrm{kg/d}) = Pr = 0.096$

$IP_t(\mathrm{kg/d}) = IP_{Pr} + IP_m = 0.112$

如果

$v = 0.90, V = 0.80(0.056\ \mathrm{kg\ 赖氨酸/kg\ 蛋白质}), D_{il} = 0.80$

那么

蛋白质的利用效率 $= 0.58$
总粗蛋白质需要量 $= 0.112/0.58 = 0.193\ \mathrm{kg\ CP/d}$

每日需要量总信息:

能量:12.1MJ DE

蛋白质:0.193 kg CP

赖氨酸:0.056×0.193 ＝ 0.0109 kg

g CP/MJ DE:16.0

g 赖氨酸/MJ DE:0.90

如果猪每天采食 0.75 kg 饲料:

日粮 CP 浓度＝260 g CP/kg 日粮

日粮 DE 浓度＝16.1 MJ DE/kg 日粮

日粮赖氨酸浓度＝14.5 g 赖氨酸/kg 日粮

生长猪能量和蛋白质需要量的计算

能量:

$W(\text{kg})=60; Pt(\text{kg})=10.2; E_m(\text{MJ ME/d})=1.75Pt^{0.75}=10.0$

$Bp=0.0125; Pt_{\max}=47.5; Pr(\text{kg/d})=0.196; E_{\text{Pr}}(\text{MJ ME;kg})=10.8$

$Lr(\text{kg/d})=0.7\ Pr=0.137; E_{\text{Lr}}(\text{MJ ME/kg})=7.3$

总能需要量＝28.1 MJ ME＝29.3 MJ DE /d

蛋白质:

$II_{\text{Pm}}(\text{kg/d})=0.041$

$IP_{\text{Pr}}(\text{kg/d})=0.196$

$IP_t(\text{kg/d})=0.237$

如果

$v=0.90, V=0.80(0.056\ \text{kg 赖氨酸/kg 蛋白质}), D_{il}=0.78$

那么

蛋白质的利用效率＝0.56

总粗蛋白质需要量＝0.237/0.56＝0.423 kg CP/d

每日需要量总信息:

能量:29.3 MJ DE

蛋白质:0.423 kg

赖氨酸:0.0237 kg

g CP/MJ DE:14.4

g 赖氨酸/MJ DE:0.81

如果猪每天采食 2.2 kg 饲料:

日粮 CP 浓度＝192 g CP/kg 日粮

日粮 DE 浓度＝13.3MJ DE/kg 日粮

日粮赖氨酸浓度＝10.8 g 赖氨酸/kg 日粮

肥育猪能量和蛋白质需要量的计算

能量：

$W(\text{kg})=100; Pt(\text{kg})=17.0; E_m=14.7$

$Bp=0.011; Pt_{max}=40; Pr(\text{kg/d})=0.160; E_{Pr}(\text{MJ ME/d})=8.8$

$Lr(\text{kg/d})=0.9; Pr=0.144; E_{Lr}(\text{MJ ME/d})=7.6$

总能量需要量＝31.1 MJ ME＝32.4 MJ DE/d

蛋白质：

$IP_m(\text{kg/d})=0.068$

$IP_{Pr}(\text{kg/d})=0.160$

$IP_t(\text{kg/d})=0.228$

如果

$v=0.88, V=0.78(0.055 \text{ kg 赖氨酸/kg 蛋白质}), D_{il}=0.76$

那么

蛋白质的利用效率＝0.522

总粗蛋白质需要量＝0.228/0.522＝0.437 kg CP/d

每日需要量的信息：

能量:32.4 MJ DE

蛋白质:0.437 kg CP

赖氨酸:0.024 0 kg

g CP/MJ DE:13.5

g 赖氨酸/MJ DE:0.74

如果猪每天采食 2.5 kg 饲料：

日粮 CP 浓度＝175 g CP/kg 日粮

日粮 DE 浓度＝13.0 MJ DE/kg 日粮

日粮赖氨酸浓度＝9.6 g 赖氨酸/kg 日粮

妊娠母猪能量和蛋白质需要量的计算

能量：

$W(\text{kg})=200; Pt(\text{kg})=31; E_m(\text{MJ ME/d})=1.75 \, Pt^{0.75}=22.9$

妊娠天数$(t)=80$；$E_u(\text{MJ ME/d})=0.107\ e^{0.027t}/0.5=1.9$

妊娠天数$(t)=80$；$E_{mam}(\text{MJ ME/d})=0.115\ e^{0.016t}/0.5=0.8$

胎次$=3$；$Pr(\text{kg/d})=5/116=0.043$；$E_{Pr}(\text{MJ ME/kg})=55$；$E_{Pr}(\text{MJ ME/d})=2.4$

胎次$=3$；$Lr(\text{kg/d})=7/116=0.060$；$E_{Lr}(\text{MJ ME/kg})=53$；$E_{Lr}(\text{MJ ME/d})=3.2$

泌乳 4 kg 的脂肪损失$=4/116=0.034$；$E_{Lr}(\text{MJ ME/d})=1.8$

$H=E_m+0.5(E_u+E_{mam})+31Pr+14Lr=26.8$；$Tc=27-0.6H=11℃$

如果

$$T(Ve)(Vl)=15(0.8)(0.8)=9.6℃$$

那么

$E_h^1(\text{MJ ME/d})=0.012W^{0.75}(Tc-T)=1.0$

总的能量需要量$=34$ MJ ME$=35.4$ MJ DE/d

蛋白质：

$W(\text{kg})=200$；$Pt(\text{kg})=30$；$IP_m(\text{kg/d})=0.004\ 0\ Pt=0.120$

$IP_{Pr}(\text{kg/d})=0.003\ 6\ e^{0.026t}=0.029$

$IP_{Pr}(\text{kg/d})=0.000\ 038\ e^{0.059t}=0.004$

$IP_{Pr}(\text{kg/d})=0.043$

$IP_t(\text{kg/d})=0.196$

如果

$v=0.87$，$V=0.75(0.052$ kg 赖氨酸/kg 蛋白质$)$，$D_{il}=0.75$

那么

蛋白质的利用效率$=0.489$

总的粗蛋白质需要量$=0.196/0.49=0.400$ kg CP/d

每日需要量的信息：

能量：35.4 MJ DE

蛋白质：0.400 kg CP

赖氨酸：$0.052×0.400=0.020\ 8(\text{kg})$

g CP/MJ DE：11.3

g 赖氨酸/MJ DE：0.59

如果猪每天采食 2.6 kg 饲料：

日粮 CP 浓度$=154$ g CP/kg 日粮

日粮 DE 浓度$=13.6$ MJ DE/kg 日粮

日粮赖氨酸浓度$=8.0$ g 赖氨酸/kg 日粮

泌乳母猪能量和蛋白质需要量的计算

能量：

$W(\text{kg})=240$；$Pt(\text{kg})=36$；$E_m=25.8$
仔猪数$=10$；乳产量$=12$ kg

如果

每天损失 0.25 kg 的母体脂肪组织

那么

$0.25\times39.3\times0.85=8.4(\text{MJ})$可合成乳$=8.4/5.4=1.55(\text{kg})$乳；

剩余

12 kg$-$1.55 kg$=$10.45 kg 乳由日粮提供
$E_1(\text{MJ ME/kg})=7.7$；$E_1(\text{MJ ME/d})=7.7\times10.45=80.5$
总的能量需要量$=$106.3 MJ ME$=$110.8 MJ DE/d

蛋白质：

$IP_m(\text{kg/d})=0.144$
乳中蛋白质含量$=0.055$ kg CP/kg

如果

母体蛋白质组织贡献 0.4 kg 乳蛋白质

那么

每天将损失体蛋白质组织 0.022/0.85$=$0.026 kg

并且

其余 11.6 kg 的乳将由日粮提供
IP 用于 $Pr_1(\text{kg/d})=0.055\times11.6=0.638$
$IP_t(\text{kg/d})=0.782$

如果

$v=0.90, V=0.77(0.054$ kg 赖氨酸/kg 蛋白质$), D_{il}=0.78$

那么

蛋白质的利用效率$=0.541$
总粗蛋白质的需要量$=0.782/0.54=1.45$ kg CP/d

每日需要量的信息：

能量:110.8 MJ DE

蛋白质：1.45 kg CP

赖氨酸：0.0783 kg

g CP/MJ DE：13.1

g 赖氨酸/MJ DE：0.71

如果猪每天采食 8 kg 饲料：

日粮 CP 浓度＝181 g CP/kg 日粮

日粮 DE 浓度＝13.9 MJ DE/kg 日粮

日粮赖氨酸浓度＝9.5 g 赖氨酸/kg 日粮

很显然，母体组织的贡献可能超过上述的评估，或者乳产量可能被缩减了。

英国动物学会(BSAS)的营养需要量标准

在 2003 年，BSAS 公布了能量、氨基酸、矿物质和维生素的需要量标准[Whittemore, C. T., Hazzledine, M. J. and Close, W. H. (2003) *Nutrient Requirement Standards for Pigs*. BSAS, Penicuik, Midlothian, Scotland]。这个标准是以标准回肠可消化赖氨酸(其他氨基酸是以与赖氨酸的比值形式给出)和净能形式给出。

尽管这个标准是以表格形式给出，但需要量是阶乘计算的，所有方程式和计算法则都在正文中给出了。

生长猪

猪组织增重的潜在变化是通过参数 A(30—50)、B(0.01—0.03)和 b(1.1—1.3)变量值提供的，此处 A＝蛋白质质量的渐近线(Pt_{max})和 B＝方程式中的参数生长率：

$$蛋白质沉积率(Pr, kg) = B \times Pt \times \ln(Pt_{max}/Pt) \tag{11.25}$$

式中，Pt 是蛋白质的质量。

脂肪的潜力，b 是方程式中异速生长的指数：

$$脂肪(Lt, kg) = a \times Pt^b \tag{11.26}$$

式中，$a = 0.5$。

BSAS 给出了 3 个采食量的曲线根据下式：

$$每日采食量(kg) = F \times [1 - \exp(-0.019W)] \tag{11.27}$$

式中，W 是猪的活体重，F 的变化范围为 2.9～3.5。

猪的净能需要量(MJ/d)在 BSAS 标准中被计算为产品所含能量的总和[沉积的脂肪(kg)×39.3＋沉积的蛋白质(kg)×23.6]加上用于维持(禁食的产热)和活动的净能。禁食产热认为是 0.750 MJ/kg $W^{0.60}$，活动能耗认为(猪高密度圈养)是维持消耗的 0.1。

为了与以前的评估进行比较，BSAS 标准也给出了 DE。这就被计算为维持、活动、蛋白质沉积和脂肪沉积的代谢能总和，并假定 ME 为 DE 的 0.96。

$$DE(MJ/d) = \{ [(0.444W^{0.75}) \times 1.10] + (23.6Pr/0.44) + (39.3Lr/0.74) \} / 0.96$$

此处，Pr 和 Lr 是蛋白质和脂肪的日沉积率(kg)。

赖氨酸需要量(和所有其他氨基酸，以规定的平衡供给)按标准化的回肠可消化赖氨酸需要量给定。正如 BSAS 所规定："确定为[(沉积的蛋白质中的赖氨酸＋用于维持的蛋白质中的赖氨酸)/(1－必须用于无效周转的赖氨酸)]＋(基本的小肠内源性赖氨酸损失)。为了计算，沉积的蛋白质和维持的蛋白质赖氨酸含量分别为 0.070 和 0.058 kg 赖氨酸/kg 蛋白质。维持需要量是 0.9 g 蛋白质/kg $W^{0.75}$。回肠消化的以平衡比例被吸收的而且不是过量供给的氨基酸的利用效率为 0.82，内源损失的基础水平大约等于摄入赖氨酸的 5%。基本内源赖氨酸损失被估计为赖氨酸的消化率 0.80(回肠可消化率)和 0.84(标准化的回肠可消化率)之差，并且(尽管是变化的)被假定为常数。对于维持和蛋白质沉积(kg 每日标准化的回肠可消化赖氨酸)＝{[(0.000 9×($W^{0.75}$)×0.058)＋(Pt×0.07)]/0.82}×1.05"。尽管 v 设定为 0.82，这认为是最大值，推荐值为 0.74～0.82。

妊娠母猪

BSAS 考虑了母猪不同的体重，不同的母体增重速率和成分。下面是关于他们计算的假设。

当母体生长蛋白质沉积和脂肪沉积为 0.20 和 0.25 时，NE 为 15 MJ/kg。哺乳期间补偿脂肪损失的能量为 39.3 MJ/kg。妊娠产物平均每天的需要量为 0.5 MJ。禁食产热的 NE 是 0.750 MJ/kg $W^{0.60}$。消化能需要量计算为维持($0.463 W^{0.75}$)、活体生长(24.5 MJ/kg)、代替脂肪(53.1 MJ)和孕体(0.6 MJ/kg)消化能需要量的总和。

妊娠产物平均每天沉积的赖氨酸认为是 2.0 g。用于计算其他标准化回肠可消化赖氨酸每日需要量的方程式类似于生长猪。

泌乳母猪

可将泌乳母猪分为不同体重(150～300)、不同采食量(4.5～10.0 kg/d)和不同泌乳水平(6～14 kg/d)。

对于这些母猪 NE 的计算，BSAS 规定："乳的能量含量为 5.4 MJ/kg。维持泌乳的分解代谢效率假定为 0.85，降解 1 kg 体脂相当于日粮 NE 33.4 MJ。假定哺乳期间母体脂类每天降解 0.25 kg。母猪体脂平衡就需要 8.4 MJ NE(或 12.5 MJ DE)，比每日需要量的标准高。泌乳母猪每天损失 0.50 kg 体脂而且日粮需要量降低 16.7 MJ NE(或 25 MJ DE)，这是正常的。禁食产热认为是 0.750 MJ/kg $W^{0.60}$。活动消耗的能量可以根据维持消耗的比例进行估计。假定高密度圈养猪的值为 0.1。对于活跃的猪其值可能会更高。"根据 DE，需要量被"计算为维持、活动和乳产量代谢能需要量的总和，假定 ME 为消化能的 0.96。DE(MJ/d)＝{[($0.444W^{0.75}$)×1.10]＋(5.4×乳产量/0.70)}/0.96。分解代谢母体体脂 1 kg 相当于节约 50 MJ 日粮 DE"。

因此，根据现行确定的方案计算，每日标准的回肠可消化赖氨酸需要量为：{[乳产量×(0.054×0.073)]＋[($W^{0.75}$×0.000 9)×0.058]/0.82}×1.05。标准回肠可消化赖氨酸需要量确定为[(乳蛋白中的赖氨酸＋用于维持的蛋白质中的赖氨酸)/(1－周转中必然存在的无效赖氨酸)]＋(基本的肠道内源损失的赖氨酸)。猪母乳中的蛋白质含量为 0.054 kg/kg，乳蛋白质中赖氨酸含量为 0.073 kg/kg。维持需要为 0.9 g 蛋白质/kg $W^{0.75}$。维持蛋白质中赖氨酸假定为 0.058 kg/kg。必需的蛋白质周转效率为 0.82,必需的内源损失估计为需要量的 0.05。

推荐的不同种类猪日粮的能量和蛋白质浓度

根据养分浓度表示的养分需要量的推荐值在它们应用的普遍性(有错误的可能)上存在一些缺点,而且它们对猪采食量的依赖性可能很强。不过,这些对日粮的规范指南被广泛地用作日粮配方的基础,减小它们的偏差是研究者和营养学家们的当务之急。日粮规格说明和养分浓度的推荐标准代表生长学、繁殖学和营养生物化学的顶点,如本章所证明的那样。推荐的日粮规格说明指南见附件 2。

种公猪的能量和蛋白质需要量

采精/配种与确定公猪养分需要量试验相关的因素是不确定的。结果常常是矛盾的,一些试验对营养处理出现正面反应,一些出现负面反应,但经常是根本就没有反应。即使有的反应可能是预期的,但肯定会延迟相当长一段时间,由于精子生成本身需要 4 周时间完成,并通过雄性生殖道储存起来,还需要 2 周的时间才到射精,这样任何营养对精子形成乃至对繁殖力的影响几乎要 2 个月才能见效。

通常,可以假定能量或蛋白质营养对种公猪的效能有一点影响,假如日粮蛋白质水平保持在一个合理的水平和平衡的氨基酸。在后者,其中一个一致的发现是长期蛋白质供给不足会减缓精子生成。充足的饲料应该用以维持公猪体格的适度而应避免过瘦或——可能最重要的是——过肥。如果公猪过肥和过重,其性欲和繁殖力就可能会降低。

种公猪的维持需要量(E_m 和 IP_m)可以看作跟种母猪的一样。可能常常会有冷生热作用($Tc \approx 20℃$,通常在一个有不适当绝热地板的通风良好的环境)的需要量,用以维持冷环境有效反应的能量需要的程度更多地取决于单个圈舍的环境。

青春期后的生长可以凭经验假定为 150 kg 体重大约每天 500 g,250 kg 体重每天 250 g,之后,直到成熟期体重达到 350 kg 每天为 100 g。

然而,析因法计算可能最适合用于蛋白质和脂肪的生长、维持、冷生热作用,当然还有交配本身和精子的生成,这意味着目前的营养知识尚未达到一定的精确度。一般的实践经验建议种用公猪的能量需要量应该满足在 30～40 MJ DE/d。这在正常情况下为 2.5～3.25 kg 饲料,尽管较低密度的日粮可能因较大的体积更容易产生物理的饱感。种公猪的日粮能量与母猪日粮一样,通常和蛋白质、氨基酸、矿物质和维生素保持平衡(如 12 g CP/MJ DE;0.6 g 赖氨酸/MJ DE)。

第十二章 水、矿物质和维生素需要量
Requirements for Water, Minerals and Vitamins

引言

猪体内平均含有 16% 蛋白质、16% 脂肪、3% 灰分和 65% 水。

水是机体的主要结构成分,它通过细胞膨胀,使机体具有一定的形态,同时它也作为肠道、正常机体血液和组织中的一种运输媒介而发挥作用,是新陈代谢水平上酶促生化反应中的一种媒介。由于维持机体水分平衡是必需的,所以系统是建立在水分消耗量总要超过需要量这一假设的基础之上的。

机体中的灰分与蛋白质之间保持着一个相当严格的比例,灰分 $= 0.20Pt$,由于骨骼对无脂肪组织具有支撑作用,因此这一比例并不令人吃惊。矿物质中的绝大部分(3/4)是以骨骼羟基磷灰石形式存在的钙和磷,剩余部分主要是一些存在于体液中的钠盐、钾盐和氯。机体内镁、铁、锌和铜的含量是可以测定的,但其他矿物质和所有维生素的含量却很少(表 12.1 和表 12.2)。

表 12.1 猪的矿物质组成。 g/kg 体重

(蛋白质	170)	(蛋白质	170)
钙	15	锌	0.030
磷	10	铜	0.003
钾	2.9	钼	0.003
钠	1.6	硒	0.002
氯	1.1	锰	0.000 3
硫	1.5	碘	0.000 4
镁	0.4	钴	0.000 06
铁	0.060		

表 12.2 母猪乳汁中的矿物质组分。 g/kg 乳汁

(蛋白质	55)	(蛋白质	55)
钙	2.1	氯	0.20
磷	1.5	镁	0.10
钾	0.80	铁	0.001 8
钠	0.35	铜	0.000 8

机体组分之间的比例并不能代表其重要性。在机体酶促反应和再循环过程中发挥催化作

用的、极其重要的维生素和矿物质,它们的使用量通常非常少。低水平的日需要量、机体内部缓冲体系和贮藏机制的存在,再加上在任何情况下,饲料中原本就存在充足的基础水平的维生素和矿物质,这些都能让人们对微量元素和维生素的需要量产生不同的理解,以及在对猪实际可能需要的维生素和矿物质的确切数量上存在很多不同的观点。针对微量元素和维生素所制定的营养标准具有一个显著特征,这就是英国研究委员会(NRCs)和公共团体制定的需要量显著低于饲料生产商添加到猪日粮中的量(表 12.3)。

表 12.3　英国饲料生产商的饲料微量元素和维生素的添加量与英国农业研究委员会(ARC)建议的微量元素和维生素总需要量之间的比较。添加水平用 mg/kg 风干饲料表示。

	农业研究委员会	饲料加工厂
锰	4～14	40
铁	55	150
锌	45	100
铜	4	125(生长启动因子)
钴	—	0.7
碘	0.14	1.2
硒	0.14	0.17
维生素 A(当量)	2 000	12 000
维生素 D_3(当量)	120	2 000
维生素 E	5.0	60
维生素 K	0.3	2.0
硫	1.4	1.5
核黄素	2.3	4.0
维生素 B_6	2.3	2.5
烟酸	13	15
泛酸	9	10
维生素 B_{12}	0.010	0.02
维生素 H	—	0.05
维生素 B	—	0.20
维生素 B 复合体	800	500

　　由于担心日粮不能提供充足的维生素和微量元素,而且它们的费用只占饲料总成本的份额很小,因此可以把日粮中的维生素和微量元素逐渐提高到一个较高的水平。一方面,在多数情况下,日粮中原本就含有充足的维生素和微量元素,而且在猪内脏中,生物合成维生素的量也相当多,因此人们更加怀疑是否有必要逐渐提高维生素和微量元素添加量。另一方面,日粮中矿物质和维生素的基本性质的阐明,以及相应地日粮添加剂的发现,已成为 21 世纪生物科学中最激动人心的进步之一,这使得生产力得到了极大的提高。此外,营养学家必须要

考虑到日粮中能量和蛋白密度的显著增加(达到 25%)必须要与矿物质密度和维生素密度的等量增加相一致。但是,近年来最重要的是营养学家必须要努力使生长和繁殖速度得到显著的提高。通常,这些方面的提高与食欲的(或者任何一点)提高并不一致。所有这些影响因素促使了对增加日粮中维生素和矿物质密度的需要。以每形成 1 kg 无脂肪组织所需要 n mg 维生素来计算日粮密度,每千克日粮中含有 $0.1n$ mg 维生素,一头猪每天吃 2 kg 这样的日粮,其体重就会增加 0.4 kg,其中一半是脂肪的重量。但是如果每千克日粮中含有 $0.5n$ mg 的维生素,一头猪每天吃 1.5 kg,体重就会增加 0.8 kg,其中 1/8 是脂肪的重量。正如这个例子所揭示的,近年来,生长育肥猪的命运发生了转变,这种说法绝对不夸张,人们应该没有必要认为维生素需要量的增加是混乱无序的。最后,维生素在添加到日粮前的储藏过程中,以及在饲料加工后到饲料使用前的储藏过程中,其效价会损失。而实际上,可以通过提高饲料中添加剂的水平来抵消维生素效价损失所带来的危害。显然,利用实验证据而非现场经验来制定维生素和矿物质标准,就必须要合理地考虑采食量、维生素的效价以及猪的生产性能。

在体内,微量元素和维生素主要作为催化剂,其用量很少,利用阶乘计算方法来估计其需要量注定是错误的,这本不应该让人感到吃惊。以:①微量元素和维生素的消除实验;②剂量响应试验为主的实验方法是制定微量元素和维生素需求水平的唯一有效途径。然而,对于那些主要的矿物质:钙、磷、镁、钾和钠来说,对其净沉积率和必需损耗(维持、消化率和随后的利用率)的估测需要提供一些因子,通过这些因子我们可以推断其需要量。我们对此已经作了很多尝试,但遗憾的是,所得到的结果并不令人信服。虽然,阶乘方法能够清晰而容易地确定骨骼(钙、磷、镁)、软组织(钾、钠)和乳液分泌物中的主要元素,同样也能够预测这些元素在骨骼、软组织和乳液中分泌物中的增长比例,但它也存在着很多问题(表 12.1、表 12.2 和表 12.4)。

表 12.4　猪体重增加中矿物质的沉积量。

矿物质元素	每千克蛋白质中的矿物质克数(g)	矿物质元素	每千克蛋白质中的矿物质克数(g)
钙	90	钠	10
磷	60	镁	2.5
钾	15		

从表 12.4 中,我们可以得出期望值:一头体重达 60 kg 的猪,每天需要 150 g 蛋白质,仅仅为了沉积这些蛋白质,就需要 14 g 钙和 9 g 磷。假设一头猪每天消耗 2 kg 饲料,钙和磷的消化率与利用率之间的协同效率分别为 0.7 和 0.6,那么由此可以计算得出每千克饲料将分别提供 10 g 钙和 8 g 磷。

必需损耗、消化率和利用率已经证实了预测是相当困难的,这绝大部分归因于矿物质的内在调节机制,这个问题在能量或蛋白质中不存在。因此,依据矿物元素在消化道中的缺失而测定出来的矿物质的消化率会根据供应和需求间的关系变动。对钙元素来说,肠道是其内在损耗和自我平衡调节的主要通道。同样,根据体内分泌情况,尿液中磷的含量也会出现大幅度的变化,因此,一旦对磷的吸收量超过了其需要量,身体会排除多余的磷而使新陈代谢的代价降到最低。越来越多的证据证实过去我们供给了过多的磷（也包括钙），因此对于这种情况，我们就不会感到吃惊。用可消化量而不是总量来表示磷的需要量会非常有利于提高供应的精确性。钠和磷很容易被吸收，同样也很容易被排泄——前提是在短期的基础上，如果猪体内维持着一个离子平衡状态，那么这样的一个系统是必需的。猪对镁的吸收较差，但对其需要量也很少，所以出现过多消耗的情况是正常的。

水

猪一直能够自由地获得所需要的水量，因此对水需要量的计算是一个预期吸收率。

水可以来自饲料中的天然水分，也可以来自氧的新陈代谢。然而，与所饮用的或者添加到食物中的水相比，这些来源的水是微不足道的。

猪体内水的含量可以从初生仔猪的80%到成年肥猪的50%之间变化。然而，在任何时候，即使水的吸收量可能出现大幅度的波动，软组织和血液中水的含量也是相当稳定的。肾脏可以通过尿液将水排泄出去，排泄量直接与水的摄入量成比例。在不同个体和时间内，水的摄入量变化很大，这是在对水的需要量的研究过程中令人困惑的特征。水的消耗量之间存在许多差异，这些差异可以在消化道水平上得到调整，其主要调节机制是在水被快速排泄之前可通过膀胱将其持续不断地暂存起来。

猪可以通过水来维持一个强壮而有力的体格（通过增加瘦肉中肌细胞的硬度）。水能够维持体内离子平衡，构成新生物质、胎儿组织和乳液，作为液压液在机体内发挥运输代谢物、内源性生化物质和废物的作用；通过肺表面的自身蒸发作用，构成体温调节系统的一部分，其所含有的特定热量能够维持体温，防止温度出现波动；润滑关节，同时是一种消化和代谢过程中生化反应的基本介质。

在水分缺失的初期，大肠中水分缺失率将会逐渐增加，从而引起便秘。起初，以乳汁分泌和尿液排泄形式的体液损失将会降低猪的生产力，减缓小猪的生长。紧接着，将会降低机体清除毒素的能力，同时也会打乱机体的离子平衡和水敏感性新陈代谢的反应。在腹泻过程中，由于排泄物的损失和重要组织的失水无法得到控制，从而导致的水分缺乏，同时伴随着离子平衡状态的破坏，以及由于缺乏足够的液体媒介物而导致机体不能进行内源性生物化学反应。显而易见，水的需要量与哺乳期的泌乳水平、采食量、周围环境的温度、肺脏蒸发水分的需要量，同时也与通过尿液从系统中所清除的毒素产物量之间存在着联系。水的输出量能够随食物中非理想蛋白质的水平成比例增加，因为食物中蛋白质过剩会需要更多的水来稀释脱氨基产物到与尿液相适合的浓度。

对水需要量进行复杂的计算，几乎没有什么逻辑性，因为任何通过控制供应量来维持水的需要量的尝试是没有意义的。但是，总的来说，仔猪体表面积较大，肺脏占体重的比例较大，其尿液也较稀薄，与年龄较大的猪相比，它们每千克体重需要更多的水分。参照母猪的乳汁，仔猪更喜欢水分与干物质的比例约为5:1的日粮，提供给早期断奶仔猪的干饲料可能很容易就超过这个比例。人们习惯地（错误地）认为生长育肥猪喜欢水分与干饲料比例为2:1的日粮。最近欧洲的数据表明，对于生长育肥猪：

$$水最低需要量(L) = 0.03 + 3.6I(kg) \qquad (12.1)$$

　　这里，I 代表采食量。然而，就算这个采食量是最低的，并且假定为自由采食，水与干饲料为 5∶1 的比例也是很普通的。即使在环境温度较低的情况下，以小于 3∶1 的任何比例来供给水分，母猪都有可能出现缺水。由于经常给妊娠母猪饲喂干燥饲料，以及为了防止产生废物而限制它们自由饮水，这些母猪（特别是在炎热的季节）易遭受长期持续的饮水不足，炎热天气中经常发生的便秘现象就可以证实这一点。处于限饲水平的妊娠母猪也可能会表现出通过增加饮水量来弥补饥饿的这种欲望。目前，对于增加猪饲料，特别是对妊娠母猪的饲料中纤维含量的关注，都可能使食物中水分的比例得到增加。泌乳母猪不仅需要水分来替代所分泌的 8～16 kg 乳汁，而且还需要足够的水分来排泄尿液中大量的新陈代谢副产物；如果泌乳母猪有效消化吸收的食物达到 8 kg，那么在其肠道中就需要额外建立一个充足的液体环境，而水分与饲料 5∶1 的这样一个比例绝对是最小值。

　　显而易见，对水的需要量将会随着周围环境温度的增加而增加。

　　假设猪一直能够自由饮水，那么它几乎可以使水的利用与新陈代谢各方面独立性这两者之间的关系得到最好的处理。猪不仅仅需要得到充足的水分，它更注重这种关系。对系统性研究来说，采用自由饮水的方法来估计水的需要量，这比任何一种阶乘方法更为恰当。猪栏中出现了水槽、钵和奶嘴饮水器形式的饮水地点，这就可能意味着不会采用自由饮水方法，这就需要谨慎地来设置饮水地点，同时保持足够的水流速度。据估计，一个猪栏中，每 8 头猪需要一个饮水地点，这包括了从仔猪到成年母猪所有类型的猪。泌乳母猪应该拥有专用的高质量的流动水，但是水压要低。

　　建议水流速度每分钟为 1～2 L，断奶仔猪的水流速度为每分钟 1 L，母猪为每分钟 2 L。尤为重要的是，泌乳母猪应该不费力气就可以获得所需要的充足水分。在炎热的天气，饮水不足通常是导致便秘的一个原因，并且在仔猪和生长猪中，它通常是导致采食量减少和生长缓慢的一个原因。

　　水是最重要的食欲刺激物。采食过程中，如果给仔猪饲喂干饲料，我们可以看到仔猪会奔波于饲料槽和饮水地点之间，其采食量与饮水量是直接成正比的。我们不应该认为未断奶仔猪就不需要充足的水；同需要吃奶一样，无论哺乳仔猪是否吃教槽料，它们同样也需要饮水。简单而方便的办法就是把水加到食物中去，这至少能够使猪的自由采食量增加 5%～10%，有时能够增加到 30%。食欲限制猪生产力，像仔猪、生长育肥猪和泌乳母猪、能够通过采食湿饲料而非干饲料获益。非常值得称赞的是，与从自动进料斗中随意供给干饲料相比，每天供应 3 次湿料将会使采食量得到显著的增加。另外，湿饲料能够减少粉尘和饲料浪费。通常，干饲系统要浪费 5%～10% 的饲料，而湿料饲喂系统所浪费的饲料通常只有 2%～4%。

　　湿料自动饲喂系统能使猪的采食量最大化，并且是控制各个猪舍和猪圈的营养供给最有效的方法之一。当然，水是这个系统中的液压介质。这样的能力实现了水在猪上的一个重要作用。在干物质水平达到 15%～18% 时，这个系统就能够很容易实现湿料混合的抽运，从而使水分与饲料达到 5∶1 的这样一个比例。由于猪的肠道和饲料槽的容量有限，因此人们就会认为，过度稀释饲料是为了使采食量达到最大。通过将一部分水注入饲料中，紧接着让猪饮用一部分干净的水，就可以很容易使猪获得最适宜的采食量和饮水量。如果独立饮水点能够供给足够的水，猪所采食的抽运饲料的比例就会少一些。然而，很少有抽运能力能够使饲料中干物质所占的百分比超过 25%（水与饲料的比率为 3∶1）。

　　表 12.5 给出了水使用量的一般近似值，假定将采食量和环境温度对水需要量的影响进行

了校正。按照这个供给标准，每 100 头母猪及其后代每天需要消耗 7 000～10 000 L 可饮用水。

表 12.5　猪饮用水的补给量[1]。

猪的类型	每天饮用的水（kg）[2,3]	猪的类型	每天饮用的水（kg）[2,3]
泌乳母猪	25～40	生长育肥猪 20～160 kg	干饲料采食量×5
妊娠母猪	10～20	幼猪	干饲料采食量×6

1 即使提供湿料，各种类型的猪都应该一直能够自由饮水。

2 当对水进行净化处理时，它可能会受到病原微生物的污染。

3 溶解于水中的盐的水平可能会对水的质量和猪自发饮水产生明显的影响。溶解于水中盐的总量应该小于 3 000 mg/kg，其中钙的含量小于 1 000 mg/kg，硫酸盐小于 1 000 mg/kg，硝酸盐小于 100 mg/kg，亚硝酸盐小于 10 mg/kg。

矿物质

钙和磷

　　骨骼中的钙占身体钙总量的 98%、磷总量的 80%，这一比例刚刚高于羟基磷灰石中 2∶1 的比例。骨中含有 45% 的矿物质、35% 的蛋白质以及 20% 的脂肪，而骨灰分中含有 40% 的钙、20% 的磷和 1% 的锰。骨骼是一种动态且易变的组织，一直处于增长和降解的平衡状态。软组织中的钙存在于肌肉和血液中（每 100 mL 血液大约含有 10 mg 钙），软组织中的磷也主要存在于肌肉组织和血液中。除了参与骨骼的形成，离子态的钙还参与细胞渗透、肌肉收缩、血液凝集、神经兴奋和酶系统的活化过程。磷与大量的新陈代谢过程密切相关，特别是与能量的释放和氨基酸的形成关系密切。但是，人们认为对钙、磷的需要主要是在生长过程的骨内沉积和哺乳过程的乳汁分泌这两个方面。

　　因为内源性钙和磷可由肠道排泄（尤其是钙，因为磷可经肠道和尿路排泄），所以钙的吸收率受到以下几方面的影响：①钙元素的来源；②食物中的其他成分；③动物的生理状态和生理需要。内脏具有控制肠道中的钙进入骨骼和血浆池中的能力，这种能力使得钙的消化吸收率成为动物必须具备的一种重要功能，而且消化系数将会随着钙供应量的增加和需要量的减少而下降。这个系统利用了主动运输和扩散过程，有些会依赖机体中存在丰富的维生素 D₃。维生素 D 也能够与甲状腺激素相互作用从而促进骨骼中钙的新陈代谢、维持钙的动态平衡。内脏中存在的日粮中的糖，比如乳糖，它可以提高钙的消化吸收率，而草酸盐可降低钙的消化吸收率。但是，最重要的是日粮中脂肪含量对钙吸收所产生的影响，日粮中的高水平脂肪能够相互间作用形成不溶性的钙块来阻止机体对脂肪和钙的吸收。如果日粮中的钙和锌其中的任何一个被过度消耗，肠道中的钙、锌之间就能够进一步相互作用而引起任一种元素的减少。在肠道中，那些最普通、最一般的钙源能够自由产生可被吸收的钙元素。这些钙源按其相对消化吸收率顺序排列为：骨粉食物，碳酸钙碳酸盐，2,3-磷酸钙，单磷酸钙；在所有的这些物质中，可消化钙的潜在比例均超过了 70%。然而，这只是日粮本身所含有的钙水平，再加上所了解的钙需要量，这些就成为通过肠壁的流入（消化吸收）量和流出（内源性损耗）量之间比例的主要参照标准。

如果日粮中含有过多的钙，由于钙磷能够形成不溶性的磷酸钙盐，从而会降低机体对磷的消化吸收率。日粮中的钙磷应该维持在 2∶1 的比例或者更小；在维生素 D 供应不充足的情况下，这一比例就显得更为重要。同无机磷相比，有机磷，特别是肌醇六磷酸，更不易被吸收，但无机磷在阐明日粮中总磷的广泛用途方面具有重要作用。许多来源于植物的无机磷（一半或更多）是以有机形式存在的。每千克谷类大约含有 3～4 g 磷，同时每千克谷物副产物含有的磷达到 5～10 g（相比之下，谷物中含有的钙很少，每千克谷物仅含 0.5 g）。

2,3-磷酸钙和骨粉食物中磷的消化吸收率要高于磷酸铝铁、含氟磷酸石或肌醇六磷酸中的磷，后者所含有的可消化磷很可能低于 40%，而前者可能超过了 70%。而过多吸收的钙能够引起自身重新循环进入消化道内腔，进行内源性分泌，从而引起消化吸收率的明显下降。经由尿液排泄是造成磷内源性损失的主要机制，所以，同对机体磷的需要相比，日粮中磷的吸收水平所产生的影响并不是体现在消化吸收率水平上，至于钙，更多的是体现在尿液中磷的流失水平上。日粮供给的磷与磷在尿液中的损失比例，这两者之间有着直接而密切的联系。

钙和磷供应不足将会减缓生长速度、降低奶产量，同时还能引起骨质疏松。正如以日粮密度方式所表示的一样，对于强度最高、完全矿物质化的骨骼来说，猪对每千克饲料中钙、磷的需要量比正常的推荐水平大约要高出 1 g，但是这样一个水平是不可达到的。假如饲料中钙磷含量在合理的范围内，那么并没有足够的证据证明关节、肢、蹄方面的缺陷与饲料中的磷含量存在任何联系。当然，钙、磷的严重缺乏会引起骨软化、骨质疏松和软骨病。

图 12.6 列出了一些推荐使用量，且假设了日粮中的钙大部分是以骨粉、碳酸钙或磷酸二钙的形式存在的。日粮中大约有一半的磷来自骨粉或者磷酸盐，而在另一半中，大约有 3/4 是有机形式的肌醇六磷酸。把肌醇六磷酸酶加入日粮中，将会释放更多（之前）不能被消化的植物肌醇六磷酸中的磷，同时减少了对饲料的总需要量。近年来，随着对环境中磷污染问题的关注，人们开始质疑，在商品肉猪的饲料中，是否有必要保持如此高的磷水平。

表 12.6　猪饲料中钙、磷、钠的推荐使用量。

	体重达到 15 kg 的猪		体重 15～150 kg 的猪		种母猪	
	g/kg 饲料	g/MJ 消化能	g/kg 饲料	g/MJ 消化能	g/kg 饲料	g/MJ 消化能
钙	5～10	0.60	5～10	0.55	5～10	0.60
磷[1]	6～10	0.60	4～8	0.44	4～8	0.44
可消化磷	3～5	0.30	2～4	0.22	2～4	0.22
钠[2]	1.5～2.5	0.14	1.5～2.5	0.15	1.5～2.5	0.15

1 在具有磷污染问题的地区，将磷的水平降低 30%，也许就可以满足屠宰猪的需要。

2 每一千克普通盐中含有 390 g 钠。

在商品肉猪的饲料中，磷的推荐水平比之前降低了 30% 或者更多，这些实践经验导致了近年来对磷推荐供给量的降低；但这没有带来任何明显的危害，反而有利于大量地降低排泄掉的磷在粪便和尿液中所占的比例。在使用低水平的可消化磷过程中，对于来源不确定的矿物质，其所采用的磷消化率系数是正确的，这一点是很重要的。

钠、氯和钾

钠、氯和钾是机体组织内精密的离子平衡的主要调节器。钠盐和钾盐很容易被吸收，其吸收量往往会超过需要量。钠、钾可以通过尿液排泄出去。这些元素在尿液中的含量与日粮吸收率是密切相关的,可以通过盐的形式来供给钠。盐被广泛用作一种饲料开胃剂,每千克日粮中通常需要补给 1～3 g 盐,而从正常的日粮组分中就可以获得充足的钾。如果一直限制水的供给,那么每千克饲料中超过 10 g 盐这样一个普通的日粮水平就会容易引起盐中毒。每千克饲料大约需要 1.5 g 钠,这与对氯的需要量基本上是一样的,这就需要每千克饲料总共需要添加 3.75 g 盐。每千克谷物大约含有 0.3 g 钠,而每千克鱼粉大约含有 6 g 钠,或者多于 6 g。每千克饲料大约需要 3 g 钾,每千克谷物含有的钾超过了 4 g,而每千克大豆含有 20 g 钾。表 12.6 列出了对钠的需要量;随着钠的需要量得到满足,氯的需要量同时也会得到满足。而通常情况下,除了一些最特殊的饲料,所有饲料供给的钾均是过量的。

镁

镁和钙、磷相互联系,共同参与了骨骼的形成,它也是机体酶系统的一个重要部分。每千克日粮大约需要 0.4 g 镁,尽管镁的消化吸收率可能在 50% 或低于 50%,但是每千克谷物所含有的镁高于 1 g,因而日粮中的镁很容易就可以满足这一水平。

微量矿物元素

锌、锰、铁、钴、碘、硒和铜作为酶促生物化学反应或激素系统中的一部分,都是正常新陈代谢活动所必需的。微量矿物质元素作为一种日粮增补剂,以预期需要量的方式就能够最好地表示出对它们的需要量。通常,增补剂在被添加到日粮之前,其所含有的各种微量矿物质就已达到了一个特定的平衡状态。在单个推荐水平上,把增补剂添加到日粮中,以此来供应日粮的全部估计需要量。各种推荐使用量之间存在很大的变化,其中至少有一部分变化是由人们在日粮含有的天然微量元素对已知需要量的贡献程度上持有不同观点而引起的。表 12.7 列出了各元素的需要量,这是在参考了美国国家研究委员会、英国农业研究委员会的一些资料,以及经过基础实践之后所得出的。

表 12.7　生长育肥猪和种猪对微量元素的需要量(mg/kg 日粮)。

矿物质元素	每千克饲料所添加的推荐需要量(mg)	矿物质元素	每千克饲料所添加的推荐需要量(mg)
锌	75[1]	碘	0.3[2]
锰	30	硒	0.3[3]
铁	75[1]	铜	5[4]
钴	0.5		

1. 如果所含有的铜处于一个生长促进剂的水平上,锌和铁的推荐需要量为 125 mg。

2. 如果日粮中存在致甲状腺肿的物质,需要量应该增加两倍。

3. 硒是一种抗氧化剂,有助于清除自由基,且它能够产生免疫性。谷物中含有的硒较少。细胞壁需要脂蛋白来维持细胞完整性,且脂质氧化促使细胞壁变得易漏;谷胱甘肽过氧化物酶能够抵消这种消极现象的发生。在维持细胞壁完整性方面,硒和维生素 E 能够发挥互补作用。

4. 为了达到生长促进剂水平,对于仔猪来说,需要增加到 175 mg,而对体重超过 60 kg 的猪来说,需要增加到 100 mg。

维生素

　　维生素缺乏所产生的总体影响是非常惊人的,并且很难通过天然饲料来重新产生维生素。维生素涉及最大范围内的机体正常功能,特别是新陈代谢、免疫应答、细胞跨膜运动、遗传和组织分化等方面的生物化学途径。维生素供给不足,例如在常规的猪生产活动过程的关键时期,出现这种情况,将会对猪的生长、疾病抵抗力和繁殖能力带来长期而逐渐加剧的影响。所有这些影响将是非常广泛的,而不仅是一个特殊的自然状态。因此,必须要满足日粮中有完全足够的维生素水平。

　　对于维生素来说,测定方法的适当性一直是令人担忧的。但是,就算是评价维生素供给是否充足的标准也很难对其做出判断。以维生素 E 为例来对此进行说明,可能具有指导意义。维生素 E 有八个化学异构体,但是 α-维生素 E 是其中唯一一个可被生物体所利用的异构体。维生素 E 是否充足在很大程度上依赖于日粮中的其他成分,尤其是因为它作为抗氧化剂能够被饲料中不饱和脂肪酸所消耗。维生素在被消化和吸收后,就会在细胞壁和细胞内容物中沉积下来,通过降低组织中自由基的浓度来发挥抗氧化剂的作用(表 12.8 的脚注是对自由基的注释)。每千克日粮中大约需要 10 mg α-维生素 E 就可以避免肌肉营养失调、心脏和肝脏疾病。然而,已经证明每千克日粮中含有的 α-维生素 E 达到 200 mg 时,就可以提高免疫系统,有助于抑制水肿、腹泻、暴死、子宫炎和乳腺疾病;同时,将日粮中 α-维生素 E 的量再增加一倍,就有助于保护屠宰后猪肉中的脂肪不会发生脂肪酸氧化以及防止出现滴水损失的不稳定性,后者可以通过它这种作用来维持细胞膜的完整性。α-维生素 E 的补给量也必须与维生素效价的损失、日粮中多不饱和脂肪酸的影响、日粮中毒枝菌素的毒害效应以及与维生素 A 的拮抗作用相适应。那么如何针对某一特定维生素来制定对其的需要量呢?

表 12.8　生长猪和种猪对维生素的需要量量—每千克终日粮中添加量,
假设每千克饲料中含有 13 MJ 消化能,并假设维生素的效价没有损失。

	生长育肥猪	种母猪
维生素 A[1](mg)	1.5~3.0[4]	3
维生素 D₃(mg)	0.015~0.030[4]	0.030
维生素 E[3]	60~120[5]	30~100[5]
维生素 K₃	2	2
维生素 B₁(mg)	2	2
核黄素 B₂(mg)	4	4
烟酸(mg)	15	15
维生素 B&-3	10	10
维生素 B₆	3	3
维生素 B₁₂	0.02	0.01
维生素 H	0.10	0.50~2.0[6]

续表12.8

	生长育肥猪	种母猪
维生素 B	1.0	2.0
维生素 B 复合体	50～800[7]	50～800[7]
抗坏血酸维生素 C[8]	—	—

1. 1 mg 维生素 A＝3333 i.u 维生素 A。

2. 1 mg 维生素 D_3＝40 000 i.u 维生素 D_3。

3. 1 mg $DL\text{-}\alpha$-维生素 E 醋酸盐 ＝1.00 i.u 维生素 E,1 mg $D\text{-}\alpha$-维生素 E＝1.70 i.u 维生素 E；1 mg $DL\text{-}\alpha$-维生素 E＝1.14 i.u.维生素 E。

4. 仔猪的需要量更高。

5. 如果在日粮中加入脂肪,尤其是不饱和脂肪,对其需要量会高于给出的这一数值;建议每克亚油酸中添加 3 mg 维生素 E。种母猪可能需要更多的维生素 E。那些来源不明确或者很可能含有毒枝菌素的日粮应该具有更高水平的维生素 E。猪受到疾病威胁时,应该把日粮中的维生素 E 调整到一个更高的水平上。

6. 患有肢蹄类疾病的母猪需要更多的维生素 H。

7. 每千克日粮总共需要大约 1 500 mg 维生素 B 复合体。通常,需要向日粮中加入需要量的 1/4～1/2。

8. 可能需要维生素 C,但是需要量未知。

对自由基和维生素 E 的注释。自由基是指任何一种携带一个非配对电子的生物化合物;通常为 O^{2-} 和 OH^-,其中 OH^- 最具破坏性。自由基能够氧化组织中的化学物质,在消耗氢的氧化连锁反应中进一步产生自由基,而不仅仅是从多不饱和脂肪酸中产生自由基。这样,自由基通过破坏细胞和细胞壁中重要的多不饱和脂肪酸,引起大量的疾病以及免疫力的普遍降低。自由基与多不饱和脂肪酸一起能够产生脂质过氧化物,最终破坏脂质分子,引起其他脂质过氧化级联反应。与饱和脂肪酸相比,不饱和脂肪酸更易发生氧化反应,从而需要更多的维生素 E。将不饱和脂肪酸从细胞壁中提取出来,会对细胞壁造成损伤,细胞膜就会变得易漏。α-维生素 E 是一种强有力的脂质可溶性抗氧化剂,通过将氢提供给自由基和从系统中清除氢,来保护细胞和细胞壁中重要的脂肪酸不会发生过氧化反应。这样,维生素 E 自身就会受到破坏,但是由于级联反应受到阻止,从而使细胞和细胞壁得到保护。富含多不饱和脂肪酸的日粮对维生素 E 的需要量特别高,因为在抗氧化过程中,维生素会被很快地消耗掉。含有硒的谷胱甘肽过氧化物酶能够催化使过氧化物转化为水或酒精的有利反应,细胞壁也可以通过它来有效地阻止自由基进入细胞内。如果脂类日粮受到脂质过氧化物酶的污染,就会易于发生不利的脂质过氧化反应,体内所有细胞质同样也会受到污染。受损细胞很难能够继续阻止脂质氧化的发生。疾病或者毒素的攻击能够引起细胞损伤,从而增加了脂质发生氧化的可能性,这就可能需要通过维生素 E 来提供更多的保护。虽然,维生素 E 并不能治疗疾病,但是它可能有助于改善一些不利的后果。

由于饲料本身就含有维生素,那么在何种程度上对这些维生素的进行补给,就会使得对维生素日粮增补剂的需求水平变得更加复杂。例如,在储存良好的大麦和玉米中似乎应该含所有需要量的维生素 E、需要量一半的维生素 B_5 以及全部所需的维生素 B_1。但天然存在的维生素含量可能较低,也可能是不稳定的,这种形式的维生素是否具有生物利用度和适应性还是一个问题。猪体可以从其他养分、代谢物或者通过肠道内微生物合成的媒介来生物合成许多维生素。例如,猪可以从葡萄糖中合成维生素 C(抗坏血酸维生素 C),同时,在肠内菌群的帮助下,易于合成生物素和维生素 B_{12}。关于维生素的生物合成,一直存在着这样一个问题:在猪的体内,充足的维生素合成速率是否与高生产力动物对维生素的需求量有关。

因此,基于与微量元素相同的基础,人们提出了维生素的推荐使用量,并建议以增补剂的方式来对所需要的全部维生素进行补给。表 12.8 中的这些数据是对包括美国国家研究委员会(NRC)、英国农业研究委员会(ARC)、英国动物学会(BSAS)和饲料生产实践在内的许多原始资料的一个概括。人们从各种各样的文献资料中获得了一些启示,从而提出了日粮中维生素的推荐水平和使用水平的全部变化范围。然而,这样做使得所提出的变化范围通常需要跨越十倍甚至更多的差额。在对维生素需要量进行估计的过程中,如此宽泛的变化范围使得制定维生素的推荐量成为最为困难的工作。表 12.8 所列出的数值是基于目前获得的最新知识而得出的,它们只能作为一个指导(注意:表 12.8 假设了在饲料生产和猪的消化过程中,维生素效价基本没有损失)。正如已对微量矿物质元素所指出的那样,那些营养成分密度特别高的日粮,它们所含有的维生素水平应该成比例地增加。表 12.8 中,假设了每千克日粮大约含有13 MJ 自由能,以每千克日粮中维生素的毫克数来表示日粮密度。

第十三章 食欲与自由采食
Appetite and Voluntary Feed Intake

引言

　　动物的食欲——对营养物质的渴望,用饲料消耗来表示,根据定义,是营养需要的一种功能。但是,食欲最终受动物周围环境的各种因素及其适应这些因素的生产能力所限制。这些限制可分为日粮、生理和社会因素。影响猪食欲的两大约束条件,一是消化道消化成批日粮的最大能力,二是因饲料消化和吸收而散热到环境中的最大受限力。尽管估测特定猪只在特定时间内自由采食量比较复杂,但是在不同生理和社会条件下估测采食量已经取得一些进展(见第19章)。估测猪自由采食量和因病菌入侵导致生病时食欲下降,仍然是非常大的挑战。

　　食欲属于中等遗传力性状(0.2～0.4),与总生长速度(正)和瘦肉率(负)高度相关,与瘦肉组织的生长速度有些正相关。只要保证成本一致,食欲和饲料转化率正相关,这种关系可通过提高瘦肉组织的生长速度来有限弥补,但当脂肪组织沉积占优势时这种关系就倾向负相关。图13.1为猪提高采食量的反应。在较高采食量的情况下,采食量和每日脂肪组织生长速度为正相关,并不断增长,但采食量和日瘦肉组织生长为正相关,上升后能达到平稳状态(平台)。毫无疑问,日增重是这两者反应的总和。首先,饲料报酬增加,然后倾向稳定或降低。合适的采食量是使瘦肉组织增长速度最大,而脂肪沉积达到需要的水平;图13.1显示这种情况发生在 X 点或 X 点以外。

　　猪的中枢神经系统(CNS)通过一系列复杂的神经和内分泌的相关作用控制食欲。尤其是 β-肾上腺素激动剂、5-羟色胺、胆囊收缩素、阿片样物质和神经肽对食欲的控制已成为研究课题,但至今仍未阐明。CNS 和血液代谢直接联系,并通过这种机制控制采食,多年来已被葡萄糖和恒脂论所支持;血中葡萄糖和脂肪含量高时,和食欲呈负反馈。这很容易显示加载葡糖糖或脂肪的胃肠道将减少个体采食的颗粒大小,但这种系统调控机制并未明确。胰岛素、胰高血糖素和生长激素等激素很明显包含在营养反应中,但通过激素调控采食量和营养需要的任何联系机制仍不清楚。生长激素在食欲提高时抑制食欲;这种结果理解调控系统似乎是矛盾的。胆囊收缩素(CCK,属小肠激素)根据采食的存在而分泌,并受采食量的限制。如果 CCK 的影响能通过产生免疫反应而被抑制,那么采食量可提高5%～10%。CCK 的免疫抑制通常是不可能的,但可提示其他能提高采食量的途径可能首先被发现。似乎这种依靠单一信号调控采食量的生命过程是不存在的。

　　味觉和嗅觉是 CNS 调节采食行为的重要方面,并且众所周知,猪偏好糖类和块菌类食物。然而,香味可以掩盖难以引起食欲的味道或者提高对胃口的刺激,这些现象依旧保持着神秘性。当可以选择时,猪喜欢吃富有蔗糖的饲料;但无选择时经常不会多吃这样的饲料。香味技术是一种新的科学,它使诱食剂的使用成为一种可能(依赖于 CNS 的调节)。但是,香味最多只是改善食欲不振的问题,而不是在通过控制一些基础因素来提高食欲:①食道容量;②营养

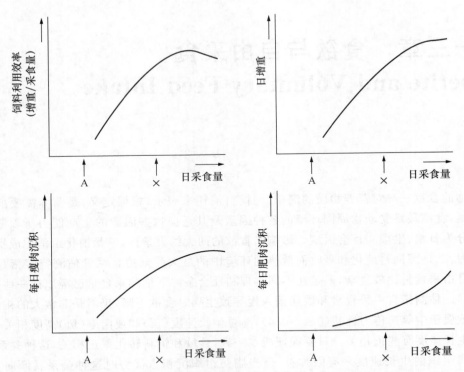

图 13.1　猪生长速度和饲料报酬随日采食量提高而相应变化。A 点是维持需要，A 点和
X 点之间，其相应变化为线性。适宜采食量在 X 点或 X 点之上。

需要量。高品质的日粮组分和不添加适口性差的成分依然是优化食欲的最佳路线。自身因素
引起的肥胖病（或逆呕，厌食）可能是机体和 CNS 相互的结果，不太可能是通过味觉开放而单
一控制的。

　　迄今已可通过一些基因选择来调控食欲，现在食欲好和食欲差的基因型正在明显地改善
猪群。虽然采食量本身可以通过基因选择进行相对简单地测量和控制，食欲好的基因型也许
同快速的瘦肉组织增长率、快速的脂肪脂组织增长率或两者都联系在一起。从前，培育的肥肉
型猪，其过大的食量超过了猪最大瘦肉组织增长率所需的食物量。如此造成营养供应剩余和
脂肪的过量沉积。从肥肉型到瘦肉型猪的转变，最初是从逐渐降低食欲开始。对食欲的减少
仍然是减少脂肪和提高瘦肉含量一个最有效的方式。在 1960—1990 年间，英国对 P2（最后肋
处）背膘厚的要求每年以大约 0.5 mm 递减（从 28 mm 到 14 mm，100 kg 体重 P2 背膘厚）。经
过同样时期，有证据证明 100 kg 猪的采食量从大约 4 kg 到大约 2.5 kg 被显著地减少了，提高
日粮营养浓度可解释后者采食量降低的原因。另外，足够多的瘦肉型猪群，需要培育食欲好的
猪种，因为只有提高营养采食量才能提高瘦肉组织增长率的潜力。采食量和肥胖之间的联系
密切，但只在选择高肌肉组织增长速度时可同时控制肥胖。

食欲是营养需求的结果

　　猪的能量需要用消化能（DE）表示，与以前描述的一样，用于维持需要、蛋白质和脂肪沉

积、哺乳等,生长和哺乳的最适值和构成众所周知:

$$DE_{采食}(MJ/d)=E_H+E_U+E_P \qquad (13.1)$$

这里,E_H 是作为维持、新陈代谢、劳作以及冷环境下的产热等的能量丢失,E_U 体是排尿的能量损失,E_P 是被储存在蛋白质、脂肪或产奶等的能量。

营养物质的来源是多样的,至少包括能量(比如淀粉、脂肪和糖)、氨基酸和一定量的矿物和维生素。家猪通常饲喂配制的全价日粮而禁止选择采食。日粮营养素配比和营养需要配比一致,然后食欲将反映合理全面采食所达到需要的满意程度。然而,如果日粮营养素与营养需要不平衡,那么食欲可能变得不合理:

(1)采食不平衡日粮可能在某种程度上降低随后而来的不适味觉;这样,营养消耗超过需要水平而会使采食受到限制。因此,要频繁地观察氨基酸或矿物质(和毒素)不平衡的日粮。猪也许吃不到充足能量水平的日粮,因为日粮供应过多猪不需要的矿物质。

(2)猪在采食营养不平衡日粮时,猪体本身能感知到一些养分是有限的(供应不足),为了满足这部分限制养分的需要,猪只能提高采食量直至吃到过剩。低蛋白质日粮时,猪经常企图这样做,结果是摄入了过多的能量而变得肥胖。猪是否采食能够反应猪体对所缺乏养分的需要程度,同时猪的采食行为也依赖于机体处理过度摄入的养分和能量的能力。

负反馈：热耗

食欲的负反馈调控可能与高水平的血糖、血脂、血浆氨基酸有关。所有这些指标都可以用来监测营养需要供应是否充足。同样的现象也可能是由摄入毒素及其解毒和代谢产物引起的。公式 13.1 显示的是猪用于维持散热能力不受限的情况。但是,这经常不是实际情形,并且当环境不能让猪体充分散热时为避免热应激而将限制能量采食。被用于新陈代谢所消耗的养分和能量并不是储存在了动物产品中,而是作为热量散失。如果要避免应激和体温上升,这部分热量必须被散失掉。生产能力越高的猪对能量的需求越大,并且随之需要散热就越大,直到找到适宜的(被减少的)温度的环境。任何由于日粮不平衡而引起的过量消耗(包含脂肪、蛋白质和碳水化合物)的能量,将使散热需要进一步加剧(参见上面)。

在没有充分散热能力时,在公式 13.1 中会增加一个负面压力并且采食量一定会下降。据估计每 1 kg 体重的最适温度每增加 1℃,采食量将会降低 1 g:

$$饲料减少量(g/d)=W(T-Tc) \qquad (13.2)$$

这里 W 是活重(kg),T 是有效的环境温度,Tc 是猪舒适的适宜温度。

影响空气流通率(避免热应激)也许根据假定空气流通增加 10 cm/s 大约和气温下降 1℃相当时调整。温度对采食量的影响详见第 19 章。

正反馈：相对维持之上的生产力

正反馈(提高食欲)主要与维持需要、冷环境产热、超出目前吸收率的生产水平有关(公式13.1)。如果最固定的效应是维持需要,那么根据活重测得的基础能量摄入需要,依照生长速度或泌乳水平进行修正。使用 14 MJ DE/kg 的日粮,动物摄入的每千克日粮中,用于维持的

采食量大约是 $0.03W^{0.75}$。在瘦肉和肥肉快速生长期间,采食量迅速增长也许上升到 $0.12W^{0.75}$(四倍维持需要)或更多,当达到哺乳高峰期时上升到 $0.15W^{0.75}$(五倍维持需要)。

通常完整公猪的食欲比去势公猪低10%,母猪通常在其中间。由于胴体脂肪率的反向选择,改良猪的食欲比未改良猪的要低;然而在某些关系中(食欲与某些指标的关系)依然存在分歧,例如瘦肉组织增长速度的遗传进展依赖食欲增加,而不是减少。

日粮营养浓度的影响

对一头需要相对高能量的猪,采食低能量日粮,将导致正反馈和提高食欲。在理论上,这种高采食行为直到下列情况发现时才会结束:达到能量需要时,或者由于其他营养物摄入过多而导致的负反馈发生时。采食高能日粮的猪起初的采食量也会较高,但是当摄入和需要之间达到平衡,饲料消耗量将会逐渐下降。随着能量浓度增加,采食量会下调;反之,减少日粮能量浓度,采食量就会上调,特别是对猪是相当确切的。这样,几乎精确地获得消化能采食量。根据日粮能量浓度增加,采食量和消化能的反应变化见图 13.2 。

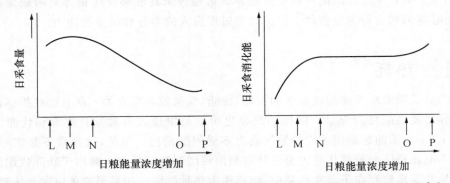

图 13.2　猪的采食量控制:L-N,消化道容积最大限制的生理调控范围;N-O 受进食与营养需要之间平衡限制的心理调控范围;O-P:消化道容积最小限制的生理调控范围;L-M:日粮浓度增加刺激采食增加,容积限制,利用最大消化道容积,能量进食量提高但并未满足营养需要;M-N,饲料每日采食量,容积限制,利用最大消化道容积,能量摄入提高但仍未满足营养需要;N-O,满足能量需要,通过降低饲料进食体积补偿提高日粮能量浓度,营养采食和营养需要达到平衡,消化道容积在早期随反应变化但是后期消化道不充分填充;O-P,通过降低食欲提高日粮能量浓度达到或补偿消化道充满时的最小需要量,能量需要过剩。

一些证据表明,食欲除受能量的影响外,也受日粮氨基酸水平和氨基酸平衡影响。负反馈可能由日粮氨基酸不平衡引起,其比更接近理想氨基酸平衡的日粮消耗要少,如此避免过多采食不需要的氮。图 13.3 表明,采食量随着赖氨酸增加到理想氨基酸平衡时而增加,在赖氨酸供应过剩时采食量才会下降。

另外,如果日粮短缺蛋白质(不平衡),正反馈起作用补偿蛋白质需要。以上猪"吃能量"的例子,在于它们提高蛋白质消化速度,"吃蛋白"使消耗过剩能量成为可能。猪的这个反应倾向是满足对瘦肉组织增长的需求,难免促进脂肪组织沉积。因为猪对日粮蛋白质含量的反应将取决于应付过度消耗其他营养物质和能量的能力,在此情况下,环境温度最重要。

食欲为消化道容量的结果

猪具有根据日粮养分浓度（特别是能量浓度）来调节采食量的能力，这种能力在消化道容易（容积和吞吐率）达到极限时会受到限制。饲喂后，食糜就开始由胃向十二指肠流动，流动的速度大约是 10 g 干物质/分钟。直到胃中初始进入的一半饲料被排空，流出率才成线性。此后，流出率指数下降。仔猪的流出率比成年猪的稍微低点，但它能使许多干物质的移动相对恒定并且对绝大多数吃进的饲料不会有很大影响。那么对猪来说，胃和小肠的总容量对控制采食量的生理极限将是最重

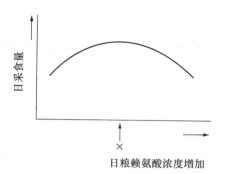

图 13.3　日粮赖氨酸浓度和采食量的曲线图。X 点表明赖氨酸浓度相当于蛋白质中理想氨基酸平衡。

要的因素，并且有理由认为采食量的生理极限与体格大小有关。该调控中其他因素的含义如图 13.2 所示 。

日粮浓度在 N（图 13.2）之下，消化道容积限制采食量，消化能量的消化率一定下降。实际上，猪可使消化道容量最大化，但由于能量采食不足，而不能发挥最大的生产力，通过向日粮中添加油脂可以提高猪的生产性能，因为油脂能提供最高的能量却占用了最小的消化道空间。人工（合成）氨基酸也将作为相似的原因使生产性能提高。N 在图 13.2 中的确切位置——在这点之下，所需的能量摄入受日粮体积限制，这一点高度取决于猪的消化道容积，消化道容积与猪的生产力和消化大体积食物的经历有关。仔猪的潜在生产力特别高，但由于动物体格小而消化道容积特别低。容积也许通过限制食欲而限制生产性能，仔猪的 DE 值在 20 MJ/kg 以下（母猪奶有 30 MJDE/kg DM 左右），生长猪和泌乳母猪为 14 MJ/kg，其他的成年猪为 10 MJ/kg。如果猪有机会适应大体积饲料并且增加它的消化系统，这些值将有些减少。由于受消化道容积的限制，泌乳母猪和年龄小的生长猪比年龄大的生长猪和妊娠母猪具有更大的生产潜能。正因为如此，前者比后者需要更高的营养浓度。

在湿料系统中，水也可以是构成"容积"的一个元素，家畜饲料的体积，通常根据纤维含量的多少而被量化，也就是指饲料的难消化程度。当然，纤维和 DE 浓度之间的关系是高度负相关。纤维在食道中不仅占领大量空间还是低能值（或零），而且能够吸水（将占据更大的消化道空间）。它或许有助于根据粪便中未消化食物原料的潜在的日排出量或食物中干物质的含水量来测量消化道容量。例如，如果猪的粪便有机干物质排出量大约为 0.013W，那么我们可推测出体重为 20 kg、100 kg 和 200 kg 的猪有机干物质排出量分别会是 0.26 kg、1.3 kg 和 2.6 kg。假定以上三头猪的干物质可消化率分别为 0.80、0.70 和 0.65，生理采食量极限分别 1.3、4.3 和 7.4 kg。这些极限值与那些由 $0.14W^{0.75}$ 来估计的值相似，早期被提及的功能和相当的估计值超过四倍的维持需要。如果这个论据是可信的，那么：

$$采食量的生理限制（kg/d）\approx 0.013W（1-消化率系数）\qquad (13.3)$$

对经过遗传选择的低食欲的猪来讲，系数 W 的估算含相对偏低，而对耐粗饲料的猪来讲会相对偏高。

小猪和生长猪的采食量估计

通常,小猪的增重速度和采食量直到 20 kg 时才受到食道容积的限制。公式 13.3 建议体重为 5 kg、10 kg 和 15 kg 猪的生理限制为 0.65 kg、0.65 kg 和 0.98 kg[如果消化率为 0.90(牛奶)、0.80 和 0.80]。这些值对断奶仔猪是真实的,但对每日消耗大约 300 g 干物质体重为 5 kg 的哺乳仔猪来讲,极限是由液体采食量或 300 g 补充饲料所占的有效空间决定的。有趣的是,活体重为 3 kg 时,消化道极限与奶干物质摄入量相似。

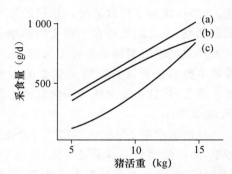

图 13.4　断奶仔猪从 21～28 天饲喂固态饲料的采食量:
(a)估测基于假定日粮 16 MJ DE/kg 时的营养需要;(b)估测基于消化道容积生理极限;(c)估测基于生产性能,处于好的(不足够好的)商业生产环境。

断奶仔猪直到大约 20 kg 活重时才会发挥潜在的食欲,有时也非如此。它们在最佳条件下可能会达到生长潜力(参见第三章)。关于仔猪为什么不能吃到足够的食物来满足其营养需要的原因在较早时候已经有所提及。具体原因包括:疾病、应激、不适应环境温度、适口性差的食物、养分组成不合理或营养不平衡、水份供给不足、生存和摄食空间不足、管理不完善等。例如,6 kg 刚断奶仔猪吃 400 g 优质饲料所获得的生长速度,并不比断奶前高,直到 2 周以后才会提高。很难估计猪在断奶和 15 kg 之间的采食量,原因在于个体饲养管理环境。图 13.4 显示了估测的与生理极限、营养需要和生产水平有关的日采食量,后者远低于前者。

15 kg 之前是可能的,其他方面所有生产性能是令人满意的,小猪的食欲也许最好从它们的营养需要估计(公式 13.1),在极限消化道容积之内(公式 13.3)。不同国家的工作者总结了许多经验。英国农业研究委员会(ARC)1981 年工作小组报告了:

消化能采食量＝4×维持需要 （13.4）

或,维持需要用 0.72 MJ ME/kg $W^{0.63}$ 估测:

DE 采食量(MJ/d)＝4(0.72 $W^{0.63}$)/0.96＝3.0 $W^{0.63}$ （13.5）

相似的,爱尔兰人发现 4.0$W^{0.5}$。但是这种关系对于高 W 值的猪是不现实的(例如,一头 160 kg 猪每日消耗大约 54 MJ DE),基于此得到下列公式:

DE 采食量(MJ /d)＝55(1－$e^{-0.020\,4W}$) （13.6）

这被美国科学院与国家研究委员会(NAS-NRC)1988 年报道过。

表 13.1 中的值显示,从下面公式可以预测采食 14MJ DE/kg 日粮的采食量

采食量(kg/d)＝0.13 $W^{0.75}$ （13.7）

依照前面提到,是一个接近四倍维持需要之上的近似表达,并且食欲可能接近食欲极限。

表 13.1 的值显示,通过公式 13.3 和 13.7 计算出最大采食量,前者根据消化物的粪便排

泄,后者根据代谢体重。当发现分歧时,这两个估计与农业和食品研究委员会(AFRC)工作小组的等式 13.6 的直到 80 kg 活重的估值一致。采食量极限是渐进的,并且生长猪渐近线出现在 100 kg 活重之前,被许多数据接受并很好地证实(参见,举例图 13.5)。但是,已知达到 160 kg 重的泌乳母猪的采食量大约为 6 kg,与公式 13.3 和 13.7 一致的。或许公式 13.6 和在图 13.5 反映的不是最大消化道容积,而是较少营养需要,接下来是生长速度降低,随后到 100 kg 活重。但是,制作假定的生长渐近线必须小心谨慎,并且改良的基因型比未改良的基因型的活重应该要高出许多。食欲的表观渐近线发生在 100 kg 左右的原因大部分是生产管理系统的功能,并值得进一步调查研究。

表 13.1　利用不同方法估测采食量极限。

猪活重(kg)	公式 13.6[1] (MJ DE/d)	公式 13.6[2] (kg 日粮/d)	公式 13.7[3] (kg 日粮/d)	公式 13.3[4] (kg 日粮/d)
20	18.4	1.31	1.23	1.30
40	30.6	2.19	2.07	2.08
60	38.8	2.77	2.80	3.12
80	44.2	3.16	3.48	3.47
100	47.8	3.41	4.11	4.33
120	50.2	3.59	4.71	4.46
140	51.8	3.70	5.29	5.20
160	52.9	3.78	5.85	5.94

[1] DE 采食量(MJ/d)$=55(1-e^{-0.020\,4W})$。

[2] 采食 14 MJ DE/kg 日粮的采食量。

[3] $0.13W^{0.75}$。

[4] $013W$(1−消化率系数);不同活重的消化率系数分别为 0.8、0.75、0.75、0.70、0.70、0.65、0.65 和 0.65。

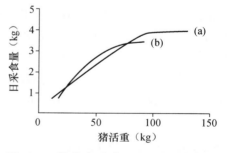

图 13.5　猪自由采食 13.2 MJ DE/kg 日粮的采食量,源于(a)猪的蛋白增长,Tullis(1982),博士论文,爱丁堡大学(b)生长猪与育种和饲养有关的采食量,Kanis(1988),博士论文,Wageningen 大学,曲线都是渐近的。

　　尽管生长猪的预期采食量可从表 13.1 中选出一个或几个数据来描述,或者如图 13.5 中所描述的那样。但在农场自由采食状态下的实际采食量更接近于如下公式的预测值:

$$采食量(kg/d)=0.10\,W^{0.75} \qquad (13.8)$$

或

$$DE\ 采食量(MJ/d)=2.4W^{0.63} \qquad (13.9)$$

　　后者是维持需要的 3.2 倍。这些估测见表 13.2。

　　实际采食量也许比最大采食量小,因为在消化道容量极限范围内,营养需要就能得到很好的满足。然而,更加现实的是,生产管理中会将采食量限制于最适营养需要量之下。抑制因素也许包括饲料适口性、狭窄空间、猪之间的互相攻击、生病、营养失衡、环境温度、饲养密度等。最后两个因素可量化。

表 13.2　利用不同方法估测采食量极限。

猪活重(kg)	公式 13.8[1](kg 日粮/d)	公式 13.9[2](kg 日粮/d)
20	0.90	1.13
40	1.59	1.75
60	2.16	2.26
80	2.67	2.71
100	3.16	3.12
120	3.63	3.50
140	4.07	3.86
160	4.50	4.19

[1] 采食量$(kg/d)=0.10W^{0.75}$。

[2] DE 采食量$(MJ/d)=2.4W^{0.63}$,应用 14 MJ DE/kg。

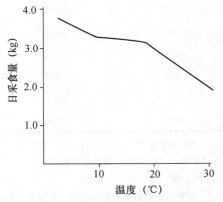

图 13.6　温度对食欲的影响。首先,提高温度,由于降低冷应激的需要而降低采食量;然后,温度越高,由于需要避免热应激的猪的反应为降低食欲。

温度(T)每高于最适温度(Tc)1 度,每 kg 体重猪的采食量减少 1 g,Tc 取决于产热量,即猪的新陈代谢活动。图 13.6(大约 80 kg 猪活重)显示饲料每日采食量与温度是如何直接作用和呈负相关的。低温下,有应对冷环境产热的能量需求。这需求随着温度上升而下降,采食量将按比例下降(公式 13.1 显示)。在适温区域,日采食量可能稳定。温度在 Tc 之上,是一个负相关关系,因为根据公式 13.2,温度上升导致采食量下降。

饲养密度的影响也值得进一步阐述。日增重受不断增长的饲养密度影响。大多数反应归结于采食量的减少。猪占据的空间面积(m²)是 k $W^{0.67}$,k 值在最适的情况变化 0.005,也许采食量变化 4%(当 k≈0.025 时,猪有充足的空间躺下——通常 $k≈0.040\sim0.050$ 是可接受的饲养密度)。k 和采食量之间的变化对生长猪是普遍的现象。一头 60 kg 猪吃 2.0 kg 饲料,k 值 0.005 的变化会使猪减少 80 g 日增重,或由于猪占据空间面积减少 0.1 m²,会使大约每头猪每天潜在的采食量降低 0.1 kg。

母猪的采食量估计

从公式 13.3,母猪的采食量生理极限为体重 120 kg 母猪吃 5 kg 饲料,体重 250 kg 母猪吃 11 kg 饲料,消化率 0.70;当然,比确定的生长猪的渐近线大很多。在妊娠期和断乳到再配期间要给予合理的平衡日粮,营养需求将是在这个极限内。的确,给予母猪浓缩料将会使其每日多消耗 0.5 kg 或更多的饲草,或填充消化道来满足消化饲草的胃肠蠕动。食欲对非泌乳期的成年母猪在维持需要、妊娠期、冷产热、生长和(相当重要)在哺乳期被分解代谢的脂肪组织的替代等过程中发挥作用。公式 13.1 均可显示。

　　泌乳母猪通常在食欲极限内无法满足营养需求,并且将消耗体脂弥补缺乏。尤其是对那些初产母猪尤为严重,青年母猪在自由采食量方面总是比经产母猪低 1 kg,这大概归结于体型小和应激的增加。随着胎次的增加母猪食欲提高,并且经常观察活重发现母猪食欲与四倍维持需要一致,可用 $0.12W^{0.75}$ 表示。许多类型母猪的确将超出这个采食量,并在哺乳期每日采食量在 10 kg 以上。今天倾向培育瘦肉型猪,饲料消耗量要少很多,通常哺乳期采食量预期是 4~8 kg。这些被减少的采食量不是脂肪反向选择的结果,而是抑制食欲。其他方面是现代产房在热应激下频繁地安置母猪。舒适温度(Tc)在 15℃时,室温(T)25℃会导致 200 kg 泌乳母猪采食量减少 2 kg。用下面公式估测:

$$采食量(kg/d)=[0.013W/(1-消化率系数)]-[W(T-Tc)/1\,000] \tag{13.10}$$

公式 13.3 的详细结果。

　　哺乳期低采食量可能通过以下手段被改善:

- 增加饲喂次数(最大采食量每顿是 3~4 kg,表明每日饲养三次是有益的);
- 湿饲而不是干喂(提供水最简单的应急办法:水料比 3∶1,采食量将提高 10%~15%);
- 除饲料水外提供充足的清洁饮水;
- 使环境温度降低到 15℃;
- 使用高浓度日粮(大于 14MJ DE/kg——利用油脂提高能量浓度,而不是利用淀粉,因为脂肪的添加能更有效地提高能量,同时减少代谢产热);
- 在天凉时饲喂,利用水滴和鼻子冷却器(天热时每日可多采食饲料 1~2 kg);
- 供应充足蛋白质的平衡日粮。

　　众所周知,妊娠期采食量与泌乳期的食欲呈负相关,但这种相关性并不是特别强,可能受到分娩时母猪机体肥胖程度的影响,通常用 P2 背膘厚度(mm)来反映母猪肥胖程度:

$$泌乳期采食量(kg\ 28\ 天)=240-0.20(115\ 天妊娠期采食量) \tag{13.11}$$

或

$$泌乳期采食量(kg\ 28\ 天)=212-3.6P2 \tag{13.12}$$

　　除与体脂呈负相关外,哺乳期采食量与产奶量为正相关;即哺乳仔猪数。在此由于固定的消化道生理大小而导致的采食容量局限因素并未被考虑在其中,它可计算为每头仔猪每日要求大约 1.2 kg 鲜奶,并且要求奶的能量浓度为 8 MJ ME/kg 奶,或者大约等价于每头仔猪日采食为 0.7 kg 饲料。泌乳母猪采食量描述如下:

$$采食量(kg/d)=A+0.7x \tag{13.13}$$

　　其中,x 是仔猪头数,A 是维持需要(日采食量 kg,$0.033W^{0.75}$)。使用这些观点计算得出的结果见表 13.3。另外,根据公式 13.13 的观点,凭经验估计,如果一头母猪哺育的仔猪数合理,且每天采食低于 8 kg 的日粮,那么其可能会消耗自身体脂导致体重下降。理论上,多哺乳一头仔猪,母猪应该多采食 0.7 kg 日粮,但通常情况下母猪从未能完成这一采食目标,它通常仅多采食 30.4 kg 左右的日粮。由于多采食的 0.4 kg 日粮不足以维持营养平衡,这就必然导致机体要通过分解体脂或瘦肉组织来满足泌乳的营养需要。母猪似乎能很好地意识在即将到来的泌乳期会出现营养供应困难,因此它像其他哺乳动物一样,在妊娠期乐于贮存脂肪以用于在随后的哺乳期的分解作用中。

表 13.3　产仔数对泌乳母猪理论采食量的影响。

产仔数	母猪活重（kg）		
	140	180	220
8	6.9	7.2	7.5
10	8.3	8.6	8.9
12	9.5	10.0	10.3

营养强化剂：　能调整食欲和/或提高饲料营养价值的添加剂

特殊日粮成分

有充足的证据证明猪吃得最多的饲料是甜的。糖是非常美味的,但并不认为糖一定能克服其他日粮成分的不好的味道。熟制谷物,油脂和鲜奶粉是猪喜食的饲料。另外,食欲不振是因为日粮成分包括譬如劣质肉骨粉、一些鱼粉、油菜籽饼(含高和低的葡萄糖基芥子油苷,但前者比后者更易遭拒食)和棉籽饼,某种程度上,还有一些豆饼。猪厌食的有外源凝聚素、真菌毒素、葡萄糖基芥子油苷、丹宁酸、皂草苷、芥子碱及其类毒素和非营养因素,这些对食欲均有影响。正确选择成分是食欲最大化的基础。

饲用酶制剂

饲料碳水化合物由糖(少量)、淀粉和结构性碳水化合物或非淀粉性多聚糖组成。非淀粉性多聚糖包含 β-葡聚糖和戊聚糖。并且 β-葡聚糖和戊聚糖在饲料原料之间相对比例不同(大麦内胚乳里富含 β-葡聚糖,小麦富含戊聚糖)。根据品种,β-葡聚糖在大麦中含量为 2%～8%;小麦多缩戊糖组分的水平也依赖于品种。碳水化合物不仅在胃和小肠中消化,而且在大肠中也能被消化。猪的微生物发酵是唯一可充分水解和消化非淀粉性多聚糖的系统。微生物发酵发生在消化道过程中,但主要在大肠和盲肠。细菌碳水化合物分解酶将产生主要的挥发性脂肪酸乳酸、乙酸、丁酸和丙酸,它们将像葡萄糖一样能被利用一半左右。

添加饲料酶制剂可用来分解碳水化合物并提高消化率。既然如此,根据公式 13.3,在任一给定活重下,对大体积食物的采食量将增加,从所摄取的饲料中获取的养分量也将增加。如果在肠道里酶制剂分解碳水化合物的纤维成分就可以降低消化道的容载量,那么酶制剂就成为潜在的第三大影响采食量的积极因素。因此,酶制剂应该考虑用于青年猪日粮;但是它们的效能不同。

小猪的酶系统大约 4 周龄前主要用以消化乳成分,之后由于需要消化固态饲料时才开始变得完善(图 13.7)。因此,对于小猪,饲用酶制剂在日粮方面

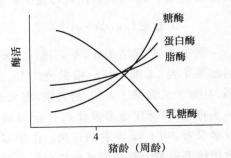

图 13.7　猪龄对内源酶活的影响。

会发挥更有力的作用,酶系统或是非存在肠道中的酶补充的自然酶分泌物,仔猪的内源消化酶系统并不完善,可以通过酶制剂来补充,同时也可以补充一些原本消化道中不存在的酶——例如消化纤维素的酶。

胃 pH 值大约是 2,它低于多数碳水化合物消化时所需的酸碱度。消化食物时高于这个值,采食后 pH 值显著提高。采食后,唾液显著分解碳水化合物(反应所需 pH>4.0),大概要在这里反应 2~3 小时。在胃中也发生细菌发酵,能产生乳酸和有机酸;对于哺乳仔猪来说,乳酸杆菌主要产生乳酸。

肠道内的淀粉会直接导致小肠消化淀粉的能力增加。两周内的显著挑战是,充足的碳水化合物酶对于简单的淀粉水解作用都是有效的;但是这是在假定饲料碳水化合物缺乏非淀粉多糖(细胞壁成分,不能被小肠内的碳水化合物酶消化)保护的情况下。大多数谷物淀粉相对简单,那些非谷物饲料像豆粕可能更复杂并且不易消化。然而,更重要的是,断奶不仅是营养物质的巨大变化(从乳汁到谷物和从动物蛋白到植物蛋白),并且为使小肠和胰酶系统有效的工作也会出现自身伤害。

因此,针对这种情况,对断奶仔猪和生长仔猪提出的合理提议如下:

(1)使用酶制剂能用来支持常规淀粉在胃中的消化。

(2)当日粮中使用了含高水平的复杂非淀粉多聚糖(NSP),如羽扇豆、向日葵、油菜籽和豆粕,或是一些含有复杂 NSP 的特殊成分,像在黑麦、黑小麦和一些麦类中的阿糖基木聚糖,酶制剂对它们也许是特别有用的。

(3)外源纤维素酶可以消化非淀粉结构的碳水化合物,而且它在摄取前和进入消化道前已经具有了活性,通过饲料添加外源纤维素酶来补充的内源酶系统,这不仅能从难以分解的酶作用物中产生有用的养分,而且还可以释放被难以消化的细胞壁保护在植物原料中的淀粉和蛋白质。

(4)酶能降低多聚糖类抗营养因子的作用,从而减少由 β-葡聚糖引起的消化物粘连问题。

在非淀粉性多糖的情况下,非淀粉性多糖的存在类型随日粮成分不同有所差别,并且需要使用特殊的酶制剂。因此,大麦基础日粮主要是通过添加 β-葡聚糖酶受益,而包含小麦、黑麦或黑小麦的日粮主要需要加戊聚糖酶(阿拉伯糖——木聚糖酶)。

断奶仔猪对植物蛋白的消化能力很弱,并且以消化乳成分为主的内源蛋白酶系统需要一些时间来完善从而从植物源蛋白中摄取每日所需的营养。也就是说,仔猪缺乏足够多的消化蛋白的能力,通过外源蛋白酶的添加来补充这种能力是合理的。

淀粉酶、β-葡聚糖酶、戊聚糖类、一般纤维素酶(脂肪酶)和蛋白酶已有产品可用做猪饲料。这些产品在实验室中加水加热时能使谷物和植物蛋白精料中的淀粉,非淀粉多糖和蛋白质活性分解。在饲料中添加酶制剂,可少量地增加淀粉和非淀粉多糖在青年猪里的消化率,但在性能方面没有明显的改进。但是并不是所有的实验都支持这个结论,甚至一些实验还得出相反的结论,从商业角度考虑(仅为假设)通过改善消化能力和提高食欲可以使每日采食量提高 2%~3%。或者在谷物加工时对谷物进行更进一步的烹制、剥落和挤压。

树胶醛醣和木聚糖,特别是在麦子、黑小麦和黑麦中可能造成消化障碍,在这种可能性下,它们早期被饲料中的酶进行消化是有益的,但是对这种情况的改善还没有证据。

有关作用于日粮碳水化合物的饲用酶制剂的效率的客观和安全的证据发展缓慢,但这种情况在将来也许会发生改变。

环境污染物

　　氨和氢化硫是有毒性的,并且当其含量在大约 10 mg/kg 的较低水平时或者更多时将降低动物的食欲。随气体浓度的增加这种作用更明显。在集约化的生长猪舍中,氨气含量可能升到 50 mg/kg 之上,然而搅动粪浆后氢化硫的含量会上升到 5 mg/kg 之上。氨气的水平在 25 mg/kg 之上导致猪生长速度的大幅度降低。要通过有效的通风来保持最佳的空气环境,但当外部气温降低时此法不可行。最近,在猪的饲料中加入添加剂,使其减少粪中氨含量已显示出商业利润。通过控制并且防止氨气,也许能达到防止 pH 的迅速上升。微生物和酶制剂产品可被添加在饲料中,推测它们主要在粪便中发挥作用,能帮助粪便在分解中不产生气味。当氨气超过 110 mg/kg,通过使用这种添加剂降低氨气水平能够改善采食量和猪的行为。然而,在猪的营养中,其他的这种新兴生物技术的发展,商业的力量是值得肯定和科学解释的。不要设想还有其他有利可图的降低氨气的方法,也许那种方法并不能发挥同等效果。深层垫草(锯末)为猪提供了舍床,并且可以将特殊的物质添加到垫料中利用原位的堆肥技术降低氨气产生和帮助发酵。像这种系统最多只能比常规系统多 30%～50% 的饲养密度;尽管如此,添加剂的益处尚未被量化。

日粮有机酸的添加

　　在胃中,pH 通常为 2～4,在小肠中 pH 值上升到 5～6,在大肠中又会上升到 7。当 pH 水平在 6 之上时,可能会使酶制剂的作用降低和肠道中致病性细菌增加。因此,猪的食欲和食道最佳酸碱度之间有密切的关系。有机酸譬如丙酸、乙酸、柠檬酸、乳酸和反丁烯二酸可以添加到日粮中,在当仔猪发生应激时,它们可以用来帮助抵抗可能发生在胃中的酸碱度的上升。采食有机酸可以帮助改善肠道内环境,还可以协助提高采食量和减轻断奶腹泻。仔猪所摄入的奶中的乳酸能够刺激乳酸菌的生长,然而由于有机酸能代替乳酸的作用来防止乳酸菌损失,所以在不包含奶制品的谷物/大豆型日粮中添加有机酸能发挥最佳效果。

　　非常重要的是,不同的饲料成分有显著不同的酸结合能力。液态奶和谷物的酸结合能力低,但奶粉与动物和植物蛋白的酸结合能力高。断奶后有一短暂时期仔猪小肠内 pH 值升高导致身体易患疾病。饲料有机酸能够解决肠道 pH 升高的问题,但是鲜有报道能清楚地解释有机酸的效应机理。

微生态制剂-益生素的添加

　　在消化道内环境中的各种微生物是有益的,它可以改善断奶后仔猪的食欲不振,并且能提高幼龄生长猪的食欲。向食道内添加微生物的目的是直接清除肠道内反常的和不健康的菌种。致病性菌附着在食道黏膜上并在那里产生毒素。绑定于相应位置的非致病性菌与其产生附着竞争从而防止毒素的产生。有益的并且经常使用的有乳酸菌(Lactobacillus)、链球菌(Streptococcus)(肠球菌 Enterococcus)、双歧杆菌(Bifido bacterium)和各种各样的杆菌(Bacillus)。在正常的情况下,乳酸菌会在母乳的促进下进行乳糖发酵并生产乳酸。乳酸菌的损失对食道酸度也许有消极作用,随着它的缺失,在原菌群处可能会被致病菌代替。因此对饲料微生态制剂有两条主要要求:

　　(1)保持消化道适宜的 pH;

（2）由于竞争和对抗性影响,病原微生物成长譬如大肠杆菌(*Escherichia coli*),沙门氏菌(*Salmonella*)和葡萄球菌(*Staphylococcus*)被削减。

乳酸杆菌(*Lactobacillus*)和链球菌(*Streptococcus*)与适当的酵母(酵母菌 *Saccharomyces*)能联合作用刺激采食量的增加。给母猪适当的有益菌,不仅能促进母猪的生长,而且还能通过改善肠道菌群促进哺乳仔猪和断奶仔猪的生长。当营养物质含量很低时(尤其是 B 族维生素),通过添加益生素(1 g/kg)可以改善肠道环境,提高有益菌并且抑制致病菌,甚至能改善肠道酶体系。

众所周知,日粮微生态制剂对采食量和生产性能的改善效果具有变异性。微生态制剂发挥作用要具备一定的先决条件,首先它要能维持 pH 值平衡并抵抗病原微生物的侵袭,其次,具有充足的数量,能够快速增殖成肠道优势菌群。迄今,还没有充分的实验证据能清楚地证明这个理论能有效地应用于实践。不是基于客观事实而妄下的结论通常很难被认同。20 世纪80～90 年代的许多实验表示,期望抗生素将生长速度提高 5%～10%,益生菌是 0～5% 。一些大胆的实验人员已证明添加益生菌能抑制病原菌的生长。在所有的实验中,有 60% 的实验支持使用益生菌,并且证明益生菌比抗生素作用更明显。仅有 2.5% 的实验认为添加益生菌会提高成本,但这也是值得怀疑的。出于安全考虑,在使用特殊益生菌群之前需要明确知道它所针对的病原体。

抗生素的添加

添加"生长促进剂水平"的抗生素能通过抵抗病原微生物的负面效果(抑制病原微生物菌群)提高食欲,促进生长,而且能提高肠道的吸收能力。相比抗生素对肠道失调的治疗效果,它在健康动物中的积极作用较难得到体现。向刚断奶的仔猪料中添加抗生素添加剂是许多年来很普遍的做法,而且它对采食量和生长是有好处的,可能提高 10%。添加抗生素应该也能预防疾病的爆发,其中的好处当然是相当大的。经过许多不同试验和多年的生产经验这些积极反应已经被证实。抗生素添加剂的积极效果随日粮不同变异较小,特别是与目前发现的饲用有机酸、酶制剂和益生菌等变异较大的添加剂相比。有些抗生素/抗菌化合物被应用的目的与其说是抑制病原微生物,倒不如直接说是提高采食量,特别是对仔猪。但是无限制地增加抗生素可能会增加细菌产生抗药性的风险,为此欧盟立法在猪饲料中完全禁用。但是从猪的食欲和性能看,饲用抗生素的好处是毫无疑问的,上述风险可能利大于弊。

风味、增味剂和除味剂

风味好能增加采食量:①提高日粮中猪喜欢的口味;②另添加一种猪喜欢的口味;③去除猪不喜欢的口味。合理的收割和储存来预防日粮中霉菌的生长是最大限度提高食欲的基础。通常使用像丙酸之类的抑制剂来抑制霉菌,但这种做法又被认为会抑制猪的食欲。猪对日粮中脂肪氧化和酸败很敏感,食欲也会因此受到抑制。抗氧化剂包括合成的(如叔丁基羟基茴香醚(BHA)、2,6-二叔丁基对甲酚(BHT))和天然的(如维生素 E)产品。

近些年来盛行使用去味剂提高日粮的口味,并且已经具有商业价值。但是这种做法却造成猪吃得更少了,由此需要寻找一种香味配合剂来解决这个问题。推测认为,使用增味剂而不是除味剂更加有效。此外,在猪的日粮中添加某些特殊的诱食剂可能对提高其采食量和食欲有一定的帮助。但是这些诱食剂在增强猪的食欲方面只能起短暂作用。猪很快根据饲料中的营养成分自行调节摄入量。

　　通常香料会配合除味剂一块使用，但这种做法一般认为是不恰当的。在其他物质中，混合型香料可能含诱人的芳香油香精，它能改善风味并且刺激酶产生。可能还具有其他效果，像抑制肠道病原体和饲料中的真菌（未经证实）。但是所有这些做法的前提是通过提供新鲜和恰当储存的优质原料，确保猪喜欢吃。

饲料形态和实现方法

　　关于在颗粒饲料、破碎料或粉料中是否能使采食量最大化仍然存在争论。这也与饲喂方法有关。总之，中度磨碎的谷物比那些粗糙的或细磨得更易被采食。小颗粒料和破碎料比大颗粒料和粉料更受喜欢。粉料在口腔和胃中可能变成糨糊状并且降低适口性和肠中的蠕动率；它们可能导致胃溃疡。生产粉料过程中产生的粉尘可能增加呼吸道疾病并可能降低对环境的可接受性。粉料运输成本高（不够稠密），并且有可能更浪费（粉料和颗粒料损耗率分别约为6％和2％）。然而，颗粒料生产成本更高。

　　所有饲料形态如果是湿喂而不是干喂会被猪吃得更多。一些生长猪/育肥猪生产者设计合并水流进入干料系统（干湿料槽）。在避免肺病方面也适合使用湿料。管道饲喂系统允许一整天频繁地湿喂，虽然猪不是自由采食，但其大量采食还是归功于猪喜爱的湿料。如果饲料被剩下，那就将存在迅速发酵的风险，并且这种发酵不容易控制。特别是对断奶仔猪和生长猪，受益于湿喂（由于干料系统食欲限制了生长速度）的同时也要忍受先前剩余变质的饲料带来的损失。

　　除了扩大空间和提供频繁充足的饲喂机会外，附近设有清洁饮水也是促进食欲的一个方法。猪几乎不能从自动料斗中实现自由采食，如果能的话，采食量就会得到最大化。通常下料速度会被严格控制（需要避免浪费）；尽管那样，饲料通常还是干燥陈旧的，一些在群体中处于弱势的猪甚至可能被剥夺了靠近料槽的机会。

　　食欲是限制生产性能的一个最重要的因素，日粮营养含量和饲料添加剂在促进食欲功能方面引起了人们的注意。但是，在实践中，猪的个体采食量的主要影响因素是与饲养管理相关的，尤其是疾病存在，断奶仔猪、生长猪和育肥猪的生活空间小，以及泌乳母猪处于高温环境和不适当的饲喂制度下。

第十四章　日粮配方
Diet Formulation

引言

　　猪的饲料成本要比所有生产中的其他成本高很多。养猪生产是在最有利的成本价值比下把动物饲料变为优质猪肉。

　　养猪生产者从饲料生产商那儿购买饲料,或者自己配制饲料。任何猪的饲养程序至少要求包含七个关于日粮的营养信息:

　　(1)能量浓度;

　　(2)必需氨基酸浓度;

　　(3)蛋白质(氨基酸)含量或蛋白能量比;

　　(4)能量的利用效率;

　　(5)氨基酸的利用效率;

　　(6)蛋白质的质量(或蛋白质价值);

　　(7)充足的维生素和矿物质水平。

　　日粮由饲料成分混合而成并达到给定的营养水平,也就是,预先确定了日粮中已知养分所需要的浓度[例如,14 MJ DE(或 9.9 MJ NE)/kg,赖氨酸 10 g/kg,200 g CP/kg]。猪能采食的饲料种类很广,附录 1 中仅列出了一些具有代表性的饲料原料。然而,高纤维日粮限制采食量。大部分常规日粮配方,用谷物(玉米、小麦、大麦、燕麦、黑麦、高粱)配制,并添加较高质量的蛋白质原料[大豆、豌豆、油菜粕、向日葵粕、肉骨粉(欧盟不存在),鱼粉,但特别是豆粕]。其他能量和蛋白质饲料也许来自块根块茎(甜菜、土豆、木薯)和副产品(油脂、人类食品工业副产品、奶制品)。日粮中通常含有添加剂和促生长剂。

　　为了简单理解概念,本章将分别以 DE(和 ME 为 0.96DE)和总赖氨酸来表示能量和氨基酸。这是目前常用的表示方法。然而,在前面的章节中已经解释了,是以 NE 表示饲料能值,标准回肠氨基酸消化率表示饲料蛋白质值,这极大增加了配方效率。推荐一些尚未使用 NE/标准回肠消化率系统的配方师来使用这个实用方法设计日粮配方,从这个高效配方系统中获利。

　　NE 和标准回肠消化率对饲料的价值及猪对 NE 和标准回肠消化率的要求在先前的一些章节和附录里已经讲过。读者可以参考文献 英国动物科学学会(2003)猪营养需要标准(*Nutrient Requirement Standards for Pigs*),BSAS,Penicuik,Scotland,和英国养猪委员会(2004)猪饲料配方(*Feed Formulations for Pigs*),MLC,Milton Keynes。

日粮中的能量浓度

　　猪日粮的能量值从最低的草粉和粗饲料中 11 MJ DE/kg 到大于 16 MJ DE/kg 的高能量

配方日粮,像玉米、全脂大豆和饲用油脂添加剂。日粮的能量浓度与纤维水平呈负相关并且与脂类水平呈正相关。其中 NDF 是中性洗涤纤维(g/kg 日粮干物质(DM))并且脂类包含所有油脂和脂肪(g/kg 日粮 DM),那么

$$DE(MJ\ kgDM)=17.0-0.018\ NDF+0.016\ OIL \tag{14.1}$$

一定量的日粮营养浓度取决于它的含水量。日粮通常以风干的形式提供给猪;在饲喂时加水。一些日粮成分也许需要一定的水分,像块根类作物(10%～25% DM),鱼粉(15%～25% DM),奶类副产品(4%～13% DM)。有许多来自高质量的人类食品和饮料产业的工业废弃物,含2%～30%的干物质。

以谷物和大豆为基础的猪日粮配方通常含85%～92%的干物质,取决于谷物的水分含量。在猪日粮中,通常大约87% DM(13%水),除有特殊情况外。在风干基础上,猪日粮中营养浓度通常约为87% DM(美国研究委员会会使用90%),但并非一成不变。

不同含水量的日粮要进行合理比较时,必须将含水量较准到相同水平(表 14.1)。为了满足既定的能量要求,如果日粮中的能量浓度低就需要提供更多的饲料,如果日粮中含有较高的能量浓度,那需要提供的饲料就会很少。提供 30 MJ DE,需要 2.6 kg 11.5 MJ DE/kg 的日粮,而 13.5 MJ DE/kg 的日粮需要 2.2 kg。为了提高生长速度或生产性能,充足的营养摄入量是必需的,如果肠道容量不足以装下能满足营养需要的食物量,那么就需要高养分浓度的日粮——这种情况通常针对生长仔猪和泌乳母猪。高食欲、低生产力的猪能够利用的营养浓度较低的日粮,例如 80 kg 以上生长猪和妊娠母猪(表 14.2)。任何一头猪如果给予的饲料供给量低于它们的食欲,可能是因为饲粮营养浓度低,这样做有时比较经济,但有时可能并不经济。

表 14.1　不同水分含量的日粮组成。

	"湿"重	"干"重
日粮干物质(%)	32.8	87
日粮消化能(MJ DE/kg)	5.0	13.5
日粮粗蛋白	75	180
校正到 87% 干物质日粮消化能	13.3[1]	13.5
校正到 87% 干物质日粮粗蛋白	199[2]	180

[1] (5.0/0.328)×0.87=13.3。

[2] (75/0.328)×0.87=199。

表 14.2　不同类型猪的能量浓度的下限值[1]。

	MJ DE(kg)		MJ DE(kg)
仔猪(5～15 kg)	14	妊娠母猪	11
生长猪(15～30 kg)	14	泌乳母猪	13
生长猪(30～100 kg)	13		

[1] 能量浓度上限不依赖猪的类型,而是依赖日粮的可行性。因而如果是最经济的精料(如果玉米比大麦便宜),那么所有猪被提供 14 MJ DE 日粮。提供的较高浓度日粮应该按比例有更低的饲料供给量。

蛋白质能量比(g CP/MJ DE)

日粮中的蛋白质通常以粗蛋白来(CP)讨论,这不如可消化粗蛋白(DCP)有用,因为不同来源的日粮蛋白的消化率在 0.4～0.9 范围内变动。然而最能顾及到蛋白质消化率差异的方法是认识饲料回肠可消化氨基酸水平的价值。这在很早以前已经讨论了,今后也将继续讨论。

与身体能源需求相比,日粮中蛋白浓度需要取决于瘦肉生长或产奶量所需的总氨基酸。越大的动物需要越高的能量维持身体需要,因此日粮中需要较小的蛋白能量比。猪的生长天生注定是低瘦肉和高脂肪,所以猪对蛋白质的需求较低,而且不需要具有高蛋白浓度的日粮。越小的猪有越低的维持需要,这些猪具有高瘦肉组织生长速度和低脂肪组织生长速度,泌乳母猪需要更多的蛋白质并且日粮中有更高的蛋白能量比(表 14.3)。

表 14.3　不同类型猪日粮营养成分示例。

	DE 浓度 (MJ/kg)	CP 浓度 (g/kg)	g CP/ MJ DE	赖氨酸 (g/kg)	赖氨酸 (g/MJ DE)	蛋白值 (V)
幼猪(到 15 kg)	15.5	250	16	14.8	0.95	0.85
生长猪(到 30 kg)	15.0	225	15	12.8	0.85	0.80
育肥猪(到 100 kg)	14.0	200	14	10.5	0.75	0.75
育肥猪(到 160 kg)	13.0	160	12	8.4	0.60	0.70
妊娠母猪	12.5	140	11	6.0	0.50	0.65
泌乳母猪	14.0	180	13.5	10.0	0.75	0.75
改良的完整生长公猪(40 kg)	14.0	225	16	12.8	0.90	0.80
未改良去势生长公猪(40 kg)	13.0	160	12	7.8	0.60	0.70

根据猪所需蛋白能量比,日粮可能被广义的划分为三类。13 g CP/MJ DE 或更少的日粮适合成年妊娠母猪或 80 kg 以上活重的生长猪需要。13～14 g CP/MJ DE 的日粮适合泌乳母猪和 30～80 kg 之间活重的生长猪需要。14 g CP/MJDE 或更多的日粮适合少于 30 kg 活重的猪需要,且比高瘦肉生长潜力的猪需要更多。

在 DE 浓度(MJ/kg 日粮)已知的情况下,仅通过日粮蛋白浓度(g CP/kg 日粮)也能有效描述日粮(成分)——也就是说蛋白浓度必须以蛋白能量比的形式表示。从表 14.3 可以看出,提供给猪具有越高能量浓度的日粮,也许就会需要更高的蛋白浓度来满足它们的蛋白需求。对于猪的日粮,其能量浓度的范围是宽广的,其上限大约是 17 MJ DE/kg 并且受高能量成分有效地控制。下限取决于猪的类型,并且随食欲变化低于 11 MJ DE/kg(表 14.2)。如果能量浓度只是 12 MJ DE/kg,那么 165 g CP/kg 日粮代表有高水平的蛋白质,但是如果日粮能量浓度是 15 MJ DE/kg,那么所含的蛋白质水平较低。

不同的日粮(阶段)数量更多地取决于不同的猪种、不同日粮能量浓度和不同日粮蛋白能量比。有时简单的饲养管理胜于营养效力,14 MJ DE 和 13 g CP/MJDE 的简单日粮可能适合于所有猪。这样安排是直接的,但是饲料利用率不佳并且将导致生产成本和营养素的损失。另一个极端做法是尽可能细致地划分猪的类别(基本上将每头猪都定义在一个阶段的某个时刻），然后按照猪的类别使用多种饲料。这将使饲料的利用率最大化，涉及不同日粮的饲喂方案对于大型的生产企业是可行的，采用自动混合饲喂系统，可能会逐日调整。与小型生产企业相比，大型生产企业通常使用不同的更大数目的日粮规格。在实践中发现一个普遍的规律，这就是对达到13 kg DE仔猪有两个专门的日粮配方，第三种日粮用于达到30 kg的生长猪，第四种日粮用于育肥猪，第五种日粮用于妊娠母猪，第六种日粮用于泌乳母猪。许多猪场将第七种日粮用于生长猪的饲喂方案中，当猪的目标体重达100 kg以上时是特别适合的。

蛋白质值(V)

与猪的平衡需要相比，猪的饲料蛋白值与饲料的氨基酸构成有关。饲料蛋白中的氨基酸平衡与需要的氨基酸平衡之间完美的匹配可以作为一个整体的蛋白质值来表达($V = 1.0$)。一些饲料成分中的蛋白质譬如大豆和鱼粉能使日粮具有高蛋白值，其他饲料成分中的蛋白质譬如(含赖氨酸较少的)谷物蛋白只能给日粮提供较少的蛋白值。减少的蛋白值也许起因于必需氨基酸当中的任何一个成分的相对缺乏，但在猪日粮中通常发现赖氨酸、苏氨酸、氨基甲硫基丁酸或色氨酸(重要性按此顺序)。通常赖氨酸是第一限制氨基酸，如果价格合理的话，配方师可能添加3 kg/t(或偶尔会更多)合成赖氨酸氯化物，同时添加1 kg/t的苏氨酸和同等量的甲硫丁胺酸。在一些不平常或质量可疑的饲料中可能使用保险值。

高蛋白值(V)，像高能量浓度(DE)样，不是一个必然的目标，但是需要关于蛋白值(与DE一样)的信息，因此对货币价值适当的调整和判断能够影响饲喂水平。一定的蛋白质需要由数量多但价值低的蛋白质来供应，或者由数量少价值高的蛋白质供应。下限可能被期望作为各种不同的猪的蛋白值，一些指标已经展示在表14.4中。当与使用多量的低质蛋白质相比时，使用少量的高质量的蛋白质不能总是被有效地利用——除非更加便宜、更加低质的蛋白质。使用低价值的蛋白质时，日粮则要求具有一个更大的蛋白能量比，因而需要更高的天然蛋白质水平。

那些日粮蛋白值信息没有提供，但一些陈述对日粮中赖氨酸水平可能是有帮助的，因为它通常是第一限制氨基酸并且是日粮蛋白值的主要控制者。对猪需求的认识根据理想的蛋白来表达，是0.07 g赖氨酸/g蛋白质。那么蛋白值可能从赖氨酸的水平来计算，如下：

$$V = [日粮赖氨酸(g/kg)/日粮 CP(g/kg)]/0.07 \tag{14.2}$$

例如，在表14.3中的蛋白值，就是根据蛋白质中赖氨酸的浓度计算出来的。

表14.4 适于不同类型猪日粮蛋白最低值[1]。

	蛋白值(V)		蛋白值(V)
仔猪	0.80	妊娠猪	0.60
生长猪	0.70	泌乳猪	0.65
育肥猪	0.65		

日粮 DE 浓度的反应

当猪的生产力低于生产潜能，且采食量达到消化道最大容量时，比较适合用高 DE 日粮，这种情况通常发生于年轻的生长猪和泌乳母猪。越是浓缩的饲料越贵,那么提高生长速度或产奶量可能抵消这种附加成本。对猪来说它们的生产力要求他们有较大的食欲,减少 DE 浓度可能会节约成本;但提供过多便宜的日粮也不是有利的。

如果蛋白能量比保持不变,那么随着蛋白质浓度的增加,DE 浓度也将会有等量的增加。这种作用对猪来说将类似于被给予了更多的食物。为了维护稳定的性能,当一种饲料中的能量浓度变得或高或低时,饲料供给量将适当的被增加或减少(图 14.1)。如果饲料容量没有改变,那么能量供给量的增加将使能量浓度增加(图 14.2)。

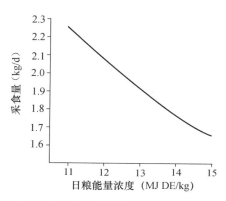

图 14.1　60 kg 猪增重 625 g(500 g 瘦肉和 125 g 肥肉)下,不同能量浓度日粮的采食量。

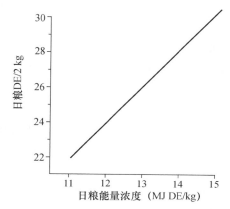

图 14.2　每日采食 2 kg 饲料,不同能量浓度日粮所提供的能量。

图 14.3 描述了通过对 60 kg 的生长猪进行能量供应的反应。其瘦肉增长率将增加直到达到日瘦肉增长率的最大值。除其他事项外,这个最大值取决于性别和基因型。增加能量供应,瘦肉增长率在线性增长阶段,猪是不太可能肥胖的。图 14.3 展示了能量效应是如何与不同能量浓度日粮关联的;2.25 kg 11.5 MJ DE/kg 日粮可能达不到瘦肉组织生长的最大值,供给同样重量的日粮但其浓度为 14.5 MJ DE/kg 的日粮可能满足瘦肉组织生长率的需求,并且猪也可能吃胖。

改变日粮能量浓度对种母猪的影响和生长猪一样,容易预测。如果饲喂量发生改变,那么 DE 浓度也会伴随其发生相同的变化,营养吸收量有效地保持并且对生产力也不会有影响;随之对母猪的行为有一定影响。如果采食量不变而日粮 DE 浓度发生改变,那么母猪会因能量供应减少而变瘦或产奶量下降,或者会因能量供应增加而变胖或泌乳量提高。在繁殖母猪已经很瘦的情况下,供给更多的能量,如

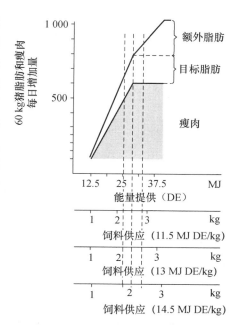

图 14.3　给定不同能量浓度日粮的猪,每日肥肉和瘦肉增加量。破折线是与 2.25 kg 采食量比较。

果是怀孕母猪就会生产出比较强壮的仔猪,泌乳母猪会提高泌乳量,断奶母猪则会有更好的受孕率。但是对于过肥母猪来讲,再供给过多饲料,一方面会造成浪费,另一方面生产性能会降低。

蛋白质能量比的反应

给予充足的日粮能量,日粮中蛋白质的供应(充分的氨基酸)将使瘦肉增长达到瘦肉组织生长的最大值。额外的增加日粮中蛋白质不能使瘦肉组织的生长超出它的最大值。不能确定的是,如果猪被给予更多的蛋白质,它是否超出它们瘦肉组织生长的最大潜力。但能确定的是,瘦肉的生长受日粮中蛋白质的影响,但也并非总是如此。瘦肉生长也许确实受能量缺乏(或受环境因素譬如疾病)限制。

图 14.4 说的是具有低遗传优势和低瘦肉组织生长潜力的 60 kg 猪的生长情况。这个例子说明给猪 3 种 12.5 MJ DE/kg 的日粮供给量,其蛋白能量比的变动范围在 10~14 g CP/MJ DE。10 g CP/MJ DE 1.5 kg 日粮不能为瘦肉生长提供充足的蛋白。使蛋白浓度增加到 12 g CP/MJ DE 能改善这种情况并且提高瘦肉增长率。在这一点上,日粮中能量和蛋白是平衡的,并且进一步地增加蛋白浓度到 14 g CP/MJ DE。对这种平衡也不会造成影响,虽然有 200 g 潜在的瘦肉组织生长,也不会发生瘦肉组织沉积增多的现象,因为瘦肉的生长受能量短缺(日粮供应水平的不充分)的限制。多余的蛋白质对猪来说是麻烦的,因为它的处理会用尽宝贵的能量。

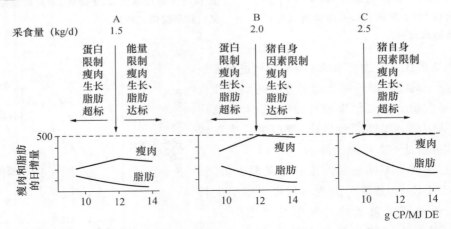

图 14.4　蛋白能量比对日增重的影响。例如 60 kg 猪,每日增加 500 g 瘦肉,不同蛋白浓度的饲料会有以下三种不同的采食量:A. 1. 5 kg;B. 2. 0 kg;C. 2. 5 kg。

仅在满足其全部采食量时,12 g CP/MJ DE 的蛋白浓度才能使瘦肉增长最大化和肥肉增长最小化,但在(A)采食量情况下,猪是消瘦的。猪瘦肉生长在其生产潜力之下。如果采食量增加到 2.0 kg(B),那么对瘦肉组织生长水平会有一定改善。然而蛋白浓度低于 12 g CP/MJ DE 对最大瘦肉增长是不够的,并且多余能量会导致肥胖。当给予猪 12 g CP/MJ DE 2 kg 日粮时能获得最大的瘦肉增长率。这种日粮还能使脂肪生长降到最低。当蛋白水平在 12 g CP/MJ DE 之上,瘦肉的生长受猪生长潜力的限制(每日 500 g)。采食量 2.0 kg(B)与采食量 1.5 kg(A)的情况相比较,其局限归结于能量的短缺。在猪身上,增加蛋白浓度能继续减少大量脂肪;因此,虽然蛋白水平在 12 g CP/MJ DE 之上时日瘦肉组织增长率方面可能没有更多的增长,但能使胴体的瘦肉率继续提高。在日粮为 2.0 kg(B)时,猪因为没有过多的能量而不会肥胖。如果日粮采食供应量上升到 2.5 kg(C),那么不仅瘦肉组织的生长在一个较低的蛋白浓度水平(10 g CP/MJ DE)达到最大值,而且胴体中的多余脂肪在任何蛋白浓度下都会沉积。

图 14.4 显示,如果蛋白能量比太小的话,瘦肉生长的速度可能会降低,特别是在采食量比较低的水平时。蛋白能量比对瘦肉生长率有一个正面的作用,并且只有在恰当的比例下,瘦肉生长才可能达到最大值。肥肉由下列情况之一诱导:①不充足的蛋白供应;或②过量的饲料供应。肥肉可通过以下情况之一校正:①高蛋白能量比;或②降低日粮供应。图 14.4 显示,如果采食量供给量大于猪的需求,那么猪在任何蛋白能量比的情况下都会变肥。由于受猪的可利用能量和猪的先天潜力影响,过多的蛋白质无法提高瘦肉增长率。这种固有的先天潜力可能作为动物的遗传能力被定义,但在实际情况中,这种"固有的潜力"可能包括其他的非营养制约因素,像猪的生长环境和疾病的存在。

图 14.5 描述了蛋白质和能量供给与猪潜力之间的典型互作。该图很好地描述了能够反应日粮蛋白特性的斜率是如何随蛋白质的可利用性而变化的。同时,渐近线受多种可能因素的影响。

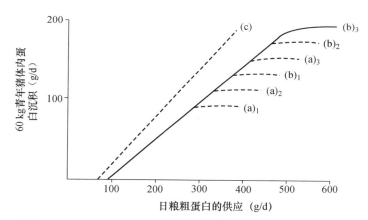

图 14.5　提高日粮粗蛋白供应,60 kg 生长猪蛋白质沉积的反应。实线斜率由消化率(**D**)为 **0.75**、蛋白值(**V**)0.70、理想蛋白消化利用率(**v**)0.85 和每日 40 g 理想蛋白维持需要等值获得。虚线(a)$_{1-3}$代表例如能量不足(三种不同水平)时发生的蛋白沉积的可能限制。虚线(b)$_{1-3}$代表例如不同遗传潜力(三种不同基因型)时发生的蛋白沉积的可能限制。虚线(c)代表提高蛋白消化率(D=0.80)和蛋白值(V=0.85)时的结果。

泌乳母猪每天产出 400～700 g 蛋白质的乳汁。泌乳是类似于生长的一个生理过程,同样需要丰富的蛋白质和能量。蛋白能量比低于 12 g CP/MJ DE 时可能导致产奶量的下降,并且提高母体的瘦肉组织损失率(图 14.6)。高蛋白能量比将补充任何蛋白缺乏,但是比率超过 13 g CP/MJ DE 时对产奶量可能没有太多的正面影响。

妊娠母猪对它的蛋白需求相对较低。在母猪妊娠期间,提高日粮中的蛋白浓度可能只是轻微的增加动物活重,在通常为 10～14 g CP/MJ DE 的可行范围内,对产仔数或和仔猪初生重的影响较小。在妊娠最后 20～30 天以前胎儿的需求是适度的。建议比率为 10～12 g CP/MJ DE 对妊娠母猪是充分的。这证明比这个比率更低的蛋白质水平可能降低受胎率和产仔数,特别是如果蛋白值较低时更严重。这种可能性使得为泌乳母猪准备的日粮可以用于非泌乳期的成年母猪,直到它们被证实受孕。

蛋白质值的影响(V)

蛋白值表示日粮粗蛋白的有效性。蛋白值的改变能改变日粮中的有效粗蛋白的含量。所以蛋白值的降低可能由蛋白水平的上升来计算。那么改变蛋白值的效应与改变有效粗蛋白供应的效应是相似的。在混合日粮中,日粮蛋白水平的选择必须考虑到蛋白值。

饲料成分与猪的需要相关

令人满意的猪日粮配方需要考虑:

(1) 猪每日所需的营养素的绝对完全水平(需要量);

(2) 猪每日采食量(采食量);

(3) 在日粮中的营养物质浓度(浓度);

(4) 饲料中营养物质的含量,即日粮成分;

(5) 不同类型猪对饲料原料的适口性。

第一和第三的关系用公式表示:

$$\text{浓度}=\text{需要量}/\text{采食量} \tag{14.3}$$

能量、蛋白质、维生素和矿物质需要根据维持、生长(瘦肉和脂肪的生长)和繁殖(妊娠和泌乳)的需要来确定,在先前的章节已经讲过了。能量需要最好根据 DE 和可利用的回肠消化氨基酸蛋白质需要确定。赖氨酸通常是第一限制性氨基酸,在混合饲料里可作为氨基酸平衡水平的一个指标。但是,用计算机计算日粮配方时,计算每种必需氨基酸的需要量比较合理。对于一些可能成为传统猪日粮中的限制性氨基酸,如赖氨酸、蛋氨酸、苏氨酸、色氨酸,甚至组氨酸和缬氨酸,都要分别考虑它们的最低需要量。

表 14.5 的上半部分的举例是营养需求的供给,关于营养需求早已经讨论过了。

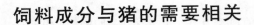

图 14.6　在泌乳母猪饲喂高于 13.5 g CP/MJ DE 时,提高日粮蛋白浓度将提高产奶量和降低体蛋白代谢率。

表 14.5　营养需要、采食量和养分指标示例。

	仔猪 (10 kg)	生长猪 (60 kg)	育肥猪 (100 kg)	妊娠母猪	泌乳母猪
每日营养需要量示例					
消化能(MJ DE)	12.1	29.3	32.4	35.4	110.8
粗蛋白(g CP)	193	423	437	400	1 450
赖氨酸(g)	10.9	23.7	24.0	18.8	75.9
g CP/MJ DE	16.0	14.4	13.5	11.3	13.1
g 赖氨酸/MJ DE	0.90	0.81	0.74	0.53	0.69

续表14.5

	仔猪 (10 kg)	生长猪 (60 kg)	育肥猪 (100 kg)	妊娠母猪	泌乳母猪
风干饲料日采食量					
采食量(kg)	0.75	2.2	2.5	2.6	8.0
每千克日粮浓度					
消化能(MJ DE/kg 日粮)	16.1	13.3	13.0	13.6	13.9
粗蛋白(g CP/kg 日粮)	260	192	175	154	181
赖氨酸(g/kg 日粮)	14.5	11.6	9.6	7.2	9.5

为了建立一个营养浓度能够满足给定需求的日粮营养标准,必须知道饲料的采食量。对五种不同类型的猪设定的采食量在表 14.5 的中间部分已经列出,并且在表的底部进行了营养指标的说明。

在表 14.5 中,日粮营养成分指标的举例可能扩展到包括所有氨基酸、矿物质和维生素。计算机配方是令人期望的。这些值的精确性在前面的章节中为了说明营养需求就被计算出来了,但是这种精确性对一个特定的日粮配方可能不现实,因为它们与一个特定的个体猪在一个特定的阶段有关。不同猪只的性能(和需求)存在差异,并且他们的采食量也有不同。在附录 2 中,给出了实际使用的营养标准指南,确定了所有必需氨基酸、维生素和矿物质采的适当浓度。

已知目标养分的营养标准,将饲料原料(营养成分)适当配比形成日粮。确定饲料营养价值的方法在前面已经讨论论过,附录 1 显示了一些代表性成分的营养价值。表 14.6 显示了如何将已知营养价值的原料配比成指定营养水平的日粮。在表的 1、3、5、7 列的 A 部分中,可利用的成分和它们的营养含量是不同的。对总日粮的营养目标在第 4、6、8 列的 C 部分被展示出来,分别是14.0 MJ DE/kg、180 g CP/kg 和 9.0 g 赖氨酸/kg 的日粮。在表 14.6 的 A 部分中,小麦占 200 kg/t,大豆为 550 kg/t,大麦为 200 kg/t(留下 50 kg/t 的空间给黏合剂、维生素、矿物质、合成氨基酸等),发现它们在日粮中提供 12.8 MJ DE/kg,CP 167.8 g/kg 和赖氨酸 8.3 g/kg。这些对日粮中的 DE 的贡献为小麦为 14.0×0.2=2.8(MJ),大麦是 12.9×0.55 =7.1(MJ),大豆为 14.5×0.2=2.9(MJ)。它们合计为 12.8 MJ DE/kg 的日粮。相同的原理用来计算这些饲料原料对日粮中粗蛋白和赖氨酸含量。从表 14.6 中可能看出,在 A 部分最初的结果不能充分地满足表中 C 部分所给定的目标,DE 缺少 1.2 MJ/kg,CP 缺少 12 g/kg,氨基酸缺少 0.7 g/kg。表 14.6 中的 B 部分调整了不同日粮成分的水平,并且添加鱼粉和脂肪。在 B 部分中,可利用的饲料原料提供更多的接近目标的营养成分。可能多一点鱼粉,或小麦和大豆会进一步的提高。由于不同组分均能达到目标(营养)标准的原料有限,可用原料的范围也有限,因此,饲料配方的可调程度也较小。

饲料成分的种类和数量

可利用的饲料成分的范围越大,对于日粮中的目标营养标准越有可能满足更全的能量和氨基酸需求,营养标准指南中的最低限度在附录 2 给出。在日粮配方中使用的成分越多,在饲料厂配制的工序更加复杂,并且更加困难的是质量管理和对设定的营养含量和各饲料物理质量的准确性评价。因此,许多小饲料厂将可能利用 5 种或 6 种主要成分来配制他们的日粮(或基本是玉米和大豆日粮),并用矿物质和维生素补充。大量的饲料加工厂可能只使用固定的 20 或 30 种成分,其中的一些成分可能在日粮中没有多大价值,它们只能辅助达到营养标准并且使日粮成本比较合理。例如,猪场饲料车间加工和混合中,脂肪的存放和处理是相当困难的,但是日粮中要想达到充分的 DE 浓度时对它的使用是广泛的,尤其是低浓度的谷物或副产品比较便宜并且使用起来比较合理时。

表 14.6　日粮组成。

1	2	3	4	5	6	7	8
		DE(MJ/kg)		CP(g/kg)		赖氨酸(g/kg)	
成分	组成比例(kg/t)	在营养成分中	在日粮中	在营养成分中	在日粮中	在营养成分中	在日粮中
A							
小麦	200	14.0	2.8	110	22.0	3.0	0.6
大麦	550	12.9	7.1	105	57.8	3.5	1.9
鱼粉		15.0		650		47	
豆粕	200	14.5	2.9	440	88.0	29	5.8
饲用脂肪		32.5					
	950		12.8		167.8		8.3
B							
小麦	250						
大麦	425						
鱼粉	25						
豆粕	200						
饲用脂肪	50						
	950		13.9		176.4		9.2
C							
目标	950		14.0		180.0		9.0

　　小规模混合的设备通常有对成分的详细了解的优势,而且可能使用经长期检验和测验的固定配方。较大的混合工厂在所需营养规格较高时也需要高的精密度,并且当特殊原料便宜时,由于工厂购买和储存了大量这样的原料,其饲料价格可能会低。

　　种植谷物的农民也妥协地购买大饲料厂的蛋白质含量高且维生素和矿物质全面的浓缩料,这些浓缩料被添加到粉碎的谷物中。然而,在过去这些浓缩料的购买一定程度上取决于低价的浓缩蛋白质来源(像骨肉粉)和合成氨基酸的可利用性。当这些蛋白质来源和合成氨基酸的可利用性降低,并且/或价格上升,那么谷物种植者直接购买"直接"成分(像豆粕)的可能性将增加。

　　在附录 1 中给出的猪日粮原料的范围是不全面的,但在世界范围内;大多数猪日粮配比已超出了相对局限的、以谷物、副产品和蛋白浓缩料为首选的配方范围。

特定日粮饲料成分的选择

一些动物饲料成分可能不适合作为猪饲料来使用,因为它们:

- 对猪来说,适口性太差;
- 包含对猪有毒的因素或可能导致猪发生疾病或不适的物质;
- 价格不合理;
- 饲料体积大限制猪的食欲;
- 饲料浓度不合适,不能满足食欲;
- 导致猪肉膻味或失去风味;
- 降低猪肉品质(如出现软脂);
- 在饲料混合中出现卫生问题;
- 通过粉碎、混合和机械粒化难于加工;
- 成本太高或运输困难;
- 在常温下易变质并且为了保证各种饲料原有的营养含量需要严格的质量管理系统。

上述这些标准中多数不是绝对的,并且有些成分不可能一起被禁止,但可对某种进行最大限度的限制。在日粮方面,这些限制自然地对幼仔猪比对育肥猪更加严格。仔猪、生长猪、育肥猪和母猪日粮的成分的范围限制已在附录 1 的表格中的底部给出。根据原料的物理性质和保健性,不可能找到一个适当的禁用标准,即使这是饲料评价的一个极其重要的方面。适当的限制在这种条件下取决于饲料的处理程度和存放效力。大豆和马铃薯如果没有煮熟都是有毒的;动物脂肪如果煮过了就可能失去用途;谷物由于不恰当的储存可能变得有毒并且口味很差;对小猪来说,质量高且含较高的糖和油脂的饲料是美味的,但管理不当对小猪的日粮最不利。

养分质量和卫生的重要性作为重要因素,并且,在一种成功的猪日粮配方中营养含量不能过于超出。根据质量知识和饲料来源,营养配方师可能为各种不同类型的猪限制日粮中的饲料组成水平。这些知识以化学分析的方法可能无法确认;通常更多地取决于局部知识和个人经验。

有疑问的饲料成分有时候在日粮配方中被限制,由于通过饲喂实验,它们在一定含量水平之下没有显示有害作用,但有证据显示高于那个水平会降低性能(例如,使用油菜籽饲喂情况下)。可以想象,一些饲料成分低于某一水平时,其效果是令人满意的。但高于时将被怀疑有毒或有其他不利因素存在。随有毒组分含量下降,日粮中的有害成分的毒性很可能也会降低,但实验过程无法从统计学角度确切度量这种逐渐减小的毒性效果。这并不意味着这个影响并不存在。同样的,配方中的每个组分可能都在安全水平之内,可能合起来是一个"不安全"水平。

对组成成分的限制可能抵消一种特殊的饲料成分在它的营养价值上易变的趋向。当添加量少于 5%时,一批粗劣的成分将对日粮的影响不大。但当它大于 20%时,将有严重的影响。在日粮配方中使用多种原料,且控制每种原料的含量均较低,在一定程度上具有安全性。

精细研磨的谷物添加量高,从而增加表观消化率,但是要预先处理猪的胃溃疡和消化障碍(这会降低消化率)。高纤维饲料原料也许需要受限制,因为它能潜在地破坏蛋白消化(早先已经讨论),同时很难准确预测其消化效果以及低体积密度等问题。

有强有力的证据表明日粮中某些饲料原料的添加量应该使用规定的最低水平。这会确保日粮的适口性和熟悉度。一些配方师认为，一些成分像鱼粉能对日粮提供特别的质量。在不考虑价格的情况下，鱼粉所给予的能量能使最小添加量提高。同样，不管价格如何，为了维持日粮配方的连续性，所有的日粮均包括25％～35％的给定谷物。

一些证据表明，尤其是对幼龄生长猪和泌乳母猪，明显地改变（波动）日粮配方，由于味道、成分和肠道微生物的改变可能影响采食量。在任何特定的日粮标准下，都不建议日粮配方做大幅度的改变，并且日粮配方从一个标准到另一个标准的改变应该是循序渐进的。这对仔猪从吃教槽料到仔猪料，从仔猪料到吃生长料是特别重要的。许多饲料公司有能力调整这种变动。

虽然附录1中给出饲料原料中一些限制成分，但这些只能做参考并不推荐。这些日粮成分是便宜的，许多有胆量的饲料生产者就会去使用。同样，在一些国家可能认为特别好的饲料，在其他国家这种饲料可能是最不好的。适当地认识原料的限制性，通常像生物推理一样有许多观点。

附录3中给出不同阶段猪的日粮原料组分的实例。一些陈述和附录1和2相兼容。毫无疑问，许多其他成分添加量的多样性也会达到同样的兼容性。仔猪的日粮包含更加优质的原料并且为了最大程度地了解原料质量和来源，可用原料的范围在数量上受到更多的限制。饲料中不能包含"可疑"的饲料成分，因为这将导致消极的成本效益。育肥猪可以选择使用的饲料成分的范围更加宽泛，趋于使用一些较便宜的成分，像一些副产品。

营养密度是原料选择中一个非常重要的成分。生长猪和泌乳母猪由于它们生产力高，它们的日粮需要更大的能量浓度，同样，能量中的赖氨酸和蛋白质的高比率也很重要，因此营养标准（附录2）可能由有用的几种成分组成，像小麦、玉米、全脂大豆、牛奶和动物蛋白，还有植物油和脂肪（附录3）。对于育肥猪和妊娠母猪来说，这些考虑并不重要，当从密度不大的饲料原料和副产品中提供营养时，肠道容量可能制约营养需求的满足。倘若观察一个到另一个适当的养分比例，采食量和自由采食能调节一种较低的营养密度，那么，由于组建的日粮成分广泛但其营养浓度较低，整体成本效益可能增加。

在配方制定过程中，日粮能量浓度的营养标准很重要，其他养分要根据能量适当地调节比例。在附录2中给出的表观值同时推荐必需氨基酸与赖氨酸的比例，赖氨酸与能量的比例，粗蛋白与能量的比例等的确很严格，能量浓度根据DE范围描述。对猪来说，限制食欲是高能量日粮配方中至关重要的（其他养分的高浓度也是这样）。然而，同样重要的是，当食欲限制并不适用时，日粮DE浓度允许在尽可能广泛的范围内变化。当它们的价格合理时，这将有机会采取特别高的能量密度或特别低的能量密度的饲料原料。知道日粮的精确的能量浓度是非常重要的（例如，表14.7中所描述的），并且允许更多低密度的日粮被猪采食（表14.7）。表中显示可能发生在6个月以上的两种价格情况；第一种高密度日粮成本费用最高，因此，第二种情况低密度的日粮是最好的选择。

密度控制通常在实践中使用，并且由饲料加工者对每千克DE的MJ给出一个明确指标（而不是一个宽的范围）。这有利于以精确饲喂推荐量及特定的日粮去饲喂，它能避免每次需要改变饲喂水平时日粮浓度也被变动的问题。不过，对给定的日粮严格遵守规定的能量浓度的原因是有根据的，猪每单位增重的饲料成本实际节约可能会因为不严格执行而造成损失。

表 14.7　三种不同浓度日粮的相对值。

日粮	成本（♯/kg）	采食量（kg） 提供 28MJ DE 和 420 g CP	饲料转化率 （饲料：增重）	提供 1 天营养 需要的成本
A 高浓度	15.0	1.8	2.4	27.0
B 中浓度	14.5	2.0	2.7	29.0
C 低浓度	13.0	2.2	2.9	28.6
A 高浓度	16.9	1.8	2.4	29.7
B 中浓度	14.7	2.0	2.7	29.4
C 低浓度	13.0	2.2	2.9	28.6

　　一些猪场执行猪的饲喂规程。管理规则依据给定体重（或给定猪栏）生长猪、妊娠母猪和泌乳母猪日推荐量来确定。当只是单独采用一个日粮营养浓度时，应用价值不大，因为猪需要大量这样的营养，而不是大量的饲料。一个已知标准能量浓度的日粮有一个指定的安全系数。这能排除饲料管理方面的问题。对饲养员来说，熟悉不同阶段猪的饲喂量，这些可能是记录系统中一个完整的部分。在何时为了增加养分的供给而改变营养密度，甚至可能会需要减少每日饲喂量是令人疑惑的。

　　多年来，猪日粮的营养浓度趋于上升并且适应着市场环境。这也有许多真正的原因：

- 能量饲料的单位成本，像玉米、小麦、全脂大豆和饲用油脂，与低能量密度的饲料来源如大麦和谷物副产品有关。
- 许多杂种猪的食欲已经降低，并且成为猪达 80 kg 活重的生长潜力和泌乳母猪潜在的产奶量的一种限制因素。
- 猪场越来越重视仔猪的生长能力并且给其最高的营养密度和可口的日粮。如果一头生长猪没有达到其蛋白沉积的最大值，那么任何营养素的增加将首先用于瘦肉组织的生长。能量密度合理、蛋白质丰富的优质日粮特别适合这类猪。
- 越浓缩的日粮所使用的饲料原料质量越高，并且其效果是可预见的。相反地，低营养密度饲料原料更加倾向于不可预见。因此高密度的日粮能更加精确地配制。
- 日粮越浓缩，在运输和加工方面的成本越节约。得到这些节约的成本是由于同样重量的日粮包含更多的养分。成本节约首先在饲料厂，然后是贮存和货车使用费用，还有饲养者通过少喂料和少出粪来实现。
- 另一方面，基于猪的福利，已经趋于低能量密度和高纤维日粮的供应；即使这将导致更高的能量单位成本。

　　在日粮配方中，营养浓度和饲料转化率之间有直接的联系。每单位重量的饲料包含的养分较多，并且较高浓度的日粮将有较高的饲料利用率。高饲料利用率（每单位饲料增重）或低饲料转化率（每单位增重耗料）是有内在的吸引力的，它不一定是最划算的（表 14.7）。

饲料养分的单位价值

　　显而易见：

- 单位重量必需养分含量高的饲料成分比低营养浓度的饲料成分更有价值。
- 有些饲料成分有更高的价值,它们可能有自己的营养含量并且单独定价;这是因为它们可能提供(尽管高价格)原料中缺乏的一种特殊的营养,另外也能提供其他低价养分,因此整体混合饲料更加有效。
- 在日粮的营养规格上,使用低价的养分而不是高价的养分没有不利的地方,那么就应该做。没有缺点的情况下可能流行,如果①饲料原料根据质量、卫生安全和营养含量评价;②在特定日粮中,正确地设定成分的最大和最小限度。对不要求使日粮成本减少到最小的日粮生产者,一直对①和②有疑问。每种新的日粮配方在价格上(每单位养分的价值)的改变,由营养师根据配方考虑是否将此方案制定并且用于喂猪。最后一步,营养师的知识、经验和谨慎可能会比日粮配方中的计算和机械加工过程更关键,这是非常重要的。这种情况的出现不是因为主观和偏见被允许代替现实和科学,而是因为在一定水平上,科学对所有的偶然性的预测并不是充分的。

表 14.8 显示了三种谷物的三种价格并且对它们所含的能量和蛋白质的单位价值进行比较。在这个例子中,最便宜的能量来源是玉米,最便宜的蛋白质和赖氨酸来源是大麦。1 MJ DE,1 g CP 和 1 g 赖氨酸的成本是在整个饲料原料价格分摊到每种养分价格基础上计算的。这样供应的目的是比较和帮助鉴别最有成本效益的原料,但这不能反映真实情况,因为单一的饲料价格包含了所有三种养分,尽管它们的重要性不同。这三种谷物通常被考虑作为主要的能量来源,因此每单位能量的成本会变得更重要。玉米看起来是最适合的,虽然每单位赖氨酸的成本较高。然而,像这样简单的问题是假的,因为猪日粮中至少一半的蛋白质来自谷物(表14.6),并且每克蛋白质和每克赖氨酸的成本是重要的。玉米和大麦是否更有效的谷物是不确定的,直到所有养分同时进行比较。单独从大麦中提供 15 MJ DE 和 3 g 赖氨酸可能花费 12.8♯(能量被限制),单独从玉米中提供 15 MJ DE 和 3 g 赖氨酸可能花费更多,大于 14♯(赖氨酸受限制)。哪种策略是正确的;购买这两种原料并且把它们以 0.25 单位的大麦和 0.75 单位的玉米比例混合将提供 15 MJ DE 和 3 g 赖氨酸,其成本为 12.6♯。这种逻辑可能更进一步地发展,与它相关的价值可能归于不同的谷物蛋白,不仅在两种谷物之间比较,而且在选择蛋白质来源与相关的蛋白质之间进行比较。大麦、小麦和玉米的计算比较不被认可,直到一种饲料原料像豆粕添加到联立方程中。如豆粕的价格为 15.00♯/kg。每千克含有 14.5 MJ DE、440 g CP 和 29 g 赖氨酸的豆粕其 1 MJ DE,1 g CP 和 1 g 赖氨酸的单位成本分别是 1.03、0.034 和 0.52♯。每单位能量的成本比其他谷物更高,但每单位蛋白质和赖氨酸的成本较低。现实中大麦赖氨酸比玉米赖氨酸便宜变得不相干,而大豆/玉米混合物为首选。引用的例子不是说大麦竞争不过玉米;这将取决于其他能量来源的成本像饲用油脂。

表 14.8　三种饲料原料的养分单位价值。

	大麦	小麦	玉米
价格(♯/kg)	11.0	12.0	12.2
DE(MJ/kg)	12.9	14.0	14.5
CP(g/kg)	105	110	90
赖氨酸(g/kg)	3.5	3.0	2.6

续表14.8

	大麦	小麦	玉米
成本（#）			
1 MJ DE	0.853	0.857	0.841
1 g CP	0.105	0.117	0.136
1 g 赖氨酸	3.14	4.00	4.69

事实上，单位能量价值（在原料中指能量含量）是评价不同饲料原料相对经济价值的有用度量器。饲料原料中蛋白质和氨基酸的单位价值（主要指蛋白质含量）同样是有用的。然而，显然饲料配方的充分优化需要很多对照物并且计算的复杂性问题可能通过计算机来处理。

不同日粮的需求数量

营养需要，能量蛋白平衡和猪的食欲每天都在变化。因此，每天可能都要提供一种不同的日粮配方。不同猪只的需求和食欲也有变化，这种变化需要日粮配方要顾及到每头猪。这种想法是完全可以实现的，通过自主选择饲喂方案或最好使用能根据每天和每个猪圈的情况来配制日粮的自动化饲喂系统。应用自动度量猪只增重的综合管理系统能够高效精确地提供饲料供给。

在实际情况中不同的日粮配方将倾向于满足环境需求：
- 营养标准适当，在经济上营养供应剩余是浪费的；
- 如果营养标准不适当，有潜在生产量的经济损失；
- 特殊阶段的猪有特殊的成分限制，并且对下一阶段的猪是不适合的；
- 同一阶段的猪由于食欲限制，对日粮中养分浓度的需求不同；
- 对特殊猪群或特殊阶段的猪，需要日粮配方有生长促进剂或适当的药物。

表14.9展示了猪的饲喂过程中使用的五种日粮配方的充分的理由，对泌乳母猪和妊娠母猪来说，如果使用单一日粮，压缩到三种是切实可行的，两种日粮配方可以应用于仔猪，生长猪和育肥猪。经过专门选择成分配制成的美味且高品质的日粮可以用于14日龄断奶到其重量到达10 kg的猪；降低这需求可能到猪达到20 kg活重，然后是生长猪和育肥猪日粮，最后第五种日粮配方对活重达到100 kg以上的生长猪是划算的。

表 14.9 不同类型猪的日粮特点。

	仔猪（到 15 kg 活重）	生长猪（到 50 kg 活重）	育肥猪（到 100 kg 活重）	泌乳母猪	妊娠母猪
能量浓度 （MJ DE/kg）	14～17	14～16	13～15	13～15	11～14
蛋白能量比 （g CP/MJ DE）	16	15	14	13.5	12
赖氨酸能量比 （g 赖氨酸/MJ DE）	1.0	0.09	0.75	0.75	0.50

续表14.9

	仔猪(到 15 kg 活重)	生长猪(到 50 kg 活重)	育肥猪(到 100 kg 活重)	泌乳母猪	妊娠母猪
食欲因素	+++	++		++	
专用饲料原料	+++	++		+	
专用添加剂	+	+			

　　日粮选择的最终数量将取决于混合日粮中作物的大小、不同饲料原料的存储潜力以及猪场应对各种不同日粮的加工和管理能力。在干喂系统中,特殊的饲料可能与一个贮存混合日粮的大体积料仓一起给猪投料,这些可能与一栋或几栋猪舍有关——但从来不是猪栏。这种情况下,日粮数量的最大值受料仓的大小和数量的限制。对于育肥猪,在屠宰前取消使用饲料添加剂、药物和生长促进剂是值得考虑的问题,这些添加剂只在育肥阶段的后期使用。

　　湿喂系统允许使用更大范围的副产品,像人类食品加工业副产品、乳清蛋白、脱脂乳、块根作物、酒糟、液化鱼,淀粉等。如果干料和湿料混合具有更大的优势,因为这样做不同日粮的选择会更多。特别在分开饲喂的猪场,通过湿喂系统设计好的日粮配方可能与猪的营养需求更加接近。因为在饲喂的几个小时内混合各种日粮,自动化湿料饲喂系统能为生长阶段提供多种不同的日粮。

配方精确度的改进

　　动物的营养需求和日粮的营养供应之间差距越小,就越可能达到最好的生长状态,并且猪肉产品的饲料转化率越高。

　　然而,日粮营养标准的描述不是最根本的;它只是动物营养需求和产品效应的最终情况的中间部分。这就暗示,营养需求的满足要根据生长和繁殖反应来确定。然而,营养标准不是它的本身反应;甚至它可能被一些饲料加工者搞糊涂,令人满意的营养标准是日粮加工混合企业的主要目标。只有在一个完全集成操作中,日粮的反应被视为日粮配方师的最终目标。这是因为在过去,根据日粮浓度所推荐的营养需求比根据产品反馈而表达的营养需求更优先被使用。

日粮可利用能量更好的定义

　　饲料中,可利用能量含量的主要变化是消化率变异的结果。饲料原料能量的定义和能量需要的补充定义——依据消化能(DE)而不是总能量(GE)日粮配方精确性显著地提高。精确度改善的下一步是使用代谢能(ME),这要考虑到能量的损失。一些日粮配方根据 ME 来确切表达猪的需求和能量的营养标准,而且各种饲料是根据 ME 的描述而不是它们的 DE 含量。配方精度的改进,首先是对饲料中大部分 ME 价值已经作为 DE 的一个固定比例(通常是0.96)进行估计,并且对各种成分中相关的能量价值没有影响;其次,饲料自身 DE 和 ME 间的变异是动物与其环境的函数(例如,潜在的蛋白沉积效率与蛋白供应有关)。使用 ME 能增加配方的精确度。对配方中使用 DE 或 ME 是无关紧要的,这必须是在假定动物因素和配方设计的饲料因素均是常量的基础上。

动物最终需要是净能(NE),它可以有效地计算不同的生产功能和不同阶段的猪在日粮能量效率上的差异。它们中的一些在之前已经讨论过而且具有相当大的意义。用于合成反应的是日粮蛋白对总 ME 需要的贡献是脱氨基蛋白的两倍。日粮中的脂肪对身体的生长比对能量的燃烧更加有效。饲料的 ME 存在于饲料蛋白、饲料碳水化合物和饲用油脂里;碳水化合物以糖或非淀粉性多聚糖的形式存在。所有这些不同来源的能量的使用目的不同其效率也不同。这也不一定,因此,假定来自同一饲料来源的所有的能量的 ME 被测定,与其他原料 ME 有相同的价值。如果使用 NE 而不是 DE 或 ME 值,饲料可能根据它们的比较价值(单位可利用养分的成本)来估计。在一些国家,日粮配方以 NE 为标准并且饲料原料能值需要(附录 1)和日粮中营养标准(附录 2)。计算 NE 需要量不是问题,因为要适当地表达 DE 或 ME 的需要量,首先要求了解身体净能代谢。日粮价值的描述是根据它们效果(而不是指定的营养标准),确切地讲,主要涉及 NE 的情况。在传统意义上,日粮配方的任务是组合不同饲料原料来满足特定营养标准,使用 NE 设计的配方,如下面所说,存在两方面问题:

(1)　有必要明确地定义一种饲喂方式。单一类型的日粮通常不可能满足不同食欲、基因型、环境的需要以及不同体重猪的需要。

(2)　NE 值不仅只归因于单一的饲料因素,而且会随着猪的饲喂方式而产生变化。然而,在营养价值表里,可变的 NE 值不好调节,当然,在常规分析过程中,通常以相似的方法在实验室里操作,没有根据动物最佳性能表现,对给定的配合日粮以类似的方法进行。NE 体系要求计算机仿真建模。考虑实现能值的变异属性。

近期,处理这类问题的方法已有一定进展。这个结果在下面两个出版物中被很好地描述,它们提出了使用 NE 体系的背景和饲料配方的实际性。这两本书是:英国动物科学学会(2003)猪的营养需求标准,BSAS,Penicuik,Scotland 以及英国养猪协会(2004)猪的饲料配方,MLC,Milton,Keynes。

已有证据可清楚地显示能量配方的精确性和使用 NE 体系的可预见的效应。特别是全部可变因子与模型模拟结合时。然而,如果只考虑固定因素和固定假设,这个体系对使用 DE、ME 或 NE 是无关紧要的,因为这些在 NE 体系中是变量的因素成了固定因素,因此使它们的有利作用无效。

在一些情况中,NE 体系在所有饲料和营养标准水平上,在一个常规的 DE 描述符中被使用。例如,大家都知道,从纤维饲料中获得的 DE 利用效率比从淀粉中获得的要少。这些不同的原因是挥发性脂肪酸(VFAs)是作为纤维消化的最终产物比作为淀粉最终产物的葡萄糖的新陈代谢相对困难。纤维饲料的 DE 值中包含复杂的非淀粉性多聚糖(而且饲料中的淀粉在大肠中被发酵而不是在小肠中被消化)。这大概是合理的推测。对于常规生产中日粮配方给予一个营养标准时使用部分 NE 体系,主要好处有以下几个方面:

(1)　日粮的不饱和油脂决定了 DE 值;

(2)　纤维饲料决定了 DE 值——特别是对仔猪;

(3)　蛋白质动能学的正确表达;

(4)　不同类型的猪决定不同的纤维利用效率。

本书上一版本(1998)对这个解释是密切相关的,阐述如下:在饲料原料中,假设其消化能比较容易变动,并且可以根据实际情况对油脂和纤维进行调整,那么认为配方因素对其能值准确度的影响大于 DE 基础因素的观点值得怀疑。除非一个完整的(不是部分的)NE 系统被适当地使用,就像早先描述的那样。这可能还需 5 年来实现。在过去的 5 年,有效和可利用的 NE 系统的确与我们所预料的情况一样,并且为饲料配方师和猪饲养者提供了可观的利益。

日粮可利用蛋白质更好的定义

各种饲料原料的蛋白质消化率差异相当大(参考表 9.1)。鱼粉的蛋白粪表观消化系数可达到 0.95;对豆粕来说,这个系数在 0.85 左右,而对于其他植物蛋白,像小麦和棉籽它们可能只有 0.60。小麦和大豆的蛋白值相同,因此与后者相比大大高估了前者。值得注意的是,传统上,很多年来猪的日粮一直根据粗蛋白的需求来被配制,日粮的营养标准也根据粗蛋白提供,并且饲料原料的粗蛋白(N×6.25)分析已经作为蛋白含量的一个适当的描述符被确立(顺便,这也可能弄错了,CP 中 N 的乘数应该依据饲料原料中 NPN 量而变动,但是通常从未这样供给,尽管乘数范围从对动物组织的 6.25 到对大多数谷物和豆粕的 5.75~6.25,以及对一些低品质的蛋白原料低于 5.5)。

根据易消化的蛋白质来表达蛋白需求有可观的好处,并且对饲料中的蛋白含量也是这样。这些可能通过使用附录 1 中所给的消化系数达到并且以更加精确的可消化粗蛋白(DCP)的定义建立。对 DCP 而不是 CP 的营养需要和营养标准的补充描述,不管在概念上,还是在机理上均没问题,并且在配制精确度改善方面,现有的知识足能够实现这个简单过程。

非常不可思议,营养专家如何可以坚持用能量体系表达不同饲料消化率的变异,但却忽略了蛋白质的影响。在实践中,配方师倾向于跳过 DCP 这一步,配方时通过计算可消化氨基酸的消化率。

目前许多权威人士考虑配方中对蛋白的需求在很大程度上已被配方中必需氨基酸所代替;并且的确如此。对一种日粮来说,满足全面的蛋白需求和个别的必需氨基酸的需要是必需的。在目前的情况中,日粮中必需氨基酸的最小水平已经根据赖氨酸的平衡被确立;在日粮中,如果要避免蛋白值(V)的进一步减少,其他所有必需氨基酸供给至少要保持在指定水平上(那就是,对理想蛋白质的比例需求,见表 11.3 和附录 2)。

因此,能够满足营养标准的简单的日粮配方需要 9 种必需氨基酸。以常规成本来说,这种情况通常是,一旦在日粮中提供了充足的赖氨酸,那么其他氨基酸也会被充分地提供;这是因为在猪的饲料中,赖氨酸通常为第一限制性氨基酸。按照相似的限制顺序,下一个限制性氨基酸是苏氨酸,其次是蛋氨酸,再次是色氨酸,还有组氨酸和缬氨酸。在日粮中广泛地使用人工合成氨基酸能导致其他氨基酸成为第一限制性氨基酸。合成苏氨酸、蛋氨酸和色氨酸作为日粮成分现在也是可利用的,并且它们可能以同样的方式作为其他潜在的饲料成分被评价;在这种情况下,它们大概能与大豆蛋白氨基酸的单位成本相比较。

满意的猪日粮配方必定要求提供全部必需氨基酸的营养需求。在日粮中不能提供所有的必需氨基酸,并且所有的必需氨基酸不能保证最终的成分混合符合最小的标准,是远远不能达到精确配方标准的。对氨基酸需求的配制信息在附录 1 和附录 2 中能找到。

一个符合营养标准的日粮配方除总蛋白质外要有详细的必需氨基酸信息,从而避免由于一种或几种氨基酸供应不足而引起的可预测的蛋白质利用率下降。然而,它不能处理在饲料原料氨基酸消化率上的差异,这在表 9.5 已经被证明并且详细情况列入附录 1。以回肠可消化必需氨基酸来表示日粮营养标准(并且规范化的回肠可消化性氨基酸已在前面的章节中描述),并且以回肠可消化必需氨基酸描述饲料成分,在增加日粮配方的精确度和选择饲料成分的灵活性上是一个重大的进步。只有在回肠可消化氨基酸基础上进行比较，才能适当地评估使用棉籽蛋白、小麦蛋白、羽扇豆蛋白和大豆蛋白的成本效益（表 9.5）。

　　无法更好地解释饲料原料不能根据 DCP 和回肠消化必需氨基酸定义的原因，也无法更好地解释营养需要为什么在常规日粮配方中不能最好地匹配。对回肠可消化氨基酸的营养需要表示为：瘦肉组织生长沉积氨基酸与用于维持需要的氨基酸之和，除以因子 v（回肠消化氨基酸利用率）$(IP_m + IP_{Pr})/v$，这在 11 章中已经提到。可消化氨基酸日粮浓度可用预期采食量来决定（就像日粮消化能浓度）。以回肠可消化氨基酸为基础的猪日粮配方，现在是许多高级配方师普遍采用的一种方法。直到现在依然有两个突出的问题，它们影响氨基酸配方的精确度进程：

（1）　正如像 DE 改进 GE 一样，利用回肠可消化氨基酸对总氨基酸进行改进；但是相同地，在获得净利用率之前，还达不到最佳的精确度。虽然被吸收的氨基酸在身体内以不同的效率被利用（9 章和 11 章），但是目前这种不同的利用率已经可以得到有效的量化。在 V 水平上效率低的原因是回收成本，这已被量化（在先前的章节中已描述），并且利用率已通过使用标准回肠消化系统来描述，现在没有理由否认可利用净体系的好处。

（2）　回肠消化率的测定是困难的，并且各种饲料原料回肠消化率的变动范围较大。因此在一种特定饲料蛋白中很难确切描述什么是氨基酸的回肠消化率。这就意味着通过使用回肠可消化性氨基酸值使配方的精确度显著增长可能有些夸张。关于回肠消化率的研究表明，特定饲料原料可能有特别差的氨基酸消化率值（表 9.5 和附录 1），如果用真蛋白来表示饲料蛋白值，那么这对客观准确地比较不同饲料的消化率是非常重要的。幸运的是，科学测定饲料氨基酸在过去的几年已迅速发展，并且有信心改善饲料的估测值，如 Premier Nutrition Products' *Premier Atlas Ingredients Matrix* 和 INRA 版 A F Z's *Tables de Composition et de Valeur Nutritive de Matières Premières Destinées aux Animaux d'Élevage*。

　　许多实例表明，配合饲料厂通过严格限制一些饲料原料的成分水平降低氨基酸的回肠消化率值。这种趋势也很明显，推荐量在附录 1 中表格的底部能够找到。普通猪日粮倾向于努力避免可疑的饲料原料，但这样做可能会错失低营养价值成分和低价格成分的成本获益。

提高配方精确度的好处

　　发展目标：
- 鉴定饲料原料的营养含量；
- 组合（不同）饲料原料形成复合日粮以满足既定营养标准。
- 猪采食充足的日粮以提供每日营养需要；
- 完成必须的日生产效应。
- 确保该流程各个环节的准确性。

　　（上述目标的实现）具有灵活性：①根据时间和来源，改变饲料原料的可用性、价格和营养含量；②根据市场需求改变产品类型，并且改变（通过遗传、环境或健康改善）猪的生长和繁殖力。

　　当缺乏灵活性时没必要实施整个程序。一个特定饲料配方（的好坏）可能取决于其所引起的可预见的生长或繁殖效应。（当以指定比率饲喂时），首先饲料原料价格和可利用性是稳定的并且要确保生产商和终端消费者对饲料的效果均比较满意，一个固定的混合饲料配方需要达到以上这些要求。配方养分浓度的知识是不必要的。只要知道将 2 种或 3 种质量稳定的饲料原料按一定比例混合可生产出质量稳定的、可以接受的产品就已经足够了。在美国，只使用玉米和豆粕作为猪的基础饲料已经很多年，在北欧的部分地区只使用大麦、小麦和鱼粉（或大麦、小麦和脱脂奶）。然而，猪日粮固定配方是不允许成本简单化，因为便宜的能量或蛋白质原料是受排斥的（如欧洲猪的日粮使用玉米和大豆），并且不能适应猪基因型和客户需求上的改变（如高瘦肉组织生长速度和瘦肉需求）。然而，在以下情况中，固定成分配方依然是有利的：

(1)　成分的限制范围是可用的，成分的质量是已知的。这种情况下将适用于日粮基于本土原料混合和种养结合的综合农业企业。

(2)　原料质量和来源的知识是非常重要的，这些知识将会被应用于仔猪和生长猪日粮配方的设计中。

(3)　生产效应价值的定义是不可能改变的，并且它是通过（生产）性能来体现的，而不是通过成本效益。对于断奶仔猪日粮这是必然的，基本要求是高水平的采食量和避免腹泻。

在多数情况下，成本效益来源于配方中所用原料范围的广泛性。如果将这种灵活性与猪对营养供给反应预测的准确性相结合，如下几点是非常重要的：

(1)　营养供应和动物反应的关系在动物水平上被了解和精确量化；

(2)　在动物水平的最终利用上精确确定饲料营养含量。

在日粮配方方面需要营养师加强注意，增加日粮配方精度取决于：

- 更好地定义可利用能量；
- 更好地定义可利用蛋白质；
- 更好地定义可利用维生素、矿物质和微量元素。

然而，在这些考虑之前，企图最大准确地定义动物需求与可分析饲料营养含量是徒劳的——真的可笑——或者：

(1)　猪的采食量减少或与设定的差异显著；

(2)　饲料中设定营养含量因贮存不当、热处理不足、热处理过度，毒素存在等而失效。

这是一个实际情况，而且是经常被忽视的情况，如果采食量降低，那努力提高日粮中营养供应的精确度是没有用的，如果由于利润因素导致（产品）效应下降，那么降低日粮价格同样是无用的。

这种情况在世界范围内都具有普遍性，通过更好的营养标准和更好的饲料成分对日粮配方进一步的改善是不值得去做的，除非猪达到最佳的采食量，并且可以确定饲料原料不受难以被简单的化学分析程序所鉴定的负面因素的影响。

计算机设计最低成本日粮配方

虽然，手算日粮配方的遵守同样的规则，计算机对日粮中原料的数目是没有限制的，对一些可以被考虑在内的营养特性也是没有限制的，所以可以通过调节原料含量使其接近日粮中指定的营养浓度。

线性规划对最低成本的要求，不仅需要混合可利用成分来满足日粮营养标准，而且这样做是为了得到最低成本。通过不同成分的组合的能量、蛋白质、氨基酸和矿物质的数量可能达到一种特殊的平衡。但是在可能最低成本下，只有一个特定成分配方可能达到这个营养标准。这个最低成本配方与相关的饲料原料价格变化一样频繁，这在早先已经提出了。

　　给予计算机选择的空间越大,日粮价格降低并且组成水平允许各种饲料原料分离。在一种计算机程序中,特殊养分的最小添加量可能受到限制。在一种特殊规定的最小水平上,并不只包括这种成分,能量、氨基酸和矿物质之间的平衡与这种成分一致,并且这种平衡影响其他进入最低水平的成分。饲料原料有一个低的最大含量其定价可能很贵。限制因子越少,程序运行就会越有效率,而且成品饲料也会越便宜。在各种饲料中,线性规划方法对低成本的日粮配方来说可以看到所有养分的成本效益,并且能以最佳的方法计算,这在早先间接提到过,但发现用手演算太复杂所以不能处理。

　　附录 3 显示了最大和最小添加量的限制,更进一步的指导在附录 1 中给出。

　　从表 14.6 中已经看到,营养规格目标难于严格地配合特别是当有许多这样的情况出现时。一个有一定宽度的目标有助于优化程序。对一个 13.0～13.3 MJ/kg 的 DE 浓度和一个 11～12 g/kg 的赖氨酸浓度的规格比 13.2 和 11.5 精确的规格产出的日粮成本低。然而,在后来的情况中,还将有赖氨酸 0.88 g/MJ DE,在前一种情况中,赖氨酸与能量比可能在 0.92～0.83 的范围内。这个比例不能偏离于实际最大价值和最小价值之外,这是很重要的。

　　在实践中,保持一个低成本的计算程序来生产日粮是非常容易的,这与用手演算不同,它的计算是简单的,并且日粮更便宜。很有可能产生一组显然无辜的限制,它们是互不相容并且对它们不能得到解决办法。有时一种特殊成分可能被迫以一个非常高的价格来调整小的氨基酸和矿物质的平衡。作为一般规则,所有的限制因子(养分和营养规格)应该尽可能少并基于确凿的证据。

饲料原料成分的描述

　　计算机文件需要对可用饲料原料中的营养含量进行准确描述。为了满足日粮营养标准的各个方面,这些养分将通过计算机从原料中被提取。日粮中所需的指定成分与每一饲料原料中这些成分的描述必须完全匹配。以当前每种饲料原料的价格清单为依据。通过饲料营养成分与对它们的推荐的最大和最小添加量组成的矩阵计算出各种日粮。包含最低成本日粮配方程序包必要的信息文档,在配方过程中利用。附录 1 是一个在有效的饲料描述文件中对一些必需信息的举例。在附录 4 中可发现大麦的特定来源和豆粕的特定来源的文件,它们在这种情况下显示是一种适当的分析,但还是不全面的。当然,同样的信息文件也会给出每种潜在的日粮成分的价格。

日粮营养标准的描述

　　对各种猪日粮的适当的营养标准可从像附录 2 这样的来源中发现,并且在最大和最小水平这一点上可能建立各种营养浓度。对各种饲料原料(与不同日粮有本质的区别)的最大(和最小)添加量限制已经被建议,在附录 1 表格的底部。

计算机化的最低成本日粮配方

　　这个简单的例子用 Format International(Singlemix)的计算机程序来描述。表 14.10 中展示的输出量描述了在日粮中专栏 3 和专栏 4 所达到的目标营养标准。当假定维生素和微量元素补充将满足充足的日粮需求时,配方中的营养标准对维生素和矿物质来说是不全面的。从表 14.10 可以看出对 DE 需求的最大和最小水平是相当窄的(14.0～14.5),但是对蛋白的需求相当大。赖氨酸最小值被设置在至少每 MJ DE(11.0/14.5)0.75 g 赖氨酸,并且其他必需氨基酸(其他 3 种已确定)在适当的比率上与赖氨酸平衡,如早先描述过的一样。这样的设置可能会在能源和赖氨酸的基础上配制,通常用磷、纤维、油脂甚至蛋白进行修改,像第 1 列看到的那样,混合日粮的最后分析将给出 DE 和磷的最小值及纤维的最大值,可看出能量和磷相当贵(因此需要限制最小量)。最便宜原料混合与高水平的纤维含量有关。放宽最少的能量与磷以及最大的纤维的约束将获得更便宜的日粮,但其能量和矿物质浓度较低,所以要提高日采食量。

表 14.10 目标(第 3 和第 4 列)与完成(第 1 列)的营养规范。

	1	2	3	4
	完成	限制	最小	最大
(容量)	100.0	(最大)	100.0	100.0
消化能 DE	14.0	(最小)	14.0	14.5
粗蛋白 CP	208.5		200.0	240.0
可消化粗蛋白 DCP	179.6		150.0	200.0
赖氨酸	11.3		11.0	13.0
蛋氨酸+半胱氨酸	6.8		5.5	8.0
蛋氨酸	3.2		3.0	4.0
苏氨酸	7.0		6.6	10.0
色氨酸	2.7		1.6	5.0
亚油酸	10.6		10.0	20.0
钙	10.2		9.8	11.5
磷	6.5	(最小)	6.5	9.0
钠	1.5		1.3	3.0
油脂	40.3		40.0	56.0
纤维	45.0	(最大)	25.0	45.0
灰分	65.4		49.0	70.0
中性洗涤纤维	142.8		100.0	200.0

从常规饲料可以看出通常赖氨酸是最贵的养分,并且在低成本的日粮配方中通常使用最小量的赖基酸。然而计算机并不是这样的,由于能量是最小值,程序会从脂肪原料中寻找最大的能量值。这种特殊的程序未被设定将所有合成氨基酸都作为可用饲料原料。如果人工合成氨基酸是有效的(它们通常是),它至少是可用饲料原料。它们的添加量可能取决于合成氨基酸和在常规饲料原料如豆粕和鱼粉中发现的氨基酸的价格。合成氨基酸的含量将会改变最低成本的解决方案。

表 14.11 显示出,饲料原料成分的最低成本混合在第 3 和第 4 列限制内将提供一个营养规格。当配合时,表 14.11 第 1 和第 2 列中的饲料原料组合将提供一种表 14.10 第 1 列营养分析的混合日粮。从表 14.11 列出最优货币成本是 136.17;只有包括像第 1 和第 2 列的成分

可到达。小麦是主要的利用谷物,还有一些大麦和饲用小麦。第 2 列给予了各种成分确切的百分比并且第 3 列的数量用来生产一种 2 500 kg 的混合物。第 5 列展示出在这种特殊配方中成分的限制量,第 6 和第 7 列分别展示出所允许的最大和最小添加量水平。小麦被限制到最大值的 40% 且每吨的货币成本为 120 时显然是有利的定价。类似的评论对脂肪补充料是适当的。添加剂、维生素和矿物质被控制在确切的数量,而不考虑它的价格。鱼粉看上去很贵,但根据饲料配方师的意见它被强制在 4%。如果允许添加更多的小麦和脂肪,并且对鱼粉不做过多的限制,日粮可能更便宜。但有一个担心,那就是始终这样做可能因性能下降而导致不经济。

表 14. 11　最低成本线性规划配方软件(Format International-Singlemix)输出结果。

名称:猪日粮

成本价：136.17

1	2 百分比(%)	3 重量(kg)	4 货币成本	5 限制	6 最小(%)	7 最大(%)
包括						
1 大麦	12.7	316	110.0		0	100.0
2 小麦	40.0	1 000	120.0	(最大)	10.0	40.0
3 饲用小麦	5.5	137	96.5		5.0	10.0
6 大豆 44	25.2	631	148.0		10.0	40.0
12 磷酸氢钙	0.6	16	215		0	5.0
19 脂肪补充料	5.0	125	182.0	(最大)	0	5.0
27 添加剂	5.0	125	76.0	(最小)	5.0	5.0
37 鱼粉 66	4.0	100	286.0	(最小)	4.0	7.5
59 维生素/矿物质混合	2.0	50	295.5	(最小)	2.0	2.0
	100.0	2 500				
拒绝						
4 玉米			194.0		0	30.0
5 压片玉米			217.0		0	30.0
7 全脂大豆			246.0		0	10.0
8 肉骨粉			165.0		0	2.5
10 草粉			125.0		0	2.5
11 石灰岩			35.5		0	5.0
13 盐			91.0		0	1.0

　　许多对可用的原料成分因其单位的成本而遭拒绝。这在表 14.11 的第 1 列的底部被列出。这些饲料原料的成本减少或增加,包括原料成本可能改变在最低成本日粮配方中饲料的最佳混合。多数线性规划软件将给予价格的估计,之前所拒绝成分可能是包括在内。

成分的变化

　　根据最低成本的日粮配方推断，猪对所分析的养分将有反应，如表 14.10 第 1 列给出的。假设猪对不同饲料成分的味道和质地没有注意或没有反应，如表 14.11 第 1 列给出的。更进一步的推想，猪不会注意日粮配合中成分的太少或太多的不同，而是关注味道。这是不可能很好地适用于仔猪和泌乳母猪的。可能由于日粮中新成分的出现而使它们的食欲遭到破坏。在这种情况下允许成分水平剧烈波动是不符合需要的，这可能根据主要成分价格的改变而变化。因此，利用配方中的限制，以确保不会发生在日粮成分中剧烈的或突然的变化（陡变）。必须承认，仅在考虑养分单价的基础上才能实现配方的最优化，但是这些限制将使配方无法达到最佳。

　　通过计算机输出最低成本日粮配方是营养师调配最适日粮结构的最有用的方法。计算机线性程序的具体建议可能被确切的付诸于行动，然而，有时这种允许计算机凌驾于人类主观思考的行为是不恰当的。最低成本日粮配方非常有助于展示根据不同饲料原料的适宜程度、营养需要和目标日粮营养浓度设定营养配方的真实成本。

灵敏度分析

　　最低成本的线性规划允许财务敏感性的分析。这个报告给出任一养分或限制原料的成本的最小值或最大值。例如，在表 14.11 中，小麦有 40％的最大含量限制；并且敏感性报告会表明通过增加它们的比例能降低饲料成本。通常给出增加每单位的成本——日粮小麦添加 40％以上，每增加 1％，其日粮成本减少 0.1。关于这 40％的最大限制的原因对营养师将是一个挑战。作为第二个例子，猪料中能量浓度是最昂贵的养分。举例中（表 14.10）由最小值为 14 MJ/kg DE，并且敏感性分析（表 14.11）给出了这种能量的成本。对营养师来说是否判断每单位 MJ DE/kg 的成本是必要的。或许，更低能量浓度的饲料相对更便宜。因此，成本间接地受能量限制的影响。一种标准应该看作是动态的而不是固定不变的。多数商业营养师了解能量和其他养分的价值并且会定期检查每种配方的敏感性值。

第十五章 生长猪和繁殖母猪饲料供给的优化
Optimisation of Feed Supply to Growing Pigs and Breeding Sows

引言

控制饲料供给量使生物学上、经济上和管理上效率最高从而使猪达到最优的性能。通过饲喂系统的使用控制饲料供给就变得相对简单了。这可以通过计算机控制的管道系统来饲喂,采用单体栏(圈)(或猪)控制采食,或连续供给自由采食的漏斗。饲料供给确实对生长速度和体成分及繁殖性能有直接的影响(图 15.1)。饲料供应量管理和成本管理之间也具有密切的关系,包括:①饲料供给对猪生产水平和质量的影响;②到目前为止,饲料成本是总的生产成本中最重要部分(通常占到所有成本的 75%,包括固定成本)。

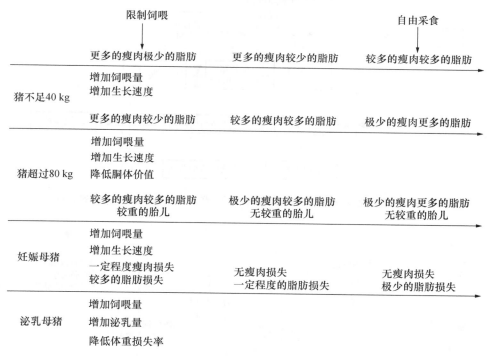

图 15.1 增加饲喂量对猪生产力的影响。

生长猪

猪的生产管理者可控制操作过程的许多环节,但是其中六点特别重要:健康管理、环境控制、日粮配方管理、采食调控、遗传控制和产品质量控制(图 15.2)。如图 15.2 所示,控制采食量对于饲料利用率和养猪投入是关键的。通过基因型和饲料营养标准的互作,采食量控制决定了终端产品的数量和质量。图 15.3 很好地阐明了这一点。通过生长肥育量可表明损失程度。在研究中,以下涉及管理的方面需要注意:

- 猪每天由计算机控制的管道湿喂料系统饲喂两次。
- 屠宰后胴体过肥。
- 生长速度适当,但是并不是特别突出。
- 健康和环境是令人满意的。
- 日粮的营养水平相对较低。

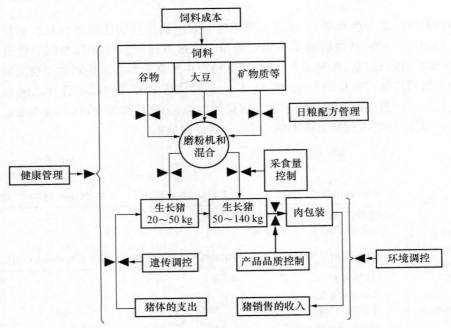

图 15.2 猪的生长—肥育流程图,表明投入、产出和决策及操作调控的要点。

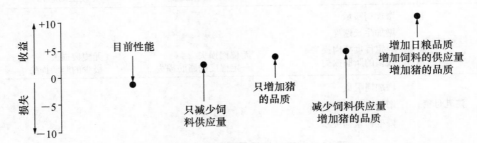

图 15.3 利润最佳化的生产策略决策。

显而易见的补救措施可能表明应该饲喂更高营养规格的日粮,但是这样同时可能增加成本投入,这在经济上会难以承受,并且当其他因素—例如饲喂水平—共同确定改善日粮的积极效应将会是最小的。然而,建议饲料供给量应该减少。这显然会降低生长速度从而产生负面作用,但是投入成本也将降低并且会改善胴体品质;因此增加产值和利润。这种有益的效应表明:①此群体具有日瘦肉生长速度相对低的基因型;②在特殊市场环境下,必然要对猪的脂肪度进行强烈的负向选择,优化出改良基因型。然而,单独地改良猪的品质不会使这种效应最大化。所以需要进一步考虑日粮的品质(营养成分浓度)和饲喂水平。假定具有瘦肉组织高成长速度的改良基因型的,建议的长期策略为不只使用高品质的日粮还应该重新引进新的高水平(食欲)的饲喂系统(图 15.3)。

与饲料供给水平的互作

屠宰重

产品质量控制(图 15.2)包括许多环节,但是主要的方面是日粮供给量和屠宰重的互作。猪经常以体重为标准作为特定市场的产品;例如重型猪达 120～160 kg 活重,常规加工制作需 85～120 kg,轻型猪为 60～80 kg。即使在此范围,更严格的屠宰活重应当被限定(例如,65～72 kg 的胴体重就需要活体重达到 85～95 kg)。因此,管理者需要决定猪的体重达到多少可以出栏,并且寻找市场销路来使收益最大化。然而,胴体品质和胴体重量之间会相互制约。猪在出售时体重越重,它自身的价值就越高并且固定成本在总成本中的比例就越低;但是重的猪在出售时会越肥,并且会减少单位重量的售价。这样的胴体会面临被判定为不受欢迎的肥猪肉的风险,这就促使我们不仅要通过定量配给减少日粮的供给,还可以降低屠宰体重。当瘦肉型猪价格较高时,如果 62～75 kg 屠体重是在许可范围内,其他指标可能也是可接受的,那么 73～75 kg 的猪每公斤的价格会很低。这可能通过饲喂那些易肥的猪较低水平的日粮来缓解,或者选择它们早点出栏。图 15.4(a)表明屠宰体重和 P2 背膘厚的关系和猪基因型的互作;然而图 15.4(b)表明饲料供应量和背膘厚的相互关系。它可能推断较低的采食量—通过促进较低的 P2 背膘厚—可能使屠宰时活重增加。当存在较少的改良基因型而饲喂较多的日粮,由于过度肥胖导致的胴体价值下降将更明显[图 15.4(b)]。如果肥猪不存在价格劣势(即不管肥瘦,均具有同等的受欢迎度),那么肥猪最高的饲喂水平和较高的屠宰重将使它有更大的经济价值。

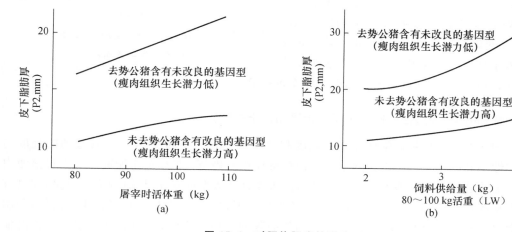

图 15.4　对胴体肥度的影响。
(a)屠宰活重;(b)80～100 kg 活重(LW)的日粮供应量(日粮为 14MJ DE/kg)。

饲料转化效率

如果对脂肪没有任何的品质歧视,而倾向于较重的(和较肥的)猪,那么这一结果会反作用于生产效率,即最贵的投入成本(饲料)是主要的效率决定因素。由于日益增多的昂贵的维持费用,高屠重的猪的饲料转化效率将不可避免地降低对于高的屠宰重。维持费用导致零产品收益,并且其与猪的体重相关。但是在 60 kg 的活重,需要固定的维持成本大约 0.7 kg 的饲料,在 90 kg 需要1.1 kg饲料,并且 120 kg 时需要 1.3 kg。较高的饲喂水平会引发脂肪的过度沉积,此时饲料转化效率将不可避免地降低。所以注意降低饲料投入对改良饲料转化效率可能是有益的。这(降低饲料投入)经常用于限制脂肪过度沉积。通常减少的采食量将通过降低生长速度的方式使用于生长的饲料利用率降低。因为采食量增加,会因持续积累的维持成本而使收益降低(图 15.5)。然而,由于较高的采食量导致过量的脂肪沉积,并且单位脂肪组织的生长需要超过三倍单位瘦肉组织的生长所需的饲料。图中还表明对于每千克的活重所需的饲料量变化较少在广泛的采食量范围中;饲料转化率的改变趋于在两端较中部更明显。

增加采食量的影响

优化需要量化的影响。经验值表明 20～100 kg 活重的猪,日采食量每增加 100 g(每日大约 1.5 MJ DE),日增重将增加 30～40 g,P2 背膘厚增加 1 mm,瘦肉组织日生长速度增加10～15 g,脂肪组织生长速度增加 20～25 g 并且饲料转化率降低(图 15.6)。这种完全根据经验的说法,虽然受到人们喜爱但是是有风险的。额外地增加饲料的供给量带来的效应取决于——尤其——绝对的饲料水平、猪瘦肉组织的生长潜力,度量反应时体重的范围和环境因素。在极端情况下,可能 100 g 饲料供给量的增加对生长是无效的,或者单纯地为了 100 g 瘦肉组织的生长(1 kg 瘦肉组织需要 15 MJ DE),或者单纯地用于 30 g 脂肪组织的生长(1 kg 脂肪组织需要 50 MJ DE);当然任何这三者的结合是完全可行的。

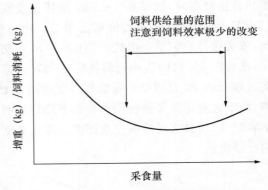

图 15.5　饲料转化率(kg 增重/kg 饲料)和采食量的关系。

基因型和性别的互作(潜在的瘦肉组织生长度和易于肥胖)

增加饲料的供给量将通常增加生长速度和肥胖度(图 15.4 和图 15.6),其增加的程度与基因型和性别高度相关。所以相同水平的饲料将导致去势公猪低效的育肥而有益于母猪瘦肉的生长。去势公猪和较低瘦肉组织生长潜力的未改良基因型的猪比母猪(或完整公猪)和具有改良基因型的猪,经证明饲料供给量限制到较大的范围并且重量更轻。后者在生长阶段,限制效应出现,生长快的达到平均生长速度;在饲料的限制效应出现时,具有更高的瘦肉生长潜能的动物更受益于活重生长迟滞[图 15.7(a)]。类似的生长反应可能期望伴随着严格地限制发生[图 15.7(b)]。

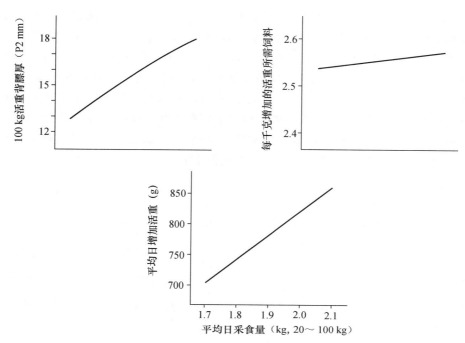

图 15.6　增加平均日饲料供应量的反应。日粮包括 14 MJ DE,200 g CP 和
11 g 赖氨酸/kg。猪是从 20～100 kg 时饲喂。

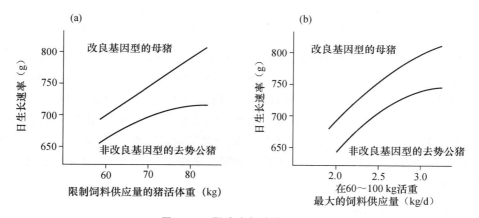

图 15.7　影响生长速度(g/d)。
(a)猪活重最大的日粮供给量是限制到 $0.10W^{0.75}/d$(日粮 14 MJ DE/kg);
(b)最大的日粮供应量的水平在 60～100 kg 的活重(LW)。

　　图 15.8 是最有用范例,该饲喂水平适用于任何指定日龄的猪。第一个原则,瘦肉加上脂肪全部的生长反应总是与饲喂量的增加量正相关。提供的饲料越多,猪将长得越快。第二个原则,在低的饲喂水平这个反应是特别急剧上升和有效,是因为随后的饲料增加促进组织的同等生长(即相等的脂肪瘦肉比)与后期的增加一致,并且这主要是瘦肉组织。第三个原则,当进行育肥时,反应不再如此而且斜率伴随着饲喂水平的增高较平缓了。第四个原则,极为重要的是效率降低发生的点是育肥开始的点,其依赖于猪瘦肉组织生长的潜力(可见猪 a 和 b 类型的比较)。X 饲料供应量(图 15.8)是瘦肉组织生长速率最大值。超过 X 的生产速度将继续增加

但是猪将会变胖。低于 X 瘦肉组织的生长速度不是最大的。于 X 代表的饲料绝对量与猪的类型高度相关（性别、基因型和瘦肉组织的生长潜力）。当猪生长时，X 代表的饲料绝对量也将增加。对于 40 kg 活重的猪，X 可能代表饲料为 1.75 kg 的供给水平，对于 60 kg 活重为 2.25 kg 并且对于 80 kg 为 2.75 kg。对于不需要育肥的猪，X 代表理想的日粮配给量，即每头猪每天确切的饲喂量。但这并不表示不会选择大于 X 的饲喂水平。饲喂水平高于转折点时可能说明（生产者）有增加胴体脂肪的需求，或者体现了饲料价格和胴体价格之间的关系，即尽管在较高饲料供应量水平时达到较低的效率但这仍然是经济的，转折点以上的饲喂水平可能还说明猪生长速度更快带来的利益超过了更瘦的产品带来的利益。

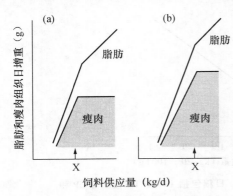
图 15.8　脂肪和瘦肉组织日增重与
饲料供应量的增加的关系。
(a)未改良基因型的猪；(b)改良基因型的猪。

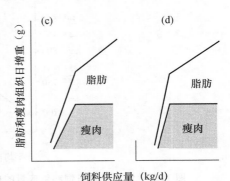
图 15.9　脂肪和瘦肉组织日增重与
饲料供应量的增加的关系。
(c)易肥胖的猪；(d)当限饲时猪不易肥胖。

即使在营养限制生长时（饲料供给量低于 X），由于遗传因素依然易于沉积脂肪的猪之间有很重要和实质的差异。正常期望可能是脂肪 1 和瘦肉 4 的比例，这可能更好（脂肪 1：瘦肉 5）或者更差（脂肪 1：瘦肉 2）；并且这种特性会受到性别和基因型两者的影响。因而在任何饲喂水平，去势将比未去势的公猪天生更肥。在任何饲喂水平，进行瘦肉型选择的猪较未选择的更瘦。这个现象如图 15.9。如图所示，天生不易于沉积脂肪的猪(d)较易于沉积脂肪的猪(c)来讲，将会更有效地利用饲料并且需要更低的饲喂水平用于生长。在采食量较低时，瘦肉组织生长速度也能达到最大。

生长猪的日粮配给量

每日可以定量饲喂猪一次，两次或者也可以多次；对于未定量饲喂的猪允许自由采食但是不允许每天 24 h 自由接触饲料；或者未定量还指饲料供应是持续的。但是我们并不认为上述提到的三种饲喂体系中采食量会逐步增加。采用高水平定量日粮每日饲喂猪三到四次可能会使采食量达到最大。

采用定量供给时，需要了解：

- 小猪，因为它们主要是瘦肉组织的生长，因此是不可能过饲；
- 猪长得越大，它们需要越多的饲料；
- 猪长得越大，它们的食欲与瘦肉生长潜力相关并且它们将趋于更肥胖。

在限饲时，猪的活重受到影响并且限饲的程度将取决于需要达到瘦肉型胴体的程度。推测给 40 kg 以下的猪限饲是没有好处的。基于猪活重的育肥标准如图 15.10 所示。(a)部分是光滑的曲线,同时(b)部分产生突然的限制。实际上,猪在生长的时候很少称重;但是因为采食量和生长速度之间关系紧密并且直接相关,重量可以通过对采食量和时间的了解来估计。如果估测的体重比真实体重轻,那么上述计算方法存在一定危害,因为猪限饲的程度可能超出了本意,并且生长变得缓慢并低于其潜能。好的应对措施是每 6 个月测定一次猪的生长情况,即逐步增加饲喂量来测定猪的反应。另一方面,如果估测体重高于猪的实际重,就要求饲喂其比最初预计多的饲料。如果是由于一定程度的疾病引起了体重不足,这可能并不是一件坏事,因为这会提醒我们采取一些补救措施,但是如果猪的潜力被高估,则饲喂量会超标将使猪比预期变得更胖。

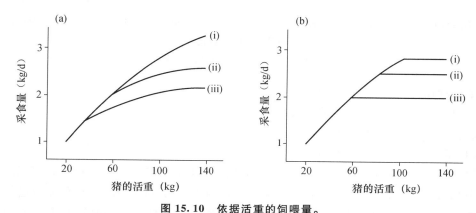

图 15.10　依据活重的饲喂量。
(a)从自由采食到限饲的逐渐转变;(b)突然转变。(i),(ii)和(iii)的量代表限饲的程度,
(iii)对绝大多数现代基因型是严格限制。

　　实际上如图 15.10 所示,基于体重的定量饲喂管理的实施是以饲喂模式为依据的,要么是自由采食(自动饲喂系统);要么在限饲基础上达到最高食欲(控制饲喂系统)。要根据猪入栏的时间决定限饲的实施(猪入栏时的初始体重已知)。限饲可以逐渐(a)或突然实施(b)。图表明三种限饲水平—(i),(ii)和(iii)—与相关的基因型品质(倾向于变肥)和变瘦的需求(肥胖脂肪胴体严重的价格低)的敏感性增加。

　　依据时间对猪的配给量如图 15.11 所示,(a)表明从 20 kg 活重以上每周不同的饲喂规格,而(b)表示进入生长-育肥栏之前按食欲饲喂,之后采用限制饲喂。图 15.11 的量(i)和(ii)代表限饲渐进的程度。

　　日粮量可能在自动饲喂系统是有用的,但是对于限制饲喂供给目标不是必要的,降低生长和控制育肥。如果每天间隔地给猪提供三次或多次新鲜饲喂料,并且供应量超过天然食欲,则其饲喂量可能较自由采食的水平还要多。因此,不应该假定猪具有有限的食欲或认为产生瘦肉胴体总是通过自给式干料料斗系统(dry self-feed hopper system)自由采食来达到最佳。

　　是选择限饲还是自由采食饲养模式主要取决于以下几点:
(1)　所需产品的特性(胴体脂肪度);
(2)　生长速度的重要性(在财务方面);
(3)　饲料养分浓度(低量高浓度饲料的特定饲喂效果);
(4)　瘦肉组织生长的遗传潜力(性别和基因型)。

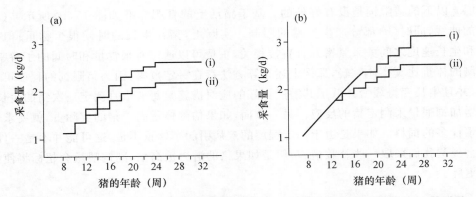

图 15.11   依据周龄或进入生长—出栏阶段的日龄(猪是假定达到 8 周龄和 20 kg 的活重,
或 10 周龄 30 kg 的活重)

(a)达到一定时间后每周的增量;(b)一段时间自由采食后每周的增量。

正如以前研究的,可能假定如下:
(1)   小猪应该积极采食达到食欲最大化;
(2)   改良基因型可能具有较低的食欲;
(3)   改良基因型可能采食更多而不会变肥;
(4)   任何饲料的供给量,去势公猪较母猪都更易育肥并且母猪较完整公猪更易育肥。

简单地说,瘦肉组织最大的生长速度但是未达到肥育的点(X,图 15.8)可能通过凭经验为主的反复试验来决定。如果饲料供给量超过 X,猪将变肥并且在屠宰时得到更肥的胴体。另外,如果饲料供给量低于 X,则猪的生长将无法达到最大化。后一种情况能够通过增加饲喂量提高了日增重而没有增加胴体脂肪来证明。选择恰当的日粮量从而增加饲料的供给量直到猪开始过肥,然后减少日粮量直到某种程度达到可被人们接受的胴体肥度。

在全世界许多猪都是自由采食直到屠宰,而没有规定日粮量。这是因为高品质的基因型不需要饲喂限制来达到期望的瘦度,或者高脂肪水平的胴体是可接受的。规定日粮量在猪屠体重较高时或需要瘦肉型胴体时是十分有意义的。

繁殖母猪

给繁殖母猪提供适量的饲料以达到最佳的生产性能需要考虑:
• 窝产仔数最大化;
• 仔猪初生重最优;
• 年产胎次最大化(缩短断奶到妊娠的间隔);
• 母猪产奶量最大(从出生到 28 天仔猪生长最佳);
• 使用寿命和终生生产力最优。

繁殖母猪活重和膘情变化的一般模式

母猪在妊娠时增重在泌乳期又失重。此外,在分娩时,它们生产(和失去)胎儿及 50% 胎盘和羊水的重量(图 15.12)。与体重情况一样,母猪也在妊娠期长脂肪并在泌乳期损失掉,但是随着母猪年龄和体重的增加,脂肪有不一样的增加趋势。然而,在管理良好的母猪饲喂体系下,母猪平均肥度将在整个繁殖期保持 15%～20%[最低在断奶时,最高是在分娩时(图 15.13)]。母猪得到合理饲喂的结果是随年龄增长,母猪会变大但不会变肥。

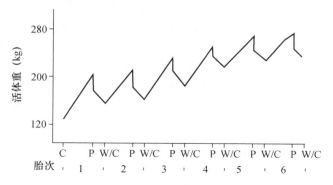

图 15.12　母猪体重变化期望的模式。
C＝妊娠;P＝分娩;W/C＝断奶/妊娠

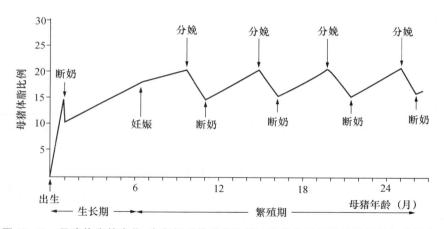

图 15.13　母猪体脂的变化,在断奶后的早期和繁殖期的泌乳期发生脂肪组织的损失。

表 15.1　母猪在 125 kg 活重配种时母体增重和在营养不足的状态下生长到成熟。

胎次	妊娠期的增重(kg)	下次妊娠期的活重(kg)
1	35	160
2	28	188
3	23	211
4	18	229
5	14	243

妊娠时饲料供给量越大,妊娠期越易增重。泌乳期饲料消耗越少则泌乳损失就越大。图 15.12 表明 25 kg 的母体增重,随着胎次变化,在第四次妊娠达到最高。在较早的胎次母猪是进行母体增重以达到其目标成熟的体重应该平均超过 25 kg。繁殖期后应该瘦肉组织和脂肪

都会增重。然而,之后分娩增重可能几乎完全在脂肪组织。在所有的胎次(不管猪的年龄)泌乳损失应该只是脂肪组织,因为其是主要的乳合成需要的底物。泌乳损失还可能涉及蛋白,但是这只发生在蛋白缺乏的日粮中,或者当母猪用完了绝大多数能源储备来产生能量时。表15.1表明适量饲喂母猪在125 kg活重是第一次交配所达到的母体体重,并且以蛋白和脂肪表示的妊娠增重的组成如表15.2所示。图15.14表明增重如何能够发生在脂肪显著损失的同一时间。在这种情况使用的饲喂策略对于泌乳(每天只4.8 kg)和妊娠必要的脂肪恢复是(母猪在第一次妊娠时每天饲喂1.8 kg,并且第二次每天饲喂2.3 kg)不足的。这幅图表明在妊娠时,体重和脂肪如何能够增长,但是脂肪较体重增长更多;同时泌乳期体重和脂肪都会损失,但是脂肪较体重损失更多。在这种情况下,尽管超过3.3 mm的P2背膘厚完全损失,但似乎每一胎将获得11 kg的活体增重,即相当于损失4 kg的脂肪。图15.14表明平均值无法解释母猪的体重增重和脂肪损失;事实上,该图还清楚地表明P2背膘厚不足12 mm很可能与降低的繁殖性能相关。

表15.2 适当饲喂的母猪在妊娠期蛋白和脂的增重的化学组成。

胎次	妊娠期蛋白的增加(kg)	妊娠期脂质的增加[1](kg)
1	11	15
2	8	11
3	6	9
4	4	7
5	3	5

[1]这些增加不允许补充任何泌乳期间脂肪组织的损失,同时假定泌乳饲喂的水平是足够的用于满足母乳的需要。

图15.15展示了在同一个试验中整个猪群中P2背膘厚度的分布如上所述。共展示了三条分布曲线。中间的曲线代表进入扩繁群的猪,此时它们的活重达到大约90 kg。猪平均P2背膘厚为15 mm,分布范围12~18 mm。在分娩时(右图的分布曲线)平均肥度增加到大约20 mm P2。在第二个胎次末断奶时(如左边的分布曲线)背膘厚减少到一个危险值低于10 mm P2,但是P2背膘厚的变异分布在6~18 mm的范围内。因为母猪可能在背膘厚低于12 mm时,会出现再配困难,无疑这些猪大部分具有风险。群体中产生的变异程度需要进一步考虑其内在的原因。标准的饲喂体系[泌乳时每天4.8 kg,妊娠时1.8 kg(1胎)或2.3 kg(2胎)]已经建立,不是一个标准的猪群而是一个高变异多样化的群体。在繁殖周期的任何一点为了达到标准的猪的肥度水平,显然地,猪必须单独地饲喂非标准的日粮供应量(通过它们的需求来计算)。因此繁殖群中母猪最佳的饲喂供给量应是具有个体特异性的、可变的。

如果青年繁殖母猪在大约含有20%脂肪的时候交配并且随后在分娩第1胎时增加到25%,然后将脂肪损失计算到饲喂制度中将是可以的。然而,更新更瘦的杂交品系可能在第1次配种时脂肪水平接近15%并且在分娩时达到18%;所以在饲喂制度中追究脂肪损失时是不可容忍的。对于青年繁殖母猪首次交配时是偏瘦,母猪的饲喂策略为必须维持整个繁殖期的肥度。这意味着泌乳导致的脂肪损失必须最小化并且鼓励妊娠时能够恢复脂肪含量。

首次配种的饲料供给量

首次配种的体重和年龄很大程度取决于猪的基因型。亚洲品种和未改良的欧洲品种可能

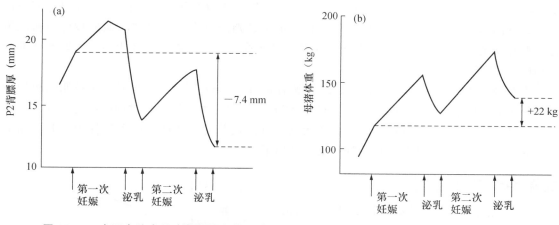

图 15.14　在两个胎次母猪背膘厚和体重的变化(from Whittemore,C. T.,Franklin,M. F. and Pearce,B. S.(1980)*Animal Production*,31,183)。

与现代改良的具有高瘦肉组织生长速度和繁殖潜力的杂交基因型相比,能在较早日龄和较轻的体重时配种。对于改良的基因型,大约 130 kg 的活重和 220 日龄开始配种,这对于以后的繁殖力和使用寿命都是最佳的。在繁殖期开始时,储存足够多的有效脂肪对促进良好的泌乳和缩短断奶到妊娠间隔都是十分重要的。合适的体组成应该是脂肪含量比蛋白多(即超过 17％的脂),并且 P2 背膘厚测定值可能超过 18 mm。图 15.16 表明现代杂交母猪较其亲代趋于更瘦,在一定的饲喂技术下,会较容易达到所需的脂肪量和性成熟,相同的

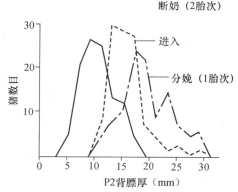

图 15.15　繁殖母猪脂肪的分布。

饲喂技术同时还可以优化猪的生长速度和胴体品质。饲喂商品代杂种猪使其达到最大瘦肉组织生长率,在不足 180 日龄时活重可达到 125 kg,并且那时 P2 的测定将不超过 16 mm。高水平高蛋白日粮对于繁殖群的饲养并不是最佳的,而应该饲喂含有足够的蛋白和能量的传统日粮。泌乳母猪使用的配方(170～190 g CP/kg 日粮)可能是理想的。繁殖母猪饲喂低蛋白日粮可能对生产性能具有反作用,因为蛋白可能在决定首次妊娠的日龄和成功率时与脂肪同样重要。与用于屠宰的出栏猪相对,该饲喂水平通常会有些低。对于 30 kg 体重到配种之间的猪,如果生长速度被限制在 700 g/d 的增重水平时,那么可能就需要定量配给饲料。很难笼统地说明哪种饲喂水平能使繁殖猪生长达到最优直到首次配种(归纳首次配种最优的年龄和体重都很难),因为还有其他许多因

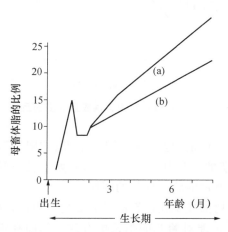

图 15.16　现代杂优品系(b)较其亲代(a)脂肪含量少。

素与其互作。然而,最终的目标是在初情期后使青年母猪的配种工作顺利完成,此时它们应该具有足够的体脂储备,但并不过肥。年龄和体重不是判断首次配种最佳时期的指标。初配最佳时期与初情期的年龄模式和脂肪组织生长的体重模式以及最终成年体重与进入繁殖期前所达到的(成年体重)适当比例有关。

没有证据来支持在首次配种前短期"催情补饲(flushing)"的观点,但是能维持脂肪组织正增重的饲养(和瘦肉组织增重效果一样好)的饲养水平在配种前的整个时期内都是必须的。在初情期到首次妊娠期间,身体脂肪组织的状况是特别重要的。这被有些人解释为该时期猪需要较高的饲喂水平,并且对于它自身不是一件坏事。

妊娠期饲料供应量

饲料供应量对妊娠的影响是 F. W. H. Elsley 教授一系列试验研究的目标。在低于 2 kg 的饲喂水平试验中,发现为了维持胎儿生长的需要,母体自身要进行异化作用(即分解代谢);与那些在妊娠时获得适当饲料水平的猪相比,其产仔数减少并且仔猪初生重降低。图 15.17 表明饲料供给量对仔猪初生重影响显著但是效应小。平均初生重将为 1.2~1.4 kg。在 115 天妊娠期间,如果每天多喂 1 kg 饲料,仔猪个体初生重将增加大约 0.2 kg;料重比大约为50∶1。在猪的初生重特别低时其非常有意义,因为经常会发生仔猪初生活重不足 1 kg,而存活率大约为 $55W_b^{1.3}$,W_b 指初生重。

已经证明初生重能够影响随后的生长性能(图 15.18)。英国皇家兽医学院(Royal Veterinary College,London)研究表明肌肉纤维的数目大多由出生的时候决定,并且越多的肌肉纤维数目会使随后的瘦肉生长更快和瘦肉量更大(出生后绝大多数是体积的增大而不是数目的增多),现在表明在妊娠期任何时间的限饲都将对胎盘本身造成危害或减少输入胎儿的营养,导致出生时仔猪其内在的肌肉纤维减少。这表明在妊娠任何阶段低水平的饲喂都具有缺点,也就是说妊娠时提供更

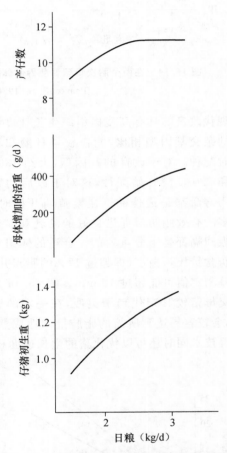

图 15.17   妊娠母猪对饲料供应量改变的反应

多的饲料是有利的。但还不清楚这个效应是真的还是假设的,也不清楚饲喂水平在"限饲","适量"和"过量"之间有什么区别。当然初生重对于后期的生长具有间接作用,后期生长会受到一些因素的影响,例如出生后的健康程度和在群体中所占的统治地位的顺序。

因为仔猪在子宫的生长成指数型,胎儿重量迅速地增加发生在妊娠的最后 3 周。因此,在这个时期增加饲料的供给与整个妊娠期增加饲料相比,可能对胎儿的生长更有效。然而在整个妊娠期增加饲料的水平将更多地用于母体增重,在妊娠 90 d 后的饲喂可能主要用于胎儿增重。如果妊娠期母体脂肪储备不足时,尤其如此。如图 15.19 所示。

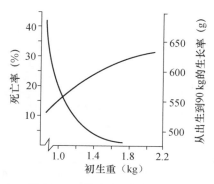

图 15.18　死亡率、生长速度和
初生重之间的关系。

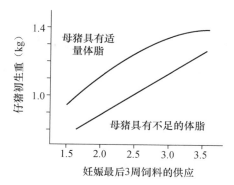

图 15.19　妊娠后期饲料对仔猪
初生重的影响。

图 15.17 表明饲料供给与母体增重之间的关系几乎是线性的,总的来说饲料转化效率大约在 0.2~0.25。在极端水平的饲喂条件下,妊娠采食量对母胎重的正向影响并不是呈持继的线性关系;过肥的母猪浪费饲料,同时可能出现产仔数低和分娩困难等问题。

Elsley 的试验表明确定妊娠饲料需要做到:

* 确定胎儿数目(最终的产仔数);
* 胎儿生长(最终的仔猪初生重);
* 母体瘦肉组织量的生长(最终的成年体重);

此外,妊娠饲料需要:

* 乳腺组织生长(最终相对较小的因素关于产乳量);
* 在泌乳前期补充母体脂肪组织量的损失(是最终影响随后泌乳量和断奶到再配的间隔的一个主要因素)。

脂肪组织沉积似乎在妊娠期的前四分之三内最活跃,在最后四分之一阶段如果为了满足胎儿迅速发育的需要而使母猪能量代谢出现负平衡,那么此时脂肪组织可能发生分解代谢。是因为妊娠晚期的这种脂肪损失是一个不可避免的生物现象还是因为妊娠前三个月的限饲,目前还不清楚。青年母猪在妊娠第 85 天脂肪的损失是特别明显的。其相关数据如图 15.14 所示。

妊娠期体重的增长与妊娠期采食量密切相关(图 15.20)。由于母猪的个体差异导致反应的变异范围很宽。母体增重 40 kg 左右可能对应约 3 kg 的日采食量,然而 1.5 kg 可能会引起妊娠母猪增重停滞。总的增重(母体体重加胎儿和其他妊娠产物)将比母体自身增重大约高 20 kg。因此,母体增重 25 kg 与全部的体增重 45 kg 相当。妊娠期母体体重(ΔW)与日采食量(F)之间的回归关系如下:

$$\Delta W(kg) \approx 25F(kg) - 27 \tag{15.1}$$

这个公式指出妊娠期日采食量为 2.2 kg 会使妊娠母体增重 28 kg,并且确定当饲料效率为 0.22 时,母猪的活重可能增加;或者每千克增重需要 4.6 kg 的饲料。

母体妊娠脂肪组织增重(ΔT)和妊娠日采食量(F)之间的关系见图 15.21。相应的回归公式如下:

$$\Delta T(kg) \approx 15F(kg) - 30 \tag{15.2}$$

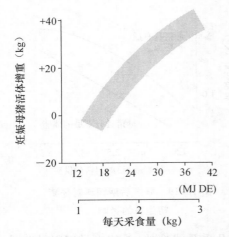

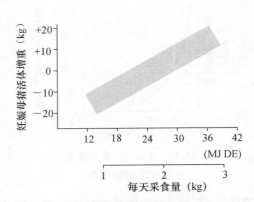

图 15.20　妊娠期母体增重对采食量的
反应,假定日粮水平为 13 MJ DE/kg。

图 15.21　妊娠期母体脂肪组织增重对采食量
的反应。

妊娠期脂肪变化和采食量之间的关系也可能以背膘厚(P2)变化来表示:

$$\Delta P2(mm) = 4.60F(kg) - 6.90 \tag{15.3}$$

此公式表示妊娠期日采食量为 2.2 kg 将使母体 P2 背膘厚增加 3.2 mm。

在公式 15.1,15.2 和 15.3 中包含回归系数的近似值表明:①脂肪组织的厚度是妊娠母猪体重增加的大的组成部分;②在比能维持脂肪组织增加的采食量低的日粮水平下,体重依然能够增加。平均日采食量 2 kg(经常作为妊娠母猪适当的日粮水平而被提出)时能使母体增重大约 23 kg,总体重增加大约 43 kg,并且确保很少的脂肪增重。此关系可能认为对于母猪足量的脂肪是适当的,不需要泌乳期母体生长或脂分解代谢的补充,但是在前三胎对于母猪是不够的(因为那时它们还在生长)并且母猪的脂肪组织水平十分低,如果不补充,会危及到后来的繁殖成功率。不足的妊娠饲料导致母猪在分娩时脂肪组织不足,随后的产奶量可能通过母体和哺乳仔猪的生长向下调整,最近的试验认为在随后的泌乳过程中体脂和体重的损失是必要的。

28 日龄窝重(kg) = 57 + 1.5 母猪脂肪损失(P2 mm) + 0.46 母猪体重损失(kg)

$$\tag{15.4}$$

瘦肉猪将会延持再配时间来应对这种不受欢迎的体况(偏瘦)。这表明在断奶到再妊娠的间隔天数增加许多。断奶到再妊娠的间隔与断奶时母猪的肥度和母猪的活重呈负相关;即猪太瘦和太轻在断奶后不能尽快再配。

与妊娠期的饲喂水平相比,在断奶时母猪的肥度与泌乳期日粮水平更相关,然而所损失的储脂的恢复只可能发生在妊娠期。因此,它与妊娠和泌乳的日粮水平均相关,注意到母猪的体况对于再配具有重要的作用。图 15.22 表明了断奶到发情期的间隔和母猪断奶时的 P2 背膘厚的关系。通常在断奶和发情间存在 3～5 天空怀期。然而,当母猪变得更瘦时,这个时期显著增加并且 P2 背膘厚将小于 12 mm。在它们首次泌乳的末期,对于初产母猪此效应似乎比许多经产母猪更重要。母猪变得太肥的时候也会存在相似的问题。同时需要更加关注母猪太瘦的问题,有时与其猪太肥的问题一样重要。对于繁殖母猪 P2 背膘厚超过 25～30 mm 是没有益处的。

图 15.22 展示的肥度和繁殖之间的关系对于母猪群体成功繁殖是关键的：

- 妊娠饲料必须保证在妊娠期有足够的脂肪积累：①使得泌乳期预期的脂肪的损失最小；②断奶时有适度的膘厚（至少 12 mm P2）。
- 在限饲条件下和脂肪水平不足的断奶母猪将不易再次配种，并且下窝产仔猪数和初生重将减少。

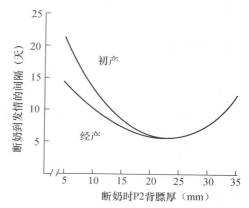

图 15.22　断奶到发情间隔和繁殖母猪背膘厚度之间的关系

妊娠期饲料供给量的模式长期作为科学研究的目标。可以确定如下几条重要原则：

(1) 妊娠期全部的饲料供给量，与母猪体况相关，是影响母猪生产力最重要的因素。

(2) 如果母猪肥胖，早期妊娠减少饲料水平可能对妊娠第一个月胚胎附植有利；但是对于现代的基因型则几乎没有或有极少的作用，并且存在相反的证据—妊娠早期饲喂较高水平日粮会增加母猪的产仔数，减少泌乳体重的损失，正如大多数母猪一样在泌乳期均会出现体重损失。不仅是瑞典养猪中心（Svalöv）的研究表明在配种后和妊娠的前三周饲喂更高水平日粮（3 kg）导致产仔数增加，相似的结果最近在许多国家都发现了，包括澳大利亚。

(3) 假如在妊娠的最后一个月母猪较瘦，在妊娠晚期更高的饲喂水平可能有利于胎儿的生长；但是还有一些证据表明一些群体泌乳后期高水平饲喂将偏向于无乳症。

(4) 母猪饲喂重要的原则要考虑一生的性能和饲喂策略（不是某一胎次的性能和饲喂策略），并且对于繁殖母猪在早期和随后的繁殖期为了确保适当的体况，通过饲喂来保证体况。饲喂对体况的作用体现在，饲料供应和母猪体脂含量之间以及母猪体脂含量和受胎之间都具有重要的关系。

断奶到受胎的饲料供给

在同一时间或其他时间有理由相信，断奶后，过饲和限饲都可能增加排卵数量和胚胎数，其能够安全地在子宫壁着床。目前在受胎前和妊娠前 3 周，大量的饲料供给似乎对生产性能具有副作用；但是无论如何断奶后极高的饲喂水平都相当难以达到。如果涉及胚胎附植的问题，似乎它们将在妊娠的早期增加日粮的水平，即每天超过 3 kg，并且可能比这还多。在断奶的时候母猪已经很瘦了，限饲的策略将不会使其受益。因此，认为断奶和妊娠间期的母猪可能需要以尽量满足其食欲的方式持续饲喂 3～5 天；日采食量约为 3～4 kg。如果自由采食导致采食量较此更多，那么对于泌乳期失重的母猪可能受益更多。如果妊娠延迟，一些限制将变得必要并且饲料供给水平应该与母猪的体况相关，但是每天 2～3 kg 是正常的。妊娠的前 3 周是很敏感的。因为包括胚胎的附植期，其对最终的窝产仔数影响很大，在这个时期，似乎特别高和特别低的日粮水平均可能危及到附植到子宫壁的胎儿数目，所以早期妊娠的饲喂水平范围通常为每天 2～3 kg——饲喂较弱体况母猪的最高水平。

泌乳体重损失可能包括体脂和体组织蛋白的损失。在这种情况下，建议从断奶到再妊娠期间适合饲喂高品质、高营养浓度（包括蛋白和能量）的日粮，其可以补充组织损失，使得体况重新恢复到交配水平;可能认为泌乳日粮应该在妊娠第 1 个月饲喂,特别适用于一胎和二胎母猪。

泌乳期饲养

泌乳期饲料供给量需要提供适当的水平使得:

- 产奶量最大化(最终仔猪断奶重最大化);
- 母体脂肪和蛋白损失最小(最终使断奶到再配间隔最小,窝产仔数最大)。

我们已经清楚地认识到繁殖母猪的脂肪组织和瘦肉组织在妊娠时增重和在泌乳时损失(主要是脂肪组织),繁殖周期中这两个阶段是相关的。在分娩时更重更肥的母猪有更多的组织可动员用以泌乳饲喂仔猪。产后食欲与妊娠期采食量呈负相关,在妊娠期每天供给量增加 0.5 kg 将导致泌乳期每天 0.5 kg 的食欲降低,但是通常这种相关较弱。泌乳期日粮供给量与母猪脂肪储存状况相关。在分娩时母猪越肥,食欲就会下降得越多。

在自由采食的条件下,泌乳母猪日粮供给量可能每天差异范围 3~12 kg。通常规定泌乳母猪饲喂量要依据窝产仔数;例如,4 kg 喂母猪加上每头仔猪喂 0.4 kg,或者可能 2 kg 喂母猪加上 0.4 kg 喂窝中的每头仔猪。然而通常泌乳母猪是依据其食欲来饲喂,而不管窝产仔数。这与泌乳母猪应该定量配给的观点矛盾。泌乳母猪应该尽量多吃并且通常这还是不够的。

在温暖的气候和产房环境的温度很高时,在哺乳期适宜的日粮供给量会出现一个严重问题。估计环境温度每高于最适温度 1℃,泌乳母猪的食欲将减少大约 0.1 kg/d(对于泌乳母猪的适宜温度通常 15℃)。在这种环境中,每天日粮消耗量小于等于 4 kg。通过以脂肪的形式而不是碳水化合物的形式来提供能量从而减少机体产热量,则可在外界环境温度较高时帮助维持食欲。其他方法来减少由于热应激产生的食欲降低是加强通风、喷雾喷水和使用实心地板而不是漏缝地板增强散热。所有的这些措施都将有效地加速体表散热,从而产生舒适的温度。将体热更快地散去和减少产热具有同样的效应,从而阻止采食量减少。所有这些因素结合的总效应能够弥补食欲降低,在环境温度为 25℃ 时采食量可提高多达 1.5 kg/d,并且对于繁殖群的管理需要更多的考虑。

一些大母猪在凉爽的环境中可能每天吃 7~8 kg(最多 12 kg),但是绝大多数母猪的食欲在泌乳期很少超过 6.5 kg。在分娩的第一天消耗相对较少的饲料(1~2 kg),但是在泌乳的第一周结束这可能每天上升 1 kg 直到达到 6~7 kg。在泌乳早期,为了避免食欲的降低,通常推荐每天增加 0.5 kg 日粮。在泌乳 21 天后随着产奶量的降低可以适量减少。初产的母猪通常在泌乳期吃 4 kg 或更少,一些体型更大和更高产的经产母猪可能每天需要吃 9 kg 以上。母猪饲喂湿料较干料将多吃 10%~20%。

泌乳体重和脂肪损失直接与泌乳日粮供给量相关(图 15.23)。在较高的采食量情况下,母体体重在 28 天泌乳期内将增加 10 kg 以上,但是在低的采食量时母猪体重将损失 20 kg。通过超声波 P2 测量仪所测定的脂肪损失的变化具有相似的趋势。采食越少脂肪的损失就越多,低的日粮供给量导致 28 天泌乳期 P2 背膘厚减少 5 mm 以上,同时较高的日粮供给量可能几乎保证脂肪代谢的平衡。

图 15.23 的线性回归为:

28 天泌乳期的体重损失(kg)=48.8-9.60 泌乳期采食量(kg/d)   (15.5)

28 天泌乳期的脂肪损失(mm P2)=11.1-1.37 泌乳期采食量(kg/d)   (15.6)

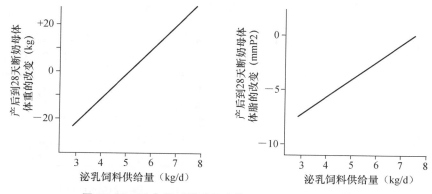

图 15.23　采食量对泌乳母猪体重和体脂变化的影响

因此,28 天泌乳期平均采食量是 6 kg 将导致 9 kg 体重的损失,并且 P2 背膘厚减少 3 mm。

这些公式表明:

- 当每天采食量超过 5 kg 时比较容易达到,则泌乳体重的损失可能大大降低;
- 当每天采食量超过 8 kg 时较难达到,则很大程度地防止泌乳体脂的损失;
- 当体重停滞体脂大量损失;
- 在 28 天泌乳期内,每天多喂 1 kg 日粮将会挽回 10 kg 母体体重的损失和大约 1.4 mm P2 背膘厚的损失。

泌乳期采食量对产奶量和断奶仔猪重具有正效应。假定的反应如图 15.24 所示。S 形曲线早期饲喂量的增加主要满足母体先前的不足。当然母猪产奶量与高的产仔数相关。进一步来说,大猪较吃相同饲料的小一点的猪用于泌乳消耗的饲料少,从而解释了其维持需要的差异。进一步来说,正如这个情况以饲喂量来表示(而不是能量或蛋白食入量),泌乳反应与消耗日粮的营养浓度高度相关。

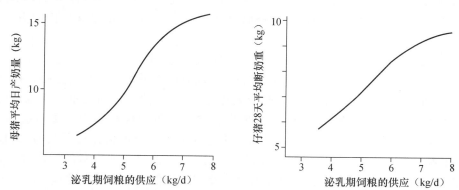

图 15.24　泌乳期采食量对仔猪 28 天断奶体重和假定的母猪产奶量的影响

母猪如果过瘦或过肥繁殖性能就会较低。如图 15.22 所示,在泌乳后期母猪体况和做好配种准备(断奶到再发情的天数)之间具有负相关。妊娠率(发情母猪配种受胎的比例)和排卵数(潜在的产仔数)之间也有负相关(图 15.25)。假设泌乳时,每 1% 的母猪体脂的损失会造成下一窝减少 0.1 头仔猪。澳大利亚研究人员提供确切的证据表明在泌乳期脂肪和瘦肉组织量的损失如果更多,则断奶到妊娠的间隔将更长。图 15.22 表示了这个观点。

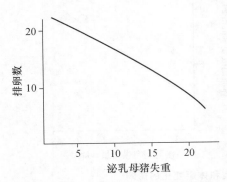

图 15.25　泌乳前母猪的体重
损失对排卵数的影响

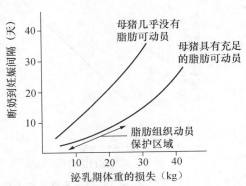

图 15.26　泌乳期体重的损失对母猪
再次配种多产性的影响

　　图 15.26 可能用来描述泌乳期体重损失和断奶到妊娠间隔之间的关系。平均间隔通常大约 10～12 天,虽然通常期望母猪在断奶后 3～5 天发情,但只有部分能够正常发情。从图 15.26 可知,泌乳母猪体重损失使再配问题变得更加明显,较肥的母猪每头损失 10 kg 多,过肥的约 20 kg。暗示体重损失对于再次配种的负面作用将通过适当的脂肪组织沉积来减轻。如前面所说,图 15.22 创新性地理解了脂肪组织损失对泌乳和随后繁殖效率的重要性。在断奶时如果没有至少达到 12 mm P2 背膘厚将导致断奶到发情间隔的显著增加。同样,如果没有控制 P2 背膘厚在 25 mm 以下也具有副作用。

　　最近澳大利亚 Hughes 和其合作者最近的研究肯定了泌乳期低饲喂水平导致体重和脂肪的损失从而减少了随后的窝产仔数;泌乳时体重损失<11 kg 将产 11.7 头活仔,然而体重损失>30 kg 只产 9.8 头活仔;同样泌乳脂肪损失达 2 mm P2 背膘厚产 10.5 头活仔,损失>4 mm 产 9.8 头活仔。在断奶时脂肪的绝对水平也具有显著的作用,如果断奶时 P2 背膘厚>13 mm,则从断奶到发情天数为 5.8,乏情母猪的比例为零并且总的活仔是 11.4 头;然而如果断奶时 P2 背膘厚是<10 mm,则从断奶到发情的天数为 8.1,乏情母猪的比例为 0.22 并且活仔数为 8.9 头。

　　目前决定泌乳期低采食量的主要原因是高的环境温度和饲料的干燥状态。哺乳较多幼仔的母猪能够每天采食 10 kg 以上。还有证据表明泌乳时低水平的饲喂能引起蛋白质和脂肪的分解代谢。同时体脂损失对于将来再次配种成功是有害的,体蛋白损失也是灾难性的。每天体重损失速度增加,除了体脂损失,体蛋白损失也增加。英国肉品和家畜委员会(UK Meat and Livestock Commission)在其 Stotfold 研究中心开发了一个母猪的饲喂策略,据报道该策略可使泌乳体重损失最小和到发情的天数最短。分娩后,饲喂营养丰富的饲料 2.5 kg/d(14 MJ DE 和 185 g CP/kg),并且根据动物的食欲来增加日粮但增幅不要超过 0.5 kg/d。饲料供给以这种方式增加直到每头仔猪最高量达到 1 kg。增加采食量与增加的产奶量一致,通常在产后 15 天可达到最大采食量。泌乳母猪环境温度应降低到 16℃(当然哺乳仔猪是通过隔离加热器取暖)。断奶后,尽可能满足母猪对高能量、高蛋白日粮的需要。

体况评分

　　测量妊娠母猪的 P2 背膘厚是完全可行的,并且相对简单,但可能不便利。这种情况下,母猪体况可能作为一个很好的母猪体脂指示器。目前已经建立的最佳母猪繁殖肥度是构成饲喂策略最重要的组成部分。这比活重或盲目坚持在某个特定时间制定通用的饲喂水平而不管母猪个体的需求要更重要。因为日粮浓度影响母猪体脂,从而影响母猪体况是完全合理的。体况对日粮的要求为当母猪体况比正常体况差时,应该增加日粮;但是如果体况超出正常,则应减少饲料供给量。因此,需要对繁殖周期不同阶段的最佳体况评分进行定义,尤其是在妊娠开始和结束时。因为在妊娠期调整饲喂水平能够最有效地改变体况。同样重要的是,母猪不要变得过肥或过瘦。

因为猪的体脂大约70%是皮下脂肪组织,所以通过外观可以相对容易判别母猪的肥度——它的体况。视觉评价可与照相或图解标准相比较(图15.27)。通过手触母猪身体部位的体况评估可能对于脂肪变化具有特别的指示作用,例如脊柱和臀部。

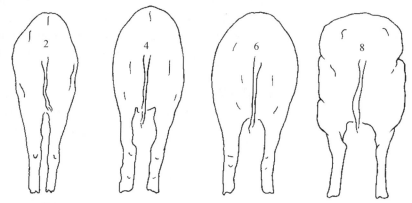

图 15.27　使用图示标准的可视体况评分图。母猪外形对照此图给出一个合适的评分。

当用超声波测膘仪测定时,视觉体况评分(使用10分制)与P2背膘厚显著相关。一般来说,P2背膘厚(mm)大约是体况评分数值的三倍。通过体况评分做中介,母猪的肥度可作为营养是否适合的监控器,其不依赖日粮水平、健康、环境和管理对促进繁殖具有独立优势。建议以目标体况评分为依据建立饲喂策略从而来解决不同环境母猪与相同饲喂水平互作的难题。体况评分目标要求,按动物需要饲喂,不要饲喂先前预定的量。总之,母猪太瘦但是已经处于较高的饲喂水平鉴定其需要饲喂更多的饲料;同时母猪鉴定太肥但是处于较低的饲喂量则需要降低饲喂量。

通常体况评分为6是妊娠末期合适的目标并且在泌乳末期4是可以接受的。在正常的情况下通过对饲喂水平的微小调节可以达到这些目标。母猪比体况评分为4的还瘦,或比体况评分为6的还肥的话需要特别注意了。显然许多现代杂交母猪是由于泌乳期日粮供给不足而使体况评分低于4,从而导致断奶,继而产生不可避免的消极后果。当然断奶时的体况评分与产仔时体况评分和泌乳期体况的损失率密切相关。然而母猪繁殖力的问题不应该总是被认为能够通过营养的手段来解决。其他如健康、母猪激素水平、环境条件和公猪的繁殖力都是很重要的。

举例说明饲喂策略用于繁殖时的体况评分见表15.3。

表 15.3　妊娠母猪依据体况的饲喂水平。

(1)使用所有繁殖群的妊娠或空怀母猪(即所有母猪未泌乳)来确定每头母猪平均日量供给量,记录数量。

(2)确定群体中所有的妊娠和空怀母猪体况。使用 10 分制,1 代表瘦弱,10 代表过胖。这个群体的期望平均体况评分大约为 5,青年母猪要大于 5,而年老母猪小于 5 也是可以接受的。刚断奶的母猪应为 4,而分娩母猪应接近 6。

(3)如果群体中所有妊娠和空怀母猪的平均体况评分大于 5,则其平均日粮供给量应该减少(见第 1 段)。如果平均体况小于 5,则母猪的平均日粮供给量应该增加。在第一种情况,增加或减少平均日粮供给量时,每头猪的上下浮动量不应该超过 0.2 kg。

(4)虽然平均体况令人满意,但是依然包括较瘦和较肥的母猪。为了解决这个问题,母猪个体需要根据它们各自的体况评分来饲喂。

(5)对于每一头母猪,断奶后需要立即确定其体况评分。依据下面的表格日粮要满足问题个体的需要直到其体况评分达到 6。体况评分达到 6 后,母猪应该恢复到平均日粮水平(见第 1 和第 3 段)。

(6)在断奶时母猪应该迅速改变其泌乳日粮的供应量为适当的标准以准备配种。断奶到再妊娠期间日粮供给量很可能包括至少 3.0 kg 的泌乳母猪日粮,但是通常最好能满足其食欲。每天供给 3.5 kg 日粮就足够了。

依据个体体况来增加或减少妊娠母猪日粮的供给量。

母猪体况评分	妊娠母猪除了平均日粮供给量外的可能饲料需求 (料量的变化)(kg/d)
2	+0.6
3	+0.4
4	+0.3
5	+0.2
6	平均日粮供给量[1]
7	-0.2
8	-0.3

[1] 特殊单位,或者使用高浓度的日粮每头猪每天可能 2 kg。然而通常平均日粮供给量是每头猪每天大约或超过 2.2 kg。

体况评分无疑是判断母猪营养是否充足的最合适的依据,但是该体系依然存在自身的缺点:

(1)　体况评分测定肥度只是间接的,并且因母猪大小和形态的变异而容易出错。

(2)　体况评分是依赖记录员的主观意见并且标准不确定。个人通常对整个繁殖周期的合适体况具有不同的观点。

(3)　体况评分与采食量变化的关系未经很好证明并且是可变的。如表 15.3 所示的值应该作为参考而不是规则。

繁殖母猪的供给量

母猪饲养主要是关于母猪体重、肥度和体况的长期策略和趋势。要求维持母猪的总体状态于令人满意的水平,并且母猪肥度的变化可能较母猪体重更重要。目前已经确定现代杂交青年母猪应该在活重超过 130 kg 日龄超过 220 天时配种。它们应该从活重 30 kg 时就应充足饲喂从而能够每天增重 700 g,并且这段时间逐渐地增加它们的体脂。配种前 3 周立即采用自由采食的饲喂制度可能是很好的。

已经进一步证实了妊娠日粮应该是能够满足母猪体重和肥度足量增加以达到分娩时体况评分为 6 或者更高。这相当于 P2 背膘厚达到 20 mm,并且妊娠到产仔的总体重增加大约为 50 kg。在正常的情况下,妊娠时饲喂水平将随着母猪体况变化每天平均 2.3 kg。

在泌乳期,母猪总是损失脂肪并且可能损失一部分瘦肉组织。如果损失严重将不仅危害泌乳还危机下次配种的成功。泌乳日粮供应量可能通常平均每天 6 kg,随后的妊娠需要一定程度的脂肪补充。泌乳期饲喂策略应该为鼓励采食而不是限饲。

过肥将导致成本增加和繁殖力降低。母猪的体况评分大于 6 应被限制。妊娠期,应该通过确保整体饲喂策略的正确性来避免饲喂水平过于宽泛,即消除需要短期母猪育肥和育瘦的策略。在妊娠末期最少的脂肪水平大约 18 mm P2 而在泌乳末期最少需 12 mm。母猪超过 25 mm 被认为是过肥。

最终对群体中所有的繁殖母猪试图建立确定的通用营养标准和规定饲喂标准结果将是令人失望的。母猪随着营养水平变化就决定了应根据它们各自的体况来饲喂。母猪的常规饲喂标准见图 15.28。此图表明妊娠日粮的供给较前 3 周平均水平低,较后 3 周平均水平高。然而除非有理由相信,给妊娠早期过肥母猪饲喂极高水平日粮会引起的胚胎死亡或相信由于初生重不足会导致仔猪存活力较低,那么在整个妊娠期间,应该依据体况评分制定一种单一饲喂水平,并且要通过感官来判断脂肪组织的补给需求。妊娠早期饲喂水平的减少或妊娠末期的增加都是不利的,并且饲喂策略应该考虑一生而不应该只针对繁殖周期简单地调整。

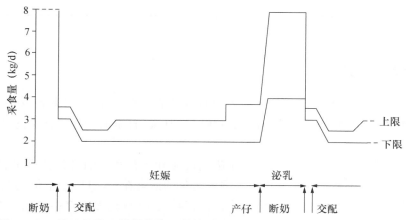

图 15.28　繁殖母猪日粮量指南。供给量的上限和下限是通常所期望的;即使实际上偶然出现较高和较低的水平。这幅图不应该作为早期妊娠日粮供给量推荐量,其应该被减少,在妊娠末期也不应该增加。

实际上:
- 母猪应该在妊娠时经常进行体况评分并且适当地调整供给量。
- 妊娠时日粮供给量通常的范围在 2～2.8 kg,并且应该依据其体况决定。
- 泌乳期合适的日粮供给模式应该为自有采食。窝产仔数如果特别少(少于 8 头仔猪),日粮供给量将限制在每天 6 kg。然而,泌乳母猪几乎不可能过饲,这意味着饲料供给量的控制不是为了限饲,而是为了提高食欲,并且要通过所有可能的方法来使采食量最大化。

- 在断奶时制定的日粮供给标准可能刚好低于食欲,即每天 3.5 kg。
- 一般情况下,优良母猪每年产 2.3 窝将每年使用最少 1.2 吨的常规营养浓度的日粮 [(115×2.5×2.3)+(13×3.5×2.3)+(28×6.5×2.3)]。
- 比较容易理解,主要是日粮品质而不是供饲料量会对繁殖母猪和生长猪产生影响。上面估计的日粮供给的最佳水平通常指每千克鲜重含 13 MJ DE 和 150 g CP(妊娠母猪)或 13.5 MJ DE 和 175 g CP(泌乳母猪)左右或更高的日粮。
- 通过使用方程 15.3 和 15.6,它可能计算母猪产仔体况评分为 4,P2 背膘厚为 14 mm,并且预测 28 天的泌乳期内每天饲喂 5 kg,当达到断奶时 P2 背膘厚测定不足 10 mm,并且体况评分低于 3。妊娠时每天饲喂 2.8 kg 将在下次产仔时提高 P2 背膘的水平到 16 mm 并且体况评分大约为 5。
- 产仔时体况评分为 6,P2 背膘为 18 mm,并且每天饲喂 6 kg 将导致断奶时 P2 损失 3 mm,活重损失 9 kg,并且体况评分为 4。妊娠时 2.2 kg 日粮供给量将补充 3 mm 的脂肪损失并且母体妊娠增重达 28 kg;或者 19 kg 的净重(妊娠到妊娠)。后者对于母猪繁殖后期似乎是适当的,但是明显地高饲喂水平对它们的前三胎是有益的。

表 15.4 提供了一个简单的概略关于妊娠和泌乳日粮对母猪繁殖效率的影响。

表 15.4 饲喂水平对繁殖的影响。

	下次发情开始	受胎率	活仔数	初生重
妊娠饲喂	+	+	++	++
泌乳饲喂	+++	+++	+	+

哺乳仔猪的饲养

固体日粮通常从 14 日龄提供给仔猪作为对母乳的补充。在 25 日龄前吃的饲料量较少。如果在 28 日龄断奶,在断奶前饲喂与断奶后相同的日粮,直至断奶仔猪活重达到 10 kg,这对仔猪生长是有益的。

除了与母猪泌乳能力相关,每头仔猪吮吸到的实际乳汁量与哺乳仔猪数量、仔猪大小、活力和泌乳阶段呈函数关系。在小窝中活力强的乳猪的活重在 28 日龄也能够达到 10 kg 多,表明当乳汁充足时生长很有潜力。然而,通常窝产仔数为 10 或更多的窝中的绝大多数乳猪在 4 周龄时体重只有 7~8 kg,表明其乳汁供给量不足。生长潜力和母猪泌乳量在 20 日龄时产生差异,基于这一点推测补给饲料是有好处的。窝产仔数大于 8 头或母猪产奶量较期望值少,则需要早点饲喂乳猪-通常从第 14 天(在奶水不够时当然要早些)。

在许多研究中,在 18~21 天如果母猪乳汁丰富,仔猪几乎不采食或不需提供补充料。通常,在 10 日龄乳猪可能开始吃少量的补充料,在 14~21 天每天采食 10~30 g。到第四周,采食量可能提高到大约 60 g。补充料采食量增加和乳猪年龄增长的关系表达为:

$$Y = 0.004\ 4X^{2.80}$$

Y 表示每头仔猪每天的日粮(g)并且 X 表示仔猪日龄(d)。

乳猪与采食固体饲料猪的消化系统不同,并且在断奶时由于食物性质的改变会出现严重的消化损伤。这个阶段对生产不利,并且如果小猪在需要饲喂固体日粮前就已经适量采食,则对它们适应断奶后日粮是很有帮助的。这需要经常给乳猪提供很美味的日粮以吸引它们。除非管理水平很高,否则失重、低的饲料转化率及断奶后猪的生产力降低是必然的。

因此为乳猪提供固体饲料具有两个很好的原因。首先,如果窝大小适中,补充料可使泌乳期的生长速度提高。其次,如果它们在 3、4 或 5 周龄突然断奶前适应了固体日粮,那么这对所有仔猪(不管产仔数)都是有用的。

为乳猪供应固体饲料最重要的要求是保证仔猪乐意采食。因此日粮必须添加非营养的物质(口味、质地和气味)和营养物质来引起仔猪的兴趣。为了避免仔猪断奶后生长阻滞,应该在每天从母猪处移走后大约再采食 300 g 固体日粮。然而,即使在最佳状态下,不足 30 日龄的仔猪也很少能达到该采食量。自由采食是指在真正的食欲驱动下使采食量最大化,从断奶到需要限饲的阶段(最早也要在活重达 40 kg 时才需要限饲)最好能持续保持自由采食。

确实的证据表明在断奶前后(通过使用高品质的日粮和卓越的管理)迅速地生长,对于整个生长过程直到屠宰都具有积极的后续效应。断奶后较低生产性能的补偿性生长在实际的生产条件下是不明显的,并且投资使早期生长最大化能够在屠宰时得到报偿,以生长-出栏期间较高的日增重和饲料效率的形式。

稀料定量控制

营养摄入量由饲料营养浓度和日粮供给量的水平决定。限制食欲,营养摄入量能够通过增加营养浓度来增加。同样的,日粮营养浓度的降低与增加的饲料供给量水平相反。然而,若日粮供给量在满足食欲的范围内,进一步减少营养浓度将导致实际供应量的降低。事实上,一个行之有效的控制供给量的措施已被实施。允许猪自由采食但是通过日粮稀释控制营养的方法具有一定的吸引力-特别是其能使管理简单化。所有猪都愿意自由采食,此时可通过按比例稀释日粮来控制饲料配给量。这个表面上看起来值得实施的方案已经尝试了许多次,但是总是失败,因为:

- 稀释剂本身不是免费的,虽然无营养价值。
- 稀释日粮需要混匀、运输、储存和装运,更增加了成本。
- 稀释剂需要量格外多,在限制食欲之前,例如妊娠母猪,2 kg 的浓缩料就能满足其需求,但是它的食欲可能是其三倍。

通过日粮稀释的方法将会由很少的猪再遭受到食欲范围内的营养限制(表 15.5)。

表 15.5　通过使用惰性填料(或营养稀少)让日粮稀释的方法使施加有效的配给成为可能。

适宜凭食欲采食的猪 (禁用日粮稀释剂)	需要适当限饲的猪,但是稀释剂 水平可能需要太高而不经济 (禁用日粮稀释剂)	需要适当限饲的猪,并且 所需稀释剂水平比较经济 (可用日粮稀释剂)
泌乳母猪	妊娠母猪	育肥猪和食欲一般但是易长膘
空怀母猪	食欲好遗传优势差的育肥猪	的去势公猪
哺乳乳猪		
断奶乳猪		
生长猪		
遗传优势高的育肥猪		

结论

生长猪和繁殖母猪最优的饲料供给量需要不断地重新评估并调整、灵活的管理和关注相关的收益。日粮量和推荐饲料供给量不应遵循特定的规则和计划，而应该与各自的生产状况是高度相关的。

然而就预期的饲喂体系而言，宏观指导是有用的，通过了解猪对营养供应变化的反应可使饲料供给量的制定达到最优水平。

仔猪、生长猪和泌乳母猪的食欲应该最大。通过日粮供应量有效地控制生产过程主要应用于两类猪：①妊娠母猪；②育肥肉猪。然而在生产过程中一些环节中有效的日粮供给对于生长育肥和繁殖猪群的生长是至关重要的。

第十六章　产品营销
Product Marketing

引言

销售开始于对产品区分,接着对其特性进行有效的描述,并且这种描述可能使得产品受到潜在消费者的欢迎。发达国家,销售还存在另外一个阶段,此阶段中产品的配送和消费者的满意度对于产品的重复订单具有非常重要的作用。因此,在整个生产链中猪肉的销售也包括许多阶段,包括配合饲料、种猪的提供和将肉猪变换为分割肉、产品的加工。本章的大部分讨论专注于发达国家猪肉的上市和销售。

2003 年,全世界的猪肉产量大约有 9 600 万 t;过去的 10 年里,猪肉产量以每年 2.4%的幅度稳步增长。中国、美国、巴西和欧洲联盟(EU-15)是世界上主要的猪肉生产国,其产量占猪肉总产量的 80%。EU-15、加拿大和巴西是世界上猪肉的主要出口国,而日本,墨西哥和苏联是猪肉的主要进口国。2004 年,EU-15 的生猪出栏估计在 2.05 亿头左右(1 800 万 t 猪肉),年人均猪肉的消费量将近 44 kg。猪肉消费占整个肉类消费的 46%,是欧洲消费者首选的肉类,其中包括新鲜肉和加工产品的供应。过去的 10 年里,EU-15 的猪肉产量增加了 8%,目前大约 5%~7%的猪肉用于出口。EU-15 各国猪肉自由流通,国家内部之间的交易占到总生产的 24%。丹麦、荷兰和西班牙是主要的出口国,而意大利、德国、英国和葡萄牙是猪肉的主要进口国。美国和加拿大的猪肉产量大约为 990 万 t。但是,在这两个国家人均猪肉消费量仅为 30 kg;少于对牛肉和鸡肉的消费。

EU-15 和北美的市场环境变得越来越具有挑战性。根据食品安全引起的问题和养猪行业所承受经济上的负担,在动物福利、环境约束和公众警惕方面,EU-15 制定了严厉的规则。美国,食品安全也是一个问题,要求对现有的安全措施进行再评估。投资商要求适当的担保,这将对猪肉最终的成本有很大的影响。

自 1960 年以来,猪肉生产行业的目标已经发生转变。20 世纪 60~70 年代,目标是满足对动物源蛋白的需求,关键是尽可能以最低的成本生产更多的肉。20 世纪 80~90 年代初,消费者对猪肉的质量要求增加了。新的策略致使减少肉猪的皮下脂肪含量成为主要目标。过去的 10 年中,在消费者的压力下,猪肉链不得不适应一个新的环境,其中猪肉安全和环境保护的考虑得到了重视。新的挑战不得不适应世界市场价格的竞争,一些国家如 EU-15、美国和加拿大面临着来自亚洲和南美国家的激烈竞争。

猪肉供给链的变化

传统上,因为猪肉消费的高价潜能,所以猪肉供应链中价格是销售的动力,生产者的主要目标是通过有效的生产系统来获得更多的肉产量。供应链是生产者导向的,仅有少部分的销售属于加工商,对加工商和零售商也会有一些区域性的影响。商业化主要是将生产的任何质量的肉产品作为日用品进行出售。供应链中的各个环节的连接十分松散,通常是通过贸易商。像其他许多的商品一样,交易系统是通过它的高浮动性和不稳定的利润为特征贯穿于整个年份的(图 16.1)。固定利润不是很平常的,商业的长期计划是一个比较难实现的目标。

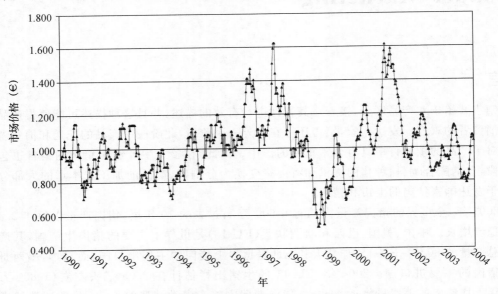

图 16.1　猪生产行业中产品市场价格的浮动(€/kg 活重)。

　　新的挑战已经深刻地改变了市场的环境和综合力,目前食品安全和质量是世界上最大的猪肉加工商的驱动力(表 16.1)。生猪生产像许多其他的乡村活动,依靠良好的管理来提高猪肉产量,但是销售和贸易的重要性需要受到重视。最近几年,由于一些影响健康的事件发生频率比较高,导致人们对猪肉的公众信誉降低,从而迫使销售公司改变了他们的营销策略。其中很大的一个变化是在生产和加工环节,食品的零售商寻找合作伙伴来生产合格肉(被鉴定的,符合的,有烙印的)。表 16.2 和表 16.3 分别概述了欧洲猪肉供应链的优点、缺点和欧洲猪肉供应链的时机和威胁。

　　近来,猪肉供应链的主要驱动力有以下几类:

- 消费者生活习惯的改变。
- 销售渠道的变化。
- 猪肉供应流程的改变。
- 部门的纵向化。

表 16.1　猪肉供应链变化的概述。

传统	现代
生产驱动供给	生产驱动需求
日用品和大宗产品	产品的分类
交易系统:每日的、危险的和不稳定的	相关系统:长期的、公平利益的和稳定的
不牢固的关系:目标是价格	固定的合作伙伴:目标是价格和质量的结合

表 16.2　EU-15 猪肉供应链中的优势和劣势。

优势	劣势
垂直的供应链	产品的成本
熟练的技术	跨国疾病控制
整个链的保险	群体健康
弹性的	劳动力的缺乏
主动的协会	群体密度高
产品的区别	生产地区的集中
质量控制	劳动力成本
高的人均消费	宗教信仰和脂肪含量对肉的影响
出口净利	
容量	

表 16.3　EU-15 猪肉供应链的机会和威胁。

机会	威胁
产品国外销售	疾病暴发
附加值产品的提供	饲料价格
产品的多样化	全球化
改进了与消费者协会的协作	零售商的权利
一些国家消费量的增加(英国)	富裕消费者对植物蛋白的选择
改善健康状态	污染和环境的考虑

消费习惯

社会的发展已经使得消费者的习惯和期望发生了变化。虽然富裕的家庭在食物上花费占总收入的比重很小,但是他们更加注重食物的质量,而且更加关注有关生产信息、购买便利性和购买情感等的问题。他们在烹饪上和购买食品上花费的时间减少,但是在获得吃什么的信息上花费时间增加。在西半球,肉和加工食品的方式已经发生了变化。他们常常更加倾向于购买那些预先切好、包装好的肉产品,猪肉行业的目标是依靠合理的价格来获得消费者的信赖。消费者要求产品来源于饲养在一个健康环境的健康猪,并且期望这些猪是"天然的",猪肉是新鲜和具有营养的。消费者需求的猪肉的特性见表 16.4。

销售渠道

在国家和国际水平上,零售商的地位都很牢固。许多国家,如丹麦和荷兰的市场共有五个顶级的零售商,占有的市场份额超过 50%,这个趋势在不久的将来还将上升。生产和屠宰加工企业的合并需要食品公司改变猪肉链中协议的类型,具有稳定价格的长期协议优于传统的短期交易的协议。供给、后勤、销售和管理策略(类别管理)要求一种新的模式来推动生产者和供应者之间的联系。结果导致供应者的数量减少,零售商将会为猪生产制定一个新的要求。

最终结果是使得生产场和加工厂进一步集中。当系统中对质量要求增加,生产者、加工者和零售商之间的紧密联系变得更加重要了。同时,大的食品公司给他们的供应者施加压力来发展生产链,在竞争的价格之上将安全和质量加入到商业的产品当中。食品的可追溯性已经变得很必要了,并且为了对此要求做出反应,可靠的质量保证程序的执行也是必需的。

表 16.4   肉品质特征。

分类	特征
食品安全	微生物安全:包括没有沙门氏菌,弯曲杆菌,李氏杆菌
	没有残留物:包括抗生素,重金属和杀虫剂
技术品质	一致性
	pH
	系水力
	无组织分离的脂肪和肉的稳固性
食用品质	颜色
	嫩度
	滋味
	大理石纹的数量
营养价值	脂肪含量
	脂肪酸
	蛋白含量
	营养丰富
社会价值	动物福利
	友好的环境

猪肉供应流程

特定国家的生产者和加工商的市场策略与猪的自给率有着紧密的联系。当国内的生产不能满足国内的需求时,屠宰场主要关注的是尽可能多地使用它们的生产力。生产者在没有固定的合同或者长期供应协议的情况下会以一个好的价格出售肉猪。数量优于质量,商业化主要聚焦于产品的出售。由此而论,对垂直综合生产系统的需要受到限制。

当国内供大于求时,部分产品不得不被出售到国外,当出售的目标是具有高标准的市场(如,日本和香港),则部门之间根据质量和价格进行竞争。从满足国内的需求到不断增长的出口的转变迫使猪肉链去适应它的营销策略。需要成为消费者导向,并且能够调节产品,整理系统去适应新的需求。供应过量和竞争的增加导致了猪肉生产系统的调整和有利于垂直链的发展。食品安全、猪肉质量、成本最佳和产品的一致性是垂直组织系统的驱动力。

表 16.5 和表 16.6 分别展示了 2002 年世界上主要的猪肉生产国和他们的自给率和 2003 年国际猪肉贸易。图 16.2 中显示了 EU-15 猪肉的生产、贸易和消费。7 个国家(德国、西班牙、法国、意大利、英国、荷兰和比利时)消费猪肉为 1 420 万 t,它们的消费量占到整个 EU-15 市场的 87%。丹麦是一个有 62.2 万 t(总产为 150 万 t)猪肉出口的欧洲国家,该国是一个具

有良好垂直综合生产系统的典范,并且具有有效的质量管理控制程序,能够将产品从农场转化为消费者餐桌上的食品。10 年前,针对德国等国家的欧洲猪计划在这方面是一个很好的例子,丹麦行业做了一系列的研究,消费者和专家参与决定欧洲市场的需求,在那时猪肉生产没有参与到市场当中。结果是行业开始生产有较多大理石纹的猪肉。丹麦猪肉链组织允许配送大量的猪肉给世界上需要肉的国家,并且对猪肉的一致性、质量和价格做了承诺。

表 16.5 2002 年,年产 100 万吨猪肉以上的国家。

(数据来源于 Ofival,Eurostat,FAO,Meat and Livestock Commission)

国家	产量(千吨/年)	消费(kg/(人·年)	自给率(%)
中国	43 000	34	101
美国	8 948	30	108
德国	3 912	52	92
西班牙	3 105	64	117
法国	2 370	37	107
巴西	2 534	12	106
丹麦	1 866	64	527
加拿大	1 856	32	128
波兰	1 816	39	105
荷兰	1 625	40	225
意大利	1 395	36	69
日本	1 215	18	56
墨西哥	1 065	12	93
比利时	1 051	43	229

表 16.6 2003 年,猪肉的国际贸易(胴体吨)。

(数据来源于 Marche du Porc Breton,2003)

从:↓ / 到:→	日本	美国	苏联	远东	中美	东欧	其他	合计
EU-15	300	80	350	230	10	400	290	1 660
中国	—	—	90	—	—	—	98	188
远东	—	—	10	—	—	—	15	25
加拿大	230	740	30	50	—	—	29	1 079
美国	320	—	20	40	180	—	175	735
东欧	—	10	50	—	—	50	122	232
巴西	—	—	400	—	—	—	76	476
合计	977	842	960	327	215	450	778	4 549

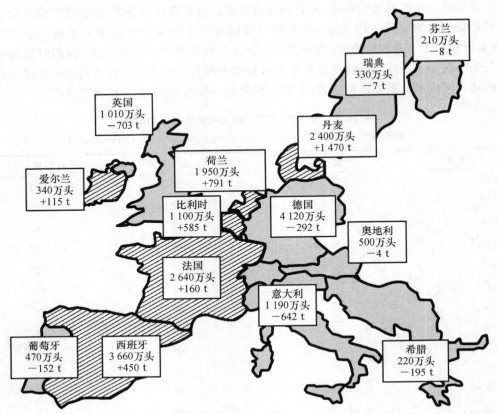

图 16.2　EU-15 的产量(百万头/年)和猪肉贸易(×10³ t)。出口国用阴影区域表示,进口国用灰色区域表示(Marche du Porc Breton,2003)。

　　西班牙是一个从进口国发展为出口国的例子。西班牙人均消费猪肉已经从 1995 年的不到 45 kg 到 2003 年的 68 kg 以上。同样,猪肉产量已经从 1985 年的 200 万 t 到 2003 年的 330 万 t。事实上,1980 年的猪肉生产主要是依靠当地的屠夫在小的农场生产的猪胴体为主,大部分的屠宰场和加工厂规模很小而且是家庭拥有型的。产品主要是大白猪和长白猪的杂交后代,没有经过遗传选择,屠宰体重为 95 kg,60％以上的肉产品用于生产低成本的加工和腌肉产品。低成本、品种多的产品提供给市场,从而增加了那些人均收入有限的消费者对肉类产品的消费。20 世纪 80—90 年代后期,西班牙消费者的收入大大提高了,猪肉产业通过提高产品的质量和改善猪肉品质适应了新形势的要求。根据生产目标将父系品种皮特兰猪和杜洛克猪引入到生产链中:为鲜肉行业改善了胴体的瘦肉率,为火腿业提高肉品质和肌内脂肪的含量。同样,为了改善胴体品质,将去势公猪的育肥和最终屠宰体重增加。另外,将优良的本地伊比利亚猪引入,散养条件下,满足了富裕消费者的需求。目前,伊比利亚猪以圈养为主,这样生产的产品不但质量好而且价格又适中。生产和管理系统允许通过定价来区分产品,这种方式适合许多发展中国家。在 20 世纪 90 年代末,西班牙的猪肉是自给的,行业不得不依靠出口来维持它的增长。在这种情况下,基于不同生产系统形成的过多产品差异化对于深加工和腌制产品受到了阻碍。因此,需要生产统一的产品来适应出口市场。结果,垂直综合生产系统大量增长,在同样的生产和加工条件下猪肉产量不断增长。生产系统的变化使得西班牙猪肉生产链适应了新的需求,掌握新的市场和提高了国内、国际上的销售。通常,行业需要一个系统来有效地传递消费者对猪肉链中所有环节的需求。综合猪肉生产系统能够使得信息流动。

企业纵向一体化

历史上,猪肉生产已经由当地组织来满足当地的需要。今天,它是一个数十亿欧元的产业,其目标是全球的市场,在全世界出口和出售他们的产品。因此,猪肉链需要一个全球性的策略。一些高质量市场在一定的竞争价格上(大的零售商和出口商)提高对产品安全和质量的要求。因此,猪肉生产者需要一个高水平的组织来满足需求和优化成本。猪肉链中,纵向一体化结构的所有环节都比传统的组织有明显的优势,因为规模经济能较好地满足成本效益的、安全的、一致的和高质量的猪肉生产的需求。图 16.3 显示了纵向一体化体系中不同阶段和每个阶段中的重要方面。部门之间的联系是很必要的,在一定意义上与他人合作获得成功的可能性要比单独获得成功的可能性要大。

图 16.4 显示了猪肉食品链中确定链中主要联系的一个简单图表。每个阶段有几个单元。旧的猪肉食品链是生产者导向的,链中的每个部分都独立运行,环节相同的公司之间竞争激烈,之前或之后环节的公司之间的联系很少。在这种环境下,猪肉行业以横向网络组织起来,如生产者对生产者和屠宰商对屠宰商。旧链中每个环节的公司

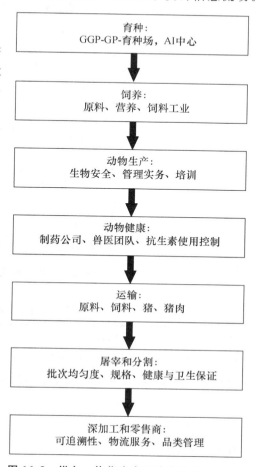

图 16.3 纵向一体化生产系统中的各个阶段。

朝着纵向网络发展,生产商、屠宰商、加工商和零售商之间签订合同和长期的协议。将来,猪肉食品链肯定是消费者导向的,不同的环节之间不会有严格的区分。在纵向网络中,合作伙伴之间的理解和相互信任、相互尊重是很必要的。生产产品的类型必须贯穿市场,并且能够被网络探测到。表 16.7 详细给出了纵向一体化链的特征。

为了获得优质的猪肉,网络是必需的。猪肉行业不得不在没有资金的情况下,通过纵向来满足消费者,达到消费者的需求,抓住机遇、克服挑战。当前,虽然在一些情况下采用混合模型,但是主要还是以下两个模型。

- 虽然供应链的每个环节属于不同的群体,但是他们之间是完全等同的。在欧洲的许多国家如丹麦、法国、瑞典和荷兰多以合作为主。
- 供应链中的所有环节属于一个单独的经济组织。这种模型主要在美国的大公司(如 Smithfield Foods,Premium Standard Farms,Seaboard)和 EU 内,西班牙猪肉产业。

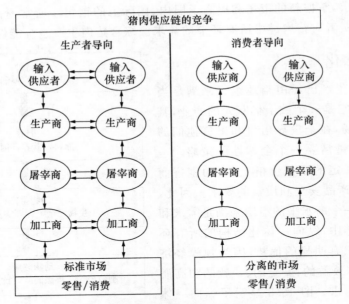

图 16.4 传统和现代猪肉供应链的组织形式。

表 16.7 成功的纵向一体化供应链的特征。

- 合理的、良好结构的、有组织的。

- 链中所有环节之间的具有良好的关系和信任。

- 育种者、生产者、零售商和消费者之间的联结紧密:

(a)系统中信息的交流迅速;

(b)终端产品的鉴定;

(c)透明的验证系统。

- 获得最低成本的优化:

(a)通过规模经济来增加效率;

(b)避免重复。

- 接受和容易适应变化。

- 主动交流。

- 赢得胜利的心态。

- 最终对质量的承诺。

　　丹麦生猪产业是竞争模型的一个典型代表丹麦肉食品委员会(DS)是 Danish Crown 和 Tican 庞大的组织,两个合作社组织参与到猪的屠宰和加工,农场主拥有它们。与养猪行业相联系的许多公司是 DS 的成员。DS 根据质量系统作为导向,生产链中所有的参与者都遵循着系统中信息的流动和销售的方法。丹麦模型提供的质量选择和消费者服务是以国家为基础而不是以农场对农场或屠宰场对屠宰场为基础的。行业部门之间的合作不断增加是丹麦生猪生产发展的关键因素。美国和加拿大的猪肉协会和大公司,尤其是往高要求的地方如日本、中国香港和新加坡出口,丹麦已经采取了措施发展丹麦的猪肉市场。北美猪肉行业需要继续发展生产和加工方法来使得生产和销售更加灵活。当行业要维持它的成本利益比其他国家高的时候,行业需要改善自己的生产能力来适应不同的市场和出口。图16.5描述了欧洲和美国的不同生产链之间的比较。虽然这些国家的组织结构可能不同,但是他们都或多或少地面临相似的挑战(表16.8)。达到目标是确保一个有效管理的基础,也是将来猪肉链成功发展的基础。

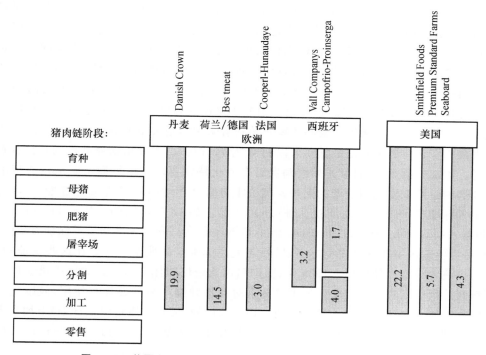

图16.5 美国和几个欧洲国家的纵向一体化组织(百万头/年)。

表16.8 猪肉生产链的挑战:在选择的市场中猪肉需求的重要性。

	英国	德国	意大利	西班牙	美国	日本
可追溯性	* * *	* * *	* * *	* * *	* *	* *
TQM-HACCP[1]	* * *	* *		* *	* *	* *
一致性	* * *	* * *	* *	*	* *	* * * *
瘦肉率	* *	* * *	* * *	* *		* * *
肌肉 pH(PSE)	* *	* * *				
肉色	* *	* * *	* *	* * *		
抗生素残留	* * * *	* * * *	* * * *	* * *	* * * *	* * *
沙门氏菌控制	* *	* * *	* *		* *	* *
动物福利	* * *	* * *	* *	* *	*	* *

[1] 总的质量管理系统(TQM)-1危害分析与关键点控制(HACCP)。

市场重要性:*低,* *中度,* * *高,* * * *非常高。

猪肉市场的要求

肉质

表 16.8 显示了目前主要的可被接受的肉质特性的主要种类。发达国家对肉的理解是比较矛盾的,认为食品好于从前并且这点也是那些富裕消费者对肉类消费不断增加的原因。消费者将感情也参与到餐饮中,这样他们吃什么再也不仅仅是以科学的原因为基础了。欧洲最近几年由于食品引发的疾病和威胁时常发生。将食品质量如食物安全性改善和提高,是获得消费者的信赖和忠诚所必需的。一些疾病如疯牛病、与动物疾病暴发(猪瘟和口蹄疫)一起出现的二噁英和二氧醋酸盐污染物,这些已经引起了媒体的高度关注,同时也强调了食物安全特性的重要性。猪肉卫生与无致病菌和残留对消费者来说是至关重要的,一个可论证的、透明的程序使得他们在猪肉链中制定最低要求以获得“生产许可”。需要申请商品市场和具有附加价值的市场。附加价值产品,目标是始终确保对专业化特殊要求。零售商不断地依靠标准和认证通过外部的组织来实现消费者的期望。英国零售商协会(BRC)、全球食品标准、欧洲食品安全监测服务标准(EFSIS)、丹麦质量认证(DQC)、荷兰的 IKB、法国的 Filière Qualité du Porc Breto 和意大利的 Consorzio del Prosciutto di Parma 是食品安全标准和质量保证方案的实例。北美,商品主要是集中在食品安全方面,另外还关注抗生素的残留问题。在这些认证中,生产者的联合扮演着一个主导作用。1989 年,美国猪肉质量保障体系被国家猪肉委员会以一个三级管理教育计划引入农场。这个计划主要侧重对动物健康产品的处理和使用,鼓励生产者为了食品安全的原因来评论畜群的健康计划。相似的计划(加拿大质量保证计划)由加拿大猪肉理事会引入到加拿大。这些计划是全世界许多私有计划的基础,如 Murphy Brown LLC 的抗生素使用政策。

许多市场上,猪肉在感官上和技术上的特性的结合是一个需要进一步改善和发展的领域。多数的特性决定了技术质量,猪肉食用价值在生产链中受到许多因素的影响。如,遗传在许多质量特性中扮演着一个重要角色,并且经常与其他的生产程序相联系,这些程序包括动物饲养和屠宰场的处理。近来,屠前处理和运输已经受到了很大的关注,不仅仅是因为对动物福利的关注,而且还因为他们还关系到猪肉质量和对财务的影响。在荷兰和英国由于运输和入栏而造成的死亡率大约是 0.07%,但是应激敏感品系的猪可能达到 0.3%~0.5%。不良的处理和运输条件同样对胴体和肉质有很大影响。跌打损伤及骨创伤导致胴体质量下降和与处理和运输相联系的应激导致生理上的变化,从而产生苍白、柔软和渗水(PSE)猪肉。pH 值的偏离、肉色评分和系水力的变异对猪业将会有很大的影响,尤其是 PSE 和褐色、坚硬和干燥(DFD)猪肉。PSE 肉由于肉的不良外观和味道从而使得此类肉不会受到消费者的欢迎。DFD 是嫩肉,但是稳定性很差并且食品安全受到威胁。美国和西班牙报道,PSE 和 DFD 肉的发生率是 10%~25%。如果将猪来自多肉的 PSE 敏感型亲本,这个结果会更高。通过改善处理策略和使用便利的装载、运输、入栏和电击的工具,这种应激将会大大减少。此外,在生产程序的其他环节采取适当的校正措施对降低应激影响并且最终获得理想的猪肉产品是必需的。对每个相关的特性的生理机制的理解和贯穿整个生产链的协调和合作对为了增加质量的猪肉链的每个关键点的发展是非常有必要的。组合纵向一体化合作组织可以使得一个有效的猪肉质量改善计划的实施。

质量保证体系

一个合理的质量保证计划的执行是猪肉链调节产品适应市场的特定需要所必需的。不同的规格要求生产链中不同的行为(图 16.4)。全面质量管理(TQM)体系的执行覆盖了生产链包括：①猪在自己农场和合同农场的饲养条件；②饲料的质量和特性；③终端产品的加工和配送。这些职责在整个链中将被详细定义。满足生产目标的 TQM 执行是通过纵向一体化综合组织推动的。生产链所有环节的严密监视导致了详细的、精确的和最新信息的收集，这些信息是为整个行业改进而发展的现实策略的基础。但是，因为详细的分析控制不可实行，与供应者的紧密联系是建立联合质量目标所必需的。第一产业需要适应危害和关键点控制(HACCP)和其他行业执行良好操作规范(GMP)法则。执行的计划必须是可论证的、透明的，可以通过第三方在任何时刻的认证和审查。表 16.9 给出了一个典型的质量保证计划重要方面的概述。

表 16.9　猪肉质量保证体系的关键方面。

- 综合生产系统。
- 进口的质量控制：
(a)认证供应商；
(b)质量规范。
- 加工控制：
(a)危害分析和关键点控制(HACCP)；
(b)良好管理实践；
(c)一个适当的可追溯系统的执行。
- 文件：
(a)认证的；
(b)内部和外部管理员审查的。

可追溯系统

在 EU-15、美国、日本和所有的发达国家，所有食物链行业的可追溯系统的执行是强制性的。强制的要求和消费者的要求已经导致食物链中对追溯活体动物和猪肉产品的需要，这也是所有生产系统所需求的。如果确认系统在猪肉链中对加工有用，零售商已经发现他们能通过竞争获得商业利益。可追溯性是多学科的，因为公司的许多部门都参与它的执行(质量、物流、信息技术)。这一方面的一个重要问题是去界定谁有内部责任。

通常，可追溯系统履行以下几个任务：
- 他们确保能迅速从市场上收回或者召回一个特定产品，保护消费者的权利。
- 通过限制产品的数量来将召回产品对财务的影响降到最低。

- 当既定的、个别的产品被召回的时候,他们证明公司的剩余产品是不受影响的。确保在这一方面对所有产品的适当分离和辨认是必需的。
- 他们为内部物流和产品质量提供信息,改善了公司的整体效率。
- 他们为任何可能存在的问题确定责任和义务。
- 他们为公司和产品商标提供保护。

可追溯性系统的执行要求参与猪肉生产加工的位于多个地方的几个专门公司与猪肉生产链有不同联系纵向协调网络。当猪从出生到屠宰数次变换东家,当饲喂的日粮来自不同的饲料厂或当大量的交易参与到产品的加工中的时候,当猪肉产品来自不同的屠宰场时,复杂的追溯将会发生。在所有这些情况下,带有相同组织的整合计划促进有效的追溯。

猪的认证和登记是所有质量保证体系的基础。一个有组织的追溯系统必须给生产肉的猪源提供各方面的信息(图 16.6)。以下信息是非常重要的:

- 猪的来源;
- 动物的类型和饲养场所;
- 主动药物治疗的清单;
- 饲喂程序,包括用于饲料加工的原料来源。

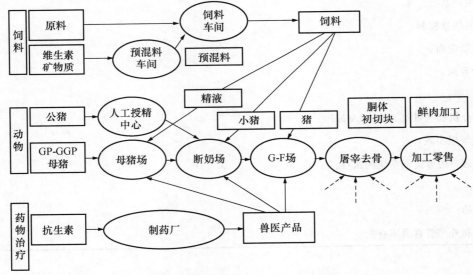

图 16.6   可追溯系统中的信息流(虚线表明外部输入)。

从农场到屠宰场,对猪的追溯要求一个合理的档案系统,该档案包括猪的来源和运输体系的使用。目前 EU 为猪的身份(ID)制定了基本的规则。通常农场用耳标和刺号来鉴别猪只,这些是全世界通用的。识别装置和书面文件提供了猪的批次和饲养农场的信息。依靠产品类型和销售过程记录了复杂的信息。产仔到育肥企业,农场到屠宰场的追溯比较简单。但是,当种猪场生产仔猪并且在到达育肥场之前转群两次的时候,就会出现复杂的情况。猪在被运输到另外一个地方或者被运输到国外之前,不同来源的猪将被混合在一起。此外,牲畜市场和交易增加了动物流动的复杂性,两个或更多的合作者可能会加入到交易过程中。复杂的动物流程要求业主、场所和运输增强的猪识别标准和相关文件。所有这些合法文件,与疾病传播和动物福利相关的问题在一起,在未来将会减少猪的流动。

　　档案系统必须包括所有应用在动物特定批次中的农场管理策略。对健康治疗的所有记录是必需的,而且还应包括一般的预防疾病措施和个体治疗记录,尤其是应用在生产后期阶段的措施。饲料交付的信息需要与饲料厂的记录系统相联系,以确保使用在饲料加工的所有原材料有据可查。全面质量管理系统应该是整体化的,与猪从出生到运送到屠宰场的生产过程和屠宰场到市场上的猪肉产品相联系。

　　在 EU-15 中,对屠宰场的胴体和初步分割的追溯总是可能的,因为在兽医检查时,每个胴体须有 EU 参考号的标记。此外,为了后续付款给供应商,评估其胴体价值(重量、肉量、瘦肉率)也是需要的。所以,与带有农场 ID 的胴体号相联系的系统执行是比较容易的。当设法使得肉切块和胴体批次相关联,此时问题就比较复杂了。在这种形势下系统的标签、合理的编码和正确的使用计算机都是必需的。一批产品通常通过同质性和质量参数来分类,必须有一个与胴体编码或数字相联系的代码。有效的可追溯系统的执行对于鲜肉来说是现实的,但是当产品来自许多胴体的组合、混合或者烹饪时就要求进一步的努力来发展追溯系统。早先,肉的贸易很平常,尤其是对于商品市场可能会增加对终端产品的可追溯的复杂性。在任何情况下,一个集成体系的运作将会使得对终端产品的追溯成为可能。

　　从农场到屠宰场,欧洲的追溯系统与美国目前的系统没有太大区别,在这些系统中猪可以追溯到出售的最初农场。在猪肉链最后阶段的形式可能不同。在美国,养猪行业的一些领域并没有感到对可追溯性的需要,质量是良好的足够补偿成本和与实行新的系统相联系的管理问题。但是,一些主要的公司最近已经执行了被美国农业部确认的查证程序。美国农业部的过程验证程序提供机会确保农产品或服务的供应者提供给消费者质量一致的产品或服务。通过独立的、第三方审核记录生产或服务交付过程来完成的。因此,可追溯程序的执行可能在美国市场上会越来越重要,尤其是那些活跃的国际贸易公司。

　　目前,用到猪肉行业的新技术推动了程序。在饲料加工利用条码系统、在猪场利用电子识别系统和屠宰场使用电子跟踪系统和专业数据处理软件。另外还用到 DNA 指纹和抗体测试数据。但是,许多手段仍然处于概念验证阶段,在成为成本效益的可追溯实际方法之前,需要进一步的研究和发展。

动物健康状态:沙门氏菌控制

　　至少有三个原因能说明对沙门氏菌流行的控制是重要的:

(1)　在发达国家沙门氏菌病是一个最常见的人畜共患疾病,它作为一个食源性疾病在公众健康计划和食品安全活动中扮演重要的角色。

(2)　食品安全问题与国际贸易的关系越来越紧密。

(3)　在动物健康中,沙门氏菌扮演一个重要的角色,可以影响猪生产系统的长期经济生存能力。

　　在竞争的市场中,食品安全问题能够作为一个营销手段来提高销售量。要是剩余的竞争者不能采用这个强制性品质要求,食品安全标准的改进允许产品差异化。这个方法的一个典型例子就是丹麦执行的沙门氏菌控制计划,从 1993 年以来,丹麦是一个出口国家。丹麦对猪的沙门氏菌监督程序已经使得鲜肉中的细菌降低到 1.5% 以下(2002 年数据)。受食源性疾病影响的丹麦人口数量从 1993 年的 1 100 人降低到 2002 年的 77 人。1961 年以来,瑞典执行的计划是不允许沙门氏菌感染的胴体进行贸易,并且将其作为从 EU-15 的其他成员国进口猪肉的一个附加要求。因为在国家之间,健康状态能够被用来创造贸易壁垒,所以从贸易的观点来看,沙门氏菌的控制是非常重要的。

2000 年,欧洲报道的沙门氏菌病的病例数量估计每 10 万人有 73 例,国家之间对沙门氏菌的诊断方法、数据通讯和烹饪习惯各不相同。因为一些小的感染不会被报道和记录,官方数据可能低估了此病的真实暴发率。美国每年有 400~800 人死于沙门氏菌病(疾病控制中心,2001)。1999~2000 年,MAFF/MLC 调查了英国屠宰场猪的食源性病原体,从 23% 的猪排泄物样本中和 5.3% 的胴体棉签中分离了沙门氏菌(表 16.10)。虽然猪肉产品很少与弯曲杆菌属、沙门氏菌和其他一些食物中毒案例暴发相关,但是猪生产者和加工者将会采取积极的措施来降低产品对消费者的潜在威胁。

表 16.10　红肉物种中阳性粪便样本的百分比(数据来源于英国 1999—2000 的调查)。

物种	牛	羊	猪
沙门氏菌	0.2	0.1	23.0
鼠伤寒沙门氏菌	0.2	0.1	11.1
弯曲杆菌属	24.5	17.0	94.5
空肠弯曲杆菌属	11.2	11.3	3.4
小肠结肠炎耶尔森氏菌	6.6	13.7	26.1
大肠杆菌 O157	5.4	2.0	1.2

猪肉生产链的任何阶段都可能发生沙门氏菌的感染,包括原料的储存、动物饲料的加工、运输、商品猪场、屠宰场、肉品加工和在家准备食品的时候。但是,人畜共患病的控制必须包括降低疾病在动物群体里的传播。因此,一个合理的沙门氏菌控制计划要求生产链的每个阶段都要付出努力。图 16.7 显示了与生产相关的流行机制和猪场对沙门氏菌传播的控制。在屠宰的前、中、后期,正确的饲喂策略和良好的管理相结合能够帮助控制沙门氏菌的暴发。必要的事先做到的包括:①控制原料和饲料加工;②将由于长期禁食、混群、装载和运输带来的应激降到最低;③根据沙门氏菌的流行对屠宰猪进行分栏;④在屠宰、猪肉加工和配运过程中采取适当的卫生程序。总的来说,为了获得最大的食品安全,关键点的控制将会扩展到在从农场到餐桌循环的所有环节中(表 16.11)。

表 16.11　控制沙门氏菌流行的关键点。

育种场

- 保育和生长-育肥猪的影响

- 淘汰母猪肉的安全

动物饲养

- 原料的细菌污染

- 饲料制造业

- 日粮对肠道菌落生态系统的影响

续表16.11

宰前处理

• 运输应激对粪便脱落的影响

• 待宰栏的交叉污染

屠宰和分割

• 烫毛、去除内脏和抛光的交叉污染

• 净化

加工和零售

• 卫生程序

• 冷链维护

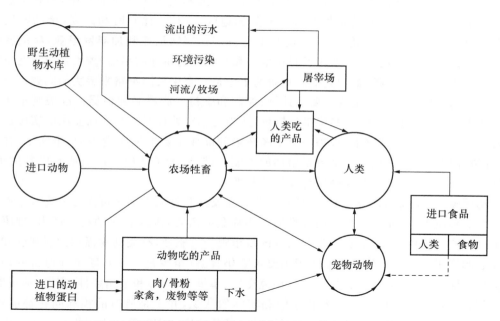

图16.7　猪场中沙门氏菌的引入和循环(世界卫生组织,1988年)。

　　全面健康的改善导致了生产效率、成本竞争、产品的同质性、肉质和食品安全标准的提高。低的和高的健康状态农场的商业运转观察到了产品成本的差异,因为在大多数的生产系统中,疾病限制了猪的遗传潜能。同样,在农场的生产实践中,不良的健康状态是与抗生素使用频繁相联系的,这样就会带来肉中残留抗生素的问题。农场滥用抗生素也会增加用于人类医学抗生素耐药菌株的生存。这个问题已经引起了公众和科学的关注,EU-15也制定了在动物生产中禁止使用的药物。

社会价值

　　生猪生产和猪肉加工必须在一定方式下进行引导,从而满足城市消费者的期望和关注。在信息流动开放的社会中,猪生产企业必须准备好将整个产业的条件和规则信息传递给公众。

不能满足这些规则将会对终端产品带来一个负面的影响。今天,所有想保持领先地位的领导公司的目标是协调效率和可持续生产实践,保护未来的可用资源和给社会提供最佳满意的环境、经济和社会需求。这个策略需要执行以下行动:

- 通过改善流程和工艺条件来确保食品安全和质量。
- 提供可靠的、充足的食物来满足现有的和将来的食物需求,尽可能降低对外部输入的需求。
- 通过将土壤、水、空气和生物多样性对生猪生产的不利影响最小化来维护和改善自然环境和资源。
- 关心动物福利。
- 支持经济上可行的和负责任的农业系统。

这方面关注的两个主要方面是对良好环境的维护和动物福利的保护。在环境问题上,猪肉行业有一个明显的社会责任。因为规模经济降低了成本使得生产企业集中,但是却造成了与环境保护有关的问题。尤其是那些人口密集的地区。荷兰、比利时和丹麦,猪的密度超过250头/平方公里,布列塔尼、伦巴第、日德兰半岛、荷兰、瑞纳尼亚和加泰罗尼亚,猪的密度更高。在一些地区由于动物过多,破坏了肥料生产和可利用的耕地的平衡,粪水变成了污染物而不是肥料。土壤中的氮、磷、铜和其他矿物质的集中是一个用长期策略来解决的问题。合理的管理策略参与了肥料生产和土壤需要的计算、控制和维持。肥料必须根据标准规则来实施和储存。在 EU-15 养猪区域,好的策略的执行,适当的肥料处理系统和当前立法的实施已经变得非常关键了。大多数情况下,维护一个干净环境的高成本影响地区竞争力,事实上,在一些地方,环境保护措施可能包括对猪数量增加的控制。结果,为了适应生产场所对肥料的消纳,猪的地理分布也改变了,以此来确保行业的获利性。

发达国家,动物福利是一个重要的问题,并且在发达和发展中国家可能会成为一个新的非关税壁垒。传统上,行业谨记维持高标准的动物福利的需要,因为它对动物生产力、健康和肉质有负面影响。近些年来,受农业生产系统的城市观念所驱使,有关动物福利的新观念和思想已经发展起来了。由 EU 建立的新的规则要求断奶日龄(至少是 3 周),断尾和通常的动物管理包括母猪圈养(使用分娩栏、地板类型、环境良好、厚垫草群养)和运输条件(密度、地板类型、持续时间、饲料和水的供应)。带着科学的和实际的认识,并不是所有的福利问题都能解决。此外,不同国家城市消费者对动物福利的敏感性不同,美国和南欧可能由于文化的不同而有较低的敏感性。不仅仅在欧洲和非欧洲国家之中,而且在欧洲国家内部,与动物福利计划相联系的审查程序可能不是很充分。另外对动物福利的评价也存在问题。一些新的技术,如对急性时相蛋白和其他一些血液代谢物的测定可能有所帮助。

与食品安全、职员健康、环境保护和动物福利相关的最低标准的引入正在进行中,它不断增加生产成本和降低欧洲生产商在国际市场上的竞争力,甚至可能导致欧洲内部销售份额的损失。因此,为了知道什么是社会所要求的,猪肉行业需要保持一个与本国政府和欧盟机构有效和主动的对话。同时,为了在行业中保护它的长期利益,猪肉链中不同环节的利益冲突必须被解决,因为政府机构更愿意听到来自整个猪链的一个意见。结论:社会要求农场的猪生产系统具有良好的环境和友善的动物福利。这个方面,一个关键的问题是对社会需要做一个什么样的合理解释,因为它对生产成本有重要的影响。

产品类型

不同的产品可以通过结合生产系统中不同因素来获得(表 16.12)。当使用标准原理时,就会获得一个商品。通过单独用产品定义商品不能提供特别的食用品价或者情绪安全或对潜在消费者的"无形"利益。市场由商品驱动,如果产品在消费者的眼中没有了区别,那么销售将会受到影响。最近 10 年,商品市场已经变得过饱和,导致了价格的降低。猪肉生产链中的一些阶段的附加价值受到限制(图 16.8),因此,为了行业在商品导向的市场中获利,利润的小幅度增加是必需的。利润增长能够被低成本和高价格所驱使。就像前面所提及的,特定区域的猪肉生产与高的生产成本(原料、劳力和能源成本、环境和动物福利问题)相联系,因而成本降低的潜能是有限的。与低成本肉类生产国家的竞争,如巴西、美国和加拿大,在商品市场上是艰苦的和不可取的。猪生产者认为维持他们将来的经济繁荣,他们需要从商品转向提供差异化的产品。差异化给那些带有高成本产品的生产者提供了选择。产品差异化涉及整个猪肉生产链的不同阶段中几个元素的组合。

表 16.12　决定猪肉特性的生产因素。

遗传

• 瘦肉率

• 肉质(pH、肉色和系水力)

• 大理石纹

营养

• 日粮营养成分

• 肥胖程度

• 脂肪酸构成

• 丰富的抗氧化剂和营养成分

• n-3/n-6 脂肪酸比例

生产系统

• 终端体重

• 去势(公猪膻味)

• 管理(户外/舍饲)

• 地板和猪的密度

在所有各种产品差异化的方法中,最重要的是食用品质。结果是必须提供差异化的、消费者愿意多花钱购买的优质产品。差异化基本方法之一是品牌,要想成功需要持续提供一个明确定义和吸引人的品牌产品,并使它有别于竞争对手。在欧洲,成功的差异化产品的例子是白色重型猪生产的帕尔玛火腿和自由放牧条件下饲养的伊比利亚黑猪生产的火腿。伊比利亚猪在自由放养的或在半散养条件下饲养,在过去的 10 年饲养规模大幅度增加,目前在伊比利亚半岛的西部存栏母猪 350 000 头以上(图 16.9)。

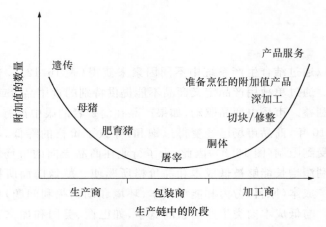

图 16.8   猪肉生产链的附加值(由 L. Cerdan 提供)。

图 16.9   自由放牧条件下伊比利亚猪生产。

生产因素

在差异化产品中,几个生产因素可以被组合。在猪肉中,遗传是一个用来获得切实可行差异化产品的主要工具。例如,用纯种杜洛克公猪可以提高肌内脂肪含量和增加肉的嫩度和可口性,当用皮特兰公猪时可以生产瘦肉量多和一致性好的胴体。但是,皮特兰猪的使用,尤其是氟烷基因的出现会使猪肉质量出现问题(图 16.10)。动物营养也能够有效地改善终端产品质量和提高肉类产品的供给。极大的兴趣是来改变猪肉脂肪的构成和改善肉的营养品质的实现方法。脂肪酸通过增加单不饱和脂肪酸的含量和 n-6/n-3 多不饱和脂肪酸的比例,能够对人类健康的需求进行调节。共轭亚油酸、维生素 E、生育酚和其他天然的抗氧化剂都可以被用来改善肉质,提高鲜肉和加工产品的氧化稳定性和感官特性。为了改善猪肉质量,管理也是非常重要的。例如,要提高产品的质量标准,一个有利可图的方法是将屠宰体重从 95 kg 提高到 120 kg 以上。

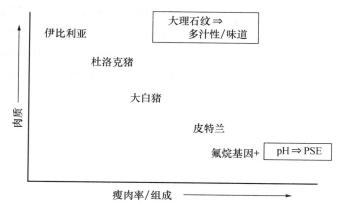

图 16.10　使用的公猪类型对胴体和肉质的影响。

差异化产品

对猪生产链来说,产品差异化有许多优势,而且会增加额外的利润。同样,最近食品安全危机已经显示了差异化允许市场和使生产者摆脱价格危机的影响。但是,在商品和差异化产品之间的建立限制通常是比较困难的。大体型猪是在与育种、营养和管理相关的控制条件下生产的。但是,他们考虑的仅仅是半成品。

在法国、意大利和西班牙,市场细化和猪肉差异化计划在生产中是明显的。2000 年,官方质量指定的猪肉生产有 20％由法国输出。2002 年,法国屠宰生猪 2 500 万头以上,其中 26％的猪被认证、19％有品牌商标、2％的贴有标签和 0.1％是有机猪。今天,随着认证增加和新规格"法国猪肉"(VPF),法国超过 85％的猪肉是在该规范下生产的。在意大利的北部,为了生产高质量的火腿,生猪生产是以大屠宰体重为基础的,以帕尔马和圣丹尼尔火腿最为著名。另外一个关于特殊育种、管理和营养的例子是西班牙对风干伊比利亚火腿、肩肉和腰肉的生产(每年有将近 250 万头)。伊比利亚猪是通常在"Dehesa"地区生产,分布在伊比利亚半岛的南部和西部,是一个黑色地方品种,脂肪沉积能力非常强。猪饲养在非常粗放的条件下,主要采食草和少量的橡树果(至少 460 kg/头)。传统的生产系统中,从 12 月到翌年 3 月,当猪的体重达到 160 kg 时屠宰。胴体主要是为了火腿生产,火腿风干至少用 14 个月,肩肉也要 11 个月。终端产品是以特定脂肪酸(54％以上的油酸,9.5％以下的硬脂酸和亚麻油酸和 21％棕榈酸)为特征,火腿在市场的销售价格超过 100 €/kg。

不同国家的许多其他国内计划有少量的猪,在差异化的标签计划下生产鲜肉或加工产品。除了相关的市场营销方面,它们当中有形区别是至关重要的。差异化猪肉产品不仅仅考虑鲜肉,而且还考虑了肉产品,高质量的鲜肉通常是肉类加工较好的原材料。

结论

最近十年中,猪肉生产经历着深刻的变化。为了使得生产的肉产品满足城市社会的需求,行业需要对消费者的习惯和期望有一个全面的了解。产品的一致性、食品安全、肉质、可追溯性、便利性、社会和伦理的要求是关键性的问题。消费者要求高质量猪肉产品是安全的,并且农场生产系统的环境健康和福利友好。品质决定价格。国际贸易零售商和出口市场制定的要求已经加速了猪肉供应链的改变。不断增长的需求和降低的利润导致了产业纵向一体化。为了增加利润,行业需要通过消费者的信赖、提高产品质量和产品差异化实现收入的最大化,并且通过规模经济和生产区域优势使成本最小化。实现这些目标是确保猪肉市场系统成功的基础。

第十七章　猪的环境管理
Environmental Management of Pigs

引言

　　通常,野猪不会出没于深山老林,而更喜欢生活在稀疏森林的中间地带、沼泽和森林边缘。它们用树枝和草做窝,借此挡风遮阳、避雨取暖。因此猪舍首先要考虑到猪的这些本能需要。但也不能局限于此,我们还要保证仔猪能够吃奶、提供猪的配种设施、避免妊娠母猪受伤、清理粪污,另外还要充分考虑猪的休息和生长需要,并做到猪舍环境没有病毒、寄生虫和细菌。这样虽然投入很高,但也促使了规模化养猪的发展。在规模化养殖模式下,我们一方面让猪生长更快,另一方面使用定位栏来减少每头猪的空间以增加饲养密度。当然这同时又带来了动物福利、疾病防治和设备高投入等问题。

　　另外养猪生产一定不能忽视猪舍设计和环境控制,这些包括空气、土壤和水的污染、生物安全以及饲养员的工作环境。猪场环境控制的目标很明确:就是让猪舒服生长,而不仅仅意味着使用温控通风系统就罢了。

　　我们还要注意,单调简单的猪舍环境与自然相差甚远。猪敏锐的嗅觉、视觉、听觉都可能因此受到环境的影响。人和猪在环境感知上差别很大,我们怎么去判断猪对视觉、听觉、气味的感知呢? 要真正理解猪的感觉不能仅靠想象,要从猪的角度去认识才行。比如猪舍温度总是很高,养猪者这个时候就该去好好研究一下猪的习性并要采取适当的措施处理了。再比如,野猪可以靠在地上或泥水中打滚来减少热应激,但这在养猪生产中是不可行的,但可以根据这个原理使用其他的方法来降温。

自然环境

　　猪舍自然环境包括温度、空气质量、光照和声音。这些因素会对猪的不同生理过程产生影响,我们可以根据这些因素来制定最佳的猪舍环境控制标准,通常使用财务标准。由于猪的体温调节和饲料利用之间存在紧密联系,因此一般都把猪舍温度作为猪舍环境控制的首选目标。

　　导致猪舍热量聚集的因素有外部热源辐射和传导、猪舍供热以及猪的自身产热。而自身辐射、传导(和地板的接触)、对流(通过体表)以及生理散热(如肺部呼出的蒸汽)都是猪热量散失的因素。散热和水蒸气,猪舍内部环境采用通风控制,而传导和辐射散热也能适当地控制。

温度

猪所感到的适宜温度和猪的体重存在强相关（表 17.1）。这些值很大程度上受猪自身能量代谢产热的影响，而能量代谢产热对猪抵御突发寒冷有很大帮助。实际上要避免热应激，就要减少猪体内的热量。体重大于 10 kg 的猪，其最适温度（Tc，℃）和自身产热（H，MJ/天）的关系式是：

$$Tc＝27－0.6H \tag{17.1}$$

H 值是猪用于自身维持、蛋白质和脂肪组织生长以及泌乳的热量总和。因此，生长较慢的小猪的 H 值最小；生长较快的小猪及大一些的猪 H 值中等；而生长迅速的育肥猪和泌乳母猪的 H 值最大。图 17.1 显示了采食量和最适温度的关系。

表 17.1　不同体重猪的最适温度。通常是相应值的上下 1℃ 之内。
同时假定猪采食正常，而躺卧地板热阻，并不是不同的空气。

猪只体重	最适温度（Tc，℃）	猪只体重	最适温度（Tc，℃）
哺乳仔猪		育肥猪	
＜2 kg	32	30～60 kg	18
＜5 kg	28	60～120 kg	16
断奶仔猪		妊娠母猪	
＜8 kg	28	定位栏饲养	18
＜10 kg	26	垫料群养	15
10～15 kg	22	泌乳母猪	16
生长猪：15～30 kg	20	公猪	18

要得出准确的 Tc 值，一定要考虑影响猪散热效率的因素，尤其是传导、通风和猪的行为等。

地板表面

因为猪要躺卧在地板上面，所以地板表面的热传导是影响有效最适温度的主要因素。凡是物质就有一定热阻（包括空气），表 17.2 显示厚垫料相比水泥地板，热的散失要慢。因此垫料周围的最适温度要比固体水泥地板情况下低很多。

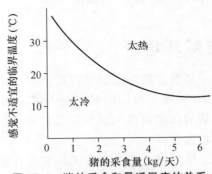

图 17.1　猪的采食和最适温度的关系（假定日粮 13 MJ DE/kg）。

猪的行为

行为对 Tc 值的影响要看情况而定。如果猪躺卧在地板上，由于和地板接触面积最大，热量散失也就最多。如果猪是胸部着地跪卧，那么平均的热量散失就最少。群养条件下的 Tc 值相对较低，这是因为猪和猪之间可以靠在一起躺卧，有利于保持热量。群养和垫料饲养条件下 10～20 kg 的猪和单个饲养的猪相比,Tc 值要小 5～6℃。所以猪在猪栏中躺卧姿势能很好地说明猪对周围温度的接受能力;猪之间紧紧地靠在一起(太冷),或者各自分开斜躺着(太热)都是不正常的。

表 17.2　不同地板材料的热阻(以空气为参照,100)。

空气	100	漏缝地板	50
金属网孔地板	100	固体、潮湿、水泥地板	25
厚草垫料	550		

空气对流

空气吹过猪身体的速率决定了把热从猪的体表带出的效率。如果风速较低,那么对流就不很充分,如大过 0.5 m/s(贼风),就会显著影响最适温度。风速在这个范围之内,每提高 0.2 m/s就使 Tc 值增加 2℃。所以当没有热应激的时候,猪就会躺着以避免贼风。

要想完全量化环境对最适温度的影响很困难,即便是日益发达的数理科学也无能为力。表 17.3 列出的是环境质量评估的一个实际方法。Ve 和 Vl 两个因子可用于对校正大气温度及计算有效环境温度(Te),公式是:

$$Te = T(Ve)(Vl)$$

(17.2)

式中,Ve 代表的是风速和屋顶、墙壁的绝缘性能,Vl 是指猪躺卧的地板类型。把 Te 同 Tc 进行比较就可以得出猪所需要温度和猪舍所能达到温度之间的差距。

表 17.3　用于 Te 值的 Ve 和 Vl 值,Te＝T(Ve)(Vl),式中 T 代表的是测量的大气温度。

风速和屋顶、墙壁的绝缘性能(Ve)	Ve	猪躺卧的地板类型(Vl)	Vl
隔热的,无贼风的	1.0	厚垫料地板	1.4
不隔热的,无贼风的	0.9	无垫料,固体绝缘地板	1.0
隔热的,轻微贼风	0.8	漏缝地板,无贼风	1.0
隔热的,贼风	0.7	无垫料,固体不绝缘地板	0.9
不隔热,贼风	0.6	漏缝地板,贼风	0.8
		无垫料、湿的、固体不绝缘地板	0.7

降温和加热(表 17.4)

表 17.4　降温和加热。

太热	太冷
猪分开躺卧,和地板接触面积最大	猪集中躺卧,和地板接触面积最小
加强通风	降低通风
减少饲养密度	增加饲养密度
增加饲养空间	较小的饲养空间

续表 17.4

太热	太冷
使用实体地板	使用高床地板
使用遮阳网	保持地板和垫料干燥
使用水雾	增加热源
采用隔热屋顶和墙壁	采用隔热屋顶和墙壁
饲喂高营养浓度日粮	饲喂低营养浓度日粮

可以通过以下几种方法实现降温：

- 减少圈舍的饲养密度——不单单是给猪躺卧的空间，还要减少猪圈整个空间内猪的头数，以减少总的产热量（H）。根据经验，6头生长猪平均释放的热功率是 1 kW；
- 使用低热阻地板（散热效率高）；
- 加强通风。

当然还有其他方法：减少热辐射（隔热屋顶）、湿料饲喂、水雾和水帘、地板加湿和设置泥坑。相对来说，60%～90%的湿度变化对猪来说没有什么不同。温度很低，高湿度会引起冷凝。猪不会出汗，而是通过呼吸从肺部散出热量，因此猪热应激时候会气喘。如果发生了气喘，那就证明降温的措施是失败的。

给猪保温的措施和给猪降温的措施相反，是用补充供暖的方式增加猪舍的实际热量输入。下面公式可用于计算猪自身的产热：

$$H = ME - (23Pr + 39Lr) \tag{17.3}$$

在蛋白质和脂肪沉积（Pr 和 Lr，kg/天）的过程中，饲料代谢能（ME，MJ/天）最终转化为热量（H，MJ/天）。在机体代谢（即来自消化能的有效代谢能）中产生的热量一部分取决于日粮的能量。纤维会由于沉积发酵产生高热，而脂肪代谢则比较充分。因此高纤维饲料产热就很高，而高脂肪日粮则刚好相反。

猪舍环境温度会随着猪头数的增加（饲养密度增加）和增加饲料消耗量（增加供给量，鼓励食欲）而提高。除非相应地加强通风，否则空气污染也将加剧。

传统的加热方式用油、电或气，有对流式加热器、地板加热系统和燃气高架辐射加热器。一般来说，热水散热器一般用于大猪，而燃气或电暖器一般用于哺乳仔猪、断奶仔猪和一些比较小的生长猪。实际上有时候是不可能同时为不同日龄段的猪提供最理想的环境温度的，比如说初生仔猪的最适温度是 30℃，而泌乳母猪的最适温度却是 15℃。在这种情况下，单独为仔猪提供一个加热小环境是十分必要的。所以要根据猪舍类型、环境温度、猪群组成来确定猪舍加热的工艺和方法。

无论是猪自身散热还是辅助设备供热，都要提高相关设备的保温性能。绝缘、再循环和热交换这些技术可以帮助我们节约能源（寒冷环境），并且已应用于猪舍。

猪对冷热的代谢反应

当有效环境温度低于最适温度时，猪就会感到寒冷，并直接通过代谢作用而产热（即冷诱导产热）。生热作用的能量消耗和温度之间的关系如下：

$$E_{h'}(MJ) = 0.012W^{0.75}(Tc - Te) \tag{17.4}$$

式中，W 是活重（kg），Tc 是最适温度，Te 是有效环境温度。

　　因此尽管体温保持不变，但是猪的生长速度会因此更慢，饲料转化效率更低。一个 100 kg 的猪，有效环境温度比最适温度每低 1℃，就会消耗接近 50 g 的饲料。所以与其通过饲料转化热量，还不如直接采取措施提高有效环境温度。目前很多情况下采用燃油（非再生）供热。这就存在着一个石油和饲料（植物碳水化合物）之间的价值权衡。前面的图 17.1 表明，采食量提高 Tc 降低；当低于最适温度时，环境温度可刺激猪的采食。这个反应在某种程度上可以抵消从蛋白质和脂类沉积转化为产热这一过程造成的生长降低部分。

　　当有效环境温度 Te 高于最适温度时，猪就会感到热。由于猪无法散热到环境中去，温度每升高 1℃，猪将减少采食 1 g/kg 体重。生长速度和饲料转化效率也都会降低。

　　环境温度对生长速度的影响，主要表现为冷的生热作用和猪的食欲降低，见图 17.2。

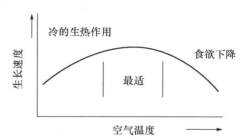

图 17.2　环境温度增加引起的代谢反应对猪生长速度的影响。

猪舍保温的影响

　　猪舍保温对热的散失和保持都有影响。假设传统的饲养密度下外部气温是 0℃，非保温猪舍不可能把舍内温度保持在 12℃，猪舍表面的水汽也将冷凝。然而，有效的保温（尤其是屋顶）可以把舍内温度保持在 20℃，并且猪舍表面也不会发生水汽冷凝。要达到保温效果，可在猪舍房顶和墙壁上用 42 mm 的聚氨酯泡沫体，50 mm 的发泡聚苯乙烯硬板，或者把 75 mm 的玻璃纤维填充到屋顶间隙；总的目的就是使 U 值不高于 0.5 W/(m² · ℃)。同时，必须在猪舍较温暖处进行水蒸气检查以防止水蒸气进入到保温层中，否则将引起保温材料收缩而脱落。某些保温材料，如发泡聚苯乙烯，可以通过其关闭的小孔结构来阻断水蒸气进入，而其他的材料则需要用 0.15 mm 的 PVC（聚氯乙烯）薄片。

　　在室外温度 20℃下的未保温猪舍内猪的生活区温度可以达到 25℃，而采取保温隔热措施后，良好的通风使得舍内温度不会比室外温度高 3℃。

空气质量

　　猪舍空气中的气体由生物气胶和气体混合而成，而且浓度很高。但浓度和组成还要看饲养管理工艺和猪舍的设计。在欧洲，猪舍间的粉尘浓度差别很大，母猪舍为 1~2 mg/m³ 而生长猪舍加倍为 2~5 mg/m³ 也并非罕见。可吸入内毒素含量从几十毫微克/米³ 到几百不等。氨气含量则很少低于 5 mg/kg，但也很少高于 20 mg/kg。但就所有猪舍而言，粉尘和内毒素含量最高的是采用漏缝地板的断奶仔猪舍。

　　猪舍中的粉尘可根据其物理、化学和微生物特性进行分类，但这个过程繁琐、花费又高，因此绝大多数人还是使用质量浓度。猪舍粉尘的主要来源有饲料、粪便、垫料和猪的死皮脱落，其中饲料和粪便是最主要的。由于有毒性以及对酸雨作用，因此目前对猪舍气体研究最多的是氨气。然而，猪舍中的气体成分超过 100 种，绝大多数都有令人反感的气味，而另一些则是温室气体。绝大多数气体的浓度通常在几个毫克/千克或更低水平，但在通风不畅的情况下，二氧化碳的浓度可以超出这个水平 5～10 倍。氨气的平均浓度这一指标可能掩盖了某一时段氨气浓度超过平均水平一倍对断奶仔猪舍的影响。

最后一类猪舍空气污染物是微生物及其成分。这其中最主要的是非致病性革兰氏阳性菌，浓度接近 10^6 菌落形成单位（cfu）/m^3；另外也有少量的革兰氏阴性菌（低于 10^5 cfu/m^3）和真菌存在。绝大多数的空气微生物是非致病性的。一些机会致病菌如出血败血性巴斯德氏菌，还有主要的病原体如非洲猪瘟病毒和支气管炎博德特菌，能够从空气中分离，数量则取决于从寄主脱落率和在空气中的生存能力。内毒素是由革兰氏阴性菌细胞壁裂解而产生，可以引起猪场工人职业性呼吸道疾病。

猪舍空气污染物组成的多样性给清除这些污染造成了困难。至于清除一种污染物会不会带来其他污染物的增加还不明确。除污技术的改进一直是一个活跃的话题。喷油抑尘已经成功用于猪舍除尘，其原理就是通过使之固化而减少粉尘在猪舍的悬浮。如果可以通过减少猪的氮和蛋白质排泄来减少猪舍中的氨的浓度，那么这项技术将是很有希望的。

避免大气污染

现代家猪的祖先生活在林地，因此根本不会接触到现代集约化养殖中所遇到的空气质量问题。因此家猪不可能在进化过程中获得对气体污染的适应性行为。从另一方面说，由于猪经常接触林地的尘土，因此猪鼻的鼻甲进化得比较发达，这样可以有效过滤吸入的粉尘颗粒，给自身以保护。

氨气是一种刺激性气体。人可以感知浓度在 5～50 mg/kg 之间；浓度到了 100～500 mg/kg，人在 1 h 后就会流鼻涕；而浓度若是达到 10 000 mg/kg，可以致命。尽管在英国，职业性氨气接触限制是 35 mg/kg 浓度下可暴露 15 min，或者低于 25 mg/kg 下可以超过 8 h，但是对于没有适应过程的人来说还是尽量避免在这样浓度的氨气中暴露。

Silsoe 研究所的工作人员［Wathes，C.M.，Jones，J.B.，Kristensen，H.H.，Jones，E.K.M. 和 Webster，A.J.F.（2002）猪和家禽对大气氨的厌恶. *Transactions of the American Society of Agricultural Engineers*，45，1605-1610］也发现，对氨气的耐受问题在幼年猪上也存在。在一个选择性偏好试验中，同在新鲜空气中相比，断奶仔猪短时间待在氨气环境（10、20 或 40 mg/kg）中。结果 80% 的断奶仔猪选择待在 10 mg/kg 和更低的环境中，这说明猪倾向于选择新鲜空气。尽管断奶仔猪还是在较高的氨气环境下（20 或 40 mg/kg）待了较短的时间，这主要是因为对氨气厌恶反应的延迟而已。在接下来的试验中，小猪被强制在新鲜空气环境和适宜热环境之间作出选择。一个是最适温度下 40 mg/kg 氨气环境，另一个是无加温的无氨气环境。那么当气温低于猪只耐受温度的时候，猪只倾向于朝温暖的而不是新鲜环境中选择移动。在空气温度是 0～15℃之间，猪只个体在 40 mg/kg 环境下的持续时间是新鲜空气的6 倍。成群的猪也是如此，在气温降低的时候，更倾向于温度高的污染浓度较高的环境。

这说明与空气新鲜而温度较低的环境比，小猪更倾向于适宜的环境温度。反应延迟的原因还不清楚，但很明显的就是氨气浓度突然上升，还不至于让猪马上离开。大概猪对这些气体的厌恶是逐渐建立的，最终才使得猪离开这个环境。总的来说猪还没有进化产生耐受氨气环境的行为。所以我们可以把 10 mg/kg 作为猪舍氨气浓度的上限。初生仔猪或成年猪的相关数据还没有得到，不过也可以使用 10 mg/kg 这个标准。

空气污染物和呼吸道疾病

猪舍空气环境对猪生产力的影响很难量化,而且也很难通过相关试验作出解释。这很大程度上是因为:①对猪暴露于空气的耐受值,目前还没有充分的定义;②对空气污染物之间潜在的互作知之甚少;③粉尘和其他污染物互作对疾病的诱发;④粉尘和臭气通过对猪只健康的影响,可以直接或间接地影响猪的生产力;⑤呼吸道疾病对生产力的影响存在很大变异;⑥猪舍设计和管理中用于控制污染的关键因素还不明确。

临床上已经很好证明,差的空气质量的确对某些地区的猪呼吸道疾病的发生频率和严重程度有影响,比如猪繁殖和呼吸道综合征、猪流感、猪肺炎、萎缩性鼻炎和流行性肺炎等。粉尘影响呼吸道疾病的机理不同于氨气,有机粉尘将产生免疫性,无机粉尘则可以影响黏膜纤毛的清理功能。

从特定病原体的角度去考虑空气污染物对猪呼吸道疾病的原因也很复杂,而且需要考虑呼吸道菌群和宿主共生的具体因素以及污染物的本身因素。我们会简单地以为,长时间地暴露于空气污染物的话,呼吸道疾病的频率和严重程度都将会增加。然而最新的证据则警告说,即便空气污染水平低但只要对生产和经济造成了影响,就必须引起重视。Silsoe 研究组和 MLC's Stotfold Pig Development Unit 就粉尘和氨气做了研究。研究人员精心采用自然感染方式并且模拟了猪场环境。即便绝大多数呼吸道疾病的假定病原都在环境之中,粉尘和氨气水平也在英国现有发生呼吸道疾病商品猪场范围之内,但如果仅仅是暴露不超过 5.5 周,也不会产生作用。如可吸入粉尘浓度在 5 mg/m³ 及以上,猪的生长就会显著下降;但是氨气还不会直接影响猪的生长性能。这 960 头猪的性能进行和健康状况的检测结果,我们吃惊地发现和传统的理解相反。但这可能仅仅反应的是管理水平很好的猪场,管理水平较低的情况下,可能会有不同的结果。

光照

目前人们对光照在猪舍中的重要性还了解得很少。光照包括亮度、光照周期和频率等特性。与人相比,猪的视觉较差。猪和人一样对蓝色敏感,但却是红绿色盲。猪不是季节性发情动物,因而光周期对猪的繁殖没有影响。但是,视觉会影响猪社会行为表达,暗淡的光线也可能影响猪之间的视觉交流。在英国,猪舍的光线要求是亮度不低于 40 lx,而光照时间不能少于 8 h/天。

声音

猪的听觉发达,可以听到频率为 40~40 000 Hz 的声音。Talling 与同事们[Talling,J.C., Lines,J.A.,Wathes,C.M. and Waran,N.K.(1998)家猪的声学环境. *Journal of Agricultural Engineering Research*,71,1-12]对养猪生产中的声级进行了研究,结果如下:

- 自然通风猪舍为 63 dB
- 机械通风猪舍为 73 dB
- 道路运输过程为 91 dB

- 屠宰场待宰栏为 76～86 dB；击晕栏为 89～97 dB。

运输途中和击晕前的噪声声最让猪厌恶和不安，因为它们之前没有经历过这样的声音。而在一个熟悉的环境中，猪会很乐意去适应里面的噪声，因此有些猪场甚至在猪舍播放收音机。以上事实的原因可能是噪声会破坏猪通过声音建立社会识别。同时猪场的工人也有听力受到损害的危险；比如在饲喂空怀母猪的时候，或者称重等日常工作的时候，他们最好带上防护设备。在英国，噪声级超过 85 dB 就要防护。

通风系统

通风原则

猪所需的最小通风量是 $0.1 \text{ m}^3/\text{kg}$ 代谢体重（$W^{0.75}$）。要经常采取措施处理猪舍通风状况：

(1) 补充氧气、抽出二氧化碳（温暖气候下，要采取措施平衡猪舍空气清新度和温度的关系）；

(2) 猪肺部呼出蒸汽损失与建筑表面不增加相对湿度和因此凝结；

(3) 方便猪的散热；

(4) 空气清新，没有有害气体。最佳的气体水平是：二氧化碳 3 000 mg/kg，硫化氢 0.1 mg/kg，氨气 10 mg/kg，粉尘 5 mg/m^3。高于上述指标就说明猪舍通风很不充分。即便二氧化碳达到了 5 000 mg/kg，硫化氢达到了 5 mg/kg，氨气达到 20 mg/kg 或者粉尘密度达到 5 mg/m^3，还达不到警报的标准，但是越高对猪舍空气质量、饲养员的危害和猪呼吸道疾病的暴发的影响就越大。

通风系统设计

猪舍通风设计要考虑最小和最大通风速率和猪舍内的气流形态。通风系统的性能影响到空气流通速度、温度和湿度，还能影响空气中有害气体、有机微生物和粉尘的密度。虽然风速等这些都会因空间、时间而异，但一般可以根据猪舍情况计算出来，而猪栏则形成了影响猪的直接小环境，这在实际生产中很少被意识到。通风控制系统也通常是在一个"典型的"位置安装一个温控罢了。在这种情况下，猪很自然要根据自身需要而变换位置。

设计和运行好的通风系统要符合以下要求：①环境变量明确的目标；②有效的控制系统、传感器、控制器和制动装置，无论是机械还是自然通风系统，使用自动调温器调节温度要满足实际需要。控制污染物的传感器目前还不实用，气温是仅仅可以控制的一个变量。

有效的通风系统需要做到以下几点：首先，猪舍能很好地保温隔热，可以通过通风率的变化改变平均气温，必要时要有辅助加热设施；其次，能有效控制通风速率，也就是说无论是机械速率还是猪舍实际速率，都要根据一定指标设定好。比如在机械通风猪舍中的风扇转速和通风速率，或者在自然通风条件下的风口的大小和数量。同步测量通风速率是可行的，但仅仅局限于现代化猪舍。实际上，经验式的方法还是最常见的方法，也可以避免初次安装时通风同步测量校准有误而造成的问题；再次，通过适当的通风系统尽管可以控制猪舍气温，但是不能很好地控制气流以及猪舍内温度分布。即便装有针对气流的传感器，这个问题也很难解决。温度的空间分布则更难控制。这里有两个比较常用的技术路线：一个是根据财务标准要求，试图通过提供均匀的热环境达到最佳效果；另一种是建立不同的热环境,允许猪来选择适合自己的小环境。考虑到控制通风速率、气流模式比较困难,从解决问题的实际出发,第二种观点更流行些。

自然和机械通风

自然通风[图 17.3(a)]靠的是微风效应和烟囱效应,进风口可以设计成手动的或者自动的。进风口的大小取决于外部温度,较热环境下的进风口面积要达到地面面积的 20% 左右；屋脊出风口的面积在 10% 地面面积左右。温暖环境下,进风口可以适当调小。通常在房顶的风口较宽,猪舍墙壁上的风门可以方便卷起和移动。如果墙上的进出风口已经足够,屋脊上的出风口也可以不要。在任何条件下,屋顶的隔热效果一定要好。

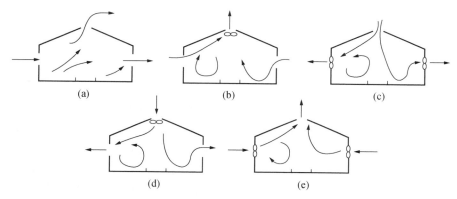

图 17.3 通风模式
(a)自然通风；(b)～(e)不同形式的风扇通风系统(首选的循环系统在左边建筑)。

在机械通风的猪舍,空气的流通根据温度状况靠调节风扇而实现。当猪舍温度高过最适温度的上限,风扇就应开动；当空气温度接近了最适温度的下限,就把风扇调到最小速率。因此要把自动调温器的敏感度设为调高或调低 1℃ 左右。温度的时大时小波动对猪的健康和生长,尤其是断奶仔猪来说都会产生不利影响。转速可调式风扇或者小与大型号风扇组合使用,则可使温度比较平稳的转换。

图 17.3 的(b)～(e)显示了一般形式的风扇通风系统。图中从左到右的气流模式中,左边的应是我们的首选。最后一种模式使得冷风可以从猪舍顶部直接进入猪舍吹到猪身上,而其他的设计则是让较快的气流沿着屋顶移动,然后在猪舍内部汇合成气流,再吹到猪身上。改变进风口大小,把通风速度调到 5 m/s,一般就能适应大多数的气候条件。风速很高会在进风口形成较低风速的气流循环,避免贼风吹到猪身上。然后次级气流会携带猪舍热量吹向猪舍顶部,这就形成了从猪舍中部到房顶的温度梯度[图 17.3(b)]以及[图 17.3(c)]和[图 17.3(e)]。猪喜欢在较暖的地方躺卧,而在温度较低的地方排泄。因此,如果地面采用部分漏缝地板,漏缝地板应该装在图 17.3(b)和 17.3(d)的猪舍中间,以及 17.3(c)和 17.3(d)靠近墙的位置。不过,如果天气很热,猪有可能喜欢躺在漏缝地板区域,随意排泄,成了脏猪。

一般来说,即便是外部气温很低的情况下,猪舍中也需要保持 0.2 m³/(h·kg 猪体重)的最小风速；但在冷的环境下,可能会因为考虑猪的体温而减少这个最小风量,这是一定要避免的。在温带气候的温暖环境下,最大风速需要调在 2.0 m³/(h·kg 猪体重)；更热的环境下,则可以把这个值适当调高。

　　表17.5列出了不同风机的送风能力。风扇一定要克服进、出风口的阻力；一般要考虑50 Pa的阻力。因此选择风扇的额定送风量一定要大些；如果把阻力估计为零而选择风扇，那么实际效果将大打折扣。知道了最大、最小风速和猪舍饲养密度，那么猪舍需要怎样的风扇就确定了。风扇通风特性有专门的术语是"换气次数"。在中小猪舍、外面气温低的情况下，最小换气次数为5/h，如果是大猪、外面气温很高，短期最高可以把换气次数提高到50~100/h。

表 17.5　风机送风能力(压降 50 Pa)。

风扇直径(mm)	每分钟转速	送风能力(m³/h)
610	700	5 760
	900	9 360
760	700	13 320
	900	18 720

　　通过猪的风速一般在0.2~0.5 m/s之间。0.2 m/s适合那些在暖圈的小猪以及低温猪舍中的大猪。当温度上升超过最适温度时，就需要用较快的风以达到对流降温目的，0.5 m/s的风速对此已经足够。在屋顶和靠近进风口的位置，风速可能在1~2 m/s或更高，风扇送风速度会接近或超过10 m/s。因此在饲养密度较大的集约化猪舍，要尽力地采取措施把进风散开以避免出现贼风。我们可以加顶棚或者散风管道系统，给进风提供一个缓冲空间，然后让新鲜空气从多个通道吹进猪舍。一般空气速度0.5 m/s以上就可形成贼风，达到1.0 m/s就很可能引起局部间歇性的温度下降。荷兰的数据已经证明贼风引起的温度下降会减慢猪的生长速度，并且也增加了呼吸道疾病和胃肠道疾病的可能。

　　目前还没有猪舍通风完备的理论，一些有效的实践经验对所有情况都有用。低温气候下，很难既保持猪舍温度又能让猪舍空气充分流通，同样也很难在较热状况下充分降温(即便是采用水雾系统)。机械通风(采用风扇)在设备购置和能耗成本上花费很高。但为了给猪舍加热保温而采用保暖系统情况，还要考虑通风而使用合理的机械通风。当然对这些小猪总要保持最小的通风速度。

空间

　　猪的体重与体型大小呈如下的线性关系：
- 体长(m)约等于 $0.30W^{0.33}$
- 体高(m)约等于 $0.15W^{0.33}$
- 体宽(m)约等于 $0.06W^{0.33}$

　　因此根据这个函数关系可以很准确地推算出猪的体积。图17.4(a)中显示的猪躺卧姿势所占的空间是 $0.045W^{0.66}$ m²，包括了头部和腿之间的空间。如果是站着或者跪卧[图17.4(b)]，那么需要的空间就只有 $0.018W^{0.66}$ m²。

　　所以很容易看出，如果给猪提供 $0.05W^{0.66}$ m² 的空间，就足够其自由躺卧。按照这个公式

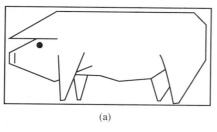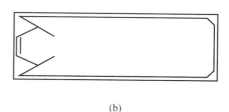

(a)   (b)

图 17.4 猪在站姿(b)和卧姿(a)下的物理空间。

很容易得出 $1\ m^2/100\ kg$ 这个数据。如果猪栏采用漏缝地板或者金属网格地板,要把这些因素充分考虑在内。集约化高饲养密度猪舍中,每头猪平均占有空间最低标准为 $0.025W^{0.66}+25\%$,即 $0.032W^{0.66}$。在其他环境中,比如在实地地板和垫料猪栏中,在 $0.05W^{0.66}\ m^2$ 基础上的空间增加量就不止 25% 了,因为要给猪排泄留出足够的空间。

通过上面的方法来计算猪栏大小时,还要根据猪栏中猪的头数进行校正。猪的头数越少,那么每头猪平均空间就大,也就有更多的空间剩余。表 17.6 列出的就是假设每栏 8～15 头情况下,按 $0.032W^{0.66}$ 标准算出的最小躺卧面积。根据这个标准算出的面积,还要根据猪舍类型再加上 20%～60% 的面积用于猪活动和排泄。最低的附加面积等于漏缝地板面积,而最大的附加面积还包括垫料和排泄空间。在较温暖气候或猪散热比较多的环境(如快速生长,采食量大的猪)中,需要的空间也就更大些。在垫料猪舍圈养成年母猪时,每头大约需要 $2～4\ m^2$。

表 17.6 不同猪的最少躺卧面积。

	面积(m²/头)		面积(m²/头)
母猪	1.5～3.0	生长猪 20～60 kg	0.20～0.40
仔猪 5～20 kg	0.10～0.20	育肥猪 60～120 kg	0.40～0.80

饲养空间显著影响猪的采食量和生长速度,甚至对猪病的发生产生影响。一般来说,在全漏缝地板猪舍,每头猪的饲养空间从 $0.5\ m^2/100\ kg$ 提高到 $1.0\ m^2/100\ kg$,猪的生长速度大约增加 10%,并呈一定线性关系(图 17.5)。最近一项对 10 kg 商品仔猪的试验表明,饲养空间从每头 $0.14\ m^2$ 到 $0.22\ m^2$ ($0.031\ 5\ W^{0.66}\ m^2$ 到 $0.048W^{0.66}\ m^2$),可以增加 10% 的采食量($440～481\ g/$天)。有些研究者就建议断奶猪最佳饲养空间是 $0.4\ m^2$,并且有 40% 的实体地板。

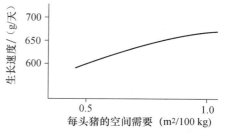

图 17.5 猪的生长速度对空间需要的影响。

群体大小对猪生长性能的影响很难去量化,因为这其中涉及饲养密度、环境、行为和疾病的综合影响。但是很明显,如果猪栏中断奶仔猪超过 12 头,生长猪 15 头,育肥猪超过 20 头,生长性能会受到显著影响。妊娠母猪圈最好不要超过 10 头,而如采用垫料和电子饲喂系统,一个圈就可以饲养 20～60 头的母猪。不过最近发现,成百上千头生长猪和母猪的特大猪群,由于采取较好的管理,也可以控制猪群生长性能降低的问题。

不同饲喂系统的饲养空间也不尽相同。实地地板猪舍,人们可以把饲料直接倒在猪舍地板,因此就不用给猪划定专门的采食空间。但是也会因此比较脏乱和浪费,不能让猪达到最佳食欲,降低了猪的生长潜力。自给式料斗系统采用干料或颗粒料,一般宽 300~400 mm,料斗的长度要根据猪而定,断奶猪是 75 mm,生长猪是 60 mm 而育肥猪是 70 mm。对一个有 10~20 头生长猪的猪圈来说,一个料斗要提供 4~6 个的采食槽位。当很多猪同时在一个长料槽中采食时,每头猪的空间宽度就是猪的体宽($0.06W^{0.33}$),但最适宜的采食空间宽度要求是这个数字的两倍。一般建议为:小猪为 150 mm,25~75 kg 之间的生长猪是 250 mm,育肥猪是 300 mm,而母猪则需要长度为 500 mm 长的料槽。

垫料

　　猪舍垫料系统的疾病水平其实与全漏缝地板、半漏缝地板差不多。然而,我们应该注意到猪会把 16% 的时间待在垫料上,而在漏缝地板猪舍上的猪仅仅把 1% 的时间用于玩耍铁链和其他的玩具。而且在垫料系统中也不用去断尾。这就说明所有的猪可以使用垫料,比如谷物秸秆。只有当采用这些垫料相比于漏缝地板,对猪的健康或者粪污处理产生不可接受的负面影响时,才建议使用玩具作为第二选择。

粪污处理

　　全球有 6 000 万头能繁母猪,每头能繁母猪与其后代每年会产生约 20 t 的排泄物,总量为每年 12 亿 t。从这一方面来说污染是很大的,如硝酸盐、氨、氮氧化物、磷和臭气;但从另一个角度看,可以把这些富含氮、磷、钾的有机肥施到土地里,而长出的作物最后再加工为饲料。

　　不过这样也会把猪排泄物中的矿物质转移到土地中。在养猪集中的地区,从排泄物中散发的氨气会造成一定程度的空气污染。猪排泄物中有超过 50% 的氮是以可转化为氨气的碱性氨氮形式存在。大约 30% 的氮很容易挥发成氨气而散失。猪排泄物中氮的散失主要造成以下四个问题:

(1)　会给附近地区带来直接的空气污染;

(2)　大气中的氨气会很快返回地面空间区域,促进那些高氮植物的生长,如杂草。阻碍那些低氮植物的生长,并造成土地的贫瘠,导致后者的损失;

(3)　氮气散失造成氮不能通过施肥的方式得以利用,是一种生物效能的损失;

(4)　猪舍中气态氮的浓度超过 20 mg/kg 让人和猪都会产生不适感,猪的生长性能和人的健康都将受到影响。

　　以上讨论的是氮损失的问题,但施肥也会引起磷的排放,结果造成:①水中硝酸盐浓度升高,水质下降;②引起硝酸盐,尤其是磷酸盐的富集,造成水的富营养化。欧盟指令中限制居民消费水中的硝酸盐含量不能超过 50 mg/L。猪饲养集中的区域对此最敏感,因为污水会排入人的饮用水源区域。我们可通过以下手段来控制硝酸盐污染,如减少猪饲料中的氮(蛋白质)水平,限制单位土地上承载的动物饲养量来控制排泄物,避免动物粪尿中氮(磷)从集约化家畜地区向非家畜饲养地区运输。而且需要采取手段把氮(磷)浓缩,如目前较流行的做法是先对猪粪尿进行沼气发酵处理,再利用剩下的有机质。

　　土地利用氮的能力与农作物覆盖程度和作物生长速度有直接关系。草场的利用能力是谷物的两倍,夏天快速生长的植物的利用能力最大而冬天最低(50%的氮在利用之前就损失了)。英国规定,草场最大的有机肥使用量是 250 kg N/hm²,但建议使用量是 170 kg N/hm²。

通过执行欧盟指令,在欧洲的一些地区,养殖者对农田或草场的氮磷施肥量已经比较适当。限制了农田中氮磷用量,就减少了饲料原料中的氮磷含量,也就提高了饲料中氮磷的利用效率。即将实施的环境污染限制标准(欧盟指令,IPPC-综合污染防治)要求降低目前猪舍和贮存粪尿中气态氨的排放量,而且即便是在英国这样的国家,其肉牛和奶牛是(不是猪)主要的气态氨排放体也不例外。这些标准的出台限制了集约化农场的规模、家畜饲养量和排泄物的排放。尤其对以下情况更是如此:①家畜饲养集中;②集约化猪场大面积种植物作物(而不是草)可消纳猪的粪尿;③许多家畜养殖场使用输入浓缩料,开放了氮和磷的净流入系统,尤其是生猪生产。

养猪污染的最严重结果就是搬迁过于集中的养猪场,而最大氮施用量立法使得这个后果总有一天会到来。目前我们还没有灵活而有效的措施可以解决以下几个实际问题:怎么避免猪的排泄物施入土地而被作物吸收;从源头上把排泄物的水平限制到 150 kg N/(hm²·年);猪舍以及粪尿贮存系统的氨气排放;沼气处理厂的建设工艺;猪粪从集约化家畜地区向非家畜饲养地区的运输(目前的技术已经可以把猪的排泄物分离成高氮的液体和高纤维低氮的固体。这项技术适用于短程抽取液体施肥,但不适输送到农场。如果要从猪场输出,需要把粪污中的水分分离出来,形成富含氮磷的固体部分)。

粪尿混合物中大约 10% 是干物质(DM)。平均来说,一个饲养种猪及商品猪到屠宰体重的猪场,每个猪位每天要产生 5 kg 的 DM(1.8 t/年)。小猪的排泄量低于平均值而泌乳母猪的产生量要远大于此,30 kg、100 kg 的猪和泌乳母猪的排泄水平是 2.6 kg 到 25 kg。4%~8% 排泄物中的 DM 可以粪水形式用泵抽走(一个有 250 头母猪的自繁自养猪场每天就要消耗 20 000 L 水)。20% 以上的 DM 可以固体的形式处理掉。在猪舍内,粪水储存在漏缝地板下,或者是储粪池和池塘中。最后再经过有氧和厌氧消化之后施肥。厌氧处理产生的沼气是非常有用的能源。在池塘中,固体会自然地沉淀出来。接下来的方法是直接用泵抽取到农场,同时固体可以借助机械动力而被抽取出来。固体和液体粪尿也可以通过机械离心作用而分离,固体继而干燥成易碎材料。猪的排泄物含有很高的氮、磷、钾,利用的好是有用的肥料,利用的不好就是很大的污染。通常,有 30% 的氮和 10% 的磷和钾在大气中损失。

每千克 10% 的 DM 含有 4.2 g 氮、1.7 g 磷和 2.5 g 钾,是价值很高的肥料,可直接生产氮磷钾复合肥。100 头生长猪的猪场(10 头母猪的产出)每年将可提供近 180 000 kg 的粪尿,即 750 kg 氮、300 kg 磷和 450 kg 钾。假如按照平均施肥量,并且不会造成氮、磷、钾从土壤中流失,那么 1 hm² 土地可以利用 50 头生长育肥猪一年的粪尿量,即 2.5 头母猪及其仔猪到上市整个过程中产生的排泄物。土地承载量很大一部分决定于最佳施肥量的标准。假如这个标准是 150 kg 氮/hm²,那么就只能利用 2 头母猪和其仔猪上市整个过程中产生的排泄物。很明显,土地承载和猪排出氮、磷的量直接相关,而氮、磷排泄量又取决于氨基酸平衡和氨基酸供应量(N),以及矿物质(P)的供给量。

如果施肥量按体积来算的话,每个母猪位每年产出粪尿 6.8 t,而生长猪位则是 1.8 t(1.8 m³),而 1 hm² 耕地可以承载的猪粪尿是 25 m³/年,草场最高可达 100 m³/年。所以每公顷土地的施肥量就在 15 猪位/hm²(耕地)和 60 猪位/hm²(草场)。这就是说北欧所允许的磷水平(kg/hm²)需要尽可能地降低:低生产力的土地为 60,草场和富有成效的耕地为 100;而快速生长和需求作物如高密度牧草或玉米为 120。

有些国家如果立法将磷酸盐和硝酸盐的施肥量提高到最大，那么可能造成在有限的土地上猪场过于密集的局面，而需要很高花费用于粪污处理和运输。如此看来，以后可能是朝小的规模发展，猪场坐落于耕地和草场之间，成为综合农业企业的一部分。在荷兰，60% 的猪粪直接卖给周围的农场。那些过剩的猪粪中超过 1/3 用在猪场周围（存在的难题如上所述），还有 1/3 要通过公路运输到其他地方（对环境不利）。控制污染就要给每个猪场一定的氮、磷输入配额。现在猪日粮中的磷和氮的含量已经下降，下一步的趋势是通过添加人工合成氨基酸（赖氨酸、蛋氨酸、苏氨酸、色氨酸）来增加猪饲料中理想蛋白比例。根据猪的生长速度和饲料转化效率，可以计算出猪的磷需要量。大麦和小麦的有效性磷为 30%～50%，玉米为 20%，而大多数植物蛋白源低于 30%。从环保角度考虑，要减少猪日粮中磷酸盐的含量，必须要降低无机的单价、二价和三价钙磷酸盐和有机骨粉的使用。使用植酸酶能增加猪对植酸钙磷的消化而减少磷的排泄。生长猪的可消化矿物质水平是每千克日粮 35 g 磷，而育肥猪则是 25 g/kg。不过植酸酶价格比较昂贵。

减少猪场氮产量的策略

在欧盟，家畜每年要排泄 12 亿 t 的粪尿，其中氮就有 800 万 t。如果要把氮的施入量控制在每年 170 kg/hm²，通过减少每头猪的氮排泄率会是比较好的途径，当然前提是在不影响猪生产性能的情况下：

- 把氮供应量减少到刚好符合猪的需要（或稍微不到）的程度。动物生长阶段不同，氮的需要量也不同；因此根据动物需要量而增加改变氮的供应量的次数，也就减少了多余氮的排泄。这要求我们，要知道猪的准确氮需求量（瘦肉组织生长潜力）以及不同生长过程（阶段饲养）的不同日粮组成，比如母猪哺乳期和妊娠期的日粮当然是不同的。
- 配合日粮蛋白质要尽可能地接近最佳水平。由于非理想日粮蛋白质会被排出，因此饲料中氨基酸平衡与猪所需要的氨基酸越近，氮的排泄就越少；所以要尽可能地把氮控制在满足动物需要的较低日粮水平上。高比例的总日粮蛋白质作为理想蛋白可通过增加日粮供应不足的氨基酸来实现。添加这些人工合成限制性氨基酸（尤其是赖氨酸、苏氨酸、蛋氨酸和色氨酸）是行之有效的方法。
- 日粮蛋白质的难消化直接关系到氮的排泄量。在配合饲料中使用更多的易消化饲料成分会降低氮的排泄率。
- 如果沉积体内的氮与维持氮的比率上升，那么猪的氮排泄将减少。快速生长育肥到上市屠宰的这段时间里，氮利用效率高，生产单位瘦肉量的维持氮排出少。

饲料输送系统

哺乳仔猪

新鲜而适口的饲料可刺激仔猪对饲料的采食。仔猪有较强的探究行为，只要把饲料放在地板上即可，仔猪都可以找到。仔猪会搞得饲料满地都是，因此要注意保持仔猪补饲栏的干燥清洁。可以给仔猪饲喂粉料、颗粒料或碎粒料等，各种浅盘子料槽可有助于避免过度浪费，不过饲喂时间最多9h,否则饲料会变味、不新鲜,从而起到了反作用。同样要防止饲料受到排泄物的污染。乳猪在哺乳后,通常会立即吃教槽料;因此要让同窝的所有仔猪能同时进食。即便再小的自给式料斗,也不能符合以上大多数或全部标准,因此不适合用来饲喂哺乳仔猪。生产中最好是用浅槽、垫子或仅仅是地板上的一块干净区域即可,并且能够容易地刷洗。水是消化干饲料的先决条件,可以使用乳头饮水器或其他特制的水槽。

断奶仔猪

保育舍一般使用自给式料斗喂料,饲料可以是硬颗粒饲料、碎粒料,有时添加"高脂"粉料。为了要最大限度地刺激仔猪进食,在仔猪刚刚断奶的时候,无论是把料添进料槽底部,还是料斗下方四周的固体平板式料槽内都要人手工完成,不能用机械自动方式。按照这个方法,每天喂3~4次,并持续1、2或3天,直到仔猪积极进食。而料斗中的饲料不应超过24 h。任何排泄物污染都必须完全清除。我们要注意为了填料方便而在断奶舍中堆放一定饲料(手推车或袋)的情况。这样做的话,饲料会因为猪舍环境原因而变得不新鲜。特别是槽料和断奶仔猪料应存放阴凉干燥的地方,远离猪的气味。

在断奶仔猪体重达到10 kg之后,将换成较便宜的饲料,而添料方式也换成更为常用的方便的方式。可以通过螺杆送料系统自动给料斗加料,每天两次送料保证饲料新鲜;下料管放置低到料槽,避免供应过剩。

自给式料仓供料的原理是确保自由采食,全天24 h随时保证饲料供应。而这在断奶早期阶段,还要避免使用,因为料槽应每天至少1 h清理和保持空的;并且你一定不要认为,因为饲料可以直接采食,因此所有小猪都容易地吃到饲料。小猪喜欢在一起吃和躺卧,这就造成较为弱小的猪得不到应有的食物;我们为每头仔猪提供75 mm的食槽长度,然而8 kg仔猪的体宽为120 mm;所以很显然,在任何时候,最好的情况也只能供一半的猪同时采食。

水通常是通过乳头饮水器提供,每8头仔猪一个;或如果使用水槽,每16头仔猪一个。饮水的流动速率应在1 L/min左右。

断奶仔猪更喜食湿饲料,湿喂也会让仔猪采食量增加。但保持饲料新鲜度和不受污染是个问题。不可避免的是,仔猪不会马上吃完所供应的饲料。而剩下的湿饲料将会在仔猪下次采食之前,味道变得很不新鲜。然而,如果根据这个情况,可以加大供料的频次,将会大大的刺激仔猪旺盛进食(仔猪通常在体重达到10 kg以上时才会这样)。这样的话,湿喂系统更有使用价值。

生长肥育猪

生长猪自由采食硬颗粒料或粉料,一般使用自给式料斗供料。食槽长度一般是60 mm(较小的猪)和70 mm(较大点的猪)。螺杆送料系统把猪舍外料仓的饲料输送到猪舍料槽中。料仓的底部有个小口漏料,通过控制一定的输送速率,也就控制了猪的采食量。采食量也可以通过增加每个料仓负担的仔猪数和提高仔猪之间的竞争受到限制。任何自给式饲喂料斗的食槽会分成适合每头猪单独采食的间隔。这样处理可以保证生长猪紧近相靠而又各自进食。一般每栏提供3头猪的采食位(如果栏更大,可适当增加)。但刺激采食量有时候也有问题,那就是会造成料斗底部料槽的饲料损失和相应浪费。而且如果没有定期检查和清理,料槽也很容易被粪尿污染。

　　而地板饲喂系统则是不用料槽,直接把干饲料(颗粒料或粉料)撒在猪舍地板上即可。可以使用人工或高架螺杆和料斗系统供料。这两种情况下的饲料量都可以得到控制,而且可以按要求定量分配每日饲料供应量。当然地板必须清洁及干燥,一天的饲喂频率(4~8次)要确保每次的饲料能及时被猪吃完。地板饲喂系统的优势是价廉和节省设备(料槽)和围栏空间(每栏可多养一头或两头猪)。缺点是高浪费,舍内灰尘多,同时很难保证所有猪公平采食,猪生长速度的变异往往会增加。

　　湿喂比干料更适口,同时浪费也将减少。自由采食料槽(包括单槽采食——每8~12头猪共用一个和多槽采食——每3头猪一个料槽)上方都装有乳头饮水器。这样的话,猪边饮水边吃料,饲料可以混着水食用。

　　全栏湿饲系统则是把干物质含量15%~25%的稀料输送至料槽。显然,猪栏中所有猪可以同时采食。通常是为每个猪分别提供一个料槽,长度有150 mm(较小的生长猪)和300 mm(较重直到100 kg的猪)两种。可以把干料输送到槽底,然后水从上面混入;当然也可以采用饲料和水先混合,然后抽吸到料槽的方式。中央湿混合和泵抽是一个高度灵活的系统,它能够利用牛奶制品、酒糟、蔬菜和食品工业中的副产品作为湿料来源。根据所需营养标准,来混合原料,然后用泵抽吸湿混料。当本次湿料全都抽到目标猪舍后,然后再开始根据标准和需要混合原料。

　　猪舍里每栏的饲料添加量可以采用手动或自动控制。手动系统可使用活栓,控制湿料从主管道到料槽。活栓打开的时间,可以根据系统提供的干物质量要求或者已知每头猪可以30 min之内吃完湿料这个时间来设定和控制。计算机控制的机制是每个活栓都有一个相应的中央控制点,从而控制给每个料槽(猪栏)提供定量的饲料。所以每周就可以简单而自动地适当增加或调低到每栏猪的饲料量。自动饲喂系统当然可以按照我们希望的频率给猪栏输送饲料。管道湿饲系统除了可以自由选择饲料来源和更多的饲料组合外,还有许多优势。该系统可用于限制采食量(避免过肥)或增加采食量(增长速度最快);可以把干物质18%以上适口饲料输送到料槽;可以做到每日两次饲喂;并且能够满足猪的食欲,和单纯的干料自动饲喂相比,猪的采食量要高10%~20%。

泌乳母猪

　　单独饲喂泌乳母猪可促使其采食最大化,而且可以避免群养条件下母猪过于肥胖或体脂急剧下降的情况发生。每日两次干饲,通常饲喂粉料、颗粒料或硬粒料;饲料可用手动或螺杆传送到母猪分娩栏前面的食槽。饲料供给量控制很重要,以避免造成过量供给而带来的食欲不振。泌乳母猪间的自由采食量之间差异很大,难以实现自动化控制,因此人工添加仍然是最佳方式。湿喂会增加采食量(饲喂次数将达到每日3次),所以可以通过管道输送或者简单的直接加水与料槽底部的干料混合即可。母猪料槽一般能装下3~4 kg饲料加水比例为2∶1。

妊娠母猪

　　一般要在定位栏前面给妊娠母猪提供一个宽500 mm的料槽。由于不用让妊娠母猪采食最大化,所以干料饲喂系统比较常见。手动和机械螺杆都可以把饲料输送到料槽上方的临时容器中。然后可通过调整容器来改变传送饲料的多少,以满足每头母猪的具体需要。由于妊娠母猪往往是每天饲喂一次,尤其是在喂料之前,妊娠母猪饥饿感就越强烈;如果所有猪能即时和同时地饲喂,相关的噪声会减少。料槽上方的小容器(1.5～3.5 kg)里积累的饲料能够激活机械装置在同一时间饲喂在猪栏任意一排的母猪。另外,所有母猪的饲喂水平是一致的;那些需要额外添加的可通过手工完成。定位栏中的妊娠母猪也可以使用湿饲系统饲喂;但在每栏之间的料槽没有隔开,这就需要采取措施确保饲料平衡供应。

通过对母猪拴养和母猪栏养饲喂方式的比较和取舍,促进了对新的饲料输送方法进行改进以求实用。但这至少部分是因为以往的饲喂系统不能满足妊娠母猪个体的营养需要,先是单独饲喂,然后是母猪定位栏饲养才在生产中开始应用。

也可以把玉米棒或玉米粒直接倒在地板上或者垫草中饲喂妊娠母猪。在这种方式下的母猪群养,由于相互之间的打斗,使得母猪体况差异较大。这很难对个体的饲养进行调节。除非是划分成规模较小的母猪群进行小群饲养。同样的情况在舍饲散养中也存在,攻击造成猪的身体受伤,从而引起繁殖效率的进一步下降。

群养母猪舍的运动场中,要给每头母猪提供一个采食栏。母猪在里面可以各自进食。这个方法是群养条件下保证个体采食的最有效的途径。全自动控制饲喂可以通过在每个采食栏上方加装螺杆送料旋钮和储料器实现。然而由于送料速率是一定的,但是在每栏能下多少料是不定的,因此最后还是要人工控制来加满料斗。而自由采食栏饲喂也有问题,母猪一方面会尽快把料吃完,然后去和那些吃料较慢的猪抢食。不过这个情况可以采用"缓慢落料"送料来避免。所有母猪只有当饲料通过螺杆和下料管落料到每个自由采食猪栏前面的食槽中时,才立即开始采食。颗粒料系统一天两次以 100 g/min 的速率送料,每次时间在 10～15 min 以上。缓慢运料确保了所有的猪在饲喂时都呆在各自的饲喂区——因此确保了采食的平等,防止了母猪间的攻击。这样所有的母猪的落料和吃料速度就都是一样的。还要准备一些单独饲养的猪栏,用来照顾一些需要专门饲喂的母猪,这对缓慢落料系统是一个有效的补充。

小群饲养(垫草)的母猪可达 20～30 头。母猪可用电子耳标来识别,而中央电子控制饲喂器可以使饲喂效果最优化。通过电脑控制系统,每天都可以根据每头母猪的情况来定量饲喂。比如较瘦的母猪要多给饲料,同时较胖的母猪会限饲。同时根据妊娠的阶段,饲料水平供应也会进行调整。同样利用电脑控制面板可以自动调节母猪的日粮营养密度(以及母猪所需的日粮水平)。计算机会打印出每天每头母猪饲喂的信息。我们也可以直接在饲喂站看到每头母猪具体的信息,如采食量以及饲喂器下料次数。有的时候一天下料一次,有的时候就有很多次。合适的饲喂站进出机制可以防止猪在吃料的时候遭到其他猪的攻击。

母猪电子饲喂站(ESF)虽然是一个很好的饲喂系统,但由于缺点也同样明显,因此不大可能成为饲喂妊娠母猪的普遍方法。然而,在母猪栏缺少的时候,母猪电子饲喂站就可以发挥重要作用了。一个经常变动的猪群有偏向于竞争的习性,这尤其会对新转群的母猪造成影响。因此在母猪合群之前对其进行驯化,否则会常常发生争斗。母猪花费大量的时间排队进入喂料器。在等待的时间里,母猪会因此饥饿和不耐烦,而互相攻击和咬外阴就是这种情况的外在反应。母猪排队进入饲喂站后,倾向于要吃掉一天所需饲料。有优势母猪会在喂料器长久站立,以阻挡其他母猪进入饲喂器。饲喂站和相关的设备价格昂贵,而且需要精密机械及电脑来维持运转。因此如果群组规模相对较小,该系统就有极大的优势,可以为每只母猪提供充足的空间,除了有精饲料外,还提供大量的草料(或垫草)供应,可以减轻母猪饥饿感和避免发生个体攻击。

猪舍需求概述

猪舍对温度、通风和空间要求小结，见表 17.7(a)和表 17.7(b)。

表 17.7(a)　猪舍需求概要(定量)。

空间	群养猪舍总面积：0.8～1.6 m²/100 kg		
	全漏缝或网格地板：0.5～1.0 m²/100 kg		
	成年猪舍饲散养：1.0～3.0 m²/100 kg		
	断奶仔猪舍饲散养：1.0～2.0 m²/100 kg		
	带仔母猪：4～7 m²		
	种公猪：9～12 mm²		
	成年母猪分娩栏：大约 2 200 mm×600 mm		
气流速度	0.1 m/s；0.5 m/s(贼风)		
通风	最小 0.2，最大 2.0 m³/(h·kg 体重)		
湿度	相对湿度 60%～80%		
温度	猪体重小于 5 kg，30～34℃		
	猪体重小于 10 kg，26～30℃		
	猪体重 10～15 kg，22～26℃		
	猪体重 15～30 kg，18～22℃		
	猪体重 30～60 kg，16～20℃		
	育肥猪和成年母猪，14～20℃		
空气质量		最适	可接受
	氨(mg/kg)	10	20
	二氧化碳(mg/kg)	3 000	5 000
	硫化氢(mg/kg)	0.1	5
	粉尘(mg/m³)	5	10
料槽宽度	体重＜25 kg	0.15 m/头	
	体重 25～75 kg	0.25 m/头	
	体重＞75 kg	0.30 m/头	
排泄物	平均每天每头猪 5 L，母猪与生长猪混合饲养		
舍内保温	把墙壁或天花板的热传递控制在 0.5 W/(m²·℃)以下		

表 17.7(b)　猪舍需求概要(定性)。

空间	有足够的空间让所有的猪并排躺着，另外有 20%～60%的空间用来排泄和运动
	如果猪争斗，弱者有足够的空间逃脱
	当猪站起来时，有 1/2 的空余
	当猪躺下的时候，有 1/3 空余

续表17.7(b)

	猪在猪栏或猪圈内,要有足够的空间防止相邻猪的攻击
	饲料不能被排泄物污染,猪体干燥清洁(远离粪尿)
通风	皮肤表面感觉不到空气流动,空气不必清新但不能有异味
湿度	不能太干使得粉尘导致呼吸道疾病,也不能太潮湿产生凝结
温度	猪体重<10 kg,温度相当于人裸身时感到的舒适温度
	10~20 kg,人穿汗衫和短裤时感到的舒适温度
	20~50 kg,人穿衬衣和长裤时感到的舒适温度
	50~100 kg,人穿着工作服但没有外套时感到的舒适温度
	成年母猪,人穿着工作服但没有外套时感到的舒适温度
	猪躺卧挤在一起的时候是冷
	猪躺卧分的很开的时候是热
	当猪感到冷的时候,躺卧区会变脏
	当温度升高时,可能咬尾会增加
空气质量	猪场工作人员能舒适工作,不会想离开猪舍,没有咳嗽、肺和眼睛刺激
料槽宽度	所有的猪能同时平等进食
地板隔热	漏缝和网格地板且不会产生贼风。实地地板要干燥、隔热。或铺垫草;垫料可以是10~22 mm的木屑;如是谷草猪能躺在上面或者睡在里面
常规	猪要保持清洁干燥,疾病控制在最低水平,没有行为问题(嗜食同类等),猪舍方便工作人员进出、工作和管理

猪舍需求计算

猪栏的多少取决于选择的猪舍类型,猪的转群体重以及猪的生长情况。不同猪舍的建设规格很容易根据其各自的功能要求计算出来。例如计算表 17.8 中显示了一个 100 头母猪的猪舍的情况:妊娠期按 115 天,理论上空怀 12 天,哺乳期 28 天,每窝提供 10 头 8 kg 的断奶仔猪,每窝平均提供上市猪 9.6 头,每年大约有 2 200 头猪出栏,或者是每周出售 40 头。那么平均每头母猪每年产仔 2.3 窝[365 /(115+12+28)=2.3],这样就可以提供(2.3×9.6×100)2 200 头上市肉猪。如果妊娠母猪采用限位栏饲养,那么就要提供 72 个[(115×2.3)/365=0.72],同时还要为后备母猪提供 4 个栏。配种舍采用圈养或是限位栏小圈的形式,那么平均有大约 15 头母猪要在配种舍饲喂 22 天(12+10)。

表 17.8　猪舍需求计算举例(每 100 头母猪),妊娠期 115 天、空怀 12 天(5~20 天,看情况而定)、
哺乳期 28 天(根据情况 21~56 天,看情况而定),每窝提供 10 头 8 kg 的断奶仔猪,
在生长过程中会有 0.4 头/窝的损失,每年提供 2 200 头商品猪,或者每周 40 头。

每头母猪年产仔窝数	365/(115+12+28)= 2.3
每年提供商品猪头数	2.3×9.6=22×100=2 200

续表17.8

妊娠母猪栏	$(115 \times 2.3)/365 = 0.72 = 72$(允许 75)
分娩栏(4.5 头/周)	$28 + 10$(安全边际)$= (38 \times 2.3)/365 = 0.24 = 24$(允许 25)
配种栏	$12 + 10$(安全边际)$= (22 \times 2.3)/365 = 0.14 = 14$(允许 15)
公猪栏和治疗备用栏	6(公猪栏)$+4$(治疗备用栏)$= 10$
后备母猪	10 个猪位,或 3 个群养圈和 4 个定位栏
隔离舍	3 个群养圈
断奶到 20 kg 体重:日增重 0.4 kg	$20 - 8 = 12/0.4 = 30$ 天,2 200 头猪 30 天$= 66 000/365 = 180$,每个栏可养 10 头猪,那么需要 18 个栏(允许 20),或者是通过 $2 200/(365/30 \times 10) = 18$ 个栏
20～40 kg 体重:日增重 0.6 kg	$40 - 20 = 20/0.6 = 33$ 天,2 200 头猪 33 天 72 600/365$= 200$,每个栏可养 16 头,那么需要 13 个栏(允许 15),或者通过 $2 200/(365/33 \times 16) = 13$ 个栏
40～100 kg 体重:日增重 0.8 kg	$100 - 40 = 60/0.8 = 75$ 天,2 200 头猪 75 天 165 000/365$= 452$,每个栏可养 16 头,那么需要 28 个栏(允许 30)

　　如果猪群更新率是 40%,那么每年大约需要引进 40 头母猪,平均每两个月有 8 头(允许的安全边际)。因此要给这些猪准备隔离栏以及散养猪舍以准备配种。公猪最好是每周配种 3 次。根据每周会有 5 头母猪断奶,每头母猪差不多要配 3 次。这样的话,每 100 头母猪最少需要 5 头公猪。但由于分娩率不可能到 100%(更多的时候仅 80%),那么 20% 的母猪需要再配。所以每 100 头母猪最少需要 6 头公猪。

　　猪从断奶到屠宰的混合和匹配系统有富余。在表 17.8 例子中,断奶后接着是一个较短的生长期(20～40 kg)。但在生产中就经常忽略了。断奶仔猪一般在保育栏饲喂到 30 kg,然后直接进入育肥舍。这两种情况下的计算方法相同,猪栏数取决于猪的假设日增重和每个舍栏能容纳猪的头数。

　　影响猪舍栏位分配的主要因素有:
- 成群批次生产;
- 不同批次猪的生长速度和繁殖性能存在差异;
- 同一批次猪的生长速度和繁殖性能存在差异。

　　生产中,如果种母猪到妊娠后期的时间较为集中,那么就会造成产房紧张。要在生产中避免出现高峰和低谷,才能高效率使用这些投入较高的分娩舍。断奶仔猪通常在保育舍饲喂 30 天便要转群,但如果因为疾病或者其他的什么原因,小猪不能转群而一直待在保育舍 50 天,那么带来的问题将是严重的。一方面造成新的断奶仔猪不能进入保育舍,另一方面造成生长肥育舍出现空栏。在生产过程中,设置栏位时一定要考虑这些高峰和低谷的出现。

　　由于个体性能的差异,同一批猪达到上市屠宰体重的时间也不相同。管理人员必须在一次性清栏(体重差异大)和让所有猪都达到合适体重(延长了上市时间)之间做出选择。所以在购猪合同中,双方能商定一次性清栏并能收购全部体重差异的猪,就再好不过了。

　　猪能生长但是猪舍不能,这一点不言而喻。但这也说明了猪舍通常不是太空就是过于拥挤。为了把这个问题减少到最低限度,要么把猪转到较大的猪圈,要么减少目前猪舍里的数量。在大多数猪场中,猪舍出现空栏、给猪转群、猪舍调整猪的头数,这三种情况都存在。猪舍密度不够会使猪感到寒冷,而密度过大又会使生长速度和效率下降。环境的转变会对猪的生长产生抑制;而环境改变得越大,影响也就越大。因此解决好一个影响因素的同时,另一个问题又出现了。生产中转群和混群带来的生长损失,等于到上市屠宰的时间延后 1~5 天,有时甚至是 1 周。生产中鼓励批次匹配的生长猪重新混群饲养,这样可以减少猪舍空栏带来的损失。但在很多养猪模式中,特别是对于小猪来说,与陌生的猪混养会使其特别紧张、混乱以及争斗,而生产性能也相应地降低。

混群和转群在管理上是有益的,但最好能将其对生产效率的影响降到最低。

猪舍布局

猪舍的设计要方便控制温度、通风和疾病控制,并有足够的空间以处理废弃物和运输饲料。有很多方法可以实现这些要求。很明显,如果缺乏对猪舍设计的要求,就会造成建造的猪舍很大程度上不能满足本章所列出的原则性目标(虽然也许能符合少数几个)。

结合当地的经验和实践,根据相关建设原则和标准,同时参考其他地区、国家成功的设计,能帮助我们设计出高效率的猪舍。图 17.6 至图 17.45(所有的测量单位都是 m)列出了一些在生产中行之有效的猪舍设计。

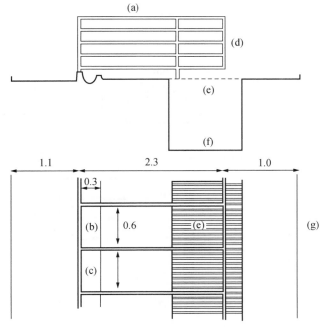

图 17.6　妊娠母猪栏

(a)是用于隔开刚断奶仔猪和母猪的金属栏,通常使用位于料槽上方的乳头饮水器;(b)饮水;(c)料槽;(d)是妊娠栏后面的门,或者是采用绳索,把猪脖子和腰拴靠在金属架上;(e)是漏缝地板,排泄物可以掉进下面的排粪沟中。公猪栏在猪舍(g)中,可以把母猪赶过去配种,或者是把公猪赶到母猪舍去配种。不用提供垫草,但可以在料槽中添加草料。英国在 1999 年立法禁止妊娠母猪使用定位栏和拴系母猪,欧盟将在 2006 年立法禁止拴系母猪。

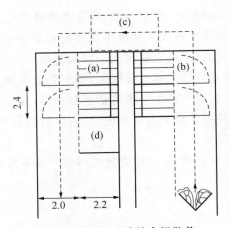

图 17.7　妊娠母猪的舍饲散养

(a)妊娠母猪躺卧和采食的猪棚(猪棚顶有铰链,棚顶放不放垫料都可以);(b)猪舍运动区中的猪粪可用机械刮到粪污池;(c)在猪舍每隔 1/3 的位置;(d)饲喂需要特殊护理的母猪和公猪。乳头饮水器最好安装在运动区域,不至于弄湿躺卧区。

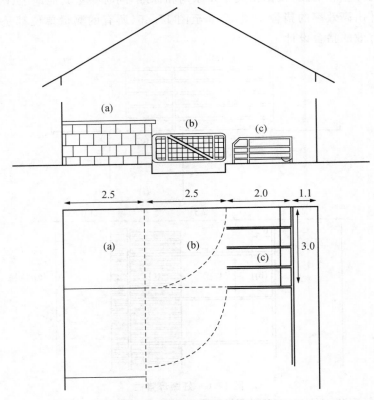

图 17.8　妊娠母猪的舍饲散养

(a)厚垫料覆盖区;(b)运动区域,可以铺垫料。粪便可以和垫料一起清除,也可单独清粪;(c)饲喂栏。每一个部分都设计饲喂 4 头母猪。饮水器可安放在运动区域。如果母猪在仔猪断奶之后直接转群到这里,还要在邻近栏位饲养公猪。同样的这个设计也可使用于混合哺乳系统中,产仔 7～10 天后母猪就在和其他三头母猪一起哺乳混合在一起的仔猪,直到 28 天或 35 天仔猪断奶。

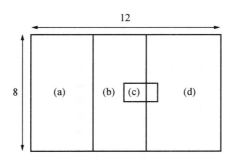

图 17.9　母猪电子饲喂站的垫料运动区,适合 40 头母猪

(a)垫料覆盖区;(b)垫料躺卧区;(c)后进前出式母猪电子饲喂器;(d)排泄和休闲区。

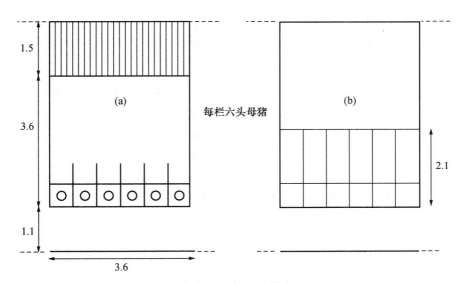

图 17.10　妊娠母猪舍

(a)为缓慢落料系统;(b)使用个体采食料槽。系统(a)为漏缝地板,而系统(b)为垫料实地地板。系统(b)中的空间,除了个体采食料槽,平均每头母猪 1.8 m²,因此个体饲喂系统的后门应该保持敞开,让猪能躺在里面。系统(a)不能为母猪个体提供不同水平的饲料,所以为了照顾特殊情况的猪,采用缓慢落料系统猪舍也需要配备个体饲喂设备(b)。

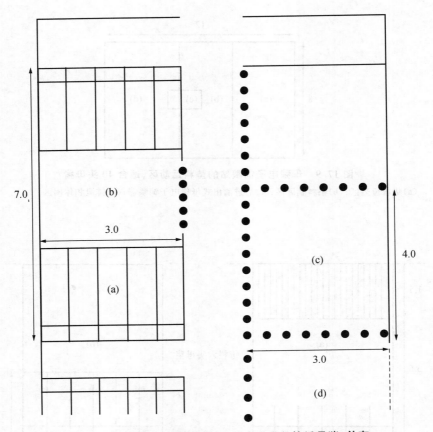

图 17.11　配种舍使用实地地板,公猪容易进入接近母猪,并有充足的配种区域,定位栏或合圈

(a)定位栏;(b)公猪活动区或圈;(c)配种栏;(d)母猪圈,或公猪圈。

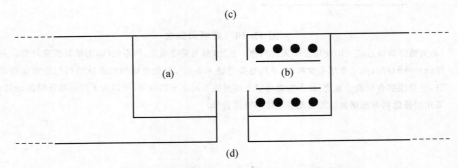

图 17.12　用于母猪冲洗、称重和测背膘的配套设施

(a)工作室;(b)限位栏和冲洗区;(c)分娩舍;(d)妊娠/配种舍。

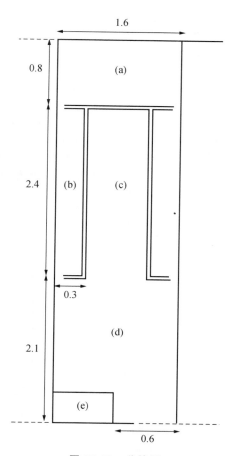

图 17.13　分娩圈

(a)仔猪补饲区(有加热灯);(b)仔猪围栏;(c)母猪躺卧/哺乳区;(d)母猪排泄/活动区;(e)料槽。
在瑞典,任何一个繁殖周期,母猪最多允许在定位栏中呆 7 天。一些生产者,会把临产 7 天安排在
定位栏,有的会断奶后把母猪安排在定位栏呆 1 周。瑞典曾试验过让分娩母猪自由活动并且群养,
但最后因为仔猪死亡率高而作罢。然而要想达到较低的仔猪死亡率,就要在分娩栏中设计保护仔
猪的围栏,提供充足的保温区,给母猪翻身留出足够的空间。而且垫子也是必不可少的。

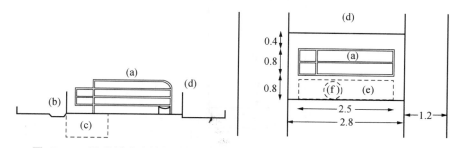

图 17.14　泌乳母猪分娩栏要给仔猪提供一个小环境,同时要限制母猪的活动

(a)栏位可以加垫草或者木屑,粪便可以人工清除,尿可以流入排粪沟(b)或(c)漏缝地板和粪污室
也可以;(d)轻质墙体限制仔猪;(e)仔猪补饲区;(f)仔猪热源。从第 14 天开始给仔猪提供水和开
食料。

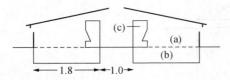

图 17.15　集约化断奶仔猪舍

(a)网孔、漏缝和板条地板,下面是排粪沟(b),不使用垫料。自由采食料槽(c)在猪栏前部,水槽或饮水器在后面。猪栏宽 1 m,通常可容纳 8～16 头小猪。

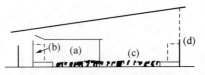

图 17.16　传统的垫料断奶猪舍和生长猪舍(特别是 50～70 kg)

(a)厚垫料覆盖区,在小基座(b)上有自由采食料斗。当然也可以把料斗在运动区(c),从前面进入(d)。饮水设备放在料槽边上。猪的排泄物到时与垫料一起清除。一般这样的猪圈可以饲养 15～30 头猪。

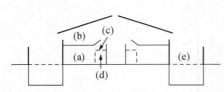

图 17.17　生长猪猪舍

(a)实地地板用于猪躺卧,可覆盖秸秆或木屑等垫料;(b)猪棚下是猪的躺卧区,猪棚顶采用铰链盖板,通过盖板上的口(c)进入自由采食料斗(d)。猪可在室外的漏缝或网孔地板区域(e)排泄。饮水设备通常设在漏缝地板上面。

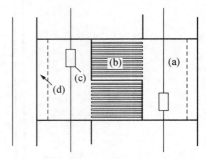

图 17.18　生长猪猪栏

(a)采用实地地板以供躺卧,漏缝地板(b)用于猪的排泄。猪可以方便地从地面上料斗(c)或者从管道饲喂供料的料槽中(d)自由采食。

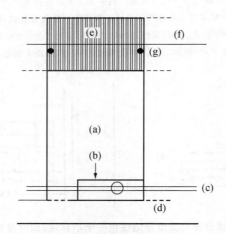

图 17.19　带有自动自由采食料斗的半漏缝地板生长育肥猪栏

(a)实地地板;(b)自由采食料斗;(c)自动螺旋填料线;(d)过道;(e)漏缝地板;(f)送水线;(g)乳头饮水器。

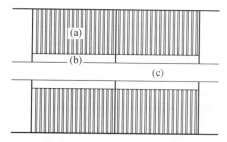

图 17.20　生长猪猪栏

(a)全漏缝地板；(b)适合湿料管道送料的料槽；(c)运料和过道。每个猪栏可以饲喂 8～20 头猪。粪尿可以从漏缝地板下面抽走。

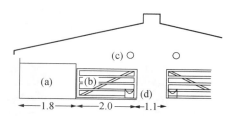

图 17.21　使用管道传送湿料系统的垫料式生长育肥猪舍

(a)垫料猪棚；(b)排泄/运动区(有没有垫料都可以)；(c)饲料传送管道；(d)料槽。

图 17.22　群养妊娠母猪舍的厚垫料运动区。

图 17.23　母猪电子饲喂系统中群养母猪躺卧在垫草上。

图 17.24　群养母猪圈。母猪在猪舍里取暖,但要到外面的运动区排泄,运动区也有各自饮水和采食的地方。每个猪圈可以养 6 头母猪,运动区域很充分。

图 17.25　全漏缝地板群养母猪圈。

图 17.26　泌乳母猪分娩栏。

图 17.27　分娩栏中泌乳母猪定量供料的计量器。
每天两次由自动螺杆供料系统添料。

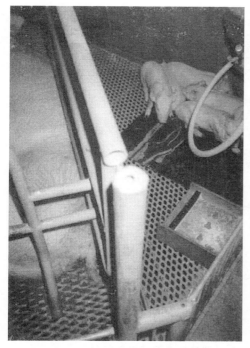

图 17.28　分娩母猪带仔和全漏缝塑铁高床地板，
注意上面的仔猪加热板和平板仔猪补饲槽。

图 17.29　刚断奶仔猪聚集在网孔地板高床上，
说明仔猪感到寒冷。

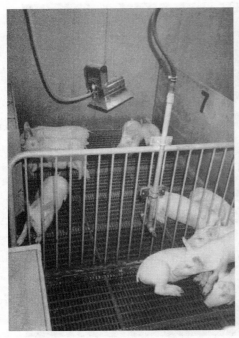

图 17.30　刚断奶仔猪金属
网孔地板高床上的加热器。

图 17.31　生长猪饲养实地地板上,后面有供
猪排泄的漏缝地板。饲槽安放在猪栏
墙边位置,便于自动湿料系统添料。

图 17.32　铺有垫草实地地板上的生长猪,可以把地板上的排泄物刮到后
面,有 4 个饲位供自由采食的螺旋式下料管供料的料箱。

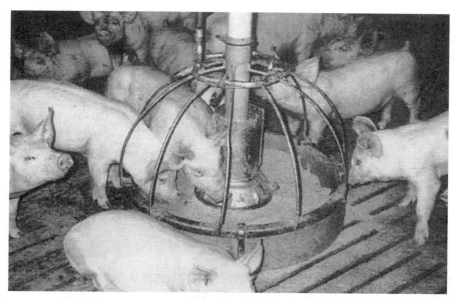

图 17.33 全漏缝地板上的小生长猪,配有自动料槽和乳头饮水器。饲料由中央的落料管传送。水滴到料槽中,对猪采食有积极作用。料槽一周有 8 个采食位。每栏可以饲养 16～18 头猪。

图 17.34 采用实地地板带有运动区的生长猪舍,每天通过螺旋管道饲喂系统添料两次。

图 17. 35　生长猪的电子自动饲喂系统。这个系统可以记录群养圈中每头猪的个体采食量,因此很适合育种核心群,测定候选公猪个体采食量,达到遗传改良目标。

图 17. 36　刚转进户外养猪系统的青年母猪。在每个小区牧场中都会成对放置这样的简易拱棚。注意远处大的料仓和后面的办公区。

图 17.37　户外养猪生产:妊娠母猪小区牧场。注意这里没有植被。照片由 Cotswold Pig Development Ltd 提供。

图 17.38　户外养猪生产:泌乳母猪与仔猪的棚圈。照片由 Cotswold Pig Development Ltd 提供。

图 17.39　拴系式限位栏妊娠母猪舍的自然通风,人工推车走道喂料。西班牙

图 17.40　生长猪舍的单侧自然通风。活动墙可以半悬,也可以直接放平。活动墙为胶合板,所以温度高的时候可以将其抽掉,里面还有金属护栏。日本

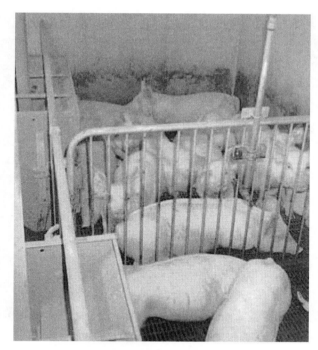

图 17.41　小生长猪的高架网孔地板，安装自动料箱。欧洲

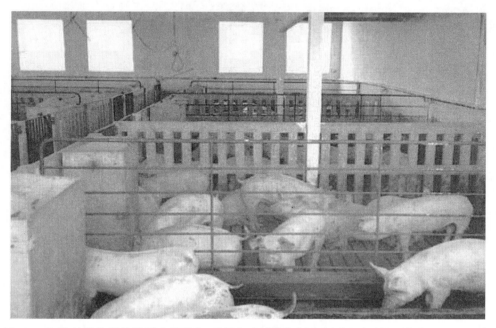

图 17.42　传统的全漏缝地板生长猪舍，采用自动料箱自由采食(人工加料)。南欧

图 17.43　高福利厚垫草运动场和棚圈饲养育肥猪和小母猪。

图 17.44　妊娠母猪舍的垫草运动区,配有自动个体定位采食器(中)和猪棚上面覆盖垫草(左)。照片由 Martin Looker,Trevor Cook 和 Cotswold Pig Development Ltd 提供。

图 17.45 分娩圈。最初在瑞典设计使用，可以用于分娩和早期哺乳，设有一个移动区域(左)，可以靠在猪栏一角形成一个给仔猪保护和取暖的区域(上面的保温灯)，同时母猪的空间也更大了。

猪场选址

建新场或对现有猪场进行比较大的改造，一般需要获得当地主管部门的批准，还要符合环境影响、动物福利、运输还有猪场管理制度和服务等各方面的要求。为了减少臭气对周围的影响，一般都要设立猪场缓冲带。很多国家都要求猪舍和居民区最少保持 200 m 的距离。

建一个猪场要充分考虑到和其他猪场以及居民的距离和地形，尤其是当地气候、土壤类型和排水。为减少鸟类、寄生虫还有空气传播可能带来的疾病危险，猪场之间最小隔离 2 km，最好是 5 km。

选址的时候，每栋建筑的位置和方向都要考虑到以下因素：

- 方位。东西向是最好的，尤其是对于热带气候来说，可以把日光照射减到最小而阴凉扩到最大。然而，这个还要充分考虑风向。
- 地势。在北半球的温带地区，青睐选择朝南斜坡。而山谷是应当避免了，因为这很容易形成"霜袋"。
- 防护林带。气流的影响距离达到防护林高度的 15～30 倍，可能干扰通风。最小的隔离至少是防护林高度的 5 倍。
- 猪舍设计。设计要考虑运输、饲养和粪便处理系统，大体积料斗要靠近猪场边缘，利于运输。一般猪舍间的距离主要是考虑通风要求，而不是疾病传播，要保持 5 倍猪舍高度的距离。

粗放式养猪生产

繁殖母猪的户外饲养系统

户外系统几乎都是限于饲养繁殖母猪；然后把 21 天或 28 天断奶仔猪转移到集约化猪场。这是英国现代养猪生产的一大特色。尽管为了生产传统干腌火腿，有些传统的未改良品种（如西班牙和葡萄牙的黑猪）也是采用户外饲养，在英国现代户外养猪仅占总产量的 5％。在英国有 20％～25％ 的母猪群采用户外饲养。这个比例在 5％～25％ 之间波动，而且户外养殖方式之间也不尽相同。妊娠母猪舍和饲料供给还与以前一样，但分娩舍已向更高的标准发展。很明显，随着时间推移，即便是户外养殖方式最特色的东西也在渐渐向舍内养殖方式转变，如猪舍、管理方式、饲喂安排等方面。一开始人们会为节约投入采用户外养殖；获利后再来对户外养殖的设施和技术进行改进，比如分娩舍、配种技术、母猪早期妊娠舍、个体采食设备和保温隔热性能更好的猪棚。

户外养猪也不是意味着猪可以任意走动。猪被分批分组，设有棚圈和围栏放牧小区。户外养猪的特色是：

* 低投入（集约化母猪场设备的 30％ 左右）；
* 泌乳母猪对环境温度的要求也相对较低；
* 仔猪聚集在厚厚的垫料中取暖的能力。

放牧小区更多是出于饲料供应的考虑。母猪的耗料量明显增加（大约平均每头一年吃掉 1.5 t 饲料，而相比之下，常规饲养环境下的耗料量只有 1.2～1.3 t）。这是因为：

* 饲料浪费；
* 增加采食产热。

泌乳母猪一天很容易就吃掉 8～12 kg 饲料，而妊娠母猪一般每天吃 3 kg，特别是在冬天。

由于猪的拱地和踩踏，所以短期内会对植被造成一定破坏。所以放牧小区内要么变得很干（干热天气），要么就很泥泞（多雨天气）。

相比那些在定位栏和分娩栏的母猪，户外饲养的母猪有更多空间。因此人们经常错误地以为这对母猪福利是很大的提高，其实户外饲养需要最高水平的管理才能避免以下情况：

* 排水差和黏重土类型
* 斜坡
* 湿冷
* 热应激和灼晒
* 欺凌
* 不能平分饲料
* 母猪体况的变异
* 外伤
* 仔猪死亡率高
* 繁殖力损失
* 营养供应不足

• 饮水供应不足

　　另外,户外养猪系统还要多消耗 16％的饲料(每天 0.5 kg),如果饲料颗粒更大的话浪费就更严重。每头母猪年提供断奶仔猪也要减少 1.5～2 头,而母猪更新率却要高 10％;从出生到断奶的仔猪死亡率要高 10％～20％;母猪年提供断奶仔猪 16～24 头,而饲料效率也要比舍饲系统低 15％～20％。当然,也不总是这样。户外饲养的猪一般也是繁殖性能好而且适应性好的猪。强壮的含有杜洛克和白肩猪基因的品系,与适应集约化饲养的品系相比,表现出生长慢、背膘更厚,但具有适应强的特点。不过生长性能较差和胴体较肥。

　　独立的(EASICARE)统计分析显示,舍内和户外的饲养方式进行了比较,结果分别是:分娩率 81.2％和 75.3％;平均年产仔窝数 2.27 和 2.14;平均每头母猪年提供上市肉猪 21.3 头和 18.8 头;空怀天数 45 天和 64 天;每头母猪年消耗饲料 1.21 t 和 1.43 t;每窝活仔数 9.39头和 8.78 头;饲养期耗料 61 kg 和 84 kg;全群饲料转化率 3.1 和 3.8～4.5。即便尽量提高管理,数据也显示户外养猪下的猪的生长性能仍要大幅提高才能比得上传统模式。丹麦做了一项研究,比较半集约化饲养方式(半垫料)和户外饲养方式。数据显示:半集约化和户外养猪的资金投入分别是集约化的 85％和 50％。集约化和半集约化下猪的生长性能差不多,但户外养猪方式要低 10％。两种集约化方式的饲料消耗也差不多,但是户外养猪方式要高 10％。半集约化和户外养猪用于能源的支出是集约化的 70％和 20％,但是需要支出用于垫料。就总的收益率来说,半集约化最高,集约化和户外差不多。

　　在温带气候下,养 20 头母猪及其仔猪(到 30 kg)需要提供 1 hm² 干燥排水好的土地(比如沙砾或白垩类型),气候温和,无高降雨量、雪、严霜、高湿、高温、高辐射水平或大风。防护隔离带最好种树。有些国家对每头母猪的土地需要进行了立法,饲养密度要求在一个较低的水平。在丹麦,以仔猪 4 周龄断奶(8 kg)为标准,那么每公顷土地承载 15 头母猪是可以接收的;在荷兰是 16 头/hm²。

　　而且土地每年都要轮换,同一地块,4 年后才能重新使用。因此这也被称为 5 年土地循环,以便更好利用已经长出的草地,空出的土地可以种植庄稼,而耕地上的作物还能提供更多的垫料(大约 60 t/100 头母猪)。

　　对于每 100 头母猪,户外养猪系统要满足以下条件:

• 1 hm² 土地,6 头公猪,4 个放牧小区。每个猪棚(6～6.5 m²)可以供 5 头母猪使用(每周4～5 头母猪断奶);配种区要满足 20 头母猪使用。还应该有第 5 个放牧小区(带棚圈)用于接收(和配种)新的后备母猪。要做好配种,还需要提供一个较大的棚圈饲养公猪,空怀母猪去哪里配种。如果把母猪受胎后 5 周一直饲养在放牧小区环境中,容易造成妊娠早期出现问题,甚至流产。因此从断奶到母猪受胎这段间隔,以及妊娠早期,母猪最好饲养在舍内而不是户外。这起码可以让母猪每年多提供 2 头仔猪。

• 4 hm² 的土地,围成 3～5 个放牧小区,建 15 个猪棚(面积 1～1.25 m²/头母猪),总共养75 头母猪。

• 1 hm² 土地,围成 4～6 个放牧小区,建 24 个分娩棚(面积 3～4 m²/头母猪)。随着户外养猪模式的发展,分娩棚已经开始变得越来越专业,成本也更高。棚中有包括用于保护仔猪的护栏,仔猪补饲设备和高科技保温材料。

• 除了以上的 6 hm² 土地,还要为设备、料槽、道路等留出大概 1 hm² 的空间,那么养猪的空间也就 5 hm²。一些农场主认为这是最小面积,但面积大些对生产有益。

户外养猪模式下,仔猪一般在 21～28 日龄断奶,然后转入断奶棚。通常是在 21 日龄的时候就用隔板把分娩棚和仔猪隔开,所以实际上户外养猪模式下也要限制小猪的自由活动。断奶仔猪会得到很好的保护,且很密集地养在猪棚内,平均每头空间在 0.2 m² 或更低。在棚外的空场会允许 0.4 m² 的面积,有无垫料都可以。断奶后饲养 8 周,即 12 周龄体重可达 30 kg。50 头仔猪断奶(每周 5 窝),那么就需要 8 个容纳 50 头小猪的断奶猪棚或者 20 个容纳 20 头小猪的断奶猪棚。

户外养猪的优势在于可以减少投资,并且也更符合人们动物福利的观念。至于动物福利方面的优势已经受到了现代改进的妊娠母猪舍的挑战——现代改进的母猪舍中已经不再使用定位栏。不过,现在集约化猪舍需要高投入解决猪舍环境,比户外养殖那种简单的猪棚、直接在地上搭建成本高很多。户外养猪也不用花费资金解决粪污处理。如果使用的好,这些造价小的养猪设施可以用 4～8 年,妊娠母猪棚可以用 4～8 年,而分娩棚可以用 8～12 年。总的来说,虽然户外养猪也要资金投入,但特别是在贷款利息高的时候,户外养猪方式要比集约化在资金投入上有很大优势。不过尽管在大众看来户外养猪提供了更多的动物福利,但是这个结论并不十分可靠。

妊娠母猪的半粗放式舍饲散养

舍饲散养下,一般 6～12 头母猪共用一个猪棚(通常有垫料)和运动区。其中每头母猪使用 1 个料槽采食,而且在不用定位栏保证动物福利的同时,给母猪最好的保护。空怀母猪的运动区可以分为铺厚垫料的躺卧区,以及排泄区(可以用拖拉机铲车清粪),以及自动添料料槽。猪舍可以被设计成为多个母猪组(每组达到 30 头)、自然或人工通风的大跨度猪舍。猪圈内要提供和猪数等量的自由进出式或限制进出式采食栏;猪可以采食,但不能在采食栏之间躺卧。可以把垫料放在供躺卧的猪棚的盖板上面。一般在这样的舍饲散养系统中,每头母猪的平均地板空间可达 3.5 m²。可以把母猪关在各自的采食栏中,以方便治疗或者清粪。自由进出栏系统有 1.6 m² 用于母猪躺卧,1.9 m² 用于排泄和活动(合计 3.5 m²)。如果在同一栋猪舍中饲养公猪,则会让刚配种的母猪返情。如果个体采食栏和猪棚区连在一起,那么就会节省很多空间——当母猪不在运动区运动时,可直接在个体采食栏中躺卧。

如果不采取限制措施,母猪之间就会竞争采食和躺卧区域。竞争的发生会严重影响社会等级低的母猪的生产力,母猪之间的攻击也会上升。母猪的舍饲散养要求做到:

- 可以自由活动(每头母猪总面积 2.5～3.5 m²);
- 保持避免遭到攻击的距离(>10 m);
- 设置防护屏障,或者是自由进出栏圈;
- 个体采食设备[通常是(2.2～2.4)m×(0.5～0.7)m];
- 转移注意力材料(比如垫草)占用时间和觅食需要;
- 饲料充足;
- 每头母猪 1.3～2.0 m² 的温暖的遮阳的躺卧区,促进母猪休息;
- 干垫料(通常每头母猪 0.75 t,但可达到 1.5 t/年),或相当于;
- 有各自的(经常刮粪或漏缝)排泄区(每头母猪大约 1～2m²)。

粗放生长/育肥猪饲养系统

粗放式户外养猪系统不适合断奶仔猪饲养。人们一般还是在传统养殖模式下把断奶仔猪从 8 kg 养到 30 kg 再销售。不过,猪可以在猪舍外宽阔的放牧小区(5 m²/头)饲养。即便这种猪舍的工艺很高,铺有厚垫料,但是户外养猪的饲料利用率还是会低些。EASICARE 的数据显示,户外养猪要比舍内养猪多耗料 25%。丹麦做了一项研究,比较了集约化(漏缝地板)、半集约化(增加了空间需要和垫料)以及户外养猪三种模式下的生长育肥猪情况。其中,集约化养猪的日增重和饲料转化效率最高,但是三种模式的资金投入却是 100%、70% 和 60%。半集约化养猪的收益和户外养猪的收益只有集约化养猪的 70% 和 80%。总的来说,户外养猪会有较大的波动,而舍内养猪尤其是集约化养猪前期投入较高。

　　然而市场对完全粗放式户外模式(包括生长和育肥阶段)下生产的猪肉的需求还是有限的,这种猪肉价格很高,因为其中包括了低生产效率造成的高成本。完全的粗放式户外养猪要保证充足的青草,每头猪的面积也不能低于 80 m²。

　　生长猪可以在谷物秸秆等厚垫料的猪舍,一直到育肥出栏。一般来说,半集约化舍饲比集约化投入要少,但是因为猪舍空间更大,环境控制相对困难。厚垫料猪舍设计比较简单,猪会自己选择躺卧、活动和排泄的区域。猪的探究行为、玩耍、拱掘和做窝等习性,都可以在垫料猪舍中实现。也可以提供猪棚,准备一个简单的料槽实行自由采食,或可控湿料系统和缓慢落料系统。然而,如果不限料,任凭猪采食,那么会造成出栏时猪过肥以及饲料的浪费。每 20 头猪需要 2 个乳头饮水器或者 1 个碗式饮水器。水的流速控制在 1 L/min 左右。养猪规模在20~200 头之间不等,给 20 kg 的猪提供 2.0 m²/100 kg 的空间,100 kg 的猪要提供每头 1.25 m² 的空间,已足够猪活动。如果猪群更大,就会加大猪之间的竞争而对有些猪的采食和生长产生不利影响。

　　半集约化养猪中,大群的个体生产性能差异要比小群大。大群养猪要做到全进全出很困难,而且消毒往往不充分,容易造成同批猪之间以及不同批猪之间的疾病传播。然而只要采用高水平管理,对猪悉心饲养,大群厚垫料养猪系统可以获得很高的经济效益。另外这种养猪方式投入较低,对猪舍要求不高,而且比集约化饲养的猪有更高的卖价。一般来说,垫草使用效率是 0.5 kg/(头·天)。但是还要看是什么样的猪栏,以及粪污排泄量的多少。如果不建猪棚的话,给猪提供充足、干燥松软的垫草用于保温非常重要。

第十八章　生产性能监控
Production Performance Monitoring

引言

生产性能监控记录的目标是：

(1)　获悉生产场和猪个体的目前状况；

(2)　获悉生产场和猪个体的过去状况；

(3)　为生产管理、疾病诊断和问题解决提供基础；

(4)　提供实际数据，为以后的政策制定提供参考。

任何记录计划，特定的问题是那些与动物个体识别，获得、保存记录的完成程度，及随时保存数据的地方（纸张或者电脑）调取数据的难度相关。

猪场记录

当需要时，管理的信息应该容易调取使用。一头妊娠母猪的预期分娩日期是必须知道的信息，使母猪能在合适的时间转移到产房。这些信息也许写在母猪栏的卡片上。同样地泌乳母猪停止泌乳的预期日期也是必需的。在断奶后，靠近公猪的配种栏的母猪猪位要空闲处于不生产状态。在配种后，必须知道的信息是未配种母猪复配预期日期；未受胎母猪再发情的次数。

断奶体重是有用的信息，但是就管理的目的来说，并不是所有窝的断奶体重都是必需的。为了流畅的管理和生产能力的控制，猪在保育猪栏、生长栏、育肥栏的预期和已达到的停留时间也是必需的信息。而且，同样重要的是这个统计量能揭示猪达到的生长速度，在猪栏中的停留时间也可很容易地从进出栏舍日期和体重计算出来。

当猪有身体不适，有采食量和饮水量减少的迹象时，兽医必须马上警觉到，并记录在猪栏边上。所有常规的兽医治疗记录和常规接种记录特别重要，比如，驱虫剂管理和细小病毒、大肠杆菌、丹毒的疫苗接种。

所有这些记录，还有更多的记录也都应该进入纸张档案记录系统（或数据记录器）中，并带回到办公室。办公室记录的方案要习惯于每天传达给大家，管理信息每天早上带到生产场并且遵照其来行事。然而办公室的纸张和电脑档案只是作为辅助的，而不能取代面对面随时读到的猪场记录。

简单记录

从简单和容易获得的记录中可以得到更多的资料：

- 种猪类型的描述可以获知其潜在的生长速度、胴体品质和繁殖性能。

- 屠宰场或加工厂的返回信息可以获悉实际的屠宰体重、肥度、屠宰体重变异和胴体品质的变异。
- 断奶日期和出栏日期可以获知生长速度。如果没有这个数据,从年上市猪数,还有生长育肥场的猪位数中可以得到这个信息。
- 年上市猪数,还有猪场的繁殖母猪数量可以获知繁殖群生产力和生长育肥场的死亡率。
- 每年所有购买的母猪饲料吨数,还有繁殖场规模可以获知母猪饲料使用情况。
- 每年所有购买的生长猪或育肥猪饲料吨数,还有出售给屠宰场或加工厂的猪数可以获知饲料转化效率。
- 仔猪断奶时的视觉评估可以获知其哺乳性能。
- 栏中猪饲养密度视觉评估可以获知栏中猪的潜在性能和猪场管理水平。
- 对保育栏到生长猪栏转栏时的生长猪视觉评估可以获知发病率和断奶后的生长性能。此时视觉评估体况优于生长速度和营养充足的增重评估方法,因为猪有减肥但同时获得水的能力。
- 出栏时生长猪的体况(和体况变异)视觉评估可以获知生长、疾病状况和可能的胴体品质。
- 断奶和分娩时繁殖母猪的体况(和体况变异)视觉评估可以获知其营养和饲养管理情况。此时视觉评估体况优于体重变化评估方法,因为小的体重变化与身体组成大的变化相关。是身体组成而不是体重影响繁殖成功。

猪场的许多信息可以从中获得:①简单的看和数,②参阅总记录,如总购买饲料量和总饲料饲喂量。下面的例子说明了这种可能性。

一个拥有繁殖母猪和生长育肥猪的猪场只记录购买的饲料。猪场从附近生产者那里引进28日龄的仔猪,然后将其饲养在生长育肥场的保育栏中。从屠宰加工厂的评分回馈可明确地显示:(1)平均出售体重是 100 kg;②80%的猪得到了最高的评分;③每年出售 10 500 头屠宰猪。每星期购进的饲料有:母猪饲料 12 t,仔猪饲料 2.5 t,生长猪饲料 12.5 t,育肥猪饲料50 t。仔猪在 4 周龄(26~30 天)断奶,然后在 20 kg 时从保育舍转群到生长舍,在 60 kg 转到育肥舍。母猪最后一次配种受胎,并且不再返情,马上将母猪从配种栏转移到妊娠母猪舍。妊娠母猪在分娩前的第 7 天从妊娠舍转移到产房。

以下是这个猪场猪的分布:

妊娠母猪、泌乳母猪和待配母猪的总数	500
淘汰待售母猪	20
后备青年母猪	60
公猪	35
妊娠舍母猪	350
配种栏母猪	80
分娩栏母猪	70
分娩栏仔猪	690
保育舍断奶仔猪	1 323
生长舍生长猪	1 614
肥育舍肥猪	1 909

由这个基本的信息,种猪群和生长猪群的性能可以计算出来,并将其与预期的性能相比

较。种猪预期性能见表 18.1 和表 18.2。表 18.1 右边显示了猪场的现实参数,即基于当时就可以直接测定的和计算出来的参数,在左边给出了推测出来的统计数据。表 18.2 显示了在生长育肥场预期和实际数据是一致的。

表 18.1　母猪繁殖群。预期计算和实际测定。

预　期	实　际
母猪:500 头	母猪:500 头
淘汰母猪:每月 17 头	淘汰母猪:20 头
未配青年母猪:每月 17×2＝35 头	未配青年母猪:60 头
如果每头母猪年产 2.25 窝,预期妊娠、配种和分娩母猪:365/2.25＝162 头	分娩栏仔猪:690 头
115－7＝108　　66.7%	
28＋7 ＝35　　21.6%	
19＝<u>19</u>　　<u>11.7%</u>	
162　　100%	
每 100 头母猪预期:67 妊娠母猪栏位	
22 分娩栏位	
12 配种栏位	
每 500 头母猪预期:335 妊娠母猪栏位	妊娠舍母猪　　　350
110 分娩栏位	分娩舍母猪　　　70
60 配种栏位	配种舍母猪　　　80
在妊娠舍时间百分比　　67%	在妊娠舍时间百分比　　350/500＝70%
在分娩舍时间百分比　　22%	在分娩舍时间百分比　　70/500＝14%
在配种栏时间百分比　　12%	在配种栏时间百分比　　80/500＝16%
妊娠舍饲养天数　　0.67×365＝245	妊娠舍饲养天数　　0.70×365＝256
分娩舍饲养天数　　0.22×365＝ 80	分娩舍饲养天数　　0.14×365＝51
配种栏饲养天数　　0.12×365＝ 44	配种栏饲养天数　　0.16×365＝58
如果母猪每次在分娩舍饲养 28＋7＝35 天,所以每头母猪年产 80/35＝2.25 窝	如果母猪每次在分娩舍饲养 28＋7＝35 天,所以每头母猪年产 51/35＝1.5 窝
	如果妊娠期 256 天,所以预期每头母猪年产 256/(115－7)＝2.4 窝,实际只有 1.5 窝,未孕母猪须饲养在妊娠舍。
	母猪在配种栏饲养 13 天或者大约每年 13×2.3＝30 天,而不是 58 天,只有当母猪没有配上或者没有发情时。
每窝哺乳仔猪:10 头	分娩舍每头母猪平均仔猪数＝690/70＝9.9 头
母猪饲料用量＝1.3 t/(成年母猪·年)	猪场总成年猪数＝500＋20＋60＋35＝615 头,每周母猪饲料用量 12 t×52/615＝1 t/(成年母猪·年)

　　文中:母猪每周饲料用量 12 t;28 天断奶;母猪配种后转移到妊娠舍,在分娩前 1 周转移到分娩舍。

表 18.2　生长育肥场。预期计算和实际测定。

预期	实际		
	每年出售屠宰猪：10 500 头		
	假如生长育肥场的年死淘率为 2%，每年生长育肥场存栏猪总数＝10 710 头		
	保育舍猪数	1 323 头	27%
	生长舍猪数	1 614 头	33%
	育肥场猪数	1 909 头	39%
	生长猪总数	4 846 头	100%
7.5～100 kg：2.6 批次/年	10 710/4 846＝2.21 批次/年		
28 天断奶体重＝7.5 kg	如果仔猪断奶体重达到了 7.5 kg，在生长育肥场需增重 100－7.5＝92.5 kg		
365/2.6＝140 天/批	365/2.21＝165 天/批		
	165 天增重 92.5 kg＝日增重 0.561 kg		
假如 140 天/批，然后：	假如 165 天/批，然后：		
7.5～20 kg 日增重 0.43 kg＝保育舍饲养 30 天	165×27%＝45 天在保育舍增重 12.5 kg（20－7.5）＝日增重 0.28 kg		
20～60 kg 日增重 0.67 kg＝生长舍饲养 60 天	165×33%＝55 天在生长舍增重 40kg（60－20）＝日增重 0.73 kg		
60～100 kg 日增重 0.80 kg＝育肥舍饲养 50 天	165×39%＝45 天在育肥舍增重 40kg（100－60）＝日增重 0.62 kg		
	在保育舍以及育肥舍的最大问题		
达 100 kg 体重日龄＝140＋28＝168 天	达 100 kg 体重日龄＝165＋28＝193 天		
	饲料用量 50＋12.5＋2.5＝65 t/周＝3 380 t/年		
	猪增重 92.5 kg×10 500 头猪＝971.3 t		
饲料转化率少于 3.0	饲料转化率 3 380/971.3＝3.48		

　　从文中：出售体重 100 kg；每周购买的饲料，仔猪料 25 t，生长猪料 12.5 t，育肥猪料 50 t；猪转群阶段断奶（28 天）、20 kg 和 60 kg；每年售猪 10 500 头。

办公室记录

　　纸质记录和计算机管理软件包是管理控制中的重要部分：它们是猪的日常管理永久性记录、个体或猪群性能的永久性记录。它很容易收集那些错误分类过多的记录和正确分类过少的记录。错误记录是那些从不使用的记录（例如，个体母猪产仔数记录，由于产仔数低，只占淘汰母猪的 10% 时）。正确记录是那些能解决猪场问题的记录（例如，母猪断奶到受胎的天数和每头母猪年出售少于 22 头断奶仔猪的记录）。

选择记录

　　育种场改良性能的选择需要选择依据的信息。育种作为一个长期和有计划的行为，需要广泛的记录。为了追求更快的生长速度和更瘦的胴体，对于不同品系内所有候选个体的选择，只需要认真记录达到上市体重的日龄、体重和背膘厚度就能实现。记录的分类往往不能反映任何选择原则问题——无论什么标准都要适合度量。问题更多的是出现在物流和成本上。在公猪性能测定中,饲料转化效率估计是必须考虑的。它能显示每头猪的日采食量。母猪的繁殖性能记录包括初生重、产仔数、窝重、断奶体重、终生性能、繁殖规律等等,还有消耗时间和精力。

商业记录

对于商品猪,制订复杂的记录计划是不明智的。除了成本,还存在大量动物的个体识别问题。对于大部分的生产者,记录尽量简单并尽可能利用电脑记录系统(评论见第 469 页)。

对于商品猪,有两个很好的统计数据:

(1) 每头繁殖母猪年销售商品猪数。它能显示产仔数、再配规律和死亡率。它可通过猪场出售猪数除以群内繁殖母猪总数计算得出。

(2) 每头商品猪的饲料消耗量。这完全就是一个饲料转化因子,并能度量出在生产过程中主要原料的利用效率。它通过每月或者每年购买的饲料总吨数除以相同时期商品猪总数的值表示。

概略效率措施显示出当前的性能水平和生产力变化,而不能确定这两者任何一个的成因。为了诊断,需要对性能的特定方面进行进一步的测量。每头繁殖母猪年销售商品猪数的减少,也许因产仔数减少、断奶到再配的间隔延长、死亡率提高、未配后备母猪比率高或者生长速度减慢。它或许是由损耗、寒冷、猪的质量、过高的饲养水平、过低的饲养水平或者饲料品质导致的。

现代记录方法利用电子数据收集系统和屏幕数据管理系统。这些系统不但提供了日常的管理统计数据,并且当偏离标准变异增大时,系统会发出警报信号。这些系统支持大部分的常规记录方法的电子版本。新一代的性能监控版本提示对猪性能实行实时和自动信息采集(比如视觉图像)。为了提供必要的校正措施,联系可以直接建立。

目标

养猪生产者通过与同行比较了解他们的生产性能。就这一点而言,电脑中心记录系统能提供表 18.3 中的重要信息,这个表是引自英国的一个特别记录方案。其他的相似合并统计量也许就能显示淘汰母猪的理由(表 18.4)或者饲喂原料用量(表 18.5)或者生产场财务状况(表18.6)。

更具体的数据可能来自特定的示范猪群和可用来证明良好的性能是可以实现的(表18.7)。

从数据库可以设置这些更为普遍的目标。一些这样的平均目标列入表 18.8。然而,也许这样的目标不适合以下情况:

• 高度复杂的和性能达到平均指标的猪场,显然这样的猪场性能要高于平均指标才有利可图;

• 如果目前的目标是超过了当下猪场的性能。其程度猪场员工认为是不可信的;

• 猪场与平均生产体系或目标不是非常地相符,也许在断奶日龄、饲料质量、猪舍类型、种猪群等都存在较大的差别。

表 18.3　英国 90 kg 活重出售猪的平均性能统计[1]（每群有 100 头母猪）。

猪群		月转入	
母猪[2]	100	转入繁殖群的青年母猪	4
未配青年母猪[3]	7.1	转入繁殖群的公猪	0.25
哺乳仔猪	153		
公猪	5.3	月销售	
		平均销售活重（kg）	89
月离群		出售猪数	177
淘汰公猪	0.25		
淘汰母猪	3.5	生长猪群性能	
死亡	0.5	猪群（7～89 kg）	707
		每年的批次（7～89 kg）[8]	3.0
母猪性能		料重比（生长猪群）	2.4
分娩率（%）[4]	83	窝总产仔数	11.7
窝产活仔数	10.9		
料重比（所有的猪）	3.0	生长猪群	
断奶死亡率（%）	10.7	死亡率（%）	5.2
		日增重（kg）从出生	0.60
每头母猪年提供断奶仔猪	22.3	总饲料量（kg/月）[9]	48 660
每头母猪年出售猪数	21.2		
每月配种母猪数[5]	23		
成功配种（%）	85		
每头母猪年产窝数	2.3		
每年的空怀期[6]	44		
断奶体重（kg）	6.5		
断奶日龄（天）	26		
每头母猪年饲料用量（t）	1.3		
每年的财务状况			
群内每头母猪年出售猪数	21.2		
母猪和公猪的销售额（£）	5 970		
育肥猪的销售额（£）[7]	142 000		
购买公猪和青年母猪开支（£）	9 900		
增值	800		
饲料成本（£）	母猪和公猪	18 500	
	仔猪	440	
	生长育肥猪	68 700	
可变成本（£）：	兽医/药品	2 600	
	运输	1 180	
	动力和水	3 750	
	垫草	49	

续表18.3

猪群		月转入
固定成本（£）	其他	770
	劳力	13 500
	合同	570
	修理和维持	4 250
	租赁	1 020
	折旧和利息	4 030
	其他	4320

[1] 引自 Easicare 猪管理年鉴。

[2] 平均规模 100 头母猪，猪群样本＝350。

[3] 未配青年母猪进入到繁殖群饲养大约 45 天。

[4] 相同的 4 个月分娩数/配种数。

[5] 每头母猪配种次数是 2.2 次。

[6] 空怀天数＝断奶到发情的间隔＋母猪返情浪费的天数。

[7] 67 kg DW 和 100 p/kg 有 2 120 头猪。

[8] 148 天出栏，少于 25 天达到 7 kg（365/123＝3.0）。

[9] 每头母猪年出售平均活重 89 kg 商品猪 21.2 头，年饲料用量为 5.840 t（其中母猪用料 1.3 t）。

表 18.4　淘汰母猪的原因。

淘汰原因	淘汰年龄（年）	占总淘汰的百分比
年老	4	10
产仔数	2.5	10
不孕：包括乏情和两次返情配种失败	2	35
肢蹄和相关的运动障碍	2	25
其他	2	20

表 18.5　英国饲料成分用量。

	妊娠母猪日粮	仔猪和生长猪日粮	育肥猪和分娩母猪日粮
谷类[1]	30	55	36
谷物副产品[2]	30	7	24
植物蛋白[3]	22	24	29
动物蛋白[4]	1	7	1
其他[5]	17	7	10

[1] 一半小麦，另外一半是大麦、玉米和其他谷物。

[2] 大部分是小麦饲料和其他加工产品，也包括糠、人类食品的面粉浪费和玉米副产品。

[3] 大部分是豆粕，还有一些油菜、豌豆和蚕豆粕。

[4] 大部分是鱼粉。

[5] 包括蜜糖、甜菜渣、脂肪和油类，维生素和其他产品。

表 18.6　财务分析案例(支出总额的百分比)。

繁殖群:生产 30 kg 保育猪		生长育肥群:30～100 kg 活重	
总支出	100	总支出	100
总收入	110	总收入	110
各类支出百分比:		各类支出百分比:	
母猪和公猪饲料	30	购买 30 kg 保育猪	50
断奶到 30 kg 饲料	30	饲料	35
兽医	4	兽医	1
动力	4	动力	2
其他	2	其他	2
(总可变成本	70)	(总可变成本	90)
劳力	18	劳力	4
建筑和设备	10	建筑和设备	5
其他	2	其他	1
(总固定成本	30)	(总固定成本	10)

表 18.7　繁殖群六胎性能。

	胎　次						所有
	1	2	3	4	5	6	
产活仔数	10.1	10.3	11.5	12.2	11.3	11.4	11.0
死胎数	0.14	0.28	0.23	0.79	1.37	1.90	0.51
仔猪初生重(kg)	1.45	1.47	1.45	1.40	1.37	1.24	1.43
断奶仔猪数	9.2	9.8	10.1	10.6	10.0	9.9	9.8
平均断奶重(kg)	6.56	7.17	6.98	6.83	6.66	6.19	6.82
断奶日龄	22	21	21	22	21	21	21
断奶死亡率(%)	9.2	5.5	12.1	13.5	12.3	12.7	10.7
哺乳期饲料量(kg)	110	119	122	137	137	127	122
体况评分(分娩)[1]	3.67	3.64	3.56	3.96	3.56	4.31	3.70
体况评分(断奶)[1]	2.95	2.98	2.90	3.13	3.14	3.53	3.02
母猪体重(kg)(分娩)	196	230	251	262	267	285	236
母猪体重(kg)(断奶)	174	207	226	238	245	263	212
背膘厚(mm)(分娩)	23.8	21.2	20.8	20.5	18.3	18.3	16.0
背膘厚(mm)(断奶)	17.9	16.6	15.7	15.2	14.9	15.1	16.0

[1] 五分制。

表 18.8　性能目标示例。100 头繁殖母猪(母猪＋配种青年母猪)的相关指标。

未配青年母猪数	5~7
每周配种母猪数	4~6
每周公猪配种次数	3~5
每头母猪情期配种次数	>2
公猪头数,包括青年公猪	>5
分娩母猪/配种母猪	>0.8
断奶 14 天后发情母猪数	<5
每周分娩数	4~5
每头母猪年产窝数	>2.2
窝产活仔数	>10.5
窝断奶仔猪数	>9.5
每月断奶仔猪数	>180
仔猪初生重(kg)	>1.3
21 天重(kg)	>6
28 天重(kg)	>8.5
断奶到再配间隔(天数)	3~5
断奶到受胎间隔(天数)	<12
每月分娩数	18~21
每年出售猪数	>1 900
每月出售猪数	>170
每季更新后备母猪数	<12
每头母猪年耗料量(t)	1.1~1.4
每月繁殖母猪群总耗料量(t)	10~11
每年生长猪所用饲料(t)	<550
每月生长猪所用饲料(t)	<45
每头生长猪每月饲料用量(kg)	<50
达 100 kg 体重日龄	<160
使用中养分浓度日粮 100 kg 饲料转化率	<2.8
使用高养分浓度日粮 100 kg 饲料转化率	<2.4
断奶到出栏死亡率(%)	2~3
5~15 kg 活重生长速度(g/天)	>350
15~50 kg 活重生长速度(g/天)	>600
50~100 kg 活重生长速度(g/天)	>800

　　最好的目标经常从特定的猪场得知。当前的性能可以被确定和可实现比例的增加。这将使一个循序渐进逐步向上发展的过程。生产效率的各个方面可以通过特别关注逐个挑选,通过当前的性能水平和目标比较可列出柱状图、曲线图或图表。这些都是为了更好地管理——用来鼓励员工做更多的事——当然要让员工清晰可见。对目标的发展应当监控,当达到时就要奖励。电脑记录系统使得这些管理变得很便利。

常规控制

对于员工、建筑物、待解决的问题和生产过程等个体特征的管理控制最好要计划好。在大型猪场,动态统计是很难跟上:母猪是否妊娠、一窝仔猪何时断奶、一头公猪已经使用多长时间、一栏生长猪的日龄。当信息纳入到猪场的实体结构时,保持控制就可以简单化。例如,留出猪舍的一块特别区域给尚未怀孕的母猪,断奶总是在每周的同一天,在预期转栏日期标记保育猪栏,在预期出栏日期标记生长猪栏等等。

日常的策略管理既需要电脑(或纸张)记录系统,也需要日常观察猪场所有猪的目前身体状况。表18.9、表18.10和表18.11给出的例子对生产场常规管理控制关键点可能会觉得重要。

表 18.9　分娩和泌乳母猪、哺乳仔猪的管理要点举例。

观察	思考
母猪	
到分娩的天数	妊娠 108 天后转移到产房
栏舍清洁度	猪群间 7 天消毒和闲置
猪体清洁度	洗涤和擦洗处理猪体内外寄生虫和疥螨
猪舍温度	泌乳母猪和小猪的不同需求
猪的福利	恰当的猪栏安置
分娩开始	助产的成本效益
产后问题	仔猪缺奶,母猪高烧(高于 40℃)
供水	饮水常规检测
断奶日龄、母猪繁殖性能	为转栏、淘汰或再配做准备的数据记录
疾病	常规注射
母猪体况	适当的采食量
哺乳仔猪	
完成出生 3 天内的常规任务	注射铁剂、剪牙、打耳号(至少出生 1 周内做标记)
完成出生 15 天内的常规任务	去势,如果有必要;给仔猪提供优质可口教槽料,每天添加 2 次,保持饲料新鲜,注意料槽清洁
腹泻迹象	治疗,提高清洁标准
环境	垫草、温度、贼风
生长性能	奶水的减少可用采食到槽料的增加所抵消

表 18.10　公猪、待配母猪和妊娠母猪的管理要点示例。

观察	思考
公猪	
大小	饲料供给量
	年龄

续表18.10

观察	思考
意愿交配	年龄
	健康状况
	饲料供给量
	使用频率
产仔数	使用频率
	相同母猪用两头公猪配种
性情	如果好斗,人员检查
	供水检查
母猪	
断奶到再发情的天数	饲料供给量;饲料规格,疾病,管理
	淘汰规则
	圈舍类型
体况	泌乳期饲料供给量
	妊娠期饲料供给量
妊娠的确认	公猪配种后18～25天的检测
	使用妊娠诊断仪
猪舍温度	使用最大/最小温度计
	贼风
	动物行为
福利和躁动	环境,空间大小
	日粮浓度,粗饲料供给,饲料供给量
清洁度	猪栏安排
磨损	猪栏安排
	群斗
配种后	转移到产房
饲料和水供应	自动化
疾病	常规免疫

表 18.11 断奶仔猪和生长猪管理要点示例。

观察	思考
适当的环境	提供足够的空间,但不让动物感到冷
	厚垫料的可能性,清洁垫草
	猪舍质量
腹泻	饲料药物
饲料供应	提供更多饲位和新鲜可口的饲料
生长速度/体况	温度,呼吸道疾病,肠道疾病,福利,饲喂安排,饲料供应,猪群大小,饲养密度,水供应

续表18.11

观察	思考
内外寄生虫	敷药和剂量
嗜食同类	环境，垫料，日粮
饲喂安排	足够的空间
生长慢，栏内生长速度变异	疾病
	混群和转群频繁
	饲料配给量或日粮
	饲养密度
	环境
	饮水
达屠宰体重	定期称重

　　性能监控现在不再是对历史数据的解释，而是对实时性能的管理。这个将包括产出的预测和自动实施补救措施的可能性。质量保证方案（和 HACCP）能帮助减少性能故障的风险和当目标被错过了集中关注监测和尽早采取的行动。

第十九章　模拟模型
Simulation Modelling

引言

　　模拟(simulation)是一种有序和量化的思维；它本身是一种科学尝试，通过对新假设的开发和检验，达到对新知识的验证。一旦建立了一个好的模拟模型，就可对生产管理产生十分重要的作用。

　　模型建立了一个类似工业标准化流程的养猪生产系统，从而便于有效地模拟。模拟结果可用于预测，预测结果又提供了规划和控制的依据。

模拟模型的开发

　　通过应用科学知识，增加养猪生产利润，是反映预测模型的最终动力。生产管理者必须根据复杂的商业环境，制定出能够产生最大利润的生产策略。只有知道了生物学和资金成本在生产实践中的变化规律，才能做出使生产实践最优的明智决定。

　　一般有两种方法能够预测管理实践中的变化。第一种方法基于历史上经验及根据以往的经验，推断某种措施将出现某种结果。遗憾的是，由于养猪生产和财政状况变化较快，这种方法对于养猪生产不是特别有用的。第二种方法需要了解产生结果的原因。如果知道了产生结果的机制，就可以预测结果。正因为如此，引导我们试图建立模拟模型。模型可以代表某种生产系统，并且我们可以对模型进行类似对实际生产系统的操作。模型系统可以小到个体的营养需要，大到整个产业。利用优秀模型的模拟结果将能够反映现实可能发生的情况。利用模拟，管理人员可以拒绝可能对生产不利的措施，可以从多种可行的解决方案中选择适当的措施。

　　如果影响因素较少，而且有简单的规律，则模拟的效果较佳。低层次、较基础的生物学现象的影响因素最少，活动规律最简单。应用试验处于较高生物学水平，因此，根据应用试验制订的算法进行模拟，效果不是最佳。但如果能够利用系统较低层次活动及其相互作用的数据进行模拟，则可能会有较好的效果。

　　如果生产管理者从前是根据蓝图(blueprint)，或者生产实践经验进行决策，则当利用模拟的预测结果来做决定时，会一时不知所措，与以前的成见发生冲突。原先那些给定的决策基础（营养需要量、胴体品质目标等指标）现在成为可操控的变量。衡量成功的指标不再是生物学上的生产目标和生产成绩间差距大小，而是利润率。以前被认为末端的生产方式，现在被放在它们一直应该的位置——生产方式类别中。举例来说，利用蓝图方法规划生长猪的生产，是先由推荐的营养需要量开始。混合日粮要符合特定的标准来定量供给猪只。这时假定猪的品质是固定不变的。生产管理者决策的前提是给定规格的日粮组成为最优的，而且如果满足了一定品质猪的要求,则生产系统就可得到很好的控制,同时利润随之而来。但事实上并非如此。恰恰相反,生产管理者自始至终都需要根据目标利润判定决策的好坏。饲料营养规格及饲料供给量现在是可操控的变量,其最佳量不再依赖于推荐量,而是依赖于特定生产单位和企业的具体情况。营养需要的概念从营养学家的领域转移到营养经济学家的领域。营养学家的任务是预测日粮中营养成分变化的后果,而不是规定日粮的最后成分。实际的日粮标准是可变的,而不是给定的。

养猪生产者都知道,影响猪生长和母猪繁殖因素间的相互作用关系十分复杂,例如,提高饲养水平可以提高生长速度和增加产量,但同时也降低胴体品质。减少繁殖母猪饲料供应量有利于短期的利润,但对长期的生产可能会造成损害。增加育肥猪或母猪饲料供给的成本-效益估算非常复杂,与整个生产过程的各个方面都有关。如果考虑的因素不全面(如只考虑了采食量和肥度间的关系)可导致错误结论。正因为各种因素间存在的复杂关系,管理人员必须认识了所有因素对生产的影响,才能做出正确的决定。根据中间目标如生长速度、饲料转化效率、胴体品质和母猪体重变化等而制定的生产规定,从管理人员的角度看是不足的。最佳的管理方案可随着生产环境的变化而变化。例如,饲料供应和日粮组成可能每年都有变化。附带说明一下,这也不是传播目前所有科学知识的满意方法。

利用对生产过程的模拟,管理人员可以根据模型提供的信息做出短期(战术上)和长期(战略上)决策,并且可以成倍地减少风险。在管理实践中,是根据经济效益还是生产结果来决策值得考虑,但是,管理模型的底线永远是经济的而不是生物的。模型并不是仅仅达到单一的优化方案,如果它给出选项,决策者可以修改以及预测到这些不同的选择可能出现的结果则会更加理想。

当战术或战略改变时,模型(图 19.1 是一个营养流程模型的一般描述)的主要目标是指出反应的方向和规模,以及生产系统的敏感性。举例来说,根据生长模型可知,如果饲喂方式从自由采食转变到限制采食,则日增重从 900 g 减至 750 g,背膘厚度从 15 mm 减至 14 mm。这里重要的是,对生长速度的模拟不一定会同现实生产中的完全相同,模拟模型应当提供以下信息:①生长速度和脂肪率均减少;②生长速度比脂肪率下降的幅度更大;③这些效应可以进行经济评估。

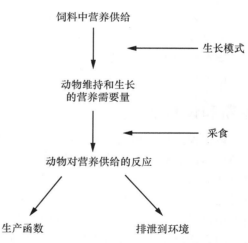

图 19.1　一般营养流反应预测模型。

然而,如果模型能够对特定情况的结果进行预测,模型就能以最接近现实的当前生产情况进行模拟,这样是非常有益的。模拟应该给出接近实际情况的、但不是完全一样的结果。这是因为,任何一个位置改变的反应都与该位置有关(图 19.2)。举例来说,低生长速度比高生长速度时饲喂方式的改变敏感,对那些接近背膘上限的猪来说,1 mm 背膘厚度的改变也非常重要。

因此,一般来讲,根据模拟模型得出的结果应该合理地反映生产实践的真实情况。当然,反映并不是精确复制,也不是模型必须满足的条件。

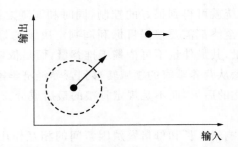

图 19.2   模型应该包括实际生产中的所有情况；即图中的虚线边界。这一点现实中不可能做到完全准确，也没有这个必要；但模型必须要从与实际类似的情况出发。如果模型的出发点与实际情况差别较大，则模拟结果可能是反应方向和程度都是错误的。

在以下情况下，决策者可以考虑利用模型进行模拟：
- 生产需要优化，但是当前并不知道是否是最优的；
- 当前生长性能与要求的不一致；
- 准备改变生产体系，但后果未知；
- 生产环境发生了改变；
- 产品的销售市场发生了变化；
- 本体系的供应市场发生了变化。

在以下情况下，猪场技术员或者科学家可以考虑进行模拟研究：
- 试验设计；
- 需要补充达到目标匮乏的知识；
- 需要收集不同来源的信息，以找出差异；
- 调查生物现象和/或者它们的经济后果；
- 论证投入和产出的关系。

诊断和设置目标

模拟模型可以预测未来的结果。只要有足够的输入信息（尤其是关于饲喂、猪的类型和生产环境），以及对输入与输出间关系的了解，那么就会得到有关反应结果的描述。因而，模型反应可能成为生产过程的目标：在设定生产的环境下，任何生产水平的描述都可能发生。以下几点可能导致预测结果和所取得的成果不一致：对输入定义不充分；影响模拟结果的因素没有在模型中定义；或事实上是模型本身的错误。然而，最常见是预测反应与实际目标的差异，或者从量的方面度量出管理方面的缺陷。除了指出未能优化生产系统的成本，模型也可以用作诊断工具，从而找出需要优先注意和解决的敏感性区域。

信息传递

模拟模型除了帮助决策外，也可用于传递信息，并明确知识缺口。计算机模拟模型可以囊括全套最新的科学意识，并把不同学科的知识和试验结果汇集在一起。模型可作为一个不能阅读或理解但是可以使用的图书馆。利用这种方法，终端用户不必关注细节就可以使用。

不必对高深科学知识的深刻理解就可以应用,可能导致模型的误用。模型的建造者将必须做出选择,并且提供不同程度的可靠性信息。因为模型都需要一连串事件的信息,建模者有时必须进行外推以填补知识缺口,而用户可能没有意识到这些缺陷。因此,建模者诚实地告诉模型使用者其产品的缺点(优点)是非常重要的。模型的目标是有助于生产,不一定完全正确。它只不过是一种新的方法,对它所取代的方法有些改进已经足够了。

毋庸置疑,从现在起,通过利用模拟模型和其他类似的计算机软件包,科学与从业人员之间可以传递大量信息。如果说模拟模型还没有完整的信息链是一个缺陷,这同时又是一个优点,因为知识缺口已经得到了识别,没有被忽略。模型中比较好的一点是,它要求量化生产参数。研究者可以据此知道哪些是需要进一步试验验证的未知领域。对模型组成进行敏感性分析,将会发现系统的哪些方面需要精确理解,哪些仅需大概了解。有时,对科技的追求可能激励本来粗略了解即可的知识变为精确了解。另一方面,最重要事情的调查可能(错误)会偏左。因为它们被视为过于困难,或者更糟糕的是认为科学上不时髦。计算机模型能协助组织研究资源,以避免对假问题(non-problems)的研究,并防止对不需要进一步完善的数据进行细化。

生产控制体系

像其他生产程序一样,只有生产控制体系优化了生产过程后,肉猪生产才能高效,这意味着需要对如何使用变量的不同层级理解是可操作的。同时,也意味着对当前生产性能的有效度量,以及利用模型可以预测生产性能的改变。因而:

* 生产速度(活体日增重)与主要原料的投入率(日饲料供应)有关;
* 产出的生产效率是所投入资源总量的函数(每千克出售猪的饲料千克数);
* 效率低下导致废物(如氨)的产生 ,它们会增加处理成本;
* 这个过程可用第一限制资源进行限制,可能是以下情况之一:
  (a)饲料和管理投入的质量;
  (b)猪对给出投入的利用能力。
* 管理取决于程控:
  (a)生产目标;
  (b)任何特定的时刻产品状态的度量;
  (c)对要求的生产性能偏差可预测校正的可能性。
  管理工具将是以下的几种:
* 优质瘦肉猪和肉脂比的遗传选择;
* 每日饲料供应量;
* 日粮能量与氨基酸的平衡;
* 屠宰时间的选择(目标体重)。
  有必要持续地(每天)有效利用这些工具及由它们所得的结论,这一点相当重要,因为:
* 随着猪的生长,它对日粮的需求也在每日变化;
* 随着猪的生长,日粮必需氨基酸和能量的平衡也在每日变化;
* 周围环境和疾病的变化会短时间内影响上述两种因素;
* 对每批进入生长育肥舍猪的遗传潜力了解不是十分清晰;
* 生产过程中各种因素间的相互作用受到短期生物学变化的影响。

　　目前,养猪生产管理通常是回顾性的,而不是实时的。在最坏的情况下,猪的饲养是根据普通群体、过去不同时间进行度量的通用规则(营养要求)。在最好的情况下,猪的饲养是根据在相似的环境下以前批次猪的饲养经验。因此,养猪生产系统很少用有效的管理手段以控制整个过程,并使优质猪肉生产效率最大化。有以下三个重要原因:

(1) 对不同猪场投入变化(饲料的数量和质量)和产出变化(胴体的数量和质量)之间的关系了解不足。该关系描述需要能够拟合所有特定的时间、地点和生产环境等情况。即需要有准确和灵活的猪营养和生长模型。

(2) 人们对这个过程的发展通常了解不够。生长速度的短期(和长期)变化是很难衡量的。有必要找到对猪生长肥育进行实时监测和度量的有效方法。

(3) 控制猪生长速度和终端产品脂肪含量的最有效手段,是改变饲料供应量和组成成分。由于短期内偏差的存在,所以必须随后进行纠正。目前还没有有效的可以控制日粮供给量和组成的饲喂系统。然而,因为对当前猪的状况缺乏足够的监测,以及对猪日粮的改变后果预测也不够准确,因此目前这样水平的应用还不多。可提供每日饲喂数量和质量的系统,通常用来调整整个生长育肥周期的模式。计算机控制的饲喂系统需要管理工具得到有效应用。

　　图 19.3 描绘了管理体系中模型的地位。重要的是,模型应具有足够的灵活性,不断从其错误中总结。应用模型时至关重要的一点为其衡量养猪状态改变的能力。模型需要的信息有营养投入、猪的特性和农场特征等数据。

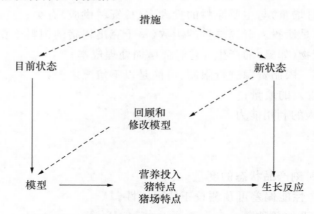

图 19.3   管理控制系统中反应预测查清的作用。

　　一个有效的模型可以将主要养分与组织沉积能力联系起来,确定能量和蛋白质可变的利用效率,并把营养物质循环整合为一个维持和生长的整体系统。这些特点使模型得以根据几个参数值进行优化。模型不仅需要能够预测生长对营养反应的大小和方向,而且可以对反应进行量化。在该系统中给定变量的性质和数量,如果对系统运行(管理措施)一无所知,以及没有能力适应系统,则期望模型达到目标是不可能的。模型的适应需要模型参数的操控;很明显,这种操控越少就越好。最近在爱丁堡,我们已认定只操控两个参数就可以优化我们的模型,当它适应时,模型可以十分准确地被用于与特定(而不是一般)生产情况的管理控制。所用的参数是瘦肉组织生长速率(猪的基因型)和对能量和蛋白质"维持需要",它们实际上描述了生产管理和疾病对养分利用效率的影响。

建立模型的方法

模拟模型通常以计算机为媒介而运行,由规则和数学方程混合成的算法组成。模型中各种关系源于根据试验数据的经验回归(例如,增重对采食量,产仔数对胎次),以及以生物化学和生理学为基础的数学描述的推断。经验回归往往是静态的和不灵活的,应用时最好限制在某一个特定数据集内的中间点范围内。我们没有理由相信,一个回归关系一定会揭示反映目标实现的因果性质。

投入产出的关系联系(relationship linking)可以有三种一般类型。第一是在任何情况下都不接受的;第二是在没有其他更好的方法下是可以接受的;第三是模拟模型的黄金标准(gold-standard):

(1)　具有高统计准确度生产参数的经验联系(empirical linking),但使用的常数和系数无生物学意义;

(2)　生产参数的经验联系:应用的常数和系数与生物学期望结果一致;

(3)　与致果因素有关的投入和产出联系;即它们是推演(deduction)出来的。

要使演绎法有效,必须对知识体系有个相对完整的了解。因此,虽然越来越多的合乎逻辑,推演方式可能是含有客观因素、主观因素、假设、甚至含因假设而激发的混合因素。另外,经验主义往往是对过去观察的不否定和精确表达,但对未来响应的理解和预测未必有作用。

工作模型往往是由经验与推演关系混合体组成,模型依靠演绎的程度越大,越可能是真正的信息。推演——根据对致果因素的认识建立的投入:产出的关系——提高了模型的灵活性,并可以对超过搜集信息范围之外的情况进行预测。因此,这样的模型可以考虑的互作范围较广。同样地,推论方式也有助于了解系统:它突出了未知知识,并可以对关键成分进行敏感性分析和定义。

推断建模应根据生命本质做出假说,这样才可以控制算法。最好根据基本原理建立模型。根据对试验数据的经验分析,有可能使模拟的效果较差。推断模型应用已知的养猪生产科学知识,以及反映科学本质的必要假说。推断模型比以前观察到的现象记录更进一步。它避免了对以前历史记录的简单化,并试图预见未来结果。然而,模型中仍然有许多现象需要描述,但我们对其致果因素并不了解。在这种情况下,只能通过经验方法,才能得到因素之间的相互关系。从前面章节里面可看到,推断出营养对生长的反应比推断出繁殖对营养的反应更加容易些。因此,与生长模型相比,母猪繁殖模型的结构更多的是经验上的。同样,体内脂肪组织沉积多少比在体内哪个位置沉积更加容易推断;后者只能利用经验进行模拟。

通过下面的例子比较了经验和推断方法。一般认为,随着猪的长大脂肪会增加。利用回归分析,可得出脂肪量和活重的函数关系。利用这种关系,随着体重的增加,可预测脂肪的量。这个经验关系得出的结论是,在较高体重屠宰的胴体的脂肪含量较高。另外,为了获得脂肪量和活重之间的一个推断函数,需要知道主要影响因素。随着动物不断长大,越来越肥的可能原因之一是它们的食欲增加,多余的饲料用来沉淀脂肪。只有瘦肉生长的潜力达到最大之后,这种情况才能发生。因此,猪种、饲养水平及脂肪沉积的可能性存在交互作用。关于因果关系,脂肪含量与活重本身没有必然关系,而与采食量和猪类型有关。在极端的情况下,脂肪含量与活重之间没有必要的关系,具有高瘦肉生长潜力的动物自由采食,100 kg体重时的瘦肉率和

20 kg 时的保持一样。推断方法和经验方法给管理者提供了各自一套不同的提高胴体瘦肉产量的建议,关于屠宰体重提高后结果可能也不同。

图 19.4 显示了生长对采食量反应的经验范例,作为对一个试验结果的完全而正确建构,对生产管理仅需要有效模拟是不够的。演绎法研究采食量与生长关系的流程图如图 19.5 所示。第二个方法较全面,需要对因素间的关系具有较深入的认识,因此,可以在较多的环境情况——包括那些与最初收集数据的条件不同的环境——的真实反应进行模拟。流程图显示了系统中与之相关的信息如何需求的。所以,要界定生长与采食量之间的关系,必须搞清楚多对因

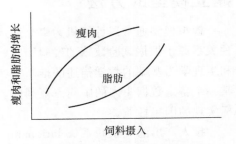

图 19.4 采食量与生长的关系:经验法。

素间的因果关系,如采食与维持需要、采食与冷产热、采食与瘦肉生长潜力、采食与脂肪组织生长。

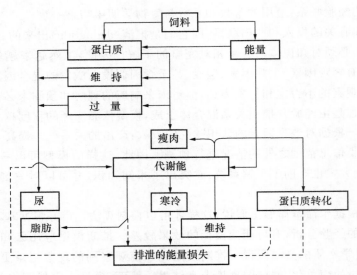

图 19.5 采食量与生长的关系:演绎法。

模型会促使建模者更好地了解被模拟体系,否则模型就不会有效。科技工作者必须对现有的系统进行系统描述,并确保所有部分联系在一起来恰当地反应真实自然。当然,一旦建立,完善的模型可以支持现实试验。不再需要传统营养反应试验,因为这些反映的因果关系可高效地模拟。模拟会尽可能讨论哪里是演绎的(以生物学相互联系的方式逐步处理因果关系),哪里是动态的(对投入的敏感响应,反映了现实养猪生产的真实情况),哪里是确定性的(模拟反应是对某种结果的单一定量预测)。

预测生长猪性能的模拟模型

本部分的目标是描述一种模型,可以动态地预测基因型、营养水平、温度环境和群体环境对猪自由采食量、生长和身体组成的效应。首先,讲述根据猪的基因型与当前状态的描述,如

何预测猪的生长潜力。接着叙述营养水平、温度环境和群体环境对猪生产性能的影响。

组成和生长

初期身体组成

对生长和它的组成部分的模拟,需要有初始活重(W,kg)及其组成部分的描述,可能在断奶后或者稍后的一个时间点。假定猪具有理想的化学组成,刚断奶仔猪通常蛋白质含量为 $0.16 \times W$,通过对蛋白质的计算,可以计算灰分(At,kg),水(Yt,kg)和脂质(Lt,kg)的量:

$$蛋白质(Pt,kg) = 0.16 \times W \qquad (19.1)$$

$$灰分(At,kg) = 0.19 \times Pt \qquad (19.2)$$

$$水(Yt,kg) = (Yt_{max}/Pt_{max}) \times (Pt_{max}^{1-0.855}) \times Pt^{0.855} \qquad (19.3)$$

$$脂质(Lt,kg) = Lt_{max} \times (Pt^d / Pt_{max}^d) \qquad (19.4)$$

Pt_{max},Lt_{max},Yt_{max} 分别为成熟时蛋白质、脂质和水的重量(kg),Yt_{max}/Pt_{max} 为假设成熟时所有基因型的水和蛋白质的比率为 3.04 kg/kg。d 的估计值为 $1.46 \times (Yt_{max}/Pt_{max})^{0.23}$,它反映与成熟期脂肪的强相关。

猪空腹(肠没有内容物,We)时体重为其所有组成部分重量的总和:

$$We(kg) = Pt + Lt + At + Yt \qquad (19.5)$$

通常肠内容物占体重的 5%,那么活重 W 为:

$$W(kg) = 1.05 \times We \qquad (19.6)$$

然而,根据日粮中纤维含量,可以更好地估计肠道填充物。纤维可以吸入水分到肠内,增加肠内干物质容量,导致消化率和通过率的降低。仅仅肠道内容物(gut fill)变化,胴体就会出现 1%~2% 的差异。因此:

$$W(kg) = We + 肠内容物 \qquad (19.7)$$

肠道内容物可以这样估计:

$$肠道内容物(kg) = 0.05 \times We \times 1 + [(CF-0.04)] \qquad (19.8)$$

CF 表示日粮的粗纤维含量(kg/kg)。

生长潜力

生长速度,用每日蛋白沉积能力的最大值(Pr_{max},kg/天)来表示,可以通过 Gompertz 函数很好地描述:

$$Pt(kg) = Pt_{max} \times e^{-e^{-Bp(t-t*)}} \qquad (19.9a)$$

$$Pt_{max}(kg/天) = dPt/dt = B_p \times Pt \times \ln(Pt_{max}/Pt) \qquad (19.9b)$$

B_p 是蛋白质的 Gompertz 速率系数(每天),Pt 代表目前的蛋白质量(kg),Pt_{max} 是最终(成熟)时的蛋白质量(kg)。Gompertz 函数的一级导数选择性表达式是时间的函数:

$$Pr_{max}(kg/天) = B \times e^{-e^{-Bp(t-t*)}} \times Pt_{max} \times e^{-e^{-Bp(t-t*)}} \qquad (19.10)$$

在这里 t 代表与拐点 t^*（天）相对的时间（天）。t 的绝对值是人为规定的，与动物的年龄无关。Pr_{max} 用来表示动物的状态函数比表示时间相关的函数更加合适，因此一般地公式19.9b 更加恰当。

B_p 值在 0.009 5～0.013 5 之间，Pt_{max} 值在 32.5～52.5 之间，主要随性别和基因型不同而不同。Pr_{max} 在早期快速增加，在三分之一体成熟大小后达到峰值。这个函数有个相对的平台期，该平台期距 20～120 kg 生长期较远，随着体成熟函数值缩小到零。拐点用 t^* 表示，是生长速度最大的时间。最大生长速度可由下式求得：

$$Pr_{max} * （kg/天）= B_p \times Pt_{max}/e \qquad\qquad (19.11)$$

在 $Pt = Pt_{max}/e$ 时，将产生最大生长速度，这里 e 为自然对数的底。只要知道了 $Pr_{max}*$，Pt_{max} 和 B_p 中有任意两个，就能确定另外一个。

脂肪生长也可能根据 Gompertz 生长曲线，以及对 Lt_{max}（成熟时脂肪总量）和 B_L（脂肪率系数）的估计得到，根据 Lt_{max} 和 B_L 可以衍生出 Lr_{max} 值（生长任何阶段脂肪每日最大沉积量）。然而，这种方法不能估计出体内脂肪总量，因为体内脂肪总量还充当体内能量储备和调节超过每日能量需要的作用。实际的现实建议是没有必要设定与食欲无关的脂肪生长上限。

要求模型能够给出脂肪增长最低水平的观点是合理的。在这里可以提出，在正增长的正常条件下，当养分供应不能满足蛋白质生长（$Pr < Pr_{max}$），猪仍然会沉积一些脂肪。这是动物最低的脂肪量。这可以用总体重中最低脂肪和蛋白质比率 $(Lt : Pt)_{pref}$ 和日增重中脂肪和蛋白质的最小比率 $(Lr : Pr)_{min}$ 来表示；它们都在 0.4～1.2 之间，其大小基于性别和基因型不同而不同。这个比率可能与猪的大小和它们成熟度的关系不大，因此：

$$(Lt : Pt)_{pref} = (Lt : Pt)_{pref} + b(Pt) \qquad\qquad (19.12)$$

b 代表一个未知的小数字。

除非 $(Lt : Pt)_{pref}$ 特别高并且猪达到屠宰重量具有过高水平的脂肪及未能很好地分级，在正常情况下，可以预料 Lt 将会超过 $(Lt : Pt)_{pref}$，Lr 将超过 $(Lr : Pr)_{min}$。在这里，$(Lr : Pr)_{min}$ 小于 0.9，屠宰时的体组成 Lt < Pt，猪不可能被认定为过度肥胖。因此，当脂肪型猪被配送到抵制脂肪的肉类市场，设定低脂肪生长界限对胴体品质具有很大的意义。

当能量缺乏时，猪瘦肉组织中不仅不能沉积脂肪组织，并且脂类（Lr 是负的）被代谢分解用来支持蛋白质（Pr 是正的）的生长。有时（脂肪组织分解），在模型中给出 Lr : Pr（生长中脂质和蛋白的比率）和 Lt : Pt（总体脂和蛋白的比率）是十分重要的。在没有更好的信息前提下，$(Lt : Pt)_{pref}$ 值也可近似设定为 $(Lr : Pr)_{min}$。其中值得注意的是，当 Lt : Pt > 1 时，对于母猪正常繁殖是必需的。

一个有效的模型取决于对所模拟猪特征的全面、精确的描述。Pr 和 $(Lt : Pt)_{pref}$ 正确的预测对生长模拟是十分重要的，因为这些参数描述了营养反应的范围。

日粮养分产量

能量

当日粮的消化能（DE）不能通过直接测定日粮本身或原料得到，就可以通过干物质（DM）来假定，营养成分以 kg/kg 形式给出：

$$DE(MJ/kg) = 16 \times 淀粉 + 35 \times 脂质 + 19 \times 蛋白质 + 1 \times 纤维 \qquad (19.13)$$

这也许在有关日粮成分消化率的假设上面有些宽松。公式中淀粉包含一些简单的碳水化合物。在这里,纤维当然不是粗纤维(CF),更恰当的说是非淀粉多糖组分,可能由中性洗涤纤维(NDF)指代。有用的经验回归公式:

$$DE(MJ/kg\ DM) = 17.5 - 15 \times NDF + 16 \times OIL + 8 \times CP - 33 \times ASH \qquad (19.14)$$

CP 表示粗蛋白。如果测定的粗纤维(CF)不是中性洗涤纤维(NDF),日粮的消化能(DE)可能由较低效率的方式表达:

$$DE(MJ/kg\ DM) = 18.3 - 32.7 \times CF - 19 \times ASH + 11 \times OIL \qquad (19.15)$$

每日能量的摄取(DE_t)为:

$$DE_t(MJ/天) = pDM \times F \times DE \qquad (19.16)$$

pDM 为通过风干饲料中干物质的比率(kg/kg),F 为风干日粮的采食量(kg/kg)(在 F 存在的情况下,方程中省略 pDM)。DE 是饲料能量值的描述,但不是猪饲料中能量代谢过程最终量的描述。首先,DE 包含了在小肠中被消化的日粮蛋白质中的能量,23.6 MJ/kg,这部分不能立即有效地进行能量传递,事实上,这其中大部分很可能被用于蛋白合成或奶的合成(后面具体讨论),因此不能有效地进行能量生产。其次,一小部分能量虽然消化了但是不能"捕获"(如由后段肠道发酵产生的气体)。代谢能(ME,MJ/kg)包含损耗能量和总有效能量(ME_t,MJ/天),当给定采食量(F)和蛋白保留率(Pr)可以对总有效能量进行计算。

$$ME_t(MJ/天) = F \times (DE - 0.05 \times DE) - (7 + 5) \times (D_{il}CP - Pr) \qquad (19.17a)$$

$$D_{il}CP(kg/天) = F \times pD_{il}CP = F \times D_{il} \times CP \qquad (19.17b)$$

在这里,$0.05 \times DE$ 指示气体损失。消化率为 D_{il}(kg/kg)时,$pD_{il}CP$(kg/kg)表示风干物质在回肠消化为粗蛋白的比率;$D_{il}CP$ 表示日采食量。由于只有部分消化蛋白作为 Pr 在生长或奶中出现,会有一些蛋白质发生脱氨;已消化没有沉积的蛋白必须经脱氨排出体外。在上述方程,$(D_{il}CP - Pr)$ 表示脱氨的蛋白量;假设蛋白质经脱氨后尿液中能量为 7 MJ/kg,尿素合成所需能量是 5 MJ/kg 蛋白质脱氨。

有效代谢能(ME_t)表示代谢后仍然用来合成体蛋白而不是代谢的部分,该部分比例为 $23.6 \times Pr$。ME_t 可以为动物提供维持蛋白质沉积、脂类沉积、妊娠需要、泌乳和抵御寒冷的需要。

蛋白质

饲料中蛋白质含量可通过对氮成分的分析而确定(粗蛋白,CP = 6.25 × N)。CP 的消化率在不同饲料中是可变的,而且,回肠消化率的测定会避免对后段肠道损失估计的错误。回肠中 CP 消化率范围为 0.3～0.9。

除知道日粮中回肠消化粗蛋白的产量($D_{il}CP$),模型需要利用回肠可消化氨基酸以及各种氨基酸相对比例的知识来模拟估计蛋白质价值(V)。V 是以下两者的比例,分别为第一限制氨基酸在回肠中的可消化氨基酸(pAA_{DilCP})中的比例,以及其在理想蛋白(pAA_{IP})中的比例:

$$V(kg/kg) = pAA_{DilCP}/pAA_{IP} \tag{19.18}$$

理想蛋白中氨基酸的比例不是一个常数,而是根据动物的大小和代谢而变化。蛋白质代谢(IP_t)、维持、蛋白质生长和繁殖的总理想蛋白质可由以下公式确定:

$$IP_t(kg/kg) = D_{il}CP \times F \times V \times v \tag{19.19}$$

v 为非过度提供的回肠可消化理想蛋白在机体过程中使用效率(这个值包含无效的循环蛋白)。混合猪日粮中 D_{il} 通常平均为 0.75 左右,青年母猪的 V 通常为 0.80 而经产母猪为 0.65,v 通常为 0.80 左右。

营养需要

能量

假定等热区内,能量总需求(E_{req},MJ/天)是维持、蛋白和脂肪贮留能量需求的总和。

在蛋白质和脂质贮留率都保持在零时,维持能量需求(E_m,MJ ME/天)可以确定。

假定由于病原微生物造成的能量损耗可以忽略,体温调节造成的任何损耗分开计算(后面叙述),它可以通过下面公式给予定量:

$$E_m(MJ\ ME/天) = (1.63 \times Pt)/Pt_{max}^{0.27} \tag{19.20}$$

当对维持需要进行评估,在特定的时候 Pt 为总的蛋白量,Pt_{max} 是成熟时蛋白量。

假定维持的能量损耗包含猪的最低活动消耗。在许多生产体系活动中不是最小化的,活动损耗另外增加 $0.1-0.2 \times E_m$。

根据蛋白和脂质贮留消耗的能量(E_{Pr},E_{Lr})以及它们各自日贮留率(Pr,Lr),能量需要高于维持需要用来蛋白的生长。能量转化蛋白的效率为 0.44,并且较为稳定,蛋白合成后,23.6 MJ 储存下来,31 MJ 作为热量失去。以下简单公式反映了转化蛋白质的能量(E_{Pr}):

$$E_{Pr}(MJ\ ME/天) = 23.6 \times Pr + 31 \times Pr = 54.6\ Pr \tag{19.21}$$

每日能量转化体内脂肪的效率为 0.75(再简化),39.3 MJ 储存下来,14 MJ 作为热量丢失。

以下简单公式反应了能量转化油脂(E_{Lr}):

$$E_{Lr}(MJ\ ME/天) = 39.3 \times Lr + 14 \times Lr = 53.3\ Pr \tag{19.22}$$

蛋白质

日粮中蛋白质的需要量可以由理想蛋白质来表示(公式 19.19);单种氨基酸的消化率和需要量是可知的,所以利用近似值没有必要,如果用组织中 9 种必需氨基酸在各组织中可利用的形式表示可能较好。

以理想蛋白质形式,维持蛋白质的需要量(IP_m)为:

$$IP_m(kg/天) = (0.004\ 0 \times Pt)/Pt_{max}^{0.27} \tag{19.23}$$

用于生产的理想蛋白质需要(IP_{Pr})实际上是利用的部分,因为 V 和 v 已经考虑了所有的无效情况。

采食量

期望采食量

假设猪将尝试消耗的饲料量可满足其能量和蛋白质需要。如果饲料摄入量可以满足"期望"的采食量 F_d，则可以达到上述目标。如果能量是第一限制性因素，那么：

$$F_d(kg/天) = E_{req}/日粮 ME 浓度 \tag{19.24}$$

如果饲料是第一限制性因素，那么

$$F_d(kg/天) = IP_{req}/pD_{il}CP \tag{19.25}$$

当饲料中能量和蛋白质含量完全平衡，那么，上述两个方程是相等的。

限制采食量

根据知觉营养需要计算结果代表动物代谢控制的采食量上限。这个边界需要根据肠道容积削减。限制采食量（F_c, kg/天）为：

$$F_c(kg\ DM/天) = CWHC\ /\ WHC \tag{19.26}$$

WHC 为系水力（每千克饲料保持的千克水分量），用来衡量容积，C_{WHC} 是动物的保持水能力（kg/天），计算如下：

$$C_{WHC}(kgDM/天) = 0.230 \times W - 0.000\ 476 \times W^2 \tag{19.27}$$

F_c 把 DM 的量转换成饲料量除以饲料干物质的饲喂量。在没有任何热限制（下面要讲到）的条件下，实际的饲料采食量（F_a, kg/天）预测值低于 F_d 和 F_c，也就是说，如果没有饲料体积的限制，猪会达到理想采食量。温度和群体环境对采食量的影响将在后面描述。

用于机体组成和生长的实际采食量

当环境温度为等热区温度时，可以通过 F_a 和饲料组成预测四种身体组分的实际增长率：

$$Pr\ (kg/天) = (e_p \times F_a \times DCPC \times v - IP_m) \tag{19.28}$$

根据 Pr_{max}，DCPC（kg/kg）是饲料中可消化的粗蛋白含量，e_p 是理想蛋白质用于生长的利用效率，一般等于 $0.011\ 2 \times (MEC/DCPC)$，最大值为 0.81。代谢能与可消化蛋白质的比率是有效反映日粮质量和浓度的指标。

计算了沉积蛋白后，躯体其他部分的沉积，以及身体生长（BWr）可以这样计算：

$$Ar(kg/天) = 0.19 \times Pr \tag{19.29}$$
$$Yr(kg/天) = Pr_a \times Y_m \times 0.885 \times (Pt/\ Pt_{max})^{(0.885-1)} \tag{19.30}$$
$$Lr\ (kg/天) = [\ EI - E_m - (b_p \times Pr)]/\ b_1 \tag{19.31}$$
$$BW(kg/天) = (Pr + Lr + Ar + Yr) \times 1.05 \tag{19.32}$$

EI 是日能量摄入量（MJ，ME/天），等于 $FI_a \times MEC$，b_1 依赖于 dL/dt 的正负。如果 dL/dt

值为负数,系数 b_l 为脂肪燃烧的产热值,估计值为 39.6 MJ/kg。

　　这种形式下,脂质的代谢量没有界限。然而,事实上动物不能代谢身体中不存在的脂肪,而且必须有一定的脂质(Lt_{min},kg)来维持生命,假定 Lt_{min} 等于 $0.1 \times Pt$。如果 $Lt \leqslant L_{min}$,那么为了维持体内脂质的最低水平,蛋白沉积将下降。

热环境对猪性能的影响

　　如果环境温度过高,采食量会下降。如果环境温度过低,则猪需要额外的能量来维持体温。对于某一特定的温度来说,猪是否感到该温度为等热区温度取决于环境温度的高低和猪体自身产热的多少。后者是代谢率(用于维持和生长的能量多少)的函数。简单地讲,如果猪采食和合成代谢的产热过多,则猪在高温环境下会感到更热,相反,在低温时不会感到寒冷。如果猪感到热,就会减少采食量;如果感到寒冷,则需要热量来维持体温;即寒冷时猪需要利用能量以提高热量生成。

　　如果实感温度与需求温度(等热区)相差 1℃,经验估计大概需要 $0.012 \times W0.75$ MJ ME/天能量用于冷(诱导)产热。实感温度通常根据环境温度的高低、空气流速(热量损失于空气中)、地面隔热程度(热量损失于地板中)以及从猪背部损失的水分(通过蒸气损失热量)来确定。最近,这些复杂的参数被爱丁堡科研小组阐明[Green, D.M. 和 Whittemore, C.T. (2003) 生长猪测定日粮净能量和蛋白质的需要和排泄物进入环境统一模型系统结构(IMS Pig),*Animal Science*,77,113-130]。

　　概括来说,要计算热环境对猪生产性能的影响,需要做两件事。第一是计算产热(HP,MJ/天);第二是要评估当前的气候,确定猪只在特定环境中热量损失的最大值(HL_{max},MJ/天)和最小值(HL_{min},MJ/天)。通过对猪产生热量(HP,MJ/天)的计算,可以确定猪是处于高热($HP > HL_{max}$)、寒冷($HP < HL_{min}$)还是等热区温度($HL_{min} < HP < HL_{max}$)。在较高的环境温度下,没有用于维持和生长的热量损失,因此,需要减少采食量。在冷的环境中,猪需额外的饲料需要。在等热区环境中,则模拟时没有这些限制。

猪在冷环境中

　　如果环境温度低于等热区温度,为了维持体温,当猪体损失的热量(HL_{min},MJ/天)超过猪体产热量(HP,MJ/天)时,猪便处于冷环境中。当环境温度略高于最低临界温度,猪体损失的热量与自身产热量相等($HL_{min} = HP$),这时猪的行为和生理调节足以维持体温。除此之外,还可能有下面的调节措施:

- 圈养的猪会出现扎堆现象;
- 避免潮湿;
- 降低体表组织导热率(改变血液流动速度)
- 接触保温隔热地面。

　　与新陈代谢(HP)相关的输出热量可以用减法来估计:摄入能量通过粪、尿、肠道气体而损失,或通过蛋白质、脂肪而沉积,其他的则通过热量散失。粪便流失的能量是总能与消化能之差(GE−DE)。气态和尿造成的流失是消化能与代谢能之差(DE−ME)。因此,猪体能量损失最简单的表达如下:

$$HP(MJ/天) = ME - (23.6 \times Pr + 39.3 \times Lr)$$

(19.33a)

代入 DE 能量体系,方程变成:

$$HP(MJ/天) = DE - [(D_{il}CP - Pr) \times 7.2 + GE_{gas} + 23.6 \times Pr + 39.3 \times Lr] \quad (19.33b)$$

GE_{gas} 表示所有通过气体损失的能量(kg/天),估计值为 $0.05 \times DE$。

当 $HP < HL_{min}$,猪将会感觉寒冷,必须动员额外的能量来产生热量。通过在模型中对 Em 增加额外能量需要就可以了。在模型中模拟 ATP 的产生和使用,热量可以在 ATP 库中作为额外的消耗。

猪在热环境中

在热环境的模拟与在冷环境的情况类似:模拟算法类似,主要是参数值不同。如果热量从猪体散发的量(HL_{max},MJ/天)少于产生的热量,体温上升,那么猪就处于热环境中。高于上限临界温度,仅仅通过行为或者生理上的调节不足以维持正常体温,热量需要减少。这种调节大部分是与冷环境调节相反:

- 避免扎堆;
- 保持体表潮湿;
- 增加体表组织传导性散热;
- 减少活动;
- 避开保温隔热地面。

当 $HP > HL_{max}$,热量输出必须减少。在模型中可以通过减少采食量来完成,在公式 19.33a 和 19.33b 计算中,将伴随热量产生的下降。

体重和脂肪是维持临界温度的因素:大体型动物的体表面积与体积比率较小,因此快速散失热量的能力较小。因而,结果体型较小的猪往往超过临界温度下限,而体型较大的猪往往超过临界温度的上限。同理,较肥的动物可能具有过多的皮下脂肪,这种情况下,在寒冷温度下减少热损失的潜力大。

热流动模型参数

猪有四个途径流失热量:对流、蒸发、体表传导和辐射。此外,猪只可以接受外表面和热源的辐射,以及传导的热量。猪的体表可以分为四个部分,每个部分热量散失也有差异:与空气接触部分(弄湿和干燥的皮肤),与地板和与其他动物接触的部分。热量可以传导到地板,从暴露的皮肤对流和反射,从弄湿的皮肤(包括呼吸道)蒸发。因此,动物的行为和姿势在决定热量流失中起到关键作用。在没有增加和减少产热的情况下,动物散失热量是有弹性的。

表 19.1 显示了在温度调节模型中一些使用的环境参数以及它们对各个热量散失渠道的影响。值得注意的是,这些影响都是非加性的。例如,不管环境温度多高,湿度饱和的环境中蒸发散失的热量可以忽略不计。参数的差异意味着猪热量损失最大化或最小化策略上的差异。

表 19.1　环境参数对四个途径流失热量的影响。

	传导	辐射	对流	蒸发
环境温度(K)			+	+
地板材料(km²/W)*	−			
空气速度(m/s)			+	+
环境湿度(kg/kg)				−
猪的潮湿面积(m²/m²)				+
猪群规模(寒冷环境)	−	−	−	−

* 暖地板材料,例如垫草,具有更高参数值。

＋表示正效应,－表示负效应。

社会环境对猪性能的影响

在进行模拟和预测时存在一个明显的主要问题,即猪的营养摄入量在不同农场之间存在差异。出现这种问题的原因包括料槽空间不足、自动料箱下料控制不当、每栏养猪头数、新鲜全价日粮,以及许多其他的管理因素。基于猪生物学特性,利用环境因子对采食量和生产性能进行模拟是没有意义的。

社会应激因子对猪性能的影响

环境应激对猪生产性能的影响是有序的,机制已经清楚。相反,社会应激行为则是未知的。即便如此,苏格兰农学院(爱丁堡)动物卫生和营养研究组在这个重要的课题上已取得重大进展。假设社会应激降低猪达到生产潜能的能力,相当于降低最大日增重(ADGp,kg/天)(Prmax),日增重在模型中由 B_p 决定。假定动物通过采食达到其潜力,ADG_p 的减少必然导致 FI_d 的降低。仅仅当料槽空间容量(FSA)是有限的,采食才能直接作为社会应激源。能量维持需要(E_m,MJ/天)的增加通常表示由于应激导致活动水平的增加。

空间容量

每头猪的有效空间需要量(SPA)按如下计算:

$$SPA(m^2) = 面积/W^{0.67} \tag{19.34}$$

在临界值(SPA_{crit})之下减少猪群的有效空间(SPA)会降低猪的生产性能。如果$0.019<SPA<0.039$,当 $SPA>SPA_{crit}$ 时,获得相对增重(或 Pr_{max} 的百分比),R_{SPA} 的计算公式如下:

$$R_{SPA} = 168 + 22 \times ln(SPA) \tag{19.35}$$

高于 SPA_{crit} 时,对生产性能没有影响,当 $SPA<0.019\ m^2W^{0.67}$ 将不会生长:$R_{SPA}=0$。如果实体地板猪舍面积不足,SPA 会减少25%。

这种情况取代了以前类似的方法。一头猪需要占据的空间为 $k \times W^{0.67}$,k 值通常在 0.05 左右(等于每100 kg活重需要1 m²),k 值偏离0.05将导致采食量的变化,k 值每0.01单位的变化将会导致采食量8%的变化。(因此,如果一头猪可以吃2 kg,k 值减少到0.04时它的采食量将会减少0.16 kg)。

猪群大小

一般认为,当猪群(N)增大时,猪生产性能将降低。当 N 小,N 的定量增大时有较大的影响,因为小猪群社会等级破坏严重,而大猪群几乎缺乏社会等级。一般用对数形式表示这种关系:

$$R_N = 100 - 3.7 \times \ln(N) \tag{19.36}$$

R_N 是与每栏饲养 1 头猪相比所能达到日增重的百分比。

当 N 增加时,由于活动增加能量损耗也会增加。E_{group}(MJ/天)可以作为 E_m 的一部分进行计算,增加到每日能量需求计算中。假设 E_{group} 会确定地增加,建议有效的最大数目设置为 N = 20:

$$E_{group}(MJ/天) = 0.0075 \times [\min(N, 20) - 1] \times E_m \tag{19.37}$$

料槽空间需要量

当一个猪群中可以利用的料槽空间(FSA)降低到一个临界值 FSA_{crit} 以下时,采食量将会减少,并且随着 FSA 的减少而继续减低。由于竞争加剧,猪群中所有猪的采食量不能达到期望采食量时,就会达到 FSA_{crit}。FSA_{crit} 取决于 N、FI_d 和最大采食率(FR_{max}):

$$FSA_{crit}(每头猪的采食空间) = Fd \times N / (1\,440 \times FR_{max}) \tag{19.38}$$

FR_{max} 取决于嘴的采食能力,随着动物的长大而增加,以及由系水力决定的饲料体积(WHC,kg/kg)。每天的分钟数等于一个常数 1 440。

$$FR_{max}(kg/min) = 2.85 \times W^{1.0}(1\,000 \times WHC) \tag{19.39}$$

当限制 FSA 时,即 FSA<FSA_{crit},则限制采食量,每头猪的 F_c(kg/天)计算如下:

$$F_c(kg/天) = 1\,440 \times FSA \times FR_{max}/N \tag{19.40}$$

如果使用饲槽,能同时采食猪只数量的 FSA 计算为:

$$FSA_{crit} = 槽宽(m)/(0.064 \times W^{0.33}) \tag{19.41}$$

合群

合群是一个短暂的应激,如果有足够的时间,长期来看混群对猪生长性能没有显著的影响。由于要建立一个新的社会结构会增加争斗的频率,因此在合群后大约 2～3 周内,猪的生长会受到不良影响。猪越大,由于猪群打斗增加,混群对生产性能的影响程度越大。混群的影响可以表述如下:

$$R_{Mix} = 100 - [0.6 \times W - 0.18 \times W \times \ln(t_{mix})] \tag{19.42}$$

R_{Mix} 是合群相对于未合群猪生产性能的百分率,t_{mix} 为合群后的天数(合群发生在第一天)。对于 t_{mix} 的某些值来说,R_{Mix} 的估计值为 100%。从那时起,生长逐渐正常,不再受过去合群的影响。

由于打斗,合群也能增加猪群能量的损耗,尤其在合群最初的几天。由于合群损耗的能量为 E_{mix}(MJ/天),随着活动水平逐渐恢复正常水平而减少,E_{mix}(MJ/天)可以增加到每日的能量需求:

$$E_{mix}(MJ/天) = [1.15 - 0.05 \times \ln(t)] \times E_m \tag{19.43}$$

修饰后生长潜力

假设在模型的范围内,多重应激因素对应激动物的效应是加性的,并且可以由各种应激因素效应总和来预测:

$$B_s(每日) = B_p \times (\{100 - [(100 - R_{SPA}) + (100 - R_N) + (100 - R_{Mix})]\}/100) \tag{19.44}$$

B_s 是应激率参数,它是在每日基础上计算的,并且在模型中取代了 Gompertz 率系数,B_p。

实际采食量和生长

要综合考虑猪群的活动能量需求、采食空间不足导致采食量的限制、饲料组成和热环境的影响,才能精确地预测猪的采食量(F_a)和增重。在冷环境中,F_a 需要满足 HL_{min},即采食限制;在热环境中,F_a 不能使产热量(HP)超过 HL_{max}。猪的实际生长在前面已经描述。

胴体品质

胴体品质取决于背膘厚度(皮下脂肪厚度,一般指 P2 位置)和/或瘦肉率。皮下脂肪的量与体内总体脂肪(L_t)和体格大小(用 W 表示,活重)有关:

$$P2(mm) = 73 \times Lt/W + 0.5 \tag{19.45}$$

对于任何给定的体脂水平,"短而结实"类型的猪只会有较高的皮下脂肪,当然也会有较大的眼肌面积、屠宰率及胴体瘦肉率。猪的肌肉发达程度可以进行评分,根据 5 分制进行分级。1 分适合常规的长白猪/大白猪,5 分适合皮特兰猪/比利时长白猪,2.5 分适合这两个类型的一次杂交。近来,一些由大白猪/长白猪培育出来的新品系可以给出高的评分,Sm 是多肉性评分(1～5)。

$$P2(mm) = (73 \times Lt/W + 0.5) \times [0.98 + (Sm/50)] \tag{19.46}$$

根据 P2 和胴体重或肌肉厚度(说明多肉猪类型)预测出的瘦肉率:

$$瘦肉率(\%) = 65.5 - 1.15 \times P2 + 0.076 \times Wc \tag{19.47}$$

Wc 表示胴体重(kg),用 P2 点的眼肌深度(Md,mm)的公式如下:

$$瘦肉率(\%) = 59 - 0.90 \times P2 + 0.20 \times Md \tag{19.48}$$

100 kg 活重猪的 Md 范围为 45～55 mm,与猪的类型关系很大。

在猪的质量评价计划中,通过对 P2 背膘厚度或猪群瘦肉率的平均值模拟,可预测猪的平均等级,但是不能预测各种等级类别的重点分布情况。利用预测的平均值,以及已知分布(偏斜的)的方差,可以做到这一点。这些变化可能是针对某些特殊生产单元,最好是利用场内测定资料中得到的。

屠宰率(ko，%)——即宰后去除内脏的胴体产量——取决于活重、背膘厚(P$_2$，mm)和猪的类型(多肉性评分，Sm)：

$$ko(\%) = 66 + 0.09 \times W + 0.12 \times P_2 + Sm/2 \tag{19.49}$$

上式与假定的肠内容物有关，因此更准确的预测需要在等式中包含营养水平效应，采食后的时间和日粮的体积(系水力和纤维水平)。

如果需要，胴体分割瘦肉(Ld，kg)、胴体分割脂肪(Fd，kg)和胴体分割骨头(Bd，kg)或许可以根据总体蛋白量和脂肪量(Pt 和 Lt，kg)近似估计：

$$Ld(kg) = 2.3 \times Pt \tag{19.50}$$
$$Bd(kg) = 0.5 \times Pt \tag{19.51}$$
$$Fd(kg) = 0.89 \times Lt \tag{19.52}$$

其他有用的"经验法则"包括：

$$头重(kg) = 0.053 \times We + 1.2 \tag{19.53}$$
$$血重(kg) = 0.036 \times We + 0.22 \tag{19.54}$$
$$日瘦肉组织生长速度(kg/天) \approx Pr \times 4.5 \tag{19.55}$$

含氮废物的排泄

与热量的产生相似，猪含氮排泄废物(N$_{diet}$，kg/d)可以通过减法很好地估计。pN$_{diet}$(kg/kg)表示日粮粗蛋白(PROTEIN，kg/kg)中氮的含量；pN$_{Pr}$(kg/kg)表示沉积蛋白中氮的含量，那么氮的排泄可以表示如下：

$$N_{loss}(kg/天) = F \times PROTEIN \times pN_{diet} - \Delta Pt \times pN_{Pr} \tag{19.56}$$

如果假设 pN$_{diet}$ 和 pN$_{Pr}$ 都等于(1/6.25)，那么上述方程可以改写成：

$$N_{loss}(kg/天) = (F \times PROTEIN - \Delta Pt) \times pN_{Pr} \tag{19.57}$$

在上面方程中，ΔPt 表示总蛋白质(kg/天)的增减。它可能等于也可以不等于 Pr。

猪粪和尿中氮的排泄量也可以估计。猪本身对这两部分几乎没有循环利用，其他部分流失的氮(主要是皮肤)可以忽略不计。尿液中蛋白质的损失等于沉积蛋白质和吸收蛋白质的差：

$$N_{urine}(kg/天) = [F \times D_{il} \times PROTEIN - (\Delta Pt - Pt_{endogenous})]/6.25 \tag{19.58}$$

Pt$_{endogenous}$是内源性肠道蛋白质的量，D$_{il}$为标准化的回肠粗蛋白消化率(如果使用的是表观消化值，Pt$_{endogenous}$项可以在上面的公式中省略，如下所示)。粪便的蛋白质丢失为：

$$N_{faecal} = [F \times (1 - D_{il}) \times PROTEIN + Pt_{endogenous}]/6.25 \tag{19.59}$$

一个繁殖母猪模拟模型

许多推演例子表明，模拟模型可以预测营养供给对猪生长反应(动态的和确定的)，然而，繁殖母猪的繁殖反应必定大多是根据经验来预测的,通常因为因果力现象模拟是不完美的。模拟理论与实践对于生长猪往往比繁殖母猪更先进。母猪繁殖性能的模拟还没有通过科学评估和生产实践的证实,但是对于肉猪饲养已经是可能的,这里讨论母猪模型可能难度较大。然而,提出因素间的关系,哪些系统组分和功能组分可以是系统中其他功能组分的函数知识已经足够多。只有定性描述并非特别有用,因此,这里尝试量化现有的各种关系。可是,这样的量化仅可以作为影响母猪繁殖性能的因素效应大小的参考。常量、系数和幂,应该仅仅作为相关因素影响强度的估计。

母猪体重和机体组成

现代杂交青年母猪的配种时间最好是日龄 220 天以上、体重 120 kg 以上和 P2 背膘厚度 14 mm 以上。母猪进入繁殖群的档案常常不是很清楚。体重(W)可以直接测定,如果 P2 不能直接测量,那么可以通过体况评分(CS,1~10)来预测:

$$P2(mm) \approx 3 \times CS \tag{19.60}$$

根据 P2 和 W,可以估测 Pt 和 Lt:

$$Pt(kg) = 0.19 \times W - 0.22 \times P2 - 2.3 \tag{19.61}$$
$$Lt(kg) = 0.21 \times W + 1.5 \times P2 - 20.4 \tag{19.62}$$

机体的其余部分由肠道内容物、水和灰分组成。较肥猪的 Pt/W 比值为 0.14,较瘦猪的为 0.17。

当 Lt 和 Pt 已知时,P2 和 W 能通过上面的方程式反演求出。计算如下:

$$P2(mm) = 10.42 + 0.582\ 8 \times Lt - 0.636 \times Pt \tag{19.63}$$
$$W(kg) = 12.42 + 5.376\ 3 \times Pt + 1.161 \times P2 \tag{19.64}$$

上面这些公式与用来表达生长猪的不同。这些公式源于实践经验,不适合推测超出所包含基础数据范围的体重。

妊娠母猪的生长潜力

从概念上来说,蛋白质生长潜力(Pr_{max})简略为 Gompertz 生长速度参数 B_P 的一半,自由生长时。表达式为:

$$Pr_{max}(kg/天) = B_P \times Pt \times \ln(Pt_{max}/Pt) \tag{19.65}$$

式中,Pt_{max} 通常范围为 35~45 kg 的母猪,B_P 大约为 0.05 每天。

当 Lt>2×Pt,母猪视为过肥,Lt<Pt 视为过瘦。最近对杂交母猪的测定认为 Lt 和 Pt 之间的理想关系如下:

$$Lt(kg) = 1.1 \times Pt^{1.1} \tag{19.66}$$

母猪体内脂肪组织的实际积累率高度依赖于营养供给情况,并且体脂肪状态是繁殖反应预测的重要组分(在应答中,或迟些时间)。因此,这个公式虽然能够进行分析和推断,但是却不具有预测性。

妊娠母猪的营养需要

母猪繁殖时的能量需要可把维持需要分为,

$$E_m = 1.75 \times Pt^{0.75} \tag{19.67}$$

沉积的能量用于胎儿、乳腺组织生长和泌乳的需要。维持需要的能量可假定包括机体活动所需要的能量。如果机体活动量比较少也是如此。因此,在大多生产系统中,要多计算 $10\% \sim 20\%$ 的能量来补偿机体活动所消耗的能量。

公式:

$$E_u(MJ/天) = 0.107 \times e^{0.027 \times t_p} \tag{19.68}$$

用来描述乳腺组织中能量的沉积率(E_{mamm})(t_p 指妊娠天数)。因能量转换为子宫内容物的效率,k_u,和乳腺的效率,k_{mamm}(MJ/MJ),大约是 0.5,则妊娠期消耗的总能(E_p)为:

$$E_p(MJ/天) = (E_u + E_{mamm})/0.5 \tag{19.69}$$

妊娠早期 E_p 可以忽略不计,但是在妊娠 110 日龄,E_p 则共需 5.5MJ/天。

妊娠产物中蛋白质(Pr_u)随妊娠天数以指数速度沉积:

$$Pr_u(kg/天) = 0.0036 \times e^{0.026 \times t_p} \tag{19.70}$$

因此,理想蛋白质供应为:

$$IP_u(kg/天) = Pr_u \tag{19.71}$$

同样可得出乳腺组织的沉积(Pr_{mamm}):

$$Pr_{mamm}(kg/天) = 38 \times 10^{-5} \times e^{0.059 \times t_p} \tag{19.72}$$

其理想蛋白质需要量为:

$$IP_{mamm}(kg/天) = Pr_{mamm} \tag{19.73}$$

Pr_u 和 Pr_{mamm}(尿中)分别用在分娩和断奶后从体内排出。

仔猪

产仔数

窝产仔猪数主要与猪种和杂种优势有关。繁殖力低的品种,每窝可产活仔大约 8 头;繁殖力高的品种,每窝可产仔猪 13 头(或有时更多)。因此,基本产仔数必须根据记录数据而得出。

头胎母猪产仔数($n_{litter1}$,产活仔数)是初情期受精卵的函数($n_{conception1}$):

$$n_{litter1} = 7.6 \times n_{conception}^{0.23} \tag{19.74}$$

随着胎次(n_{parity})的增加,排卵数(n_{ova})也随着增加:

$$n_{ova} = 14.5 + 1.5 \times n_{parity} \tag{19.75}$$

卵子能受孕,并分娩出胎儿的比率大约为 0.55:

$$n_{litter} = n_{ova} \times 0.55 \tag{19.76}$$

然而,胚胎期和围产期死亡也在增加。早期的几窝大约有 0.5 头仔猪死亡;随后死胎数会增加,通常第 3 胎开始到第 8 胎的死胎数等于 1。胎次对产活仔数的效应大约可根据下式来正,把 Δn_{litter} 与 n_{litter} 相加:

$$\Delta n_{litter} = 0.75 - 0.5 \times |\ 4.5 - n_{parity}\ | \tag{19.77}$$

早期断奶也会使产仔数减少,晚些断奶能增加产仔数。产活仔数的相似校正因子是分娩和受胎之间的天数(t_{pc} 在 15～45)

$$\Delta n_{litter} = 0.09 \times t_{pc} - 3.0 \tag{19.78}$$

营养状况对窝产仔数也有一定的影响,虽然这种影响远小于其对诸如仔猪初生重、断奶到发情间隔等的影响。在哺乳期和断奶到受胎期间的营养状况对排卵数、胚胎成活率及最终产仔数有影响。因此,用 ΔW 表示泌乳母猪总体重的变化,可以得到下式:

$$n_{ova} = 23.5 + 0.7 \times \Delta W \tag{19.79}$$

这表明妊娠母猪的饲养水平对其最终产仔猪数具有积极和较大的影响。P2 背膘厚度小于 10 mm 和大于 26 mm 的妊娠母猪,产活仔数的校正系数等于－0.5;P2 背膘厚度在 14～18 mm 的中等膘情母猪的校正系数等于＋0.5。

初生重

仔猪初生重与其个体存活能力和个体断奶重呈正相关,同时,一组(大量的)的资料表明其对屠宰体重(Wr,kg/天)都具有正面影响:

$$Wr = 0.42 + 0.12 \times W_b \tag{19.80}$$

W_b 指仔猪初生重(kg)。

仔猪初生重一般介于 0.8～1.6 kg 之间。近来通过改善营养状况和利用大型母猪的基因型,仔猪的平均初生重有提高的趋势,平均初生重 1.3 kg 的目标是现实的。尽管整窝仔猪所处的子宫条件相同,但不同的胎儿营养状况和子宫内环境效应(包括疾病)会使整窝仔猪的初生重呈现正态分布。这种变异需要模拟(而不是简单的求平均值),平均值存在于不同的分布曲线上;由于不同的农场分布曲线的方差不同,因此,需要根据不同农场的数据而定。同时,平均仔猪初生重(W_b)可以通过一个公式来表示,这个公式数据是源自 180 kg 杂种母猪:

$$W_b(kg) = 0.89 + 0.013 \times DE \tag{19.81}$$

这里 DE 指每日母猪摄入的消化能(MJ/天);这就说明仔猪初生重与母体妊娠期采食量呈正相关。

现在已经知道,妊娠后期的饲喂水平比妊娠早期对仔猪初生重影响大得多,假定在妊娠期的前三分之二时间给予母猪的饲喂是适当的,可以推测出一个合适的校正因子 ΔW_b,将其加到 W_b 用来推测妊娠后期的情况:

$$W_b(kg) = 0.008 \times (DE - 28) \tag{19.82}$$

产仔数对仔猪平均初生重有明显的影响,窝产仔数较多,则仔猪平均初生重小于平均值:

$$\Delta W_b(kg) = 0.04 \times n_{litter} - 0.004 \times n_{litter}^2 \tag{19.83}$$

期望的仔猪初生重在某种程度上与母猪体型大小有关,大体型品种母猪的仔猪初生重大于体型较小品种的母猪。但是,利用关于这方面的信息把这种关系量化目前是不可靠的。现在认为:

$$W_b(kg) = 0.43 + 0.005\ 3 \times W_{parturition} \tag{19.84}$$

其中,$W_{parturition}$ 指母猪分娩时的体重。与 180 kg 左右的母猪相比,220 kg 以上的母猪几乎可以肯定是优秀的。

哺乳期饲养(或头胎青年母猪受胎前饲养)的延期效应(carry-over effect)也对 W_b 起正相关作用,但是还不能对这种关系定量。

存活力

并非所有的新生仔猪都能够存活至断奶。最小死亡率大约为 5%,管理良好的猪群死亡一般为 8%~12%;如果没有防止仔猪被压死的措施,仔猪护理较差,疾病也比较多发,这样的管理较差猪群死亡率为 15%~20%。确定特定环境下仔猪的真实的存活力基本上是徒劳的,但是,存在的主要问题至少应该提出来。初生重较轻的仔猪比那些初生重较重的仔猪更容易死亡。存活概率,$p_{survival}(0 \sim 1)$ 如下式:

$$P_{survival} = 0\ 55 \times W_b^{1.3} \tag{19.85}$$

泌乳母猪的营养需求

产奶量和营养供给

哺乳仔猪的生长(W_r,kg/天)界限最好与断奶仔猪的生长分开考虑,因为如果利用 Gompertz 函数拟合猪的生长,B 值有点高:

$$Wr(kg/d) = B_w \times e^{-BW \times (t-t*)} \times W_{max} \times e^{-BW \times (t-t*)} \tag{19.86}$$

其中,$t*$ 可用下式计算:

$$t*(天) = \ln[-\ln(Wb/A)]/B_w \tag{19.87}$$

式中,W_{max} 是成熟体重;t 仔猪日龄;W_b 是仔猪初生重;B_w 为生长系数,其范围介于 0.014 与 0.019 之间,是根据仔猪的固有生长潜力确定的。

泌乳母猪产奶量(My)为整窝仔猪需要量的函数,有下式可求:

$$My(kg/天) = Wr \times n_{litter} \times 4.1 \tag{19.88}$$

产奶量必须根据母猪潜力限定。母猪泌乳曲线的界定可以用 Gompertz 函数的形式表示:

$$My_{max}(kg/天) = a \times e^{-0.025 \times tl} \times e^{-e^{0.5-0.1 \times tl}} \tag{19.89}$$

式中,t_l 指泌乳天数,a 的范围等于 18~30 kg/天。

实际日产奶量要么等于哺乳仔猪需要量,要么等于母猪泌乳能力上限,两者以较少者为准，假定对泌乳量没有营养上的限制。

产奶的营养需要

乳汁的能量值是 5.4 MJ/kg，能量转换成乳汁的效率，k_l，为 0.7MJ/MJ；因此，如产生乳汁的能量消耗（EMy）为：

$$E_{my}(MJ \ ME/天) = 7.7 \times My \tag{19.90}$$

如果日粮中能量不足，就要利用母体脂肪，母体脂肪的利用效率高达 0.85，也就是说，1 kg 母体脂肪被用于产生（39.36×0.85)/5.4 = 6.2 kg 的奶。在极端的情况下，母体蛋白质也可以用来供应作为合成乳汁的能量，这种情况的效率常不会大于 0.5。

奶中蛋白质含量可以用下式表示：

$$IP_1 = My \times 0.055 = P_{rl} \tag{19.91}$$

奶中蛋白质含量为 0.055 kg/kg。当饲料中缺乏足够的蛋白质供应，母体蛋白利用率则可达约 0.85。

母猪泌乳期采食量常常不能充分供应产生 ME_t 以满足 My 的需要，无论该 My 值是通过仔猪哺乳需要量计算或者是通过母猪产奶潜能来计算。但是，这并不意味着采食量是 My 的恒定调控器，因为母猪随时可以利用自身储存的脂肪（蛋白质）来补给合成乳汁的需要和能量与蛋白质之间供应量间的短缺量。

因此，体脂和体蛋白可以用作饲料 Me_t 和 IP_t 的补给量，以满足 My 的需要，该 My 是根据母猪生产潜力内的仔猪哺乳需要量来计算的。但是，这种能量的供应只发生在母体脂肪和蛋白质储备量可以提供的时候；此外，母体依靠自身组织来满足其仔猪的生长需要的水平和母体自身储备利用的程度成比例。身体状况良好的母猪每日可损耗利用 1 kg 脂肪和 0.25 kg 蛋白质。脂肪和蛋白质损耗的比率范围大约介于 2.5∶1 到 10∶1 之间，这依赖于饲料营养平衡状况和母猪自身营养储备状况。

一般来说，当 Lt<Pt 时，可认为母猪偏瘦，而当 Lt>2×Pt，母猪则被认为偏肥。可以认为，如果 Lt/Pt < 0.7，母猪将没有可供利用脂肪合成 My；然而，对于脂肪水平高于上述比率的母猪，每日的脂肪损耗（Lr）以提供 My 需要可表达为：

$$Lr(kg/天) = 0.5 - 0.7 \times Lt/Pt \tag{19.92}$$

其上限为每天损耗利用 1.0 kg。

蛋白质的损耗每天最大值为 0.25 kg，最小值约脂肪损失的 0.1，因为当脂肪组织被水解代谢时，出现一些蛋白损失是正常的，即使仅仅能量存在不足时也是如此。

断奶重

断奶窝重为窝产仔数、仔猪初生重及其随后生长状况的函数。初生到断奶的增重速度，Wr，与初生重的关系可以如公式 19.86 所示，或者表示如下：

$$Wr(kg/天) = 0.150 + 0.08 \times W_b \tag{19.93}$$

但是，常量和系数都高度取决于特定的农场，并且依赖于许多其他影响因子。早期生长涉

及的主要影响因素为:①潜在生长速度;②产奶量,它们间是相关的。泌乳期母猪采食量同样存在经验关系式:

$$W_r(kg/天) = 0.150 + 0.012 \times F_1 \tag{19.94}$$

F_1 为母猪泌乳期日采食量。此公式的存在问题本节前面已叙述。

利用白色杂交母猪的数据,得到仔猪生长率和乳汁供给关系的经验公式:

$$W_r(kg/天) = 0.191 - 0.18 \times \Delta P2 - 0.05 \times \Delta W \tag{19.95}$$

式中,$\Delta P2$ 是泌乳期间 P2 的变化(mm/天),ΔW 是泌乳期间母猪体重的变化(kg/天)。常量对于有效的预测是至关重要的,会因品种类型、窝产仔数及农场不同而不同。另外,总是担心母猪体重和脂肪不减少会引起其仔猪生长缓慢是大可不必的。由于母猪采食量少于满足其泌乳需求时的确会出现这种情况,但是,摄入的营养可以满足泌乳所有需求时就不会。公式往往具有指导作用,但是,当大部分母猪采食量不能满足泌乳需要时,奶量(和仔猪生长)常常依赖于母体的分解代谢率,特别是体脂。

断奶到受胎间隔

母猪妊娠时程是一个相当稳定的生物学常数,为 114～116 天。哺乳期长短受人控制。因此,预计一个繁殖母猪一年的产仔窝数依赖于断奶至发情间隔的调控。

延长断奶到受胎间隔使其超过最小值 4 天的主要因素是母猪体况,体况由母猪膘情和蛋白质损耗量而定。断奶到发情间隔(t_{wo},天)同断奶时母猪背膘厚度(P2,mm)间的关系可表示如下:

初产母猪:$t_{wo}(天) = 31.3 - 2.03 \times P2 + 0.043 \times P2^2 \tag{19.96}$

经产母猪:$t_{wo}(天) = 19.3 - 1.27 \times P2 + 0.030 \times P2^2 \tag{19.97}$

澳大利亚的研究[King, R.H.(1987)*Pig News and Information*,8,15]指出,哺乳期组织损失量,连同断奶时母猪体内蛋白质和脂肪含量的绝对水平是决定断奶至受胎间隔长的重要因子:

$$t_{wo}(d) = 7.3 - 0.39 \times \Delta W \tag{19.98}$$

$$t_{wo}(d) = 9.4 - 0.59 \times \Delta Lt \tag{19.99}$$

$$t_{wo}(d) = 9.6 - 3.44 \times \Delta Pt \tag{19.100}$$

式中,ΔW 是泌乳期总体重的改变值(kg);ΔLt 指泌乳期总膘情的变化值(kg);ΔPt 值泌乳期总蛋白变化量(kg)。如果泌乳期蛋白质的损耗被看作一种额外因素,这种因素能够影响断奶到发情间隔,这时,t_{wo} 就需要加上下面的校正因子(δt_{wo}):

$$\delta t_{wo}(天) = -3.44 \times \Delta Pt \tag{19.101}$$

也就是说,母猪在泌乳过程中体内每损失 1 kg 蛋白质,断奶至发情间隔将会延长 3.4 天。

哺乳期母猪体重的减少对断奶至发情间隔的影响,对于在膘情好的猪相对较小,对于膘情差的猪相对较大。上述影响的大小依赖于母猪的身体状况,母体储备越少,泌乳期体重减轻的负效应就会越大。

断奶后饲料供给对发情间隔的有益影响可以通进一步的校正来说明:

$$\delta t_{wo}（天）=40×F_{wo}^{-3.0} \tag{19.102}$$

式中，F_{wo}（kg/天）指断奶至发情期间的每日采食量。

一些文献指出前一窝的产仔数与随后的断奶至发情间隔有关，这虽然有一定的道理，但是很难认为这种效应能够与其他因素（如母体组织损耗量）无关。

虽然多数试验数据是关于更容易监测的断奶到发情间隔，而实际上的关键参数则是断奶到受胎的间隔。受胎率（P_c，0～1）在农场之间变化很大，显著受配种管理及出现的急慢性生殖疾病影响。哺乳期长短（t_{lact}，天）对受胎率的影响较小，但文献表明其比管理和疾病对受胎率的影响大：

$$p_c=0.54+0.013×t_{lact} \tag{19.103}$$

它极有可能不受身体损耗状况的影响；如果母猪在达到自然泌乳高峰第 3～4 周前断奶，至少部分上，p_c 是循环泌乳激素强度的函数。类似的，发情时配种次数（n_{mating}，1～3）的影响可以表述如下：

$$p_c=0.63+0.075×n_{mating} \tag{19.104}$$

一般来说，经产母猪的配种分娩率约为 0.8。根据农场资料可有一个表示受胎率的数据，或者受胎率是一个近似值。至于断奶至发情间隔，断奶时母猪体况（哺乳期饲料供给水平）对受胎率具有重要的正效应。同样，妊娠早期的营养供给也对受胎率存在正效应。受胎率作为泌乳和妊娠期饲料供给量的函数，是否与其他因素有关仍难以确定。

还有额外的天数需要加到断奶至发情间隔，用来估计断奶至受胎间隔（t_{oc}，天，因此断奶至发情间隔为 $t=t_{wc}+t_{oc}$），可用下式计算：

$$t_{oc}=37×（1-Pc） \tag{19.105}$$

两个影响发情至受胎间隔最大的因素——管理和疾病不可模拟，可以利用另外的两个因素估计，它们为泌乳期体组织损失率和哺乳期长短：

$$t_{oc}=-2×\Delta P2+191×t_{lact}^{-1.63}-c \tag{19.106}$$

式中，初产母猪 $c=4$，经产母猪 $c=6$，$\Delta P2$ 指哺乳期总变化，t_{oc} 最小值为－2。这两个因素并不能解释所有的配种母猪受胎失败的原因，在没有更多更好的信息之前，受胎率的"杠杆因素（gearing factor）"仅仅可能适用于反映场内性能。这个调整因子最好是在场内测定，并且用于本场模拟。

母猪体重和膘情

上一节里已经详细地描述了母猪绝对体重和膘情，以及体重和膘情的变化对母猪生产性能的影响。正如前述，这些可以从营养输入和产品输出的两方面推论出来。但是，利用推论的方法具有一定的相对脆弱性，因此，有必要应用经验方法。

假设母猪在第一次受胎时体重为 125 kg，背膘厚度（P2）为 15 mm，饲料 DE 含量为 13.2 MJ DE/kg；进一步假定，如前所述，母猪的预期生长（可能或不可能达到）依母猪体重和体况而定。这样，妊娠母猪 P2 背膘厚度的总变化（$\Delta P2$，mm）可以用下式估计：

$$\Delta P2（mm）=4.60×F-6.90 \tag{19.107}$$

或者,当母猪的环境温度低于舒适温度时:

$$\Delta P2(mm)=4.14\times F-9.3 \tag{19.108}$$

机体总体脂的变化(ΔLt,kg)估计如下:

$$\Delta Lt(kg)=15\times F-30 \tag{19.109}$$

妊娠期母体总体重变化(ΔW,kg)估计如下:

$$\Delta W(kg)=25\times F-27 \tag{19.110}$$

泌乳期 P2 背膘厚度每日变化量($\Delta P2$,mm/天)估计如下:

$$\Delta P2(mm/天)=0.049\times F-0.396 \tag{19.111}$$

其中,F 为泌乳期日采食量。泌乳母猪体重的日变化量(ΔW)可估计如下:

$$\Delta W(mm/天)=0.343\times F-1.74 \tag{19.112}$$

可以通过下面更复杂但更完备的等式来进行更好的模拟:

$$\Delta P2(mm/天)=-0.010\ 1-0.009\ 5\times P2_{parturition}+0.037\times F-0.0178\times n_{litter} \tag{19.113}$$

以及:

$$\Delta W(kg/天)=-0.136\ 0-0.005\ 35\times W_{parturition}+0.362\times F-0.119\times n_{litter} \tag{19.114}$$

反应的变异——个体母猪的描述应该在均值的周围波动——在实际应用模拟模型时是十分重要的,但是目前为止关于这方面模拟的资料非常缺乏,而且因不同农场而异。

关于猪的和财务的辅助要求

前面我们讨论了概念、推论和经验的关系,这些关系产生了"生物核心",可以用于对生长猪和繁殖母猪生产反应的模拟。到现在为止所讨论的"生物核心"模拟有:
- 蛋白质和瘦肉生长;
- 脂肪组织生长;
- 子宫的沉积;
- 泌乳量;
- 日粮能量产量;
- 日粮蛋白质产量;
- 生长猪的能量利用;
- 繁殖母猪的能量利用;
- 生长猪的蛋白质(氨基酸)利用;
- 繁殖母猪的蛋白质(氨基酸)利用;
- 采食量(包括环境因素的影响);
- 生长的组成;
- 胴体品质;

- 繁殖母猪的身体组成；
- 仔猪初生重；
- 仔猪成活率；
- 产仔数；
- 仔猪生长和断奶重；
- 断奶至发情和断奶至受胎间隔；
- 母猪体重的变化；
- 母猪脂肪的变化。

企业或生产部门应用模拟来预测生产环境改变而产生的结果之前，需要更多的系统数据，例如：

- 一般生产环境的杠杆因素；
- 管理质量的杠杆因素；
- 疾病程度的杠杆因素；
- 生产单位的固定成本；
- 生产每头猪的可变成本；
- 猪只数量；
- 猪的成本；
- 管理因素，比如去势、分性别饲养、饲料供给量的精确控制、饲料浪费等；
- 生长猪和繁殖母猪的品种类型及遗传品质；
- 猪舍质量；
- 气候、天气和猪舍内的小气候（温度、相对湿度、空气流速、空气质量）；
- 每圈猪数、猪圈大小、圈养密度、空间分配、不同类别猪的圈栏数、圈舍利用率；
- 猪胴体的最小和最大屠宰重量限制；
- 胴体品质量评价方法；
- 胴体品质量支付方法；
- 淘汰繁殖母猪的价值。

给定围绕生物核心的信息类型，可以构建一个模型，用于对生长、胴体品质和繁殖性能的模拟，可以对商业管理轨迹进行绩效预测。这一点是把养猪生产科学和实践结合在一起的必然之路。

未来发展

传染环境

上面描述的模型里，假定所有动物都是健康而且没有暴露在传染源的环境下。模型忽略了动物对传染源的反应（如由于免疫应答而导致的营养需求量的增加、能量利用率的改变或者食欲减退等），这些反应可能引起生产性能的下降。事实上，猪受到许多不同种类和强度的传染源的影响，包括病原体和其他可引起组织损伤和继发感染的有害环境因素，比如同圈里其他猪的影响，即咬伤和刮伤。

　　为了精确预测商品猪的生产性能,将传染源都考虑在模拟模型中是下一步重要的工作。要想在系统中将传染源的效应考虑在模拟模型中,需要做大量的基础工作。因感染因素而导致的代谢负荷,即营养需要量增加,以及生产性能下降的程度需要定量化。我们需要调查动物在受到传染源感染时是如何分配营养,例如怎样应付病原体的攻击,需要阐明造成生产性能下降的生物学机理。猪生病时观察到的性能下降可能是由两种机制导致的。在上面建立的模型的外部因子作用下,第一种可能是动物发挥其潜力的能力下降,如本章假定模型中群体应激因子的影响,第二种可能是食欲的直接下降。动物免疫应答和适应能力是有变异的,即与病原体接触时,不同个体猪的应对和表现存在差异。建立模拟模型时,需要同时考虑应激和疾病易感性间的相互作用。

　　了解了传染环境(infectious environment)对动物的观察效应(observed effect)的生理机制,对感染环境的模拟可以估计疾病和猪之间的重要互作;这里的"猪"包括基因型、营养、气候和社会环境。

　　早在 2004 年,英国 MLC 编著的《猪饲料配方》(MLC,Milton Keynes),书中对如何模拟疾病效应进行了早期尝试。在这里,关键的问题是营养需要量标准是针对健康猪的,但实际饲养指导须满足在免疫挑战有效反应环境下猪的需要。这个小册子采取了四级法:

(1)　假定采食量下降了 10%;

(2)　维持能量需要量上升了 20%;

(3)　赖氨酸的回肠消化率由 0.82 下降到 0.73;

(4)　蛋白质沉积率下降 10%。

群体模型

　　比如上文所述,试图模拟动物生产性能的模型,通常表示单一动物。假设群体的平均效应,即所有个体的平均数,同"平均"个体效应的确定模拟反应相同。只有当群体中所有个体具有同样的生长潜力、处于同样的生长阶段并且对应激因子具有同样的反应时才会如此。这当然是不可能的。

　　当模型被用于预测营养需要,优化养猪生产系统和动物育种策略时,正确设定群体的方差是非常重要的。商品生产中了解动物的方差也是重要的,特别是对于全进/全出系统,如胴体重和胴体组成的方差,即群体的一致性,会部分决定企业的利润率。

　　但是,由于动物个体间存在变异,平均个体反应和群体平均效应间可能会有不同,其中,群体平均效应即所有个体的平均值。为了能够完整预测一个给定环境中的群体效应,必须考虑动物间的差异。预测社会、生理、营养环境对猪采食量和生产性能的预测模型,可被扩展到处理个体间差异,调查动物间差异对生长猪群体生产性能的影响。这项研究目前正在爱丁堡苏格兰农学院团队开展。

第二十章　结论
Conclusion

有关猪肉生产的生物学和经济学知识是非常有用的,这些知识既可以帮助养猪产业获得更多的经济收益,还能为人类提供更多的食物,但也来自科学进步的绝对收益。希望读者能在前面的章节中理解这三个目的。

如果科学发现和高效生产实践并非通过实施规则,而是通过对影响养猪生产的生物学和经济学的理解,尤其是通过对营养、遗传、生理以及生产环境等影响动物反应因素的理解来实现的。

对作者和读者来说,演示的蓝图指导手册是容易的,但这基本没用。因为世界范围内养猪产业瞬息万变,并且发展多元化。例如,养猪业刚刚起步的国家倾向于集约化(intensification)生产以满足对猪肉的高需求量,而在其他一些国家则倾向于粗放型(extensification)生产,以注重与猪肉品质相关的动物福利系统及其肉产品营养价值方面的需求。

尽管因地理位置不同使得养猪生产的产品特性不尽相同,但在科学和科学目标的许多方面是共同的:

- 生产猪肉产品的重要性在于满足市场需求,而不仅仅是为养殖者生产的最方便;
- 食用品质的需要高于胴体瘦肉率;
- 提高母猪繁殖性能,更应是发挥现有性能而不是提高它的潜力;
- 需要现实地通过投入成本和产值比率优化生长速度,而不仅仅是追求高的生物学性能;
- 要提高猪,尤其是高性能生长猪和泌乳母猪的采食量;
- 利用遗传学知识可以从多样性的猪种里选育出最适于普遍生产环境的品种(遗传学的实质目标是改进繁殖性能、生长速度和胴体品质,可能还有更新的目标即提高抗病性和行为学性状);
- 更好地理解营养摄入与生长和繁殖反应之间的关系(一个简单的既定目标,都需要做出巨大的科学努力和投入);
- 通过净能和净氨基酸体系可以有效地确定饲料的真(real)营养价值;
- 要解决急慢性疾病的问题,不仅要依靠防治和保健药品的开发,还要通过各种方法的实施来避免疾病,以及采用各种措施来提高猪对疾病的抵抗能力。

对动物福利的关注并不是人们只对食用动物的权利负有责任,其实这也利于人们完善实际的生产管理工作。然而令人遗憾的是,在追寻更高效率的生产体系中,对猪习性和福利的关注却退居到次要地位,此时,听取爱心消费者的声音对养猪生产者是有益的。

很显然,猪舍系统还没有得到优化。在猪舍小气候没有得到认识的情况下,猪群密度、猪群健康和生产性能之间的关系充满了复杂性。即使对猪生长所需要的环境有了充分的认识(实际上还没有),我们也依然缺乏对本应提供给猪的猪舍系统具有恰当的理解和认识。

最重要的是,不论是任何的生产系统,养猪生产都必须要有成本效益,否则其产业就不可能存在。优化这个系统还需对市场进行了解和操控,并能随时对市场的不断变化做出灵活反应。这里的模拟模型(simulation model)是一种能够对养猪业提供辅助决策的新型科学资源。世界范围内,人们对这种模拟模型的关注不断加强。此模型能通过育种群和生长猪群的反应来预测生产环境的变化,尤其是在营养和遗传方面。该模型可以整合大量科学知识,进一步加强良好生产实践的潜力。计算机模拟科学的时代就要来临,这对猪的饲养、育种和管理都有着公开的或潜在的重要影响。

这本书的编写主要是在爱丁堡,还在北美、远东和欧洲大陆的许多国家。只有当我们能清楚地了解到如何利用猪的最大适应性和多样性以及如何人道地开发其先天资质对猪进行驯养时,猪才能最好地为人类服务。

从本书第一版的主体内容的写作到第三版中的所有新资料的补充经过了15年,这期间发生的变化读者可能非常感兴趣。这一行业已经发生了从家庭农场到大型综合企业的巨变;但这并没降低人们的关注程度,因为形式的多样,也是质量保证的一部分,脱离了它,人类食品行业的原料就不能再从生产者那里得到了。生物技术和动物保健的进步已经超过了营养学的发展,但随着以计算机为基础的综合管理控制系统的应用,使营养学有了更快发展的契机,从而开拓养猪生产的新领域。

附录 1　若干猪饲料成分营养价值指南

表 A1.1　若干饲料组分的 BSAS 指南[g/kg 指在干物质(风干)中的量]。[来源 Whittemore, C.T., Hazzledine, M.J. 和 Close, W.H.(2003)猪营养需要标准,英国动物学会(BSAS),Penicuik, Midlothian, 苏格兰。承蒙英国动物学会惠准转载]净能(NE),标准回肠消化率和可消化磷值指南。

	干物质 (g/kg)	生长猪和泌乳母猪的净能 (MJ/kg)	妊娠母猪的净能 (MJ/kg)	生长猪和泌乳母猪的消化能 (MJ/kg)	妊娠母猪的消化能 (MJ/kg)	粗蛋白 (g/kg)	中性洗涤纤维 (g/kg)	可消化磷 (g/kg)	标准回肠可消化氨基酸 (g/kg)				
									粗蛋白	赖氨酸	蛋+胱氨酸	苏氨酸	色氨酸
大麦	870	9.6	9.8	13.0	13.3	100	175	1.1	75	2.8	3.3	2.5	1.0
小麦	870	10.5	10.7	14.2	14.5	105	115	1.2	92	2.5	3.6	2.6	1.1
玉米	870	11.1	11.3	14.6	15.1	78	95	0.7	68	1.8	2.9	2.3	0.4
燕麦	870	8.0	8.4	11.4	12.1	98	300	1.3	72	3.0	3.7	2.3	1.0
木薯(淀粉67%)	880	10.0	10.2	12.5	12.7	25	85	0.1	5	0.1	0.1	0.0	0.0
黑小麦	870	10.2	10.5	13.5	13.7	100	115	1.2	85	3.0	3.7	2.4	1.0
小麦麸	870	6.2	6.8	9.4	10.3	150	440	3.0	102	4.0	3.8	2.9	1.4
饲料小麦	880	7.7	8.1	11.4	12.2	156	330	2.6	112	4.6	4.4	3.6	1.7
玉米淀粉渣	880	7.0	7.7	11.3	13.0	200	350	1.8	150	4.0	5.5	4.7	0.9
玉米蛋白粉	890	10.5	10.7	18.0	18.1	610	35	0.8	530	9.2	23.5	18.8	2.5
甜菜渣	890	6.6	7.1	10.8	12.2	85	395	0.4	45	2.9	1.0	1.0	0.3

续表 A1.1

	干物质 (g/kg)	生长猪和泌乳母猪的净能 (MJ/kg)	妊娠母猪的净能 (MJ/kg)	生长猪和泌乳母猪的消化能 (MJ/kg)	妊娠母猪的消化能 (MJ/kg)	粗蛋白 (g/kg)	中性洗涤纤维 (g/kg)	可消化磷 (g/kg)	标准回肠可消化氨基酸 (g/kg)				
									粗蛋白	赖氨酸	蛋＋胱氨酸	苏氨酸	色氨酸
豌豆	860	9.7	9.9	14.0	14.5	205	120	1.8	167	12.5	3.7	5.9	1.4
蚕豆	860	8.6	8.8	13.4	13.8	255	137	1.8	205	12.8	3.7	6.9	1.6
羽扇豆（白）	875	8.8	9.2	14.5	15.4	330	210	1.9	280	13.3	6.0	9.1	1.8
葵花籽（萃取的）	890	5.4	6.0	9.5	10.6	330	340	1.8	272	9.6	11.5	9.8	3.5
菜籽粕	900	6.5	6.9	11.9	12.8	340	260	3.5	262	14.0	12.8	11.0	3.4
大豆（44）	875	8.1	8.6	14.8	15.8	435	115	2.1	382	24.0	11.3	14.5	5.2
大豆（48）	875	8.4	8.8	15.3	16.1	475	80	2.1	426	26.6	12.5	16.3	5.7
大豆（全脂）	880	11.4	11.8	16.8	18.2	350	110	1.9	298	18.9	8.9	11.9	3.7
鱼粉（70）	920	10.0	10.0	17.0	17.0	698		15.0	620	50.0	23.4	27.0	6.5
植物油（大豆）	990	31.0	31.0	36.0	36.0								
脱脂奶粉	950	11.1	11.1	16.5	16.5	340		9.0	315	26.2	11.4	14.0	4.4
乳清	950	11.5	11.5	15.5	15.5	125		5.0	102	8.1	3.5	5.7	1.4
磷酸二氢钙	990							195					
磷酸氢钙（18）	990							120					

补充游离 L-赖氨酸、DL-蛋氨酸、L-苏氨酸、L-酪氨酸和 DL-酪氨酸的标准回肠可消化氨基酸分别为 790、980、980、980 和 800 g/kg。

¹ 饲料营养价值是变量，以上组分仅做参考。

462 实用猪生产学

表 A1.2. 若干猪饲料组成营养价值指南:谷物[1]。

	大麦	小麦	玉米	燕麦[2]	稻米	黑麦[3]	高粱[4]	木薯/树薯
干物质 (g/kg)	860	860	880	860	870	860	860	900
粗蛋白 (g/kg)	105	110	90	103	66	110	95	28
粪蛋白消化率	0.76	0.82	0.78	0.75	0.70	0.75	0.75	0.40
回肠蛋白消化率	0.72	0.75	0.73	0.70	0.65	0.65	0.70	0.25
粗纤维 (g/kg)	45	30	23	115	15	20	25	45
中性洗涤纤维 (g/kg)	175	120	90	270	170	140	100	80
油 (g/kg)	15	16	36	42	4	16	35	5
灰分 (g/kg)	24	18	15	30	8	20	20	70
赖氨酸 (g/kg)[5]	3.5 (0.70)	3.0 (0.73)	2.6 (0.70)	3.8 (0.67)	2.4 (0.70)	3.8 (0.67)	2.0 (0.75)	0.9 (—)
蛋氨酸+半胱氨酸 (g/kg)[5]	3.8 (0.75)	4.0 (0.82)	3.7 (0.82)	3.8 (0.78)	2.3 (0.72)	3.5 (0.78)	3.4 (0.85)	0.4 (—)
苏氨酸 (g/kg)[5]	3.4 (0.63)	3.0 (0.65)	3.3 (0.70)	3.4 (0.58)	2.5 (0.70)	3.5 (0.60)	4.0 (0.75)	0.5 (—)
色氨酸 (g/kg)[5]	1.5 (0.73)	1.3 (0.75)	0.8 (0.70)	1.5 (0.65)	0.6 (0.70)	1.4 (0.66)	1.1 (0.75)	0.2 (—)
异亮氨酸 (g/kg)[5]	5.1 (0.73)	5.0 (0.80)	3.4 (0.78)	5.0 (0.72)	3.0 (0.72)	3.3 (0.07)	3.6 (0.85)	0.6 (—)
亚油酸 (g/kg)	9	8	21	18	7	7	10	2
钙 (g/kg)	0.5	0.3	0.2	1.0	0.7	0.5	0.4	1.0
磷 (g/kg)[6]	3.5	3.4	2.4	3.2	1.0	3.5	3.5	1.4
消化能 (MJ/kg)	12.9	14.0	14.5	11.4	15.0	13.3	13.0	13.2
仔猪日粮添加量[1]	<0.4	<0.5	<0.5	<0.4	<0.2	0	0	0
生长猪日粮添加量	<0.6	<0.6	<0.6	<0.5	<0.3	<0.2	<0.1	<0.1
育肥猪日粮添加量	<0.7	<0.6	<0.6	<0.6	<0.4	<0.3	<0.4	<0.4
母猪日粮添加量	<0.7	<0.6	<0.6	<0.6	<0.4	<0.2	<0.3	<0.2

1. 个别谷物可能在混合日粮中持续保持最小添加量 250 g/kg。熟的谷物更可口应用于仔猪日粮;烹任可以避免小猪消化能损失,因为其他猪消化能每增加 5% 蛋白消化率就降低 5%。
2. 脱壳燕麦的消化率和添加特性都和小麦相似。
3. 可能玻麦角污染。
4. 低单宁品种。高单宁品种可能消化率低,特别是回肠可消化氨基酸。消化能可能在 12～14 之间(黄色品种)。
5. 括号内是其回肠消化率(所有的回肠消化率测量都需要证实)。
6. 谷类及其副产品含磷通常只有 50%(或更少)。

表 A1.3　若干猪饲料成分营养价值指南：副产品。

	暗酒糟[1]	啤酒糟	小麦饲料（饮粉）	麦麸粉	玉米胚芽粉	玉米蛋白粉	玉米蛋白饲料	熟燕麦	燕麦壳	甜菜糖渣	米糠	熟马铃薯	草粉
干物质（g/kg）	900	900	870	880	880	900	900	900	880	870	900	900	900
粗蛋白（g/kg）	290	180	155	150	100	600	210	125	35	94	145	91	140
粪蛋白消化率	0.60	0.70	0.70	0.60	0.70	0.70	0.65	0.90	0.60	0.50	0.50	0.70	0.36
回肠氨基酸消化率	0.55	0.60	0.60	0.50	0.63	0.65	0.55	0.80	0.50	0.45	0.40	0.75	0.30
粗纤维（g/kg）	100	120	90	120	42	25	86	20	280	150	150	20	173
中性洗涤纤维（g/kg）	275	450	300	450	160	25	350	100	650	265	320	70	475
油（g/kg）	105	80	40	42	100	25	31	60	18	5	20	4	30
灰分（g/kg）	40	36	46	60	36	20	70	30	52	62	135	40	90
赖氨酸（g/kg）[2]	7(0.50)	5.2(0.68)	5.8(0.65)	4.0(0.65)	4.8(—)	11(0.72)	5.5(0.50)	4.5(0.80)	0.8(—)	2.5(—)	5.0(—)	4.8(—)	8.0(0.50)
蛋氨酸＋半胱氨酸（g/kg）[2]	8(0.65)	5.6(0.70)	4.5(0.75)	4.2(0.70)	3.3(—)	25(0.80)	8.0(0.50)	3.7(0.90)	0.8(—)	1.6(—)	3.4(—)	1.8(—)	5.3(0.40)
苏氨酸（g/kg）[2]	10(0.55)	5.5(0.65)	4.8(0.60)	4.4(0.60)	4.0(—)	21(0.80)	7.0(0.50)	4.5(0.75)	1.5(—)	3.2(—)	4.4(—)	3.5(—)	6.4(0.50)
色氨酸（g/kg）[2]	1.5(0.50)	2.1(0.70)	2.0(0.70)	2.5(0.70)	1.2(—)	3.0(0.70)	1.3(0.33)	1.5(0.80)	0.4(—)	0.1(—)	1.7(—)	1.0(—)	3.2(—)
异亮氨酸（g/kg）[2]	12(0.64)	6.0(0.85)	5.3(0.74)	6.3(0.70)	—(—)	25(0.80)	5.5(0.60)	5.2(0.84)	—(—)	1.0(—)	4.5(—)	3.0(—)	4.5(0.50)
亚油酸（g/kg）	45	30	20	20	70	17	14	18	—	—	4	—	3
钙（g/kg）	0.5	2.9	1.4	1.3	0.2	0.5	2.8	0.6	1.4	5.5	1.9	0.8	9.5
磷（g/kg）[3]	8.0	7.0	7.5	11.0	6.6	3.2	8.0	4.2	2.0	0.5	11.0	1.6	3.0
消化能（MJ/kg）	12.5	8.0	11.3	9.0	14.1	13.7	11.8	15.5	3.5	10.0	8.0	14.4	6.5
仔猪日粮添加量	0	0	0	0	<0.1	0	<0.05	<0.5	0	0	<0.05	<0.2	<0.1
生长猪日粮添加量	<0.03	<0.05	<0.2	<0.1	<0.1	<0.1	<0.1	<0.4	<0.05	<0.1	<0.1	<0.3	<0.1
育肥猪日粮添加量	<0.05	<0.1	<0.3	<0.2	<0.1	<0.1[4]	<0.1[4]	<0.4	<0.1	<0.2	<0.1	<0.3	<0.2
母猪日粮添加量	<0.05	<0.1	<0.3	<0.2	<0.1	<0.2	<0.2	<0.4	<0.2	<0.2	<0.2	<0.3	<0.2

1. 某些样品可能铜含量高（100 mg/kg）。
2. 括号内是回肠消化率（所有的回肠消化率测量都需要被证实）。
3. 谷类及其副产品通常只有 50% 或更少。
4. 会导致软和/或黄胴体脂肪。

表 A1.4　若干猪饲料成分营养价值指南:油脂、矿物质、糖蜜和动物蛋白质[1]。

	大豆油	动物脂	糖蜜	鱼粉[2]	鲱鱼粉[2]	肉骨粉[2]	脱脂奶粉	乳清[3]	石灰石	磷酸氢钙
干物质 (g/kg)	990	990	640	900	900	900	950	930	980	975
粗蛋白 (g/kg)	0	0	30	650	680	480	340	125	0	0
粪蛋白消化率	0	0	0.30	0.92	0.92	0.65	0.95	0.90	0	0
回肠氨基酸消化率	0	0	0.25	0.80	0.80	0.58	0.90	0.85	0	0
粗纤维 (g/kg)	0	0	0	1	1	20	0	0	0	0
中性洗涤纤维 (g/kg)	0	0	0	0	0	0	0	0	0	0
油 (g/kg)	990	990	0	60	85	110	10	42	0	0
灰分 (g/kg)	0	0	80	180	100	300	80	85	980	950
赖氨酸 (g/kg)[4]	0	0	0.3	47(0.82)	52(0.88)	25(0.65)	25(0.95)	8.9(0.93)	0	0
蛋氨酸+半胱氨酸 (g/kg)[4]	0	0	0.2	24(0.85)	26(0.85)	12(0.73)	12(0.95)	5.0(0.93)	0	0
苏氨酸 (g/kg)[4]	0	0	0.2	26(0.82)	30(0.80)	16(0.58)	15(0.90)	7.3(0.90)	0	0
色氨酸 (g/kg)[4]	0	0	0	7(0.75)	6(0.80)	3(0.50)	5(0.85)	2.1(0.85)	0	0
异亮氨酸 (g/kg)[4]	0	0	0.2	32(0.85)	34(0.85)	16(0.67)	24(0.85)	8.5(0.85)	0	0
亚油酸 (g/kg)	600	25	0	1.8	1.5	2.5	0.14	0.42	0	0
钙 (g/kg)	0	0	6.0	65	29	100	10	8.5	360	230
磷 (g/kg)	0	0	0.5	32	20	50	8	7.0	0	180
消化能 (MJ/kg)	36	29	10.0	15.0	17.5	10.0	16.0	15.5	0	0
仔猪日粮添加量	<0.1	0	<0.05	>0.08	>0.08	0	>0.1	>0.1	<0.1	<0.1
生长猪日粮添加量	<0.1	<0.05	<0.05	>0.05	>0.05	0	>0.2	<0.2	<0.1	<0.1
育肥猪日粮添加量	<0.05	<0.05	<0.10	<0.05	<0.05	<0.1	>0.2	<0.2	<0.1	<0.1
母猪日粮添加量	<0.05	<0.05	<0.08	<0.1	<0.1	<0.05	0	<0.2	<0.1	<0.1

高水平的脂肪和油,或产品包含它们,很可能使胴体脂肪变软。

1. 合成氨基酸的粪和回肠消化率可以假定为 100%。L-赖氨酸盐含赖氨酸 780 g/kg,L-苏氨酸含苏氨酸 980 g/kg,DL-蛋氨酸含蛋氨酸 980 g/kg,DL-色氨酸含色氨酸 800 g/kg。

2. 影响组分和回肠消化利用率(40%～90%)高可变性的是原料和加工方法。

3. 蛋白质含量的变异主要依赖干末来源,以液态方式提供的是干物质含量有差异。

4. 括号内是回肠消化率(所有的回肠消化率测量都需要被证实)。

表 A1.5　若干猪饲料成分营养价值指南:植物蛋白质。

	大豆粕(萃取)	全脂大豆(挤压)	菜籽粕(萃取)	葵花籽粕(萃取)[1]	蚕豆	豌豆	全脂葵花籽	羽扇豆粕	棉籽粕
干物质(g/kg)	890	900	880	900	860	860	900	900	920
粗蛋白(g/kg)	440	360	360	300	260	190	150	300	430
粪蛋白消化率	0.87	0.85	0.70	0.75	0.75	0.75	0.75	0.70	0.70
回肠氨基酸消化率	0.80	0.75	0.60	0.65	0.68	0.68	0.65	0.68	0.65
粗纤维(g/kg)	67	50	120	200	80	54	250	150	120
中性洗涤纤维(g/kg)	140	105	250	370	150	120	—	—	300
油(g/kg)	15	175	20	20	13	14	300	60	60
灰分(g/kg)	55	50	77	70	34	30	—	30	70
赖氨酸(g/kg)[2]	29(0.85)	24(0.80)	20(0.72)	12(0.68)[6]	14(0.78)	15(0.80)	5.1(—)	12(0.70)[7]	18(0.70)[7]
蛋氨酸+半胱氨酸(g/kg)[2]	13(0.85)	11(0.75)	12(0.80)	12(0.85)	5.0(0.75)	5.0(0.70)	6.0(—)	5(0.65)	12(0.70)
苏氨酸(g/kg)[2]	17(0.78)	15(0.70)	16(0.68)	12(0.70)	10(0.70)	9(0.75)	5.5(—)	9(0.75)	14(0.75)[7]
色氨酸(g/kg)[2]	6.4(0.75)	4.9(0.70)	4.5(0.70)	4(0.77)	2.3(0.70)	2.0(0.70)	2.0(—)	2(—)	5(0.70)[7]
异亮氨酸(g/kg)[2]	22(0.80)	19(0.70)	13(0.75)	14(0.77)	10(—)	9.0(0.74)	6.4(—)	11(0.75)	14(0.68)
亚油酸(g/kg)	5	80	3	12	7	12	280	40	25
钙(g/kg)	2.7	2.5	6.6	3.8	1.4	0.7	2.0	2.0	2.1
磷(g/kg)[3]	6.0	5.5	13	10.3	4.9	3.9	5.0	3.5	13.0
消化能(MJ/kg)	14.5	17.0	11.8	9.0	13.0	13.6	17.0	13.0	13.2
仔猪日粮添加量	<0.1	<0.1	0	0	0	0	0	0	0

续表 A1.5

	大豆粕（萃取）	全脂大豆（挤压）	菜籽粕（萃取）[1]	葵花籽粕（萃取）[1]	蚕豆	豌豆	全脂葵花籽	羽扇豆粕	棉籽粕
生长猪日粮添加量	<0.25	<0.2	<0.1[5]	<0.05	<0.05	<0.2	<0.1	<0.05	<0.05
育肥猪日粮添加量	>0.1	<0.1[4]	<0.15[5]	<0.1	<0.2	<0.3	<0.1	<0.10[8]	<0.10
母猪日粮添加量	>0.1	<0.2	<0.1[5]	<0.1	<0.1	<0.3	<0.1	<0.05	<0.05

1. 粗蛋白含量因去壳程度不同而异；全去壳 400，部分去壳 350，带壳 280。
2. 括号内是回肠消化率（所有的回肠消化率测量都需要被证实）。
3. 含类及其副产品含磷通常只有 50%（或更少）。
4. 会导致软和/或黄胴体脂肪。
5. 油菜籽粉中含有包括芥子油苷，单宁，复杂纤维，复杂碳水化合物和芥酸等多种抗营养因子，这些是有毒的且能抑制食欲。其毒素水平低一倍和两倍的品种才能被使用。某些低芥子油，苷的油菜籽中含量达到 20μmol，就能引起性能下降。原料通过脱毒处理后可以消除对食欲抑制效应；这样可以提高其添加水平（表中数据加水平 0.05）。
6. 仅有 80% 是实际有效的（总有效约为 60%）。
7. 仅有 60%~70% 是实际有效的（总有效的：棉籽粕约为 40%，羽扇豆粕约为 50%）。
8. 窄叶羽扇豆需要较多。

附录 2　猪日粮营养标准指南

表 A2.1　营养标准指南。常量营养的化学分析（g/kg 最终饲料）。

	达 15 kg[1]	达 30 kg[1]	达 100 kg[1]（日粮 A）	达 160 kg[1]（日粮 B）	种用青年/泌乳母猪[1]	妊娠母猪[1]
粗蛋白	180～260	200～240	160～200	140～180	160～200	120～170
粗脂肪	50～100	50～80	30～60	20～50	30～70	20～40
粗纤维	15～40	20～40	20～60	20～80	30～50	40～100
消化能（MJ/kg）	14～17	14～16	12～15	11～14	13～15	11～14
净能（MJ/kg）	10～12	10～11	8～10	8～10	9～11	8～10
总赖氨酸[2]	11～14	9～14	6～12	5～10	8～10	4～7
标准回肠可消化赖氨酸[2]	8～12	8～12	5～10	4～8	7～9	3～6
钙	5～10	5～10	5～9	5～9	5～10	5～10
可消化磷	3～5	2～4	2～4	2～3	3～4	2～3
钠	1.5～2.0	1.5～2.0	1.5～2.0	1.5～2.0	1.5～2.0	1.5～2.0
亚油酸（近似）	10～50	10～50	10～25	10～25	10～30	10～25
总赖氨酸（g/MJ 消化能）（近似）	0.85	0.80	0.75	0.60	0.75	0.50

维生素和微量元素[每吨（1 000 kg）最终饲料中的添加量[3]（近似）]。

维生素 A 5～15×10[6] IU[1×10[6] IU=0.3g 视黄醇（维生素 A）]，维生素 D$_3$ 0.5～1.5×10[6] IU（1×10[6] IU=0.025 g 维生素 D$_3$），维生素 E 0.03～0.10×10[6] IU[1×10[6] IU=1 000 g DL-醋酸 α-生育酚（维生素 E）][4]，维生素 K$_3$（甲萘醌）1～3 g，硫胺（维生素 B$_1$）1～3 g，核黄素（维生素 B$_2$）3～6 g，烟酸 15～30 g，泛酸 10～20 g，吡哆醇（维生素 B$_6$）2～4 g，维生素 B$_{12}$ 20～40 mg，生物素（维生素 H）5～200 mg[5]，叶酸 0～3 g[6]，胆碱 50～500 g[7]，锌 75～125 g[8]，镁 30 g[9]，锰 20～40 g，铁 75～125 g[8]，钴 0.2～0.5 g，碘 0.2～0.5 g[10]，硒 0.2～0.3 g，铜 5～160 g[11]，二丁基羟基甲苯 125 g。

1. 每种日粮将依据其猪场环境、猪的遗传类型、可接受不同日粮的数量和成本效益而变化。对于达 30 kg 生长猪和泌乳母猪的日粮应依据其食欲提供。达 100 kg 体重猪的日粮可依据其食欲提供或在生长后期进行限制饲喂；日粮 A 的规格要比日粮 B 的高并且适合改良基因型。为了必需的营养摄入，添加大量低营养密度的日粮是需要的。

2. 其他必需氨基酸（和总蛋白质）的需要用其与赖氨酸需要（1.00）的比例来表示，最小值具体如下：组氨酸 0.36；异亮氨酸 0.60；亮氨酸 1.10；蛋氨酸＋半胱氨酸 0.60（至少 50% 是蛋氨酸）；酪氨酸＋苯丙氨酸 1.00；苏氨酸 0.68；色氨酸 0.19；缬氨酸 0.75；总蛋白质的最小量是以上 11 种必需氨基酸总和的 2.5 倍[对应上表标准回肠可消化蛋白质最低近似水平分别是 160、150、120、100、120 和 90（g/kg）]。

3. 添加水平变化幅度大是因为存在局部知识和效价损失的风险。依照地方规范和需要可以添加生长促进剂、药物、日粮酸化剂和益生素等。

4. 如果日粮中脂肪含量高其添加水平就高（尤其是不饱和脂肪；亚油酸每增加一个百分点其增加 30 g）；给小猪的添加量增加 200 g，可以提高小猪抗病性或对非常规饲料原料的挑战。

5.500 mg 可以帮助解决繁殖问题，1 000 mg 可以帮助解决蹄病问题。

6. 繁殖母猪添加 5 g。

7. 广义的添加范围是 0～1 000 g。经常使用的添加范围是需要的 1/4～1/2；总需要量 1 500 g 左右。

8. 添加铜的日粮添加水平高，成年猪的添加水平较低。

9. 广义的添加范围是 0～500g。从主要原料成分中可以获得足够的镁（每吨饲料中含总镁 400 g）。

10. 如果日粮中出现致甲状腺肿物质，添加水平高（0.5～2.0 g）。

11. 添加量大可以促进生长（依据地方规范）。铜的添加水平为 10～20 g，繁殖母猪的添加限制是 30～40 g。经常给 12 周龄的猪添加 160 g，此后添加 15 g。

附录 3　猪日粮组分的饲料原料成分指南

表 A3.1　组分成分举例(kg/t)(成分可能因为不同国家的利用率和价格的不同而不一致)。

	达 15 kg[1]	达 30 kg[1]	达 100 kg[1]（日粮 A）	达 160 kg[1]（日粮 B）	种用青年/泌乳母猪[1]	妊娠母猪[1]
大麦[2]	0～200	20～300	0～500	0～500	0～500	0～500
小麦[2] 或其他谷物	50～300[3]	20～300[3]	0～500	0～500	0～500	0～500
玉米[2]	10～500	10～500	0～400	0～500	0～500	0～500
全脂大豆	0～50	0～150	0～100	0～100	0～100	0～100
萃取的大豆粕	0～50	0～100	0～250	50～200	50～200	50～200
鱼粉[4]	50～150	50～200	0～100	0～100	0～100	0～100
干乳清粉[5]	50～200	50～150				
脱脂奶粉[5]	100～200	0～150				
饲用油脂[5]	20～80	10～50	0～30	0～30	0～50	0～30
面粉厂副产品	0～10	0～150	0～200	0～250	0～250	0～300
草/苜蓿产品				0～100	0～100	0～100
石灰石	0～10	0～10	0～15	0～15	0～15	0～15
磷酸氢钙	0～10	0～10	0～15	0～15	0～15	0～15
食盐[6]	0～5	0～5	0～5	0～5	0～5	0～5
盐酸赖氨酸	1～2	1～2	1～2	0～2	0～2	0～1
维生素和矿物质	+	+	+	+	+	+

1. 每种日粮将依据其猪场环境、猪的遗传类型、可接受不同日粮的数量和成本效益而变化。对于达 30 kg 生长猪和泌乳母猪的日粮应依据其食欲提供。达 100 kg 体重的日粮可依据其食欲提供或在生长后期进行限制饲喂；日粮 A 的规格要比日粮 B 的高并且适合改良基因型。为了必需的营养摄入,添加大量低营养密度的日粮是需要的。

2. 达 15 kg 猪的熟化比例大,达 30 kg 猪的比例小。

3. 去壳的燕麦是达 30 kg 的日粮常用的谷物。全燕麦用于以后阶段的猪。

4. 或其他来源的动物蛋白质。在某些情况下至少添加 25 kg/t 是适当的。

5. 或用全脂代乳品。在仔猪 14 日龄到 10 kg 体重阶段的乳猪料里高水平添完全可以。

6. 钠和氯添加 2.5 kg/t 可以满足需求或少量,取决于其他原料成分含量。补充食盐用来开胃,10 kg/t 或以上有中毒风险。

附录 4　原料使用说明文件

表 A4.1　原料使用说明文件。

名称:大麦(1)		名称:大豆 44(6)	
货币成本	110	货币成本	148
最小重量(kg)	1	最小重量(kg)	1
舍入/整数(kg)	10	舍入/整数(kg)	10
分析		分析	
(体积)	100.00	(体积)	100.00
代谢能	12.90	代谢能	15.00
粗蛋白	107.00	粗蛋白	435.00
可消化粗蛋白质	77.00	可消化粗蛋白质	410.00
赖氨酸	3.50	赖氨酸	28.90
蛋氨酸＋半胱氨酸	3.70	蛋氨酸＋半胱氨酸	13.20
蛋氨酸	1.7	蛋氨酸	6.6
苏氨酸	3.30	苏氨酸	17.10
色氨酸	1.50	色氨酸	6.40
亚油酸	9.00	亚油酸	4.00
淀粉和糖	482.00	淀粉和糖	108.00
铜	4.10	铜	22.50
磷	3.40	磷	5.90
有效磷	2.00	有效磷	3.00
钠	0.20	钠	0.40
油	15.00	油	13.00
粗纤维	45.00	粗纤维	67.00
灰分	24.00	灰分	60.00
中性洗涤纤维	202.00	中性洗涤纤维	135.00
硒	0.03	硒	0.14
干物质	875.00	干物质	881.00
制粒质量因子	5.00	制粒质量因子	4.00

索　引
Index